H. longisetum — Meesia longis.
Dicran crispum. — Tortula tortuosa

FLORE GÉNÉRALE

DE

BELGIQUE.

IMPRIMERIE DE G. STAPLEAUX.

FLORE GÉNÉRALE

DE

BELGIQUE,

CONTENANT

LA DESCRIPTION DE TOUTES LES PLANTES QUI CROISSENT DANS CE PAYS,

PAR

C. Mathieu,

MEMBRE DE PLUSIEURS SOCIÉTÉS SAVANTES.

OUVRAGE PUBLIÉ SOUS LE PATRONAGE DE

SA MAJESTÉ LE ROI DES BELGES.

TOME II.

CRYTOGAMIE.

BRUXELLES, LEIPZIG, GAND.

C. MUQUARDT.

1853

FLORE GÉNÉRALE

DE LA BELGIQUE,

CONTENANT

LA DESCRIPTION DE TOUTES LES PLANTES QUI CROISSENT DANS CE PAYS.

Cryptogamie.

CLASSE I.

MONOCOTYLÉDONÉES OU ENDOGÈNES CRYPTOGAMES.
DC. organ. 1, p. 128.

Tronc à moelle médullaire, centrale, privé de rayons médullaires et d'écorce véritable; fibres éparses; feuilles souvent vaginées, entières, simples ou lobées, rameuses, mais jamais vraiment composées; fleurs indistinctes; embryon à cotylédon unique.

Les plantes de cette section sont intermédiaires entre les phanérogames et les véritables cryptogames.

F^lle I. — CHARACÉES. Ad. Brongn. Dict. cl. 3. p. 474.

Plantes aquatiques, submergées, à tiges rameuses, dures, fragiles, à rameaux verticillés; fleurs monoïques, axillaires, dépourvues de périgone. *Les mâles?* consistant en tubercules, sessiles, orbiculaires, rouges, entourés d'un anneau blanc, formés extérieurement d'une membrane réticulée, translucide, contenant au milieu d'un fluide mucilagineux des filaments articulés et des tubes cylindriques, dans lesquels se trouve une matière rougeâtre. *Les femelles?* capsules uniloculaires, monospermes, à tégument double, l'extérieur très-mince, translucide, terminé supérieurement par une rosace de 5 dents; l'intérieur dur, sec, opaque, à 5 valves contournées en spirale.

1. CHARA. Vaill. acad. 1719. p. 23.

Les caractères sont ceux de la famille.

1. CH. VULGARIS (L. Sp. 1624). Chara fœtida A. Brame. Tiges striées, inermes, rameuses, nues à la base; fruits subquaternés, striés en spirale, plus longs que les bractées. ♃ Dans les eaux stagnantes.

2. CH. TOMENTOSA (L. Sp. 1624). Tiges sillonnées, très-hispides au sommet, à rameaux grêles, foliacés à la base; fruits solitaires, striés en spirale, plus courts que les bractées. ♃ Dans les eaux dormantes; fossés de la ville à Maestricht.

3. CH. HISPIDA (L. Sp. 1624). Tiges sillonnées, hispides, à rameaux courts, épais, peu foliacés à la base; fruits solitaires, striés en spirale, plus courts que les bractées. ④ Dans les eaux dormantes. Il n'est pas rare en Campine.

4. C. FLEXILIS (L. Sp. 1524). C. Translucens Pers. Nitella lucens et N. Flexilis Agarth. Tiges lisses, demi-pellucides, à rameaux allongés, subverticillés; fruits agrégés, ovoïdes, presque lisses, plus longs que les bractées. ④ Dans les eaux dormantes. Maestricht (Limbourg), et dans les Flandres et le Hainaut.

5. C. CAPILLARIS (Thuil. fl. par. p. 474.) Tiges lisses demi-transparentes, à rameaux verticillés, allongés; fruits presque lisses, solitaires, à peu près aussi longs que les bractées. ④ Dans les eaux courantes; Charleroi (Hainaut), Genappe (Brabant).

Ce n'est peut-être qu'une variété de l'espèce précédente.

Chara

6. Ch. BATRACHOSPERMA (Thuil. fl. par. p. 473.) Tiges lisses,
demi-translucides, à rameaux verticillés, rapprochés; fruits
ovoïdes, subquaternés, striés en spirale, plus courts que les
bractées. ① Dans les eaux courantes.

Je l'ai trouvé dans quelques ruisseaux de la Campine. Peer,
Baarlo (Limbourg).

———

F^lle II. — ÉQUISÉTACÉES. DC. Fl. Fr. 2. p. 580.

Fructifications terminales disposées en chaton conique,
formé d'écailles en bouclier, florifères en dedans; involucres bivalves; semences sphériques (cotylédons suivant
Vaucher) nombreuses, nues, à 4 filaments hygrométriques
dilatés au sommet. Plantes aphylles, à rameaux verticillés,
sillonnés, articulés; articles entourés d'une gaîne embras-
sante, monophylle.

1. EQUISETUM. L. Gen. 1169.

Les caractères sont les mêmes que ceux de la famille.

7. E. ARVENSE (L. Sp. 1516). La prèle. Tiges stériles presque
scabres, à 12 stries environ et autant de dents aux gaînes;
rameaux légèrement scabres, tétragones; tige fructifère,
droite, lisse, nue, à gaînes lâches. ⚮ Avril, mai. Commun dans
les champs humides.

8. E. FLUVIATILE (L. Sp. 1517). E. Telmateya Ehr. crypt. 31.
Tiges stériles grosses, cylindriques, lisses, hautes de 6 à 10 décimètres, à rameaux au nombre de 25-35 avec le même nombre
de dents aux gaînes; tige fructifère nue, à gaînes amples,
allongées, lâches, blanches. ⚮ L'été dans les marécages.
Slenacken (Limbourg), Fouron-le-Comte (Liége), Auderghem,
Boitsfort (Brabant), etc., etc.

9. E. SYLVATICUM (L. Sp. 1516). Tige stérile, striée, fistuleuse, à
rameaux et dents de la gaîne au nombre de douze; rameaux

Equisetum.

décomposés, arqués, pendants; tige fructifère presque nue, à gaines lâches, et à rameaux dégarnis, peu nombreux. ♃ Mai, juin. Dans les bois montueux; forêt de Marlagne (Namur), bois d'Héverlé, Tervueren (Brabant).

> VAR. *β*. CAPILLARE (Stend). E. capillare Hoffen. E. opbraculense Hoor. Ramules très-minces, divariqués au lieu d'être retombants, triquètres à la base. J'ai trouvé cette variété dans la forêt de Marlagne, elle a été aussi trouvée dans les Flandres.

10. E. PALUSTRE (L. Sp. 1516). Tige droite, sillonnée anguleuse, légèrement rude au toucher, sillons et dents des gaines au nombre de 8 environ; rameaux quadrangulaires, souvent stériles. ♃ L'été dans les endroits humides.

> VAR. *α*. EQ. POLYSTACHYON (Vanch.). Rameaux allongés, fructifères.

11. E. LIMOSUM (L. Sp. 1517). Tige de 35 à 50 centimètres, glabre, fistuleuse, à rameaux simples, plus souvent avortés, à stries et dents des gaines qui sont vertes, au nombre de 14; dents sétacées. ♃ Juin, juillet. Dans les marais et les étangs.

> VAR. *α*. LIMOSUM (Mer. Fl. par. 2. ed. 1. 280). Tige nue.
> VAR. *β*. FLUVIATILE (Mer. L. c. p. 285. non. L.). Tige à rameaux verticillés, triples et quadruples en longueur des entre-nœuds.

12. E. HYEMALE (L. Sp. 1517). Tiges de 6 à 9 décimètres, presque nues, scabres, fistuleuses, à stries et dents des gaines au nombre de 18 environ, gaines noires à leur sommet et à leur base, à dents courtes, obtuses; épi noir, compacte. ♃ Février, mars. Dans les bois humides. Tervueren (Brabant), Malmedy, frontières de Prusse.

13. E. VARIEGATUM (Willd.). E. hiemale. Var. *β*. L. Wett. E. multiforme *α*. Vauch. Cette espèce est plus grêle que la précédente, peu rude, ordinairement à 8 sillons; gaines noires à la base seulement, avec de longues dents membraneuses, diaphanes, aristées à leur sommet. Dans les vallées des dunes.

F^lle III. — Fougères. DC. Fl. Fr. 3. p. 546.

Fructifications (Soridium) réunies sur la face inférieure de la feuille (fronde), souvent couvertes, à leur naissance, par un tégument (indusium). *Les mâles?* (anthères?) très-petites, éparses sur les feuilles, à peine déroulées, recouvertes d'une membrane mince. *Les femelles?* consistant en capsules uniloculaires souvent entourées d'un anneau articulé, rarement bivalves, remplies de nombreuses séminules très-petites. Les frondes sont des expansions foliacées, simples ou composées, roulées en crosse à leur naissance et portées par un stipe paléacé, au moins à sa base.

T. I. — Ophioglossées. Kock. Fl. Scot. 2. p. 158.

Capsules uniloculaires, adhérentes à la base, subglobuleuses, coriaces, opaques, dénuées d'anneau élastique, semi-bivalves.

1. Ophioglossum. Sw. journ. Schr. 2. p. 112.

Capsules subglobuleuses, sessiles, uniloculaires, s'ouvrant en travers, réunies en épi distique subarticulé.

14. O. vulgatum (L. Sp. 1518). Fronde de 7 à 15 centimètres, ovale, entière, sans nervure moyenne, glabre, réticulée, rétrécie en un pétiole qui engaîne le pédoncule radical; épi filiforme. Dans les prairies humides et les bois. Jambes (Namur), Forest, Héverlé (Brabant).

2. Botrychium. DC. Fl. Fr. 2. p. 569.

Capsules subglobuleuses, distinctes, sessiles, uniloculaires, déhiscentes du sommet à la base, réunies en un épi rameux.

15. B. lunaria (Sw. journ. Schrad. 2. p. 110). Osmunda

Lunaria. (L. Sp. 1519). Ophioglossum pennatum. (Lam. illustr. p. 865). Feuille unique, pinnée, à pinnules lunaires, glabres, celle du sommet bi ou trilobée. ♃ Sur les pelouses sèches. Morlanwez (Hainaut), Saint-Marc (Namur), Ottenbourg, Diligem (Brabant).

T. II. — Osmundacées. Hook. L. c.

Capsules dénuées d'anneau, vasculeuses, réticulées, pellucides, radiées ou striées au sommet, déhiscentes longitudinalement.

3. Osmunda. Lam. Fl. Fr. 1. p. 10.

Capsules ramassées, subglobuleuses, pédicellées, uniloculaires, semi-bivalves, disposées en grappe sur le dos des frondes.

16. O. regalis (L. Sp. 1521). Fronde de 6 à 12 décimètres, deux fois ailée, à pinnules lancéolées-oblongues, obtuses, glabres, veinées, obliques à la base, quelquefois auriculées du côté externe; frondes fructifères en grappes terminales, décomposées. ♃ Juin. Dans les marécages des bois. Assez commune en Campine.

T. III. — Polypodiacées. Hook. Fl. Scot. p. 152.

Capsules monoloculaires, ceintes d'un anneau élastique longitudinal, déhiscentes transversalement et irrégulièrement.

3. Ceterach. DC. Fl. Fr. 2. p. 566.

Capsules éparses ou diversement agrégées, à écailles brunes écailleuses, membraneuses ou filiformes.

17. C. officinarum (C. Bauh. pin. 354). Asplenium ceterach. L. Sp. 1538. Grammites ceterach. Willd. Fronde pinnatifide, à segments alternes, confluents, obtus, recouverts en dessous d'écailles denses. ♃ Sur les rochers et les vieux murs. Il n'est

pas rare sur les rochers dans les provinces de Liége et de Namur.

5. POLYPODIUM. Adans. fam. 2, p. 26.

Capsules agrégées en points arrondis ; tégument (indutium) nul.

18. P. VULGARE (L. Sp. 1554). Le Polypode. Fronde profondément pinnatifide, à lobes oblongs, crénelés, rapprochés, à stipe écailleux. ♃ Sur les rochers, les vieux murs, au pied des arbres.

Cette espèce offre plusieurs variétés relatives à la forme de sa feuille qui tantôt est aiguë (P. acutum Wallr.), tantôt élargie, comme onduleuse (P. auritum Willd.), et d'autres fois fort petite (P. minus dod.). Ces trois variétés se trouvent dans les mêmes localités.

19. P. PHÆGOPTERIS (L. Sp. 1550.) Fronde pinnée, à pinnules pinnatifides, réunies à la base, à segments linéaires-lancéolés, obtus, entiers, ciliés. ♃ Dans les bois montueux des provinces de Liége, Luxembourg et Namur.

20. P. RHÆTICUM (L. Sp. 1552). Fronde bipinnée, à pinnules oblongues, obtuses, pinnatifides, à lobes dentés ; fructifications orbiculaires. ♃ Dans les prairies des bois. Champion (Namur).

21. P. DRYOPTERIS (L. Sp. 1551). Fronde bi ou tripinnée, étalée, portée sur un long pétiole grêle, ayant ensemble 50 centimètres environ ; les premières folioles sont pinnées, les moyennes pinnatifides, celles du sommet entières, toutes à segments obtus, un peu crénelés. L'ensemble de la fronde est triangulaire. ♃ Mai, juin. Dans les terrains calcaires des provinces de Liége, Namur et Luxembourg.

22. P. CALCAREUM (Sm. brit. 3, p. 1117). Souche noirâtre, fibreuse ; pétiole écailleux à sa base, grêle, plus long que la fronde ; celle-ci roide, d'un vert pâle, triangulaire, bipinnée, droite, à

segments obtus, un peu crénelés; taches des fructifications confluentes. ♃ Dans les montagnes calcaires. Namur, Liége.

6. Polystichum. Roth. germ. 3 , p. 76.

Capsules disposées en points épars, arrondis; indusium fixé par le centre et s'ouvrant par la circonférence.

23. P. oreopteris (DC. fl. fr. 2, p. 563). Fronde pinnée, à pinnules glabres, lancéolées, résinoso-glanduleuses, les inférieures pinnatifides, à segments lancéolés, obtus, entiers; points marginaux, presque confluents. ♃ Dans les bois montueux et les bruyères. Posterholt (Limbourg), Theux, Verviers (Liége), Marche-les-Dames (Namur.)

24. P. thelypteris (Roth. germ. 3, p. 77). Polypodium Thelypteris Hedw. engl. bot., t. 509.) Acrostichum Thelypteris (L. Sp. 1528). Fronde pinnée, à pinnules pinnatifides glabres, distinctes à la base, à segments ovales, aigus, entiers; points fructifères marginaux, confluents; stipe nu. ♃ Dans les bois humides de la Campine.

25. P. callipteris (DC. fl. fr. 2, p. 562). Polypodium cristatum (L. Sp. 1551). Aspidium cristatum (Engl. bot.). Fronde subpinnée, à pinnules cordées, oblongues, les inférieures pinnatifides, à divisions ovales, obtuses, dentées en scie; stipe écailleux. ♃ Dans les bois marécageux de la Campine. Poterholt (Limbourg).

26. P. dilatatum (DC. fl. fr. 2, p. 559). P. Spinulosum, fl. fr. 2, p. 561. Aspidium dilatatum (Engl. bot., t. 1461). Fronde bipinnée, à pinnules oblongues, distinctes, incisées, pinnatifides, à segments mucronés, dentés en scie; stipe écailleux ainsi que le rachis. ♃ Dans les bois montueux. Hoogcrutz (Limbourg), Laroche (Luxembourg.)

27. P. filix-mas (DC. fl. fr. 2, p. 559). La fougère mâle. Polypodium filix-mas (L. Sp. 1551). Aspidium filix-mas (Engl. bot.). Souche épaisse; fronde de 6 décimètres environ, bipinnée, à pinnules oblongues, crénelées, obtuses, dentées en scie; points fructifères nombreux, agglomérés sur le milieu des

Polystichum.

pinnules; rachis et stipe écailleux. ♃ Commune dans les bois.

> Var. *β*. Abbreviatum (Duby). P. Abbreviatum DC. fl. fr. Pinnules ovales, crénelées à la base, très-obtuses, avec un point unique de fructification à la base (l'espèce en a deux).

28. P. ACULEATUM (Roth. germ. 8, p. 77). Polypodium aculeatum (L. Sp. 1552.) Aspidium aculeatum (Engl. bot.). Fronde de 35 à 70 centimètres, bipinnées, à pinnules roides, ovales, entières, marquées de quelques dents terminées par une pointe roide, épineuse, ainsi que leur sommet; rachis et stipes paléacés. ♃ L'été. Dans les bois humides.

> Var. *β*. Plukenetii. P. plukenetii DC. fl. fr. 5, p. 241. Polypodium plukenetii Lois. Fronde pinnatifide, subpinnée à la base, à lobes ovales, lunulés, ciliés, dentés en scie.

> Var. *γ*. Pseudo-louchitis (Bellynck). Fronde de 3 décimètres environ, lobes moins prononcés que dans la variété précédente.

29. P. SPINULOSUM (Sw. ex Web. et Mohr., p. 33). P. aristatum Vill. P. Spinosum Roth. Fronde de 40 à 60 centimètres bi ou tripinnée, à pinnules incisées dentées, oblongues, aiguës, mucronées; stipe paléacé. ♃ L'été. Dans les bois montueux surtout dans les provinces de Liége et de Namur.

30. P. LOBATUM (Huds.) Aspidium Lobatum (Willd. filic., p. 260). Fronde bipinnée, à pinnules ovales obtuses à sommet aristé-mucroné, dentées en scie, à base auriculée; stipe et rachis paléacés. ♃ Nessonvaux, Chaudfontaine (Liége), Wépion (Namur), bois de Donck, près de Sysseele (Flandres).

(Il y a une variété nommée intermedium par M. Kickx.)

31. P. LONCHITIS (Roth. Germ. 3, p. 77). Aspidium Louchitis. (Eng. bot. t. 796.) Polypodium Louchitis. (L. Sp. 1548.) Fronde pinnée; pinnules lancéolées, falciformes, aiguës, ciliées, dentées en scie, à base auriculée, à lobes inégaux aigus; capsules rangées sur deux lignes distinctes. ♃ Dans les bois. Tegelen près Venlo (Limbourg).

7. Aspidium. DC. Fl. Fr. 2, p. 557.

Capsules éparses, disposées en points arrondis, couvertes d'un indusium très-mince s'ouvrant au sommet.

52. A. fragile (Sw. Journ. Schrad. 2. p. 40). Cyathea fragilis (Eng. bot.) polypodium fragile. (L. Sp. 1553). Frondes de 25 à 35 centimètres avec le pétiole, bipinnées, tendres; pinnules pinnatifides, ovales-obtuses, incisées, à laciniures aiguës, dentées en scie; capsules éparses devenant confluentes. ♃ Dans les bois montagneux, sur les rochers, les talus, etc.

Cette espèce varie beaucoup pour le feuillage. Quand les pinnules sont étroites, c'est le Tenuifolium Mart, quand elles sont obtuses, c'est le obtusifolium de Wallr; quelquefois la plante prend plus de développement, c'est la variété Majus.

53. A. regium (Sw. Syn. 58). Cyathea regia. (Sm. eng. bot. t. 163.) Polypodium regium. (L. Sp. 1553.) Fronde bipinnée de 15 centimètres environ, à pinnules obovales, oblongues, à lobes pinnatifides, à laciniures linéaires, oblongues, obtuses, presque entières. ♃ Dans les rochers et les bois pierreux. Thuin (Hainaut), Freyr (Namur).

54. A. montanum (Sw. Journ. Schrad. 2. p. 42). Polypodium myrrhidifolium Vill. Dauph. Souche rampante; pétiole 2 fois long comme la fronde, écailleux; fronde triangulaire, haute de 30 à 45 centimètres avec le pétiole, trois fois ailée, à folioles ternées, tripinnatifides, à laciniures falciformes, obtuses, dentées au sommet. ♃ Dans les bois. Bouillon (Luxembourg), forêt de Marlagne (Namur).

55. A. fontanum (Willd. Sp.). Stipe verdâtre glabre, brun à la base; fronde pinnée, à pinnules inférieures trilobées, crénelées, les supérieures subarrondies, finement incisées. ♃ Dans les fissures des rochers. Huy (Liége).

8. Athyrium. DC. Fl. Fr. 2. p. 556.

Capsules disposées en groupes ovoïdes, allongées, cou-

Athyrium.

vertes d'un indusium latéral, uniforme, s'ouvrant de dedans en dehors.

36. A. FILIX FEMINA (Roth. germ. 3. p. 68). Polypodium filix femina (L. Sp. 1541). Nephrodium filix femina. Rich. Fronde bipinnée, de 50 à 90 centimètres, à pinnules oblongues, lancéolées, incisées, dentées, à dentelures à 2 et 3 dents aiguës; fructifications oblongues, étroites. ♃ Dans les bois.

> VAR. β. MOLLE. A Molle Roth. Fl. Germ. t. 3. p. 61. Fronde plus dilatée, à pinnules plus allongées, profondément pinnatifides.

Il y a de plus les variétés suivantes : A. dilatatum Bory. A. parvulum id. A. revolutum id. A. purpurascens id. A. trifidum Hoffm., et A. Lutescens Lej.; les noms de ces variétés suffisent pour les faire connaître.

9. ASPLENIUM. Smith. Brit. 3. p. 1126.

Capsules formant de petites lignes droites, transversales, éparses, couvertes d'un indusium latéral s'ouvrant du dehors au dedans.

37. A. LANCEOLATUM (Sm. eng. Bot. 240). Frondes bipinnées; pinnules ovato-lancéolées, à divisions obovales, élargies, à dents aiguës; fructifications d'abord parallèles, puis formant des groupes arrondis placés au bord des feuilles. ♃ Dans les fissures des rochers et les vieux murs humides. On m'a assuré que cette fougère existait dans le Grand-Duché, mais il m'a été impossible de l'y rencontrer.

38. A. ADIANTHUM NIGRUM (L. Sp. 1542). Frondes tripinnées, pinnules ovales-lancéolées, incisées, dentées en scie; les fructifications finissent par se réunir et par couvrir entièrement le dessous de la fronde. ♃ Dans les lieux humides des bois et les vieux murs.

39. A. RUTA-MURARIA (L. Sp. 1541.) Frondes petites, alternativement décomposées, à pinnules cunéiformes, rhomboïdes,

subtrilobées, crénelées et entièrement recouvertes par les fructifications. ♃ Commun sur les murs et les rochers.

> VAR. *α*. PARVA. (Bory.) Fronde rigide, subtriternée, à
> feuilles ovales.

> VAR. *β*. MAJOR. (Bory.) Fronde serrée, subdécomposée,
> à folioles oblongues.

40. A. TRICHOMANOÏDES (L. Sp. 1540). Frondes pinnées; pinnules arrondies, oblongues, obtusément crénelées, à base tronquée, cunéiforme; stipe noirâtre. ♃ Commun sur les murs, les
rochers, les souches.

41. A. GERMANICUM (Weiss. Goett. p. 299). Asp. Breymi Willd.
Asp. alternifolium Jacq. misc. 2. t. 5. f. 2. Fronde de
5-8 centimètres alternativement subdécomposée, à pinnules
subcunéiformes, incisées au sommet. ♃ Sur les murs et les
rochers. Louvegnez, Nessonvaux (Liége), Chimay (Hainaut).

42. A. SEPTENTRIONALE (Hoffm. Germ. 2. p. 12). Aspl. bifurcum
(Desm. Crypt. fasc. 4, nº 199). Stormesia bifurca (Kickx. Fl.
Lov. p. 10). Acrostichum septentrionale. (L. Sp. 1524.) Stipe
nu, glabre en haut, à segments linéaires lacinés ou tridentés
au sommet. ♃ Sur les vieux murs et les rochers. Profondeville (Namur), Quenast, Jodoigne (Brabant).

10. SCOLOPENDRIUM. DC. Fl. Fr. 2. p. 551.

Capsules disposées en lignes, géminées, linéaires, parallèles, couvertes d'un double indusium qui s'ouvre par la
suture moyenne qui unit le double tégument.

43. S. OFFICINALE (Sm. Act. t. 5. p. 410). Asplenium Scolopendrium. (L. Sp. 1537.) Frondes de 25 à 40 centimètres,
cordiformes, très-allongées, à bords le plus souvent entiers,
ondulés, glabres, portées par des pétioles écailleux. Dans les
endroits humides, ombragés.

11. BLECHNUM. Sm. Act. taur. 5. p. 411.

Capsules disposées en lignes longitudinales, solitaires, continues, parallèles à la côte de la fronde; indusium superficiel, continu, s'ouvrant du dedans au dehors.

44. B. SPICANT (Smitt. l. c.). Osmunda Spicant. (L. Sp. 1522.) Lomaria Borealis, Willd. Frondes stériles pinnatifides, à laciniures lancéolées, obtuses, parallèles, les fructifères pinnées, à pinnules linéaires, acuminées. ♃ Dans les bois montueux, humides.

12. PTERIS. Sm. Act. taur. 5. p. 412.

Capsules en lignes continues, marginales au bord de la fronde, recouvertes d'un indusium formé par la réflexion de ce bord, et s'ouvrant du dedans au dehors.

45. P. AQUILINA (L. Sp. 1533). Fronde atteignant 1 mètre à 1 mètre et demi, trois ou quatre fois ailée, hérissée sur les deux faces de poils mous, peu épais, à pinnules alternes ou opposées, lancéolées, à bords roulés en dessous, les supérieures entières, les inférieures pinnatifides. ♃ Septembre, octobre. Commun dans les bois.

Quand on coupe en travers les racines de cette fougère, la coupe montre une espèce de figure d'aigle impériale.

46. P. CRISPA (All. ped. n° 2552). Osmunda Crispa L. Frondes de 10 à 15 centimètres, les stériles bipinnées, à pinnules pinnatifides, à segments obovales, crénelés, dentés-incisés au sommet, les fertiles bi ou tripinnées dans le bas, à pinnules linéaires, oblongues, presque obtuses, entières, étroites à la base. ♃ Sur les rochers aux environs de Laroche (Luxembourg).

13. HYMENOPHYLLUM. Sm. Act. taur. 5. p. 118.

Capsules marginales, sessiles, insérées sur un réceptacle cylindrique; indusium bivalve.

Hymenophyllum.

47. H. TUMBRIDGENSE (Sm. l. c.). Frondes subpinnées, ovales, décurrentes, pinnules dentées en scie; fructifications sub-axillaires, solitaires. 2[Au pied des arbres entre les mousses. Laroche, Béfort (Luxembourg), Beaumont (Hainaut).

F^{lle} IV. — MARSILÉACÉES. Brown. prod. 116.

Rhizospermes. DC. Fl. Fr. 3. p. 577.

Fructifications radicales; involucre subsphérique non déhiscent, coriace ou membraneux, uni ou multiloculaire, contenant les organes de deux sexes et plus tard des graines nombreuses et arrondies. Herbes aquatiques, rampantes; feuilles opposées, roulées en crosse.

1. PILULARIA. L. Gen. n° 1183.

Capsule (involucre) solitaire, presque sessile, globuleuse, coriace, quadriloculaire.

48. P. GLOBULIFERA (L. Sp. 1563). Tige grêle, rampante; feuilles lisses, filiformes cylindriques; fructifications sphériques, axillaires, radicales. 2[Dans les marais de la Campine, Lanaken (Limbourg).

> VAR. β. NATANS. MER. Tiges longues de plusieurs pieds, flottantes; feuilles grêles, allongées; fructifications écailleuses.

F^{lle} V. — LYCOPODIACÉES. DC. Fl. Fr. 2. p. 571.

Fructifications crustacées, sessiles, situées aux aisselles des feuilles, et alors axillaires, ou des bractées, et alors spi-

ciformes; capsules déhiscentes ou indéhiscentes, tantôt uniformes et renfermant un grand nombre de séminules, et
tantôt de deux sortes, dont les plus communes (*les mâles?*)
sont remplies de globules sphériques pulvérulents; les
autres plus rares (*les femelles?*) contiennent des semences
sphériques, un peu raboteuses, marquées de trois côtes en
dessous. Plantes terrestres, musciformes.

1. Lycopodium. L. Gen. 1185.

Dioïque ou monoïque; les *mâles* à coques bivalves pleines
de poussière; les *femelles* à coques quadrivalves mono ou
polyspermes; capsules déhiscentes. Plantes à feuilles caulinaires nombreuses, imbriquées, ou disposées de deux
côtés.

49. L. complanatum (L. Sp. 1567). Tige rampante, presque nue,
à rameaux droits, grêles, plusieurs fois bifurqués; feuilles
disposées sur quatre faces, adhérentes entre elles à la base,
les deux plus grandes disposées sur deux faces, les deux plus
petites appliquées; épis géminés, pédonculés. ♃ Dans les bois
et les bruyères. Se trouve principalement dans la Campine.

50. L. annotinum (L. Sp. 1566). Feuilles éparses un peu dentées
en scie, disposées sur cinq faces, les florales dilatées, plus
courtes; rameaux florifères, articulés. ♃ Dans les endroits
montueux. Grunerwald, Rodenbourg (Luxembourg).

51. L. clavatum (L. Sp. 1564). Tige de 50 à 90 centimètres,
rampante, rameuse; feuilles éparses, filamenteuses au sommet, finement denticulées, les florales dilatées, membraneuses;
rameaux florifères, redressés, un peu piquants en bas, bi ou
trifides au sommet; fructifications en 2 ou 3 épis non foliacés;
pédoncules en massue. ♃ L'été, dans les bruyères et les coteaux
couverts de bois.

52. L. Selago (L. Sp. 1565). Feuilles éparses très-entières, lancéolées, mutiques, uniformes, disposées sur 8 faces; tige

Lycopodium.

dichotome droite et rameuse. ♃ Dans les bruyères montagneuses.
Juslenville (Liége), Helden (Limbourg.)

> Var. *β*. Patens (Desv.). L. Patens Beauv. L. selaginoïdes Hoor. Tige plus élevée; rameaux moins nombreux; feuilles moins épaisses, à nervures plus prononcées, effilées au sommet, planes, ciliées étant jeunes. Renaix (Flandre orientale).

53. L. inundatum (L. Sp. 1565). Tige de 5 à 8 centimètres, rampante, bifurquée, à rameaux ascendants; feuilles éparses, très-entières, linéaires, lancéolées, mutiques, les florales dilatées à la base. ♃ L'été. Commun dans les bruyères inondées de la Campine.

CLASSE II.

PLANTES CELLULAIRES OU ACOTYLÉDONÉES.

Plantes de contexture cellulaire, de formes variées, dépourvues le plus souvent de pores corticaux et de vaisseaux lymphatiques propres et en spirale; organes sexuels de plusieurs espèces, inconnus; graines ou gongyles germant sans cotylédons.

F^{lle} I. — Mousses. L. ord. nat. 56.

Fleurs hermaphrodites, dioïques ou monoïques, terminales ou latérales, discoïdes, gemmiformes ou en tête, entourées de feuilles florales (perichætium). Les *mâles* (gemmules) sessiles, mêlées de filaments stériles, articulés; les *femelles* consistant en une capsule (urne ou thèque) uniloculaire, uni ou quadrivalve, d'abord contenue dans une membrane qui se déchire transversalement et traversée par un axe central (columelle), souvent cylindrique, plissée longitudinalement, quelquefois dilatée au sommet et munie d'une ouverture (péristome) nue, ciliée ou dentée,

à dents liées parfois par une membrane (épiphragme);
les urnes sont portées par un pédicelle ou soie (seta) et
fermées par un opercule adhérent ou caduc, avec ou sans
pointe au sommet, recouvertes d'une coiffe (calyptra) en
forme d'éteignoir et caduque; elles renferment des sporules
nombreuses, pulvérulentes, très-fines. Herbes petites, vertes,
à feuilles indivises, souvent pourvues de nervures, entières,
dentées ou non dentées en scie. Ces plantes fructifient en
hiver depuis le mois d'octobre jusqu'en avril.

SECTION I. — *Péristome double.*

DIVISION I. — *Pédicelle terminal.*

1. POLYTRICHUM. L. Gen. 1192.

Urne terminale à péristome double; l'extérieur à 52 ou
64 dents courtes, courbées, placées à distance égale, l'intérieur composé de cils unis au sommet en une membrane
dense, horizontale; coiffe petite, dimidiée, simple ou double, couverte de cils dirigés du sommet à la base. Les mousses
de ce genre fleurissent en avril et mai.

   a. Coiffe double, l'extérieure velue. (Polytrichum. DC. fl.
     fr. 485.)

   † BORDS DES FEUILLES POURVUS D'UNE MEMBRANE.

54. P. JUNIPERINUM (Hedw. Sp. 89, t. 18). P. commune, var. β
L. Sp. 1575. P. strictum. Menz. trans. lin. Feuilles lancéolées, subulées, entières, à bord contourné, acuminées au
sommet, colorées, un peu dentées en scie; capsule ovale,
obtusément quadrangulaire; apophyse déprimée; opercule
conique; coiffe pâle à la base, orangée au sommet. ♃ Dans les
bruyères et les bois arides.

55. P. PILIFERUM (Schreb. lips. p. 74). P. commune, var. ν L. Sp.

Polytrichum.

1573. Tige simple, droite, raccourcie; feuilles lancéolées, subulées, enroulées au bord et terminées par un poil au sommet; capsule subquadrangulaire, à apophyse déprimée; opercule conique. ♃. Dans les lieux arides.

†† Bords des feuilles planes ou enroulés.

56. **P. commune** (L. Sp. 1573). Tige simple, droite, allongée; feuilles linéaires, subulées, étalées, à bords planes, dentées en scie; urne ovale, obtusément quadrangulaire, munie d'une apophyse. ♃ Dans les bois et les bruyères.

    Var. *α.* Yuccæfolium (Hook et Tayl.). Tige palmée; feuilles à bord concolore; urne quadrangulaire à angles aigus; apophyse arrondie.

    Var. *β.* Attenuatum (Hook et Tayl.). P. formosum Hedw. P. longisetum sw. Tige longue; feuilles pellucides sur les bords; urne subquadrangulaire; apophyse très-petite; coiffe orangée, très-velue.

57. **P. urnigerum** (L. Sp. 1573). Tiges de 2 à 3 centimètres, allongées, rameuses; feuilles dressées, étalées, lancéolées, aiguës, à bords planes, dentées en scie; urne droite, cylindrique, sans apophyse; opercule conique, subulé. ♃ Dans les bruyères et les bois montueux.

58. **P. aloïdes** (Hedw. st. cript. 1, t. 14). Pogonatum aloïdes Beauv. Tige courte, droite, souvent rameuse; feuilles étalées, linéaires, lancéolées, obtuses, planes sur les bords et dentées en scie au sommet; pédicule simple et flexueux; capsules un peu penchées, cylindriques, sans apophyse; opercule conique, subulé. ♃ Dans les bruyères et les bois montueux.

59. **P. subrotundum** (Huds. ang. 1. p. 400). Pogonatum nanum. P. Beauv. P. nanum. Hedw. st. crypt. 1, t. 13. P. pumilum sw. suc. t. 9, f. 19. Tige courte, simple; feuilles linéaires, lancéolées, dentées en scie; urne un peu penchée, subglobuleuse, sans apophyse, portée par un pédicule rouge de 1 à 3 centimètres. ♃ Dans les bruyères arides, surtout dans la Campine.

Polytrichum.

b. Coiffe simple à poils dirigés de bas en haut. (Oligotrichum. DC. fl. fr. 2, p. 493.)

60. P. HERCYNICUM (Hedw. st. cr. 1, t. 15). Catharinea Hercynica Ehr. Oligotrichum hercynicum Dc. Feuilles linéaires, dilatées à la base, entières, denticulées, à nervure épaisse; urne presque droite, urcéolée; opercule conique, obtus. Près d'Audenarde. (M. Kickx.)

61. P. UNDULATUM (Hedw. st. crypt. t. 16-17). Catharinea undulata Brid. Meth. 202. Oligotrichum undulatum De. Feuilles lancéolées, ondulées, planes, denticulées sur les bords, à nervure ailée; pédicelle rouge de 2 à 4 centimètres; urnes cylindriques, obliques, sans apophyse; opercule subulé. ① Commun dans les lieux humides et ombragés.

2. BARTRAMIA. Hedw. musc. fr. 2. p. 111.

Urne terminale, pédicellée, sphérique; péristome double, l'extérieur à 16 dents, l'intérieur membraneux à 16 segments bifides, alternes avec les dents du péristome extérieur; coiffe fendue latéralement.

62. B. POMIFORMIS (Turn. in ann. of Bot. 1. p. 1526). Bryum pomiforme (L. Sp. 1580). Tige dressée, rameuse; feuilles étalées, subulées, dentées en scie, se crispant par la dessiccation, à nervure atteignant le sommet; pédicule droit, allongé, rougeâtre, le double plus long que la tige. ♃ Sur les bords des bois et des chemins creux.

63. B. OEDERI (Sw. in Schrad. journ. 11, hand. 1800, p. 181). Tiges allongées; feuilles recourbées-étalées, lancéolées, canaliculées, dentées en scie; pédicule devenant latéral par le prolongement de la tige. Sur les rochers humides. Ardennes.

64. B. FONTANA (Sw. journ. schrad. 2. t. 5. f. B. X). Mnium fontanum L. Tige à rameaux dressés, rapprochés de 3 à 6 centimètres; feuilles densément imbriquées, roides, dressées, largement ovales-lancéolées, acuminées, planiuscules, dentées

Bartramia.

en scie; pédicelle devenant latéral par l'allongement de la tige,
dressé; capsule oblique, d'abord sphérique, puis oblongue, à
opercule en cône, court. ♃ Cette mousse est d'un vert jaunâtre. Dans les marais fangeux. Tremeloo (Brabant.) Ardeunes.

3. Funaria. Schreb. gen. p. 1650.

Urne terminale, pédicellée, pyriforme, sillonnée en
vieillissant; péristome double, oblique, l'extérieur à
16 dents tordues obliquement et soudées par leur partie
supérieure; l'intérieur à 16 dents opposées, horizontales,
membraneuses; coiffe grande, mitriforme, à base tétragone,
ventrue, fendue d'un seul côté.

65. F. hygrometrica (Hedw. Sp. 172). Mnium hygrometricum
L. Sp. 1575. Tige simple, très-petite; feuilles concaves, ovales, pointues, entières, à nervure médiane; pédicelle long (2 à
4 centimètres), courbe, tortueux; urne oblique et très-obtuse.
♃ Commun sur la terre et les rochers humides.

> Var. β. Microstoma (Nob.). F. microstoma Bruch.
> Taille plus petite; nervures ne se prolongeant pas
> au delà du sommet; capsules d'un jaune doré, à
> coiffe plus courte; spores plus gros. Sur un vieux mur
> à Gand (M. Kickx).

66. F. hibernica (Hook). F. Muhlenbergü Web. et Mohr. non.
schw. et Turn. Feuilles ovales-oblongues, planes, longuement
acuminées, à dentelures profondes, obtuses, recourbées au
dehors; urne grêle, oblongue, jaunâtre, peu striée, à péristome brun; opercule convexe, rougeâtre, surmonté d'une pointe
blanchâtre. Ostende et dans les Ardennes.

4. Bryum. Hook. et Teyl. musc. Brit. p. 115.

Urne terminale, pédicellée, pendante; péristome double, l'extérieur à 16 dents aiguës, l'intérieur à 16 dents entières, carénées, membraneuses à la base, plissées, déchirées

Bryum.

en lanières, entières ou perforées, placées alternativement; coiffe fendue latéralement.

SECTION I. — *Dents externes aiguës presque égales aux internes; capsule sillonnée inégale ou penchée* (Streptotheca Arn. disp. meth. p. 43).

67. B. PALUSTRE (Sw. musc. sued. 46). Mnium palustre (L. Sp. 1574). Orthopixis palustris Beauv. Tige rameuse, dressée, haute de 8 à 12 centimètres; feuilles lancéolées, obtuses, entières, à bords recourbés, d'un vert jaunâtre; capsule ovale, oblique, sillonnée, ovoïde, à opercule conique. ♃ Dans les bois et les marais. Auderghem, Boitsfort (Brabant.)

68. B. ANDROGYNUM (Hedw. Sp. 178. th. t. 14). Mnium androgynum (Engl. bot. t. 1258). Tige droite presque simple, de 4 à 8 millimètres; feuilles lancéolées, aiguës, d'un vert jaune, imbriquées, étalées, à bord recourbé; urne presque dressée, cylindrique, sillonnée, à opercule conique. ♃ Dans les bois humides. Cette espèce porte souvent des capitules nommés fleurs mâles et rarement des urnes. Dinant et au-dessus d'Andennes (Namur), Vlamertinghe, Wulveringhem (Flandre).

SECTION II. — *Dents externes aiguës, presque égales aux internes; urnes lisses; fleurs mâles discoïdes; tige toujours simple, dressée, nue inférieurement* (Mnium L. gen. 1195).

† FEUILLES IMMAGINÉES.

69. B. ROSEUM (Schreb. Lips. p. 84). Mnium serpillifolium λ L. Sp. 1578. Tige dressée de 12 à 20 millimètres; feuilles étalées en rosette, obovales, spatulées, aiguës, dentées en scie, ondulées, à nervures atteignant le sommet; pédicules agrégés; urne oblongue, ovale, pendante; opercule hémisphérique à pointe courte. ♃ Dans les bois et les bruyères humides. Dans la Campine. Héverlé (Brabant).

†† Feuilles marginées.

70. B. ligulatum (Schreb. lips. p. 84). Mnium serpillifolium var. ₄ L. Sp. 1578. Tige allongée de 5 à 10 centimètres, feuilles ondulées, ligulées, réticulées, allongées, dentées, à nervure dépassant le sommet; pédicules souvent agrégés; urne ovale, pendante; opercule conique, peu aigu. ♃ Dans les bois ombragés.

71. B. hornum (Schreb. lips. 83). B. stellatum DC. fl. fr. p. 507. Tiges allongées, en gazon serré; feuilles lancéolées, aiguës, réticulées, dentées, à nervure dépassant la pointe; capsules oblongues, ovales, penchées, à opercule hémisphérique, mucronulé. ♃ Dans les bois humides.

72. B. marginatum (Dicks. fasc. 2. t. 5. f. 1). Mnium serratum Brid. musc. 4. t. 1. f. 2. Tiges allongées; feuilles aiguës, réticulées, dentées, à nervure dépassant le sommet, les inférieures ovales, lancéolées, les supérieures sous-linéaires; capsule ovale, pendante, à opuscule à bec court. ♃ Dans les endroits humides des montagnes. Dinant (Namur), Laroche (Luxembourg).

73. B. cuspidatum (Schreb. lips. p. 34). Mnium cuspidatum Hedw. Sp. t. 45. Mnium serpillifolium var. β. L. Sp. 1577. Tiges allongées, parfois prolifères, de 2 à 3 centimètres; feuilles subovales, aiguës, réticulées, dentées à leur partie supérieure, à nervure dépassant le sommet; capsules ovales, pendantes; opercule conique, obtus. ♃ Dans les lieux ombrageux et humides des bois.

74. B. punctatum (Schreb. lips. p. 85). B. serpillifolium Neck. Mnium serpillifolium var. ₄. L. Sp. 1577. Mnium punctatum Hedw. Tiges allongées de 3 à 5 centimètres, couchées; feuilles obovales-arrondies, très-obtuses, réticulées, entières, à nervure n'atteignant pas le sommet; capsule ovale, pendante; opercule à bec court. ♃ Dans les prairies ombragées, humides.

Bryum.

Section III. — *Dents externes aiguës, presque égales aux internes; fleurs mâles gemmiformes; tiges feuillées en gazon, le plus souvent droites à rameaux non rampants* (Bryastrum Duby 550).

† Feuilles sétacées.

75. B. **pyriforme** (Sw. musc. sued. 45). Mnium pyriforme (L. Sp. 1576). Tiges simples; feuilles subulées, sétacées, flexueuses, dentées en scie, à nervure très-large; capsule pyriforme pendante. ① Dans les terrains sablonneux.

†† Feuilles subulées.

76. B. **argenteum** (L. Sp. 1586). Tiges rameuses; feuilles d'un blanc argenté, fortement imbriquées, largement ovales, brusquement acuminées, légèrement dentées en scie, concaves, scarieuses au sommet, à nervure n'atteignant pas le sommet; capsule ovoïde, pyriforme, pendante, à opercule convexe et obtus. ♃ Commun sur les murs, les toits et les terrains sablonneux.

77. B. **julaceum** (Schrad. Sp. p. 70). B. argenteum var. β. L. B. viridulum Leers. Tiges rameuses; feuilles serrées, imbriquées, largement ovales, concaves, entières, obtuses, à nervure atteignant presque le sommet; capsule subovoïde, cylindrique, pendante. ♃ Dans les mêmes lieux que l'espèce précédente et quelquefois mêlé avec elle.

78. B. **capillare** (L. Sp. 1586). Tiges courtes, gazonnées, rameuses; feuilles subovales, se tordant par la dessiccation, entières, à nervure se terminant par un poil, submarginées; capsule oblongue, pendante; opercule très-courtement convexe. ♃ Dans les bois humides, les fossés.

79. B. **cespititium** (L. Sp. 1586). Tige courte; feuilles ovales, acuminées, entières ou faiblement dentées, un peu recourbées sur les bords, à nervure atteignant ou dépassant le sommet; capsule ovoïde, pyriforme, pendante, à opercule presque plane. ♃ Sur les murs, les toits et les terres fortes.

80. B. **cernuum** (Br. et Schimp.). Ptychœtomum cernuum Horusch. Cymontodium cernuum Hedw. Tige rouge, rameuse;

Bryum.

feuilles oblongues, lancéolées, marquées d'une forte nervure rougeâtre, qui se prolonge en une pointe longue et effilée; pédicule brunâtre, capsule allongée-pyriforme, penchée, d'un brun-jaunâtre; opercule convexe, apiculé. Renaix (Flandre). M. Kiekx.

81. B. VENTRICOSUM (Dicks. crypt. fasc. 1. p. 4.) B. Schleicheri Schw. t. 73. B. pseudotriquetrum. Brid. B. bimum Schrad. Mnium pseudotriquetrum. Hedw. Tige allongée, rameuse, à rameaux simples; feuilles oblongues, acuminées, à peine dentées, à bord enroulé et à nervure dépassant le sommet; capsule oblongue, ovoïde, pendante; opercule peu conique. Dans les marécages de la Campine. A Tremeloo (Brabant), Kessel (Limbourg), Lives (Namur.)

82. B. CARNEUM (L. Sp. 1587). B. delicatutum Hedw. st. crypt. 1. t. 30. B. pulchellum. Hedw. st. cr. 3. t. 38. Tige simple; feuilles lancéolées, réticulées, un peu dentées en scie au sommet, sans nervure; capsule obovale, pendante, à opercule convexe. Dans les endroits humides, ombragés. Entre Mouscron et Courtrai (M. Westendorp), Jallet (Namur.)

83. B. NUTANS (Schreb. lips. p. 8). Webera nutans Hedw. st. cr. 1. t. 4. Tige courte; feuilles dressées, lancéolées, acuminées, dentées vers le haut, à nervure atteignant le sommet; pédicelles très-longs (3 à 5 centimètres); capsules oblongues, pyriformes, pendantes, à opercule courtement conique. 2/ Dans les endroits stériles et humides. Baarlo, Brée (Limbourg.)

84. B. CRUDUM (Huds. angl. p. 491). Mnium crudum (L. Sp. 1756). Tige simple; feuilles rigides, lancéolées, planes, dentées, à nervure n'atteignant pas le sommet, les supérieures plus étroiteset plus longues; capsule oblongue, subpyriforme, pendante, à opercule conique, convexe. 2/ Dans les terrains montueux, humides. Mheer (Limbourg), Andennes, Sclayn (Namur).

85. B. ERYTHROCARPON (Moug. et Nestl. Voy. n° 852). B. atropurpureum Brid. Tige simple; feuilles ovales lancéolées, un peu dentées au sommet; capsule obovale pendante, d'un rouge

sanguin, à opercule convexe. ♃ Sur la terre et les murs. Bouges (Namur), Caster (Limbourg.)

Walhemberg considère cette espèce comme une variété du B. carneum L.

86. **B. ANNOTINUM** (Hedw. Sp. t. 45). Muium annotinum L. B. bulbiferum Chev. Tige dressée de 7 à 8 millimètres; feuilles lancéolées, acuminées, un peu dentelées au sommet; capsules pendantes, oblongues-pyriformes, à opercule mamillaire. Philippeville (Namur), Nieukerken (Flandre orientale).

87. **B. TURBINATUM** (Sw. musc. Suec. 49.) B. boreale Schw. t. 69. B. Longisetum Schw. sup. t. 75. Mnium turbinatum Hedw. st. cr. 3. t. 8. Tige courte, rameuse; feuilles ovales, acuminées, presque entières, à bords recourbés, à nervure dépassant le sommet; capsule allongée, pyriforme, pendante, à opercule convexe. ♃ Dans les sables humides et marécageux de la Campine. Lanaken, Helden (Limbourg).

88. **B. INTERMEDIUM** (Brid.). Mnium intermedium Ludw. Webera intermedia Schw. Tige courte, rameuse; feuilles ovales-lancéolées, acuminées, un peu dentées, munies d'une nervure; capsule penchée, pyriforme, à opercule conique, aigu. Ciney (Namur), bois d'Aeltère (Flandre).

89. **B. INCLINATUM** (Garov.). Pohlia inclinata Schw. Cette espèce pourrait bien n'être qu'une variété de la précédente, les feuilles sont planes, ovales-lancéolées, acuminées, à nervure saillante; pédicule brunâtre; capsule inclinée, puis penchée; opercule conique; péristome interne non cilié. Dans les lieux sablonneux. Rieme (Flandre), Endhoven (Brabant septentrional).

90. **B. BULBIFERUM** (Nob.). Tige très-courte (2 millimètres) formant une espèce de bulbe par la réunion des feuilles qui sont ovales, lancéolées, acuminées, entières, à nervure dépassant le sommet; pédicelles de 2 centimètres; urnes obovales, oblongues, pendantes, à opercule convexe, obtus. J'ai trouvé une seule fois cette mousse à Swalmen (Limbourg).

5. Timmia. Hedw. musc. fr. 1. t. 31.

Capsule terminale, ovoïde; péristome double, l'extérieur à 16 dents, l'intérieur à 64 cils, réunis inférieurement par une membrane et libres supérieurement, soudés au sommet par 2 ou par 4 ; les dents extérieures opposées ; coiffe fendue latéralement.

91. T. polytrichoïdes (Brid. Sp. musc. p. 99). Tige dressée, un peu rameuse; feuilles embrassantes à la base, linéaires lancéolées, dentées, se resserrant par la sécheresse et élargies refléchies par l'humidité; capsules penchées, ovales, à opercule mamillaire, déprimées au centre. ♃ Dans les bois et sur les rochers ombragés. Bouillon (Luxembourg).

Je ne connais en Belgique que la variété Lutescens Brid. T. austriaca Hedw. Sp. musc. 1. 42. Elle a les feuilles d'un vert jaunissant, les pédoncules allongés et le péristome interne blanchâtre.

Division II. — *Pédicelle latéral.*

6. Daltonia. Hook. et Tayl. musc. brit. p. 80. t. 3.

Péristome double, l'extérieur à 16 dents, l'intérieur à 16 cils naissant de la partie latérale des dents; coiffe mitriforme, urne presque sessile, latérale.

92. D. pennata (Arn. disp. Meth. p. 54). Neckera pennata Hedw. musc. fr. 3. t. 19. Fontinalis pennata L. Sp. 1571. Tige couchée, rameuse, à rejets planes; feuilles placées sur 2 rangs, ovales, lancéolées, transversalement rugueuses; pédicelle renfermé dans le périchétion; opercules obliques d'un rouge vif; coiffe entière et lacérée à la base. ♃ Sur le tronc des vieux arbres et les rochers. Provinces de Namur et de Luxembourg.

7. Neckera. Arn. disp. meth. p. 51.

Urne oblongue; péristome double, l'extérieur à 16 dents

dressées, l'intérieur à 16 cils alternant avec les dents ; coiffe dimidiée.

\ 93. N. crispa (Hedw. fund. t. 8 , f. 47-48). Hypnum crispum (L. Sp. 1589). Tiges rameuses, très-longues, couchées, à rameaux pinnés, comprimés ; feuilles oblongues, acuminées, ondulées transversalement ; pédicelle le triple plus long que le périchétion ; capsule ovoïde, à opercule à bec oblique et subulé. ♃ Sur la terre et les rochers. Provinces de Namur et de Luxembourg, Brumagne, Dinant, Lives (Namur), Boitsfort (Brabant).

\ 94. N. viticulosa (Hedw. fund. 1 t. 3 f. 11). Hypnum viticulosum (L. Sp. 1592). Tiges longues, couchées, à rameaux redressés, cylindriques ; feuilles ovales, lancéolées, obtuses, entières, imbriquées, d'un vert foncé, à nervures atteignant le sommet ; pédicelle très-long ; urne cylindrique, à opercule à bec. ♃ Sur les troncs d'arbres et les rochers. Sanson, Amée, Dinant, (Namur), Hoylaert, Auderghem (Brabant).

\ 95. N. curtipendula (Hedw. fund. 2, p. 93). Hypnum curtipendulum L. (Sp. 1594). Tige rameuse, diffuse, couchée, à rameaux arrondis ; feuilles acuminées, dentées en scie, d'un vert doré, imbriquées, à nervure n'atteignant pas le sommet ; pédicelle le double plus long que le périchétion ; urne ovoïde et droite, à opercule conique. ♃. Sur les racines des arbres et les rochers. Bois de Lubbeck et de St-Jooris-Winghe (Brabant).

8. Fontinalis. Hedw. fund. 2, t. 9, f. 53-55.

Urne latérale, oblongue, presque sessile, à peu près cachée dans le périchétion ; péristome double, l'extérieur à 16 dents, l'intérieur à 16 cils réticulés ; coiffe mitriforme.

96. F. antipyretica (L. Sp. 1571). Tiges très-longues, de 20 à 30 centimètres, peu ramifiées, submergées ; feuilles rangées sur 3 rangs, ovales lancéolées, sans nervure, carénées, aiguës,

Fontinalis.

les périchétiales obtuses, arrondies ; urnes latérales, presque
sessiles, cylindriques, placées à la base des tiges ; opercule
conique. ♃ Dans les fontaines et les rivières.

9. HOOKERIA. Smith in linn. trans. v. 9, p. 276.

Urne latérale, pédicellée ; peristome double, l'extérieur
à 16 dents, l'intérieur membraneux, caréné, à 16 segments
entiers, opposés aux dents ; coiffe mitriforme, entière,
glabre.

97. H. LUCENS (Sm. l. c.). Hypnum lucens (L. Sp. 1589). Leskea
lucens Mænch. marp. 739. Tige comprimée, vaguement rameuse ; feuilles largement ovales, entières, obtuses, sans nervure, imbriquées, distiques ; urne ovale, penchée, à opercule
conique, avec un bec pointu. ♃ Dans les prairies et les bois
humides, près de Wavre et de Namur.

10. HYPNUM. L. Gen. 1195.

Capsule pédicellée, latérale, oblongue ; péristôme double, l'extérieur à 16 dents, l'intérieur membraneux, divisé
en 16 segments égaux, opposés aux dents et entremêlés de
cils filiformes ; coiffe dimidiée, cuculiforme.

   1. — Feuilles distiques, tiges planes, rampantes ou couchées.

98. H. COMPLANATUM (L. Sp. 1588). Leskea complanata Brid.
Tige couchée, pinnée, rameuse ; feuilles placées sur 2 rangs,
oblongues, apiculées, entières, sans nervure ; capsule ovoïde,
droite ; opercule à bec effilé, oblique. ♃ Sur les troncs d'arbre, les rochers, au pied des murs.

99. H. TRICHOMANOÏDES (Schreb. lips. 88). Omalia trichomanoïdes
Brid. Leskea trichomanoïdes Brid. Musc. Tige couchée, rameuse ;
feuilles larges, oblongues, distiques, obtuses, mutiques, à ner-

vure n'atteignant que le milieu; urne ovoïde, droite, à opercule à bec. ⚃ Dans les bois et les chemins creux.

100. H. DENTICULATUM (L. Sp. 1588). H. sylvaticum L. Syst. 950.
Tige déprimée, courte, presque simple; feuilles ovales-lancéolées, plus ou moins aiguës, ayant deux courtes nervures à
la base; capsules oblongues, cylindriques, inclinées, à opercule conique. ⚃ Dans les bois, sur la terre et les troncs
d'arbre. Groenendael (Brabant), Champion, Marche-les-Dames
(Namur), Baarlo (Limbourg).

101. H. RIPARIUM (L. Sp. 1595). H. longifolium Brid. Meth. p. 158.
Tige rameuse, couchée, étalée; feuilles peu serrées, ovales-acuminées, entières, à nervure atteignant à peine le sommet;
capsules oblongues, penchées, à opercule conique. ⚃ Sur les
pierres et les pieux des étangs et des eaux courantes. Dans ce
dernier cas, les feuilles deviennent lancéolées, subulées.

102. H. UNDULATUM (L. Sp. 1589). Tige couchée; feuilles imbriquées, ovales, aiguës, ondulées transversalement, munies de
deux courtes nervures à la base, d'un vert blanchâtre; capsule
oblongue, arquée, penchée, à opercule à bec acuminé. ⚃ Dans
les bois humides. Boitsfort (Brabant). Je n'ai jamais trouvé cette
mousse en fructification.

> 2. — Rejets dressés, dénudés dans le bas; feuilles droites;
> tige dendroïde.

103. H. DENDROÏDES (L. Sp. 1595). Leskea dendroïdes Hedw. Sp.
228. Climacium dendroïdes Schw. sup. t. 81. Tige dressée,

Je place ici une espèce de genre bryum omise dans la première
livraison.

B. CUCULLATUM (Schw. Supp. 1. p. 2. t. 68). Tige rameuse; feuilles
lancéolées-oblongues, un peu obtuses, très-entières, concaves,
à nervure n'atteignant pas le sommet qui est un capuchon;
capsule pendante, oblongue, à opercule presque plane, obtusément mamelonné. ⚃ Cette mousse a été trouvée à Dilbeck
près Bruxelles par M. Westendorp.

nue au bas, rameuse en haut, à rameaux fastigiés; feuilles
ovales-lancéolées, striées, dentées vers le haut, à nervure
n'atteignant pas tout à fait le sommet; capsule droite, ovale,
cylindrique, à opercule à bec. ♃ Dans les bois et les prairies
humides.

104. H. ALOPECURUM (L. Sp. 1593). H. arbusculum Brid. Tige
droite, simple du bas et rameuse fastigiée sur le haut; feuilles
concaves, ovales, elliptiques, aiguës, dentées en scie, à bords
réfléchis, à nervure n'atteignant pas le sommet; capsule ovale,
penchée; opercule à bec. ♃ Dans les bois humides et montueux.

> 3. — Rejets confusément rameux et feuillés; feuilles imbri-
> quées, concaves, obtuses ou apiculées.

105. H. STRAMINEUM (Dicks. cr. t. 1. f. 9). Tige presque simple,
dressée, grêle; feuilles lâchement imbriquées, pâles, dressées,
étalées, oblongues-ovales, obtuses, entières, à nervure n'allant
qu'au milieu; capsule oblongue, ovoïde, obtuse, courbée, penchée; opercule conique. ♃ Dans les bruyères humides de la
Campine. Cette plante fructifie très-rarement.

106. H. PURUM (L. Sp. 1594). Tige rameuse, pinnée, très-longue
(6 à 12 centimètres); feuilles serrées, imbriquées, ovales, très-
concaves, courtement mucronées, à nervure atteignant à peine
le milieu; pédicule lisse; urne ovale, penchée, à opercule
conique. ♃ Dans les bois et les prairies. Fructifie en mai, mais
très-rarement.

107. H. ILLECEBRUM (Lam. dict. 3. p. 174. an L?). H. Tourretii Brid.
Tige courbée, vaguement divisée, subpinnée, rameuse; feuilles
très-serrées, imbriquées, pressées, ovales, concaves, apiculées,
dentées, à nervure dépassant le milieu; capsule oblongue, ventrue, penchée; opercule conique, acuminé. ♃ Dans les bois et
les prairies des provinces de Namur, Liége et Luxembourg.
Fructifie rarement.

Cette mousse pourrait bien n'être qu'une variété de la précédente.

108. H. SCHREBERI (Willd. Fl. ber. p. 325). H. muticum Fl. fr. 2.

Hypnum.

p. 521. Tiges rameuses, pinnées, un peu comprimées; feuilles densément imbriquées, presque droites, elliptiques, apiculées, concaves, entières, avec deux courtes nervures à la base; capsules ovales, penchées, à opercule conique à bec allongé. ♃ Dans les prés et les bois.

109. H. MURALE (Hedw. st. cr. 4. t. 50.) H. abbreviatum Hedw. Sp. musc. t. 65, f. 1-4. Tige rampante; feuilles presque dressées, imbriquées, ovales, mucronulées, concaves, entières, à nervure atteignant à peine le milieu; capsule ovale, penchée, à opercule à bec long et arqué. ♃ Sur les murs, les pierres et les rochers.

110. H. CONFERTUM (Schw. Seps. musc. suppl. 3. t. 90. f. 2). Tiges régulièrement rameuses; feuilles ovales-lancéolées, acuminées, étalées sur deux rangs, comme distiques, entières, légèrement denticulées, munies d'une nervure qui n'atteint que le milieu; capsules oblongues, horizontales; opercule conique, à bec effilé. Cette mousse a été trouvée dans les Flandres et dans la Campine.

    4. — Rejets vaguement rameux; feuilles ovales, acuminées, striées, très-entières; urne droite.

111. H. SUBTILE (Hoffm. germ. 2, p. 70). Leskea subtilis Hedw. st. cr. 4. t. 9. Tige rampante, rameuse, à rameaux resserrés, simples, filiformes; feuilles assez écartées, linéaires, lancéolées, aiguës; urne droite, cylindrique, à opercule conique, aigu. ♃ Au pied des arbres et sur les pierres dans les bois.

    5. — Rejets vaguement rameux; feuilles ovales, acuminées, presque entières, urne penchée (Serpentia Arn.)

112. H. SERPENS (L. Sp. 1596.) H. subtile Dicks. engl. bot. t. 2496. H. fluviatile Funck non Sw. Mousse très-mince; tige rampante; feuilles très-délicates, fines, ovales-lancéolées, obtusiuscules, étalées, entières, à nervure atteignant presque l'extrémité; capsule cylindrique, courbe, inclinée à sa maturité; opercule conique, court. ♃ Dans les endroits humides et ombragés.

Hypnum.

Cette mousse varie beaucoup; de là on en a fait plusieurs espèces qui ne sont que des variétés, telles que le H. viride Lam. dict. et le filamentosum Smith. Fl. brit.

113. H. CATENULATUM (Brid. Sp. musc. 2. p. 154.) Tige divisée, montante; feuilles subétalées, ovales, un peu acuminées, avec des papilles sur le dos et sur les bords et une nervure très-courte; capsule ovale, inclinée; opercule conique, aigu. ♃ Dans les bois montueux de l'arrondissement de Dinant.

6. — Rameaux vaguement rameux; feuilles lancéolées très-entières, striées (Ptychophylla Arn.).

114. H. SERICEUM (L. Sp. 1595.) Leskea sericea Hedw. st. cr. 4. t. 17. Tige rampante, à rameaux très-nombreux, ascendants; feuilles dressées-étalées, lancéolées, acuminées, entières, striées, à nervure dépassant le milieu; urne ovale, cylindrique, droite; opercule courtement conique, surmonté d'une pointe allongée. ♃ Au pied des arbres et des murs.

115. H. LUTESCENS (Huds. angl. 421). Tige couchée, très-rameuse; feuilles dressées-étalées, lancéolées, acuminées, entières, striées, à nervure n'atteignant pas le sommet; pédicelle rude; urne ovoïde, penchée; opercule en cône aigu, à pointe droite. ♃ Au pied des murs, sur les rochers et les terres arides. Assez rare.

116. H. SALEBROSUM (Hoffm. germ. 2. p. 74). H. plumosum Hedw. St. cr. 4. t. 5. non L. H. albicans Var. ♂ fasciculatum Fl. fr. 5, p. 252. H. Thomasii Brid. Tige rampante, subpinnée; feuilles imbriquées, un peu comprimées, lancéolées, longuement acuminées, striées, réfléchies sur les bords, un peu dentées en scie, à nervure dépassant le milieu; pédicelle lisse; capsule ovale, penchée; opercule conique. ♃ Sur les pierres et les rochers. Provinces de Luxembourg et de Namur.

117. H. ALBICANS (Neck. Meth. musc. p. 180). Plante blanchâtre, à tige ascendante, rameuse ou presque simple; feuilles dressées-étalées, ovales-lancéolées, imbriquées, acuminées, striées, entières, à nervure dépassant le milieu; capsule ovale,

Hypnum.

penchée; pédicelle lisse; opercule conique, subapiculé. ♃ Dans les endroits sablonneux et les forêts de sapin de la Campine. Saint-Servais (Namur), M. Bellynck.

> 7. — Rejets vaguement rameux, rarement pinnés; feuilles cordées, ovales-lancéolées; urnes souvent penchées (Tamariscina Arn.).

118. H. SPLENDENS (Hedw. Sp. t. 67. f. 10-12). H. parietinum Sw. Tige tripinnée, de 7 à 15 centimètres; feuilles ovales, subitement acuminées, denticulées en scie au sommet, concaves, avec deux courtes nervures à la base et à bords recourbés en dehors; capsules ovales, oblongues, penchées, à opercule conique, dont le bec est curvirostre et de la longueur de l'urne. ♃ Dans les bois.

119. H. PROLIFERUM (L. Sp. 1590). H. tamariscinum Hedw. St. cr. 4. t. 3. H. recognitum Hedw. Sp. t. 67. f. 1-3. H. delicatum Musc. frond. 4. t. 55. Tiges tripinnées, rougeâtres; feuilles d'un vert opaque, imbriquées, dentées, papillaires sur le dos, les caulinaires cordées-acuminées, striées, à nervure n'atteignant pas le sommet, celles des rameaux, ovales, munies de deux nervures à la base; capsules ovales, penchées, à opercule conique, à bec court. ♃ Commune dans les bois et dans les vergers.

> 8. — Rejets vaguement rameux, rarement pinnés; feuilles subovales-lancéolées, dentées; urne droite (Myura Arn.).

120. H. MYURUM (Poll. pal. n° 1054. f. 3). H. myosuroïdes Hedw. St. cr. 4. t. 8. H. curvatum Sw. musc. brit. t. 25. Tige rampante, à rameaux ascendants, subfusiformes, arqués, fasciculés; feuilles densément imbriquées, ovales-elliptiques, concaves, dentées vers le sommet, à nervure s'évanouissant au delà du milieu et quelquefois fourchue; capsule ovale, droite, à opercule conique, courbé. ♃ Au pied des arbres.

121. H. MYOSUROÏDES (L. Sp. 1596). Tige rampante, à rameaux ascendants, arrondis, fasciculés, recourbés; feuilles lancéolées-

Hypnum.

acuminées, dentées en scie, à nervures n'atteignant que le milieu et à bords réfléchis à la base ; capsule droite, ovale, cylindrique, à opercule à bec. ♃ Sur les troncs et au pied des arbres, sur les rochers, dans les provinces de Liége, de Luxembourg et de Namur.

9. — Rejets vaguement rameux ; feuilles subovales-lancéolées, dentées ; urne penchée (Rutabula Arn.).

122. H. ABIETINUM (L. Sp. 1591). Tige pinnée ; feuilles dentées, papillaires sur le dos, à bords réfléchis, à nervures n'atteignant pas le sommet, les caulinaires cordées-acuminées, celles des rameaux cordées-aiguës ; capsule cylindrique, inclinée, à opercule conique. Cette mousse fructifie rarement. ♃ Dans les bois de sapin ; elle se trouve surtout en Campine.

123. H. BLANDOWII (Schw. Sp. musc. suppl. 2. sect. post. tab. 142). Tige ascendante, pinnée, comprimée, recouverte d'un long duvet châtain à poils articulés ; rameaux étalés ; feuilles dressées, cordiformes, terminées en pointe oblique et denticulée, lisses, à bords sinueux et réfléchis, munies d'un pli longitudinal dans lequel est la nervure qui n'atteint pas le sommet ; pédicule flexueux ; urne cylindrique, arquée ; opercule en cône raccourci. ♃ Près de Wetterem (Flandres), M. Kickx.

124. H. PRÆLONGUM (L. Sp. 1591). H. Clarioni Fl. fr. 2. p. 520. H. speciosum Brid. Tige rameuse, subpinnée ; feuilles peu serrées, étalées, ovales-cordiformes, acuminées, dentées, à nervure n'atteignant pas le sommet ; capsules ovales, penchées, à opercule conique, curvirostre. ♃ Dans les bois et sur les troncs d'arbres.

125. H. PILIFERUM (Schreb. lips. p. 91). H. Lamarckii Fl. fr. 11. p. 535. Tige couchée, subpinnée ; feuilles ovales, longuement et étroitement acuminées, à nervure s'évanouissant avant le milieu, dentées en scie ; capsule ovale, penchée ; opercule conique, mucronulé. ♃ Dans les bois, au pied des arbres.

Le poil blanc qui termine les feuilles se voit très-bien quand cette mousse est desséchée.

Hypnum.

126. H. RUTABULUM (L. Sp. 1590). Tige couchée, rameuse, à rameaux redressés; feuilles imbriquées, étalées, ovales, acuminées, striées et dentelées au sommet, à nervure atteignant le milieu; pédicelle rude; capsule ovoïde, penchée, à opercule conique, aigu. ♃ Sur la terre et les troncs d'arbres, dans les bois.

127. H. VELUTINUM (L. Sp. 1595). H. intricatum Hedw. St. cr. 4. t. 28. Tige variablement rameuse, à rameaux nombreux et rapprochés; feuilles peu serrées, dressées-étalées, ovales-lancéolées, acuminées, dentées en scie, striées, à nervure atteignant le milieu; pédicule rude; capsule ovoïde, penchée; opercule conique, un peu obtus. ♃ Sur la terre et sur les troncs d'arbres.

128. H. POPULEUM (Hedw. Sp. t. 70). H. viride Fl. fr. 2. p. 537. H. implexum Sw. engl. bot. t. 1584. Tige rampante, subpinnée; feuilles imbriquées, lancéolées, acuminées, dentées, un peu réfléchies sur les bords, à nervure atteignant le sommet; pédicelle scabre; capsules ovoïdes, presque droites, à opercule conique, aigu. ♃ Sur les rochers et les troncs d'arbres, surtout des peupliers. Dinant, Sanson (Namur).

129. H. RUSCIFORME (Weiss. crypt. 225). H. ruscifolium Neck. engl. bot. 2275. H. riparioïdes Hedw. St. cr. 4. t. 4. H. inundatum Brid. musc. 2. p. 5. H. tumidiusculum Lam. dict. 3. p. 179. Tige nageante ou rampante, rameuse, souvent dénudée à la base; feuilles imbriquées, lâches, un peu étalées, largement ovales-aiguës, denticulées ou entières, concaves, à nervure atteignant presque le sommet; capsule ovoïde, penchée, à opercule convexe, à pointe effilée et courbée. ♃ Aux bords des eaux. Auderghem (Brabant), Saint-Servais (Namur).

130. H. STRIATUM (Schreb. lips. p. 94). H. longirostre Brid. Meth. 174. Tige rampante, à rameaux épars, redressés; feuilles étalées, cordées-acuminées, dentées en scie, striées, à nervure dépassant le milieu; capsule ovoïde, arquée, penchée; opercule convexe, à pointe longue, effilée et oblique. ♃ Au pied des murs et des arbres.

Hypnum.

10. — Feuilles squarreuses (squarrosæ Arn.).

131. H. CUSPIDATUM (L. Sp. 1595). Tige pinnée, un peu redressée, à rameaux raccourcis, atténués en pointe au sommet par le rapprochement des feuilles ; feuilles peu serrées, ovales, concaves, entières, sans nervure, les inférieures squarreuses, les supérieures fortement imbriquées ; pédicule long de 3 à 5 centimètres ; capsule ovale, penchée, oblongue, courbe, à opuscule conique, obtus. ♃ Dans les marais des bois. L'Hypnum muticum Swart. rentre dans cette espèce.

132. H. CORDIFOLIUM (Hedw. St. cr. 4. t. 37). Tige dressée, à rameaux se terminant en pointe ; feuilles peu serrées, squarreuses, cordées-ovales, obtuses, concaves, entières, à nervure allant jusqu'au sommet ; capsules oblongues, courbées, penchées ; opercule conique. Les rameaux sont plus longs et plus grêles que dans l'espèce précédente. ♃ Dans les fossés aquatiques et les marécages des bois, surtout dans la Campine.

133. H. LOREUM (L. Sp. 1593). H. squarrosum Var. B. Web. et M. Tige rampante, allongée (10 à 15 centimètres), redressée ; feuilles ovales-lancéolées, longuement acuminées, recourbées, concaves, dentelées, striées avec une nervure très-courte à la base ; pédicule lisse, tortillé ; capsule globuleuse-ovoïde, penchée, à opercule conique, apiculé. ♃ Dans les lieux secs et ombragés.

134. H. STELLATUM (Schreb. Lips. p. 92). Tige rameuse, allongée, souvent couchée ; feuilles lâches, squarreuses, cordées, très-acuminées, entières, dépourvues de nervures ; capsule ovale, oblongue, à opercule conique, acuminé. ♃ Dans les bois montagneux, humides. Provinces de Liége, Luxembourg et Namur.

> VAR. α. MAJUS (Hook. et Tayl.). H. stellatum. Fl. fr. 2. p. 552. Tige lâche, allongée, feuilles lucides d'un brun jaunâtre.
>
> VAR. β. MINUS (H. et T.). H. squarrulosum Engl. bot.

t. 1709. H. protensum Brid. musc. 11. p. 2. t. 5.
Tige à rameaux plus petits; feuilles plus étroites,
vertes, recourbées. Sur les rochers. Fructifie rarement.

135. H. SQUARROSUM (L. Sp. 1593). Tige ascendante, rameuse,
un peu ailée; feuilles squarreuses, largement cordées, à sommet acuminé, recourbé, denticulé en scie ou presque entier,
avec deux courtes nervures à la base; pédicule rude; capsule
ovoïde-globuleuse, penchée, à opercule conique, court. ♃ Dans
les bois et les prairies humides.

136. H. BREVIROSTRUM (Ehr. Exs. 85). H. triquetrum ɛ. Web.
et Mohr. Tige redressée, vaguement rameuse, à rameaux
grêles et peu courbés, les stériles bipinnés; feuilles très-éta-
lées, cordées-ovales, concaves, terminées par une pointe
flexueuse, légèrement denticulée, ayant de plus deux nervures
très-courtes et divergentes à la base; pédicelle lisse; capsule ovale, ventrue, penchée; opercule conique, courbé, apiculé. ♃ Dans les bois secs, se trouve surtout dans la Campine.

137. H. TRIQUETRUM (L. Sp. 1589). Tige vaguement ailée, rameuse, à rameaux grêles, un peu courbés; feuilles imbriquées-
étalées, disposées sur trois côtés, triangulaires-lancéolées,
planes, striées, denticulées, avec deux nervures à la base;
pédicule rude de 2 à 4 centimètres; urne oblongue, arquée,
grosse, à opercule conique, droit. ♃ Dans les bois et les prairies.

11. — Feuilles tournées d'un seul côté.

138. H. MEDIUM (Dicks. cr. fasc. 2. p. 12). Leskea polycarpa
Brid. musc. 5. t. 6. f. 4. H. inundatum Dicks. Pterigynandrum medium Brid. in DC. Fl. fr. 2. p. 462. Tige grêle, rampante; feuilles opaques, ovales, obtuses, concaves, entières, à
bords recourbés et à nervure atteignant le sommet; capsule
cylindrique, un peu dressée, à opercule conique. ♃ Dans les
bois, au pied des arbres. Jallet, Ohey (Namur).

139. H. FILICINUM (L. Sp. 1590). H. dubium Sw. H. fallax

Hypnum.

Brid. musc. H. Vallis-Clausæ Fl. fr. 5. p. 229. Tige pinnée, couchée, à rameaux distants; feuilles imbriquées, largement ovales, acuminées, denticulées, à nervure atteignant le sommet, surtout dans les supérieures, recourbées en faux; capsule oblongue-ovale, courbée, penchée, à opercule conique, court, aigu. ♃ Dans les bois et les prairies humides.

> VAR. β. GRACILESCENS (Wallr.). Tiges et rameaux grêles; feuilles rarement imbriquées et légèrement courbées.

140. H. COMMUTATUM (Hedw. St. cr. 4. t. 26). H. glaucum Lam. dict. 5. p. 170. Plante plus grande et moins roide que la précédente; tige pinnée; feuilles falciformes, tournées du même côté, cordées, très-acuminées, dentelées, à bords réfléchis et à nervure n'atteignant pas le sommet, se tortillant par la dessiccation; capsule oblongue-ovoïde, courbée, penchée, à opercule conique, un peu aigu. ♃ Dans les marais et les étangs de la Campine. Rare.

141. H. PALUSTRE (L. Sp. 1693). H. luridum Hedw. St. cr. 4. t. 38. H. molendinarium Fl. fr. 2. p. 538. H. adnatum Engl. bot. t. 2406. Tige rampante, à rameaux dressés, simples; feuilles flasques, livides ou jaunâtres, tournées du même côté, ovales, subacuminées, concaves, entières, à bords réfléchis supérieurement, munies quelquefois d'une nervure courte, souvent bifurquée; capsule oblongue-ovale penchée; opercule conique, aigu. ♃ Dans les marais et aux bords des eaux.

142. H. ADUNCUM (L. Sp. 1592). Tige dressée, vaguement rameuse, à rameaux recourbés; feuilles falciformes tournées du même côté, lancéolées-subulées, concaves ou subcylindriques, entières, à nervure n'atteignant pas le sommet; capsule ovale-oblongue, courbée, penchée, à opercule conique. ♃ Dans les marais, les fossés et les bois humides. Brumagne (Namur), dans les Ardennes.

> VAR. α. REVOLVENS (Hook et Tayl.). H. revolvens Sw. Musc. Feuilles étroites, très-falciformes. H. aduncum Hedw. St. cr.

Var. *β*. lycopodioïdes. H. lycopodioïdes Brid. H. diastrophyllum Fl. fr. 2. p. 528. H. rugosum L. Mant. 131. Feuilles plus larges, moins falciformes, un peu rugueuses, fructifie rarement. Dinant (Namur).

143. H. fluitans (L. Suec. ed. 2. p. 399). Tiges couchées ou nageantes, grêles et longues, les stériles pinnées; feuilles lâchement imbriquées, lancéolées-subulées, à sommet denticulé, les supérieures falciformes, tournées du même côté et à nervure dépassant le milieu; pédicule filiforme, très-long (5 à 10 centimètres), flexueux; capsule ovoïde, oblongue, courbée et penchée, à opercule conique, aigu. ♃ Aux bords des eaux, dans les ruisseaux. Ciney (Namur), Posterholt (Limbourg) et dans quelques autres localités. Cette mousse est assez rare partout.

144. H. uncinatum (Hedw. St. cr. 4. t. 5). Tige rampante, presque ailée; feuilles falciformes, tournées du même côté, lancéolées-subulées, denticulées, striées, à nervure n'atteignant pas le sommet; capsule cylindrique, courbée, penchée, à opercule conique, mucronulé. ♃ Dans les bois montueux, sur les racines des arbres.

145. H. rugosum (Hedw. St. cr. 4. t. 33). H. rugulosum Web et Mohr. Tige et rameaux dressés; feuilles imbriquées, tournées du même côté, ovales-lancéolées, un peu planes, dentées en scie, devenant rugueuses transversalement par la dessiccation, enroulées sur les bords et à nervure atteignant le milieu. La fructification en est inconnue. ♃ Dans les bois montueux. Freyr, Evrehailles, Dinant (Namur).

146. H. scorpioïdes (L. Sp. 1592). Tige ascendante, subpinnée, à rameaux recourbés au sommet; feuilles tournées du même côté, largement ovales, ventrues, obtuses, entières, sans nervures; capsules ovoïdes, oblongues, courbées et penchées, à opercule conique. ♃ Dans les marais des bois. Provinces de Namur, de Luxembourg et des Flandres. Fructifie rarement.

147. H. repens (Poll. Pal. n. 1050, ic.). H. silesiacum Schw. suppl. t. 14. Leskea Seligeri Fl. fr. 2. p. 515. Tige rampante,

nue dans le bas; feuilles lâchement imbriquées, tournées du même côté, étroitement lancéolées, acuminées, denticulées, sans nervures ou avec 2 nervures peu apparentes; capsule subcylindrique, droite, penchée, à opercule conique, obtus. ♃ Dans les bois au pied des arbres; se trouve surtout dans les provinces de Namur, de Liége et de Luxembourg.

148. **H. CUPRESSIFORME** (L. Sp. 1592). Neckera cupressiformis Willd. Tige couchée, rameuse; feuilles densement imbriquées, plus ou moins falciformes, tournées du même côté, lancéolées, entières ou dentelées au sommet, avec 2 nervures peu marquées à la base; capsule cylindrique, peu penchée, à opercule conique, mucronulé. ♃ Dans les bois, sur les troncs d'arbres.

> VAR. *α*. VULGARE (Hook et Tayl.). H. cupressiforme (Hedw. St. cr. 4. t. 25). Tige plus large, semi-cylindrique, à feuilles falciformes tournées du même côté.

> VAR. *β*. COMPRESSUM (Hook et Tayl.). H. compressum L. Mant. 310. Tige grêle, comprimée; feuilles en faux, tournées du même côté.

> VAR. *γ*. TENUE (Hook et Tayl.). H. polyanthos Engl. bot. t. 1684. Tige très-grêle, feuilles moins falciformes, étroitement lancéolées, entières.

149. **H. POLYANTHOS** (Schreb. Spic. 97). Leskea polyantha Hedw. St. cr. 4. 1. 2. Tige rampante, très-rameuse, à rameaux rapprochés, le plus souvent simples, recourbés au sommet; feuilles imbriquées, lancéolées-subulées, acuminées, sans nervure, les supérieures souvent tournées du même côté; capsule dressée, ovale, à opercule conique, à pointe courbée. ♃ Dans les bois, au pied des arbres.

150. **H. ATTENUATUM** (Schreb. Spic.). Leskea attenuata Hedw. Leskea polyantha Dek. Tige rampante, à rameaux grêles, dilatés, courbés au sommet; feuilles ovales-lancéolées, munies d'une nervure qui ne dépasse pas le milieu; capsule amincie aux deux extrémités. ♃ Sur les troncs humides.

Hypnum.

151. **H. nudum** (Dicks.). Leskea polycarpa Ehrh. Tige rampante, rameuse ; feuilles ovales-lancéolées, obtuses, à nervure allant jusqu'au sommet ; urne droite, cylindrique. ♃ Sur les grosses pierres, dans les dunes, près d'Ostende.

152. **H. molluscum** (Hedw. St. cr. 4. t. 22). H. crista castrensis Fl. fr. 2. p. 524. Non L. Tige couchée, rameuse, subpectinée, à rameaux épars, rapprochés ; feuilles falciformes, tournées du même côté, cordiformes, acuminées, dentelées, striées, binerviées à la base ; capsule ovale-oblongue, courbée, penchée, à opercule conique, aigu. ♃ Dans les bois humides et tourbeux.

153. **H. crista castrensis** (L. Sp. 1591). H. Hedwigii, Fl. fr. 2. 524. Tige dense, pectinée ; feuilles falciformes, tournées du même côté, ovales-lancéolées, acuminées, dentelées, striées, avec 2 nervures à la base ; capsules ovales-oblongues, courbées-penchées, à opercule conique, mucronulé. ♃ Dans les bois humides. Quoiqu'on m'eût assuré que cette mousse se trouvait en Belgique, je ne l'y ai jamais rencontrée.

11. Zygodon. Hook et Tayl. Musc. brit. p. 70. t. 3.

Soie terminale ; péristome double, l'extérieur à 16 dents rapprochées par paires, l'intérieur à 8 cils horizontaux ; capsule ovale, striée longitudinalement ; coiffe lisse, dimidiée.

154. **Z. viridissimum** (Brid. Breb. mousses de Norm. f. vii. n° 161). Dicranum viridissimum Turn. Gymnostomum viridissimum Sm. Tige droite, rameuse, à rameaux nombreux et fastigiés ; feuilles très-rapprochées, oblongues-lancéolées, entières, aiguës, réfléchies au sommet, munies d'une nervure qui atteint le sommet ; pédicule terminal de 4 à 5 millimètres portant une urne oblongue, dressée, ridée, bosselée, étant sèche ; opercule à bec oblique, très-recourbé. ♃ Sur les troncs de vieux arbres et du saule. Renaix (Flandres).

Zygodon.

155. **Z. conoïdeum** (Hook et Tayl. l. c. t. 21). Var. B. succulentum Hook et Grev. Amphidium pulvinatum Nees. Tiges courtes ; feuilles d'un noir verdâtre, dressées, étalées, obovales-oblongues, opaques, réticulées inférieurement, aiguës, entières, à nervure atteignant le sommet. ♃ Sur les troncs d'arbres. Gedinne (Namur), Grevenmacher (Luxembourg).

Section II. — *Péristome simple.*

Division I. — *Coiffe dimidiée.*

12. **Leucodon.** Schw. Supp. p. 2. p. 1.

Soie latérale, péristome simple, 32 dents étroites, soudées par paire, coiffe dimidiée.

156. **L. sciuroïdes** (Schw. l. c.). Dicranum sciuroïdes Sow. Dicranum myosuroïdes Fl. fr. Fissidens myosuroïdes Hedw. Tige rampante, rameuse, à rameaux redressés, cylindriques, bi ou trifurqués ; feuilles densément imbriquées, ovales-lancéolées, aiguës, concaves, d'un vert luisant, un peu tournées du même côté ; pédicules tortillés, rougeâtres ; urne oblongue ; opercule à bec droit, effilé. Sur les troncs des arbres.

13. **Pterigynandrum.** Hedw. Musc. fr. 4. p. 16.

Urne latérale, pédicellée ; péristome simple à 16 dents entières, placées à distances égales, aiguës, un peu dressées ; coiffe dimidiée.

157. **P. gracile** (Hedw. Musc. fr. 4. t. 6). Pterogonium gracile Sw. Tige rameuse, à rameaux fasciculés, grêles, courbés ; feuilles largement ovales, aiguës, concaves, planes sur les bords, denticulées au sommet, munies de 2 nervures à la

Pterigynandrum.

base; capsule oblongue, à opercule conique. ⹋ Sur les rochers et les troncs d'arbres. Rare.

158. **P. filiforme** (Hedw. Musc. fr. 4. t. 7). Tige vaguement rameuse, recourbée; feuilles ovales, un peu acuminées, concaves, à bords réfléchis, dentelés, munies d'une nervure simple ou bifurquée; capsule cylindrique, à opercule conique. ⹋ Dans les bois montueux du grand-duché de Luxembourg.

159. **P. striatum** (Schw. suppl. t. 27). Tige rampante, un peu pinnée; feuilles imbriquées, serrées, lancéolées, longuement acuminées, entières, bistriées, à nervure atteignant presque le sommet; capsule dressée, cylindrique; opercule conique, à sommet un peu obtus. ⹋ Sur les troncs d'arbres et les rochers des bords de la Moselle.

14. Tortula. Schreb. Gen. pl. n° 1647.

Tortula et **Barbula** Hedw. **Barbula** et **Syntrichia** Brid.

Urne terminale; péristome simple à 32 dents plus ou moins tortillées en spirale, toutes adhérentes à la base; coiffe dimidiée, à base entière.

† 1. — Feuilles sans nervures.

160. **T. enervis** (Hook et Grev. in edimb. Journ. Sc. 1. p. 288). Tortula rigida Engl. bot. Barbula rigida Hedw. Tige très-courte; feuilles peu nombreuses, ligulées, épaisses, très-obtuses, concaves, roides, à bords enroulés; capsule oblongue, à opercule conique, acuminé, plus court qu'elle. Sur les vieux murs et les coteaux arides.

† 2. — Feuilles a nervure épaisse.

\ 161. **T. rigida** (Turn. Musc. hib. p. 43). Trichostomum aloïdes Moug et Nestl. vog. n° 717. Bryum rigidum Huds. Ang. p. 477. Tige presque nulle; feuilles peu nombreuses, linéaires-lancéolées, un peu acuminées par la nervure, roides, canali-

Tortula.

culées, à bords roulés en dessus; pédicelle rougeâtre; urne cylindrique, à opercule subulé, à bec oblique; dents du péristome courtes, distantes, peu contournées. ④ Dans les terrains argileux.

† 3. — FEUILLES A NERVURE MINCE.

162. T. CONVOLUTA (Sw. Musc. suec. 41). Barbula convoluta Hedw. St. cr. 1. t. 32. Trichostomum flavisetum Fl. fr. 5. p. 215. Tige très-courte, rameuse; feuilles oblongues-lancéolées, aiguës, à bords planes, les périchétiales enroulées en tube et rapprochées; pédicule long et jaunâtre; capsule oblongue; opercule subulé, à bec oblique. ♃ Sur les bords des fossés. Assez rare.

163. T. REVOLUTA (Web. et Mohr. cr. 210). T. nervosa Eng. bot. t. 2383. Barb. revoluta Schw. supp. t. 32. Barbula hornschuchiana Schultz. Tige courte; feuilles lancéolées, aiguës, marginées, très-enroulées, les périchétiales vaginantes; capsules oblongues; opercule à bec plus court que la capsule. ♃ Sur les rochers et les vieux murs.

164. T. OBTUSIFOLIA (Schw. suppl. t. 31. f. 2. Barbula). Cette espèce se rapproche de la précédente, elle en diffère par ses feuilles courbées en dedans, à bords épaissis, opaques, et par ses urnes cylindriques, un peu atténuées à la base. ♃ Sur les murailles et les rochers.

165. T. TORTUOSA (Schrad. Spic. 54). Bryum tortuosum L. Sp. 1583. Tige allongée, rameuse; feuilles étalées, linéaires-subulées, carénées, ondulées, crispées par la dessiccation; capsule cylindrique, à opercule à long bec. ♃ Sur les pieds des arbres dans les bois montueux.

† 4. — FEUILLES UNIFORMES, PILIFÈRES.

166. T. MURALIS (Hedw. Sp. musc. p. 123). Bryum murale L. Sp. 1581. Tige simple, très-courte; feuilles étalées, étroite-

Tortula.

ment oblongues, marginées, recourbées, à nervure se terminant par un long poil blanc; capsule oblongue, cylindrique; opercule conique, acuminé. ⚄ Sur les murs et les rochers.
> VAR. *β*. VERNALIS (Duby). T. muralis Engl. bot. T. pilosa Schrad. Feuilles carénées, avec un long poil blanc.

167. T. ÆSTIVA (Beauv. Kickx. Fl. crypt. Lov. f. 44). Bryum muticum Brid. Tige simple, très-courte; feuilles allongées-linéaires, planes, atténuées au sommet, munies d'un poil court; capsule cylindrique, à opercule conique, un peu oblique. Sur les murs. Assez rare.

168. T. RURALIS (Sw. musc. 59). Syntrichia ruralis Brid. Bryum rurale L. Sp. 1581. Tige allongée, un peu rameuse; feuilles ovales-oblongues, carénées, étalées, recourbées, à bords réfléchis, se terminant par un long poil; capsule cylindrique, à opercule subulé; péristome formant le tube jusqu'à moitié de sa longueur. ⚄ Sur les murs, les toits, et sur les talus sablonneux.
> VAR. *α*. VULGARIS (Hook et Grev.). Feuilles un peu aiguës, à poils parfois hispidules.
> VAR. *β*. LÆVIPILA (Hook et Grev.). T. lævipila Schw. suppl. t. 120. Feuilles obtuses, contractées vers le milieu; poils des feuilles lisses.

169. T. SUBULATA (Hedw. Sp. musc. t. 27). Syntrichia subulata Brid. Tige très-courte, presque simple; feuilles étalées-dressées, oblongues-lancéolées, apiculées, planes sur les bords; capsule cylindrique, longue, brunâtre, à opercule subulé; péristome presque tubiforme jusqu'au sommet. ⚄ Sur les murs, les rochers et le long des chemins.

† 5. — FEUILLES UNIFORMES MUCRONÉES.

170. T. UNGUICULATA (Hedw. St. cr. 1. t. 23). T. apiculata Hedw. Sp. musc. t. 26. T. aristata et barbata Eng. bot. t. 2391 et 2392. Barbula lanceolata et B. stricta Hedw. Sp. t. 26. Tige allongée, rameuse; feuilles oblongues-lancéolées, sub-

carénées, obtuses, à nervure saillante, légèrement mucronées, se crispant par la dessiccation; capsule oblongue-ovale; opercule à bec presque aussi long que la capsule. ♃ Sur les toits, les murs et les terrains sablonneux.

171. T. **cuspidata** (Schultz in Nov. Act. natur.). Cette espèce n'est sans doute qu'une variété de la précédente; feuilles plus longues, plus effilées, à bords légèrement réfléchis; capsule cylindrique, atténuée vers le haut, grêle, lisse, presque luisante. ♃ Dans les lieux sablonneux des Flandres et de la Campine.

172. T. **cuneifolia** (Roth. germ. 3. p. 213). Barbula dicksoniana Schultz. Tige presque nulle; feuilles largement ovales, un peu concaves, transparentes, obtusément terminées par une très-petite pointe; pédicule jaune, grêle; capsule oblongue à opercule en cône subulé. ♃ Sur la terre argileuse. Leefdael (Brabant).

† 6. — Feuilles uniformes, mutiques.

173. T. **fallax** (Sw. musc. Suec. p. 409). Barbula fallax Hedw. St. cr. 1. t. 24. Bryum imberbe L. Didymodon rigidulum Fl. fr. 11. 465. Tige allongée, rameuse; feuilles lancéolées-acuminées, carénées, étalées ou recourbées, à bords réfléchis; pédicule long, tortillé; capsule oblongue; opercule à bec long égalant la capsule. ♃ Le long des chemins humides et sablonneux.

174. T. **gracilis** (Hook et Grev. Edimb. journ. sc. p. 300). T. brevifolia Eng. bot. t. 2453. Tige allongée, un peu rameuse; feuilles lancéolées-acuminées, dressées, très-serrées, rigides par la siccité, à bords réfléchis; capsule ovale, oblongue; opercule à bec un peu court. ♃ Sur les rochers et la terre sablonneuse. Philippeville, Mariembourg (Namur).

15. Didymodon. Sw. musc. Suec. 28.

Urne terminale, péristome à 16 ou à 32 dents rappro-

Didymodon.

chées par paire ou réunies à la base; coiffe dimidiée, à base entière.

175. D. PURPUREUM (Hook et Tayl. musc. Brit. p. 65. t. 20). Dicranum purpureum Hedw. fund. 2. t. 4. Dicranum viridissimum Fl. fr. 5. p. 221. Mnium purpureum L. Sp. 1576. . Tige droite, dichotome; feuilles lancéolées, carénées, acuminées, entières, à bord recourbé; pédicelles rouges, ainsi que les nervures des feuilles; capsule ovale-cylindrique, sillonnée étant sèche; opercule conique à pointe effilée. ♃ Sur les murs, les toits et la terre.

176. D. LURIDUM (Hornsch. in Spreng. Syst. 4. 173). Tige courte, presque simple; feuilles ovales, aiguës, entières, tortillées étant sèches, à nervure atteignant le sommet; pédicelles jaune-pâle; capsule oblongue, à opercule subulé. ♃ Sur les rochers à Dinant et dans le grand-duché de Luxembourg.

177. D. OBSCURUM (Schw. supp. 2. p. 1. t. 124). Weissia cirrhata Moug. et Nestl. vog. n° 406. Tige droite, rameuse; feuilles étalées, lancéolées-acuminées, dentelées, se tordant par la dessiccation, à nervure forte, se prolongeant jusqu'au sommet; capsule oblongue; opercule à bec oblique. ♃ Dans les endroits rocheux et montueux. Bouillon (Luxembourg), Waulsort (Namur), et dans les Ardennes.

178. D. TORTILE (Arn. disp. Meth. p. 56). Trichostomum tortile Schw. supp. t. 1. 35. Dicranum tortile Web. et Mohr. Tige courte presque simple; feuilles linéaires, capillaires, tortillées, munies d'une nervure; capsule allongée, droite, à opercule conique, subulé. ① J'ai trouvé une fois cette mousse au Reuvet (Limbourg).

179. D. PALLIDUM (Arn. disp. Meth. p. 56). Trichostomum pallidum Hedw. St. cr. 1. t. 27. Tige courte, dressée, simple; feuilles subulées, capillaires, d'un vert-pâle jaunâtre, se tordant sur les bords en séchant et à nervure atteignant le sommet; pédicelle long et couleur paille; capsule droite, subcylin-

Didymodon.

drique, à opercule obtusément conique. ④ Dans les bois et sur les rochers. Assez rare.

180. D. HOMOMALLUM (Hedw. Sp. musc. t. 23. f. 1-7). D. heteromallum musc. brit. Weissia heteromalla Hedw. Grimmia heteromalla Engl. bot. Tiges courtes un peu en gazon ; feuilles subulées, un peu tournées du même côté ; capsule dressée, ovoïde-cylindrique, à opercule conique. Aux bords des ravins et des fossés, dans les Flandres et la Campine.

181. D. CAPILLACEUM (Sw. musc. Suec. 28). Cynondontium capillaceum Schw. Swartzia capillacea Hedw. Mousse petite, luisante, densément gazonnée ; feuilles sétacées-capillaires, élargies et engainantes à la base ; capsule dressée, ovoïde-cylindrique, à opercule conique. Près des ruines du château de Renaix (M. Kickx).

182. D. PUSILLUM (Brid. musc. 2. t. 2. f. 4). Trichostomum pusillum Hedw. Tige dressée, simple ; feuilles subulées, élargies et concaves à la base, entières, assez rigides, étalées étant humides, à nervure épaisse ; pédicules pâles portant des urnes dressées, d'abord oblongues, ensuite cylindriques ; opercule à bec oblique. Dans les vallées des dunes.

16. FISSIDENS. Hedw. Musc. Frond. 2. p. 91.

Urne oblongue, pédiculée, munie quelquefois d'une apophyse, à 16 dents bifides, placées à égale distance ; coiffe dimidiée ; fleurs mâles, consistant en bourgeons axillaires. Petites mousses à feuilles disposées sur deux rangs. C'est le genre skitophyllum de Delapilais.

183. F. BRYOÏDES (Hedw. St. cr. 3. t. 29). Bryum viridulum L. Sp. 1588. Dicranum viridulum. Sw. Musc. suec. p. 32. t. 2. Tige très-courte, très-simple, de 4-6 millimètres ; feuilles inférieures obovales, les supérieures oblongues-lancéolées, les périchétiales semblables aux autres, à nervure dépassant le

sommet; pédicelle terminal; capsule penchée. ① Dans les endroits ombragés, humides.

> VAR. *α.* EXILE (Arn.). Fissidens bryoïdes Hedw. l. c. Tige courte et simple.

> VAR. *β.* OSMUNDIOÏDES (Arn.). Fissidens osmundioïdes Hedw. Sp. t. 40. Hypnum asplenioïdes Dicks. cr. 2. t. 5. f. 5. Tige plus allongée et un peu rameuse.

184. F. ADIANTHOÏDES (Sw. Musc. suec. 51). Hypnum adianthoïdes (L. Sp. 1588). Tige longue (2 à 4 centimètres), un peu rameuse; feuilles imbriquées, distiques, lancéolées, à sommet plus ou moins denticulé, les périchétiales ovales, acuminées, engainantes; pédicelle latéral, flexueux; capsule ovale, penchée, à opercule subulé. ♃ Dans les bois humides et ombragés.

185. F. TAXIFOLIUM (Hedw. Sp. t. 59). Dicranum taxifolium Sw. Musc. suec. 31. Hypnum taxifolium L. Sp. 1588. Tige courte, simple; feuilles ovales-lancéolées, apiculées, les périchétiales ovales, engainantes, roulées, acuminées; pédicelle radical, tortillé, rouge; capsule un peu dressée; opercule à pointe très-effilée. ♃ Dans les endroits humides et ombragés des bois.

17. DICRANUM. Schr. gen. pl. n° 1544.

Urne terminale ou un peu latérale, pédicellée, parfois munie d'une apophyse; péristome double, à 16 dents bifides, placées à distances égales; coiffe dimidiée à base entière.

SECTION I. — *Feuilles sans nervure.*

186. D. GLAUCUM (Hedw. fund. 2. p. 92). Tige longue, grosse, droite, rameuse et fragile; feuilles dressées, étalées, imbriquées, aiguës, glauques, à bords roulés en dessus; pédicelle court; capsule ovoïde, penchée, à opercule à bec. ♃ Dans les bois et les bruyères, où cette mousse fructifie rarement.

Dicranum.

Section II. — *Feuilles avec une nervure.*

187. D. CERVICULATUM (Hedw. St. cr. 3. t. 37). D. pusillum Hedw. Mousse formant des gazons serrés, à tige courte; feuilles lancéolées-subulées, entières, un peu tournées du même côté, ayant une large nervure; capsule ovoïde, un peu penchée, bosselée; opercule à bec oblique, presque égal à la capsule. ♃ Dans les endroits humides, tourbeux. Dans la Campine, Peer, Weert (Limbourg), Rieme près Zelzaete (Flandre).

188. D. STYGIUM (Brid. Sp. musc.). D. squarrosum Schrad. Tige un peu rameuse; feuilles larges à la base, vaginantes, obtuses, recourbées, étalées, se crispant par la sécheresse; capsule ovale, un peu penchée; opercule à bec. ♃ Dans les prairies humides des bois. Bouillon, Virton (Luxembourg).

189. D. SQUARROSUM (Brid. Sp. musc. 1. p. 194). Oncephorus squarrosus Brid. Bryol. univ. Tige rameuse de 2 à 4 centimètres; feuilles petites, ovales-lancéolées, crispées par la dessiccation; capsules ovoïdes-cylindriques, courbées, à opercule à bec courbé. Dans les bois et les lieux humides. Se trouve principalement dans les Ardennes.

190. D. SPURIUM (Hedw. St. cr. 2. t. 30). Cecalyphum spurium Beauv. Tige et rameaux garnis d'un duvet rougeâtre; rameaux nombreux, raccourcis; feuilles imbriquées, concaves, luisantes, se crispant par la dessiccation, munies de nervure, les inférieures lancéolées, aiguës, dentelées sur leur moitié supérieure, les supérieures oblongues-lancéolées, fastigiées, entières, plus effilées; pédicule jaune, flexueux; capsule cylindrique, arquée, à opercule conique, longirostre. Sur les bords des fossés où il forme des touffes épaisses, dans les bruyères et les sapinières.

191. D. UNDULATUM (Turn. Musc. hib. p. 59). D. polysetum Sw. Musc. suec. t. 11. f. 5. D. rugosum Brid. Tige allongée, rameuse; feuilles planiuscules, lancéolées, atténuées, dentelées au sommet, ondulées transversalement; périchétium renfermant 2 à 4 pédicelles; capsule cylindrique, penchée; opercule

Dicranum.

à long bec. Sur la terre et les troncs d'arbres. Bois d'Évrehailles près Dinant (Namur), Audenarde et Grammont (Flandres), Ardennes.

192. D. SCOPARIUM (Hedw. fund. 2. t. 8. f. 41. 42). Tige allongée, rameuse, redressée; feuilles longues, étroites, subulées, canaliculées, dirigées du même côté; capsule cylindrique, penchée; opercule à bec long égalant la capsule. ♃ Commun dans les bois et les bruyères.

> VAR. *α*. VULGARE (Arn.). Dic. scoparium Schw. supp. t. 42. Bryum scoparium L. Sp. 1582. Tige de près de 5 centimètres, en gazon; feuilles un peu falciformes; pédicelles rarement réunis.

> VAR. *β*. MAJUS (Hook. et Tayl.). Dic. majus Schw. 1. t. 40. Dic. polysetum Brid. Tige allongée, robuste, feuilles longuement falciformes, tournées du même côté; pédicelles réunis plusieurs ensemble. Dans les bois secs et montueux.

> VAR. *γ*. FUCESCENS (H. et T.). Dic. fucescens Eng. bot. t. 1597. Dic. congestum et longirostre Schw. suppl. 1. t. 42. 44. Tige de moitié plus petite; feuilles très-étroites, à peine tournées du même côté, crépues par la dessiccation; pédicelle solitaire; urne ovoïde.

193. D. MONTANUM (Hedw. Sp. musc. t. 35). D. hostianum Schw. Tige dressée, rameuse; feuilles linéaires, lancéolées, acuminées, un peu dressées, tordues; capsule cylindrique, dressée, penchée, à opercule conique. ♃ Sur les troncs des vieux arbres.

194. D. HETEROMALLUM (Hedw. St. er. t. 26). D. curvatum Hedw. musc. t. 31. Tige courte, dressée, un peu rameuse, de 4 à 10 millimètres; feuilles subulées-sétacées, déjetées du même côté, d'un vert gai; pédicelle pâle; capsule oblongue, un peu courbée; opercule à bec long et recourbé, égalant la longueur de la capsule. ♃ Dans les bois, au bord des talus et des fossés.

Dicranum.

195. D. VARIUM (Hedw. St. cr. 2. t. 54). Tige très-courte, souvent simple, droite; feuilles étroites, hastées-lancéolées, entières, un peu dentées; pédicelles rouges, tortillés; capsule ovale, dressée ou penchée; opercule à bec subulé, de moitié plus court que la capsule. ♃ Dans les bois, sur les talus et les bords des fossés.

196. D. RUFESCENS (Turn. Engl. bot. t. 1216). D. varium β Hook. Bryum rufescens Dicks. Tige plus courte que dans l'espèce précédente; feuilles roussâtres, plus effilées, plus étroites, subfalciformes, légèrement serrulées sur le haut; urne d'un brun un peu rougeâtre, raccourcie, turbinée, dressée; dents du péristome profondément bifides. ♃ Sur les bords des fossés et des chemins, dans les terrains argileux, principalement dans les Flandres.

18. WEISSIA. Hedw. fund. musc. 2. p. 90.

Urne terminale, pédicellée, à péristome simple, munie de 16 dents étroites, entières, placées à distances égales, imperforées; coiffe dimidiée.

† FEUILLES OVALES.

197. W. LANCEOLATA (Brid. Méth. p. 47). Grimmia lanceolata Fl. fr. 2. p. 457. Leersia lanceolata Hedw. St. cr. 2. p. 23. Tige redressée, un peu allongée, simple; feuilles imbriquées, ovales-lancéolées, à nervure saillante, prolongée au delà du sommet; capsule ovoïde, à opercule muni d'un bec oblique et obtus. ♃ Sur les murs argileux et les pierres.

198. W. STARKEANA (Hedw. St. cr. 5. t. 23). Anacalypta starkeana Bruch. Tige petite, simple; feuilles ovales, imbriquées, à nervure saillante, se prolongeant jusqu'au sommet; capsule ovoïde, dressée, à opercule conique; dents du péristôme subulées, aiguës. ♃ Dans les champs limoneux et sur les talus des bois. Saint-Odilienberg (Limbourg), St.-Peeters-Ælst (Flandre).

199. W. FALLAX (Schm.). Tige presque nulle; feuilles ovales, imbriquées, cordées, acuminées-mucronées; pédicelle rouge, de 4-6 millimètres; urne ovoïde, dressée, à opercule muni d'un bec oblique et obtus. ♃ Sur les rochers et dans les fonds d'Arquet près Namur (M. Bellynck). Dans les Ardennes.

†† FEUILLES ÉTROITES, CAPSULE LISSE.

200. W. PUSILLA (Hedw. St. cr. 2. t. 29). Tige presque nulle; feuilles imbriquées, très-petites, subulées; pédicelle droit; capsule ovoïde; opercule à bec. ④ Sur les rochers crétacés. Montagne-Saint-Pierre (Maestricht).

201. W. CONTROVERSA (Hedw. St. cr. 3. t. 5). W. viridula Brid. Grimmia viridula Engl. bot. t. 1367. Tige courte, très-simple, redressée; feuilles linéaires-subulées, se crispant en séchant, à bords repliés; urne ovale-elliptique; opercule à pointe effilée, assez longue, ordinairement oblique. ♃ Sur les rochers. Provinces de Liége, de Namur et de Luxembourg.

202. W. CIRRHATA (Hedw. Sp. t. 12). Mnium cirrhatum L. Sp. 1576. Tige droite et rameuse vers le haut; feuilles lancéolées-subulées, canaliculées, finement acuminées, entières, crispées en se desséchant, à bords recourbés; pédicule jaunâtre; capsule ovoïde, redressée, à opercule finement subulé. ♃ Dans les bois, sur les toits de chaume et dans les aunaies des tourbières de la Campine.

203. W. CRISPULA (Hedw. Sp. musc. t. 12). W. nigrita Fl. fr. Tige dressée, rameuse; feuilles larges à la base, longuement lancéolées-subulées, réfléchies sur les bords, se crispant par la dessiccation; capsule ovale-elliptique, dressée, à opercule finement subulé, oblique. Sur les rochers des provinces de Namur et de Liége.

204. W. CURVIROSTRA (Sw. Musc. succ. 25). W. rubella Rochl. W. recurvirostra Hedw. St. cr. 1. t. 7. Tige dressée, presque simple; feuilles imbriquées-étalées, lancéolées-subulées, roides, crépues étant sèches, les inférieures rubigineuses; pédicelle

Weissia.

droit, rougeâtre; urne ovoïde-cylindrique, courbe; opercule à
bec recourbé. ♃ Dans les endroits sablonneux, humides.

††† Feuilles étroites, capsule striée.

205. W. striata (Hook et Tayl. Musc. brit. t. 15). Tige droite,
courte, rameuse; feuilles linéaires, imbriquées, étalées, denticulées au sommet, crispées par la dessiccation; pédicule très-
fin, jaunâtre; capsule obovale, jaune, dressée, sillonnée; opercule conique, à pointe courte et oblique. ♃ Dans les endroits
montueux.

> Var. α. minor. (Hook et Tayl.). W. fugax Hedw. Sp. musc.
> t. 13. Feuilles linéaires, subulées, subdenticulées.
> Dans les fissures des rochers. Jodoigne (Brabant),
> Dinant, Grands-Malades (Namur).
> Var. β. major (Hook et Tayl.). W. denticulata Schw.
> suppl. t. 19. W. crispata Brid. Fl. ür. 2. p. 454.
> Feuilles largement linéaires, denticulées. Dans les
> endroits humides. Auderghem (Brabant), forêt de
> Marlagne (Namur).

206. W. verticillata (Schw. suppl. t. 20). Tige rameuse, un
peu fastigiée; feuilles linéaires, subulées, planes, dressées,
un peu pressées, à nervure épaisse; capsule ovoïde; opercule à bec oblique. ♃ Sur les rochers. Montaigle près Dinant
(Namur).

19. Thesanomitrion. Schw. suppl. 2. p. 61.

Capsule droite, terminale, à pédicelle flexueux; péristome
simple, à 16 dents entières ou bifides; coiffe mitriforme, à
base pectinée-ciliée.

207. T. flexuosum (Arn. disp. Meth. p. 52). Dicranum flexuosum Hedw. Sp. musc. t. 38. Campylopus flexuosus Brid. Tige
presque simple, rigide; feuilles étroites-lancéolées, subulées, acuminées, soyeuses, d'un vert devenant jaunâtre; ner-

Thesanomitrion.

vure très-large; pédicule pâle, flexueux et recourbé; capsule
ovoïde, striée; opercule rouge, à bec effilé. ♃ Dans les tourbières de la Campine.

> VAR. ß. INTERRUPTUM (West.). Cette variété croît en
> gazons très-épais et serrés. Dans les endroits spon-
> gieux du bois de Cuytehoeven (Campine).

20. ENCALYPTA. Schreb. Gen. 2. 1643.

Capsule terminale, pédicellée; péristome simple, à
16 dents entières, dressées, placées à égale distance; coiffe
mitriforme en éteignoir, grande, lisse, entourant la capsule
à sa maturité (Pyramidium Brid.).

208. E. CILIATA (Hedw. Sp. 61). Bryum extinctorium. ß. L. Sp.
Tige dressée, un peu rameuse, courte; feuilles en rosette,
oblongues, acuminées, à nervure dépassant de beaucoup le
sommet; pédicule rougeâtre plus allongé que dans l'espèce
suivante; capsule lisse, cylindrique, à opercule droit, longuement acuminé; coiffe très-grande, ouverte et dentée, frangée à
la base. ♃ Sur les bords des chemins creux, sablonneux, et
sur les collines gazonneuses.

209. E. VULGARIS (Hedw. Sp. 60). Bryum extinctorum L. Sp. 1581.
Tige dressée, très-courte, simple; feuilles en rosette, oblongues, elliptiques, obtuses, à nervure dépassant un peu le sommet; capsule lisse, cylindrique; à opercule droit, longuement
acuminé; coiffe très-grande, ouverte et égale à la base. ♃ Sur
les murs et les bords des chemins.

210. E. STREPTOCARPA (Hedw. Sp. musc. t. 10). Tige allongée;
feuilles densément imbriquées, elliptiques-lancéolées, un peu
obtuses, à nervure atteignant le sommet; capsule cylindrique,
striée en spirale; péristome à dents très-longues, capillaires;
coiffe dentée à la base. ♃ Sur les murs et les rochers des provinces de Namur et de Luxembourg.

21. Cinclidotus. Pal. de Beauv. Prod. p. 28. 52.

Capsule terminale; péristome simple, à 32 dents filiformes, contournées en spirale, anastomosées à la base; coiffe
mitriforme.

211. C. fontinaloïdes (Pal. de Beauv. l. c.) Fontinalis minor
Engl. bot. t. 557. Trichostomum fontinaloïdes Hedw. St.
cr. 3. t. 14. Tige rameuse, dressée, flottante, allongée; feuilles
imbriquées, elliptiques-lancéolées, acuminées, les périchétiales enveloppant la capsule qui est courtement pédiculée;
opercule conique, acuminé. Toute la plante est d'un vert
foncé presque noirâtre. ♃ Dans les eaux courantes. Asséz rare.

22. Trichostomum. Hook. Musc. brit. p. 59. t. 2.

Urne terminale; péristome simple, à 16 dents subulées,
égales, droites, divisées à la base (ou 32 rapprochées par
paire); coiffe mitriforme.

Section I.— *Racomitrium*. Brid. Méth. p. 78.

Pédicule dressé, allongé; dents souvent fendues à la base.

212. T. microcarpon (Hedw. Sp. musc. t. 23). T. sudeticum
Funck. Tiges droites, allongées, rameuses; feuilles linéaires,
lancéolées, acuminées, un peu diaphanes et dentelées au sommet; capsule obovale, oblongue; péristome à dents assez
courtes; opercule à bec subulé; capsule petite. ♃ Sur les rochers montueux des provinces de Namur et du Luxembourg.

213. T. heterostichum (Hedw. St. cr. 2. t. 25). Tige allongée,
diffuse, rameuse; feuilles ovales-lancéolées, acuminées, diaphanes et denticulées au sommet, celles des tiges stériles
sont comme crispées; capsule dressée, oblongue; péristome à
dents courtes; opercule en bec subulé, moitié plus court que

la capsule. ♃ Sur les rochers. Provinces de Namur et du Luxembourg.

214. T. CANESCENS (Hedw. St. cr. 3. t. 5). Tige droite, allongée, irrégulièrement rameuse; rameaux redressés, à ramuscules allongés, souvent unilatéraux; feuilles imbriquées, lancéolées, terminées par une pointe blanche, aiguë, longue, recourbée; pédicelle rouge; capsule ovoïde, dressée, à dents du péristome très-longues, filiformes; opercule subulé, aussi long que la capsule. ♃ Sur les rochers et dans les bruyères.

215. T. ERICOÏDES (Schw. suppl. 1. t. 58). Cette espèce n'est qu'une variété de la précédente; elle est plus petite et plus blanchâtre; les feuilles sont lancéolées, striées dans le sens de leur longueur, recourbées au sommet et terminées par un poil court. ♃ Dans les bruyères arides de la Campine.

216. T. LANUGINOSUM (Hedw. St. cr. 3. t. 2). Tige rampante, allongée (3 à 5 centimètres); feuilles lancéolées-subulées, longuement acuminées, diaphanes au sommet, recourbées sur les bords; capsule ovoïde; soies courtes, naissant au sommet des rameaux latéraux; opercule à bec subulé, aussi long que la capsule. Dans les endroits sablonneux et sur les rochers. Je l'ai trouvé en fructification à Brumagne près Namur

SECTION II. — *Campylopus*. Arn. disp. meth. p. 22.

Pédicule arqué, tortillé, dents du péristome fendues au-dessous de la moitié.

217. T. PATENS (Schw. Suppl. t. 57). Bryum patens Dicks. Pterigynandrum Ramondi DC. Tige allongée, ascendante, rameuse, à rameaux redressés; feuilles lancéolées, acuminées, carénées, à bords recourbés; pédicule flexueux, court; capsule subovoïde; opercule à bec. ♃ Sur les rochers. Provinces de Namur et de Luxembourg.

218. T. ARDUENSIS (Nob.). Campylopus arduensis Lib. Crypt. ard. n° 106. Tiges gazonneuses, dressées, pourprées, un peu rameuses du haut, tomenteuses à la base; feuilles épaisses, un

peu falciformes, privées de nervures, denticulées au sommet; pédicule pâle, dressé dans le bas, arqué dans le haut; urne ovoïde, verte, ridée transversalement par la dessiccation; opercule à bec long, rouge, noir au sommet. ♃ Sur les rochers. Dans les Ardennes.

23. Grimmia. Schreb. gen. n° 1642.

Urne terminale, pédicellée; péristome simple à 16 dents, placées à égale distance, entières, fendues ou perforées, pyramidales; coiffe mitriforme.

Section I. — *Pédicule flexueux.*

219. G. tricophylla (Grev. Fl. edin. p. 235). Tige allongée, rameuse; feuilles lancéolées - subulées, carénées, à bords recourbés, à nervure se terminant par un poil; pédicelle flexueux, courbé; capsule ovoïde, elliptique, sillonnée; opercule à bec moitié plus petit que la capsule. ♃ Sur les rochers.

220. G. africana (Arn. disp. Meth. p. 21). Fissidens pulvinatus. β. africanus Hedw. Sp. t. 40. f. 4-6. Tige dressée, rameuse; feuilles ovales-lancéolées, vert-fauve, coriaces, à nervure se terminant par un long poil blanc, diaphane; pédicelle arqué; capsule pendante, presque arrondie, lisse, à opercule hémisphérique; coiffe petite, pâle, caduque. ♃ Sur les rochers et les murs.

221. G. pulvinata (Eng. bot. t. 1728). Dicranum pulvinatum Sw. Fl. fr. 2. p. 478. Fissidens pulvinatus Hedw. Sp. t. 40. f. 1-3. Dryptodon pulvinatus Brid. Tige courte, rameuse; feuilles imbriquées, concaves, oblongues-lancéolées; les inférieures obtuses, les supérieures finissant par un poil blanc; pédicelle jaunâtre, arqué; capsule elliptique, striée, à opercule conique et articulé. ♃ Sur les murs et les rochers.

Grimmia.

Section II. — *Pédicule droit, dépassant les feuilles.*

222. G. ovata (Web. et Mohr. Suec. t. 2). Dicranum ovale et ovatum Hedw. Tige rameuse, droite; feuilles lancéolées-subulées, recourbées sur les bords, terminées par un long poil diaphane, presque serrulé; capsule ovale; opercule à bec court; dents du péristome souvent perforées. ♃ Sur les rochers et les talus. Assez rare.

Section III. — *Pédicule droit très-court, caché entre les feuilles.*

223. G. plagiopoda (Hedw. Sp. Musc. t. 15. f. 6-13). Tige droite, très-courte, presque toujours simple; feuilles imbriquées, lancéolées, concaves, les supérieures se terminant par un long poil blanc; pédicelle arqué, petit, non saillant; capsule ovoïde, à opercule convexe, mamelonné. ♃ Sur les murs et les rochers.

224. G. crinita (Web. et Mohr. cr. 456). Gr. plagiopoda Fl. fr. 2. f. 460. Tige dressée, courte, peu rameuse; feuilles imbriquées, ovales, concaves, obtuses; les inférieures blanchâtres au sommet; les supérieures terminées brusquement par un long poil blanc; pédicule court, courbé; capsule ovale, profondément striée, à opercule obscurément acuminé, court. ♃ Sur les rochers et les murailles.

225. G. cribrosa (Hedw. St. cr. 3. t. 31. A). Tige courte, presque toujours simple; feuilles imbriquées, lancéolées, cuspidées au sommet, les supérieures pilifères; pédicule saillant; capsule dressée, ovale, à opercule conique, acuminé; dents du péristome perforées. ♃ Sur les murs et les toits.

226. G. apocarpa (Hedw. St. cr. 1. t. 39). Gr. alpicola Sw. suec. t. 1. Gr. apocaula Fl. fr. 2. p. 458. Gr. rivularis Brid. Gr. gracilis Schw. suppl. t. 23. Tige rameuse, plus ou moins allongée; feuilles ovales-lancéolées, recourbées, étalées, réfléchies sur les bords, à nervure atteignant le sommet ou le dépassant, excepté dans les supérieures: capsule ovoïde ou

Grimmia.

turbinée, sessile, à péristome d'un beau rouge; opercule à bec
très-court. La plante a un aspect noirâtre. ♃ Sur les rochers
des bords de la Meuse; se trouve aussi près de Tournai.

227. G. Dicksonii (Lib. Crypt. ard. f. 1. n° 5). Feuilles linéaires,
lancéolées, carénées, crispées par la sécheresse; capsules
elliptiques-cylindriques à opercule filiforme. Sur la terre et
les rochers dans les Ardennes.

228. G. apocaula (Hedw. in DC. Fl. fr. n° 1212). Bryum apocarpa Schm. Cette espèce diffère de l'apocarpa par ses
feuilles qui se terminent par un poil blanc. Elle croît sur les
murs et sur les pierres. Il est à présumer qu'elle n'est qu'une
simple variété. Dans les provinces de Namur et du Luxembourg.

24. Orthotrichum. Hedw. musc. Frond. 2. p. 96.

Capsule terminale; péristome quelquefois simple, le plus
souvent double, à 8 dents marquées chacune de trois sillons, ou à 16 dents avec un seul sillon; l'intérieur à cils
nuls ou au nombre de 8 ou 16; columelle aiguë; coiffe
mitriforme, sillonnée, souvent hérissée.

Section I. — *Péristome simple.*

229. O. cupulatum (Hoffm. germ. 2. p. 26). O. nudum Dicks.
cr. 4. t. 10. Plante noirâtre, à tige droite, rameuse; feuilles
ovales, lancéolées, dressées, à pointe effilée et à bords roulés,
resserrées par la dessiccation; capsule presque sessile, sillonnée
dans toute sa longueur; péristome simple à 16 dents rayées
longitudinalement; capsule un peu poilue, puis lisse. ♃ Sur
les rochers, quelquefois sur les troncs d'arbre.

Var. β. Sturmii (Nob.). O. Sturmii Horns. Tiges plus
grêles, plus longues; feuilles plus étroites, un peu
ondulées sur les bords; coiffe constamment velue.
Sur le vieux fanal à Nieuport. (M. Kickx.)

Orthotrichum.

230. O. ANOMALUM (Hedw. St. cr. t. 57). Plante d'un vert foncé, à tige rameuse et dressée; feuilles oblongues-lancéolées, dressées, étalées, à bords roulés, resserrées par la dessiccation; pédicelle saillant; capsule sillonnée dans une partie de sa longueur, oblongue, à opercule obtusément acuminé; coiffe rousse, conique, hérissée. ⚄ Sur les rochers, les murs et les toits.

SECTION II. — *Péristome double.*

1. Capsule enfermée dans les feuilles.

231. O. AFFINE (Schrad. Spic. p. 67). O. octoblepharis Brid. Tige dressée, très-rameuse; feuilles recourbées, étalées, flasques, largement lancéolées, très-aiguës; urne presque sessile, allongée, sillonnée profondément; dents du péristome interne noueuses; coiffe peu poilue. ⚄ Sur les murs et les troncs d'arbres.

232. O. STRAMINEUM (Hornch. Desm. Fl. crypt. fr. n° 897). Feuilles étalées, carénées, épaissies sur les bords, munies d'une nervure qui va jusqu'au sommet, les supérieures linéaires-lancéolées, obtuses, les inférieures lancéolées, aiguës; capsules marquées de 8 côtes striées; opercule rougeâtre, apiculé; coiffe campanulée, glabre, jaune-paille, brunâtre au sommet. Sur les troncs des peupliers et des saules.

233. O. OBTUSIFOLIUM (Schw. Musc. Suppl. 1. t. 50). Feuilles d'un vert jaunâtre, assez roides, concaves, munies d'une nervure qui ne va guère qu'au milieu, les caulinaires ovales-lancéolées, finement denticulées, les périchétiales oblongues, amincies, aiguës; capsules oblongues, atténuées-allongées à la base, marquées de 8 sillons; péristome double à 16 dents rapprochées par paires; opercule conique; coiffe glabre. Sur les troncs des peupliers et des saules.

234. O. RUPINCOLA (Funck. Deuts. moos. t. 25). Tige dressée ou rampante, rameuse; feuilles presque dressées, serrées, rigides, acuminées, largement lancéolées; capsule sillonnée dans sa

Orthotrichum.

partie supérieure, à 16 dents dressées; 8 cils caducs; coiffe très-poilue. ♃ Sur les rochers des environs de Dinant (Namur).

255. O. DIAPHANUM (Schrad. Spic. p. 69). Tige très-courte, droite, rameuse; feuilles lancéolées, acuminées au sommet, qui est diaphane, et terminé par une soie droite et blanche; capsule presque sessile, sillonnée, à 16 dents linéaires, étalées; 16 cils très-petits; coiffe peu poilue. ♃ Sur les murs et les troncs d'arbres.

256. O. RIVULARE (Sm. Brit. p. 1266). Tige allongée, rameuse, rampante; feuilles largement lancéolées, obtuses; capsule presque sessile, oblongue-pyriforme, sillonnée, à 16 dents rapprochées par paires; 16 cils extrêmement étroits; coiffe glabre ou légèrement poilue. ♃ Sur les rochers qui bordent les rivières et les ruisseaux dans les provinces de Namur et de Luxembourg.

257. O. STRIATUM (Hedw. St. cr. 2. t. 56). Tige droite, allongée, rameuse; feuilles étalées, oblongues-lancéolées, quelquefois bistriées, se tordant par la dessiccation; capsule sessile, ovale, allongée, sillonnée en dessus, à 16 dents linéaires; 16 cils filiformes; coiffe verdâtre, peu poilue. ♃ Sur les troncs d'arbres et les murs.

258. O. LYELLII (Musc. brit. t. 22). Tige dressée, allongée, rameuse; feuilles longues, linéaires-lancéolées, recourbées, étalées, un peu ondulées, carénées, très-acuminées, crispées par la dessiccation; capsule subsessile, oblongue, sillonnée supérieurement, à 16 dents linéaires, oblongues, recourbées; 16 cils filiformes; coiffe très-velue. ♃ Sur les troncs d'arbres. Dieghem (Brabant), Brumagne (Namur).

2. — Capsule dépassant les feuilles.

259. O. HUTCHINSIÆ (Eng. bot. t. 2523). Tige courte, dressée, rameuse; feuilles lancéolées, acuminées, planes, dressées, roides; capsule oblongue, élevée, sillonnée, à 16 dents rapprochées par paires, sillonnées longitudinalement, souvent adhé-

Orthotrichum.

rentes à la base; coiffe très-velue. ♃ Sur les rochers des provinces de Namur et de Luxembourg.

240. O. CRISPUM (Hedw. St. cr. 2. t. 55). Ulota crispa Brid. Tige dressée, rameuse; feuilles lancéolées-subulées, très-crispées par la dessiccation; pédicelle très-saillant, droit; capsule oblongue, sillonnée, en massue, à 8 dents réfléchies, étalées, subbifides, marquées de sillons longitudinalement; 8 cils filiformes; coiffe très-poilue. ♃ Sur les troncs d'arbres et les rochers.

241. O. CRISPULUM (Bruch. in Desm. Crypt. fr. n° 899). Tige dressée, rameuse; feuilles d'un vert jaunâtre, lancéolées, subulées, se tortillant fortement par la dessiccation, à nervure ne dépassant pas le sommet; coiffe allongée, velue; capsule oblongue, atténuée dans le bas; dents du péristome interne soudées dans les deux tiers de leur longueur. Sur les troncs de sapin. Dans les Flandres et la Campine.

25 TETRAPHIS. Schreb. Gen. n. 1639.

Urne terminale, pédicellée; péristome simple à 4 dents pyramidales, placées à distances égales, ayant 7 stries longitudinales; opercule conique, membraneux, tombant avec la coiffe qui est entière, en cloche et sillonnée.

242. T. PELLUCIDA (Hedw. Sp. musc. t. 7. f. 1). Tiges faibles, minces, allongées, les tiges stériles plus hautes, portant des capitules terminaux; feuilles imbriquées, ovales-acuminées, les périchétiales lancéolées, toutes uninerviées, pellucides, disposées en spirale; pédicule très-long; urne droite, cylindrique; opercule conique, acuminé. ♃ Dans les chemins creux des forêts.

26. SPLACHNUM. L. Gen. 1191.

Urne terminale, pyriforme, posée sur une grosse apophyse; péristome simple à 32 dents réfléchies-arquées par la dessiccation, réunies par 1-2 ou 4 ; columelle dilatée au sommet; coiffe lisse, fugace, à base entière.

243. S. AMPULLACEUM (L. Sp. 1572). Tige droite, ordinairement simple; feuilles ovales-lancéolées, quelquefois dentelées, acuminées; pédicule rouge, très-long, portant une apophyse pyriforme sur laquelle est placée l'urne, qui est moitié moins grosse, droite et oblongue. ♃ Dans les marais tourbeux de la Campine.

27. BUXBAUMIA. Hall. Enum. p. 10.

Capsule terminale, grande, ovoïde, oblique, à bord élevé, crénulé; péristome double, l'extérieur à cils nombreux, inarticulés, presque égaux, un peu adhérents, l'intérieur membraneux, conique, plissé, tronqué; coiffe mitriforme.

244. B. APHYLLA (L. Sp. 1570). La plante est formée par un petit tubercule couvert de feuilles filiformes, courtes, serrées; pédicelle rouge, scabre, droit, robuste, de 10 à 15 millimètres; urne rouge jaunâtre, oblique, ventrue, oblongue; opercule conique, oblique, obtus; coiffe campaniforme, fugace, très-petite. ④ Dans les endroits stériles. Aerschot, Hingene (Brabant), Furnes (Flandre occidentale).

28. DIPHYSCIUM. Mohr. Obs. p. 34.

Pédicelle terminal très-court; capsule ovale, oblique, à orifice contracté et un peu crénelé sur le bord; péristome simple, membraneux, conoïde, tronqué, plissé; coiffe mitriforme.

245. D. FOLIOSUM (Mohr. l. c.). Buxbaumia foliosa L. Syst. veg. 945. Tige nulle; feuilles un peu roussâtres, les inférieures

linéaires, obtuses, recourbées, les supérieures enveloppant la capsule, lancéolées, bordées d'une membrane diaphane, terminées par une longue pointe aiguë, un peu dentelée; capsule grosse, sessile, d'un vert jaunâtre, à opercule conique, un peu-aigu. ⊕ Sur les bords des chemins creux. Le long de la chaussée d'Auderghem à Tervueren, Lubbeck (Brabant).

SECTION III. — *Péristome nul.*

† OPERCULE CADUC.

29. ANYCTANGIUM. Turn. Musc. hib. p. 11.

Urne terminale subcylindracée ou turbinée, à orifice nu ; opercule entier, caduc; coiffe mitriforme, irrégulièrement fendue à la base.

246. A. CILIATUM (Hedw. Sp. musc. p. 40). Gymnostomum ciliatum Fl. fr. 2. p. 445. Schistidium ciliatum Brid. Tige droite, rameuse, de 2 à 3 centimètres, noirâtre; feuilles d'un vert foncé, imbriquées, ovales-lancéolées, sans nervure et se terminant par un long poil blanc, les périchétiales longuement ciliées; capsule rouge-orangé, ovale, presque sessile, à opercule plan. ♃ Sur les rochers. Bouges (Namur). M. Bellynck. Je l'ai aussi reçu du Luxembourg.

30. GYMNOSTOMUM. Schreb. Gen. n. 1638.

Urne terminale, pédicellée, à orifice nu; opercule caduc, oblique, entier; coiffe dimidiée.

247. G. MICROSTOMUM (Hedw. St. cr. 3. t. 30). Tige petite, en touffe serrée; feuilles largement subulées, à bords roulés, flexueux, crispés par la dessiccation; capsule elliptique, à orifice contracté; opercule subulé, courbe. ⊕ Dans les terrains sablonneux et argileux.

Gymnostomum

248. G. SPHÆRICUM (Schw. in Schrad. Bot. journ. 11. t. 2). Tige dressée, presque simple, un peu allongée; feuilles oblongues-ovales presque entières, acuminées, à nervure atteignant le sommet; capsule dressée, sphérique, à opercule convexe, mamelonné. ① Dans les endroits humides de la province de Luxembourg.

249. G. HEIMII (Hedw. St. cr. 1. t. 50). G. obtusum Hedw. Sp. t. 2. G. intermedium Schw. 1. t. 7. Tiges droites, simples, très-courtes; feuilles lancéolées, aiguës, légèrement dentées au sommet; pédicelle rougeâtre, filiforme; capsule dressée, ovoïde-oblongue, à opercule subulé, oblique. ① Sur les murs et les rochers.

250. G. TRUNCATULUM (Hoffm. Germ. 2. p. 27). G. truncatum Hedw. St. cr. 1. t. 5. G. intermedium Turn. Musc. hib. Tige simple, très-courte, dressée; feuilles ovales, étalées, un peu planes, à nervure dépassant le sommet; capsule d'un jaune rougeâtre, ovoïde-turbinée, à opercule à bec oblique. ♃ Sur les murs et les bords des fossés.

251. G. MINUTULUM (Schw. Supp. 1. p. 25. t. 9). Tige dressée, simple, presque nulle; feuilles étalées, oblongues, à nervure atteignant le sommet, mucronées, très-entières; capsule ovoïde, tronquée, à opercule convexe, à bec court. ① Sur la terre argileuse. Environs de Bruxelles.

252. G. OVATUM (Hedw. St. cr. 1. t. 6). Tige dressée, courte, simple; feuilles dressées, ovales, concaves, terminées par un poil blanc, à nervure dilatée au milieu; capsule d'un roux brun, ovoïde ou oblongue; opercule à long bec. ① Sur les murs et les rochers.

253. G. PYRIFORME (Hedw. Sp. musc. p. 58). Tige dressée, courte, simple; feuilles ovales, acuminées, concaves, dentées, immarginées, étalées, à nervure atteignant le sommet; pédicelle jaune rougeâtre; capsule en poire renversée; opercule convexe, à bec court. ♃ Dans les lieux humides.

254. G. FASCICULARE (Hedw. Sp. t. 4). Tige courte, simple, dressée; feuilles oblongues-acuminées, planiuscules, un peu

Gymnostomum

dentelées, marginées, étalées, à nervure atteignant le sommet;
pédicule filiforme, rougeâtre; capsule pyriforme, à orifice contracté; opercule planiuscule, un peu mamelonné. ④ Dans les
terrains argileux.

> VAR. β. SERRATUM (Kickx). G. serratum Brib. Plus ro-
> buste que l'espèce; feuilles entièrement denticulées,
> plus larges, moins effilées; capsule oblongue, amincie
> à la base. Environs de Gand.

255. G. CURVIROSTRUM (Hedw. St. cr. 2, t. 24). G. stelligerum
Fl. fr. 2. p. 207. Tige allongée, dressée, rameuse; feuilles
lancéolées-subulées, dressées, resserrées par la dessiccation,
à nervure épaisse atteignant le sommet; capsule ovoïde; opercule oblique, à bec souvent courbé, plus long que la capsule. ♃ Sur les rochers, dans les provinces de Namur et de
Luxembourg.

256. G. ÆSTIVUM (Hedw. Sp. t. 2). Tige allongée, de 12 à
18 centimètres, très-touffues; feuilles lancéolées-oblongues;
entières, roides, contournées par la sécheresse, les périchétiales largement ovales, à bords roulés; capsule oblongue,
lisse, à opercule conique, longuement subulé. ♃ Sur les rochers humides.

31. SPHAGNUM. Schreb. Gen. n. 1657.

Capsule entière, à orifice nu; opercule caduc, sessile,
sur un réceptacle en forme de pédicelle formé par un prolongement de la tige; coiffe fendue irrégulièrement, adhérente à la base de la capsule ou déhiscente transversalement. Les mousses qui composent ce genre ont un aspect
blanchâtre.

257. S. OBTUSIFOLIUM (Ehr. Crypt. n. 241). Tige droite, à rameaux gonflés, un peu étalés; feuilles imbriquées, ovales,
concaves, obtuses, conniventes au sommet; pédicelle blan-

châtre, puis rougeâtre; capsule sphérique, droite. ♃ Dans les marais des bois.

> VAR. *α*. VULGARE (Hook et Tayl.). S. latifolium Hedw. Fl. fr. 2. p. 442. S. cymbifolium Hedw. Fund. 2. t. 3. f. 1. Tiges de 15 à 25 centimètres, formant des gazons serrés; feuilles densément imbriquées.

> VAR. *β*. MINUS (Hook et Tayl.). S. compactum Fl. fr. 2. p. 443. Tiges de 5 à 7 centimètres, formant des gazons serrés; feuilles densément imbriquées.

258. S. SQUARROSUM (Web. et Mohr. It. suec. t. 2. f. 1. *a. b*). Rameaux atténués et hérissés au sommet; feuilles ovales-acuminées, squarreuses, recourbées en crochet; capsule largement sphérique. ♃ Dans les marais des bois.

259. S. ACUTIFOLIUM (Ehr. Crypt. n. 72). S. capillifolium Hedw. Fund. 1. t. 3. f. 13. 14. 15. Rameaux atténués; feuilles ovales-lancéolées, imbriquées, aiguës, conniventes au sommet; capsule ovoïde. ♃ Dans les marécages.

260. S. CUSPIDATUM (Ehr. Cr. n. 25). Tiges flasques, à rameaux atténués; feuilles lâches, linéaires-lancéolées, enroulées sur les bords, pointues; capsules ovoïdes. ♃ Dans les marais où cette mousse est souvent nageante. Dans la Campine. Rare.

32. PHASCUM. L. Gen. 1189.

Capsule terminale ovoïde ou presque globuleuse, caduque, à péristome nul; opercule toujours persistant; coiffe dimidiée, fugace, courte. Les espèces de ce genre sont toutes très-petites.

261. P. CRISPUM (Hedw. St. cr. 1. t. 9). Caulescent, rameux; feuilles étalées-lancéolées, subulées, crispées par la dessication; les supérieures enveloppant la capsule. ♃ Dans les endroits humides. Aux environs de Furnes.

262. P. SUBULATUM (L. Sp. 1570). Tige très-courte, simple, dressée; feuilles sétacées, roides, subulées, les supérieures pro-

longées en pointe très-fine, à nervure n'atteignant pas le sommet ; urne presque sessile, enveloppée dans les feuilles supérieures. ⚄ Sur la terre et dans les bois où cette plante forme des gazons d'un jaune soyeux.

263. P. SERRATUM (Schreb. Phasc. t. 2. p. 9. f. 1). Tige nulle ; feuilles linéaires, filamenteuses, étalées en rosette, dressées, denticulées ; urne d'un rouge vif, courtement pédicellée. ⚄ Dans les bois sablonneux humides de la Campine et des Ardennes.

264. P. MUTICUM (Schreb. Phasc. t. 1. f. 11. 14). Mousse presque acaule, dressée, très-petite ; feuilles ovales-acuminées, concaves, denticulées au sommet, à nervure entière ; capsule entièrement enveloppée dans les feuilles supérieures. ① Dans les bois.

265. P. CUSPIDATUM (Schreb. Phasc. t. 1. f. 1-5). Tige courte, simple, dressée ; feuilles ovales-acuminées, à nervure se prolongeant au delà du sommet, les inférieures étalées, les supérieures dressées, conniventes et dépassant la capsule qui est presque sessile. ⚄ Le long des chemins.

266. P. CURVICOLLUM (Hedw. St. cr. 1. t. 11). Tige presque nulle, dressée, simple ; feuilles étroites-ovalaires, acuminées, à nervure n'atteignant pas le sommet ; pédicule saillant, courbé ; capsule globuleuse. ① Dans les sables arides de la Campine. Très-rare.

267. P. BRYOÏDES (Dicks. Crypt. 4. t. 10. f. 5). Cette espèce est caulescente, presque simple, dressée ; feuilles dressées, ovales, apiculées, à nervure atteignant le sommet, pédoncule dépassant les feuilles ; capsule elliptique, à opercule conique. ⚄ Trouvée près d'Anvers par M. Westendorp.

F^{lle} II. — HÉPATIQUES. Adans. Fam. t. 2. p. 14.

Frondes verdâtres ; tantôt expansions membraneuses ou foliacées, sinuées ou lobées, souvent rameuses, dichotomes,

rampantes, radicantes du bas, un peu analogues aux lichens foliacés; tantôt tiges à radicules rameuses et à feuilles
distinctes, comme dans les mousses; organes sexuels dans
des positions différentes, monoïques, quelquefois dioïques;
fleurs axillaires, rarement épiphylles, souvent pédicellées.
Les mâles? consistant en globules remplis de liqueur fé-
condante, nus ou agrégés, souvent sessiles dans un calice.
Les femelles, consistant en un ovaire nu ou ceint d'un
périchétium; capsule uniloculaire, souvent pédonculée,
presque close ou perforée au sommet, ou s'ouvrant en 2-8
valves, toujours sans opercule; graines très minces, adhérentes à des filaments tordus.

Tribu I. — JUNGERMANNIÉES. Hépatiques muscoïdes. DC.
Fl. fr. 2. p. 420.

Capsules en valves déhiscentes.

SECTION I. — *Capsules solitaires.*

1. JUNGERMANNIA. L. Gen. 1196.

Réceptacle commun nul, gaîne tubuleuse univalve; capsule globuleuse, solitaire, quadrivalve, portée sur un pédicelle sortant de la gaîne, déhiscente à la maturité.

§ I. — *Tiges foliacées sans stipules.*

† FEUILLES INSÉRÉES SUR PLUSIEURS CÔTÉS.

268. J. TRICOPHYLLA (L Sp. 1601). Tiges rampantes, vaguement
rameuses; feuilles imbriquées, multifides, à divisions linéaires,
formant de tous les côtés des faisceaux sétacés, droits, étalés;
capsule terminale, à gaînes oblongues, à orifice contracté, cilié. Dans les montagnes du Luxembourg, sur la terre.
269. J. SETACEA (Web. Spic. gott. n° 219). J. multiflora L. Mant.
310. Tiges rampantes rameuses; feuilles imbriquées de toutes

parts, divisées en deux jusqu'à la base, sétacées, recourbées, articulées; gaîne latérale, oblongue, à orifice ouvert, cilié. Dans les bois marécageux, souvent entre les sphagnum.

†† FEUILLES DISTIQUES ENTIÈRES OU SIMPLEMENT ÉMARGINÉES.

270. J. ASPLENIOÏDES (L. Sp. 1597). Tiges ascendantes rameuses; feuilles obovales-arrondies, ciliées-dentées, un peu recourbées, les périchétiales roulées sur les bords; capsule terminale ou latérale; gaîne oblongue, comprimée, à ouverture tronquée, un peu ciliée. Les tiges ont 5 à 12 centimètres et les feuilles 2 à 4 millimètres. Dans les bois. Fructifie en mai.

271. J. LANCEOLATA (L. Sp. 1597). Tiges de 7 à 15 centimètres, couchées, presque simples; feuilles étalées, ovales-arrondies, très-petites; capsule terminale; gaîne oblongue, cylindrique, déprimée au sommet, plane, à ouverture contractée, incisée-dentée. Fructifie au printemps. Sur les rochers mousseux.

272. J. PUMILA (Hook. Brit. Jung. t. 17). Cette espèce est sans doute une variété de la précédente, elle est plus petite, les feuilles sont elliptiques-ovales, les périchétiales oblongues, la capsule terminale. Dans les mêmes localités.

273. J. SPHAGNI (Dicks. Crypt. 1. t. 1. f. 10). Tiges de 5 à 10 centimètres, rampantes, grêles, presque simples, à jets gemmifères seuls stipulés; feuilles orbiculaires, d'un millimètre, les périchétiales supérieures émarginées ou laciniées; capsules terminales portées sur des rameaux spéciaux; gaînes oblongues, atténuées aux deux bouts, à orifice contracté, denticulé. Dans les marais tourbeux des bois. Fructifie en avril et mai.

274. J. CORDIFOLIA (Hook. Jung. t. 52). Tiges dressées, flexueuses, dichotomes; feuilles dressées, concaves, cordiformes, enroulées; capsules terminales ou axillaires, à gaînes oblongues-ovales, un peu plissées, à ouverture petite, denticulée. Dans les lieux ombragés des provinces de Namur et de Luxembourg.

275. J. CALCAREA (Lib. in Ann. gen. sc. phys. 6. p. 373. sub nom. Lejeunia). J. hamatifolia β. echinata Hook. Feuilles ovales-acuminées, concaves, les périchétiales bilobées, entiè-

Jungermannia.

res; capsule arrondie, pentagone au sommet, à ailes destituées de crête. Sur les rochers calcaires des Ardennes.

276. **J. compressa** (Hook. Brit. Jung. t. 58). Mesophylla compressa Dum. Tiges ascendantes, rameuses; feuilles planes, arrondies, distiques, imbriquées, aiguës, entières; périchétium oligophylle, à feuilles réniformes; capsules terminales ou axillaires. Dans les ravins humides des Ardennes.

277. **J. Dumortieri** (Lib. Crypt. f. 4. nº 311). Tiges rampantes, allongées, rameuses, radicantes, à rameaux ascendants; feuilles disposées sur deux rangs, horizontales, imbriquées, ovales-oblongues, planes, très-entières; fructifications terminales; gaines foliacées, à ouverture dentée. Dans les bruyères et les bois des Ardennes.

278. **J. Dicksoni** (Hook. Brit. Jung. t. 48). Tiges ascendantes, simples; feuilles disposées sur deux rangs, inégalement bilobées, à lobes étroitement ovales, aigus, très-entiers; capsule terminale, ovoïde. Dans les lieux montueux des Ardennes.

279. **J. alpestris** (Schleich. Exs. cent. 2. p. 59). Tiges ascendantes, peu rameuses; feuilles couchées, subarrondies, concaves, émarginées, à segments aigus, les périchétiales tridentées, divergentes; stipules nulles; capsules cylindriques à bouche contractée. Dans les Ardennes.

280. **J. bicrenata** (Sm. Anal. p. 247. t. 64. f. 1). J. excisa Engl. bot. Tiges rampantes, presque simples; feuilles dressées, ovales-arrondies, émarginées, à laciniures aiguës, les périchétiales subtrifides, rapprochées, un peu denticulées; stipules nulles; capsules ovales. Sur la terre, dans les bois.

281. **J. crenulata** (Eng. bot. t. 1465). Tiges de 1 à 2 centimètres, filiformes, rampantes, rameuses; feuilles arrondies, bordées, un peu rougeâtres; capsule terminale; gaines ovoïdes, comprimées, quadrangulaires longitudinalement, à ouverture contractée, dentée. Avril, mai. Dans les marécages des bois.

282. **J. sphærocarpa** (Hook. Jung. t. 74). Tiges de 1 à 2 centimètres, filiformes, ascendantes, simples; feuilles orbiculaires; capsule terminale, sphérique; gaines oblongues, ovales, cy-

Jungermannia

lindracées, quadrifides. Juin. Sur la terre. Dans les endroits ombragés.

††† Feuilles distiques émarginées ou bifides a segments égaux.

283. **J.** EMARGINATA (Ehr. Beytr. 3. p. 80). Tiges de 2 à 10 centimètres, dressées, rameuses ; feuilles lâchement imbriquées, étalées, obcordées, émarginées ; capsule terminale ; gaines ovales, dentées, cachées dans les feuilles. Dans les bois montueux des provinces de Namur et de Luxembourg.

284. **J.** INFLATA (Huds. Angl. 511). J. bicrenata Schm. Ic. t. 64. f. 1. Tiges petites, menues, couchées, simples ou rameuses ; feuilles subarrondies, concaves, aiguës-bifides , à segments droits, obtus ; capsule terminale ; gaines pyriformes, à ouverture contractée, dentée. Dans les marécages des bruyères.

285. **J.** EXCISA (Dicks. Crypt. 3. t. 8. f. 7). J. Funckii Web. et Mohr. Crypt. 422. Tiges de 1 à 6 millimètres, couchées, presque simples ; feuilles étalées, obovales, concaves, profondément échancrées, à segments aigus ; capsule terminale ; gaines oblongues, à ouverture plissée, dentée. Sur la terre, dans les endroits couverts.

286. **J.** VENTRICOSA (Dicks. Crypt. 2. p. 14). Tiges de 12 à 20 centimètres, couchées, un peu rameuses ; feuilles étalées, un peu échancrées, concaves, les périchétiales serrées, 3 ou 4-fides ; capsule terminale ; gaines oblongues, à ouverture contractée, plissée-dentée. Dans les bois montueux. Je l'ai trouvé près de Fumai.

287. **J.** BICUSPIDATA (L. Sp. 1589). Tiges à rameaux très-allongés, rampantes, rameuses ; feuilles presque carrées, peu serrées, bicuspides, à segments aigus, droits, très-entiers, les périchétiales densément imbriquées ; capsule terminale ; gaines oblongues, plissées, à ouverture dentée. Avril. Dans les bois ombragés, humides. Cette hépatique est indiquée en Belgique, je ne l'ai pas encore rencontrée.

Jungermannia.

288. **J.** byssacea (Roth. Cat. 2. p. 158). Espèce formant des touffes à rameaux capillaires, de 4 à 6 millimètres, rampants, rameux; feuilles ovales-quadrangulaires, obtusément bifides, à segments aigus, très-petites; capsule terminale; gaînes oblongues, plissées, à ouverture dentée. En automne. Dans les bruyères et aux bords des chemins creux dans les bois.

289. **J.** connivens (Dicks. Crypt. 4. t. 11). **J.** lunulæfolia Dum. Jung. eur. f. 61. Tiges à rameaux de 12 à 20 millimètres, rampantes, rameuses; feuilles suborbiculaires, concaves, échancrées au sommet; capsules terminales sur les rameaux du centre qui sont très-courts; gaînes oblongues, ovales, à ouverture ciliée. Avril et mai. Sur les rochers et les troncs d'arbres. Principalement dans la province de Luxembourg.

††††† Feuilles distiques 3-4-fides, a segments égaux.

290. **J.** pusilla (L. Sp. 1602). Tiges de 2 à 8 millimètres, rampantes, presque simples; feuilles horizontales, carrées, ondulées, à 2 ou 3 crénelures; capsule terminale, irrégulièrement déhiscente; gaîne campanulée, à ouverture crénelée et ondulée. Fructifie en automne. Sur la terre humide.

†††††† Feuilles distiques, bifides, a segments inégaux, plissés.

291. **J.** nemorosa (L. Sp. 1598). Tiges de 2 à 10 centimètres, droites, subdichotomes; feuilles inégalement bilobées, semibifides, dentées-ciliées, à lobes plissés, l'inférieur plus grand, obovale, le supérieur obtus, subcordé; capsule terminale; gaînes oblongues, courbes, comprimées, à ouverture tronquée, dentée-ciliée. Printemps. Dans les bois humides.

> Var. *β.* denudata (Hook. Brit. Jung.) **J.** curta Mart. Fl. Crypt. Erl. p. 148. Feuilles inégalement bilobées, à lobes ovales-aigus, à dentelures peu serrées; gaînes à ouverture ciliée.

292. **J.** umbrosa (Schrad. Sam. 2. p. 5). Tiges de 8 à 15 centimètres, un peu dressées, peu rameuses; feuilles inégalement

bilobées, à lobes plissés, aigus et dentelés au sommet, l'inférieur plus grand, ovale, le supérieur arrondi, ovale; capsule terminale; gaines oblongues, courbées, comprimées, à ouverture tronquée, très-entière. Dans les bois montueux des provinces de Liége, de Namur et de Luxembourg.

293. J. UNDULATA (L. Sp. 1598). Tige dressée, subdichotome, à feuilles inégalement bilobées, ondulées¹, très-entières, à lobes subarrondis, l'inférieur plus grand; capsule terminale; gaines oblongues, courbées, comprimées, à ouverture tronquée, très-entière. Avril, mai. Dans les lieux humides et montagneux.

294. J. RESUPINATA (L. Sp. 1598). Tiges de 15 à 20 millimètres, rampantes, presque simples; feuilles arrondies, inégalement, bilobées, à lobes plissés, très-entiers; capsule terminale; gaines oblongues, courbées, comprimées, à ouverture tronquée, sans dents. Sur les rochers et aux bords des chemins creux. Forêt de Marlagne (Namur).

VAR. β. DENTATA (Dum. Jung. eur. f. 40). Lobes des feuilles denticulés; gaines à ouverture denticulée.

295. J. ALBICANS (L. Sp. 1599). J. varia L. Sp. 1601. Tiges de 2 à 5 centimètres, dressées, subdivisées; feuilles inégalement bilobées, à lobes plissés, transparents au milieu, dentelés au sommet, l'inférieur plus grand, subacuminé, le supérieur oblong-ovale, aigu; capsule terminale; gaines obovales, cylindracées, à ouverture contractée, dentée. Printemps. Dans les bois humides et ombragés.

296. J. COMPACTA (Roth). J. resupinata L. Fl. succ. ed. 1. Plachiochila compacta Nées. Tiges à demi couchées, peu rameuses; feuilles ovales-arrondies, un peu obliques, auriculées; les périchétiales semblables, mais denticulées; oreillettes suborbiculaires, presque aussi grandes que les feuilles; capsule courbe, comprimée, à bords tronqués et finement crénelés. Dans les bruyères.

297. J. EXSECTA (Schm. Ic. t. 62. f. 2). Tiges de 8 à 12 millimètres, couchées, presque simples; feuilles imbriquées, inégalement dentées, à lobes contournés, l'inférieur plus grand, ovale, aigu,

Jungermannia.

concave, souvent bidenté au sommet, le supérieur denticulé ;
gaîne obovale, à orifice denté. Dans les marécages montagneux.
Forêt de Marlagne (province de Namur).

298. J. COMPLANATA (L. Sp. 1599). Tiges de 3 à 10 centimètres,
rampantes, vaguement rameuses ; feuilles distiques, imbriquées du haut, inégalement bilobées ; lobe supérieur plus
grand, orbiculaire, l'inférieur ovale, appliqué ; capsule terminale ; gaînes oblongues, comprimées, tronquées. En hiver.
Dans les bois au pied des arbres.

§ II. — *Feuilles stipulées.*

† FEUILLES ENTIÈRES OU QUELQUES-UNES ÉCHANCRÉES.

299. J. TAYLORI (Hook. Brit. Jung. t. 57). Tiges dressées, presque
simples ; feuilles distiques, arrondies, concaves, les périchétiales oblongues, connées à la base ; stipules subulées ; gaînes
ovales, tronquées, un peu bilabiées. Dans les endroits humides
et montagneux des Ardennes.

500. J. SCHRADERI (Mart. Fl. cr. erl. p. 180). J. autumnalis
DC. Suppl. p. 202. Tiges rampantes, un peu rameuses ; feuilles
distiques, dressées, orbiculaires-elliptiques, les périchétiales
ondulées ; stipules subulées ; gaînes cylindriques. Dans les bois
du Luxembourg.

301. J. SCALARIS (Schrad. Sam. 2. f. 4). J. lanceolata DC. Fl. fr.
2. p. 431. Tiges de 6 à 15 centimètres, rampantes, simples ;
feuilles imbriquées, arrondies, émarginées ; stipules largement
subulées ; capsules terminales ; gaînes ovales, renfermées dans
les feuilles, à ouvertures à 4 dents. Mars. Dans les bois.

502. J. POLYANTHOS (L. Sp. 1597). Tiges de 2 à 5 centimètres,
rampantes, un peu rameuses ; feuilles imbriquées, horizontales, arrondies-quadrangulaires, planes, entières, quelques-
unes échancrées ; stipules oblongues, bifides ; capsules partant
du bas des rameaux latéraux ; gaînes laciniées, bilabiées. Avril.
Sur la terre, dans les bois humides.

    VAR. β. PALLESCENS (Ehrh. Dec. n. 302). Feuilles arron-

Jungermannia

dies, entières; stipules oblongues, bifides. Aux bords des fossés et des ruisseaux.

503. **J. viticulosa** (L. Sp. 1597). Tiges de 3 à 8 centimètres, rampantes, rameuses; feuilles horizontales, distiques, serrées, planes, ovales, entières; stipules largement ovales, dentées-laciniées; capsules latérales; gaines s'enfonçant en terre, oblongues, charnues, à ouverture écailleuse, foliacée, déchiquetée. Printemps. Dans les bois humides des provinces de Namur et de Luxembourg.

504. **J. fissa** (Scop. Carn. 2. p. 348). J. trichomanis Dicks. Crypt. 3. t. 8. f. 5. Tiges de 2 à 5 centimètres, rampantes, presque simples; feuilles imbriquées, horizontales, convexes, ovales, entières ou un peu échancrées; stipules arrondies, lunulaires, émarginées; capsules latérales; gaines s'enfonçant en terre, oblongues, charnues, hérissées, à ouverture crénelée. Sur la terre humide. Dans les bois.

†† Feuilles 2-3-fides a segments égaux.

505. **J. bidentata** (L. Sp. 1598). Tiges de 20 à 40 millimètres, rampantes, rameuses; feuilles distiques, serrées, largement ovales, décurrentes, bifides au sommet, à segments très-aigus, entiers; stipules 2-3-fides, laciniées; capsule terminale; gaines oblongues, subtriangulaires, à ouverture laciniée. Mai. Sur la terre et les troncs d'arbres. Dans les bois.

506. **J. heterophylla** (Schrad. Journ. 5. p. 64). Tiges rampantes, rameuses; feuilles distiques, arrondies, ovales, décurrentes, bifides au sommet, les supérieures entières; stipules quadrifides; capsule terminale; gaines ovales, un peu triangulaires, à ouverture laciniée. Sur les troncs d'arbres. Dans les bois humides.

507. **J. collaris** (Nees. in mart. Erl. p. 15). Tiges rampantes, un peu rameuses; feuilles ovales, un peu quadrangulaires, concaves, arrondies à la base, tridentées au sommet; stipules lancéolées, bifides, entières; capsule latérale. Dans les bois ombragés.

Jungermannia.

308. **J. BARBATA** (Schrad. Sp. 107). Tiges de 3 à 8 centimètres, rampantes, presque simples; feuilles arrondies, un peu carrées; stipules lancéolées, bifides-aiguës, laciniées sur les bords; capsule terminale; gaînes ovales, à ouverture contractée, dentée. Mai. Dans les endroits humides et montagneux.

> VAR. *β*. MINOR (Hook) J. attenuata Lind. Syn. hep. p. 48. J. gracilis Schleich. cent. 3. n. 60. Feuilles inférieures trifides, les supérieures arrondies, concaves, avec 3 crénelures.

309. **J. REPTANS** (L. Sp. 1599). Tiges rampantes, rameuses, à feuilles imbriquées supérieurement, un peu quadrangulaires, recourbées, à 4 dents aiguës; stipules largement quadrangulaires, quadridentées; capsules radicales; gaînes oblongues, plissées, à ouverture dentée. Sur les vieux arbres et les vieilles souches.

310. **J. TRILOBATA** (L. Sp. 1599). J. radicans Engl. Bot. 2232. Tiges de 7 à 15 centimètres, rampantes, flexueuses, rameuses; feuilles distiques, imbriquées supérieurement, ovales, convexes, obtusément tridentées; stipules larges, un peu carrées, crénelées; capsules partant du bas de la tige; gaînes oblongues, subacuminées, à ouverture fendue latéralement. Dans les bois montueux.

††† FEUILLES BIFIDES, A SEGMENTS INÉGAUX, PLISSÉS.

311. **J. PLATYPHYLLA** (L. Sp. 1600). Tiges de 5 à 15 centimètres, rampantes, à rameaux pinnés; feuilles distiques, imbriquées, inégalement bilobées, à lobe supérieur arrondi-ovale, presque entier, l'inférieur et les stipules ligulés, très-entiers; capsules latérales; gaînes ovales, comprimées, à orifice tronqué, incisé-denté, fendu longitudinalement. Sur les troncs d'arbres et les rochers. Mheer (Limbourg), Amée-Château (Namur).

312. **J. LÆVIGATA** (Schrad. Sam. 2. p. 6). J. vernicosca Cass. in Mer. Fl. par. Tiges de 5 à 10 centimètres, rampantes, vaguement bipinnées, rameuses; feuilles imbriquées, inégale-

ment bilobées, dentelées-épineuses, lobe supérieur arrondi-ovale, l'inférieur ligulé ; stipules oblongues-quadrangulaires, dentées. Dans les bois et sur les rochers humides.

Cette jungermanne n'a pas encore été trouvée en fructification.

313. **J. CILIARIS** (L. Sp. 1601). J. pulcherrima Web. Sp. Gott. p. 150. Tiges de 5 à 8 centimètres, rampantes, pinnées, rameuses ; feuilles convexes, imbriquées, planiuscules, inégalement bilobées, à lobes et lobules ovales, bipartis, longuement et finiment ciliés ; stipules un peu carrées, à 4 ou 5 lobes au sommet, longuement ciliés ; capsules latérales ; gaînes obovales, à ouverture contractée, dentée. Avril. Sur la terre et les troncs d'arbres.

314. **J. TOMENTELLA** (Ehrh. Beytr. p. 150). Tiges de 5 à 10 centimètres, un peu dressées, bipinnées ; feuilles planiuscules, inégalement bilobées, multifides, capillaires, à lobe supérieur biparti, l'inférieur petit ; stipules un peu carrées, laciniées ; capsules axillaires ; gaînes oblongues, cylindriques, hérissées, à orifice ouvert. Dans les bois humides. Provinces de Liége, de Limbourg et de Namur.

315. **J. HAMATIFOLIA** (Hook. brit. Jung. t. 51). Tiges couchées, rameuses ; feuilles ovales, cuspidées, concaves, les périchétiales profondément bifides ; gaînes pentagones, à ailes en crête. Sur les troncs d'arbres et les rochers. Dans les Ardennes.

> VAR. *β*. ECHINATA (Hook). Lejeunia calcarea Lib. ann. Gen. sc. ph. 6. p. 373. Feuilles périchétiales entières ; gaînes sans ailes en crête.

316. **J. DILATATA** (L. Sp. 1600). Tiges de 15 à 25 centimètres, rampantes, vaguement rameuses ; feuilles distiques, alternes, imbriquées, inégalement bilobées, lobe supérieur subarrondi, l'inférieur arrondi, formant comme un sac ; stipules arrondies, planes, émarginées ; capsule terminale ; gaînes obcordées, tuberculées, triangulaires. En hiver. Sur les rochers et les troncs d'arbres.

Jungermannia.

317. J. TOMARISCI (L. Sp. 1600). Tiges de 5 à 10 centimètres, rampantes, pinnées, rameuses ; feuilles distiques, alternes, imbriquées, inégalement bilobées, lobe supérieur ovale-arrondi, l'inférieur petit, obovale, en forme de sac ; stipules presque quadrangulaires, émarginées, enroulées sur les bords ; capsules posées sur de courts rameaux terminaux ; gaînes obovales, lisses, triangulaires. Sur les rochers et les troncs d'arbres.

§ III. — *Jungermannes à fronde radicale.*

† FRONDE SANS NERVURE.

318. J. PINGUIS (L. Sp. 1602). Fronde de 2 à 8 centimètres, oblongue, couchée, charnue, un peu plane en dessus, gonflée en dessous, vaguement rameuse, à bord sinué ; capsule partant de la partie inférieure près du bord ; gaînes très-courtes, à ouverture dilatée, frangée ; coiffe saillante, oblongue, cylindrique, lisse. Sur la terre humide, près des eaux.

319. J. MULTIFIDA (L. Sp. 1602) J. palmata Hedw. Th. ret. t. 20. f. 7. Fronde de 12 à 56 millimètres, linéaire, charnue, comprimée, pinnée, rameuse ; capsule marginale ; gaîne très-courte, à ouverture dilatée, frangée ; coiffe saillante, oblongue, cylindrique, tuberculeuse. Sur la terre humide et les troncs d'arbres.

†† FRONDE MUNIE DE NERVURES.

320. J. BLASIA (Hook jun. t. 82, 85, 84). Blasia pusilla L. Sp. 1606. Fronde de 6 à 24 centimètres, formant une rosette attachée au centre par quelques radicules blanches, marquée de nervures, pellucide, un peu membraneuse, à divisions dichotomes, ondulées ; capsules naissant de la face supérieure ; gaîne et coiffe au centre de la fronde. Sur la terre. Dans les lieux ombragés.

321. J. EPIPHYLLA (L. Sp. 1602). Fronde de 2 à 10 centimètres,

Jungermannia.

oblongue, presque membraneuse, poilue en dessous, à divisions variées, à bords entiers, subulés ou sinués ; capsules naissant de la face supérieure de la fronde ; gaînes subcylindracées, plissées, à ouverture un peu dilatée, incisée, dentée ; coiffe lisse, saillante. Mars, avril. Dans les bois humides aux bords des fossés.

> VAR. *β*. LONGIFOLIA (Lam. Dict. 3. p. 286). J. endiviæfolia Dicks. Pl. crypt. 4. p. 19. J. Vaillantii Mer. Fl. par. 1. p. 218. Fronde allongée, largement linéaire ; pédicules latéraux.

322. J. FURCATA (L. Sp. 1602). Fronde de 15 à 25 millimètres, linéaire, dichotome, membraneuse, munie de côtes, lisse en dessus, plus ou moins poilue en dessous et sur les bords ; capsule naissant de la face inférieure ; gaînes bilobées, plissées, ciliées sur les bords ; coiffe obovale ; hispide. Printemps. Sur les troncs d'arbres.

SECTION II. — *Capsules agrégées.*

2. MARCHANTIA. Mich. Gen. 1.

Fronde étalée ; réceptacle commun pédicellé, lobé, radié, discoïde ou campanulé, couvrant plusieurs capsules qui s'ouvrent à 4 valves du sommet à la base ; organes mâles? consistant en godets sessiles, contenant un liquide dans des loges nombreuses. Ces plantes fructifient ordinairement dans les mois d'avril et de mai.

323. M. POLYMORPHA (L. Sp. 1603). Expansions foliacées, glabres, longues de 3 à 10 centimètres, lobées, à divisions obtuses, d'un vert foncé, parsemées en dessus de points ou pores, et en dessous de veines couvertes de radicules nombreuses ; réceptacles femelles divisés profondément en 10 lobes linéaires, portés sur des pédoncules de 24 à 36 millimètres, naissant sur les bords des folioles ; les mâles sont à 8 dents larges et arron-

dies. Sur la terre et sur les pierres. Dans les endroits humides et ombragés.

> VAR. *α.* STELLATA (Scop.). Organes mâles sur des pieds séparés. Lunaria vulgaris Bisch.
>
> VAR. *β.* UMBELLATA (Scop.). Organes femelles sur des pieds séparés.
>
> VAR. *γ.* MONOÏCA (Bill.). Organes mâles et femelles sur le même pied.

324. M. COMMUTATA (Lind.). Preissia commutata Corda. M. hemisphærica Plur. Dioïque comme l'espèce précédente, mais dépourvue de réceptacles bulbillifères; frondes obovales ou oblongues-cunéiformes, obtusément lobées, plus ou moins ondulées et denticulées sur les bords, qui sont quelquefois d'un brun rougeâtre; capitules des deux sexes pédonculés, les mâles orbiculaires, un peu sinueux, planes, épaissis vers le milieu, marqués en dessous de 4 côtes anthéridifères; les femelles carrément arrondis, crénelés, convexes, presque hémisphériques, comme bosselés, à 3 ou 4 rayons, portant à leur surface inférieure un nombre égal d'involucres renfermant chacun 3 à 4 sporanges eux-mêmes involucrés. Environs de Renaix (M. Kickx).

325. M. HEMISPHÆRICA (L. Sp. 1604). Rebouillia hemisphærica Radd. Expansions glabres de 2 à 3 centimètres, lobées, obtuses; réceptacles femelles hémisphériques, à 5 ou 6 lobes obtus, contenant 5 ou 6 capsules, portés sur des pédoncules de 10 millimètres environ. Sur la terre et les rochers. Il n'est pas rare dans les provinces de Namur et de Liége.

326. M. TRIANDRA (Scop. Carn. 2. p. 354. t. 63). Feuillage étalé, d'environ 3 centimètres, à divisions larges de 2 à 4 millimètres, linéaires, écartées, glabres, ponctuées en dessus; organes femelles en tête sphérique, petite, composée de trois capsules sessiles, glabres; pédicules de 4 à 8 millimètres, striés, glabres, opaques. Sur les talus, aux bords des chemins et sur les rochers, dans les endroits couverts.

327. M. FRAGRANS (Balb. Diss. p. 6. t. 2). Réceptacle femelle

Marchantia

hémisphérique, à 5 ou 6 lobes obtus, à 3 capsules; fronde membraneuse, pubescente, lobée, de 2 à 5 centimètres ; périchétium frangé. Dans les lieux et sur les rochers humides.

328. M. conica (L. Sp. 1604). Cette espèce ressemble à la première, mais les pédoncules femelles partent de petites cavités situées sur le bord de la fronde, ils sont longs de 20 à 50 millimètres, et sont sillonnés, blancs, transparents, portant les réceptacles qui sont coniques, un peu ovoïdes, roussâtres, divisés en lobes très-courts, obtus, à 5-7 loges, renfermant 5-7 capsules. Dans les lieux humides et ombragés.

3. Anthoceros. Bill. Musc. 475.

Capsule très-longue, subulée, à 2 valves, renfermant un placenta linéaire; fronde étalée.

329. A. lævis (L. Sp. 1606). Fronde indivise formant une rosette de 2 à 2 1/2 centimètres, plane, lisse, à bords un peu ondulés. Sur la terre, dans les endroits humides.

330. A. punctatus (L. Sp. 1606). Fronde plus petite que dans l'espèce précédente, indivise, sinuée, ponctuée en dessus, ciliée au-dessous, crépue sur les bords. Dans les terrains argileux humides.

4. Targionia. Mich. Gen. t. 3.

Fronde membraneuse, non rayonnante ; capsule globuleuse, entourée d'un calice à 2 valves, d'abord fermé, ensuite ouvert.

331. T. hypophylla (L. Sp. 1604). Frondes de 12 à 20 millimètres, oblancéolées, vertes en dessus, brunes en dessous, tuberculées, fructifères, se renflant en un calice bivalve à l'extrémité. Sur les rochers et la terre humide.

Tribu II. — Homalophylles. Spreng.

Hépatiques lichénoïdes. DC.

Capsules closes ou perforées, indéhiscentes.

5. Sphærocarpus. Mich. Gen. p. 4.

Capsule globuleuse renfermée dans un calice univalve, perforé au sommet.

332. S. Michelii (Bell. Act. taur. 5. p. 258). S. terrestris engl. Bot. t. 299. Targionia sphærocarpus Dicks. Fl. fr. 2. p. 419. Fronde membraneuse, extrêmement petite, sur laquelle s'élèvent des folioles ovoïdes, réticulées, tronquées, pellucides, à groupes fructifères au sommet. La plante est presque orbiculaire. Sur la terre, dans la Campine surtout.

6. Riccia. Mich. Gen. 57.

Capsule subglobuleuse, enfoncée dans la fronde, munie d'un tube court, à peine proéminent, perforé au sommet.

333. R. nutans (L. Syst. 781). Fronde plane, ovale, de 4 à 6 millimètres, verte, ciliée, à radicules foliacées, noirâtres. Dans les eaux stagnantes.

334. R. fluitans (L. Sp. 1606). Fronde de 8 à 12 millimètres, dichotome, à divisions planes, linéaires, plusieurs fois bifurquées. Dans les eaux stagnantes.

> Var. *β.* canaliculata (Roth.). C'est la variété terrestre; la fronde est plus petite, canaliculée.

335. R. cavernosa (Hoffm. Germ. 2. p. 195). R. cristallina Schm. Fronde en rosette, de 4 à 6 millimètres, radiante du centre, dichotome, criblée de pores irréguliers, d'un vert jaunâtre. Sur les terrains sablonneux mêlés d'argile. Vilvorde (Brabant).

Riccia.

556. R. NODOSA (Bouch. Abb. p. 88). Fronde arrondie, de 4 à 6 millimètres, dichotome, à divisions linéaires, avec quelques nodosités. Dans les fossés aquatiques des Flandres.

557. R. GLAUCA (Hedw. Th. retr. t. 51). Riccia major Roth. Fronde en rosette, de 4 à 8 millimètres, radiante du centre, dichotome, à divisions foliacées, réticulées, planes, élargies et obtuses à l'extrémité, d'un vert glauque. Dans les terrains argileux.

558. R. CILIATA (Hoffm.). Riccia glauca β. Web. Espèce à segments linéaires, légèrement concaves, quelquefois un peu sinueux; lobes étroits, obtus, ciliés de longs poils d'un gris blanchâtre. Dans les landes humides des Flandres et de la Campine.

559. R. BIFURCA (Hoffm.). R. glauca γ. Bisch. Segments linéaires, d'un vert peu foncé, profondément canaliculés, glabres. Cette espèce se rapproche beaucoup du Riccia glauca, et sans doute elle n'est qu'une simple variété de l'espèce précédente dont elle diffère par l'absence des cils. Sur la terre sablonneuse et humide autour des étangs dans les Flandres.

F^{lle} III. — LICHÉNÉES. Achar. Lich. univ. I.

Plantes imparfaitement celluleuses, manquant des vaisseaux propres et de ceux en spirale, formées de cellules entre deux couches ; une couche corticale extérieure, de couleurs variées, mais jamais verte, et une couche médullaire en dessous, remplie d'une matière colorée verte, blanche et rarement colorée dans le milieu. Le thallus (ou croûte du lichen) est pulvérulent, crustacé ou en fronde; celle-ci peut être foliacée, fruticuleuse ou filamenteuse. Les fructifications (apothécions ou scutelles) sont composées d'une partie interne productive et d'une partie externe qui lui sert de réceptacle; la partie interne contient les gongyles ou sporules, tantôt libres et nus, tantôt contenus dans des thèques (ascis) formant un nucléus ou une lame ouverte. La partie externe (conceptacle) est plus ou moins évasée, ou fermée, plus ou moins dilatée. Ces plantes sont de fausses parasites, elles absorbent l'humidité ambiante par toute leur surface et s'en laissent entièrement pénétrer.

SECTION I. — *Apothécions ou réceptacles tuberculeux, ou scutellés, plus ou moins arrondis, insérés sur un thallus foliacé.*

1. ENDOCARPON. Hedw. Musc. frond. p. 2.

Thallus crustacé ou cartilagineux, plan, adhérent, foliacé, pelté; réceptacle sphéroïde, enfoncé dans le thallus, proéminent à la maturité, renfermant un nucléus globuleux.

340. E. MINIATUM (Achar. Meth. 127). Thalle épais, crustacé, cartilagineux, foliacé, orbiculaire, ombiliqué, simple, cendré, étalé, flexueux et plissé sur le bord, lisse et ensuite rugueux, fauve en dessous et enfin noir, à ostioles petits, rares, un peu proéminents, fauves. Sur les rochers, à Namur, à Dinant, et dans le grand-duché de Luxembourg.

341. E. COMPLICATUM (Achar. Meth. 128). E. miniatum var. complicatum Schar. Exsicc. n° 113. Thalle coriace-cartilagineux en gazon, polyphylle, cendré en dessus, fauve noirâtre en dessous, à lobes imbriqués dressés, arrondis, plissés et recourbés; ostioles serrés, convexes, noirs. Sur les rochers, aux bords de la Moselle et de la Semois.

342. E. HEDWIGII (Ach. Meth. 125). E. pusillum Hedw. Stirp. cr. 11. 56. t. 20. f. A. E. hepaticum DC. Fl. fr. 5. p. 191. Thalle très-petit (2 à 4 millimètres), déprimé, subarrondi, anguleux-lobulé, coriace, squamuleux, brun ou verdâtre en

dessus, pâle, ensuite noir, fibrilleux en dessous; apothécions
à ostioles noirs, proéminents. Dinant, sur les rochers, Audenarde (Flandre).

2. PELTIGERA. Willd. Prod. Fl. ber. p. 347.

PELTIDEA. Fr. Sched. crit. n. 176. 180.

Thalle membraneux, déprimé ou dressé, lobé, lacinié,
veineux ou tomenteux en dessous; réceptacles déprimés ou
aplanis, peltiformes, à lame proligère libre, suborbiculaire, entièrement attachée sur le thalle.

† APOTHÉCIONS ATTACHÉS AU MILIEU DU THALLE.

343. P. SACCATA (DC. Fl. fr. 2. p. 408). Solorina saccata Achar.
Syn. 8. Thalle membraneux, aplati, coriace, lobé, cendré-
verdâtre en dessus, d'un jaune brunâtre et fibrilleux en dessous; apothécions arrondis, creux, formant comme de petits
sacs, d'un brun noirâtre. Sur la terre, au pied des arbres et
des rochers. Je l'ai trouvé dans plusieurs localités de la Campine.

†† APOTHÉCIONS PLACÉS AU BORD ET SUR LA PARTIE
POSTÉRIEURE DU THALLE.

344. P. RESUPINATA (DC. Fl. fr. 2. p. 467). Nephroma resupinata
Ach. Thalle coriace, lobé, à lobes arrondis, étalés, crénelés,
d'un plombé verdâtre en dessus, pâles et scabres en dessous;
apothécions bruns, orbiculaires, à bords lacérés. Sur la terre,
au pied des arbres et des rochers.

††† APOTHÉCIONS PLACÉS SUR LE BORD ET SUR LA FACE
SUPÉRIEURE DU THALLE.

345. P. VENOSA (Hoffm. Lich. t. 6. f. 2). Peltidea venosa Ach.
Thalle flagelliforme, petit, cendré-verdâtre, vert gai étant
mouillé, à lobes arrondis, incisés, presque entiers, blancs.

Peltigera.

avec des veines brunes en dessous ; apothécions planes, arrondis, bruns, à bords crénelés. Sur la terre, au bord des chemins et des fossés, dans les endroits humides. Dans les Ardennes et la Campine.

346. P. HORIZONTALIS (Hoffm. Germ. 2. p. 107). Thalle lacinié-lobé, d'un glauque-brun, glabre, d'un vert brunâtre quand il est humecté, à lobes arrondis, crénelés, les fertiles plus courts, le dessous blanc, avec des veines spongieuses d'un brun noirâtre ; apothécions solitaires, planes, horizontaux, oblongs-ovales, roux ou d'un noir roussâtre, à bords entiers. Sur les mousses, dans les fentes des rochers humides.

347. P. APHTHOSA (Hoffm. Lich. t. 6. f. 1). Thalle sinué-lobé, d'un vert livide, devenant d'un jaune vert étant humecté, parsemé de verrues concolores ou plus obscures, à lobes larges, arrondis, les fertiles plus étroits, à bords réfléchis, réticulés de veines noires en dessous ; apothécions grands, verticaux, oblongs, rouges, à bords réfléchis, un peu lacérés. Sur la terre et les mousses dans les endroits sablonneux.

348. P. CANINA (Hoffm. Germ. 2. p. 106). Peltidea canina Ach. Syn. 259. Thalle sinueux-lobé, d'un cendré roussâtre, glauque et d'un vert sale quand il est humecté, garni d'un duvet très-menu qui s'évanouit facilement, à lobes arrondis, les fertiles un peu plus longs, redressés, recourbés sur les bords, blanchâtres en dessous, à veines et fibrilles concolores sur les bords, d'un brun cendré au centre ; apothécions verticaux, subarrondis, roux, d'abord planes et ensuite convexes, à bords un peu crénelés. Sur la terre dans les bois.

> VAR. ʃ. CRISPATA (Kickx). Thalle à bords crépus.

> VAR. γ. MEMBRANACEA (Achar.). Thalle mince, membraneux, cendré étant sec, blanchâtre, à veines et fibrilles concolores, réticulé en dessous, à lobes fertiles plus courts ; apothécions petits, rares, roux, ovales-arrondis.

349. P. RUFESCENS (Hoffm. Germ. p. 167). Peltidea rufescens Fries. Lich. Exs. 11. 110. Peltidea spuria Achar. Meth. t. 5. f. 2.

Peltigera.

Thalle à lobes laciniés, roussâtres, luisants, un peu tomenteux, à laciniures incisées-crénelées, crépues, les fertiles courtes, très-rares, blanches en dessous, à veines spongieuses-réticulées, denses, fibrilleuses, noires, fauves au centre; apothécions verticaux, subarrondis, marginés, d'un brun noirâtre, convexes, roulés. Sur la terre et les rochers.

\ 550. P. POLYDACTYLA (Hoffm. Lich. 1. t. 4. f. 1). Thalle sinué lobé, lisse, glabre, d'un cendré verdâtre, fauve verdâtre quand il est mouillé, à lobes dressés, arrondis, les fertiles digités, blancs, spongieux, tomenteux en dessous, avec des veines réticulées, fauves au centre; apothécions terminaux, verticaux, brunâtres, oblongs-arrondis, convexes. Sur la terre entre les mousses, au pied des arbres.

351. P. MALACEA (Duby. Bot. gall. f. 598). Peltidea malacea Ach. Thalle plus épais que dans les autres espèces, très-cassant, à lobes arrondis-oblongs, flexueux, relevés, petit, lisse, d'un brun pâle verdâtre et livide, garni en dessous d'un duvet serré, spongieux, noirâtre au centre, blanc-grisâtre aux bords qui sont veinés, fibrilleux; scutelles planes, orbiculaires, crénelées, brunes d'abord, ensuite noires. Cette espèce a été trouvée dans les Flandres, dans les provinces d'Anvers et du Limbourg.

5. STICTA Schrb. Gen. 2. p. 768.

Thallus foliacé, coriace-cartilagineux, lobé, muni en dessous de cyphelles (fossula) ou de sorédies au milieu d'un duvet tomenteux.

\ 552. S. SYLVATICA (Ach. Meth. 281). Thalle grand, foliacé, membraneux, profondément lobé, olive fauve en dessus, parsemé de points noirs, à lobes diffus, ascendants, difformes, étalés, crénelés, fauve et velu en dessous; cyphelles excavées, blanches; scutelles marginales, ovales, brunes. Sur la terre, les rochers et au pied des arbres, principalement dans le Luxembourg.

553. S. scrobiculata (Achar. Lich. univ. 455). Lobaria scrobiculata DC. Fl. fr. 2. p. 402. Pulmonaria verrucosa Hoffm. Lich.
t. 1. f. 1. Thalle très-large, cartilagineux, coriace, profondément lobé, scrobiculé, suborbiculaire, plombé-grisâtre, à lobes
amples, arrondis, à bords crépus, gris-pulvérulents, parsemés
de sorédies petites, dispersées, d'un brun-cendré, et velues en
dessous; scutelles éparses, planes, orbiculaires, d'un roux-
brun, à bords crénelés. Sur la terre, entre les mousses et les
rochers dans les Ardennes.

554. S. pulmonacea (Achar. Lich. 449). Lobaria pulmonacea
DC. Thalle cartilagineux, coriace, étalé, profondément sinué-
lacinié, lacuneux-réticulé, olivâtre, vert étant humecté, chargé
de verrues plombées, scabres, confluentes, à laciniures allongées, tronquées, pâles, à interstices tomenteux, bruns en dessous; scutelles submarginées, planes, d'un brun-fauve, à bord
entier, disparaissant ensuite. Sur les troncs d'arbres, assez
rare partout.

4. Parmelia Delise. Ined.

Thalle foliacé, coriace-submembraneux, lobé ou multifide-
lacinié, plane-étalé, glabre ou fibrilleux en dessous; apothécions grands, urcéolés-concaves, épars, formés en dessous du thalle, fixés par un point central, ceints d'un rebord persistant; lame proligère colorée, membraneuse,
très-menue.

† Apothécions fauves.

555. P. perlata (Achar. Lich. univ. 458). Lobaria perlata DC.
Fl. fr. 2. p. 403. Thalle orbiculaire, blanc-glauque-verdâtre,
à lobes nombreux, crépus et relevés, d'un bleu noirâtre, légèrement velu ou nu en dessous; scutelles cyathiformes, d'un
rouge-brun, à bord mince, entier. Ce lichen fructifie rarement
et se trouve sur les troncs d'arbres.

VAR. β. cetrarioïdes (Duby). P. cetraroïdes Del. Thalle

à lobes élevés, crépus, parsemé de verrues blanches, pulvérulentes; scutelles inconnues. Sur les troncs des arbres.

556. P. ACETABULUM (Dub. Bot. gall.). P. corrugata Ach. Imbricaria acetabulum DC. Fl. fr. 2. p. 592. Lobaria acetabulum Hoffm. Thalle orbiculaire, membraneux, finement rugueux, glauque-verdâtre, ensuite d'un brun verdâtre, à lobes incisés, arrondis, plissés, flexueux, imbriqués, presque entiers; scutelles grandes, flexueuses, concaves, rousses, à bords rugueux et crénelés. Sur les troncs des vieux arbres.

557. P. CAPERATA (Achar. Meth. 216). Imbricaria caperata DC. Fl. fr. 2. p. 592. Lobaria caperata Hoffm. Thalle orbiculaire, un peu coriace, d'un jaune-vert-pâle, rugueux, puis granuleux, à lobes arrondis, plissés, sinueux, presque entiers, noir, hispide en dessous; scutelles concaves, d'un brun roussâtre, à bords recourbés, crénelés, puis pulvérulents. Sur les troncs d'arbres et les rochers.

558. P. TILIACEA (Achar. Meth. 215). Imbricaria quercina DC. Fl. fr. 2. p. 290. Thalle orbiculaire, membraneux, d'un glauque verdâtre sale, un peu effleuri, à lobes sinués-laciniés, ceux de la circonférence arrondis-crénelés, d'un brun noirâtre et à fibrilles noires en dessous. Scutelles éparses, concaves, un peu brunes, à bords entiers. Sur les rochers et les troncs d'arbres, surtout sur le bouleau.

> VAR. SCORTEA (Duby). P. scortea Achar. Syn. 197. Thalle d'un blanc verdâtre avec des points noirs élevés. Sur les rochers.

559. P. BORRERI (Ach. Lich. 461). Thalle cartilagineux, dur, orbiculaire, à sorédies grises, pulvérulentes, marginées, un peu imbriquées, à lobes arrondis; au-dessous il est spongieux, fibrilleux, brunâtre; scutelles rouges, concaves, à bords réfléchis, gonflés. Sur les troncs d'arbres. Je ne l'ai jamais trouvé en fructification.

560. P. SAXATILIS (Ach. Meth. 204). Imbricaria retiruga DC. Fl. fr. 2. p. 589. Thalle orbiculaire, glauque-cendré, un peu

Parmelia.

rude, lacuneux-réticulé, à laciniures imbriquées, sinuées, lobées, à divisions linéaires, noires et fibrilleuses en dessous; scutelles châtaines, devenant grandes par l'âge, à bords flexueux, minces, crénelés. Sur les rochers. Provinces de Namur et de Luxembourg.

\ 561. P. OLIVACEA (Achar. Lich. 462). Imbricaria olivacea DC. Fl. fr. 2. p. 392. Lobaria olivacea Hoffm. Thalle orbiculaire, olivâtre, à points élevés, à lobes radiants, aplatis, planes, dilatés, arrondis, crénelés, d'un brun pâle et un peu fibrilleux en dessous; scutelles concolores, à bords réfléchis, un peu crénelés, devenant avec l'âge grandes, flexueuses, roussâtres. Sur les rochers et les troncs d'arbres.

\ 562. P. CONSPERSA (Achar. Meth. 205). Imbricaria conspersa DC. Fl. fr. 393. Thalle orbiculaire, glauque-verdâtre, lisse, souvent à excroissances pulvériformes, fauve, à laciniures arrondies, sinuées-lobées, crénelées, un peu planes, noirâtre et fibrilleux en dessous; scutelles centrales brunes, à bords entiers. Sur les pierres et les rochers.

563. P. SINUOSA (Ach. Syn. 207). Thalle orbiculaire, d'un cendré pâle, lisse, le plus souvent noir-ponctué au centre, à laciniures étalées, sinuées, pinnatifides, plus larges et arrondies aux bords, noires-fibrilleuses en dessous; scutelles brunes, à bord mince, très-entier. Sur les troncs d'arbres, principalement sur ceux du hêtre.

564. P. OBSCURA (Fries. Parmelia). Hagenia obscura DC. Not. Lichen obscurus Ehrh. Thalle régulier, comme étoilé dans la jeunesse, puis étalé irrégulièrement, de couleurs variées, depuis le gris cendré jusqu'au gris-brun, verdissant par l'humidité, ainsi que les sorédies qu'il porte toujours, à folioles plus ou moins rapprochées, non imbriquées, garnies inférieurement de fibrilles noires, les unes sinuées-pinnatifides, les autres palmées ou incisées, toutes à lobes linéaires, très-obtus, déprimés, divergents; scutelles à bords entiers, à disque d'un noir brunâtre. Sur l'orme, le tilleul et le peuplier.

\ 565. P. PHYSODES (Achar. Meth. 250). Imbricaria physodes DC.

Parmelia.

Fl. fr. 2. p. 393. Thalle étoilé, blanc ou jaune glaucescent, à laciniures imbriquées, sinuées-multifides, un peu convexes, glabres, noirâtres, ponctuées, à sommet ascendant, renflé, parfois pulvérulent, noir, nu ou fibrillé en dessous; scutelles rougeâtres, à bords entiers. Sur les rochers et les troncs d'arbres.

> Var. *β*. DIATRYPA (Duby). Imbricaria diatrypa DC. Fl. fr. 2. p. 393. Lichen pertusus Schrad. Spic. 98. Thalle à laciniures planiuscules, perforées au sommet, rugueuses, noires, plissées en dessous, à interstices blancs.

366. P. LANUGINOSA (Achar. Meth. 207. Excl. syn.). Imbricaria lanuginosa DC. Fl. fr. 5. p. 188. Thalle orbiculaire, jaune pulvérulent, à laciniures imbriquées, planes, arrondies, finement crénelées, revêtu en dessous d'un duvet dense d'un bleu noirâtre; scutelles très-rares, petites, d'un brun obscur, à bord presque entier, pulvérulent. Sur la terre et sur les mousses.

367. P. CLEMENTIANA (Achar. Lichen. 483). Thalle orbiculaire, blanc verdâtre ou blanchâtre, granuleux, pulvérulent, lacinié-lobé au pourtour, à laciniures planes, crénelées, incisées, presque nues, concolores en dessous avec quelques fibrilles noirâtres; scutelles planes, d'un noir brunâtre, crénelées sur les bords. Sur les troncs d'arbres, principalement sur les chênes. Forêt de Marlagne (Namur).

368. P. DUFOUREI (Frics). Lecanora crassa *β*. Dufourei Schær. En. crit. lich. eur. p. 58. Squamaria Dufourei Kickx in Litt. Thalle étalé, orbiculaire, d'un blanc verdâtre devenant olivâtre, à lobes arrondis, crénelés-incisés, blanchâtres sur les bords; scutelles d'un jaune fauve pâle, presque planes, à bords presque entiers. Namur, Dinant. Sur les rochers.

> VAR. *β*. MINOR. Plus petit dans toutes ses parties. Trouvé à Namur par M. Bellynck.

369. P. ALEURITES (Achar. Meth. 208). Imbricaria aleurites DC. Syn. gall. p. 84. Placodium diffusum Hoffm. Lich. t. 65. f. 2. Thalle orbiculaire, rugueux, plissé, cendré, blanc pulvérulent,

Parmelia.

à laciniures planes, arrondies, ondulées, incisées-crénelées, concolores en dessous avec des fibrilles noires; scutelles planes, un peu brunes, à bord devenant crénelé, pulvérulent. Sur les rochers et les pièces de bois.

370. P. ENCAUSTA (Ach. Meth. 202). Imbricaria encausta DC. Fl. fr. 2. p. 594). Thalle étoilé, sordide, bronzé ou pâle grisâtre, pointillé de noir, à laciniures linéaires, étroites, à jointures convexes, fourchues, multifides, ondulées à l'extrémité, nu, noirâtre en dessous; scutelles centrales, brunâtres, à bord plus pâle, crénelé. Sur les rochers. Province de Namur.

†† SCUTELLES NOIRES.

371. P. MUSCIGENA (Achar. Lich. 472). Thalle suborbiculaire, imbriqué, un peu squameux, membraneux, d'un châtain livide, effleuri, à laciniures multifides, incisées-crénelées, bleuâtres-effleuries sur les bords, à fibrilles noires et frangées en dessous; scutelles brunes ou noirâtres, à bord presque entier. Sur la terre entre les mousses. Provinces de Namur et de Luxembourg.

372. P. CYCLOSELIS (Achar. Meth. 199). Imbricaria cycloselis DC. Fl. fr. 2. p. 338. Parmelia adglutinosa Flörk in Moug et Nestl. vog. nº 543. Lecanora virella et Parmelia cloantha Achar. Thalle orbiculaire, membraneux, cendré, livide, à laciniures soudées, imbriquées, planiuscules, multifides, crénelées-rongées, un peu ciliées sur les bords qui sont un peu ascendants, crépues, un peu pulvérulentes, noir, fibrilleux, légèrement spongieux en dessous; scutelles éparses, d'un noir-brunâtre, à bord élevé, entier, cendré. Sur les troncs d'arbres.

373. P. ULOTHRYX (Ach. Meth. 200). Il n'est qu'une variété de l'espèce précédente. Le thalle est membraneux, cendré-glauque, à laciniures linéaires, planes, dichotomes, multifides, un peu ciliées, plus larges au sommet; scutelles comme dans l'espèce précédente, un peu ciliées en dessous. Sur les troncs d'arbres.

Parmelia.

††† Scutelles bleu clair, effleuries.

374. P. pulverulenta (Achar. Meth. 210). Imbricaria pulverulenta DC. Fl. fr. 2. p. 387. Thalle étoilé, d'un blanc bleuâtre,
effleuri au centre, ensuite plissé, irrégulier, lacinié sur les
bords, à laciniures multifides, séparées, planes, déprimées,
ondulées, rétuses au sommet, noir, tomenteux, hispide en dessous; scutelles bleuâtres-effleuries, à bords gonflés. épais,
flexueux. Sur les rochers et les écorces d'arbres.

375. P. aipolia (Achar. Meth. 209). Thalle étoilé, blanc cendré
et bleuâtre, nu, à laciniures un peu soudées, planiuscules,
multifides, à lobes plus larges et crénelés à la circonférence,
blanc avec des fibrilles noires-brunes, hispide en dessous;
scutelles serrées, planes, d'un bleu effleuri, devenant noires
avec l'âge, à bord blanc, un peu gonflé, flexueux, légèrement
crénelé. Sur les troncs d'arbres.

376. P. stellaris (Achar. Meth. 209). Thalle étoilé, devenant
ensuite rugueux-plissé, d'un cendré verdâtre, à laciniures sublinéaires, un peu convexes, incisées multifides, blanchâtre, à
fibrilles cendrées en dessous; scutelles planes, d'un noir bleuâtre, devenant concaves, noires, à bord cendré, entier, qui par
l'âge devient flexueux, crénelé. Sur les troncs d'arbres.

377. P. cæsia (Achar. Meth. 197). Imbricaria cæsia DC. Fl. fr.
2. p. 386. Thalle étoilé, un peu crustacé, membraneux, d'un
blanc cendré ou bleuâtre, pulvérulent, à laciniures incisées,
un peu convexes, multifides, subimbriquées, connées, planes,
incisées-crénelées à la circonférence, cendré, à fibrilles noires
en dessous; scutelles éparses, un peu concaves, glauques, noirâtres, à bord réfléchi, blanc, presque entier. Sur les rochers
et les troncs d'arbres.

378. P. pityrea (Achar. Lichen. 485). Imbricaria pityrea Chev.
Fl. par. 1. p. 625. non DC. Imbricaria grisea Fl. fr. 2. p. 387.
Thalle membraneux, orbiculaire, cendré, à laciniures centrales plissées, crépues-rongées, grises-pulvérulentes, celles
de la circonférence planiuscules, arrondies, crénelées, pulvé-

rulentes, effleuries, blanc avec des fibrilles noires en dessous; scutelles concaves, bleuâtres, effleuries, à bord gonflé, entier, d'un noir fauve. Ce lichen ne fructifie que sur les individus très-vieux. Sur les troncs d'arbres.

> VAR. *β*. FARREA (Del.). P. farrea Achar. Lich. 475. C'est l'espèce précédente venant sur les rochers. Les fibrilles sont d'un brun noirâtre, les scutelles d'un noir cendré, effleuries, à bords infléchis.

†††† SCUTELLES JAUNES.

579. P. PARIETINA (Achar. Meth. 213). Thalle orbiculaire, très-jaune, à lobes radiés, déprimés, planes, dilatés au sommet, arrondis, crénelés, crispés; scutelles concolores, à bord minces, entier. Commun sur les murs, les rochers et les troncs d'arbres.

> VAR. *β*. CHLORINA (Duby). Imbricaria chlorina Chev. Fl. par. 1. p. 621. Thalle d'un jaune blanchâtre, scutelles oranges, pâles, petites.

580. P. CANDELARIA (Del. ined.). Lecanora candelaris Achar. Placodium candelarium DC. Fl. fr. 2. p. 378. Thalle étalé, écailleux-lobé, imbriqué, jaune, à lobes très-serrés, lacérés, laciniés, à bords pulvérulents, granuleux; scutelles un peu planes, concolores, à bord entier. Sur les rochers, les murs et les arbres.

581. P. FLAVO-GLAUCESCENS (Lib. Crypt. ard. f. 3. n° 216). Cette espèce n'est sans doute qu'une variété de la précédente, son thalle est d'un vert jaunâtre, à folioles très-petites, laciniées, à laciniures déchiquetées et granifères; scutelles d'abord jaunes, devenant ensuite rougeâtres, ciliées, fibrilleuses en dessous, à disque pruineux. Sur les écorces d'arbres, sur les murailles et les rochers.

5. PANNARIA. Del. Dict. class. t. 13. p. 20.

Thalle un peu subéreux, plombé, lobé-linéaire, à laciniures contiguës et adhérentes, garnies en dessous de

duvet; scutelles petites, éparses, planes, devenant globuleuses, formées par le thalle; lame proligère rouge-brune,
cornée, épaisse, entourée d'un bord mince qui disparaît.

382. P. RUBIGINOSA (Del. l. c.). Parmelia rubiginosa Ach.
Imbricaria cærulescens DC. Fl. fr. 2. p. 390. Thalle orbiculaire, livide-plombé, membraneux, écailleux-imbriqué, irrégulier au centre, granulé, lacinié au pourtour, à laciniures
déprimées, un peu planes, incisées-lobées, à bord un peu
élevé et crénelé, couvert d'un duvet épais, spongieux,
d'un brun-rouge en dessous; scutelles centrales rapprochées,
d'un rouge brun, un peu planes, à bord blanchâtre, crénelé.
Sur les arbres. Rare.

383. P. PLUMBEA (Del. l. c.). Parmelia plumbea Achar. Syn. 202.
Thalle orbiculaire, plombé-livide, irrégulier, plissé, rugueux-
verruqueux, ou écailleux au centre, lacinié, à laciniures déprimées, un peu planes, plissées, arrondies, incisées-crénelées,
couvert d'un duvet dense, spongieux, d'un plombé pâle devenant bleuâtre en dessous; scutelles centrales, d'un rouge brun,
d'abord planes, puis convexes, difformes. Sur les troncs d'arbres, surtout sur le frêne, rarement sur les rochers. Trouvé
une fois à Ruremonde (Limbourg).

384. P. MUSCORUM (Del. l. c.). Patellaria muscorum Spr. Lichen
carnosus Dicks. Crypt. 2. t. 6. f. 7. Lecanora muscorum Ach.
Syn. 193. Thalle suborbiculaire, cartilagineux, brunâtre-
livide, squamuleux, lobé, à lobes irrégulièrement et profondément lacérés-laciniés, granulés sur le bord, déprimés, rapprochés au centre, planes-concaves à la circonférence; scutelles
petites, épaisses, planes, brunes ou d'un brun noirâtre, à bord
plus pâle, entier, finissant par disparaître. Dans les bois sur
les mousses qui se putréfient.

385. P. CONOPLEA (Del. l. c.). Parmelia conoplea Ach. Imbricaria conoplea DC. Thalle orbiculaire, d'un glauque verdâtre
ou plombé, quelquefois couvert d'une poussière granuleuse,
bleuâtre, lacinié sur les bords, à laciniures imbriquées,

presque planes, lobées, arrondies; le dessous est tomenteux, spongieux , d'un noir-plombé; scutelles un peu enfoncées , rouges ou d'un fauve ferrugineux, à bord entier, plus pâle, un peu jaunâtre. Sur les mousses dans les forêts.

6. COLLEMA. Achar. Lichen. univ. 129. t. 4. f. 8-11.

Thalle gélatineux et trémelloïde quand il est humide, devenant sec et cassant par la dessiccation, de forme variable; apothécions scutelliformes, sessiles, rarement pédicellés, bordés, formés d'une substance similaire, à disque concolore.

† SCUTELLES FAUVES.

386. C. SATURNINUM (DC. Fl. fr. 2. p. 385). Parmelia saturnina Achar. Meth. Thalle coriace-membraneux-foliacé, d'un noir verdâtre, glabre, glauque-subtomenteux en dessous, à lobes très-grands, oblongs, arrondis, onduleux, très-entiers; scutelles élevées, un peu planes, fauves, à bord mince, entier. Je n'ai jamais trouvé cette espèce en Belgique que sur les rochers.

387. C. NIGRESCENS (DC. Fl. fr. 2. p. 384). C. microcarpum DC. Syn. gall. 82. C. flaccidum Achar. Thalle membraneux, semi-pellucide, foliacé, presque monophylle, orbiculaire, déprimé, rugueux, d'un noir verdâtre, radié, plissé, à lobes arrondis, entiers, plus pâles et glabres en dessous; scutelles centrales, nombreuses, serrées, devenant convexes, d'un rouge brun, à bord mince, très-entier. Sur les rochers et dans les bruyères des dunes près de Nieuport.

388. C. PLICATILE (Achar. Lich. univ. 655). Thalle un peu charnu, gélatineux, olivâtre-glaucescent, noir-vert, étant sec, orbiculaire-imbriqué, à lobes petits, ondulés, redressés, très-entiers; scutelles éparses, sessiles, concaves, fauves, à bord épais, entier. Sur les rochers et les grosses pierres.

Collema.

389. C. MICROPHYLLUM (Achar. Lich. univ. 650). Thalle subétalé, noir-vert, à lobes épais, serrés, imbriqués, incisés-crénelés; scutelles sessiles, rapprochées, urcéolées-concaves, concolores, à bord très-entier, rétréci. Sur les troncs d'arbres.

390. C. CHEILEUM (Achar. Lich. univ. 650). Thalle suborbiculaire, imbriqué, vert et pellucide quand il est humide, contracté quand il est sec, à lobes épais, petits, arrondis, crénelés, ascendants; scutelles planiuscules, agrégées, concolores, à bord crénelé, finissant par disparaître. Sur les murs, les rochers et sur la terre.

391. C. TURGIDUM (Ach. Lich. univ. 654). Thalle irrégulière- ment étalé, aplati, devenant noir par la sécheresse, presque monophylle, sublobé, un peu imbriqué, à lobes élevés, épais, verruciformes, rugueux, granulés; scutelles sessiles, urcéolées, d'un brun obscur, à bord infléchi, gonflé, rugueux-granulé au dehors. Sur les rochers, entre les mousses. Dans les Ardennes.

392. C. JACOBEÆFOLIUM (DC. Fl. fr. 2. p. 584). C. melænum Achar. Thalle orbiculaire, un peu étoilé, imbriqué; fauve- noir-verdâtre, à lobes lacérés-laciniés, ou contournés en spi- rale, à bords élevés, onduleux, crispés, crénelés; scutelles marginales, planiuscules, concolores ou brunes-fauves, à bord crénelé. Sur la terre et les rochers humides.

393. C. SCOTINUM (Ach. Lich. univ. 651). Thalle orbiculaire, imbriqué, foliacé, membraneux, olivâtre, noircissant par la dessiccation, à lobes petits, arrondis, plissés-crépus, dressés, sinués-laciniés, presque entiers ou dentés; scutelles éparses, petites, sessiles, d'un brun noirâtre, à bord entier. Sur la terre entre les mousses et sur les rochers. Dans le Luxembourg.

394. C. SINUATUM (Hoffm. Desm. Crypt. fasc. XIV. n° 681). C. scotinum β. Ach. Thalle petit, d'un vert glauque, devenant noir par la sécheresse, à lobes courts, arrondis, redressés, plissés-crépus, sinués, entiers ou denticulés; scutelles sessiles, d'un brun assez clair, à bord entier. Sur le bord des fossés dans les Flandres. Je le crois une variété du précédent.

Collema.

395. C. **furvum** (Ach. Syn. 323). Thalle membraneux-foliacé, d'un noir un peu verdâtre, rugueux-plissé, granuleux, à lobes arrondis-difformes, incisés; scutelles éparses, planes, sessiles, d'un noir brunâtre, à bord entier. Sur les troncs d'arbres et les rochers. Menin (Flandre), Sanson (Namur).

†† Scutelles rouges.

396. C. **lacerum** (DC. Fl. fr. 2. p. 384). Thalle foliacé, membraneux, un peu diaphane, très-mince, brun, glaucescent, réticulé-subrugueux, à lobes petits, subimbriqués, serrés, un peu dressés, laciniés, dentés-ciliés; scutelles éparses, concaves, rouges, à bord tuméfié, entier, pâle. Sur la terre entre les mousses.

397. C. **corniculatum** (Hoffm. Germ. 2. p. 105). C. palmatum Ach. Thalle subfoliacé, olivâtre ou d'un fauve-vert pâle, sinué-lacéré, à lobes membraneux, épais, serrés, un peu dressés, dilatés-palmés-incisés à l'extrémité; scutelles éparses ou presque marginales, d'un brun fauve. Sur la terre limoneuse et les vieux arbres.

398. C. **crispum** (Hoffm. Germ. 2. p. 101). Thalle orbiculaire, pulpeux, olivâtre ou d'un vert-noir, à lobes imbriqués, plissés, épais, ceux de la circonférence arrondis-crénelés, les centraux granuleux; scutelles épaisses, rapprochées, rousses, à bord un peu crénelé. Sur la terre entre les mousses.

> Var. α. **pulposum** (Duby). C. pulposum Achar. Thalle suborbiculaire, à lobes crénelés nus; scutelles centrales, ramassées, à bord presque entier.
>
> Var. β. **crenulatum** (Duby). C. crenulatum et C. glaucescens Hoffm. Thalle suborbiculaire, à lobes centraux un peu dressés, granulés, ceux du pourtour déprimés, plus grands, obtus; scutelles éparses, un peu concaves.
>
> Var. γ. **cristatum** (Achar.). C. cristatum Hoffm. Lobes

incisés, dentés; scutelles déprimées, planes, grandes, à bord presque entier.

VAR. *δ*. GRANULATUM (Ach.). Lobes centraux graniformes, ceux du pourtour presque entiers; scutelles serrées au milieu du thalle, grandes, déprimées, urcéolées, à bord granuleux.

VAR. *ι*. PRASINUM (Achar. Lich. 655). C. prasinum Achar. Syn. 512. thalle presque monophylle, un peu plane, nu; scutelles enfoncées, concaves, à bord presque entier.

399. C. TENUISSIMUM (Ach. Lich. univ. 569). Thalle densément imbriqué, lobé, squamuleux-granulé, d'un noir-vert étant mouillé, d'un brun noirâtre étant sec, à laciniures petites, rapprochées, un peu dressées, multifides; scutelles éparses, presque planes, à bord entier, flexueux, plus pâle. Sur la terre sablonneuse et les rochers.

400. C. FASCICULARE (DC. Fl. fr. 2. p. 385). Thalle gélatineux, suborbiculaire, d'un noir verdâtre, imbriqué, lobé-plissé, à lobes centraux dressés, flexueux, anastomosés, ceux de la périphérie arrondis, incisés-crénelés; scutelles marginales, turbinées, pédicellées, fasciculées, un peu convexes, d'un brun-obscur, à bord proéminent. Sur la terre et les troncs d'arbres.

401. C. SUBTILE (Hoffm. Germ. 2. p. 105). Thalle petit, en buisson, arrondi, vert, gélatineux quand il est mouillé, noir quand il est sec, à laciniures très-étroites, linéaires, aplaties, peu divisées, entières, obtuses, radiantes; scutelles centrales, un peu planes, très-petites, concolores, à bord entier, mince. Sur la terre limoneuse et les pierres.

7. PHYSCIA. DC. Fl. fr. p. 395.

Réceptacle scutelliforme, submembraneux, sessile, ou pédicellé, libre ou presque libre en dessous, bordé par la croûte qui en forme aussi le dessous; lame proligère mince, colorée; thalle foliacé ou cartilagineux, à rameaux la-

Physcia.

ciniés, à laciniures libres, dressées ou ascendantes, glabres et similaires sur les deux faces.

§ 1. — EVERNIA (Del. ined.). *Réceptacles sessiles, libres en dessous, à bord élevé; thalle anguleux ou comprimé, plane, à peine foliacé.*

402. P. PRUNASTRI (DC. Fl. fr. 2. p. 597). Ramalina prunastri Cheval. Thalle membraneux, en buisson, mou, rugueux-lacuneux, blanchâtre, rameux, à laciniures dichotomes-multifides, dressées-ascendantes, linéaires, planes, canaliculées et plus blanches en dessous, garnies sur leurs bords de paquets pulvérulents, nombreux, surtout à l'extrémité; scutelles submarginales, concaves, rousses, marginées. Commun sur les troncs d'arbres. Ce lichen fructifie très-rarement.

> VAR. β. CÆSPITOSA (Kickx). Thalle plus mou, plus raccourci, à rameaux plus nombreux, plus divisés, plus divergents, tantôt étroits, tantôt élargis, à face supérieure glauque, l'inférieure d'un blanc de lait. Croit en touffes dans les sables des dunes et près de Gand.

> VAR. γ. PLATYPHYLLA (Wallr.). Thalle à laciniures rameuses, larges, allongées.

> VAR. δ. LINEARIS (Del.). Thalle à laciniures allongées, linéaires, étroites, un peu rameuses.

403. P. FURFURACEA (DC. Fl. fr. 2. p. 396). Thalle en buisson, décombant, rameux, cendré-furfuracé, canaliculé-noirâtre en dessous; laciniures linéaires-atténuées, dichotomes-rameuses; scutelles submarginales, concaves, rousses, à bord mince presque entier. Sur la terre, dans les endroits montagneux, sur les rochers et les troncs d'arbres.

Physcia.

§ 2. — BORRERA (Ach. Lich. univ. 95). *Réceptacle pédicellé, thalle cartilagineux, fibrilleux en dedans, à laciniures souvent canaliculées en dessous et à bords ciliés.*

404. P. CHRYSOPHTHALMA (DC. Fl. fr. 2. p. 401). Thalle cartilagineux, en buisson, couché, jaune-orange sur les deux faces, à laciniures linéaires, presque planes, pinnatifides-rameuses, fibrilleuses à l'extrémité; scutelles subterminales, un peu planes, orangées, à bord cilié-fibrilleux. Sur les troncs d'arbres. Très-rare en Belgique.

405. P. CILIARIS (DC. Fl. fr. 2. p. 596). Thalle rameux, d'un glauque verdâtre, blanc en dessous, à laciniures linéaires, rameuses, atténuées, munies de longs cils noirs au sommet, canaliculées en dessous; scutelles presque terminales, un peu podicillées, concaves d'abord, puis planes, d'un noir brunâtre ou bleuâtre, à bord crénelé ou frangé. Sur les troncs d'arbres.

406. P. TENELLA (DC. Fl. fr. 2. p. 596). Thalle diffus en buisson, d'un blanc cendré des deux côtés, subétoilé, à laciniures linéaires, pinnatifides, à sommet ascendant, dilaté, voûté, cilié; scutelles éparses, planes, d'un noir bleuâtre, à bord blanc, proéminent, entier, un peu réfléchi en dedans. Sur les troncs d'arbres et les rochers.

> VAR. *β*. LEPTALEA (Ach.). P. leptalea DC. Fl. fr. 2. p. 895. Thalle à cils brunâtres, scutelles noires à bords un peu granuleux.

§ 3. — CETRARIA (Ach. Lich. univ.). *Réceptacles placés sur les bords du thalle, attachés obliquement (la partie inférieure libre, la supérieure adhérente); thalle foliacé, irrégulièrement lacinié.*

407. P. ISLANDICA (DC. Fl. fr. 2. p. 599). Thalle coriace, cartilagineux, dressé, olivâtre-châtain, plus blanc en dessous, à laciniures multifides, canaliculées, dentées-ciliées, les fertiles

Physcia.

dilatées; scutelles comprimées, planes, concolores, à bord
élevé, très-entier. Sur la terre dans les endroits rocailleux et
montagneux. Ce lichen fructifie rarement. On dit qu'il se
trouve dans les Ardennes, et dans le Brabant septentrional.

408. P. GLAUCA (DC. Fl. fr. 2. p. 401). Thalle membraneux, largement étalé, glauque, luisant, d'un brun-noir en dessous,
sinué-lobé, à lobes ascendants, incisés-lacérés, entremêlés;
scutelles élevées, brunes, à bord rugueux. Sur les rochers et
les troncs d'arbres.

8. RAMALINA. Ach. Lich. 122. t. 13. f.5-11.

Thalle cartilagineux, rameux-lacinié, sous-fructescent,
à laciniures libres, droites; réceptacles scutelliformes, épais,
à pédicelles subpeltés, libres en dessous, planes, marginés;
toute la scutelle est formée par le thalle et concolore avec
lui.

409. R. FRAXINEA (Ach. Lich. univ. 602). Physcia fraxinea Fl. fr.
2. p. 398. Thalle cartilagineux en buisson, rameux, cendré-
verdâtre sur les deux faces, à rameaux planes, réticulés-lacu-
neux, à laciniures sinuées, les dernières lancéolées-atténuées;
scutelles marginales et latérales, planiuscules, légèrement couleur de chair. Sur les troncs d'arbres. Ce lichen varie beaucoup dans la forme de ses laciniures.

410. R. POLLINARIA (Ach. Lich. univ. 608). Physcia squarrosa
DC. Fl. fr. 2. p. 398. Thalle cartilagineux en buisson, rameux, blanchâtre ou glaucescent, sublacuneux, à rameaux
planes, laciniés, multifides, dentés, se chargeant de verrues
pulvérulentes par plaques, à laciniures étroites, dilatées ou
lacérées; scutelles presque terminales, devenant très-grandes,
un peu couleur de chair, glaucescentes en dessous, à bord
élevé et un peu réfléchi en dedans. Sur les troncs d'arbres.

411. R. FASTIGIATA (Ach. Lich. univ. 603). Thalle un peu cartilagineux, buissonneux, rameux, d'un blanc glauque, à rameaux

comprimés, lacuneux, glabres, lisses, épaissis à l'extrémité, fastigiés; scutelles terminales, peltées-sessiles, d'un blanc un peu incarnat, à bord très-mince et réfléchi. Sur les troncs d'arbres.

> VAR. *β*. EXASPERATA (Duby). Thalle plus dur, à rameaux plus courts, plus larges, un peu rameux; scutelles creusées en coupe au lieu d'être planes.

\ 412. R. FARINACEA (Ach. Lich. univ. 606). Thalle cartilagineux en buisson, rameux, d'un blanc un peu cendré, à rameaux comprimés, sublinéaires, lacuneux, verruqueux, à bords convexes, garnis de paquets pulvérulents, tantôt très-simples ou très-rameux, ou grêles, tantôt courts ou robustes et longs; scutelles très-rares, éparses, pédicellées, planiuscules, subimmarginées, d'un jaune un peu incarnat. Sur les troncs d'arbres.

SECTION II. — *Apothécions insérés sur un thalle fruticuleux ou filamenteux.*

9. USNEA. Ach. Lich. univ. 127. t. 14. f. 5.

Thalle fruticuleux, solide, rameux, couvert, d'une couche crustacée; scutelles orbiculaires, peltées, formées par la substance du thalle, à bords immarginés et souvent pourvus de longs cils.

\ 413. U. BARBATA (DC. Fl. fr. p. 353). U. barbata var. dasypoga Fries. Thalle pendant, très-rameux, d'un vert pâle, lisse, à rameaux divergents, parfois fibrilleux, capillaires au sommet, à fibrilles latérales, étalées; scutelles très-rares, éparses, convexes, un peu couleur de chair. Sur le tronc des arbres, quelquefois sur les rochers.

> VAR. *β*. ARTICULATA (Ach.). U. articulata Fl. fr. Thalle glabre, cendré, à rameaux allongés, dichotomes, articulés, à articulations séparées, ventrues.

Usnea.

414. U. PLICATA (Hoffm. Germ. 2. p. 132). U. barbata var. plicata Fries. Thalle pendant, lisse, blanchâtre, à rameaux lâches, fibrilleux, les derniers capillaires, lisses, mêlés; scutelles très-rares dans notre pays, orbiculaires, planes, ciliées-radiantes. Sur les troncs d'arbres.

VAR. β. HIRTA (Ach.). U. hirta Hoffm. U. barbata var. hirta Fries. Thalle très-rameux, un peu dressé, souvent verruqueux, pulvérulent.

415. U. FLORIDA (Hoffm. Germ. p. 138). U. barbata var. florida Fries. Thalle un peu dressé et pendant, scabre, d'un cendré verdâtre, fibrilleux, à rameaux étalés, presque simples, à fibrilles et rameaux terminaux perpendiculaires à l'axe; scutelles orbiculaires, très-grandes, de couleur incarnat pâle, bordées de cils radiants, allongés. Sur les arbres et les rochers. Je ne l'ai jamais trouvé en fructification en Belgique.

VAR. β. VILLOSA (Ach.). Thalle raccourci, touffu, à ramifications fines, entortillées.

10. CORNICULARIA. DC. Fl. fr. 2. p. 328.

Thalle cartilagineux, filamenteux, fruticuleux, solide, rameux, filiforme; réceptacles scutelliformes, membraneux, sessiles ou obliquement peltés, formés de la substance du thalle et lui étant similaires et concolores.

416. C. CRINALIS (Dub. Miss.). Alectoria crinalis Achar. Lich. univ. 594. Thalle subcomprimé, très-rameux, cendré, très-fragile, à rameaux filiformes; scutelles très-rares, convexes, brunes. Sur les troncs d'arbres. Dans le Luxembourg.

417. C. LANATA (Ach. Meth. 504). Thalle en buisson, couché, arrondi, un peu lisse, dichotome, d'un cendré noirâtre, à rameaux entremêlés, flexueux, fourchus à l'extrémité; scutelles submarginées, planes, nues et granulées sur le bord. Sur les rochers et les lieux stériles des provinces de Namur et de Luxembourg.

Cornicularia.

\ **418. C. ACULEATA** (Ach. Meth. 302). Thalle en buisson, roide, glabre, fauve-châtain, arrondi, anguleux, lacuneux, comprimé, à rameaux et ramules divariqués, flexueux, dentés, un peu épineux ; scutelles concolores, devenant convexes, à bord réfléchi, subdenté. Dans les bruyères.

> VAR. *β.* SPADICEA (Ach.). Thalle glabre, châtain, plane, comprimé ; scutelles épineuses-radiées, d'un roux fauve.

> VAR. *γ.* EDENTULA (Ach.). Thalle plane, comprimé, châtain-noir, à rameaux bordés, inermes ou légèrement fibrilleux au sommet.

419. C. ODONTELLA (Fries). C. aculeata *β.* odontella Ach. Cette espèce doit, je pense, être considérée comme une variété de la précédente ; le thalle est plus court, plus touffu, à ramifications plus étroites ; elle vient dans les mêmes lieux.

420. C. PUBESCENS (Ach. Meth. lich. 59). Thalle formant gazon, rampant, arrondi, un peu rude, noir, à rameaux mêlés, capillaires, les derniers simples ; scutelles un peu plus pâles, à bords entiers, très-rares. Sur les rochers humides.

11. STEREOCAULON. Schr. Gen.

Thalle crustacé-cartilagineux, un peu ligneux, solide, rameux, arrondi, granuleux, écailleux et fibrillaire ; réceptacle hémisphérique, sessile, solide, formé en dessous par le thalle ainsi que le bord ; lame proligère épaisse, d'abord un peu convexe, puis convexe, dilatée, couvrant le rebord, réfléchie, colorée.

\ **421. S. PASCHALE** (Achar. Meth. 313). Thalle dressé, diffus, rameux, d'un cendré bleuâtre, fibrilleux, granuleux, à rameaux très-divisés, serrés, glabres, à ramules plus courtes ; scutelles éparses, terminales, très-nombreuses, devenant convexes. fauve rouge ou noir fauve. Dans les bruyères de la Campine.

Stereocaulon.

422. S. PILEATUM (Ach. Lich. 582). Thalle en buisson, à rameaux serrés, dressés, blanchâtres, granuleux; scutelles solitaires, terminales, dilatées, subpeltées, roussâtres. Sur les rochers. Très-rare.

423. S. CONDYLOÏDEUM (Achar. Meth. lich. suppl. 51). Thalle blanchâtre, en touffe serrée, presque nu, à rameaux courts, difformes, noduleux-sublobés, granuleux; scutelles latérales, dilatées, planes, sessiles, d'un rouge brun. Sur les terres, dans les bruyères.

12. CENOMYCE. Ach. Lichen. univ. p. 105. t. 11. f. 5-6.

Thalle crustacé, cartilagineux-foliacé ou presque nul; scutelles orbiculaires, immarginées, devenant convexes, en têtes terminales autour du sommet du thalle ou fixées à des supports (*podétions*); lame proligère un peu épaissie, colorée, similaire en dedans, convexe au pourtour, réfléchie et attachée en dessous de la couche floconneuse du thalle. Les espèces de ce genre sont extrêmement variables et d'une étude fort difficile.

§ 1. — *Vermiculares*. Del. Mss.

Thalle nul, podétions subuliformes, flexueux, subfistuleux.

424. C. VERMICULARIS (Ach. Lich. 566. syn. 278). Pycnothelia vermicularis L. Duf. Thalle nul, podétions subuliformes, presque simples, lisses, très-blancs, subfistuleux, flexueux, couchés; scutelles inconnues. Sur la terre des bois entre les mousses.

§ 2. — *Rétiporœ*. Del. Mss.

Thalle un peu crustacé, uniforme; podétions ventrus.

425. C. PAPILLARIA (Ach. Lich. 571). Cladonia papillaria Hoffm. Thalle un peu crustacé, uniforme, granuleux, d'un cendré-

Cenomyce.

blanchâtre; podétions ventrus, glabres, blancs, simples ou rameux, à rameaux confluents, un peu fastigiés; scutelles d'un roux brunâtre. Dans les bruyères.

§ 3. — *Unciales*. Del. Mss.

Thalle nul; podétions allongés, dichotomes; scutelles terminales.

426. C. UNCIALIS (Ach. Lich. 558. syn. 276). Cladonia ceranoïdes var. *α*. DC. Fl. fr. p. 557. Thalle nul; podétions (5 centimètres de longueur) allongés, glabres, d'un soufré pâle, dichotomes, à aisselles perforées; sommets des rameaux étalés, courts, roides, dressés, noirâtres; scutelles terminales, brunes. Sur la terre, dans les bruyères et les montagnes. Ce lichen, qui a un grand nombre de variétés, est assez rare en Belgique. Je l'ai trouvé à Linkenbeck (Brabant) et dans quelques localités de la Campine.

§ 4. — *Rangiferinæ*. Del. Mss.

Thalle nul ou rarement foliacé; podétions allongés-rameux; scutelles subglobuleuses, agrégées, fauves ou presque fauves.

427. C. SYLVATICA (Flörk. deutsch. Lich. 76). Cladonia rangiferina *β* sylvatica DC. Fl. fr. Thalle nul; podétions allongés, cylindriques, dressés, un peu scabres, très-blancs, rameux, à aisselles à peine perforées, à rameaux épars, terminaux, un peu dressés, fastigiés; scutelles subglobuleuses, roussâtres. Sur la terre, entre les mousses. Dans les bruyères et les bois.

> VAR. *β*. ALPESTRIS (Flörk). Podétions blancs, un peu roux, très-rameux; rameaux et ramilles entrelacés, les terminaux formant un thyrse dense.
> VAR. *γ*. LAXIUSCULA (Del.). Podétions allongés, dressés, rameux, un peu lâches, blancs, à rameaux minces, les derniers ramules dichotomes, obscurs, les fer-

Cenomyce.

tiles dressés; scutelles petites, roussâtres. Dans les
bois couverts.

Var. ♂. pumila (Del.). Podétions droits, blancs, très-
minces, très-rameux, formant un buisson très-dense,
à aisselles non perforées et à rameaux entrelacés
avec les sommets courbés, presque stériles. Dans les
endroits arides et secs.

\ 428. C. rangiferina (Ach. Lich. 564.) Cladonia rangiferina DC.
Fl. fr. 2. p. 336. Lichen rangiferinus L. Sp. 1620. Thalle nul,
podétions allongés, plus courts que dans l'espèce précédente,
cylindriques, dressés, un peu scabres, cendrés, rameux, à
aisselles souvent perforées, à rameaux inférieurs distants,
presque retombants, les terminaux plus serrés, un peu dressés, fastigiés, penchés; scutelles terminales, subglobuleuses,
agrégées, rousses. Dans les bruyères, les lieux stériles et les
bois.

\ 429. C. pungens (Del. Mss.). C. rangiferina var. ♂ pungens Ach.
Syn. 278. Cladonia rangiformis Hoffm. Podétions cendrés-
blancs, dichotomes-rameux, un peu roides, formant une touffe
poudreuse, à aisselles imperforées, à sommets des rameaux
mucronés, divergents, roussâtres; scutelles terminales. Sur
la terre et les rochers calcaires.

Var. β. foliosa (Del.). Podétions d'un cendré verdâtre, dichotomes, rameux, couverts de folioles écailleuses, formant une espèce de gazon, à rameaux
entremêlés, mucronés, divergents au sommet.

430. C. muricata (Del. Mss.). Podétions cendrés-blancs, entrelacés, roides, gonflés, un peu dressés, dichotomes, rameux;
rameaux obtus, étoilés, inférieurement écailleux, supérieurement nus, glabres, à aisselles imperforées; scutelles brunes.
Sur les terrains calcaires.

431. C. turgida (Fries. Lich. exs. n° 147). C. parecha Achar.
Syn. 272. Thalle foliacé, un peu grand, à laciniures allongées,
étroites, pinnatifides, crénelées; podétions lisses, d'un verdâtre pâle, obconiques-cylindriques; scyphes à peine visibles,

perlés, à bords prolifères, digités-dentés, à rejetons rameux, gonflés, denticulés au sommet; scutelles fauves. Dans les endroits stériles, montueux.

§ 5. — *Furcatæ*. Del. Mss.

Thalle nul ou presque nul; podétions allongés, dichotomes, à rameaux fourchus au sommet; scutelles agrégées, globuleuses, rousses.

432. C. FURCATA (Achar. Syn. 276). Cladonia furcata Hoffm. C. subulata DC. Fl. fr. 2. p. 536. Podétions allongés, lisses, livides, d'un vert glaucescent, à rameaux dichotomes, à aisselles imperforées; rameaux aciculaires, un peu dressés, à sommets fourchus et divergents; scutelles globuleuses, rousses. Sur la terre, dans les bruyères.

> VAR. β. SPINULOSA (Del.). Podétions allongés, très-rameux, entrelacés, aciculaires, étalés, courbés, spinuleux, à sommets fourchus, subdivergents. Sur les rochers.

> VAR. γ. SPADICEA (Del.). C. spadicea Desf. Thalle petit, écailleux, arrondi, crénelé, glaucescent, blanchâtre en dessous; podétions droits, fastigiés, subulés, fourchus.

> VAR. δ. SQUAMULOSA (Delise). Podétions allongés, très-rameux, d'un glauque verdâtre, écailleux, à rameaux nombreux, dichotomes, aciculaires, à sommets fourchus, atténués, divariqués; scutelles terminales. Sur les rochers et la terre stérile.

433. C. SCABRIUSCULA (Del. Mss.). Podétions à rameaux formant buisson, dressés, scabres, gonflés, pulvérulents-foliacés, à rameaux presque alternes, entrelacés, divariqués, à sommets fourchus, recourbés; scutelles terminales, grosses, irrégulièrement globuleuses, roussâtres. Dans les bruyères et sur les rochers.

434. C. RACEMOSA (Ach. Syn. 275). Podétions droits, allongés,

glabres, lisses, d'un blanc verdâtre, enflés, courbés, lameux, à rameaux presque distiques, à sommets divergents, spinuleux; scutelles terminales, agrégées, d'un roux pâle. Sur la terre et les troncs d'arbres.

435. C. GLAUCA (Flörk. Lib. Cryp. ard. f. 3. n° 318). Cette espèce est assez douteuse; elle semble intermédiaire entre les C. furcata et l'uncialis, et se rapporte assez bien au Cornicularia radiata de Fries. Son épiderme se résout en une poussière farineuse qui donne à ce lichen une couleur d'un glauque blanchâtre. Dans les bois de sapins des Flandres et dans les bois montueux des Ardennes.

§ 6. — *Graciles*. Del. Mss.

Thalle nul; podétions allongés, très-simples, scyphifères; scutelles fauves, en rayon, posées sur les scyphes.

436. C. GRACILIS (Del. Mss.). C. ecmocyna Ach. Syn. 26. Cladonia gracilis Hoffm. Germ. p. 19. Podétions allongés, subulés, les uns stériles, les autres scyphifères; scyphes cyathiformes, à bords inégalement dentés; scutelles rousses, posées sur les bords des scyphes. Sur la terre, dans les bruyères et les lieux stériles.

437. C. ASPERA (Flörk.). Podétions allongés, très-grêles, rameux, subulés, scyphifères, écailleux-foliacés, cendrés-verdâtres; scyphes petits, denticulés; scutelles un peu podicillées, fauves. Dans les lieux arides.

438. C. GONOREGA (Ach. Syn. 358). Cladonia degenerans Fries Lich. eur. ref. 221. Thalle écailleux; podétions à écorce cartilagineuse, grêles, prolifères-rameux, d'un vert pâle, à base brunâtre avec des petits points blancs; scyphes irréguliers, lacérés, en crête; scutelles fauves. Sur la terre et dans les bruyères.

§ 7. — *Squamosæ*. Del. Mss.

Podétions plus ou moins allongés, à écailles foliacées ; thalle
petit, foliacé, écailleux, lobulé ; scutelles terminales,
agrégées.

439. C. squamosa (Del. Mss.). C. sparassa Ach. Syn. 274. C. cæspitosa L. Duf. Cladonia squamosa et coronata Hoffm. Lichen
cæspitosus Lam. Enc. Thalle foliacé, petit, lobé-crénelé ;
podétions en buisson, allongés, subventrus, granuleux, verru
queux-écailleux, blanchâtres, scyphifères ; scyphes presque
en coupe, irréguliers, perlés, à dents radiées, prolifères, courtement rameux et stériles. Sur les troncs des vieux arbres.

440. C. delicata (Ach. Lich. 569). C. squamosa γ delicata Fries.
Helopodium delicatum DC. Fl. fr. 2. p. 341. Thalle foliacé,
à lobes petits, laciniés-rongés, granulés ; podétions glabres,
courts, pâles, à sommets subdivisés en rameaux courts ; scutelles terminales, conglomérées, un peu fauves. Sur les troncs
des vieux arbres.

441. C. pityrea (Ach. Syn. 254). Thalle petit, foliacé, lobé-crénelé, pulvérulent ; podétions grêles, arrondis, pulvérulents-
furfuracés, scyphifères, d'un blanc cendré ; scyphes à peine
dilatés, irréguliers, fimbriés-radiés ; scutelles podicillées, un
peu perforées, fauves. Sur la terre entre les mousses.

§ 8. — *Cornutæ*. Del. Mss.

Thalle foliacé, lacinié, crénelé ; podétions droits, allongés,
scyphifères ou rameux ; scutelles conglomérées, d'un brun
pâle.

442. C. cornuta (Ach. Lich. 545). Cladonia cornuta Hoffm. Scyphophorus cornutus Fl. fr. 2. p. 340. Thalle foliacé, petit,
arrondi, crénelé ; podétions privés de scyphes, allongés, subuliformes, simples, pulvérulents, blancs, souvent

stériles, les fertiles portant des scyphes qui sont cylindriques et presque entiers; scutelles petites, fauves. Sur la terre.

> VAR. *β*. RADIATA (Ach.). Thalle foliacé, petit, arrondi, crénelé; podétions allongés, pulvérulents, blancs, scyphifères; scyphes radiés à la marge, à rayons subuliformes, peu fertiles; scutelles terminales, fauves.

443. C. CONIOCRÆA (Flörk. deutsch. Lich.). Thalle petit, arrondi-crénelé, verdâtre, blanc en dessous; podétions allongés, presque simples, subuliformes, scyphifères, glabres, verdâtres à la base, pulvérulents au milieu, blanchâtres au sommet; scutelles terminales un peu fauves. Sur la terre. Dans les bois de Luxembourg.

§ 9. — *Pixidatæ*. Del. Mss.

Thalle foliacé, lobé, crénelé; podétions un peu longs, ventrus, subarrondis, fistuleux, turbinés, scyphiformes au sommet; scutelles fauves ou d'un noir fauve, rarement incarnat pâle.

444. C. PIXIDATA (Ach. Lich. 534. Excl. var.). Lichen pixidatus L. Scyphophorus pixidatus DC. Fl. fr. 2. p. 339. Thalle foliacé, à laciniures crénélées, ascendantes; podétions turbinés, scyphiformes, glabres d'abord, ensuite granuleux-verruqueux, un peu scabres, d'un gris verdâtre; scyphes réguliers, à bords étendus et prolifères; scutelles fauves. Sur la terre. Dans les bruyères, sur les rochers et les murs.

> VAR *α*. A. SIMPLEX (Ach.). Podétions courts, turbinés, scyphiformes; scutelles petites, fauves-obscures, subdenticulées.
>
> VAR. *β*. STAPHYLEA (Ach.). Cladonia tuberculosa Hoffm. Podétions turbinés-scyphiformes, simples, d'un blanc verdâtre; scutelles sur les bords des scyphes, podicillées, plus grandes, un peu fauves.

enomyce.

> VAR. γ. LONGIPES (Flörk.). Podétions allongés, simples ou rameux, stériles ou fructifères; scyphes très entiers ou dentés sur le bord.
>
> VAR. δ. PROLIFERA (Del.). Podétions largement dilatés; scyphes radiés, portant d'autres scyphes sur les rayons.
>
> VAR. ε. TUBÆFORMIS (Hoffm.) Podétions allongés, cylindriques, pulvérulents, scyphifères; scyphes réguliers, à bords très-entiers ou crénelés, presque tous stériles,
>
> VAR. ς. FIMBRIATA (Flörk.). C. fimbriata Ach. Syn. 254. Podétions allongés, scyphifères; scyphes denticulés ou dentés en scie sur les bords; scutelles assez rares, fauves.
>
> VAR. η. EXILIS (Ach. Lich. 555). Thalle à lobes petits, crénelés-incisés ou un peu graniformes; podétions courts, d'un vert cendré; scyphes entiers, crénelés; scutelles assez rares, subsessiles, fauves.

445. C. POCILLUM (Ach. Syn. 255). Bæomices pocillum Ach. Meth. t. 8. f. 6. Thalle foliacé, à laciniures épaisses, un peu larges, lobées-crénelées, déprimées-imbriquées, luisantes, olivâtres, blanches en dessous; tous les podétions turbinés, scyphiformes, munis d'un diaphragme, verruqueux, d'un blanc bleuâtre; scyphes réguliers, à bord d'abord régulier, puis devenant prolifère; scutelles marginales, petites, d'un fauve noirâtre. Sur la terre. Dans les endroits stériles, les bruyères.

446. C. DEGENERANS. (Flörk. in Web. Beitr. 2. p. 508). C. gonorega Ach. Lich. 551. Thalle foliacé, à laciniures assez larges, crénelées-incisées; podétions peu allongés, glabres, subverruqueux, d'un glauque ou d'un blanc verdâtre, noirâtres, ponctués de blanc à la base, portant des scyphes; ceux-ci irréguliers, comme déchirés, radiés, prolifères sur les bords, à parties feuillées; à scutelles agglomérées, marginales, fauves. Sur la terre. Dans les bois montueux et les bruyères.

Cenomyce.

447. **C. verticillata** (Ach. Syn. 251). Cladonia dilatata, cristata, pixidata var. verticillata Hoffm. Thalle foliacé, à laciniures un peu dressées, crispées, crénelées-incisées; podétions cylindriques, presque glabres, d'un verdâtre livide, tous scyphifères; scyphes réguliers, denticulés, planiuscules, du centre desquels il sort plus tard, et successivement, d'autres scyphes; scutelles marginales, fauves. Sur la terre. Dans les endroits stériles, rocheux.

448. **C. alcicornis** (Ach. Lich. p. 528). Cladonia foliacea, phyllophora Ach. Lich. p. 530. Thalle foliacé, d'un blanc pâle, blanc neigeux en dessous, à laciniures subpalmées, ascendantes, dentées, obtuses, réfléchies en dedans, avec des fascicules de poils sur les bords; podétions allongés-turbinés, tous scyphiphères, lisses; scyphes réguliers, crénelés, placés sur les bords des laciniures, prolifères; scutelles rousses. Sur la terre sablonneuse des bruyères.

449. **C. cladomorpha** (Del. Mss.). C. alcicornis var. *β* cladomorpha Ach. Lich. 530. Thalle foliacé, à laciniures étroites, crénelées-incisées, d'un glauque verdâtre, blanches en dessous; podétions peu allongés, glabres, un peu verruqueux, d'un glauque noirâtre, dichotomes-rameux, à rameaux étalés, arrondis, un peu écailleux, radiés-ramuleux au sommet; scutelles marginales, petites, en tête, fauves. Sur la terre. Dans les bruyères.

450. **C. endiviæfolia** (Ach. Lich. p. 528). Thalle foliacé, grand, d'un glauque verdâtre, très-blanc en dessous, à laciniures multifides, flexueuses, imbriquées, à lobes crénelés, crépus; podétions turbinés-scyphiformes, simples; scutelles fauves. Sur la terre. Dans les bruyères.

451. **C. cervicornis** (Ach. Lich. 531). Thalle foliacé, d'un blanc-verdâtre, à laciniures dressées, multifides, étroites, subdentées, blanches en dessous; podétions cylindriques, courts, glabres, d'abord livides, puis noirâtres, tous scyphifères; scyphes petits, réguliers, dilatés, très-entiers, un peu plans, prolifères au centre; scutelles petites, marginales, sessiles, d'un fauve

Cenomyce.

noirâtre. Sur la terre entre les mousses et sur les rochers.

452. C. CENOTEA (Ach. Syn. 271). Thalle foliacé, fugace, à laciniures lobées-crénelées; podétions assez longs, grêles, tubuleux, simples, d'un blanc glauque étant jeunes, devenant ensuite dichotomes, d'un cendré grisâtre, raboteux, se dilatant en entonnoir au sommet, à bords denticulés, prolifères, portant des scutelles sessiles, brunâtres, percées d'un pore. Dans les sapinières des Flandres et de la Campine.

§ 10. — *Cæspititiæ*. Del. Mss.

Thalle foliacé, lobé-crénelé; podétions un peu courts, subfistuleux, cylindriques, simples, subdivisés au sommet; scutelles ramassées, fauves.

453. C. STREPSILIS (Ach. Lich. 527). Thalle foliacé, petit, à laciniures multifides, ascendantes, allongées, presque linéaires, dentées, à sommets recourbés; podétions très-courts, lisses, à laciniures terminales subagrégées, régulières, turbinées-scyphiformes; scutelles marginales, sessiles, subglobuleuses, fauves. Sur la terre, entre les mousses, dans la Campine et les Ardennes.

454. C. CÆSPITITIA (Ach. Syn. 249). Thalle petit, foliacé, à laciniures pinnatifides, crépues; podétions très-courts, lisses, turbinés-scyphiformes sur les bords; scutelles de planes devenant convexes, agglomérées, subsessiles, fauves. Sur la terre entre les mousses et sur les rochers.

§ 11. — *Cocciferæ*. Del. Mss.

Thalle foliacé; podétions fistuleux, dilatés au sommet, scyphifères ou atténués-subulés; scutelles écarlates ou d'un rouge noirâtre.

455. C. COCCIFERA (Ach. Lich. 537. Syn. 269). Cladonia coccifera Hoffm. Thalle foliacé, à laciniures allongées, crénelées, nues

Cenomyce.

en dessous; podétions allongés-turbinés, verruqueux-scabres, d'un cendré verdâtre, tous scyphifères; scyphes cyathiformes, à bords étalés, fertiles; scutelles assez grandes, convexes, devenant podicillées, écarlates. Sur la terre dans les endroits arides et les bruyères.

456. C. CORNUCOPIOÏDES (Fries). C. coccifera var. *γ*. cornupioïdes Ach. Syn. 269. Cette espèce a les plus grands rapports avec la précédente; les podétions sont assez courts, scyphiformes, à base étroite, puis dilatée; les scyphes sont évasés, à bords foliacés, crispés; les scutelles subpodicillées devenant couronnées, prolifères. Sur la terre dans les bruyères.

457. C. DEFORMIS (Ach. Lich. 538. excl. Var. 7 et 8). Thalle foliacé, à laciniures assez larges, incisées-crénelées, nues en dessous; podétions longs, épais, un peu ventrus, scyphifères, couverts d'une poussière très-menue, de couleur soufrée; scyphes étroits, crénelés-dentés, puis dilatés, déchirés; scutelles subsessiles, rouges, ainsi que le petit podicille. Sur la terre dans les bois montueux.

458. C. DIGITATA (Ach. Syn. 267). Thalle foliacé, petit, à laciniures étalées, arrondies, crénelées, d'un jaune verdâtre, ainsi que les podétions, qui sont cylindriques et scyphifères, pulvérulents; scyphes étroits, un peu courbés en dedans sur les bords, prolifères et devenant plus grands et déformés, rameux-digités, prolifères; scutelles rouges. Sur les terrains tourbeux de la Campine.

459. C. BACILLARIS (Achar. Lich. 542. excl. Var. *β*. et *♂*,). Thalle foliacé, petit, à laciniures incisées-lobées, crénelées, presque nues en dessous; podétions cylindriques simples, d'un blanc cendré granulé-pulvérulent, très-rarement scyphifères, à sommet un peu rameux; scyphes étroits, devenant radicants; scutelles rouges. Sur les troncs des vieux arbres.

Les espèces de ce genre pourvues de thalle scyphifère forment le genre Scyphophorus de Decandolle, tandis que les espèces sans thalle forment le genre Cladonia du même auteur.

SECTION III. — *Apothécions pédonculés ou sessiles posés sur un thalle pulvérulent.*

13. BÆOMYCES. Pers. in Ust. ann. bot. t. 7. p. 19.

Réceptacle en capitule, fongueux, gonflé, à podétions solides, enveloppés par la lame proligère, colorée, convexe-réfléchie, lisse, sans bordure; thalle crustacé, pulvérulent, plan-étalé, adhérent.

460. B. ERICETORUM (DC. Fl. fr. 2. p. 342). B. roseus Pers. et Achar. Croûte uniforme, verruqueuse, blanchâtre, inégale; podétions très-courts, cylindriques; scutelles subglobuleuses, de couleur de chair claire. Sur la terre dans les bruyères et les endroits sablonneux.

461. B. RUFUS (DC. Fl. fr. 2. p. 342). B. rupestris Pers. B. byssoïdes Schær. Croûte uniforme, tartreuse pulvérulente, rugueuse-granulée, d'un cendré verdâtre; podétions subcomprimés; scutelles convexes, subglobuleuses, rousses ou d'un fauve obscur, solitaires ou agrégées. Sur la terre argileuse, les rochers et les endroits arides.

14. CALICIUM. Pers. in Ust. ann. bot. st. 7. t. 3. f. 1. 2. 3.

Thalle crustacé, pulvérulent, lépreux, granuleux, plan-étalé, adhérent, uniforme; réceptacles scyphiformes ou en chapeau, stipités, rarement sessiles, cartilagineux, renfermant dans le disque une poussière nue (sporidies), compacte, un peu globuleuse.

§ 1. — *Conyocybe.* Ach. in Act. holm. 1816. p. 283.

Réceptacles en chapeau, à disque floconneux-pulvérulent.

462. C. CANTHERELLUM (Ach. Lich. univ. 240). C. callidum Pers. Conyocybe pallida Fries. Cyphelium cantherellum Cheval.

Croûte mince, blanchâtre, un peu pulvérulente; scutelles lentiformes, à disque d'abord incarnat, devenant ensuite rous-
sâtre-blanc, pulvérulent; stipes filiformes, nus, pâles en premier lieu, ensuite d'un roux noirâtre. Sur le bois et sur les
vieux arbres.

463. C. FURFURACEUM (Pers. Tent. disp. fung. supp. p. 60).
C. sulphureum Fl. fr. 2. p. 600. C. capitellatum Ach.
Sclerophora membranacea Chev. Croûte étalée, lépreuse,
pulvérulente, d'un jaune verdâtre; scutelles globuleuses, allongées, flexueuses, à stipes filiformes, d'un jaune pulvérulent
passant au fauve. Sur la terre, sur les racines et les écorces
d'arbres.

464. C. ACICULARE (Ach. Meth. 98). Croûte lépreuse, pulvérulente, d'un jaune verdâtre pâle; scutelles hémisphériques-
globuleuses, à stipes droits, roides, atténués au sommet, d'un
fauve pulvérulent. Sur les écorces d'arbres.

§ 2. — *Calicioïs. Calicium Spreng. Limboria, Cyphelium et Calicium Ach.*

Réceptacles scyphiformes à disque pulvérulent ou nu.

465. C. TRACHELINUM (Ach. Lich. univ. 237. Exc. Syn.). Cyphelium trachelinum Chev. Croûte un peu cartilagineuse, membraneuse, lisse, blanche; scutelles turbinées-infundibuli-
formes, devenant planes, d'un roux brunâtre, portées sur des
stipes arrondis, un peu épais, noirs à la base.

466. C. QUERCINUM (Pers. Tent. disp. fung. suppl. 59). C. lenticulare Fries. Cyphelium quercinum Chev. Limboria trachelinum ʄ. quercinum Ach. Croûte très-mince, un peu pulvérulente, cendrée; scutelles turbinées, infundibuliformes, d'un
cendré brunâtre, à disque étroit, devenant presque plan,
portées sur des stipes assez courts, filiformes. Sur l'écorce du
chêne.

467. C. HYPERELLUM (Ach. Meth. 93). C. abietinum DC. Fl. fr. 2.

p. 344. Croûte cartilagineuse, aréolée-rugueuse, glabre, d'un jaune verdâtre; scutelles lentiformes, ferrugineuses, pulvérulentes, un peu turbinées en dessous, à stipes cylindriques, d'un noir de poix, épais à la base. Sur les écorces de sapin.

468. C. CLAVICULARE (Achar. Meth. lich. 90). C. clavellum DC. Fl. fr. 2. p. 344. C. salicinum Pers. C. hyperellum var. roscidum Ach. Cyphelium piceum Chev. Croûte étalée, granulée, ridée; scutelles d'abord turbinées, puis lentiformes, cendrées-noires, à stipes cylindriques, un peu épais, noirs. Sur les pièces de bois et les écorces des vieux arbres.

469. C. TYMPANELLUM (Ach. Syn. 56). C. leucomelas Pers. Croûte mince, cartilagineuse, verruqueuse, d'un blanc cendré, scabre; scutelles adhérentes-sessiles, à disque plan, cendré-effleuri, puis noir, à bord très-mince un peu glaucescent. Sur les pièces de bois et les écorces.

470. C. SESSILE (Pers. Disp. fung. 59). Croûte inégale, blanchâtre; scutelles sessiles, pyriformes, allongées, noires, glabres, luisantes, à disque devenant concave, à bord épais, réfléchi en dedans, plus pâle. Sur les écorces et quelquefois parasite sur d'autres lichens.

471. C. DEBILE (Turn. Engl. bot. t. 2462). C. subtile Fries. C. pusillum Flörk. Thalle très-petit, grêle, cendré, un peu membraneux; scutelles déprimées-globuleuses, couvertes d'abord d'une poussière blanche, puis nues et noires, portées sur des stipes également noirs, grêles, assez courts. Sur les vieux bois.

472. C. TURBINATUM (Pers. Moug. et Nestl. Stirp. vog. rhen. n° 366). Sphinctrina turbinata Fries. Thalle non distinct; scutelles d'un noir intense, très-lisses, immergées, devenant saillantes, d'abord globuleuses et closes, ensuite cyathiformes turbinées et enfin ombiliquées au sommet, quelquefois percées (Fries), à bords épais, renflés, infléchis. Parasite sur la Pertusaria communis.

473. C. CURTUM (Fries. Lich. eur. p. 387). C. abietinum Pers. C. sphærocephalum γ abietinum. Croûte presque nulle, cendrée,

lisse; scutelles un peu lentiformes, à disque proéminent, brunâtre, à bords plus pâles; stipes très-courts, noirs, cylindriques. Sur le bois dénudé du chêne, mais plus souvent sur
celui de sapin.

SECTION IV. — *Scutelles punctiformes plus ou moins allongées,
insérées sur un thalle crustacé.*

15. OPEGRAPHA. Pers. in Ust. ann. st. 7. p. 29. Opegrapha
et Graphis Ach. Arthonia et Opegrapha L. Duf. Graphis,
Asterisca, Platygramma Meyer.

Thalle très-mince, crustacé; scutelles noires ou bleuâtres,
effleuries, arrondies-oblongues ou linéaires-allongées ou
rameuses (lyrelles), enfoncées en naissant, s'élevant ensuite, ou simplement sessiles, s'ouvrant en long, formées
d'une substance qui leur est propre, ordinairement bordées ·
des deux côtés.

§ 1. — *Scutelles noires, simples, oblongues ou raccourcies.*

474. O. VERRUCARIOÏDES (Ach. Lich. univ. p. 244). Croûte mince,
blanchâtre, rugueuse; scutelles petites, ramassées, subglo-
buleuses-ovales, à disque punctiforme, parfois ovoïdes. Sur les
rochers et les troncs morts.

> VAR. β. HOLOLEPTA (Ach.). Croûte membraneuse, lisse
> céndrée ou un peu olivâtre; scutelles hémisphéri-
> ques-subconiques, oblongues, un peu enfoncées dans
> la croûte. Sur l'écorce des arbres.

> VAR. γ. MARMORATA (Ach.). Croûte mince, d'un blanc
> glaucescent; scutelles petites, un peu arrondies-
> oblongues, éparses et confluentes, à disque fermé.
> Sur les écorces d'arbres.

475. O. RADIATA (Pers. in Ust. ann. st. 7. t. 2. f. 3. B.). Arthonia
astroïdea Ach. Syn. 6. Croûte membraneuse, limitée, très-

Opegrapha.

mince, lisse ou fendillée, blanchâtre ou cendrée ; scutelles pressées, planiuscules, subétalées, difformes, palmées, rugueuses. Sur les écorces d'arbres.

476. O. HYSTEROÏDES (Duf. Journ. phys. 1818. t. 87. p. 215). O. verrucarioïdes ♂ pepega Ach. Lich. 245. Hysterium opegraphoïdes DC. Fl. fr. 2. p. 307. Croûte irrégulière, membraneuse, cendrée-blanchâtre ; scutelles rapprochées, très-petites, un peu parallèles ou divergentes, à disque un peu rugueux ou rayé. Sur le bois mort.

477. O. LINEOLA (Arthonia Chev. Fl. par. 1. p. 542). Croûte petite, très-mince, lisse, roussâtre ; scutelles très-petites, linéaires, allongées, peu saillantes, presque parallèles, à disque plan, d'un brun noirâtre. Sur les écorces et les bois.

478. O. OBSCURA (Pers. in Ust. ann. 7. t. 2. f. 3. BC. et t. 3. 5. B). Croûte suborbiculaire, membraneuse, lisse, d'un blanc enfumé ou subolivâtre, très-menue ; scutelles petites, planes, un peu déprimées, ovales-elliptiques et réniformes, légèrement rugueuses. Sur l'écorce des arbres.

479. O. NOTHA (DC. Fl. fr. 2. p. 310). O. cymbiformis Schær. Spic. 1. p. 50. Croûte mince, lépreuse, blanche ou cendrée ; scutelles sessiles, orbiculaires, cymbiformes, elliptiques, quelquefois confluentes, à disque concave, à bords proéminents réfléchis, devenant tuméfiés. Sur les écorces d'arbres.

> VAR. α. RUBELLA (Duby). O. rimale et nimbosa Ach. Syn. 77. 71. O. diaphora Fl. fr. Sp. 170. O. vulvella Ach. Meth. Scutelles éparses, petites, oblongues-elliptiques, à disque concave, à bords réfléchis en dedans.

> VAR. β. LICHENOÏDES (Schær.). O. notha Ach. Syn. 76. Scutelles plus grandes, souvent orbiculaires, à disque plan, puis convexe, à bords souvent oblitérés.

> VAR. γ. DIAPHORA (Ach.). O. hebraïca Duf. Croûte d'un blanc cendré sale ; scutelles grandes, souvent un peu allongées, atténuées aux deux bouts, à disque blanc ou gonflé, à bords souvent oblitérés.

Var. *δ*. GREGARIA (Ach.). Croûte d'un fauve cendré; scutelles serrées, irrégulières, formant une tache arrondie et opaque par leur agglomération, à disque
concave avec les bords élevés, rugueux, flexueux.

480. O. SAXATILIS (DC. Fl. fr. 2. p. 312). O. murorum Fée.
Croûte tartreuse, pulvérulente, blanche, souvent nulle; scutelles sessiles, proéminentes, oblongues-arrondies, linéaires,
formant souvent des taches arrondies par leur agrégation, à
disque concave, à bords flexueux et ensuite oblitérés. Sur les
rochers et les murailles.

481. O. PERSOONII (Ach. Syn. 71). O. rupestris Pers. Croûte tartreuse, un peu lisse, inégale, blanchâtre; scutelles enfoncées,
subarrondies et oblongues, devenant rugueuses, flexueuses,
plissées, difformes, quelquefois confluentes, à disque irrégulier, subdéhiscent. Sur les rochers et sur les pierres.

482. O. MACULARIS (Ach. Meth. 24). Dichæna macularis Fries.
Heterographa macularis Fée. Croûte limitée, inégale, d'un
noir fauve, ou nulle; scutelles petites, subarrondies-ellipti-
ques, devenant rugueuses et tuberculeuses, à disque en forme
de fente, formant par leur réunion des taches un peu arrondies. Sur les troncs d'arbres.

Var. *α*. FAGINEA (Duby). O. faginea Pers. Scutelles
formant des taches larges et peu apparentes par leur
agglomération. Sur le hêtre.

Var. *β*. QUERCINA (Duby). O. quercina Pers. Scutelles
disposées en taches petites, arrondies, distinctes.
Sur l'écorce du chêne.

483. O. HERPETICA (Ach. Meth. 23 *α* et *β*. Syn. 72. excl. Var. *β*.)
Croûte submembraneuse, très-mince, ridée-rugueuse, d'un
fauve olivâtre, limitée par une ligne noire; scutelles petites,
enfoncées, serrées, convexes, oblongues-ovales, un peu allongées, droites, à disque en fente. Sur les troncs d'arbres.
Trouvé près de Gand.

§ 2. — *Scutelles noires plus ou moins allongées,
rameuses*

\ 484. O. ALTRA (Pers. in Ust. ann. 7. p. 30. t. 1. f. 2. B. non
Schrad.). Croûte suborbiculaire, membraneuse, limitée, blanche, parfois d'un cendré sale; scutelles sessiles, linéaires,
libres, flexueuses, sans ordre, quelquefois étoilées, à disque
canaliculé avec les bords proéminents. Sur les troncs d'arbres.

> VAR. *α*. DENIGRATA (Schær.). O. atra DC. Fl. fr. 2. p. 510.
> O. reticulata Fl. fr. 5. p. 170. O. stenocarpa *β*. de-
> nigrata Ach. Croûte limitée, très-blanche ou un peu
> olivâtre; scutelles très-serrées, un peu luisantes,
> allongées, anastomosées en réseau et formant
> comme une tache ronde par leur réunion.

> VAR. *β*. STENOCARPA (Schær.). Croûte membraneuse,
> lisse, peu limitée, blanchâtre ou nulle; scutelles
> éparses, convexes, rugueuses, à disque rayé,
> fermé.

> VAR. *γ*. BULLATA (Schær). O. bullata et O. rimosa Fl.
> fr. 2. p. 509-512. O. hapalea Ach. Syn. 79. O. gre-
> garia Chev. Croûte un peu étalée, cendrée-blan-
> châtre, rayée; scutelles rapprochées, de formes va-
> riées, souvent disposées en étoile.

Je considère les 'Opegrapha coryli, populina, dispersa,
tiliacea, etc., etc., comme de simples variétés de l'espèce qui
vient de nous occuper.

485. O. CALCARIA (Ach. Lich. 250). Cette espèce n'est peut-être
qu'une variété de la précédente; elle se présente sous la forme
d'une croûte tartreuse, pulvérulente, très-blanche; ses scutelles sont un peu allongées, droites, gonflées, opaques, parfois disposées en étoile, à disque en fente. Sur les murs et les
rochers.

486. O. RUFESCENS (Pers. in Ust. ann. 7. t. 2. f. 5. A). O. side-
rella Ach. Syn. 79. O. rubella et O. ænea Fl. fr. 2. p. 509 et

Opegrapha.

5. 169. O. herpetica β. disparata Ach. Syn. 73. Croûte un peu étalée, très-mince, membraneuse, olivâtre ou verte-roussâtre; scutelles d'abord ovales, puis linéaires, oblongues, flexueuses, simples, rameuses ou étoilées, à disque canaliculé, planiuscule. Sur les écorces des arbres.

487. O. EPIPASTA (Ach. Meth. 26). O. dispersa DC. Fl. fr. 2. 208. Croûte très-mince, peu déterminée, lisse, cendrée ou blanche; scutelles saillantes, petites, convexes, rugueuses, opaques, de formes variées, les plus petites punctiformes, les plus grandes très - allongées, très-minces, flexueuses, un peu rameuses, les unes et les autres à disque très-mince. Sur les écorces encore lisses du noisetier, du marronnier, de l'érable, du tilleul, etc.

488. O. IMPLEXA (Chev. Fl. par. t. 1. p. 525). Thalle largement étalé, devenant roussâtre avec l'âge; scutelles noires, ternes, très-allongées, grêles, presque toujours droites, peu flexueuses, rapprochées, paraissant entrelacées. Sur l'écorce du hêtre et des peupliers.

489. O. HERBARUM (Mont. ap. Desm.) O. culmigena et O. epilobii Lib. Croûte mince, lisse, blanche; scutelles sessiles, éparses, simples, allongées, presque droites, à disque canaliculé, à bords infléchis. Sur le chaume des graminées et les tiges herbacées.

§ 3. — *Scutelles noires à disque effleuri.*

490. O. CÆSIA (DC. fl. Fr. 2. p. 309). Arthonia lyncea Ach. Syn. 7. Graphis cæsia Spreng. Croûte étalée, épaisse, un peu tartreuse, inégale, lisse, blanche; scutelles saillantes, simples, oblongues, ovales, souvent allongées-flexueuses, à disque canaliculé, bleuâtre-effleuri. Sur l'écorce des arbres.

491. O. SULCATA (Pers. in Moug et Nestl. vog. Crypt. n° 360). Graphis elegans Ach. Croûte mince, largement étalée, submembraneuse, luisante, granulée, blanche; scutelles éparses, saillantes, allongées, étroites; un peu flexueuses, simples ou

plus rarement rameuses-divariquées, à disque canaliculé, souvent pruineux, à bords renflés, canaliculés. Sur l'écorce encore lisse des arbres.

492. O. SCRIPTA (Ach. Meth. 50). Croûte membraneuse, lisse ou inégale, limitée, blanche ou un peu cendrée ; scutelles linéaires, allongées, enfoncées ou saillantes, un peu rapprochées, flexueuses, simples, rameuses, à disque très-étroit, puis se dilatant et couvrant les bords. Sur l'écorce encore lisse des arbres.

> VAR. *α*. LIMITATA (Ach.) O. limitata Fl. fr. 2. p. 511. Croûte mince, cendrée, quelquefois nulle; scutelles saillantes, simples, flexueuses en divariquées, rameuses, à disque canaliculé et à bords formés par la croûte.

> VAR. *β*. CERASI (Ach.). O. cerasi Fl. fr. 2. p. 510. O. macrocarpa Pers. O. betulæ Fl. fr. 5. 171. Croûte mince, blanchâtre ; scutelles saillantes, droites, allongées, simples, parallèles, à disque canaliculé, effleuri, à bords minces formés par la croûte.

> VAR. *γ*. PULVERULENTA (Ach.). O. pulverulenta. Pers. Croûte mince, étalée, blanchâtre ; scutelles saillantes, flexueuses, à disque canaliculé ou plan, effleuri, à bords formés par la croûte et finissant par disparaître.

> VAR. *δ*. SERPENTINA (Schær.). O. serpentina et Graphis serpentina Ach. Croûte un peu épaisse, légèrement pulvérulente, rugueuse; scutelles enfoncées, flexueuses, allongées, ramassées, à disque effleuri, devenant plan, à bords épais, formés par la croûte et finissant par disparaître.

16. STIGMATIDIUM. Meyer. Neb. 1. p. 328.

Apothécions punctiformes, agrégés, un peu en séries, immergés, indéhiscents, formés d'une substance propre, denués de bords; thalle crustacé, épais.

Stigmatidium.

493. S. CRASSUM (Duby Bot. gall. p. 645). S. obscurum Spring. Opegrapha crassa. Porina aggregata et P. taxicola Ach. Arthonia crassa Desf. Croûte épaisse, inégale, ondulée, d'un gris olivâtre ou verdâtre, fendillée, marquée de lignes noires; scutelles très-petites, presque hémisphériques, solitaires ou confluentes, ou disposées en lignes diversement flexueuses, radiantes en étoile. Sur les écorces des arbres. Baarlo (Limbourg).

SECTION V. — *Scutelles tuberculeuses plus ou moins arrondies, sur un thalle crustacé ou crustacé-cartilagineux.*

17. PATELLARIA. Hoffm. Lich. Lecideæ Spreng. Ach. Lecidea et Patellaria Mey. Spreng.

Thalle crustacé, étalé, adhérent, uniforme ou aréolé; scutelles d'une autre couleur que le thalle, sessiles, membraneuses, cartilagineuses, à disque sans bordure ou avec une bordure concolore finissant par disparaître.

§ 1. — PATELLASTRUM. Patellaria DC. *Thalle crustacé, uniforme, simple.*

† SCUTELLES NOIRES.

494. P. CORACINA (Duby Bot. gall. p. 647). Lecidea coracina Ach. Croûte diffuse, lisse, ridée-aréolée, cendrée-pâle; scutelles agglomérées, éparses, d'abord planes, ensuite un peu convexes, subanguleuses, concolores en dedans, les plus vieilles marginées, pulvérulentes. Sur les rochers.

495. P. PETRÆA (DC. Fl. fr. p. 348). Lecidea petræa Ach. Croûte mince, orbiculaire, un peu pulvérulente ou légèrement fendillée, blanche ou d'un gris cendré; scutelles éparses, protubérantes, concolores en dedans, à disque plan, devenant

Patellaria.

convexe, à bord renflé, élevé, qui finit par disparaître. Sur les rochers et sur les pierres.

496. **P. uliginosa** (DC. Fl. fr. 2. p. 550). Lecidea uliginosa et fuliginea Ach. Syn. 25 et 26. L. microphylla δ uliginosa Schær. Sp. 5. p. 112. Croûte étalée, granuleuse, un peu gélatineuse, cendrée ou d'un brun noirâtre; scutelles comprimées, un peu planes, marginées, ensuite convexes, concolores en dedans. Sur la terre, dans les endroits tourbeux et humides de la Campine.

497. **P. nigra** (Spreng. Syst. veg. 4. p. 268). Collema nigrum Ach. Syn. 508. Lecidea microphylla ξ coralloïdes Schær. Croûte suborbiculaire, d'un noir fuligineux, un peu gélatineuse, brisée-aréolée, un peu écailleuse, à écailles marginales, incisées-crénelées, les centrales granuleuses; scutelles aplaties, noires, concolores en dedans, marginées, ensuite convexes. Sur les rochers et les pierres calcaires.

498. **P. fumosa** (DC. Fl. fr. 2. p. 549). Lecidea fumosa Achar. Syn. 12. L. cechumena α et β. Achar. Lich. L. athrocarpa Achar. Meth. 41. Croûte un peu cartilagineuse, fendillée-aréolée, limitée, lisse, cendrée-fuligineuse; scutelles d'abord planes, marginées, ensuite convexes, conglomérées, d'un cendré noirâtre en dedans. Sur les pierres et les rochers, dans les endroits secs.

499. **P. alba** (Duby Bot. gall. p. 648). Lecidea alba Achar. Lepra lactea DC. Fl. fr. 2. p. 322. Croûte membraneuse, un peu fendillée, blanche, parsemée d'une poussière blanche un peu verdâtre; scutelles qui paraissent très-rarement, éparses, petites, comprimées, planes, noires, un peu bordées. Sur la terre, les troncs d'arbres et les rochers.

500. **P. parasema** (DC. Fl. fr. 2. p. 547). Lecidea parasema Ach. Syn. 17. Croûte mince, submembraneuse, d'un blanc grisâtre, bordée de noir, ensuite étalée, un peu granuleuse; scutelles éparses, planiuscules, sessiles, d'abord marginées, ensuite sans bordure, noirâtres en dedans. Commun sur les troncs d'arbres.

Var. *β*. PUNCTATA (Ach.). P. punctiformis Fl. fr. 2. p. 346. Croûte mince, étalée, cendrée ou glauces- cente, ou presque nulle; scutelles petites, nom- breuses, ramassées.

Var. *γ*. MYRIOCARPA (Ach.). P. myriocarpa DC. Fl. fr. 2. p. 346. Croûte étalée, un peu lépreuse, inégale, pul- vérulente, cendrée, parfois nulle; scutelles petites, très-serrées, convexes, immarginées.

501. P. GLOMERULOSA (DC. Fl. fr. 2. p. 347). Croûte un peu épaisse, pulvérulente-cendrée, jamais limitée de noir; scutelles éparses, planiuscules, ensuite convexes, immarginées. Sur les troncs d'arbres.

Je regarde cette espèce comme une variété de la précé- dente.

502. P. SABULETORUM (Spreng. Syst. veg. 4. p. 264). Lecidea sabuletorum Achar. Syn. 20. L. milliaria Fries? Croûte éta- lée, granuleuse, un peu verruqueuse, d'un cendré blanchâtre ou verdâtre; scutelles rapprochées, sessiles, d'abord planes, marginées, ensuite convexes, hémisphériques, sans rebord, noires, pulvérulentes, concolores en dedans. Sur la terre et les mousses en décomposition.

Les Patellaria geochroa Wahl et euphorea Florke ne sont que des variétés de cette espèce : le premiers naît spécialement sur les mousses, le second sur le vieux bois.

503. P. AROMATICA (Turn. Lecidea). Lecidea sabuletorum *β* Fries. Thalle grisâtre, granuleux, à peine distinct; scu- telles concaves, orbiculaires, bordées dans la jeunesse, deve- nant légèrement convexes, immarginées, s'affaissant plus tard et devenant confluentes, irrégulières, bosselées. Sur le mortier des vieux murs.

504. P. AGGREGATA (Chev. Lecidea). Lecidea sabuletorum *♂* Fries. Thalle granuleux, inégal, cendré; scutelles noires, ternes, ridées, d'abord planes avec un rebord, puis convexes et immarginées, éparses, souvent rapprochées, se soudant avec l'âge, concolores intérieurement avec une zone blanchâtre sous

le disque. Sur l'écorce du hêtre à Zillebeke, où il a été trouvé par M. Wallais.

505. P. confluens (Dub. Bot. gall. p. 649). Verrucaria confluens Hoffm. Lecidea contigua Fries. Croûte épaisse, tartreuse, un peu étalée, fendillée-aréolée, plombée; scutelles grandes, sessiles, de couleur de corne en dedans, munies d'un disque mince, cendré, devenant irrégulières, convexes, confluentes, immarginées. Sur les pierres et les rochers.

506. P. lapicida (DC. Fl. fr. 5. p. 184). Lecidea lapicida Achar. Syn. 15. Lecidea cinereo-atra Ach. Lich. Croûte tartreuse, étalée, fendillée-aréolée, d'un blanc cendré; scutelles déprimées, planes, à bord mince, noir, d'un noir cendré en dedans, devenant un peu confluentes et convexes. Sur les rochers.

> Var. β. cicatricosa (Ach.). Croûte cendrée-enfumée; aréoles rugueuses-plissées, à impressions légères, irrégulières, roussâtres; scutelles agrégées, anguleuses.

> Var. γ. lithophila (Ach.). Croûte étalée, mince, légèrement granuleuse, fendillée-aréolée, cendrée, quelquefois nulle; scutelles enfoncées, sessiles, planes, devenant agrégées, anguleuses, noires-opaques, blanchâtres en dedans.

507. P. elæochroma (Duby Bot. gall. 650). Lecidea elæochroma Ach. Syn. 18. L. parasema β elæochroma Ach. Lich. Croûte étalée, à peu près limitée, rugueuse-granulée, fendillée, d'un jaune verdâtre pâle, souvent d'un jaune cendré; scutelles serrées, noires, cornées-brunâtres en dedans, planes-marginées, dans la jeunesse, devenant ensuite convexes, rugueuses, difformes, d'un noir rouillé, presque sans bord. Sur les écorces d'arbres et les rochers.

508. P. immersa (DC. Fl. fr. 2. p. 346). Lecidea immersa Ach. Syn. 27. Croûte étalée, mince, blanchâtre; scutelles un peu concaves, enfoncées dans la pierre, bordées, noires, à disque un peu effleuri, sanguin quand il est humecté, devenant ensuite

Patellaria.

un peu convexe, blanchâtre en dedans. Sur les pierres et les rochers.

> VAR. *β*. EMERGENS (Ach.). Croûte presque nulle; scutelles convexes, difformes, un peu confluentes, noires, et d'un roux-fauve quand elles sont humectées.

509. **P.** DRYINA (Duby Bot. gall. p. 650). Lecidea dryina Achar. Croûte étalée, presque contiguë, un peu pulvérulente, blanche, quelquefois peu apparente; scutelles petites, un peu globuleuses, devenant ensuite presque planes et enfin rugueuses, noires en dehors, charnues, d'un cendré-fauve au dedans. Sur les écorces épaisses de l'érable.

510. **P.** ALBO-ZONARIA (DC. Fl. fr. 2 p. 348). Lecidea ochroleuca Ach. Syn. 25. Croûte tartreuse, mince, glomérulée, d'un blanc jaunâtre; scutelles à demi enfoncées, sessiles, planes, marginées, noires, de couleur cornée en dedans, devenant hémisphériques et immarginées. Sur les rochers les plus durs.

511. **P.** ENTEROLEUCA (Dub. Bot. gall. p. 650). Lecidea enteroleuca Ach. Syn. 19. Croûte subcartilagineuse, mince, étalée, à peu près limitée, rugueuse-granuleuse, fendillée, cendrée; scutelles noires, d'un blanc-corné en dedans, comprimées, planes, marginées étant jeunes, devenant plus tard convexes et presque immarginées, rugueuses. Sur les écorces d'arbres.

512. **P.** SANGUINARIA (Dub. Bot. gall. p. 651). Lecidea sanguinaria Ach. Verrucaria sanguinaria Hoffm. Croûte rugueuse, cendrée-blanchâtre; scutelles sessiles, planes, marginées, devenant ensuite convexes, hémisphériques, subtuberculeuses, noires, d'un noir corné en dedans, à couche inférieure pulvérulente, sanguine. Sur le bois, les écorces et les rochers.

513. **P.** HYPNORUM (Lib. Crypt. Ard. f. 1. n° 12. Lecidea). Croûte mince, étalée, membraneuse, d'un vert cendré; scutelles sessiles, noires, luisantes, bordées, concaves, devenant plus tard planes, agglomérées, à bord entier. Sur les mousses et sur les rochers.

514. **P.** PINICOLA (Borr. ap. Hook engl. Fl. Lecidea). Lichen

pinicola Ach. Thalle étalé, irrégulier, finement granulé, très-mince, d'un gris blanchâtre; scutelles très-petites, noires, lisses, éparses, d'abord globuleuses, puis concaves, marginées, concolores au dedans. Sur l'écorce des sapins. Dans les Flandres et la Campine.

†† SCUTELLES EFFLEURIES, BLEUATRES.

515. P. ALBO-CÆRULESCENS (Hoffm. Lich. t. 14. f. 2). Lecidea albo-cærulescens Ach. Fl. dan. Croûte tartreuse, unie, devenant fendillée, blanchâtre-cendrée, quelquefois ferrugineuse; scutelles sessiles, élevées, planes, d'un noir bleuàtre effleuri, à bord flexueux, nu, noir. Elles sont noires en dedans avec la couche sous le disque cendrée. Sur les pierres et les rochers.

516. P. CORTICOLA (DC. Fl. fr. 2. p. 552). Lecidea corticola Ach. Fl. dan. Verrucaria albo-atra Hoffm. Croûte étalée, un peu tartreuse, granuleuse, aréolée, inégale, très-blanche; scutelles petites, planes, serrées, un peu enfoncées, d'un bleu effleuri, devenant ensuite subglobuleuses, immarginées, nues et noires, cendrées en dedans. Sur les écorces d'arbres.

Suivant Fries, cette espèce est simplement une forme du Lecidea epipolia venant sur les écorces. Le thalle est quelquefois farineux, elle forme alors la variété β farinosa Ach.

517. P. EPIPOLIA (DC. Fl. fr. 2. p. 555). Croûte tartreuse, limitée, fendillée, blanche, rarement grise, à aréoles tuméfiées, inégales; scutelles sessiles, serrées, hémisphériques, d'un bleu effleuri, noires au dedans, à bord mince, effleuri, blanchâtre. Sur les murailles et les rochers.

††† SCUTELLES FAUVES ET BRUNES.

518. P. INCANA (Spreng. Syst. 4. p. 265). Lecidea incana Ach. Syn. 56. Lepra incana DC. Fl. fr. 5. p. 175. Croûte étalée,

Patellaria.

molle, lépreuse, farineuse, inégale, d'un glauque verdâtre ou blanchâtre; scutelles qui se voient rarement, éparses, sessiles, brunes, à bord entier, plus pâle. Sur la terre et les écorces.

    Var. *β*. latebrarum (Duby). Lepraria latebrarum Achar. Syn. 331. Croûte épaisse, grisâtre.

519. P. quernea (Spreng. Syst. 4. p. 265). Lecidea quernea Ach. Croûte lépreuse, granulée-farineuse, d'un châtain jaunâtre, le plus souvent limitée de noir; scutelles légèrement enfoncées, éparses, planes, d'un fauve rougeâtre, à peine marginées, concolores en dedans, devenant ensuite convexes, immarginées, d'un fauve noir. Sur les troncs du chêne et du hêtre.

520. P. decolorans (Hoffm. Lich. 2. t. 39. f. 2). Lecidea decolorans et Lecanora minutula Ach. Croûte granuleuse, étalée, inégale, d'un blanc cendré ou grisâtre, devenant verdâtre-pulvérulente; scutelles planiuscules, incarnat livide ou d'un fauve noirâtre, à bord élevé, plus pâle, flexueux. Sur la terre, les mousses putréfiées, au pied des murs.

    Var. *β*. granulosa (Ach.). Lecidea escharoïdes et desertorum Ach. Lich. Croûte plus solide, granuleuse; scutelles devenant hémisphériques, confluentes, d'un brun noirâtre.

521. P. anthracina (Duby Bot. gall. p. 653). Lecidea anthracina Ach. Syn. 43. Lepra fuliginea DC. Fl. fr. 5. p. 175. Croûte étalée, un peu lépreuse, inégale, fuligineuse-noire; scutelles petites, planes, d'un roux fauve, à bord plus clair, devenant ensuite légèrement convexes. Les scutelles se montrent rarement. Sur les rochers et les troncs d'arbres.

522. P. viridescens (DC. Fl. fr. 2. p. 30). Lecidea viridescens Ach. Croûte étalée, mince, granulée, farineuse, d'un vert érugineux; scutelles éparses, sessiles, un peu convexes, irrégulières, confluentes, brunes, à bord entier, plus pâle, devenant rugueuses, d'un fauve noirâtre. Sur les troncs pourris et humides.

523. P. rubella (DC. Fl. fr. 2. p. 356). P. vernalis Spreng. Syst. 4. p. 265. Lecidea vernalis Ach. Syn. 36. P. sphæroï-

dea Fl. fr. 2. p. 557. L. luteola Ach. Syn. 41. Croûte très-
mince, étalée, d'un blanc verdâtre, couverte de grains un peu
globuleux, d'un blanc cendré; scutelles presque sessiles, serrées, rougeâtres ou d'un pâle roux, ferrugineux, concaves, devenant planes et même subglobuleuses, immarginées, conglomérées, à bord tuméfié, plus pâle. Sur les mousses et les
écorces d'arbres.

> VAR. *β*. SPHÆROÏDEA (Ach.). P. rosella DC. Fl. fr. 2.
> p. 555. Lecidea alabastrina *β* et *γ*. Ach. Syn. 46.
> Croûte presque cartilagineuse, fendillée, granulée,
> lépreuse; scutelles un peu convexes, puis globu-
> leuses, sessiles, confluentes.

> VAR. *γ*. SANGUINEO-ATRA (Fries). Lecidea sanguineo-
> atra Ach. Lich. 211. Scutelles planes, d'un noir
> fauve, d'abord planes, ensuite hémisphériques, de-
> venant d'un fauve noirâtre, d'un blanchâtre corné
> en dedans.

†††† SCUTELLES FAUVES OU ROUGEATRES.

524. P. ÆRUGINOSA (Spreng. Syst. 4. p. 266). Lecidea icmado-
phila Ach. Syn. 45. Beomyces æruginosus et elveloïdes Fl. fr.
2. p. 543. Croûte lépreuse, inégale, légèrement granuleuse,
d'un blanc verdâtre; scutelles presque sessiles, planes, incarnates, ensuite convexes, flexueuses, rugueuses, à bord mince,
presque nul. Sur la terre, les troncs d'arbres et le bois pourri.

525. P. MICROPHYLLA (Duby Bot. gall. p. 655). Lecidea microphylla Ach. Syn. 55. Pannaria microphylla Del. Croûte étalée,
membraneuse, d'un roux fauve ou noirâtre, granulée; scutelles
éparses, comprimées, planiuscules, marginales, d'un rouge
incarnat, devenant convexes, d'un fauve noirâtre, immarginées, confluentes. Sur la terre, dans les montagnes.

526. P. FERRUGINEA (Hoffm. Lich. t. 12. f. 1. et t. 55. f. 1). Lecidea cinereo-fusca Ach. Croûte mince, étalée, inégale, un peu
fendillée, d'un blanc cendré et finissant par disparaître; scu-

telles planes, serrées, d'un rouge ferrugineux, anguleuses, difformes, brillantes et légèrement convexes, à bord mince, persistant. Sur les écorces d'arbres.

> VAR. *β.* MICROCARPA. Scutelles plus petites, d'un brun rougeâtre.

527. P. LAMPROCHEILA (DC. Fl. fr. 2. p. 357). Croûte très-mince, fendillée, aréolée, d'un cendré bleuâtre ou jaunâtre ; scutelles planes, rapprochées, d'un orangé roussâtre, à bords gonflés, lises, très-entiers, persistants, d'une couleur plus pâle. Sur les rochers.

> VAR. *β.* CÆSIO-RUFA. Lecidea cæsio-rufa Ach. Croûte d'un cendré bleuâtre ; scutelles d'un fauve-ferrugineux, à bords luisants, crénelés, devenant convexes, subimmarginés, d'un noir rougeâtre.

528. P. AURANTIACA (DC. Fl. fr. n° 972). Croûte blanchâtre, fendillée ; scutelles petites, planes, orangées, devenant convexes, munies d'un rebord jaunâtre dans leur jeunesse. Sur les troncs d'arbres, principalement sur les hêtres.

529. P. RUPESTRIS (DC. Fl. fr. 2. p. 360). Lecidea rupestris Ach. Syn. 59. Lichen calvus Dicks. Croûte mince, tartreuse, d'un blanc cendré ou verdâtre, marquée de points jaunes ; scutelles à demi enfoncées, planes, devenant convexes, d'un rouge orangé, à bord presque persistant, concolores en dedans. Sur les rochers.

530. P. ROSELLA (Achar. Meth. Lecidea). Bacidia rosella De Not. Biatora rosella Fries. Lichen albo-incarnatus Wulf. Thalle granuleux, d'un glauque grisâtre, à peine distinct ; scutelles arrondies, quelquefois flexueuses, d'abord concaves, puis planes, blanches à l'extérieur et sur les bords, à disque d'un rose incarnat, devenant plus tard convexes et immarginées. Trouvé près de Gand, sur le bois dénudé du hêtre.

§ 2. — Rhizocarpon. Ram. in DC. Fl. fr. 2. p. 565. *Thalle aréolé de couleur variée, placé sur un subiculum 'très-mince, fibrilleux, noir.*

531. P. geographica (Duby Bot. gall. p. 656). Lecidea atro-virens Ach. Verrucaria atro-rubens et geographica Hoffm. Rhizocarpon geographicum DC. Fl. fr. Croûte à aréoles d'un jaune verdâtre, planes, anguleuses, comprimées, petites, entourant un subiculum noir, avec des lignes plus noires à la circonférence; scutelles naissant sur le subiculum, planes, noires, orbiculaires ou oblongues, concolores en dedans. Sur les rochers.

532. P. atro-alba (Duby Bot. gall. p. 656). Lecidea atro-alba Achar. Rhizocarpon confervoïdes DC. Aréoles d'un gris-blanc, convexes, anguleuses, petites, posées sur un subiculum noir; scutelles naissant sur le subiculum, planes, un peu convexes, orbiculaires, noires, concolores en dedans. Sur les pierres siliceuses.

18. Psora. DC. Fl. fr. 2. p. 567.

Thalle crustacé-foliacé, étalé, adhérent, épais, à écailles distinctes, planes ou convexes, ramassées, soudées; scutelles d'une couleur autre que celle du thalle, sessiles, membraneuses-cartilagineuses, colorées, à disque concave d'abord, devenant ensuite convexe, à bord concolore.

533. P. candida (Hoffm. Germ. 164). Croûte très-épaisse, subimbriquée, blanche-pruineuse, à écailles serrées, crénelées, compliquées, obovales, gonflées, puis rugueuses; scutelles rapprochées, noires, glaucescentes, effleuries, marginées, devenant convexes, confluentes et difformes. Sur les rochers et les mousses en putréfaction.

534. P. cinereo-virens (Duby Bot. gall. p. 658). Biatora cinereo-virens Achar. Lecidea cinereo-virens Schær. Croûte imbriquée, à écailles aiguës, réniformes, crénelées ou lobées, lisses, ob-

Psora.

scurément cendrées-verdâtres, avec les bords et le dessous blancs, nus; scutelles planes, marginées, noires, couvertes d'une poussière bleuâtre, blanches en dedans. Sur la terre.

555. P. DECIPIENS (Hoffm. t. 45. f. 1. 2). Lecidea decipiens Ach. Lecidea disperma Vill. Dauph. Lichen decipiens Hedw. Croûte subimbriquée, incarnate ou brunâtre, à écailles presque distinctes, un peu peltées, subarrondies, un peu convexes, blanches en dessous et au bord, devenant convexes, flexueuses; scutelles marginales, convexes, un peu globuleuses, noires, blanches en dedans, presque immarginées. Sur la terre, dans les lieux montueux. Bouge, Wartez (Namur).

556. P. VESICULARIS (DC. Fl. fr. 2. p. 568). Lecidea vesicularis Ach. Lich. Patellaria opuntioïdes Fl. fr. 2. p. 568. Croûte épaisse, subimbriquée, d'un noir brun bleuâtre, effleuri, à écailles distinctes, entières, mêlées, obovales, gonflées; scutelles noires, planes, marginées, blanches en dedans, devenant hémisphériques, immarginées. Sur la terre. Dans la Campine.

557. P. LURIDA (DC. Fl. fr. 2. p. 570). Lecidea lurida Ach. Croûte imbriquée, d'un fauve verdâtre, à écailles plus pâles en dessous, un peu concaves, orbiculaires, crénelées; scutelles planes à bord épais d'un brun noirâtre, blanchâtres en dedans, devenant légèrement convexes, noires, immarginées. Sur la terre et les rochers. Bouillon (Luxembourg), Dinant (Namur).

19. SQUAMMARIA. DC. Fl. fr. 2. p. 374.

Thalle adhérent, crustacé-foliacé, en rosette étalée, lobée, épaisse, cartilagineuse, à écailles distinctes ou adhérentes, souvent imbriquées, radiantes du centre; scutelles subsessiles, marginées, discolores, formées en dessous par le thalle, à lame proligère colorée.

558. S. LENTIGERA (DC. Fl. fr. 2. 376). Psora lentigera Hoffm. Lecanora lendigera Ach. Croûte orbiculaire, blanche, imbri-

quée, écailleuse au centre, à écailles serrées, concaves, crénelées-lobées, lobes de la circonférence plissés-radiés, subconcaves, flexueux-incisés; scutelles à disque presque plan, d'un jaune-roussâtre, à bord formé par le thalle, élevé, gonflé, infléchi, un peu crénelé. Sur la terre et les mousses. Dans les provinces de Namur et de Luxembourg.

559. S. CRASSA (DC. Fl. fr. 2. p. 575). Lecanora crassa Ach. Lich. Lichen laqueatus Jacq. L. cæspitosus Vill. Croûte imbriquée, d'un blanc fauve tirant un peu sur le vert, écailleuse, à écailles comprimées, crénelées-incisées, irrégulières, ondulées; scutelles éparses, à disque plan, gonflé, d'un roux-fauve passant au brun noirâtre, à bord blanchâtre, un peu gonflé, flexueux, entier, finissant par disparaître. Sur la terre et les mousses. Wépion (Namur), Tegelen (Limbourg).

540. S. CERVINA (Dub. Bot. gall. p. 640). Lecanora cervina Ach. Syn. 188. Lecanora badia Var. α. β. Achar. Lich. Parmelia squamulosa Ach. Meth. Croûte imbriquée, de couleur châtaine, écailleuse, à écailles presque distinctes, subpeltées, subarrondies, un peu planes, blanches en dessous et au bord; scutelles à disque enfoncé dans la croûte, presque plan, d'un brun noirâtre, à bord blanchâtre, entier, peu saillant. Sur les rochers. Bouillon (Luxembourg).

20. PLACODIUM. DC. Fl. fr. 2. p. 577.

Thalle crustacé-foliacé, adhérent, sublobé et radié à la circonférence, à centre granuleux, foliacé, plissé; scutelles se développant dans la partie granuleuse, concolores, bordées; lame proligère formant le disque colorée.

541. P. OCHROLEUCUM (DC. Fl. fr. 2. p. 579). Lecanora saxicola Ach. Croûte subimbriquée, écailleuse, rugueuse, inégale, d'un vert pâle ou jaunâtre, radiante-lobée à la circonférence; scutelles très-rapprochées, à disque plan, jaunâtre-fauve ou

ochracé, à bord formé par le thalle, plus clair, flexueux et crénelé. Sur les murs et les rochers.

542. **P. RADIOSUM** (DC. Fl. fr. 2. p. 380). Lecanora circinnata et L. myrrhina Ach. Syn. 181 et 182. Lichen radiosus Hoffm. Croûte aréolée-fendillée, tartreuse, noirâtre au milieu, à aréoles petites, un peu irrégulières, convexes, d'un blanc cendré, radiante-plissée, linéaire-laciniée à la circonférence; scutelles rapprochées, devenant anguleuses, à disque aréolé, d'abord plan, d'un brun noir avec un bord mince fourni par le thalle, devenant ensuite un peu convexe. Sur les murs et les rochers calcaires.

543. **P. ALBICANS** (DC. Fl. fr. 2. p. 380). Lecanora galactina Ach. Psora albescens Hoffm. Croûte suborbiculaire, tartreuse, sub-imbriquée, rugueuse, d'un blanc sale pulvérulent, lobée-crénelée au pourtour; scutelles serrées, orbiculaires, anguleuses, à disque légèrement plan, d'un fauve incarnat, livide, effleuri, à bord formé par le thalle, élevé, devenant ensuite flexueux, crénelé. Sur les rochers, les pierres et les murs.

544. **P. EPIGÆUM** (Chev. Fl. fr. 1. p. 638). Lecanora epigæa Ach. Syn. 179. Croûte petite, suborbiculaire, tartreuse, plissée-rugueuse, effleurie, très-blanche, lobée-crénelée dans sa circonférence; scutelles dispersées, petites, orbiculaires, à disque plan, devenant ensuite convexe, très-noir, à bord blanchâtre qui disparaît ensuite. Sur la terre et les mousses. Dans les provinces de Namur et de Luxembourg.

545. **P. CANESCENS** (DC. Fl. fr. 2. p. 379). Lecidea canescens Ach. Croûte orbiculaire, tartreuse, rugueuse-plissée, granuleuse-pulvérulente, d'un blanc cendré ou grisâtre, lobée-plissée au pourtour; scutelles orbiculaires, presque toutes centrales, à disque plan d'abord, devenant ensuite convexe, noir, un peu effleuri, à bord élevé, concolore, qui finit par disparaître. Sur les rochers, et rarement sur les troncs d'arbres.

546. **P. TRICOLYTUM** (DC. Fl. fr. 5. p. 185). Pl. versicolor Fl. fr. 2. p. 380. Lecanora tricholyta Ach. Croûte tartreuse, granulée-pulvérulente, d'un blanc cendré ou gris, radieuse-plis-

sée à la circonférence; scutelles éparses, déprimées, à disque un peu convexe, rouge, à bord épais, élevé, flexueux, pulvérulent, un peu crénelé. Sur les murs, les tuiles et les rochers.

547. **P. MURORUM** (DC. Fl. fr. 2. p. 578). Lecanora murorum Ach. Croûte orbiculaire, fendillée, plissée-rugueuse, jaune, pulvérulente, effleurie, radiante, plissée, à laciniures linéaires, convexes, incisées au pourtour; scutelles centrales, rapprochées, à disque un peu concave, jaune, à bord plus pâle, flexueux, entier ou un peu crénelé. Sur les rochers, les pierres et les murailles.

VAR. β. **CALLOPISMUM** (Mer.). Croûte aréolée, jaune pâle au centre, très-jaune au pourtour; scutelles à disque orangé.

548. **P. ELEGANS** (DC. Fl. fr. 2. p. 579). Lecanora elegans Ach. Croûte suborbiculaire, subimbriquée, plissée-rugueuse, d'un jaune orangé, à lobes laciniés-linéaires, flexueux, convexes, radiants; scutelles éparses, à disque un peu concave, concolore, à bord plus pâle, épais, entier, légèrement flexueux. Sur les rochers, les tuiles et les murailles.

21. LECANORA. Duby. Bot. gall. 2. 662.

§ 1. — *Scutelles jaunes.*

Thalle crustacé, adhérent, étalé, ou diffus; scutelles adhérentes, sessiles, formées en dessous par le thalle; lame proligère formant le disque, colorée, à bord plus ou moins épais, formée par le thalle et concolore avec lui.

549. **L. VITELLINA** (Ach. Lich. 405). Patellaria vitellina Hoffm. et Fl. fr. Parmelia vitellina Fl. dan. Croûte étalée, indéterminée, granulée, couleur jaune d'œuf; scutelles serrées, à disque plane, concolore avec la croûte, devenant un peu convexe, légèrement pruineux et difforme, à bord élevé, mince, flexueux, un peu pulvérulent et finissant par disparaître. Sur les rochers, les murs et les pièces de bois.

VAR. *ε*. CORUSCANS (Ach.). Croûte à lobes crénelés; scutelles très-nombreuses, à disque plan, orangé, avec le bord crénelé.

550. L. CITRINA (Ach. Lich.). Patellaria candelaris DC. Fl. fr. 2. p. 369. Croûte lépreuse, granulée-pulvérulente, citrine d'abord, puis plus obscure, un peu ridée; scutelles petites, comprimées, à disque plan, orangé, ensuite convexe, à bord mince, pulvérulent. Sur les murs, les rochers et les vieux bois.

551. L. LUTEO-ALBA (Duby Bot. gall. p. 665). Lecidea luteo-alba Ach. Syn. 49. Croûte nulle; scutelles plus ou moins serrées, un peu concaves, devenant convexes, hémisphériques, couleur jaune d'œuf, à bord mince, concolore avec le disque, entier et finissant par disparaître, ou blanchâtre, crénelé. Sur les écorces d'arbres.

VAR. *β*. AURANTIACA (Duby). Patellaria aurantiaca DC. Fl. fr. 2. p. 358. Lecidea aurantiaca Achar. Biatora aurantiaca Fries. Scutelles serrées, un peu convexes, hémisphériques, orangées, tantôt à bord très-mince s'évanouissant, tantôt à bord blanchâtre entier ou un peu crénelé.

552. L. FLAVO-VIRESCENS (Duby Bot. gall. p. 663). Patellaria flavescens Hoffm. Lecanora erythrella Ach. Croûte mince, étalée, fendillée, aréolée-rugueuse, d'un jaune verdâtre; scutelles rapprochées, planes, devenant convexes-globuleuses, d'un rouge orange, luisant, à bord couleur jaune d'œuf, épais, entier, devenant plus tard un peu crénelé. Sur les écorces et les rochers.

553. L. CERINA (Ach. Lich. 390). Patellaria cerina Hoffm. Croûte étalée, non limitée, mince, inégale, blanche ou cendrée; scutelles d'abord planes, puis convexes, d'un jaune de cire, à bord élevé, entier, d'un blanc cendré, devenant un peu crénelé. Sur les écorces et sur les pieux.

554. L. HEMATITES (Chanb. in St.-Am. agen. 492). Croûte étalée, mince, inégale, un peu fendillée, bleuâtre, souvent bordée de

noir; scutelles à disque plan, d'un roux-brun, devenant convexe, à bords infléchis, élevés, entiers ou crénelés, grisâtres. Sur l'écorce du peuplier d'Italie.

§ 2. — *Scutelles brunes.*

555. L. SCRUPULOSA (Ach. Lich. 375). Cette espèce pourrait bien être une variété de la suivante. Croûte limitée, fendillée, aréolée-verruqueuse, d'un blanc cendré; scutelles à disque un peu verruqueux, ou presque plan, incarnat, presque fauve ou noirâtre, à bord élevé, un peu épais, très-entier, devenant flexueux. Sur les écorces des vieux arbres.

556. L. SUBFUSCA (Ach. Lich. 395). Espèce très-variable, à croûte mince, cartilagineuse, lisse, devenant granuleuse, inégale, d'un blanc cendré; scutelles sessiles, à disque légèrement convexe, d'un roux-fauve, à bord gouflé, entier, devenant flexueux, crénelé. Sur les écorces des arbres et les pièces de bois.

557. L. POPULICOLA (Duby l. c. p. 664). Croûte granuleuse, inégale, d'un cendré noirâtre, zonée de blanc au pourtour; scutelles à disque légèrement convexe, plus pâle que dans l'espèce précédente, ou subincarnat livide, à bord élevé, crénelé. Sur les écorces, particulièrement sur celles du peuplier blanc.

Cette espèce n'est sans doute qu'une variété de la précédente, à laquelle on doit aussi rapporter le Patellaria metabolica de De Candolle, qui croît sur les troncs d'arbres, et le Patellaria dispersa du même botaniste, qui croît sur les murs et les troncs d'arbres et qui est remarquable par la petitesse de ses scutelles.

558. L. VARIA (Ach. Lich. 377). Croûte inégale, granulée, un peu verruqueuse, d'un jaune verdâtre pâle; scutelles petites, rapprochées, à disque plan ou concave, d'un brun très-pâle, à bord élevé, subinfléchi, devenant flexueux, un peu crénelé, de la couleur de la croûte. Sur les écorces de sapin dans la Campine.

Lecanora.

559. L. DETRITA (Ach. Lich. 376). Patellaria detrita Hoffm. Croûte verruqueuse, plissée, rugueuse, conglomérée, inégale, d'un blanc cendré; scutelles planes d'abord, irrégulières, pâles, devenant plus tard d'un fauve roux, puis noirâtres, à bord élevé, un peu épais, flexueux, crénelé. Sur les écorces d'arbres.

560. L. CRASPEDIA (Ach. Lich. 591). Patellaria craspedia DC. Fl. fr. 2. p. 355. Patellaria arenaria Hoffm. Lich. Croûte ridée, aréolée, subgranuleuse, inégale, blanche; scutelles à disque plan, d'un brun ferrugineux, à bord gonflé, granuleux et ensuite flexueux. Sur les murs de brique, les rochers et les pierres.

561. L. VENTOSA (Ach. Lich. 399). Patellaria ventosa DC. Fl. fr. 2. p. 334. Lichen cruentus Web. Lichen flavescens Jacq. Croûte tartreuse, épaisse, inégale, ridée, aréolée, blanchâtre, à aréoles convexes, plissées-rugueuses; scutelles devenant irrégulières, à disque plan, gonflé, rouges-brunes, munies d'un bord propre qui couvre celui fourni par le thalle, qui est mince et pâle. Sur les rochers les plus durs.

562. L. EFFUSA (Ach. Lich. 386). Patellaria effusa DC. Croûte étalée, mince, un peu pulvérulente, d'un cendré verdâtre; scutelles nombreuses, petites, rapprochées, à disque d'abord plan, devenant convexe, d'un roussâtre pâle, à bord mince, pâle, peu prononcé. Dans les creux des vieux saules.

563. L. BRUNNEA (Ach. Desm. Crypt. f. 23. n° 1143). Lichen pezizoïdes Dicks. Thalle granuleux-pulvérulent, d'un gris verdâtre; scutelles innées, convexes, d'un brun vif ou ferrugineux, à bordure élevée, crénelée, persistante, formée par le thalle. Sur les bords des fossés parmi les mousses.

§ 5. — *Scutelles rouges, rousses.*

564. L. HÆMATOMMA (Ach. Lich. 388). Patellaria hæmatomma Hoffm. Lich. Croûte épaisse, tartreuse, pulvérulente, aréolaire-fendillée, d'un blanchâtre soufré; scutelles d'abord

éparses, confluentes, à disque très-rouge, plan, devenant
convexe, à bord pulvérulent, peu apparent. Sur les murs, les
rochers et les pierres.

565. **L. RUBRA** (Ach. Lich. 589). Parmelia rubra Fl. dan. Lichen
ulmi Ach. Patellaria rubra Hoffm. Lich. Croûte étalée, submembraneuse, lisse d'abord, devenant ensuite inégale, granulée-pulvérulente, blanche; scutelles à disque concave, rou-
geâtre-pâle, à bord gonflé, convexe, réfléchi en dedans, un peu
crénelé, d'un blanc pulvérulent. Sur les écorces d'arbres.

566. **L. CAPULARIS** (Duby Bot. gall. 665). Patellaria cupularis DC.
Lichen marmoreus Scop. Gyalecta cupularis Fries. Croûte lépreuse, verdâtre ou rougeâtre; scutelles éparses, sessiles, à
disque d'abord punctiforme, ensuite dilaté, très-concave,
rouge-incarnat, à bords d'un blanc un peu rosé, épais, élevé,
un peu crénelé. Sur la terre, les rochers et les pierres.

§ 4. — *Scutelles jaunâtres.*

567. **L. INTRICATA** (Ach. Lich. 580). Croûte non limitée, brisée,
aréolaire, d'un blanc jaunâtre; scutelles rapprochées, à
disque plan, d'un vert olivâtre devenant olivâtre-brun, re-
couvrant entièrement ou presque entièrement le bord qui est
mince et entier. Sur les rochers.

§ 5. — *Scutelles pâles, livides ou pruineuses.*

568. **L. CARNEO-LUTEA** (Ach. Lich. 574). Parmelia carneo-lutea
Turn. Croûte très-mince, lisse, un peu inégale, d'un blanc
légèrement cendré; scutelles petites, à disque plan, d'un incarnat un peu jaunâtre, à bord réfléchi en dedans, crénelé.
Sur les troncs d'arbres.

569. **L. PARELLA** (Ach. Lich. 570). Patellaria parella Hoffm.
Croûte tartreuse, étalée, ridée, plissée, verruqueuse, blanche
ou verdâtre; scutelles épaisses, rapprochées, difformes, à
disque légèrement concave, devenant ensuite plan et convexe,

d'un incarnat pâle, pulvérulent, à bord gonflé, très-entier. Sur les murs, les rochers et les troncs d'arbres.

> VAR. β. TUMIDULA (Ach). Lichen tumidulus Pers. Croûte mince, un peu lisse, ensuite inégale-granuleuse, d'un blanc cendré; scutelles à disque plan, renflé, pruineux, devenant convexe, égalant ou dépassant le bord, presque concolore. Sur les troncs d'arbres.

> VAR. γ. PALLESCENS (Ach.). Psora alabastrina Hoffm. Croûte plissée, rugueuse, granulée, verruqueuse, inégale, d'un blanc sale; scutelles à disque un peu spongieux, plan, concave, pâle, à bord épais, élevé, entier ou flexueux. Sur les rochers et les troncs d'arbres.

570. L. ANGULOSA (Ach. Lich. 364). Patellaria angulosa DC. Fl. fr. 365. Croûte mince, submembraneuse, lisse, devenant inégale, un peu épaisse, rugueuse, un peu ridée, cendrée; scutelles très-serrées, anguleuses par la pression, planes, légèrement convexes, ensuite hémisphériques, à disque d'un fauve pâle, glauque, effleuri, à bord entier qui finit par disparaître. Sur les troncs d'arbres.

571. L. ALBELLA (Achar. Lich. 369). Croûte mince, étalée, cartilagineuse, lisse, d'un blanc de lait; scutelles épaisses, à disque un peu incarnat, d'abord plan, puis convexe, cendré-effleuri, à bord formé par la croûte, ordinairement entier et finissant par disparaître. Sur les écorces lisses.

572. L. LUTESCENS (Ach. Lich. 367). Patellaria lutescens DC. Fl. fr. 2. p. 354. L. expallens et L. varia Ach. Croûte étalée, mince, membraneuse, verruqueuse, couverte d'une poussière d'un jaune vert pâle; scutelles éparses, à disque plan, d'un jaune pâle, devenant convexe, subglobuleux et d'une couleur incarnat jaunâtre fauve, avec une efflorescence bleuâtre, égalant, puis dépassant le bord qui est flexueux, pulvérulent. Sur les troncs d'arbres. Il fructifie rarement.

573. L. INCRUSTANS (Ach. Lich. 405). Croûte un peu verruqueuse, d'un jaune pâle, un peu pulvérulente; scutelles petites, en-

Lecanora.

foncées, à disque plan, légèrement concave, devenant plus tard un peu convexe, d'un jaune de cire, effleuri, jaunâtre, finissant par dépasser le bord qui est jaune, entier. Sur les rochers calcaires.

§ 6. — *Scutelles noires.*

574. L. SOPHODES (Ach. Lich. 556). Croûte presque limitée, granulée-verruqueuse, d'un brun cendré tirant sur le vert; scutelles petites, agrégées, à disque d'abord plan, puis convexe, noir, brun, étant humecté, à bord formé par la croûte, gonflé, un peu infléchi, très-entier. Sur les écorces et le bois denudé.

575. L. PHARCIDIA (Ach. Syn. 147). Croûte cartilagineuse-membraneuse, rugueuse-verruqueuse, blanchâtre, quelquefois d'un châtain assez foncé sur le bord; scutelles comprimées, à disque noir, plan, devenant convexe, rugueux, égalant et finissant par dépasser le rebord. Sur les écorces d'arbres et principalement sur celles du noyer.

VAR. *β.* METABOLICA (Fries). L. metabolica Ach. Lich. 351. Patellaria metabolica DC. Fl. fr. 5. p. 185. Croûte mince, devenant lépreuse, fendillée, cendrée; scutelles petites, à disque noir, à bordure d'abord blanche, devenant ensuite brune et presque concolore avec le disque.

576. L. ATRA (Ach. Lich. 546). Patellaria tephromelas DC. Fl. fr. 2. p. 562. Croûte peu limitée, ridée, granulée-verruqueuse, d'un blanc cendré; scutelles éparses ou très-rapprochées, planes ou convexes, petites ou grandes, à disque un peu gonflé, noir, à bord élevé, blanc, devenant flexueux, crénelé avec l'âge. Sur les rochers, les pierres et les écorces.

22. URCEOLARIA. Ach. Meth. 141.

Thalle crustacé, tartreux ou un peu lépreux, adhérent, uniforme, étalé ou bordé, ridé-aréolé ou verruqueux; scutelles orbiculaires, planes ou concaves, enfoncées dans le thalle, formées et bordées par lui; lame proligère formant le disque, colorée, urcéolée.

577. U. CALCARIA (Ach. Meth. 145). Verrucaria contorta Hoffm. Croûte limitée, un peu farineuse, ridée-aréolée, blanche; scutelles à lame proligère petite, un peu concave, noire-bleuâtre, effleurie, à bord proéminent. Sur les pierres et les rochers.

578. U. MUTABILIS (Ach. Lich. 335). Croûte cartilagineuse-membraneuse, d'abord lisse, ensuite rugueuse, fendillée, verruqueuse, cendrée ou livide, glaucescente; lame proligère enfoncée dans les verrues, noire, plane, ensuite concave, entourée par le rebord de la croûte qui est entier. Sur les écorces de noyer. Courtrai (Flandre), Brumagne (Namur).

L'Urceolaria mutabilis de Fries est cette espèce quand les aréoles sont ouvertes et le Porina glomerata Ach. quand elles sont fermées.

579. U. CINEREA (Ach. Lich. 336). U. tesselata DC. Fl. fr. 2. p. 371. Lecanora cærulea Ach. Sagedia depressa Ach. Croûte ridée, aréolée-verruqueuse, d'un cendré jaunâtre ou d'un blanc bleuâtre, finissant par devenir noire, limitée; lame proligère enfoncée, d'abord punctiforme, noire, ensuite dilatée, orbiculaire, élevée, enfin ayant un bord propre, très-mince, dépassant le bord fourni par la croûte. Sur les rochers.

> VAR. β. POLYGONIA (Ach.). Croûte ridée-aréolée, à aréoles multianguleuses; scutelles uniques dans une aréole, un peu concaves, petites.

580. U. SCRUPOSA (Ach. Meth. 147). U. gibbosa Ach. Syn. 159. Lichen pertusus Wulf. Croûte étalée, tartreuse, granuleuse, ridée-aréolée, à aréoles rugueuses-verruqueuses, d'un blanc cendré; lame proligère enfoncée, concave, noirâtre, effleurie, se dilatant ensuite, à bord épais, granuleux, réfléchi en dedans. Sur la terre entre les rochers et sur les talus des chemins creux.

> VAR. β. ARENARIA (Schær.). Plaques arrondies ou oblon-

gues, larges de 5 à 6 centimètres; aréoles moins
grandes que dans l'espèce. Trouvé dans les sables
des dunes près de Furnes par M. Westendorp.

581. U. BRYOPHILA (Ach. Meth. Lich. 148). Gyalecta bryophila
Ach. Syn. 10. Patellaria muscorum Hoffm. Lich. Lichen scru-
posus Eng. bot. Croûte rugueuse, plissée, blanche ou cendrée;
scutelles petites, d'un noir bleuâtre, à bord contracté, rugueux.
Sur la terre et sur les talus. Dans les bois.

25. THELOTREMA. Ach. Meth. 130.

Thalle crustacé-cartilagineux, plan, étalé, adhérent,
uniforme; scutelles membraneuses, solitaires, incluses
dans des verrues formées par le thalle, à sommet ouvert,
marginé.

582. T. EXANTHEMATICUM (Ach. Lich. 315). Th. clausum Schær.
Volvaria exanthematica DC. Fl. fr. 2. p. 373. Croûte mince,
étalée, lépreuse, cendrée ou cendrée-ochracée; scutelles formées de verrues, à demi enfoncées, planes, légèrement convexes, éparses, blanchâtres, à ouverture presque fermée,
radiante-fendillée, devenant plus tard béante, d'un incarnat
jaunâtre dans le fond. Sur les rochers calcaires.

583. T. VARIOLARIOÏDES (Ach. in Act. holm. v. 55. p. 95). Croûte
peu limitée, glabre, un peu rugueuse, cendrée; scutelles formées de verrues serrées, irrégulières, blanches, à ouverture
grande, noire, floconneuse-pulvérulente, à bord épais, un peu
anguleux, déchiré-crénelé. Sur les écorces du charme, du peuplier, du frêne, etc., etc.

584. T. LEPADINUM (Ach. Meth. 132). Volvaria truncigena DC.
Thalle crustacé, d'un cendré grisâtre ou blanchâtre, étalé,
comme plissé, tuberculeux, à tubercules concolores, nombreux, parfois agrégés, les uns en cône tronqué, les autres
hémisphériques, d'abord fermés, puis ouverts par un pore
large qui leur donne l'aspect cupuliforme, renfermant chacun,

quand ils sont fertiles, un apothécion nucléiforme, à parois minces, non adhérentes, dont le disque est cendré-noirâtre. Sur l'écorce du chêne et du hêtre.

24. VARIOLARIA. Pers. in Ust. ann. bot. 8. t. 7.

Thalle crustacé, plan, étendu, adhérent, uniforme; scutelles verruciformes, sessiles, formées par le thalle, sorédifères, submarginées, blanches; lame proligère comprimée, incluse dans les verrues et couverte par elles.

585. V. COMMUNIS (Ach. Lich. 322). Pertusaria communis DC. Fl. fr. 2. p. 320. Porina pertusa Ach. Lich. Croûte cartilagineuse, lisse, blanchâtre, devenant inégale, cendrée, couverte de sorédies blanches, immarginées; scutelles à verrues sphéroïdes, pulvérulentes, à noyau submembraneux, pâle, un peu plan, se dénudant plus tard. Sur les troncs d'arbres et les rochers.

> VAR. α. ORBICULATA (Ach.). V. orbiculata Hoffm. Croûte mince, granuleuse, subradiante, ridée, limitée, d'un blanc cendré; sorédies éparses, centrales, un peu planes, submarginées, concolores. Sur les écorces et les bois dénudés.
>
> VAR. β. FAGINEA (Ach.). V. faginea Pers. et DC. Croûte peu limitée, étalée, glabre, rugueuse, fendillée, blanchâtre; sorédies hémisphériques, éparses, immarginées, pulvérulentes, très-blanches.
>
> VAR. γ. ASPERGILLA (Ach.). Croûte tartreuse-cartilagineuse, limitée, glaucescente, lisse au pourtour, radiante-ridée; sorédies éparses, superficielles, planes, un peu marginées, blanches. Sur les rochers et les murs.

586. V. DISCOÏDEA (Pers. l. c.). V. amara Ach. Verrucaria discoïdea Hoffm. Croûte étalée, rugueuse-fendillée, inégale, pulvérulente, blanche ou cendrée; scutelles à verrues ramassées,

plus ou moins serrées, un peu concaves, à bord sorédifères concolores. Sur le tronc des vieux arbres. On dit ce lichen fort amer.

587. V. LEUCOCEPHALA (Ach. Lich. univ. p. 286). Croûte mince, blanchâtre, étalée; scutelles à verrues un peu proéminentes, sessiles, concaves et recoûvertes d'une matière blanchâtre et farineuse. Sur les écorces de chêne.

588. V. DEALBATA (DC. Fl. fr. 2. p. 525). V. corallina Ach. Croûte épaisse, tartreuse, fendillée, blanche, parfois granulée-papillaire; scutelles formées de verrues hémisphériques, déprimées au sommet, à noyau lentiforme, couvert d'un voile léger, pulvérulent. Sur les rochers.

589. V. LACTEA (Pers. l. c.). Croûte mince, tartreuse, limitée, fendillée, aréolée, blanc de lait ou cendrée; scutelles à verrues hémisphériques, rapprochées, marginées, mamelonnées au sommet, très-blanches, pulvérulentes, devenant ensuite dilatées, difformes, un peu confluentes. Sur les rochers.

25. CONIOCARPON. DC. Fl. fr. 2. p. 323. Spiloma Ach. Conioloma Florke.

Croûte crustacée, tartreuse, plane, étalée, adhérente, uniforme; scutelles composées de gongyles agrégés en petits paquets colorés, presque pulvérulents, difformes.

590. C. ELEGANS (Duby. Bot. gall. f. 675). Spiloma elegans Achar. Croûte membraneuse, lisse, blanche; scutelles punctiformes, un peu étoilées, d'un fauve brunâtre. C'est peut-être l'état de vieillesse de l'espèce suivante. Sur l'écorce des sapins et d'autres arbres. Trouvé à Nieuport, sur l'écorce d'un poirier.

591. C. CINNABARINUM (DC. Fl. fr. 2. p. 325). Spiloma tumidulum Ach. Lich. 156. Croûte subcartilagineuse, blanchâtre; scutelles serrées, gonflées, oblongues, difformes, d'un brun noirâtre, un peu effleuri, devenant ensuite roussâtre et enfin d'un rouge-cinabre. Sur les écorces et principalement sur celles du charme.

Goniocarpon.

Var. rubicundum (Chev. Fl. par.). Variété à scutelles d'un brun rougeâtre. Sur l'écorce du coudrier.

592. C. olivaceum (DC. Fl. fr. 2. p. 323). Spiloma olivaceum Achar. Thalle d'un blanc jaunâtre, mince, quelquefois peu apparent ; scutelles arrondies, un peu convexes, pulvérulentes, d'un jaune verdâtre, devenant confluentes et disparaissant avec l'âge. Sur les écorces des saules et des peupliers.

593. C. nigrum (DC. Fl. fr. 2. p. 324). Spiloma melaleuca Achar. Trachylia melaleuca Chev. Fl. par. Croûte blanche, assez épaisse, un peu membraneuse, inégale, indéterminée ; scutelles éparses, un peu convexes, d'abord pulvérulentes, arrondies ou difformes, à bords hérissés, ensuite nus, à disque enfoncé, gris ou bleuâtre. Sur les troncs d'arbres.

26. Lepra. DC. Fl. fr. 322. Lepraria Ach. Lich. 6.

Croûte étalée, irrégulière, adhérente. pulvérulente ou filamenteuse ; scutelles nulles ou inconnues.

594. L. flava (Ach. Lich. 663). Croûte étalée, égale, mince, subfendillée, d'un beau jaune, formée de grains globuleux. Sur les écorces et sur les murs.

Ce lichen pourrait bien être le commencement du Patellaria candelaris.

595. L. chlorina (DC. Syn. gall. 68). Croûte épaisse, d'un jaune verdâtre, composée de grains globuleux, un peu velus, agglomérés. Sur les rochers ombragés.

596. L. leiphæna (Ach. Lich. 664). Croûte mince, submembraneuse, d'un blanc de lait, parsemée à son extrême circonférence, qui est déchirée, de grains pâles pulvérulents. Sur les écorces d'arbres.

597. L. sulphurea (Ehrh. Crypt. Dec. 21. n° 208). Croûte égale, d'un verdâtre glauque, devenant d'un verdâtre pâle, composée de grains très-petits, presque nus. Sur les écorces d'arbres.

Lepra.

\ 598. L. BOTRYOÏDES (DC. Fl. fr. 2. p. 522). Croûte mince, étalée, pulvérulente, verte, formée de grains comme disposés en chapelet. Sur les troncs humides des arbres,

599. L. RUBENS (Ach. Meth. 6. Syn. 351). Lichen odoratus Ach. Prod. 12. Lichen rubens Hoffm. Croûte étalée, rouge d'abord, ensuite d'un jaune cendré, composée de petits grains floconneux, comme disposés en chapelet. Sur les bois à demi-pourris et les écorces d'arbres.

600. L. CÆSIA (Achar. Lich. p. 667). Croûte mince, un peu pulvérulente, d'un noir bleuâtre cendré. Sur les pierres sablonneuses.

601. L. ANTIQUITATIS (Achar. Meth. 7). Byssus antiquitatis L. Croûte noire, très-mince, très-étalée. Sur les rochers, les murs, les statues.

APPENDIX AUX LICHÉNÉES.

27. UMBILICARIA. Hoffm. Lich. 1. fasc. 1. p. 9.
Gyrophora Ach. Lich. t. 2. Lecideæ Sp. Meyer.

Thalle membraneux, arrondi, lobé, fixé par un ombilic central, coriace-cartilagineux; scutelles non formées par le thalle, orbiculaires, sessiles, noires, bombées; à disque papillaire étant jeune, plissé en rond ou en spirale avec l'âge adulte.

Ce genre se place naturellement entre les genres Endocarpon et Peltigera. Je ne le place ici que parce qu'il avait été omis par inadvertance. Toutes les espèces en sont très-rares en Belgique et se trouvent sur les rochers; elles sont assez communes dans les Vosges, les Alpes et les Pyrénées.

602. U. PUSTULATA (Hoffm. Lich. t. 28. f. 1-2 et t. 29. f. 4). Gyrophora pustulata Ach. Thalle papillaire, cendré-verdâtre

Umbilicaria.

ou olivâtre en dessus, lacuneux, lisse, nu, fauve en dessous; apothécions peu abondants, plans, marginés.

603. U. PROBOSCIDEA (DC. Fl. fr. 2. p. 410). Gyrophora proboscidea Ach. U. corrugata Hoffm. Thalle réticulé, petit, presque monophylle, à peine lobé sur les bords, fuligineux, rugueux en dessus, pâle fauve, un peu fibrilleux, hérissé ou glabre en dessous; apothécions sessiles, plissés en spirale, concaves dans la jeunesse, devenant ensuite convexes.

604. U. DEPRESSA (Schœr. Exs. nᵒˢ 157 et 158). Thalle coriace, glauque cendré, glabre en dessus, fibrilleux, hérissé, jaunâtre brun ou noirâtre en dessous; apothécions déprimés, plissés en spirale, à bords épais, proéminents.

> VAR. β. MURINA (Flork.). U. murina DC. Fl. fr. 2. p. 412. Gyrophora murina Achar. Thalle gris de souris en dessus, glabre, finement granuleux en dessous. Trouvé près de l'abbaye de Villers par M. Kickx.

Fᶫˡᵉ IV. — HYPOXYLÉES. DC. Fl. fr. 2. p. 280.
Pyrenomycetes Fries.

Croûte ou fronde nulle; réceptacles solitaires ou agrégés, variés, enchâssés dans une base commune, compacte, charnue ou coriace (stroma), formée de cellules creuses (thèques) rangées irrégulièrement ou par séries, s'ouvrant par un pore (ostiole) ou par une fente qui perce l'épiderme, contenant des sporules fixes, cylindriques ou en massue, dans lesquelles sont des sporidies enveloppées dans une matière mucilagineuse qui s'échappe au dehors. Végétaux presque toujours noirâtres, naissant généralement sous les écorces ou sous l'épiderme des arbres et des plantes morts ou vivants, ou sur le bois dénudé, rarement sur les rochers.

Tribu I. — HYPOXYLÉES LICHÉNOÏDES.

Les deux genres qui forment cette tribu ont parfois été placés dans les lichens, parce qu'ils sont munis d'une fausse croûte qui n'est qu'un stroma tuberculeux ou verruqueux. Les périthèques s'ouvrent par un ostiole. Cette tribu est en quelque sorte le passage intermédiaire entre les lichénées et les hypoxylées.

1. VERRUCARIA. Pers. in Ust. ann. bot. st. 7. p. 22.

Verrucaria et pyrenula. Ach.

SECTION I. — *Espèces corticoles.*

605. V. GALACTITES (DC. Fl. fr. 2. p. 315). Arthonia punctiformis. Var. galactites Achar. Stroma très-mince, lisse, un peu étalé, blanchâtre; périthèques petits, un peu convexes, subarrondis, difformes; ostioles très-petits. Sur les écorces encore tendres et lisses des arbres.

606. V. EPIDERMIS (Ach. Meth. 118). Stroma très-mince, étendu, blanchâtre ou cendré; périthèques petits, convexes, subarrondis-elliptiques, plans-déprimés sur les bords, munis d'une papille très-petite, souvent déprimée au sommet. Sur l'écorce du bouleau.

    VAR. *β*. CERASI (Ach.). V. cerasi Schrad. Stroma brillant, argenté-plombé. Sur l'écorce des cerisiers.

607. V. PUNCTIFORMIS (Pers. in Ust. ann. st. 11. p. 19). V. hyloïca et V. microcarpa Fl. fr. 2. p. 315. Stroma mince, presque déterminé, lisse, quelquefois nul; périthèques petits, subglobuleux, à ostioles peu marqués, à nucleus globuleux, blanc. Sur les écorces lisses des branches d'arbres.

    VAR. *β*. ATOMARIA (Ach.). V. atomaria et V. hippocastani Fl. fr. p. 313 et 314. Stroma cendré, plombé, un peu luisant; périthèques hémisphériques-conoïdes ou globuleux, à ostioles peu apparents.

Verrucaria.

608. **V.** CINEREA (Pers. in Ust. ann. bot. st. 7. t. 5. f. b. A.). V. stigmatella Ach. Syn. 89. Stroma mince, cartilagineux-membraneux, étendu, blanchâtre; périthèques petits, hémisphériques, ramassés, presque confluents, à nucleus globuleux, cendré, à ostioles très-peu apparents. Sur les écorces lisses.

Le **V.** obscura Chev. est la même espèce qui se développe sur le chatàignier et le tremble.

VAR. β. LACTEA (Ach.). Stroma presque lisse, d'un blanc laiteux; périthèques petits, épars, plus grands, d'un blanc hyalin intérieurement. Sur l'écorce du noyer.

609. **V.** ALBA (Schrad. Spic. 107). V. gemmata et V. melaleuca Ach. Stroma étalé, mince, lisse, blanchâtre, devenant cendré; périthèques épars, hémisphériques, couverts de papilles lisses, à nucleus globuleux, hyalin. Sur les écorces d'arbres. M. Bellynck l'a trouvé près de Namur sur un néflier.

610. **V.** RHYPONTHA (Ach. Lich. univ. 282). Stroma mince, élevé, ponctué, un peu scabre, d'un noir fuligineux; périthèques très-petits, hémisphériques-conoïdes, blancs en dedans. Sur les écorces du tilleul, du frène, du hêtre, etc.

611. **V.** OLIVACEA (Pers. in Ust. ann. st. 7. t. 3. f. b. B). V. punctiformis DC. Fl. fr. 2. p. 314. V. analepta et carpinea Ach. Meth. 119. 120. Stroma mince, luisant, subolivâtre, presque limité; périthèques subsessiles, épars, hémisphériques-conoïdes ou simplement hémisphériques, à nucleus blanc. Sur les écorces lisses.

612. **V.** NITIDA (Schrad. Journ. bot. 1804. st. 1. p. 79). V. maxima Fl. fr. var. populea DC. Syn. gall. 67. Pyrenula nitida Ach. Stroma cartilagineux-membraneux, luisant, mince, d'un blanc olivâtre, marqué de lignes obscures et muni de verrues coniques entourant les périthèques; ceux-ci ont leur partie supérieure nue, rayée, puis perforée, à ostiole déprimé. Sur les écorces du hêtre, du noisettier, etc.

613. **V.** PINGUIS (West. Crypt. ined. f. 5). Pyrenula pinguis Chev. Pyrenula nitida var. minor Duf. Stroma mince, orbiculaire ou

Verrucaria.

indéterminé, cartilagineux, devenant gélatineux par l'humidité, lisse, d'un jaune brunâtre ou olivâtre ; périthèques nombreux, réunis vers le centre, petits, punctiformes, noirs, proéminents, à ostioles poriformes. Sur les troncs du hètre, du frêne, etc.

614. V. LEUCOCEPHALA (DC. Fl. fr. 5. p. 176). V leucocephala var. ß. Amphibola Ach. Pyrenothea leucocephala Fries. Cyphelium picastrum et leucocephalum Ach. Stroma cartilagineux, membraneux, fendillé-aréolé, inégal, blanchâtre ou bleuâtre, muni de verrues entourant les périthèques ; ceux-ci proéminents, globuleux, à ostiole bordé, pulvérulent, se dilatant et blanchâtre. Sur les écorces d'arbres.

SECTION II. — *Espèces saxicoles, rarement terrestres.*

615. V. RUPESTRIS (Schrad. Spic. 109. t. 2. f. 9). Stroma mince,

---

M. Leburton, professeur au collége de Notre-Dame à Tournay, vient de publier un catalogue des cryptogames qu'il a recueillies aux environs de Louvain, non comprises dans la Flore cryptogamique de M. Kickx. Il y cite quelques espèces et quelques variétés de lichénées qui m'avaient échappé et que, pour le moment, je me contente de citer :

Isidium coccodes Ach. et isidium lutescens Turn. et Borr.

Ces deux espèces sont considérées par Meyer comme des états déformés du pertusaria communis.

Parmelia venusta Ach. Meth. Imbricaria venusta DC. Fl. fr

Opegrapha betulina Ach.

Lecidea crustulina Schær.

Spiloma microphylla Var. treptophylla Schær.

Spiloma viridans Schær.

Parmelia physodes Var. tubulosa Schær.

Urceolaria calcaria Var. contorta Ach.

Calicium inquinans Var. sessile Schær.

Je profite de l'occasion pour adresser mes sincères remercîments à MM. Kickx, Westendorp, Wallais, Bellynck et Leburton, pour l'extrème obligeance qu'ils ont bien voulu mettre à m'aider dans mon travail.

Il s'est glissé dans la cinquième livraison deux fautes d'impression qu'il est urgent de rectifier.

Au lieu d'Opegrapha altra au no 484, page 129, il faut Opegrapha atra ; et au no 366, page 149, il faut lire Lecanora cupularis.

Il faut aussi supprimer entièrement la synonymie au no 583, page 154, et la reporter au no 621, page 163.

TOME II. 1

étalé, tartreux, blanchâtre ou cendré; périthèques petits, ramassés, subglobuleux, enfoncés étant jeunes et s'élevant ensuite, avec un ostiole poriforme au sommet. Sur les rochers et
les pierres calcaires.

>> VAR. A. SCHRADERI (Schær. Exs. 103). V. Schraderi.
Ach. Meth. 104. Stroma blanc ou cendré; périthèques de grandeur moyenne.

>> VAR. β. CALCISEDA (Schær. Exs. 104). V. calciseda DC.
Fl. fr. 2. p. 317. Stroma très-blanc; périthèques
petits, nombreux.

616. V. MACROSTOMA (DC. Fl. fr. 2. p. 309). Stroma assez épais,
limité par une ligne noire, rayé-aréolé, d'un brun olivâtre;
périthèques ramassés, d'abord enfoncés, s'élevant ensuite,
proéminents, parfois déprimés au centre, à nucleus blanchâtre. Sur les murs et les rochers calcaires.

617. V. MURALIS (Ach. Meth. 115.) Stroma lépreux, tartreux,
fendillé, très-mince, blanchâtre, parfois presque nul; périthèques subglobuleux, enfoncés, papillaires, à ostioles noirâtres en dedans, se dilatant, à bord effleuri. Sur les murs et les
pierres.

618. V. MUCOSA (Ach. Meth. lich. supp. 23). Stroma humide,
muqueux, gélatineux, continu, lisse, d'un verdâtre noirâtre;
périthèques petits, presque globuleux, à sommet muni d'une
papille ou d'un ostiole d'un blanc sale en dedans. Sur les
pierres aux bords des eaux.

619. V. NIGRESCENS (Pers. in Ust. ann. bot. st. 14. p. 36). Stroma
tartreux, fendillé, inégal, cendré, fauve, ou fauve noirâtre;
périthèques proéminents, coniques, assez gros, un peu luisants,
souvent percés au sommet par un ostiole. Sur les rochers et
les pierres.

620. V. DUFOUREI (DC. Fl. fr. 2. p. 318). Stroma lépreux ou tartreux, contigu, blanchâtre, bordé de noir; périthèques coni-
ques-tronqués, ombiliqués, à moitié enfoncés, à nucleus devenant lentiforme, hyalin. Sur les murs et les pierres.

2. Pertusaria. DC. Fl. fr. 2. p. 519.

Porina. Ach. Porophoræ. Sp. Meyer. Spr.

Stroma crustiforme, cartilagineux, plane, étalé, adhérent, verruqueux; plusieurs périthèques, rarement un seul dans chaque verrue; celles-ci sont formées par le stroma, immarginées, semi-globuleuses, elliptiques, déformées, discolores; ostioles perforés.

\ 621. P. communis (DC. Fl. fr. 2. p. 520). Porina pertusa Ach. Lich. t. 17. f. 1. Stroma membraneux, égal, lisse, étalé, d'un blanc cendré; verrues serrées, subglobuleuses, à plusieurs ostioles punctiformes, déprimés, noirs. Sur les troncs d'arbres.

622. P. Wulfenii (DC. Fl. fr. 2. p. 520). Porina fallax Achar. Syst. 110. Thelotrema hymenæum Ach. Meth. Lichen pertusus Wulf. Stroma un peu étalé, membraneux, glabre, plissé, rugueux, d'un cendré olivâtre ou verdâtre; verrues serrées, arrondies d'abord, ensuite difformes, anguleuses, déprimées en dessus, un peu gibbeuses, flexueuses au contour; ostioles solitaires au centre de la verrue, ou plusieurs réunis, un peu confluents, devenant ensuite dilatés, difformes, noirs. Sur les écorces d'arbres.

623. P. leioplaca (Schær. Spic. 66. exs. 119.) Porina leioplaca Ach. Lich. Stroma membraneux, très-mince, lisse, blanchâtre, devenant fendillé; verrues éparses, convexes, à un ou plusieurs ostioles arrondis, déprimés, brunâtres, à fentes irrégulières, souvent confluents. Sur les troncs d'arbres.

Plusieurs botanistes considèrent ces trois espèces comme n'étant que des formes particulières de la même espèce, et en conséquence les réunissent en une seule.

Tribu II. — Sphériacées. Fries. Syst. myc. 2. p. 318.

Réceptacles fermés, s'ouvrant par une ostiole ou une fente, remplis de thèques diffluents.

5. Xilaria. Schr. Kickx. Fl. crypt. louv. f. 107.

Réceptacles ou périthèques osseux, s'ouvrant par un pore, enchâssés dans un stroma subéreux, caulescent, simple ou rameux, dont le sommet est déprimé en plateau, renflé en massue ou comprimé.

624. X. militaris (Kickx. Fl. crypt. louv. p. 116.) Sphæria militaris Ehr. Clavaria granulosa Bull. Tige charnue, de 3 à 5 centimètres, droite, de couleur safranée à la base, renflée au sommet en une massue simple ou bifurquée, avec une seule rangée de loges ovoïdes, solitaires. Sur la terre, entre les mousses, dans les bois. Héverlé, Laeken (Brabant), Kessel (Limbourg).

625. X. digitata (Grev. Kickx. l. c.) Sphæria digitata Pers. Clavaria hypoxylon Scheff. Clavaria digitata L. Stipes réunis à la base, charnus-subéreux, glabres, d'un noir roussâtre en dehors, blancs en dedans, les parties moyennes supérieures loculifères, arrondies, avec le sommet stérile, souvent aminci; loges orbiculaires, souvent recouvertes d'une efflorescence blanchâtre qui finit par disparaître. Sur le bois mort à moitié pourri.

626. X. polymorpha (Grev. Crypt. Fl. t. 257.) Sphæria polymorpha Pers. Clavaria hybrida Bull. Tiges rameuses, de 3 à 5 centimètres, charnues-subéreuses, groupées, glabres, à rameaux de formes très-variables, souvent amincis au sommet où se trouvent les réceptacles, qui comme les précédents sont couverts d'une efflorescence blanche. En automne sur les vieilles souches.

627. X. cornuta (Schr. Kickx. l. c. f. 118). Sphæria hypoxylon Ehr. Sphæria cornuta Hoffm. Clavaria hypoxylon L. Stipes comprimés, simples ou rameux, groupés, de 5 à 8 centimètres, très-velus et noirs à la base, à sommet couvert d'une poussière blanchâtre qui tombe et laisse à nu des loges très-saillantes et sphériques, occupant le milieu de la tige qu'elles renflent en massue ou en cylindre.

Xilaria.

Cette espèce est jeune en automne et adulte au printemps; elle croit sur les vieilles souches et les pieux.

628. **X. CUPRESSIFORMIS** (Kickx. Fl. crypt. louv. p. 117.) Sphæria cupressiformis Wood. Sphæria hypoxylon β cupressiformis Fries. Sphæria aspera Fl. dan. Cette espèce a les plus grands rapports avec la précédente; elle est plus petite, simple, terminée en massue cylindrique, conique, acuminée. En automne sur les vieilles souches.

629. **X. CAPITATA** (Kickx. Rech. Fl. crypt. Fland. 2. c. p. 22.) Sphæria capitata Fries. Corynesphæra capitata Dumᵣ. Stipe charnu, d'un jaune citron intérieurement, de 3 à 5 centimètres, épais, aminci à la base, d'abord lisse et jaune, noircissant ensuite, puis devenant fibrilleux, se terminant par un capitule ovoïde-globuleux, très-obtus, d'un brun plus ou moins foncé d'abord, devenant bientôt complétement noir. Bois de Gheluvelt près d'Ypres. (M. Wallais.)

630. **X. OPHIOGLOSSOÏDES** (Grev.) Sphæria ophioglossoïdes Ehr. Fries. Sphæria radicosa DC. Clavaria radicosa Bull. Espèce grêle, claviforme, charnue, d'un jaune verdâtre à l'intérieur et souvent creuse; stipe d'un jaune sale, devenant noirâtre, s'amincissant de haut en bas, donnant naissance à une racine longue et flexueuse; capitule oblong, d'abord noirâtre, puis noir. Sur les vieilles souches dans les bois des Flandres.

631. **X. CARPOPHILA** (West et Vh. Cat. crypt. nᵒ 57.) X. flexuosa Schr. Sphæria carpophila Pers. Xylosphæra carpophila Dumᵣ. Espèce solitaire, subéreuse, grêle, simple, quelquefois assez longue, flexueuse, un peu velue, à massue d'abord blanche, pruineuse, devenant noirâtre, nue, tuberculeuse. Sur les fruits du hêtre tombés dans les endroits humides.

632. **X. TENUIS** (Nob.). Stipe coriace, noirâtre, souvent velu, haut de 12 à 15 millimètres, se divisant en rameaux dressés, minces, grêles, arrondis, longs de 2 à 5 centimètres, se terminant en pointes aiguës, couverts d'une poussière blanche sur l'extrème pointe; réceptacles peu nombreux, très-petits. Sur des vieux bouts de bois dans les serres du Jardin Botanique de Bruxelles.

Xilaria

633. X. CLAVATA (Nob.). Stipes assez minces formant des gazons, longs de 1 à 3 centimètres, charnus, devenant noirs et coriaces, terminés par une massue longue de 2 à 6 millimètres, large de 2 à 3, arrondie, obtuse aux deux bouts ou un peu acuminée au sommet; réceptacles plus marqués que dans l'espèce précédente. Sur de vieux bois pourris à Ever (Brabant).

634. X. RHYZOPHILA. (Nob.). Espèce petite, haute de 6 à 10 millimètres, arrondie, subquadrangulaire, sillonnée longitudinalement, noirâtre, droite ou courbée, légèrement renflée à l'extrémité, qui est couverte d'une poussière blanchâtre. Je ne l'ai trouvée qu'une fois sur la racine en putréfaction de l'arrenanthera precatoria.

4. PORONIA. Willd. Fries.

Stroma marginé, cupuliforme, ouvert, stipité; réceptacles ovales, périphériques, réunis sur la cupule; ostioles proéminents.

635. P. PUNCTATA (Fries). Xilaria punctata Kickx. Fl. crypt. louv. p. 116. Sphæria poronia Pers. Peziza punctata L. Sphæria truncata Bolt. Espèce d'un brun noirâtre, charnue, coriace, haute de 8 à 15 millimètres, évasée en disque orbiculaire, flexueux, d'un blanc jaunâtre en dessus, d'abord concave, puis plan, contenant les réceptacles qui sont noirs, ovoïdes, devenant proéminents, et contenant une gélatine liquide. Dans les prairies, sur les crottins du cheval.

5. HYPOXYLON. Bull. Champ.

Réceptacles coriaces, agrégés, sur ou dedans un stroma plan, compacte, s'ouvrant par un ostiole plus ou moins relevé.

656. H. FRAGIFORME (Pers. Syn. 9. t. 1. f. 1. 2. 3. Sphæria). Hy-

Hypoxylon.

poxylon coccineum Bull. Sphæria lateritia DC. Tubercules globuleux, gros ordinairement comme un pois, charnus, d'un jaune sale effleuri étant jeunes, devenant ensuite d'un rouge noirâtre, et enfin d'un noir ferrugineux, d'un noir luisant en dedans; loges ovoïdes, assez rapprochées, quelquefois saillantes. Sur l'écorce des arbres morts, surtout sur le hêtre et le marronnier.

La sphæria lateritia DC. n'est, suivant Fries, que cette espèce dans la jeunesse.

657. H. ARGILLACEUM (Kickx. Fl. crypt. louv.). Sphæria argillacea Fries non Pers. Cette sphérie est presque globuleuse, argilacée, un peu pulvérulente, brunâtre, d'un noir brunâtre en dedans; réceptacles globuleux, proéminents, se faisant jour à travers les débris de l'épiderme. Sur le tronc des arbres morts.

638. H. GLOMERULATUM (Bull. Champ. t. 468. f. 5.) Sphæria fusca Pers. Sph. glomerulata et S. coryli DC. Fl. fr. Sph. tuberculosa Bolt. Espèce orbiculaire, convexe, superficielle, souvent confluente de manière à former des plaques brunes en dedans et au dehors, larges de 4 à 6 millimètres; loges petites, globuleuses, noires, un peu enfoncées; ostioles peu saillants, ombiliqués. Sur les écorces des arbres morts.

659. H. GRANULOSUM (Bull. Champ. t. 487. f. 2.) Sphæria granulata Sow. Sph. argillacea Pers. Sph. peltata Fl. fr. Sph. rubiformis Pers. Ann. bot. Sph. multiformis Fries Obs. Cette sphérie est grande, difforme, d'abord rugueuse, d'un brun rouillé, ensuite noire, nue, d'un noir cendré en dedans; réceptacles subglobuleux, devenant proéminents, couverts de papilles. Sur les troncs et les rameaux des arbres morts.

640. H. LATUM (West. Cat. crypt. n° 48.) Sphæria lata Pers. Sphæria papillata Hoffm. Espèce variable, largement étalée, souvent large de 7 à 10 centimètres, émergée, continue, inégale; réceptacles rapprochés par ligne, immergés, couverts par un stroma mince, noir; ostioles coniques, proéminents. Sur les rameaux morts dans les bois.

Hypoxylon.

\ **641. H. serpens** (Nob.). Sphæria serpens Pers. Sph. mammœformis Hoffm. Cette espèce est étalée, mince, plane; occupant quelquefois des espaces de 5 à 8 centimètres où elle serpente en séries allongées; dans la jeunesse elle est velue, cendrée, pruineuse, ensuite elle est nue, noire et rugueuse; réceptacles presque globuleux, proéminents, couverts de papilles. Dans le creux de vieux saules. Je l'ai trouvée près de Maestricht.

\ **642. H. ustulatum** (Bull. Champ. t. 487. f. 1.) Sphæria deusta Hoffm. Sph. maxima Bolt. Croûte épaisse, large de 5 à 6 centimètres, oblongue, ondulée, rugueuse, d'abord charnue, tendre, d'un blanc cendré, pulvérulente, devenant ensuite noire-brunâtre et enfin tout à fait noire; loges grandes, ovoïdes, éparses, plongées dans le stroma, se terminant par un col court et un ostiole un peu saillant. Cette sphérie est très-friable et est commune sur les vieilles écorces.

643. H. nummularia (Bull. Champ. t. 468. f. 4). Sphæria nummularia DC. Fl. fr. Sph. diffusa Sow. Croûte large de 1 à 5 centimètres, épaisse de 2 millimètres, orbiculaire ou longitudinalement étalée, très-plane, soulevant et détruisant l'épiderme, noire en dedans et en dehors, gélatineuse étant humide, se réduisant en poussière noire par la sécheresse; réceptacles rapprochés, grands, immergés, ovoïdes, à ostioles globuleux, proéminents. Sur les troncs et les rameaux morts.

644. H. bullatum (West. et Vh. Cat. crypt. n° 53.) Sphæria bullata Ehrh. Sph. depressa Bolt. Cette sphérie naît sous l'épiderme qu'elle finit par détruire; elle est limitée, orbiculaire, ovale, de 4 à 8 millimètres de largeur, convexe, déprimée sur les bords, blanche en dedans, noire en dehors; réceptacles globuleux, percés par des ostioles peu prononcés. Elle forme des groupes nombreux et envahit les écorces mortes des branches du saule blanc, etc.

645. H. undulatum (Nob.). Sphæria undulata Pers. Stromatosphæria undulata Grev. Sphérie étalée, nue, un peu épaisse, ondulée, rugueuse, noire en dehors, blanchâtre en dedans; le stroma a 4 à 6 centimètres de large et 2 à 4 millimètres

Hypoxylon.

d'épaisseur; ostioles subarrondis, saillants. Sur les rameaux morts du noisetier dans les Ardennes.

646. H. OPERCULATUM (Bull. Champ. t. 478. f. 2.) Sphæria stigma Hoffm. Cette sphérie forme de larges plaques étendues sur les branches et en détruit l'épiderme. Ces plaques, blanches ou un peu incarnates dans la jeunesse, deviennent ensuite brunâtres et enfin noires, nues et fendillées; elles offrent beaucoup de dépressions punctiformes auxquelles viennent aboutir les ostioles, qui sont immergés et planiuscules. Commune sur les branches et les rameaux morts.

VAR. β. UNDULATUM (Pers.). Stroma ondulé; ostioles arrondis, formant de petites saillies à sa surface.

VAR. γ. DECORTICATUM (Pers.). Sph. decorticata Fl. fr. Sph. decorticans Sow. Stroma un peu épais; ostioles convexes, saillants.

647. H. DISCIFORME (Nob.). Sphæria disciformis Hoffm. Stromatosphæria disciformis Grev. Variolaria punctata Bull. Champ. p. 185. Espèce orbiculaire, étalée, plane, lisse, de couleur incarnate dans la jeunesse et devenant plus tard d'un noir brunâtre, à bords coupés droits et entourés des débris de l'épiderme; loges ovoïdes, assez petites, atténuées en un col mince, saillant; ostioles punctiformes, distants. Sur les rameaux morts du hêtre.

648. H. FLAVO-VIRENS (Kickx. Fl. crypt. louv. p. 115.) Sphæria flavo-virens Hoffm. Crystosphæria aurantiaca Grev. Discosphæra flavo-virens Dum. Stroma orbiculaire ou largement confluent (2 à 5 centimètres), inégal, rugueux, d'abord jaune, puis d'un jaune verdâtre, et enfin olive-noirâtre, pulvérulent au dehors, d'un jaune verdâtre en dedans; loges globuleuses, à col court, à ostioles punctiformes, proéminents. Sur le bois et les écorces des arbres morts.

649. H. CONFLUENS (West. Descr. de quelq. crypt. Fl. n° 11.) Sphæria uda var. salicaria Pers. Sph. albicans var. confluens Pers. Tubercules subarrondis, de 2 à 4 millimètres, inégaux, noirs, écartés ou rapprochés, à ostioles arrondis, un peu

proéminents, mamelonnés. Dans les creux des vieux saules.

650. H. UDUM (Nob.). Sphæria uda Pers. Sph. lineata DC. Espèce difforme, peu étendue, subelliptique, noire, limitée par une ligne noire qui circonscrit le stroma ; réceptacles subovoïdes, très-séparés, réunis seulement à la base, à ostioles obtus, inégaux. Sur les écorces des chênes et des hêtres morts dans les endroits humides. Dans les Ardennes et le Luxembourg.

651. H. VERRUCÆFORME (Nob.). Sphæria verrucæformis Ehr. Cette sphérie est anguleuse, convexe, rugueuse, noire en dedans et en dehors, circonscrite à la base ; réceptacles ovoïdes à col court, à ostioles un peu latents. Sur les rameaux morts du noisetier, du charme, du hêtre, etc. Je l'ai trouvée sur le charme près de Bruxelles.

652. H. SCABROSUM (Bull. Champ. t. 468. f. 5). Sphæria tuberculata Sch. Sph. scabrosa DC. Fl. fr. Stroma large, superficiel, d'abord d'un jaune ferrugineux, ensuite fendillé, d'un noir opaque et tuberculé dans la vieillesse ; réceptacles globuleux, petits, un peu enfoncés, souvent soudés à la base, à col court, faisant saillie sur le stroma, à ostioles lisses et obtus. Sur les arbres morts à bois dur, principalement sur le chêne. Provinces de Namur et de Liége.

653. H. QUERCINUM (Kickx. Fl. crypt. louv. f. 114). Sphæria quercina Pers. Ascochyta quercina Lib. Sphérie sous forme de boutons orbiculaires, larges de 2 à 4 millimètres, un peu charnus, d'abord d'un fuligineux pâle, devenant ensuite noirâtres, concolores en dedans ; réceptacles rapprochés, ovoïdes, terminés par des ostioles quadrangulaires, d'abord cachés dans le stroma, puis s'allongeant en un bec d'un millimètre de longueur. Sur les rameaux du chêne.

654. H. CINCTUM (Nob.). Sphæria cincta DC. Fl. fr. Sphæria lancifolia Fries. Sphæria foraminosa Pers. Cette espèce se développe dans l'intérieur de l'écorce et ouvre l'épiderme en fente allongée transversalement, large au milieu, aiguë aux deux extrémités. Elle est convexe, noire au dehors, d'un cendré noirâtre au dedans, et contient cinq à six réceptacles petits, globuleux,

Hypoxylon.

terminés par des ostioles arrondis, d'abord immergés , puis saillants. Sur l'écorce des bouleaux. Trouvée à Tervueren.

655. H. CERATOSPERMUM (Kickx. Fl. crypt. louv. p. 115). Sphæria ceratosperma Tode. Espèce rompant l'épiderme en fissure ou en étoile, large de 3 à 4 millimètres, subarrondie, convexe, opaque, d'un noir sordide au dehors, d'un blanc brunâtre au dedans; réceptacles globuleux, irrégulièrement enfoncés, à cols longs; ostioles spinulés , rapprochés, droits, scabres. Sur les rameaux du chêne.

656. H. TURGIDUM (West. Not. nouv. p. 9). Sphæria turgida. Pers. —Obs. Sph. faginea Pers. Syn. Pustules hémisphériques , proéminentes; réceptacles globuleux, un peu dressés, gonflés, assez gros; ostioles d'abord convergents vers un disque arrondi, punctiformes, très-petits, d'un brun noirâtre, devenant convexes, ombiliqués. Sur les rameaux secs du hêtre,

657. H. AMBIENS (West. et Vh. Cat. crypt. n° 50). Sphæria ambiens Pers. Sphæria calvula Wahl. Sphæria mixta Schum. Réceptacles enfoncés dans l'écorce, disposés en cercle, astomes, atténués au collet; ostioles obtus , presque globuleux, lisses, d'abord papillaires, ensuite rapprochés, formant comme un disque d'un blanc grisâtre, plus tard se ceignant de noir. Sur les écorces du frêne, de l'aubépine et du hêtre,

658. H. CHRYSITES (West. Herb. cr. belg. n° 365). Tubercules arrondis, très-saillants, comme étranglés à la base, formés de dix à douze réceptacles d'un jaune doré, arrondis ou pyriformes, rugueux, furfuracés ; ostioles papilliformes , peu saillants, remplacés après leur chute par une excavation. Sur le frêne, dans les Flandres.

659. H. GASTRINUM. (West. l. c. n° 266). Sphæria gastrina Fries. Sphæria irregularis Sow. Tubercules orbiculaires , formant des coussinets, larges de 4 à 5 millimètres, enfoncés dans l'écorce, adnés étant jeunes, devenant libres ensuite en ouvrant l'épiderme par un pore peu apparent; réceptacles très-nombreux, variés, munis d'un col. Sur les troncs de l'orme, du charme, etc.

Hypoxylon.

\ **660. H. IRREGULARE** (West. et Vh. Cat. crypt. n° 42.) Sphæria
anomia Fries. Sph. torquata Pers. Espèce à subiculum largement pénétrant dans le bois, d'un cendré noirâtre; tubercules
convexes, difformes, rugueux, noirs, souvent confluents; réceptacles peu nombreux, grands, ovoïdes, dressés, à ostioles
d'abord peu apparents, devenant ensuite grands, lisses, écartés. Sur les rameaux morts du robinia pseudo-acacia.

661. H. SALICINUM (West. et Vh. Cat. crypt. n° 52.) Sphæria
salicina Pers. Espèce pustuleuse, à réceptacles distincts, menus, globuleux, souvent disposés en cercles, formant un disque
au centre de la pustule par la jonction de leurs cols; ce disque
est d'abord fuligineux, ensuite blanchâtre, percé d'un pore;
ostioles petits, globuleux, luisants, se montrant plus tard. Sur
les rameaux du saule.

662. H. LABURNI (West. et Vh. Cat. crypt. n° 47.) Sphæria laburni
Pers. Ephedrosphæra laburni Dum^r. Espèce agrégée, noire,
souvent confluente, ceinte des débris de l'épiderme rompu;
stroma un peu compacte; réceptacles globuleux, rugueux,
noirs, à ostioles très-petits. Sur les rameaux morts du cytisus
laburnum.

663. H. SPICULOSUM (West. Crypt. ined. f. 6.) Sphæria spiculosa
Pers. Trichosphæria spiculosa Dum^r. Stroma peu apparent,
formant sous l'écorce des taches pulvérulentes, interrompues,
noires; réceptacles enfoncés entre les fibres ligneuses, globuleux, épars ou agrégés; ostioles très-longs, grêles, presque
égaux, perçant l'écorce et se montrant au dehors sous forme de
petites papilles noires. Trouvé sur un sureau près d'Ypres par
MM. Westendorp et Wallais.

664. H. CINNABARINUM (West. et Vh. Cat. crypt. f. 4.) Sphæria
cinnabarina Fries. Syst. myc. 2. p. 412. Réceptacles agrégés,
globuleux, d'abord d'un rouge-cinabre, devenant ensuite brunâtres; ostioles papilliformes. Sur le bois mort.

\ **665. H. NIVEUM** (West. et Vh. l. c.) Sphæria nivea Hoffm. Cr. 1.
t. 6. f. 3. Stroma conique, blanc, devenant cendré; réceptacles
fortement inclus dans le conceptacle; réceptacles sphériques,

Hypoxyln

enfoncés, à col noir, très-menu, terminé par 8-10 ostioles, à peine proéminents, à disque tronqué, farineux. Sur les écorces d'arbres, principalement sur le peuplier.

666. H. MELOGRAMMUM (Kickx Rech. crypt. Fl. Fl. 1. f. 18.) Sphæria melogramma Pers. Tubercules disposés en séries longitudinales et parallèles, noirs, arrondis, orbiculaires ou subconiques, légèrement aplatis au sommet, rendus comme granuleux par la présence des ostioles; sporidies multiloculaires, à cloisons transversales. Sur l'écorce du hêtre et du charme.

667. H. BERBERIDIS (Kickx. l. c.). Sphæria berberidis Pers. Réceptacles globuleux, grands, astomes, souvent en fentes, rougeâtres dans la jeunesse, puis roux bruns, et enfin noirs, rompant l'épiderme par groupes plus ou moins allongés. Sur les branches mortes de l'épine-vinette. Marche-les-Dames (Namur), Kessel (Limbourg), Courtray (Flandre).

668. H. COCCINEUM (Kickx. l. c. f. 19). Sphæria coccinea Tode. Réceptacles d'un beau rouge, lisses, d'abord ovales, puis s'affaissant au sommet, réunis en groupe sur un stroma tuberculeux, charnu, jaunâtre; ostioles papilliformes. Sur les rameaux morts du cytisus laburnum L.

669. H. CUPULARE (Kickx. Fl. crypt. louv. p. 114). Sphæria cupularis Pers. Sphæria cucurbitula Var. nigrescens Tode. Sphæria pruni Schum. Cyathisphæra cupularis Dum. Espèce agrégée, rompant l'épiderme, un peu irrégulière; stroma mince, noir; réceptacles globuleux, rugueux, astomes, noirs, se creusant en coupe. Trouvée à Courtray sur des pieux de peuplier.

670. H. RIBIS (Kickx. Fl. crypt. louv. p. 113). Sphæria ribis Tode. Sphæria appendiculata Pers. Cette sphérie est agrégée, subarrondie, rompant transversalement l'épiderme; stroma compacte, jaunâtre inférieurement, rougeâtre au-dessus; réceptacles un peu globuleux, lisses, d'abord d'un rouge pourpré, ensuite brunâtre, remplis d'une matière céracée. Sur les branches mortes du groseillier rouge.

Hypoxylon.

\ 671. H. COHÆRENS (West. Cat. crypt. n° 54). Sphæria cohærens Pers. Espèce superficielle, rompant l'écorce, convexe, un peu plane, d'abord lisse, d'un brun sale, ensuite noirâtre au dedans et au dehors; réceptacles devenant proéminents, papillés. Sur le bois sec, principalement sur celui du hêtre.

672. H. VELUTINUM (West. H. C. B. n° 475). Sphæria velutina Wallr. Réceptacles globuleux, noirs, rapprochés-épars, rayés, ensuite atténués subitement en un col court; stroma compacte, noir, crustacé, couvert d'un léger duvet brunâtre, étalé; ostioles sphériques, un peu rugueux, percés, proéminents. Trouvé à Menin par M. Westendorp.

673. H. FAVACEUM (Nob.). Sphæria favacea Fries Obs. myc. 2. t. 5. f. 5. Sph. betuligna Chev. Espèce difforme, tantôt orbiculaire, tantôt confluente, d'un jaunâtre pâle étant jeune, devenant ensuite noire; réceptacles oblongs-ovalaires, amples, à base subconique, à col court, couvert d'un stroma mince, blanchâtre; ostioles proéminents, convexes, subarrondis. Sur le bois du bouleau mort. Bouillon (Luxembourg), Couvin (Namur).

674. H. AQUIFOLII (Nob.). Sphæria aquifolii Fries. Réceptacles très-rapprochés, brunâtres, lisses, mous, globuleux, devenant plans au sommet et prenant la forme d'un cône renversé. Jolie espèce naissant sous l'épiderme qu'elle rompt et qui l'entoure de ses débris. Sur les rameaux morts du houx. Environs de Dinant et dans les Ardennes.

675. H. GLOBULARE (Bull. Champ. t. 487. f. 2). Sphæria mammæformis Pers. Sph. papillosa Sow. Sphæria byssiseda Var. γ Fl. fr. Réceptacles grands, noirs, sphériques, épars ou rapprochés, quelquefois confluents, munis d'un ostiole mamelonné. Sur les écorces et les bois morts.

676. H. MILIACEUM (Bull. Champ. t. 444. f. 5?). Sph. spermoïdes Hoffm. Sph. globularia Batsch. Réceptacles globuleux, chagrinés, noirs, gros comme des grains de moutarde, en groupes serrés, ne s'affaissant pas étant secs, mais devenant très-fragiles; ostioles mamelonnés, peu apparents, contenant

une matière blanchâtre. Sur les vieilles souches pourries.
Trouvé à Auderghem (Brabant).

677. H. PHÆNICEUM (Bull. Champ. 1. 457. f. 5). Sphæria sannea Sibth. Espèce éparse, molle, très-petite et très-glabre; réceptacles ovales, lisses, d'un rouge de sang. Sur les bois dénudé
et dans les vieux saules.

678. H. KICKXII (West. Nouv. not. p. 9). Pustules petites, arrondies, déprimées au centre, couvertes par l'épiderme, formées
par la réunion de 5 à 6 réceptacles noirs, très-petits, cellulo-
membraneux, pyriformes, disposés en cercle, pourvus de cols
courts qui se réunissent pour former un ostiole, unique, noir,
punctiforme, luisant, perçant l'épiderme; thèques en massue,
courts, gros, à double membrane, contenant 4 sporidies; sporules nombreuses, globuleuses, transparentes. Sur les branches et les rameaux morts du Platanus orientalis, à Courtray.

679. H. MULTIFORME (West. Nouv. not. p. 9). Sphæria multiformis Fries. Syst. myc. Espèce difforme, d'abord rugueuse,
d'un brun rouillé, ensuite nue, noire, d'un noir cendré en
dedans; réceptacles subglobuleux, devenant proéminents, papillaires. Sur les troncs d'arbres, principalement sur le bouleau.

6. SPHAERIA. Hall. hist. 111. p. 120.

Réceptacles arrondis, solitaires ou réunis dans une base
commune ou stroma charnu ou coriace, percés d'un pore
ou ostiole d'où s'échappe un matière visqueuse, noirâtre
ou blanchâtre (*nucleus*), contenant des thèques allongés
qui renferment des sporidies simples ou cloisonnées.

SECTION I. — *Espèces croissant sur les écorces ou sur le bois
denudé.*

680. S. PRUNASTRI (Pers. Syn. 37.) Sphérie lentiforme perçant
l'épiderme transversalement, dans la jeunesse, elle est couverte par l'écorce, alors le stroma est circonscrit; plus tard,
elle devient libre et d'un cendré noirâtre; réceptacles nom-

breux, agrégés ; ostioles allongés, tétra ou hexagones, striés, subdivergents. Sur les rameaux morts du prunier et du cerisier.

681. S. STELLULATA (Fries. Syst. myc. 2. n° 380). Sphérie subarrondie, à stroma blanc, circonscrit ; réceptacles petits, globuleux ; ostioles d'abord punctiformes, lisses, ensuite ovales, globuleux, courts, à 4 ou 6 angles radiés. Sur les rameaux morts de l'orme.

682. S. SORBI (Schmidt. Myc. heft. 1. p. 59.) Sphæria coronata Wahl. Sph. pentagona Fries in Vet. act. Holm. 1847. Sphérie subarrondie, noirâtre ; réceptacles nombreux, globuleux, entourés d'un stroma blanc ; ostioles longs, stipités, striés-anguleux, joints en un cylindre épais, à sommet ombiliqué. Elle a 2 à 8 millimètres de largeur. Sur les rameaux morts du sorbier.

683. S. ENTEROLEUCA (Frics. Syst. myc. 2. p. 381.) Sph. ceratosperma DC. Variolaria ceratosperma Bull. Champ. t. 432. Sphérie noire à peu près de la grosseur d'un pois, faisant saillie sous l'épiderme qu'elle perce ensuite, blanche intérieument ; réceptacles petits, subglobuleux, nombreux ; ostioles libres, cylindriques, prolongés quelquefois en bec au-dessus du stroma. Sur les rameaux morts, surtout sur ceux du chêne.

684. S. SYNGENESIA (Frics. Obs. 2. t. 7. f. 1). Cette sphérie est conique, libre, adhérente à la base, d'un cendré noirâtre ; réceptacles au nombre de 3 à 5, globuleux, enfoncés ; ostioles saillants, réunis, ridés, caducs. Sur les rameaux morts du rhamnus frangula à Andennes (Namur), Slenaken (Limbourg).

685. S. FIBROSA (Pers. Syn. 40. t. 2. f. 3. 4). Espèce coniquedéprimée, à subiculum largement étalé, noir, subcortical ; stroma fibreux, circonscrit, à ostioles rapprochés, un peu arrondis, lisses, devenant ombiliqués, confluents, formant un disque noir, perçant l'épiderme et le rendant pâle autour d'eux. Sur les écorces de prunier.

686. S. LEUCOSTOMA (Pers. Syn. 59.) Sph. marginata Sow. Cette sphérie a beaucoup de rapports avec la précédente ; elle est pustuliforme, subconique ; le stroma est de la couleur de

l'écorce, et le disque, au lieu d'avoir des ostioles saillants, est percé de quelques pores qui sont les sommets des cols. Sur les cerisiers et les pruniers.

687. S. MELANOSPERMA (Fries. Syst. myc. 2. p. 389.) Sphérie elliptique, très-noire; réceptacles peu agrégés, un peu dressés, ovales, inclus dans un stroma propre, pulvérulent, d'un noir fuligineux olivâtre; le disque après la rupture de l'épiderme est petit, noir, rugueux; ostioles épars et un peu saillants. Sur les vieilles écorces de bouleau.

688. S. RADULA (Pers. Syn. 57.) Cette espèce paraît sous la forme de boutons arrondis ou elliptiques, logés par la base dans l'écorce; le disque débarrassé de l'épiderme est tronqué, blanchâtre; les réceptacles sont petits, ramassés dans le centre du disque; leurs ostioles sont un peu saillants, inégaux, subarrondis, scabres. Sur les rameaux du chêne.

VAR. *β*. TALEOLA (Duby). Sph. taleola Fries. Syst. myc. 2. p. 391. Ostioles punctiformes, lisses, enfoncés.

689. S. TESSELLA (Pers. Syn. 48.) Stroma cortical, circonscrit par une ligne noire, orbiculaire ou irrégulière; loges assez petites, sphériques, irrégulièrement rapprochées en cercles et peu profondément enfoncées dans l'écorce; ostioles convexes et luisants étant jeunes, ensuite ombiliqués, disposés en lignes concentriques ou parallèles, ou bien en quinconce d'une manière assez régulière. Sur les rameaux du saule et du frêne. C'est sur ce dernier que je l'ai trouvée aux environs de Bruxelles. Sur le saule à Ypres, Namur, etc.

690. S. DISSEPTA (Fries. in Vet. ac. handt. 1817. p. 102.) Stroma cortical circonscrit irrégulièrement; réceptacles épars, évasés, amples, nichés dans l'intérieur de l'écorce, rarement solitaires, disposés quelquefois en cercle, plus souvent agrégés; ostioles rarement solitaires, réunis dans un disque inégal, homogène. Sur les rameaux secs de différents arbres, mais principalement sur ceux de l'orme.

691. S. CILIATA (Pers. Obs. myc. 2. t. 5. f. 5). Sphérie pustuleuse, subarrondie; réceptacles disposés presque en cercle,

ovoïdes, convergents; ostioles très-minces, de 2-4 millimètres, en forme de cils, aigus, divariqués, un peu flasques. Sur les écorces de l'orme, de l'aune, etc. Elle fructifie l'hiver.

692. S. TORTUOSA (Fries. Syst. myc. 2. p. 395). Sphérie pustuleuse; réceptacles disposés en cercle dans l'écorce intérieure, globuleux, rapprochés, agrégés; ostioles convergents dans la pustule, s'ouvrant en fascicules subcylindriques, égaux, obtus, un peu noueux. Sur le ligneux de l'écorce des arbres.

693. S. CORONATA (Hoffm. Cr. 1. t. 5. f. 2). Sphérie en forme de pustules orbiculaires, nichées dans l'intérieur de l'écorce, couvertes par l'épiderme; réceptacles un peu difformes, disposés en cercle; ostioles d'abord globuleux, rapprochés en disque, lisses, obtus, puis s'allongeant et divergeant de manière à figurer une espèce de couronne. Sur les écorces du cornouiller, de l'alizier, du bouleau, etc. Je l'ai trouvée sur le dernier arbre près d'Evrehailles (Namur).

694. S. DECORTICANS (Fries. in. Vet. ac. Handl. 1817. p. 95). Sphérie pustuleuse, orbiculaire, déprimée, ayant 2 millimètres, dépourvue de stroma, se formant dans l'intérieur de l'écorce qu'elle perce; les pustules sont petites, noires, à col divergent, allongé, cylindrique; ostioles petits, serrés, luisants, globuleux, ombiliqués. Sur les rameaux morts du chêne.

695. S. PINI (Alb. et Schw. p. 20 t. 8. f. 1). Sphérie sous forme de pustules orbiculaires, proéminentes, convexes; réceptacles très-abondants, ovoïdes, exigus, à col convergent, couverts d'un stroma jaunâtre; ostioles subglobuleux, obtus, lisses, d'abord en mamelons extrêmement petits, puis percés sur un disque plan. Les pustules sont quelquefois confluentes, couvertes par l'épiderme devenu gris-cendré, couronnées par le sommet cylindrique et très-court des ostioles. Sur l'écorce du pinus sylvestris. Elle n'est pas rare dans la Campine.

696. S. LEIPHÆMIA (Fries. in. Vet. ac. Handl. 1817. p. 96). Valsa Leiphæmia Kx. Cette sphérie forme sur les écorces des

Sphæria.

boutons saillants, au sommet desquels on voit un disque plan, inégal, d'un blanc sale et jaunâtre, formé par le stroma; réceptacles globuleux, petits, agrégés, centraux; ostioles épars, ovoïdes, ensuite un peu arrondis, faisant saillie sur le disque. Sur les écorces, principalement sur celles du chêne.

697. S. PITHYOPHILA (Schm. et Kunze Exs. n° 135). Espèce noire, rompant l'épiderme, innée; stroma mince, crustacé, brun; réceptacles rapprochés, lisses, opaques, rarement confluents, d'abord globuleux, remplis d'une matière blanchâtre, se perçant ensuite, se vidant et devenant concaves. Sur les troncs et les rameaux encore vivants du Pinus sylvestris, Trouvée près de Peer (Limbourg).

698. S. TESSERA (Fries. Syst. myc. 2. p. 405). Espèce enfoncée, à réceptacles agrégés, globuleux, disposés en cercles irréguliers, recouverts par l'écorce et qui, la perçant, se montrent sous la forme d'un disque plan; ostioles épars, saillants. Sur les écorces du noisetier.

699. S. PULCHELLA (Pers. Syn. 45). Cette sphérie est d'un brun noirâtre, à réceptacles globuleux, couchés; ostioles très-longs, flexueux, obtus, convergents, à sommet d'abord réunis, puis disjoints. Sur l'écorce du cerisier.

700. S. QUATERNATA (Pers. Obs. 1. p. 84). Espèce disposée en cercle, à réceptacles souvent réunis par quatre, nus, ovales; ostioles perçant l'épiderme, mais non proéminents, courts, obtus, tuberculeux. Sur les branches mortes, principalement sur celles du hêtre.

701. S. CARPINI (Pers. Syn. 2. p. 59). Réceptacles disposés en cercles, stipités, nombreux, bordés par une ligne noire et mince; ostioles fendant l'épiderme en étoile, libres entre eux, d'abord un peu papillaires, puis ombiliqués. Sur les rameaux morts du charme.

702. S. CUCURBITULA (Tod. Meck. 58. t. 14. f. 110). Cette sphérie a assez de rapport avec la coccinea par ses réceptacles d'un beau rouge orangé, cupuliformes, mais ils s'ouvrent par des

Sphæria.

fissures et sont privés d'ostioles. Sur les écorces de plusieurs espèces d'arbres.

703. S. ACERVATA (Fries. Syst. myc. 2. p. 416). Stroma nul; réceptacles rompant l'épiderme par groupes, turbinés, assez lisses, noirs, privés d'ostioles, cupuliformes en se fendant. Sur les écorces du pommier.

704. S. FULIGINOSA (Pers. Obs. 2. p. 68). Espèce peu étalée, rompant l'épiderme, à stroma propre, noir, très-mince; réceptacles inégaux, tantôt séparés, tantôt confluents, d'un noir fuligineux, remplis de globules et privés d'ostioles. Sur les rameaux morts du faux acacia. Geronsart (Namur), Hal (Brabant).

705. S. ACINOSA (Fries. Syst. myc. 2. p. 422). Espèce très-largement étalée, paraissant noire et interrompue quand elle se dégage de l'épiderme; réceptacles globuleux, confluents, formant une espèce de croûte scabre, irrégulière, très-noire; ostioles cachés. Sur les écorces épaisses du tilleul et de l'orme. Weert (Limbourg), Fosse (Namur).

706. S. DOTHIDEA (Moug. in Fries. Syst. myc. 2. p. 423). Espèce de tumeurs larges de 4 à 6 millimètres, subarrondies, rompant l'épiderme par fentes flexueuses; stroma d'un brun noirâtre, tuberculeux, un peu proéminent; réceptacles à col nul, un peu enfoncés, devenant libres et confluents. Sur les rameaux tombés du frêne.

> VAR. β. ROSÆ (Fries). Xyloma rosæ DC. Phlæoscoria umbonata Wallr. Pustules souvent confluentes d'un gris noirâtre, blanches ou noires en dedans. Sur les rameaux des rosiers.

707. S. SPARTII (Nees. in Kunze. deutsch. Sch. 8. n° 178). Sphérie noire, à stroma étalé, couvert; réceptacles ovales, agrégés, confluents, remplis d'une matière blanchâtre et se vidant ensuite; ostioles tronqués, obtus, et ouverts par un pore. Sur les rameaux morts du genêt à balais. Forest (Brabant).

> VAR. β. ULICIS (Nob.). Réceptacles rangés par séries parallèles. Sur les rameaux morts de l'ulex europæus.

Sphæria.

708. S. SORDARIA (Fries. Syst. myc. p. 458). Sphérie agrégée, souvent disposée en séries, noire, subémergée, à réceptacles petits, globuleux, opaques, mous, déhiscents, ceints par les fibrilles du bois blanchies, assez rugueux; ostioles peu apparents. Sur le bois du peuplier. Waulsort près Dinant.

709. S. AURANTIA (Pers. Syn. 68). Crystosphæria aurantia Grev. Réceptacles petits, agrégés, globuleux-ovoïdes, à papilles d'un rose-sanguin, enfoncés dans un subiculum tomenteux, orange; ostioles obtus, courts, épais. Sur le bois et les champignons en putréfaction.

710. S. OVINA (Pers. Syn. 71). Sph. mucida *a* et *β* Tode. Sph. lichenoïdes Sow. Réceptacles épars, globuleux ou ovoïdes, libres, couverts d'un duvet blanc assez serré, avec la base nue; ostioles papillaires, noirâtres. Sur les troncs d'arbres dénudés d'écorce.

711. S. STRIGOSA (Alb. et Schw. p. 57. t. 5. f. 7). Réceptacles agrégés, très-serrés les uns contre les autres, globuleux ou ovoïdes, couverts de poils longs, rigides, blanchâtres, serrés. Sur les troncs des pins et des sapins. Dans la Campine et dans les Ardennes.

712. S. HIRSUTA (DC. Fl. fr. 5. p. 159). Réceptacles serrés, subglobuleux, ovoïdes, tuberculeux, noirs, à poils épars, concolores; ostioles peu apparents. Sur le bois mort. Dans le Luxembourg.

> VAR. *β*. ACINOSA (Fries.). Sph. acinosa Batsch. Sph. hirsuta Sow. Réceptacles globuleux subdéprimés d'un noir-brun.

713. S. PEZIZA (Tode. Meck. 2. p. 46. f. 122). Sphérie petite, groupée, serrée, un peu velue à la base; réceptacles globuleux, lisses, de la grosseur d'une graine de pavot, d'abord d'un beau rouge orangé, devenant ensuite ternes et s'affaissant en forme de pezize. Sur le bois mort, à moitié pourri, dans le creux des vieux saules. Sittard (Limbourg), Hal (Brabant).

VAR. *α*. VILLIFERA (Fries.). Sph. miniata Hoffm. Ostioles laissant échapper des filaments blanchâtres.

VAR. *β*. GLOBIFERA (Fries.). Peziza hydrophora Bull.
Champ. Ostioles laissant échapper une gélatine en
globules.

714. S. ELONGATA. (Fries. Obs. 1. p. 175). Cucurbitaria elongata Grev. Espèce noire, à stroma largement étalé, d'un noir
fuligineux; réceptacles d'abord opposés, enfoncés, ensuite
saillants au dehors, globuleux, confluents, déprimés autour
d'un ostiole papilliforme. Sur les rameaux morts du Robinia
pseudo-acacia.

715. S. SERIATA (Pers. Syn. 65). Cette espèce est noire, disposée en
séries allongées; réceptacles petits, moux, glabres, rugueux, à
papilles déprimées. Sur le bois pourri du chêne. Ciney (Namur).

716. S. PULVIS-PYRIUS (Pers. Syn. 86). Réceptacles noirs, serrés,
petits, roides, ovoïdes ou globuleux, rugueux, plus ou moins
striés au milieu, assez semblables à des grains de poudre à ti-
rer. Commun sur les vieilles souches.

717. S. PULVERACEA (Pers. Syn. 83). Cette espèce est plus petite
que la précédente, elle est noire, non tuberculeuse; réceptacles ovoïdes, luisants, ruguleux, rapprochés; ostioles d'abord
fermés, puis distinctement perforés. Sur les souches, surtout
sur celles du hêtre.

718. S. INCONSPICUA (Desm. Pl. crypt. Fr. f. 26. n° 1270). Taches d'un brun fuligineux, de forme et de largeur variables;
réceptacles microscopiques, noirs, saillants, très-rapprochés,
plus ou moins globuleux, un peu déprimés, luisants, astomes.
Sur l'écorce de l'acer platanoïdes et sur celle du pseudo-
platanus. Etterbeek (Brabant).

719. S. MORIFORMIS (Tode Meck. 2. t. II. f. 90). S. claviformis
Sow. Espèce agrégée, roide, d'un noir opaque, à réceptacles
obovales ou arrondis, couverts d'aspérités tuberculeuses; ostioles simples. Sur les rameaux morts des saules. Dinant,
Evrehailles (Namur).

720. S. MASTOÏDEA (Fries. Syst. myc. 2. p. 465). Réceptacles épars,

Sphæria.

noirs, très-glabres, coniques, lisses, à moitié enfoncés dans le ligneux; ostioles petits, reluisants, papilliformes, laissant par leur chute les réceptacles perforés. Sur les écorces du saule et sur les vieux bois.

721. S. PERTUSA (Pers. Syn. 13). Réceptacles noirs, épars, inégaux, coniques, un peu rugueux, devenant perforés par la chute des ostioles qui sont coniques, courts, un peu aigus. Sur les bois et les écorces. Cette espèce n'est pas rare aux environs de Dinant (Namur).

722. S. NUCULA (Fries. Syst. myc. 2. p. 466). Cette espèce a beaucoup de rapport avec la précédente; les réceptacles sont plus petits, ovoïdes; les ostioles sont courts, cylindriques, et tombent de bonne heure. Sur les écorces de chêne, du peuplier et dans les saules creux. Je l'ai trouvée sur le peuplier près de Ruremonde (Limbourg).

723. S. BARBARA (Fries. Syst. myc. 2. p. 468). Hysterium cinereum Pers. Syn. 99. Hysterium rotundum Bernh. Réceptacles épars, émergés, arrondis, lisses, glabres, d'un blanc cendré d'abord, ensuite noirâtres; ostioles fendus transversalement. Sur les rameaux du saule, du sorbier, du frêne. Je l'ai trouvée au bois de la Cambre, près Bruxelles, sur un jeune hêtre.

724. S. MACROSTOMA (Tode Meck. 2. t. 9. f. 76. 77). Sph. libera et Sph. dehiscens Pers. Syn. 55. Réceptacles épars, globuleux, d'abord entièrement immergés et brunâtres, se dégageant ensuite à moitié et devenant noirs; ostioles courts, elliptiques, comprimés, formant une espèce de crête à 3 angles. Sur le bois et les écorces.

725. S. COMPRESSA (Pers. Syn. 57). Réceptacles épars, immergés, comprimés, noirs, groupés; ostioles linéaires, très-longs, formant une espèce de crête Sur les bois et les écorces sèches.

726. S. DIMINUENS (Pers. Syn. 57). Réceptacles épars, proéminents, arrondis, un peu déprimés, noirs; ostioles étroits, comprimés, subconiques. Sur les rameaux de l'aubépine, du cornouiller, du chèvrefeuille, de la ronce, etc. Dans les provinces de Namur et de Luxembourg.

Sphæria.

727. S. PILIFERA (Fries. in Vet. Ac. handt. 1817. p. 116. non DC.). Réceptacles globuleux, groupés, noirs, petits, lisses; ostioles capillaires, très-longs, acuminés, flexueux. Sur les écorces des conifères et sur le chêne. Cette espèce forme deux variétés : celle que Fries appelle Pinastri, qui se trouve sur le sapin, et la Dryina, qui croît sur le chêne dénudé d'écorce. J'ai trouvé l'une et l'autre dans les Ardennes.

728. S. CUSPIDATA (Fries. Syst. myc. 2. p. 474). Réceptacles glabres, noirs, rapprochés, ovoïdes, globuleux, rugueux, d'abord immergés, devenant nus et enfin confluents, quelquefois ils sont stipités ; ostioles cylindriques de la longueur des réceptacles. Sur le bois du charme et du hêtre.

729. S. ROSTELLATA (Fries. Syst. myc. 2. p. 476). Sph. clavus Schmidt. Sph. rubi Mart. Réceptacles arrondis, groupés, noirs, couverts par l'épiderme ou se montrant entre ses fentes; ostioles cylindriques, atténués, droits, de la longueur des réceptacles. Sur les rameaux des rosiers et des ronces. J'ai trouvé cette sphérie sur le Rubus fruticosus près de Bruxelles.

730. S. EUTYPA (Fries. Syst. myc. 2. p. 478). Sph. decomponens Sow. Réceptacles épars, enfoncés, globuleux, petits, noirs; ostioles punctiformes, convexes, devenant ombiliqués, formant par leur réunion une tache noire, allongée. Sur les tiges du lierre (Hedera helix).

> **VAR. β. ASPERA** (Fries). Sph. operculata Pers. Ostioles proéminents, allongés, un peu arrondis, scabres. Sur le bois mort.

731. S. CORTICIS (Fries. Syst. myc. 2. p. 481). Sph. populina Pers. Réceptacles immergés, épars, globuleux, persistants, noirs; ostioles proéminents, petits, punctiformes, plans; l'épiderme qui recouvre les réceptacles est lisse et uni, il est seulement ponctué de points noirs et saillants dans les endroits correspondant aux ostioles. Sur les écorces du peuplier et du frêne.

732. S. MILLEPUNCTATA (Duby. Bot. gall. f. 705). Cryptosphæria millepunctata Grev. Réceptacles groupés, noirs, très-nombreux, globuleux, légèrement couverts, blancs en dedans d'abord, ensuite se vidant et devenant noirs; ostioles très-petits, obtus; thèques aigus au sommet; sporidies linéaires, courbées. Sur les rameaux du frêne et aussi sur les feuilles du rhododendron arboreum.

Cette espèce pourrait bien n'être qu'une variété de la précédente.

753. S. DITOPA (Fries. Syst. myc. 2. p. 481). Réceptacles épars, libres, adhérents à l'épiderme seulement par l'ostiole et s'enlevant avec lui, globuleux, cupuliformes en dessous; ostioles noirs, convexes, perçant l'épiderme et formant un disque très-petit, hétérogène, proéminent, de couleur pâle, sale. Sur les rameaux morts de l'aune.

754. S. CLANDESTINA (Fries. Syst. myc. 2. 484). Réceptacles globuleux-déprimés, persistants, noirâtres, dimidiés, blanchâtres en dedans, couverts supérieurement par l'épiderme auquel ils adhèrent; ostioles très-petits, très-peu apparents. Sur les rameaux secs du pommier, du sorbier, etc.

755. S. PRUINOSA (Fries. Obs. 2. p. 528). Réceptacles agrégés, d'un gris effleuri, attachés à l'épiderme qui les recouvre; ostioles rompant l'épiderme, à peine proéminent, percé-ombiliqué. Sur les rameaux morts du frêne.

756. S. PROTUSA (Fries. Syst. myc. 2. p. 491). Réceptacles groupés, globuleux, très-lisses, noirs, enveloppés dans une espèce de tissu blanchâtre; ostioles petits, papilliformes. Sur les rameaux du chèvrefeuille. Yvoir, Houx (Namur).

757. S. LONICERÆ (Sow. t. 393. f. 6). Réceptacles groupés, globuleux, petits, noirs, à peu près libres, cupuliformes, perçant l'épiderme, le plus souvent en fente longitudinale; ostioles punctiformes. Sur les rameaux du chèvrefeuille.

758. S. TILIÆ (Pers. Syn. 84). Réceptacles épars, noirs, glabres, globuleux en forme de bouteille, cachés sous l'épiderme et terminés par un ostiole allongé en col saillant, obtus, inégal, quelquefois évasé en cupule et mamelonné au centre. Sur les rameaux desséchés du tilleul.

Sphæria.

759. S. INQUINANS (Tode Meck. 2. t. 10. f. 85). Variolaria ellipsosperma Bull. Næmaspora inquinans Spr. Réceptacles groupés, d'un noir sale, immergés, globuleux, lisses, couverts supérieurement par l'épiderme et y adhérant; ostioles perçant l'épiderme. Les points où il est percé sont salis par une poussière noirâtre formée par les thèques qui sont gros et elliptiques. Sur les écorces de différentes espèces d'érable. Etterbeek (Brabant).

740. S. MAMILLANA (Fries. Syst. myc. 2. p. 487). Réceptacles épars, gros, hémisphériques, proéminents, noircissant l'épiderme sous lequel ils sont placés, pourvus d'un ostiole mamelonné, environné d'un limbe frangé, blanchâtre, formé des débris de l'épiderme. Sur les rameaux du cornouiller, du nerprun, etc. Je l'ai trouvée au jardin botanique de Bruxelles, snr le cornus alba.

741. S. ROSTRATA (Desm. Crypt. fasc. 20. nᵒ 973). Réceptacles noirs, globuleux, rugueux, groupés, à ostioles perçant l'épiderme, longs de 4 à 6 millimètres, cylindriques, bosselés, flexueux, obtus au sommet, souvent dressé; subiculum d'un brun noirâtre. Sur les rameaux du robinia Pseudo-acacia.

> VAR. β. TENUIOR (Fries.). Réceptacles globuleux, noirs, groupés, d'abord enfoncés, terminés par un ostiole filiforme, très-long, flexueux, souvent couché, un peu élargi, obtus. Sous l'écorce du houx, au jardin botanique de Liége.

742. S. STILBOSTOMA (Fries. Syst. myc.). Valsa stilbostoma Kickx. Petits tubercules, arrondis ou elliptiques, tronqués au sommet, à disque blanchâtre; réceptacles noirs, réunis en cercles, munis de cols ascendants, dont les ostioles papilliformes, devenant ombiliqués, sont épars et proéminents sur le disque; sporidies pellucides, elliptiques, étroites, obtuses, non cloisonnées. Sur l'écorce du bouleau.

743. S. FRAXINI (Fries. Syst. myc. 2. p. 495). Réceptacles épars, globuleux, lisses, sans ostioles, noirs, finissant par se réunir en un disque irrégulier, un peu rugueux, tuberculeux, rompant

Sphæria.

l'épiderme par une fente et laissant échapper une matière blanche. Sur les rameaux morts du frêne.

744. S. ANGULATA (Fries. Scl. succ. n° 72). Espèce largement circonscrite, immergée, quelquefois confluente; stroma cortical; réceptacles larges de 2 à 4 millimètres, peu grands, ovoïdes, rompant l'épiderme en étoile, remplis d'une matière blanche, à disque, après la rupture de l'épiderme, étroit, subanguleux, noir; ostioles petits, d'abord punctiformes, ensuite cupuliformes. Je l'ai trouvée sur les rameaux du bouleau près de Rochefort (Namur).

745. S. CLYPEATA (Nees. Syst. f. 355). Cette espèce a assez de rapport avec la mamillana, elle en diffère par ses réceptacles plus petits et plus intimement soudés avec l'épiderme qui est noir et luisant; les ostioles coniques ne sont pas entourés de ses débris. Sur les rameaux des ronces.

746. S. RUBORUM (Lib. Crypt. ard. f. 4. n° 340). Réceptacles noirs, agrégés, superficiels, petits, globuleux, lisses, un peu luisants, couverts de papilles mêlées de soies concolores, dressées; thèques linéaires; sporidies oblongues, munies d'une cloison. Sur les rameaux des ronces.

747. S. CITRINA (Fries. Syst. myc. 2. p. 557). Næmaspora sulphurea Wahl. Espèce charnue, plus ou moins étalée, large quelquefois de 10 à 12 centimètres, presque plane, citrine, byssoïde sur les bords; ostioles proéminents, brunâtres. Sur la terre, les troncs et les vieux polypores desséchés.

748. S. CUBICULARIS (Fries. Syst. myc. 2. p. 477). Espèce assez singulière, éparse, à réceptacles profondément enfoncés, peu nombreux, comprimés, à col arrondi, rompant l'épiderme, à disque subarrondi, convexe, blanchâtre, au centre duquel l'ostiole se montre comme un point noir. Sur les rameaux putréfiés de l'orme.

749. S. FERRUGINEA (Pers. Syn. 55). Stroma d'un brun ferrugineux, devenant plus obscur; réceptacles subarrondis, agrégés, inégaux, noirs, à cols plus ou moins allongés; ostioles agrégés, arrondis, lisses, quelquefois peu marqués, d'autres fois très-

longs. Sur les rameaux morts du coudrier, du peuplier, du sorbier, etc.

750. S. CRINITA (Pers. Syn. 72). Stigmatisphæra crinita Dum. Réceptacles épars ou groupés, un peu immergés, ovoïdes, noirs, lisses, couverts de poils mous, noirs, abondants, dont les inférieurs s'étalent en chevelure; ostioles papilliformes. Sur le bois pourri. Trouvé à Jabbeke, par M. Wallais.

751. S. LEPROSA (Fr. Desm. Crypt. fasc. 26. n° 1258). Réceptacles réunis par un stroma blanchâtre, globuleux, immergés, solitaires, rarement agrégés par trois ou cinq, rompant l'épiderme par un disque noir, petit, arrondi, munis d'ostioles punctiformes; thèques cylindriques, obtus, à sporidies elliptiques, oblongues, munies d'une cloison transversale. Sur les rameaux tombés du tilleul.

752. S. ANGUSTATA (Pers. Syn. p. 55). Espèce éparse, à réceptacles enfoncés, devenant proéminents, globuleux, noirs, à ostioles égaux, linéaires; sporidies et sporidioles solitaires. Sur les rameaux morts qui se noircissent par la présence de cette sphérie.

753. S. OCELLATA (Fries. Syst. myc. 2. p. 480). Sphérie éparse, à réceptacles immergés, globuleux, persistants, noirs, à ostioles ombiliqués, solitaires, placés sur un disque tronqué, blanc. Sur les rameaux morts du frêne, du saule, etc.

754. S. SUFFUSA (Fries. Syst. myc. 2. p. 399). Espèce enfoncée, d'abord couverte par l'épiderme qu'elle détruit, répandant une poussière jaunâtre, à disque petit, noirâtre, limité; ostioles peu nombreux, globuleux; réceptacles globuleux, agrégés, pâles, gélatineux. Sur les rameaux de l'aune.

755. S. VACCINII (Fries. Syst. myc. 2. p. 418). Espèce agrégée, subarrondie, souvent irrégulière, confluente, innée-superficielle; réceptacles petits, un peu connés, groupés, subglobuleux, très-noirs, opaques, astomes, velus d'abord, puis nus. Sur les tiges du vaccinium vitis-idea. Dans les Ardennes.

756. S. GREGARIA (Lib. Crypt. ard. f. 2. n° 145). Réceptacles assez gros, disposés en cercles, nus, rapprochés, astomes, rugueux,

noirs, les uns allongés, les autres subglobuleux, placés sur un stroma fibreux, brun; thèques obovales, longuement pédicellés; sporidies ellipsoïdes. Sur les rameaux du sorbus aucuparia.

757. S. SÆPINCOLA (Fries. Obs. myc. 1. p. 181). Sph. corni Sow. Réceptacles groupés, couverts par l'épiderme, globuleux, opaques, un peu rugueux, blancs en dedans, d'un noir mat en dehors; ostioles à ouverture très-fine, difficile à distinguer. Sur les rameaux de la ronce, du rosier, du cornouiller, du nerprun, etc. J'ai trouvé cette sphérie sur la ronce.

758. S. CRUSTACEA (Fries. Syst. myc. 2. p. 576). Stroma étalé, d'un noir sale, couvert par l'épiderme qu'il ne détruit pas; réceptacles enfoncés, rapprochés ; ostioles très-proéminents, coniques-cylindriques, rugueux, épais-tronqués au sommet. Sur les rameaux du saule.

759. S. SPINOSA (Pers. Syn. 54. t. 2. f. 10. 11. 12). Stroma très-largement étalé, illimité, très-noir ; réceptacles ovales-globuleux, assez rapprochés , connés; ostioles saillants, épineux, épais, quadrangulaires, sillonnés, un peu rugueux, inégaux. Sur le bois dénudé du charme, du hêtre, etc.

760. S. SALICELLA (Fries. Syst. myc. 2. p. 576). Espèce d'abord couverte, étalée, devenant d'uu noir sale; réceptacles enfoncés, cylindriques-coniques, rugueux, gonflés et tronqués au sommet, longs de 2 à 4 millimètres. Elle ne rompt pas l'épiderme, mais elle forme une croûte avec l'écorce. Sur les écorces peuplier noir et sur celles du saule.

SECTION II. — *Espèces naissant sur les tiges herbacées.*
(Seriatæ et caulicolæ Fries. Syst. myc. 2. p. 426 et 506).

761. S. POLYGRAMMA (Fries. Desm. Crypt. fasc. 15. n° 711). S. maculans Sow. Capsules disposées en séries régulières, petites, dépourvues d'ostioles, ombiliquées au sommet. Sur les tiges de l'eryngium maritimum dans les dunes.

762. S. CRUCIFERARUM (Fries. Desm. Crypt. fasc. 20. n° 985).

Cette espèce se rapproche de la sphæria punctiformis Pers., mais elle est plus grande, moins aplatie, et ne s'affaisse point; sporidies globuleuses. Sur les tiges, les siliques et rarement sur les feuilles de l'erysimum officinale.

763. S. CARDUORUM (Wallr. excl. syn. Desm. f. 26). Réceptacles nombreux, épars, d'un noir mat, globuleux, légèrement déprimés, enfoncés sous l'épiderme qu'ils percent, convexes d'abord, s'affaissant ensuite et devenant comme cupulaires; ostiole court, en cône renversé, percé d'un pore très-apparent; sporidies globuleuses contenant 20 à 30 sporules. Dans les dunes sur le senecio jacobæa.

764. S. MELÆNA (Fries. Syst. myc. 2. p. 431). Réceptacles nombreux, noirs, presque globuleux, d'abord recouverts par l'épiderme noirci, puis proéminents, disposés en séries longitudinales sur un stroma étalé, mince, inné; ostioles laissant écouler une matière blanchâtre; thèques subclaviformes, légèrement obtus à leurs extrémités. Sur les tiges desséchées de plusieurs légumineuses, principalement sur le vicia segetalis.

765. S. PICEA (Pers. Syn. 31). Cette espèce diffère de la précédente par sa couleur plus noire et terne, et par ses réceptacles épars, moins proéminents, ellipsoïdes, un peu déprimés, mous et noirs intérieurement. Sur les tiges herbacées.

766. S. PTERIDIS (Sow. t. 394. f. 10). S. filicina Desm. Sphérie subinnée, parallèle, irrégulière, confluente, luisante, noire; stroma noir; réceptacles petits, convexes, disposés en séries, rompant l'épiderme par des fentes parallèles; ostioles saillants. Sur les tiges du pteris aquilina.

767. S. JUNCI (Fries. Sel. succ. exs. n° 3). Espèce couverte par l'épiderme qu'elle rompt en fentes, subarrondie, tuberculeuse; réceptacles petits, subglobuleux, disposés en série, noirs en dedans, d'abord contenus dans le stroma qui est mince, noirâtre, puis en sortent privés d'ostioles. Sur les chaumes du jonc commun.

768. S. LINEARIS (Nees in Fries. Syst. myc. 2. 2. p. 429). Réceptacles disposés sur une seule série, globuleux, noirs en dedans,

confluents en stries linéaires, courtes; ostioles petits, globuleux, saillants. Sur la tige de la verge d'or (Solidago virga aurea L.).

769. S. ANETHI (Pers. Syn. 50). Sph. microscopica Ehr. Espèce couverte par l'épiderme, allongée, interrompue, rugueuse, d'abord un peu cendrée, ensuite noirâtre; réceptacles disposés sur plusieurs séries, cohérents, remplis d'une matière blanche en dedans. Sur les tiges de l'anethum graveolens. Trouvée au Jardin des Plantes à Bruxelles. Il y a une variété venant sur les tiges du persil.

770. S. LONGISSIMA (Pers. Obs. 2. p. 68. Syn. p. 31). Phoma longissima West. Sphérie noire, couverte par l'épiderme; réceptacles petits, portés sur un stroma très-mince, devenant nu peu saillants, confluents, formant des séries parallèles très-longues, allant souvent d'un nœud à l'autre de la tige. Sur les tiges des ombellifères.

771. S. RIMOSA (Alb. et Schw. 15. t. 5. f. 1). Phoma rimosa West. Cette sphérie paraît sous la forme de tumeurs grisâtres, aiguës aux deux bouts, longues de 6 millimètres à 5 centimètres et de 2 à 12 millimètres de largeur; réceptacles fondant l'épiderme en stries parallèles, extrèmement petits et remplis d'une matière blanche, privés d'ostioles. Sur les gaînes des feuilles du roseau commun.

772. S. COMPLANATA (Tode Meck. 2. t. 11. f. 88). S. herbarum Var. α Pers. S. herbarum DC. Fl. fr. S. patella DC. Syn. gall. Réceptacles très-petits, subglobuleux, lisses, noirs, plans-déprimés; ostioles papilliformes, lisses, persistants. Cette sphérie est commune sur les tiges herbacées au printemps.

773. S. CONIFORMIS (Fries. Syst. myc. 2. p. 508). Réceptacles épars, coniques, lisses, luisants, noirs, d'abord couverts par l'épiderme; ostioles épais, confluents, obtus, percés. Sur les tiges des grandes plantes et des ombellifères.

774. S. COMATA (Fries. Syst. myc. 2. 504). Chætomium comatum Fries Eleuth. 2. 107. Réceptacles épars, arrondis, obtus, très-fragiles, noirs, sans ostioles, surmontés chacun d'un long poil

Sphæria.

noir, dressé, caduc, formant par leur réunion une espèce de chevelure. Sur les tiges tombées des herbes.

775. S. DOLIOLUM (Pers. Ic. et Desc. 2. t. 20. f. 5-6). Sph. lingam DC. Fl. fr. Réceptacles épars ou groupés, couverts d'abord par l'épiderme qu'ils percent ensuite, coniques-arrondis, obtus, d'un noir luisant, parcourus du sommet à la base par une strie en spirale ou par plusieurs plis parallèles; ostioles obtus, papilliformes. Sur les tiges des grandes herbes.

776. S. PISI (Sow. t. 595. f. 8.) Réceptacles épars, arrondis, déprimés, plissés longitudinalement au sommet, opaques, noirs; ostioles cachés, un peu déprimés. Sur les tiges du pois cultivé et de celui des champs.

777. S. CAULIUM (Fries. Syst. myc. 2. p. 509). Réceptacles immergés, globuleux-elliptiques, noirs, s'ouvrant par un ostiole nu, elliptique ou linéaire-labié, souvent aussi large que le réceptacle. Sur les tiges des orties.

778. S. CULMIFRAGA (Fries. Syst. myc. 2. p. 510). Réceptacles épars, subcomprimés, noirs, confluents, glabres, sortant entre les fibres de l'épiderme et terminés par un ostiole nu, court, conique. Sur le chaume des grandes graminées.

> VAR. β. LINEARIS (Fries.). Réceptacles petits, sublinéaires, comprimés. Sur les tiges du chiendent.

779. S. PATELLA (Pers. Syn. 76). Heterosphæria patella Grev. Peziza ligustici DC. Fl. fr. Phacidium patella β campestris Fries. Réceptacles épars, d'abord hémisphériques, ensuite s'aplatissant, incolores, ayant assez l'apparence d'un pezize, rugueux, opaques, noirs; ostioles petits, concolores, sans ouverture. Sur les tiges sèches des herbes. Sur la carotte, le panais et l'armoise.

780. S. SCIRPI (DC. Fl. fr. 5. p. 147). Réceptacles épars, petits, noirs, immergés, globuleux, à col très-court, surmonté d'un ostiole nu, punctiforme, perçant l'épiderme. Sur les tiges du scirpus lacustris.

781. S. HERBANUM (Fries. Syst. myc. 2. p. 511). Réceptacles un peu groupés, petits, noirs, globuleux, subdéprimés, lisses,

Sphæria.

surmontés d'un ostiole proéminent, convexe-arrondi, percé d'un pore, quelquefois déhiscent. Sur les tiges des herbes, en automne et en hiver.

782. S. LIRELLA (Moug. Lib. crypt.). Réceptacles mous, d'abord globuleux, puis affaissés, noirs, lisses, disposés en séries linéaires sous l'épiderme qui se tuméfie en une bulle elliptique, noire, pointue aux extrémités. Sur les tiges desséchées du Spiræa ulmaria L. Boitsfort (Brabant).

783. S. GALBANA (Fries. Syst. myc. 2. 512). Réceptacles globuleux, très petits, libres, privés d'ostioles, noirs en dehors comme en dedans, placés sur une tache blanchâtre-testacée. Sur les tiges herbacées.

784. S. MACULANS (Desm. Pl. crypt. n° 1784). Sphérie éparse, rapprochée, noire, superficielle, ou rompant l'épiderme, à réceptacles petits, nombreux, globuleux-ovoïdes, un peu luisants, posés dans une tache noire; ostioles un peu épais, papilliformes, à noyau blanc; thèques en massue; sporidies fusiformes, contenant 4 à 5 sporules globuleuses. Sur les tiges herbacées. Trouvée près de Louvain, sur des tiges de colza.

785. S. GODINI (Desm. Pl. crypt. n° 439). Pustules nombreuses, proéminentes, d'un noir mat et grisâtre, d'un à deux millimètres, rarement confluentes, contenant 10 à 12 périthécions, disposés en série, couverts par un stroma percé par les orifices des loges. A la base du chaume de l'Arundo donax.

786. S. CYANOGENA (Desm. Ann. sc. nat. 3me sér. t. 11). Réceptacles très-petits, nombreux, agglomérés, rarement solitaires, globuleux, rugueux, opaques, noirs; ostioles papilliformes, à noyau blanc; thèques en massue; sporidies hyalines, oblongues, un peu fusiformes. Sur les vieux trognons de choux.

787. S. ARUNDINIS (Fries. Syst. myc. 2. p. 510). S. cristata β. Pers. Périthécions confluents ou solitaires, roides, proéminents, un peu comprimés, d'abord couverts, puis rompant l'épiderme, globuleux, nn peu rugueux, noirs, pleins d'abord d'une matière blanche, se vidant ensuite; ostioles épais, nus, comprimés, labiés. Sur le chaume des Arundo.

Sphæria.

788. S. PELLITA (Fr. Syst. myc. 2. p. 503). Espèce agrégée, à périhécions coniques-arrondis, noirs, opaques, pleins d'une matière blanche, ceints de poils concolores, mous et minces, à ostioles papilliformes. Sur les tiges des grandes herbes.

789. S. HERPOTRICHA (Fr. Syst. myc. 2. p. 504). Périthécions épars, libres, subconiques, noirs, de grandeur moyenne, coniques-hémisphériques, opaques, fermes, persistants, ceints de poils bruns, couchés; ostioles un peu papilliformes. Au printemps. Sur les chaumes des graminées.

790. S. PANACIS (Fries. Sel. suec. exs. n° 319). Réceptacles groupés, immergés, couverts par l'épiderme, noirs-opaques, globuleux, concaves, remplis d'une matière noire, rompant l'épiderme sous forme d'un disque rugueux. Sur les sarments morts du Clematis vitalba L. Forest (Brabant).

791. S. ACUTA (Hoffm. Veg. cr. 1. t. 5. f. 2). Réceptacles groupés, libres sous l'épiderme, ou nus après l'avoir détruit, noirs, presque globuleux, lisses; ostioles à bec allongé, souvent plus longs que les réceptacles, cylindriques, obtus. Sur les tiges des orties, des épilobes, etc.

792. S. CULMORUM (Wallr. Comp. Fl. germ. 4. p. 770). S. scirpicola et recutita Fries. S. punctiformis β. scirpi DC. Périthécions épars, très-petits, noirs, enfoncés, globuleux, à col très-court; ostioles coniques, nus, punctiformes. Sur les chaumes du Scirpus lacustris.

793. S. CAULINCOLA (Wallr. Comp. Fl. germ. 4. p. 770). Périthécions très-petits, variables, nombreux, dispersés, innés, proéminents, convexes, d'un noir luisant, contenant une matière blanchâtre à l'intérieur. Sur les tiges mortes de la scabieuse.

794. S. ASTEROMORPHA (Lib. Crypt. ard. fasc. 1. n° 43). Taches prenant naissance dans les fibrilles, radiantes, brunes d'abord, puis noires; réceptacles couverts par l'épiderme, proéminents, épars, petits, globuleux, astomes, noirs, s'ouvrant ensuite par un pore, blanc en dedans; thèques allongés; sporidies ovoïdes. Sur les tiges des épilobes.

Sphæria.

795. S. GALII (Fries. ined. ex. Mougeot. in litt.). Périthécions petits, immergés, innés, couverts par l'épiderme, ovoïdes-orbiculaires, noirs; réceptacles subglobuleux, disposés en série, astomes, enfoncés dans un stroma blanc. Sur les tiges sèches du Galium mollugo. Forest, près Bruxelles.

796. S. UMBILICATA (Pers. Syn. 45). Réceptacles disposés en cercle, petits; ostioles saillants, rapprochés, un peu cupuliformes, rudes. Sur les tiges de l'Angelica sylvestris L. Norbeck (Limbourg).

797. S. TRICHOSTOMA (Fries. Syst. myc. p. 504). Espèce agrégée, à réceptacles innés, coniques, noirs, roides, comprimés, atténués en un ostiole hispide couvert de poils noirs; elle paraît au-dessus des nœuds des chaumes privés de leur gaîne et formée de taches déterminées. Sur des chaumes en décomposition à Menin.

998. S. NIGRELLA (Fries. Syst. myc. p. 512). Réceptacles superficiels, innés, subglobuleux, lisses, ombiliqués-perforés, noirs au dehors, blancs au dedans, formant des taches allongées, déterminées. Au printemps et en été. Sur les tiges mortes du Galéopsis et des ombellifères.

799. S. HALONIA (Fries. l. c. p. 506). Réceptacles groupés, très-petits, couverts par l'épiderme, globuleux, glabres, pellucides, d'une couleur olivâtre pâle; ostioles obtus, perçant l'épiderme par un pore blanc. Sur les tiges des Equisetum.

800. S. BERKELEYI (Mont. Ann. Sc. nat. 1857). S. angelicæ Berk. Périthécions très-petits, latents ou immergés dans la tige, noirs; ostiole conique, acuminé, punctiforme, microscopique; thèques filiformes; sporidies globuleuses, disposées en une seule série. Sur les tiges mortes de l'Heracleum sphondylium.

801. S. SCROPHULARIÆ (Desm. Pl. crypt. n° 718). Périthécions épars, très-petits, noirs, luisants, globuleux, devenant plus tard déprimés; ostioles courts, obtus; ascies très-grandes; 7 à 8 sporidies vertes, oblongues, obtuses aux deux bouts, longues d'environ un cinquantième de millimètre, à 5 ou 7 cloisons. Sur les tiges et les capsules de la scrophulaire aquatique.

Sphæria.

802. S. CALVESCENS (Fries. Selec. suec. exs. n° 401). Taches couleur de poix, indéterminées; périthécions très-petits, noirs, épars ou agrégés, subconnés, d'abord hémisphériques, puis devenant concaves, couverts inférieurement de soies courtes, hispides, nus, brillants supérieurement; ascies assez grandes, en massue; sporidies ellipsoïdes, olivâtres, à 3 cloisons, disposées sur une série. En hiver et au printemps. Sur les tiges des grandes herbes.

803. S. GALIORUM (Rob. in herb.). Espèce éparse, noire, couverte étant jeune, se découvrant plus tard; réceptacles petits, orbiculaires, convexes d'abord, ensuite déprimés, plans à la base; ostiole percé, subconique, à nucleus blanc; thèques en massue; sporidies oblongues, courbées, un peu obtuses aux deux bouts; 3 à 4 sporules globuleuses, hyalines. Sur les tiges sèches des galium. En hiver et au printemps.

804. S. HÆMATITES (Rob. Desm. Pl. crypt. n° 1774). Cette espèce a été trouvée aux environs de Namur par M. Bellynck et se développe sur les tiges du Clematis vitalba.

SECTION III. — *Espèces naissant sur les fruits secs et les cónes des conifères.*

805. S. LEGUMINIS-CYTISI (Desm. Pl. crypt. n° 1292). S. leguminum Wallr.? Réceptacles nombreux, très-petits, épars, rapprochés, recouverts par l'épiderme, d'un brun noirâtre, d'abord globuleux, déprimés, ensuite plans, remplis d'une matière blanchâtre, contenant des sporidies hyalines, elliptiques, ayant une cloison latérale; ostiole papilliforme. Sur les gousses du Cytisus laburnum.

       VAR. β. LATHYRI (Nob.). Sur les gousses du Lathyrus sylvestris.

806. S. EPIDERMIDIS (Desm.). Var. α microscopica. Espèce éparse, punctiforme, à réceptacles légèrement recouverts par l'épiderme, proéminents, lisses, très-petits, s'affaissant plus tard et privés d'ostioles. Sur les samares du frêne.

Sphæria.

807. S. conigena (Duby. Bot. gall. 705). Sph. strobilina Fries. Hysterium conigenum Pers. Hypoderma conigenum Fl. fr. Discosia strobilina Lib. Réceptacles disposés en lignes droites ou concentriques, arrondis, difformes, noirs, pleins d'une matière blanche, qui s'en échappe par une fente longitudinale; thèques fusiformes. Sur les bractées des cônes des sapins.

808. S. conorum (Desm. Ann. Sc. nat. 3e série, juillet 1846). Périthécions presque agrégés, immergés, circonscrits et couverts par une tache noire, entourés des débris de l'épiderme; nucleus grisâtre; ascies subclaviformes; sporidies très-petites, ovales-oblongues, disposées sur deux séries; 2 à 4 sporules demi-opaques. Sur les cônes du Pinus abies.

Section IV. — *Espèces naissant sur les feuilles. (Subtectæ et foliicolæ.* Fries. Syst. myc. 2 p. 496 et 513.)

809. S. gangræna (Fries. ined.). Réceptacles d'un noir mat très-intense, presque globuleux, d'abord proéminents et convexes, puis s'affaissant et concaves, enfoncés dans un stroma concolore, recouverts par l'épiderme noirci et formant des pustules tuberculeuses; ostioles punctiformes; thèques gros, claviformes; sporidies obtuses. Sur les feuilles languissantes du Poa pratensis.

810. S. conglomerata (Wallr. Kickx. Rech. flor. crypt. Fl. 4e cent. f. 26). Taches brunâtres, plus ou moins arrondies, portant de petits paquets de réceptacles noirs, globuleux, très-serrés, plongés dans un stroma et devenant saillants par l'humidité, contenant un nucleus blanc; sporidies très-petites, oblongues, contenant 2 sporules opaques. Sur les feuilles tombées du Cytisus laburnum.

> **Var. β. siliquastri** (Desm.). Hypophylle sur les feuilles du cercis siliquastrum.

> **Var. δ. alni** (Nob.). Hypophylle sur les feuilles de l'aune.

811. S. graminis (Pers. Obs. 1. t. 1. f. 1. 2). Sphérie couverte

par l'épiderme, inégale, un peu rugueuse, proéminente, noire,
à réceptacles globuleux, un peu disposés en séries et à ostioles
non apparents. Sur les feuilles des graminées.

> VAR. *α*. ELYMARUM (Fries.). Oblongue, sublinéaire,
> d'un noir luisant.

> VAR. *β*. POARUM (Fries.). Subarrondie, transversale-
> ment elliptique, d'un noir cendré.

812. S. CARICIS (Fries. Syst. myc. 2. p. 435). Cette sphérie couverte par l'épiderme est inégale, confluente, noire, à réceptacles globuleux, saillants, sans ostiole, formant un tubercule
noirâtre sous l'épiderme. Sur les feuilles des Carex.

813. S. TRIFOLII (Pers. Syn. 30). Cette espèce forme des tubercules noirs, arrondis, inégaux, rugueux, confluents, larges
de 1 à 3 millimètres, couverts par l'épiderme; réceptacles
d'abord remplis d'une matière blanchâtre, puis se vidant,
logés dans un stroma pulvérulent. Hypophylle sur les feuilles
du trèfle.

814. S. TAXI (Desm. Crypt. fasc. 6. n° 280). Réceptacles épars,
arrondis, convexes, noirs, recouverts d'abord par l'épiderme,
qu'ils percent par un pore circulaire; thèques claviformes;
sporodies grêles, elliptiques, obtuses. Sur les feuilles languissantes de l'if.

815. S. MACULARIS (Fries. Sept. myc.). S. geographica Fries. Act.
Holm. Réceptacles épars, plus ou moins rapprochés, très-
petits, presque globuleux, noirs, insérés sur un faux stroma
très-mince, couverts par l'épiderme devenu grisâtre qu'ils
percent ensuite. Sur la face inférieure des feuilles de l'Acer
pseudo-platanus et sur celles du tremble.

816. S. JUGLANDINA (Nob.). Pustules tuberculeuses se montrant
sur les deux faces de la feuille, subarrondies, noirâtres, inégales, larges de 2 à 4 millimètres, contenant chacun 5 à 6 réceptacles, percés d'un ostiole très-petit. Trouvé à Brumagne
(Namur). Sur les feuilles vivantes du noyer.

Cette espèce se rapproche du Sphæria fimbriata, mais elle
est beaucoup plus grosse.

Sphæria.

817. S. ILICIS (Fries. Kickx. crypt. Fl. 2e cent. f. 26). Xiloma aquifolia DC. Réceptacles punctiformes, noirs, globuleux, recouverts par l'épiderme, proéminents, devenant ensuite libres et affaissés, à déhiscence irrégulière; thèques en massue; sporidies oblongues, obtuses. Sur les feuilles mortes du houx.

818. S. FIMBRIATA (Pers. Syn. p. 36). S. carpini Hoffm. Tubercules noirs de 2 à 4 millimètres, visibles sur les deux faces des feuilles, d'abord plans, puis saillants, surtout sur la face inférieure, où se montrent les ostioles, qui sont au nombre de 8 à 10, droits ou un peu recourbés, espacés, noirs, cylindriques, obtus, et environnés à leur base par les débris de l'épiderme. Sur les feuilles vivantes du charme.

819. S. CORYLI (Batsch. Cont. 2. f. 251). S. fimbriata. β. Pers. S. gnomon DC. non Tode. Cette espèce ressemble beaucoup à la précédente, mais elle en diffère par les loges qui, au lieu d'être réunies en une seule pustule, sont distinctes les unes des autres, quoique rapprochées et formant des groupes. Sur les feuilles du noisetier.

820. S. CEUTHOCARPA (Fries. Syst. myc. 2. p. 459). Xiloma populinum Pers. Espèce formant des taches très-minces, noires, anguleuses, amphigènes, à réceptacles hypophylles, proéminents, presque solitaires, un peu convexes et privés d'ostioles. Sur les feuilles desséchées du peuplier. En hiver et au printemps.

821. S. EVONYMI (Fries. Syst. myc. 2. p. 459). Taches anguleuses, difformes, formées par l'épiderme soulevé, larges de 4 à 6 millimètres; réceptacles hypophylles, innés, globuleux, rapprochés, proéminents, opaques, astomes. Cette sphérie se rapproche de la fimbriata et se développe sur les feuilles de l'Evonymus europæus.

822. S. LIGUSTRI (Rob in. Desm. Pl. crypt. n° 1196). Espèce le plus souvent épiphylle, à réceptacles très-petits, nombreux, épars, rapprochés, noirs, subglobuleux, percés d'un pore, devenant ombiliqués en tombant; ascies en massue; sporidies

Sphæria.

oblongues; 3 à 4 sporules opaques. Sur les feuilles sèches du Ligustrum vulgare.

823. **S. PINASTRI** (DC. Fl. fr. 5. p. 155). Cytispora pinastri Fries. Syst. myc. 2. p. 544. Réceptacles petits, épars, globuleux, un peu déprimés; ostioles à col court, rompant l'épiderme. Sur les feuilles tombées des pins.

> VAR. *β*. TAXI. Cryptosphæria taxi Grev. Sur les feuilles de l'if.

824. **S. LICHENICOLA** (Fries. Eleuch.). Réceptacles à peine visibles, d'un noir terne, plus ou moins globuleux, épars, lisses, d'abord presque entièrement immergés, devenant ensuite proéminents; ostioles convexes d'abord, puis déprimés. Sur les scutelles du Lecidea luteola.

825. **S. BUXI** (Desm. Mém. Soc. roy. sc. Lille 1843. p. 15). S. atrovirens var. Fries. Hypophylle; réceptacles densément épars, petits, subglobuleux, astomes, d'un roux olivâtre, logés dans le parenchyme de la feuille, couverts par l'épiderme qu'ils noircissent, percés d'un pore; ascies en massue, un peu enflées dans le milieu; sporidies oblongues, obtuses; sporules globuleuses, subhyalines. Sur les feuilles mortes du buis.

826. **S. RUSCI** (Wallr.). S. atrovirens ♂ rusci Fries. Cryptosphæria glauco-punctata Grev. Réceptacles épars, noirs, d'abord nichés sous l'épiderme, qu'ils percent plus tard par des pores circulaires, qui deviennent proéminents et offrent un point blanchâtre au centre; thèques cylindriques, obtus; sporidies quadriseptées. Sur les feuilles des Ruscus aculeatus et androgynus.

827. **S. CARPINEA** (Fries. Syst. myc. 2. p. 525). Réceptacles agrégés, hypophylles, difformes, opaques, noirs, inégaux à la superficie, privés d'ostioles. Sur les feuilles et les samares du charme.

828. **S. ARTOCREAS** (Tode. Mekl. 2. t. 9. t. 75). Xiloma lenticulare DC. Fl. fr. Réceptacles groupés, orbiculaires, noirs, lisses, convexes d'abord, puis s'affaissant, concaves, formant un pli annulaire qui entoure l'ostiole et ensuite se vidant et devenant

plissés-rugueux; ostiole papilliforme, punctiforme. Sur les feuilles sèches du chêne, du bouleau, du tilleul, etc.

829. S. MYRIADEA (DC. Fl. fr. 5. p. 145). Sphérie épiphylle, à réceptacles très-petits, très-nombreux, innés, proéminents, privés d'ostiole, noirs, un peu inégaux, agrégés, formant des taches cendrées, larges, indéterminées, confluentes près des nervures, perçant l'épiderme et paraissant alors presque en forme d'étoile. Elle est à peine visible à l'œil nu et se développe sur les feuilles tombées du chêne.

830. S. MACULÆFORMIS (Pers. Syn. 90). Xiloma punctulatum DC. Fl. fr. Sphérie hypophylle, à réceptacles sphériques, punctiformes, petits, privés d'ostioles, remplis d'une matière blanche, réunis en groupes nombreux entre les nervures des feuilles et formant des taches d'un gris noirâtre et de formes variées. Commune sur les feuilles sèches, surtout sur celles du châtaignier.

831. S. PUNCTIFORMIS (Pers. Syn. 90). Sphérie amphigène, à réceptacles épars sur les deux faces des feuilles, punctiformes, noirs, lisses, luisants, convexes, proéminents d'abord, s'affaissant ensuite, ombiliqués au sommet; ostioles très-peu apparents. Sur les feuilles du hêtre, du châtaignier, du chêne, etc., etc.

832. S. OSTRUTHII (Fries. Obs. 1. p. 174). Espèce hypophylle, agrégée, à réceptacles globuleux, petits, privés d'ostiole, paraissant dans des taches limitées, grisâtres, anguleuses, larges de 2 à 4 millimètres, quelquefois confluentes. Sur les feuilles de l'Angelica sylvestris.

833. S. ÆGOPODII (Pers. Obs. 1. p. 17). Réceptacles épars, souvent agglomérés, proéminents, privés d'ostiole, noirs, se montrant sur des taches grisâtres, crustiformes, limitées. Sur les feuilles de l'Ægopodium podagraria.

834. S. PHÆOCOMES (Reb. Neom. t. 1. f. 4). Réceptacles épars, très-noirs, globuleux-hémisphériques, sans ostioles apparents, couverts de poils dressés et divergents, soulevant l'épiderme sur les deux faces de la feuille, blanchâtres en dedans et res-

semblants assez à un sclerotium. Sur les feuilles des graminées, au printemps. Environs de Couvin et de Philippeville (Namur).

835. S. **TUBÆFORMIS** (Desm. Crypt. fasc. 9. nᵒ 442). Réceptacles gros, globuleux, déprimés, couverts par l'épiderme, noirâtres; ostioles cylindriques, roides, plus longs que les réceptacles, d'une couleur bleuâtre-terreuse. Sur les feuilles tombées de l'aune, du hêtre. A la fin de l'hiver et au printemps.

836. S. **GNOMON** (Tode Meck. 2. t. 16. f. 125). Réceptacles petits, noirs, d'abord couverts par l'épiderme, se montrant ensuite à nu, affaissés en cupule, portant au centre un ostiole droit, allongé, noir, claviforme. Sur les feuilles tombées du noisetier.

837. S. **SOLANI** (Pers. Syn. 62). Réceptacles noirs, très-petits, à peine visibles à l'œil nu, couverts par l'épiderme, très-minces, flexibles. Sur l'écorce des tubercules de la pomme de terre.

838. S. **ALNEA** (Fries. Obs. 1. p. 185). Réceptacles épars, couverts par l'épiderme, globuleux, déprimés, noirs, s'affaissant et devenant concaves; ostioles perçant l'épiderme, peu apparents. Les feuilles portant cette sphérie blanchissent; les réceptacles sont à peine proéminents et placés près des nervures. Sur les feuilles de l'aune.

839. S. **HEDERÆ** (Sow. t. 371. f. 5). S. leucostigma et S. craterium DC. Fl. fr. Réceptacles épars, arrondis, noirs, luisants, très-petits, recouverts par l'épiderme qu'ils soulèvent et percés d'un ostiole blanc qui finit par devenir noir. Sur les feuilles sèches du lierre et du houx.

840. S. **PADI** (Lib. Crypt. ard. f. 2. nᵒ 149). Réceptacles couverts par l'épiderme, globuleux, noirs; ostiole allongé, serré, trois à quatre fois plus long que le réceptacle; thèques très-menus; sporidies très-petites. Sur les feuilles du Prunus padus.

841. S. **FESTUCÆ** (Lib. Crypt. ard. f. 3. nᵒ 246). Réceptacles épars, couverts par l'épiderme, globuleux, noirs, s'ouvrant par un ostiole hémisphérique, nu; sporidies oblongues, assez

Sphæria.

grandes, pellucides. Sur les feuilles mortes du Festuca sylvatica.

842. S. CARNEO-ALBA (Lib. Crypt. ard. f. 5. n° 241). Espèce rompant
l'épiderme, cylindrique-ventrue, un peu charnue, d'un incarnat
blanchâtre; ostioles punctiformes au sommet, obtus, tronqués; 5 à 7 réceptacles allongés; thèques très-longs, linéaires;
sporidies globuleuses, disposées sur une série. Sur les feuilles
sèches de l'Aira cæspitosa.

843. S. PETIOLARUM (Fries. Syst. myc. 2. p. 518). Réceptacles
épars, solitaires, rarement géminés, noirs, enveloppés dans
un stroma tuberculeux, blanchâtre, pulvérulent, tronqué, de
la grosseur d'une petite tête d'épingle, au centre duquel se
montre un ostiole qui se détache facilement. Sur les pétioles
des feuilles mortes.

844. S. ALLICINA (Fries. Myc. eur. 2. p. 437). Taches amphigènes, cendrées, couvrant des groupes de réceptacles; ceux-ci
sont globuleux, rapprochés, luisants, un peu papillés, proéminents, astomes étant jeunes. Sur les feuilles des Allium au
Jardin botanique de Gand (M. Kickx).

845. S. SETACEA (Pers. Syn. 62). Dryinosphæra setacea Dum.
Réceptacles épars, très-petits, globuleux, immergés, surmontés d'un ostiole qui s'élève à 1 millimètre au-dessus de l'épiderme, sous la forme d'un poil noir, grêle, acéré. Sur les deux
faces des feuilles du chêne.

846. S. PERFORANS (Rob. Desm. Mém. Soc. roy. sc. ann. 1843).
Réceptacles immergés, très-petits, épars, noirs, elliptiques;
loges pleines d'une matière blanche, contenant des sporidies
ovales, hyalines, biloculaires; ostioles perforants, très-courts,
orbiculaires, convexes, percés d'un pore, se montrant sur la
surface supérieure des feuilles sous la forme de points noirs,
épars. Sur les feuilles de l'Ammophila arenaria, dans les dunes.

847. S. ISARIPHORA (Desm. Pl. crypt. n° 1291). Réceptacles très-
petits, globuleux, déprimés, épars, noirs, presque toujours
recouverts par l'épiderme; ostiole poriforme; thèques à membrane double, à sporidies ovoïdes-oblongues d'un vert pellu-

Sphæria.

cide. Sur les feuilles mourantes du Stellaria holostea.

848. S. ERYNGII (Wallr. Comp. Fl. germ). Réceptacles petits, épars ou rapprochés, proéminents, remplis d'une matière blanchâtre, formant des taches anguleuses, visibles des deux côtés de la feuille. Sur les feuilles mortes de l'Eryngium maritimum dans les dunes.

849. S. SEPTORIOÏDES (Desm. Ann. sc. nat. 5ᵉ sér. t. 6. p. 81). Taches hypophylles, petites, devenant plus grandes, suborbiculaires, d'un brun olivacé; réceptacles hypophylles, punctiformes, très-petits, très-nombreux, innés, proéminents, globuleux, brunâtres en dehors, blancs en dedans, s'ouvrant par un pore dilaté; thèques linéaires; sporidies très-petites, cylindriques; 2 sporules opaques. Sur les feuilles mourantes de l'acer campestris.

VAR. β. FRAXINI (Nob.). Sur les feuilles du frêne.

850. S. CEUTHOSPORIOÏDES (Desm. Pl. crypt. nᵒ 1763). Espèce amphigène, à réceptacles peu nombreux, noircissant l'épiderme qui les recouvre; ostiole perçant l'épiderme, papilliforme; nucleus blanc; ascies subfusiformes; sporidies oblongues, atténuées aux deux bouts; 4 sporules hyalines. Sur les feuilles sèches du Prunus lauro-cerasus.

851. S. PUSTULA (Pers. Syn. p. 91). Cette espèce a été confondue avec le Phoma pustula Fries, mais elle en diffère par des thèques claviformes, à double membrane, contenant 8-10 sporidies noires, fusiformes, à 5 cloisons, tandis que le dernier a le nucleus formé par un grand nombre de sporidies hyalines, ovales, très-petites. Trouvée à Namur sur les feuilles mortes du chêne par M. Bellynck.

852. S. LAURO-CERASI (Desm. Pl. crypt. nᵒ 1282). Réceptacles épars ou rapprochés, très-petits, inégaux, noirs, luisants, globuleux, d'abord recouverts par l'épiderme, devenant ensuite libres, s'affaissant et s'ouvrant irrégulièrement; thèques libres, cylindriques, hyalins, droits, obtus aux deux bouts, contenant chacun 4 sporules globuleux. Sur les feuilles mortes et tombées du Prunus lauro-cerasus.

Sphæria.

853. S. STIPITATA (Lib. Crypt. ard. n° 343). Réceptacles rapprochés, petits, globuleux-ovoïdes, d'un rose olivacé, se développant dans un subiculum étalé, mince, tomenteux; thèques linéaires; sporidies unisériées, globuleuses. Sur les feuilles mortes tombées à terre. En automne.

854. S. ATOMUS (Desm. Pl. Crypt. fasc. XXIV). Taches brunes, arrondies, larges de 5 à 10 millimètres, non limitées, portant des réceptacles extrêmement petits, très-nombreux, épars, d'un brun foncé, innés, d'abord convexes, puis s'affaissant au centre; sporidies inconnues. Sur la face supérieure des feuilles mourantes ou presque desséchées du chêne.

855. S. LUGUBRIS (Rob. in Herb.). Taches épiphylles, couleur de poix, petites, éparses; périthécions presque solitaires, immergés, noirs, globuleux, devenant plus tard déprimés; ostiole court, presque conique, perçant l'épiderme; thèques grands, cylindriques; 8 sporidies disposées sur une seule série, ellipsoïdes, subacuminées, brunes, semi-opaques. Sur les feuilles de l'Ammophila arenaria.

856. S. PERPUSILLA (Desm. l. c.). Espèce épiphylle, à périthécions microscopiques, épars, d'un noir brunâtre, innés, proéminents, percés d'un pore; thèques tubuleux; sporidies ovoïdes, oblongues. Sur les feuilles sèches de l'Arundo phragmites.

SECTION V. — *Espèces naissant sur les excréments.*

857. S. STERCORIS (DC. Fl. fr. 2. p. 294). S. stercoraria var. stercoris Fries. Espèce très-petite, d'abord couverte, ensuite émergée, proéminente, punctiforme; réceptacles noirs, ovoïdes, luisants, tombants, à ostiole poreux. Sur les bouses des vaches. Dans les dunes.

858. S. COPROPHILA (Fries Syst. myc. t. 2. p. 342). Espèce étalée d'environ 2 à 3 centimètres, tomenteuse, rugueuse, privée de stroma propre; réceptacles subglobuleux, connés, noirs, couverts d'un tomentum blanc, mince, peu durable;

papilles noires, globuleuses. Dans les dunes, sur les crottins d'âne.

859. S. FIMETI (Pers. Syn. 64). Croûte noire ou d'un blanc cendré, largement étalée, à réceptacles immergés, rapprochés, oblongs, noirs, solitaires ou agrégés, à ostioles allongés, coniques, émergés, un peu obliques. Dans la Campine, sur les bouses des vaches.

860. S. FIMICOLA (Rob. in herb.). Périthécions noirs, très-petits, nombreux, rapprochés, globuleux; ostioles épars; ascies cylindriques; 8 sporules un peu opaques, ovoïdes, disposées sur une seule série. Sur les crottins de cheval.

Je l'ai trouvé dans les bruyères de la Campine.

7. DIPLODIA. Fries.

Réceptacles épars, percés d'une ostiole, à sporidies oblongues, divisées intérieurement par des cloisons transversales; ascidies nulles.

861. D. CORCHORI (Hook. engl. Bot.). Sphæria corchori Desm. Sph. kerriæ Berk. Périthécions épars, nombreux, noirs, opaques, très-petits, globuleux, presque couverts, astomes, blanchâtres en dedans; sporidies obtuses, pédicellées, brunes, biloculaires. Sur les tiges du Corchorus japonicus.

862. D. VISCI (Kickx. Fl. crypt. Fl. cent. 1. f. 21). Sphæria visci DC. Sph. atrovirens Fries. Sporidies elliptiques-oblongues, obtuses, pédicellées, 2-3-loculaires, chaque loge contenant 1-2 spores. Dans la Flandre occidentale sur le gui.

863. D. VITICOLA (Desm. Crypt. fasc. xx. n° 989). Réceptacles noirs, globuleux, épars, souvent confluents; sporidies brunes, souvent elliptiques, obtuses aux deux bouts, un peu étranglées au milieu. Sur les sarments de la vigne au mois de décembre.

864. D. RUDIS (Desm. in Litt.). Sphæria rudis Fries. Réceptacles d'un noir fuligineux, globuleux-déprimés, à col obtus, grands,

Diplodia.

rapprochés, le plus souvent glabres, recouverts par l'épiderme qu'ils percent sans devenir proéminents, enfoncés dans l'écorce, plongés dans un stroma crustacé, noir, largement étalé, mince, inégal; sporidies grosses, brunâtres, oblongues, obtuses. Sur les troncs et les rameaux du Cytisus laburnum.

865. D. ILICICOLA (Desm. Crypt. fasc. xx. n° 988). Réceptacles innés, orbiculaires, convexes, perçant l'épiderme sous forme d'un petit tubercule noir, à centre blanchâtre; thèques nuls; sporidies nombreuses, grosses, elliptiques, obtuses, un peu étranglées au milieu. Sur les feuilles mortes du houx.

866. D. PUSTULOSA (Lev. Ann. sc. nat. 3e sér. t. 5. p. 291). Réceptacles épars ou rapprochés, globuleux, innés, noirs au dedans; ostioles coniques, devenant caducs; sporules ovoïdes, obtuses, opaques, biloculaires. Sur les arbres morts. Trouvé sur un tilleul à Courtrai.

867. D. TRUNCATA (Lev. Ann. sc. nat. 3e sér. p. 290). Réceptacles charnus, compactes, blancs, tronqués, entourés des débris de l'épiderme; sporidies petites, ovales, allongées, biloculaires, blanches. Sur les rameaux du marronnier d'Inde.

868. D. HEDERÆ (Desm. Ann. sc. nat. 3e sér. t. XI. not. 17. n° 21). Réceptacles épars, nombreux, petits, innés, proéminents; ostioles papillaires, noirs; sporidies brunes, petites, oblongues, obtuses aux deux bouts. Sur les feuilles mortes du lierre. Aux environs de Courtrai (M. Wallais).

869. D. SALICINA (Lev. l. c. p. 292). Conceptacles agrégés, innés, globuleux, noirs, rompant l'épiderme dont ils sont couverts; ostioles papillaires, finissant par tomber. Sur les rameaux du saule blanc.

870. D. XYLOSTEI (West.). Sphæria inquinans var. xylostei Pers. Sph. xylostei Fries. Réceptacles agrégés, globuleux, d'abord immergés, puis devenant proéminents au milieu d'une tache noire, finissant par s'ouvrir. Sur les rameaux morts du chèvrefeuille.

Diplodia.

871. **D. congesta** (Lev. l. c. 290). Conceptacles agrégés, globuleux, innés, noirs, rompant l'épiderme qui les entoure de ses débris; ostioles proéminents. Sur les rameaux du noyer.

872. **D. acerina** (Lev. Ann. sc. nat. 3ᵉ sér. ann. 1846). Conceptacles globuleux, innés, noirs, disposés en séries linéaires, couverts de l'épiderme fendu; ostioles peu apparents. Sur les écorces de l'Acer pseudo-platanus.

873. **D. rhododendri** (West. l. c. p. 15). Réceptacles hypophylles, punctiformes, épars, d'un noir mat, semi-immergés, hémisphériques, à ostiole papilliforme; sporidies d'abord blanches, puis brunes, ovales, cloisonnées. Sur les feuilles d'un Rhododendrum arboreum, à Namur (M. Bellynck).

874. **D. lilacis** (West. l. c. p. 16). Réceptacles noirs, épars, très-petits, d'abord immergés, puis entourés des débris de l'épiderme; ostiole papilliforme, très-petit, noir; sporidies ovales, cloisonnées, se répandant sous forme de poussière noire. Sur les rameaux et les branches mortes du lilas commun.

8. Hyphasma. Rebt.

Réceptacles s'ouvrant par un ostiole mamelonné, innés ou sessiles sur un stroma spongieux, plus ou moins feutré.

875. **H. thelena** (Kickx. Fl. crypt. Fl. c. 2. f. 23). Subiculum tomenteux, brun, épais, disparaissant avec l'âge; périthécions noirâtres, lisses, fragiles, globuleux, déprimés au sommet qui est mamelonné, s'allongeant ensuite pour devenir claviforme. Sur le bois mort.

876. **H. glandiferum** (Kickx. Fl. crypt. Louv. f. 118). Sphæria byssiseda Pers. Sph. aquila Fries. Sph. byssiseda β. Tode. Stroma brun, plus ou moins compacte, étalé; périthécions globuleux, mamelonnés, brunâtres, noirs au sommet, devenant proéminents, s'épaississant à leur moitié inférieure et imitant assez bien un gland de chêne. Sur le bois et les écorces.

Hyphasma.

\ **877. H. GRISEO-FUSCUM** (Rbt. Kickx. l. c.). Sphæria byssiseda
Fries. Sph. byssiseda var α Tode. Stroma d'un gris brunâtre,
fibreux, lâche, un peu étalé; périthécions plus petits que dans
l'espèce précédente, déprimés, mamelonnés, luisants, cendrés,
épars, presque sessiles. Sur les branches mortes du saule.

878. H. TRISTE (Kickx l. c.). Stroma noir, terne, mince, très-
étalé, byssoïde et feutré; réceptacles concolores, très-nombreux, petits, globuleux, mamelonnés, rugueux, s'affaissant et
devenant concaves; ostioles caducs. Sur les écorces pourrissantes du hêtre.

879. H RACODIUM (West. Crypt. ined. f. 6). Sphæria racodium
Pers. Stigmatisphæra racodium Dum. Réceptacles solitaires
ou agrégés, globuleux, noirs, rugueux et recouverts de poils
courts, roides, concolores; ostiole papilliforme; subiculum
large, tomenteux, brun, noirâtre, contenant les réceptacles
cachés. Trouvé près d'Ypres par M. Wallais.

9. HINDERSONIA. Berk. Desm.

Réceptacles cornés, superficiels, innés ou immergés,
percés par un pore au sommet ou ouverts irrégulièrement,
ou par un ostiole punctiforme, plus ou moins cylindrique;
thèques nuls; sporidies de formes variées, devenant libres;
sporules plus ou moins nombreuses, globuleuses, ou cylindriques, ou discoïdes.

880. H. MACULANS (Lev. Ann. sc. nat.). Sporocadus maculans
Corda. Taches d'un blanc laiteux, arrondies, indéterminées,
formées par l'épiderme décoloré; réceptacles épars, déprimés,
enfoncés, saillants seulement au sommet qui est percé d'un
pore; sporidies fusiformes, oblongues, à 4 loges. Sur les feuilles
du Camelia japonica, dans les serres.

881. H. YUCCÆ (Kickx. Crypt. fl. fasc. 4. f. 28). Sphæria yuccæ
Fries. Taches noires, petites, subarrondies, souvent confluentes, non proéminentes, pénétrant profondément dans la substance de la feuille; réceptacles immergés entièrement, globu-

Hindersonia.

leux, à ostiole punctiforme; thèques nuls; sporidies bleuâtres, oblongues, obtuses, à 3 cloisons. Sur les feuilles des yucca, dans les jardins.

882. H. SARMENTORUM (West. Crypt. inéd. belg. f. 14). Réceptacles immergés, aplatis, d'un brun foncé, couverts par l'épiderme qui se déchire en lambeaux et découvre l'ostiole qui est poriforme; sporidies bleuâtres, pyriformes, à 3 cloisons. Sur les sarments de la vigne.

883. H. UREDINÆCOLA (Desm. Not. 17. p. 19). Espèce agrégée, très-petite, à périthécions globuleux, noirs, luisants, ouverts par un pore; sporidies hyalines, oblongues, droites, un peu naviculaires; 4 sporules petites, globuleuses, écartées, hyalines. Parasite sur de vieilles pustules de Puccinia et d'Uredo.

884. H. CAULICOLA (Desm. l. c. p. 18). Périthécions petits, un peu épars, nombreux, presque couverts par l'épiderme rompu, convexes, astomes, arrondis, ou ovales, ou un peu difformes, se contractant par la sécheresse; thèques courts, épais; sporidies oblongues, droites, obtuses aux deux bouts, hyalines; 2 à 3 sporules, ovales, globuleuses. Sur les tiges de plusieurs espèces de Polygonum.

885. H. SUBSERIATA (Desm. Ann. Sc. nat. p. 69. n° 13). Périthécions rompant l'épiderme, noirs, disposés un peu en séries, très-petits, globuleux ou oblongs; nucleus blanchâtre d'abord, ensuite grisâtre; sporidies fusiformes, munies de 3 à 6 cloisons; 4 à 7 sporules globuleuses, hyalines. Sur les chaumes des graminées; il a été trouvé sur l'Enodium cæruleum.

10. DEPAZEA. Fries. Obs. 2. p. 264. Phyllosticta. Pers. Sphæria lichenoïdes. DC. Fl. fr.

Sphéries simples; réceptacles couverts de l'épiderme, s'ouvrant au sommet par un pore ou par un opercule, formés dans une tache produite par la décoloration du parenchyme de la feuille.

886. D. BUXICOLA (Fries. Syst. myc. 2. 328. Sphæria). Sur des taches blanches ovales et oblongues, on voit des réceptacles

Depazea.

hypophylles épars, légèrement convexes et noirs. Sur les feuilles du buis. Commun aux environs de Namur.

887. D. ILICICOLA (Fries. ined. in litt. ad cl. Moug. Sphæria). Réceptacles épars, hémisphériques, noirs, blancs en dedans, perçant l'épiderme, posés dans des taches roussâtres, blanches au centre et bordées de violet. Cette espèce est épiphylle. Les taches sont souvent confluentes, d'un noir verdâtre en dessous, ayant 4 à 6 millimètres de largeur. Sur les feuilles du houx. Il n'est pas rare aux environs de Dinant et de Namur.

888. D. HEDERÆCOLA (Fries. l. c. Sphæria). Phyllosticta hyalina Pers. Septoria hederæ Desm. Réceptacles épiphylles, groupés ou épars, globuleux, noirs, posés dans des taches blanches, orbiculaires ou irrégulières, entourées d'une large bordure brune. Sur les feuilles du lierre.

889. D. FAGICOLA (Fries. l. c. Sphæria). Réceptacles très-rapprochés, globuleux, luisants, noirs, naissant dans des taches subarrondies de 2 à 4 millimètres, généralement sans bordure et rarement bordées de brun. Sur les feuilles sèches du hêtre.

890. D. TREMULÆCOLA (Fries. l. c. Sphæria). Réceptacles hypophylles, épars, déprimés, sphériques, dont la partie supérieure tombe et laisse la base, qui est blanche, cupuliforme, avec un point noir au milieu. Les taches ont un centimètre et plus de largeur, elles sont cendrées et ont une large bordure brune. Sur les feuilles languissantes du tremble.

891. D. ACERICOLA (Duby. Bot. gall. p. 711. Sphæria). Réceptacles épiphylles, orbiculaires, déprimés, noirs, petits, épars, d'un blanc grisâtre au centre, placés dans des taches larges, indéterminées, d'un rouge fauve, confluentes. Sur les feuilles des érables.

892. D. CORNICOLA (Fries. l. c. Sphæria). Réceptacles le plus souvent épiphylles, épars, orbiculaires, déprimés au centre, placés sur des taches arrondies de 2 à 4 millimètres, grisâtres, avec une bordure d'un brun pourpré. Sur les feuilles du Cornus mas.

893. D. ÆSCULICOLA (Fries. l. c. Sphæria). Réceptacles épiphyl-

Depazea.

les, solitaires, déprimés-excavés, noirâtres, blancs au centre, naissant dans des taches de 2 millimètres environ, orbiculaires, blanchâtres, bordées de brun. Sur les feuilles de l'Æsculus hippocastanum.

894. **D. RHAMNICOLA** (Duby Bot. gall. p. 712. Sphæria). Réceptacles épiphylles, très-petits, peu abondants, concaves, noirs avec le centre pellucide, presque tous placés au milieu de taches ovalaires-orbiculaires, de 2 à 4 millimètres, d'un blanc brunâtre, bordées de brun. Sur les feuilles du Rhamnus catharticus.

895. **D. RUBI** (Duby. l c. Sphæria). Réceptacles épars, très-petits, convexes, noirs, un peu proéminents, placés dans des taches petites, larges à peine de 1 à 2 millimètres, irrégulières, épiphylles, blanches ou un peu cendrées. Sur les feuilles du Rubus fruticosus.

896. **D. CRUENTA** (Fries. l. c Sphæria). Sphæria lichenoïdes Var. convallariæ DC. Réceptacles épiphylles, épars, arrondis, noirs, lisses, perçant l'épiderme, naissant dans des taches rougeâtres de 8 à 10 millimètres, bordées de couleur rouge-sanguine. Sur les feuilles des Convallaria polygonatum, multiflora et maialis.

897. **D. FRONDICOLA** (Fries. Obs. 2. t. 5. f. 6.7). Réceptacles presque toujours hypophylles, épars, déprimés, nombreux, à disque cupulaire, blanc, avec un point noir au milieu, se développant sur des taches blanchâtres, oblongues, larges de 2 à 12 millimètres, bordées de brun. Sur les feuilles vivantes de différentes espèces de peupliers.

898. **D. VIOLÆ** (Desm. Ann. Sc. nat. Phyllosticta). Réceptacles nombreux, microscopiques, bruns, placés sur des taches blanches, arrondies, éparses ou confluentes; thèques blancs; sporidies très-petites, droites, un peu cylindriques. Sur les feuilles languissantes du Viola odorata.

899. **D. PRIMULÆCOLA** (Desm. l. c.). Réceptacles nombreux, épiphylles, proéminents, globuleux, noirs, luisants, posés sur des taches grandes, blanchâtres, souvent limitées de jaune. Sur les feuilles languissantes des primevères.

Depazea.

900. **D. MERCURIALIS** (Desm. l. c. Phyllosticta). Taches blanches, petites, indéterminées, quelquefois confluentes, portant des réceptacles épiphylles, innés, d'un brun noirâtre, ouverts au sommet. Sur les feuilles du Mercurialis annua.

901. **D. PURPURASCENS** (Kickx. Fl. crypt. louv. p. 124). Taches grises ou blanches, translucides, suborbiculaires, bordées d'une ligne noire, qui est à son tour entourée d'une aréole pourprée plus ou moins large; réceptacles épiphylles, très-petits, d'un brun noirâtre; ascidies fusiformes, courbées, contenant 1 à 7 sporules. Sur les feuilles de diverses plantes.

> VAR. *α*. FRAGARIÆCOLA (Wallr.). Sur les feuilles du fraisier.

> VAR. *β*. SCABIOSÆCOLA (Desm.). Sur les feuilles du Scabiosa arvensis.

> VAR. *γ*. AJUGÆCOLA (West.). Sur les feuilles des Ajuga reptans et pyramidalis.

> VAR. *δ*. SCROPHULARIÆ (West.). Sur les feuilles du Scrophularia nodosa.

> VAR. *ξ*. EUPHORBIÆ (West.). Sur les feuilles de plusieurs espèces d'euphorbes.

902. **D. VINCÆ** (Chev. Fl. par. t. 1. p. 455). Réceptacles très-proéminents, globuleux, noirs, épars, à sommet percé d'un pore très-petit, remplis d'une matière blanchâtre, naissant sur des taches réticulées Sur les feuilles de la petite pervenche.

903. **D. ASCLEPIADICOLA** (Nob.). Sphæria vagans Var. asclepiadicola Fries. Réceptacles nombreux, petits, épars, noirs, couvrant des taches blanches de 2 à 7 millimètres, irrégulières, ceintes d'une bordure brunâtre. Sur les feuilles de l'Asclepias vincetoxicum.

904. **D. BRASSICÆ** (West. Phyllosticta). Sphæria vagans Var. brassicæ DC. Réceptacles noirs, nombreux, épars, percés d'un pore, se développant dans des taches assez grandes, arrondies, souvent confluentes, verdâtres, blanchâtres au centre; sporidies ovoïdes contenant 2 à 5 sporules globuleuses transpa-

rentes. Sur les feuilles de chou, surtout sur celles du colza.

905. D. LONICERÆ (West. Phyllosticta). Réceptacles microscopiques, d'un brun foncé, à pore simple, placés au centre de taches éparses, très-petites, ovalaires ou anguleuses, bordées de brun. Hypophylle sur les feuilles des chèvrefeuilles.

906. D. LATHYRI (Nob.) Réceptacles nombreux, petits, épars, noirs, globuleux, luisants, naissant dans des taches d'un blanc jaunâtre, allongées, irrégulières. Épiphylle sur les feuilles du Lathyrus sylvestris.

On a encore observé plusieurs autres espèces de ce genre en Belgique, je me contente de les indiquer pour éviter de répéter des descriptions presque toujours analogues de cryptogames qui ne peuvent guère être distinguées que par les plantes sur lesquelles elles se développent.

907. D. CIRSII (Desm. Pl. crypt. n° 1652. Phyllosticta). Sur les feuilles du Cirsium palustre.

908. D. SYRINGÆ (West. Phyllosticta). Sur les feuilles du lilas commun.

909. D. CORYLI (West. Phyllosticta). Sur les feuilles du Corylus avellana.

910. D. SAMBUCI (West. Phyllosticta). Sur les feuilles du sureau.

911. D. ASCLEPIADEARUM (West. Phyllosticta). Sur les feuilles de l'Asclepias carnosa.

912. D. CAMELIÆ (West. Phyllosticta). Sur les feuilles du Camelia.

913. D. AUCUBÆ (Nob.). Sur les feuilles de l'Aucuba japonica.

914. D. ANDROMEDÆ (West. Phyllosticta). Sur les feuilles de différentes espèces d'andromède cultivées dans des jardins à Gand et à Bruxelles.

915. D. LAURI (West. Phyllosticta). Sur les feuilles du Laurus nobilis.

916. D. RHODODENDRI (West. Phyllosticta). Sur les feuilles languissantes des Rhododendrons.

917. D. CYTISI (Desm. Sc. nat.). Ascochyta cytisi Lib. D. liche-

noïdes Var. cytisi Kickx. Sur les feuilles du Cytisus laburnum.

918. D. PARIDICOLA (Nob.) D. vagans Var. paridicola Fries. Épiphylle sur les feuilles du Paris quadrifolia.

919. D. PLANTAGINIS (Nob.). Sur les feuilles des Plantago major et lanceolata.

920. D. QUERCÛS-ILICIS (Nob.). Sur les feuilles du Quercus ilex. Au jardin botanique de Bruxelles.

921. D. FRAXINI (West. Phyllosticta). Sur les feuilles du frêne. Champion près Namur (M. Bellynck).

922. D. KALMIÆ (Nob.). Sur les feuilles d'un Kalmia latifolia à Dinant.

923. D. QUERCICOLA (Nob.). Sur les feuilles du Quercus xalapensis dans l'établissement de M. Galeotti à Bruxelles.

924. D. SORBI (Leburton. Phyllosticta). Sur les feuilles du Sorbus aucuparia.

925. D. VULGARIS (Desm. Phyllosticta). Sur les feuilles des différentes espèces d'arbres.

> VAR. β. PHILADELPHII (Desm.). Sur les feuilles du Philadelphus coronarius à Louvain (M. Leburton).

> VAR. δ. CERASI (Desm.). Sur les feuilles du Prunus virginiana à Courtrai (M. Wallais).

926. D. HELLEBORI (Nob.). Sur les feuilles de l'Helleborus viridis. Herten (Limbourg).

927. D. LAURO-CERASI (Nob.). Sur les feuilles du laurier-cerise.

928. D. NERII (West. Bell. Cat. crypt. Nam. Phyllosticta). Sur les feuilles du Nerium oleander. Namur, Dinant, Bruxelles.

Plus on recherchera les cryptogames, plus on trouvera d'espèces de ce genre; je pense que Fries avait bien fait d'en réunir un grand nombre sous le nom spécifique de vagans, ainsi que Decandolle sous celui de sphæria lichenoïdes. Toutes les espèces ne sont peut-être que des variétés produites par les plantes sur lesquelles elles habitent. On peut en dire autant du genre suivant.

J'ai conservé le nom générique de Depazea, créé par Fries, quoique ce genre, comme il a été formé par ce célèbre auteur, renferme plusieurs espèces qui doivent être portées dans les genres Septoria, Cheilaria, Lepthothyrium, etc.

11. SEPTORIA. Fries.

Réceptacles souvent placés dans des taches qui se voient sur les feuilles, rarement sur les écorces; sporidies cylindriques, tronquées aux deux extrémités, contenant 5 à 6 sporules.

Les espèces composant ce genre sont nombreuses et se ressemblent presque toutes; elles se trouvent sur le plus grand nombre des plantes phanérogames, et les personnes qui s'occupent maintenant de cryptogamie en découvrent tous les jours de nouvelles espèces. Je regarde comme à peu près inutile de les décrire, et je me contenterai de citer les noms de celles qui ont été signalées jusqu'à ce jour, ou que j'ai découvertes moi-même.

929. S. ACERIS (Lib. Crypt. ard. n° 54. Ascochyta). Sur les feuilles des Acer campestris et pseudo-platanus.

930. S. ÆGOPODII (Nob.). Sur les feuilles de l'Ægopodium podagraria.

931. S. ÆSCULI (West. l. c. p. 17). Ascochyta æsculi Lib. Crypt. ard. Sur les feuilles de l'Æsculus hippocastanum.

932. S. ALCHIMILLÆ (Nob.). Trouvé à Dinant sur les feuilles de l'Alchimilla vulgaris.

933. S. ALLIORUM (West. l. c. p. 19). Épiphylle sur les feuilles du poireau. Menin (M. Wallais).

934. S. ANEMONES (Desm.). Sur les feuilles vivantes de l'Anemone nemorosa.

935. S. ANTIRRHINI (West.). S. heterochroa var. Desm. Sur les feuilles de l'Antirrhinum majus. Namur (M. Bellynck).

936. S. ARI (Desm.). Sur les feuilles de l'Arum vulgare. Ruremonde (Limbourg).

Septoria.

957. S. ASTRAGALI (Rob.). Sur les feuilles de l'Astragalus glycyphyllos. Horn (Limbourg).

958. S. ATRIPLICIS (West.). Sur les feuilles de différentes espèces
d'Atriplex.

959. S. BETÆ (West.). Sur les feuilles de la betterave. Courtrai
(Flandre), Laeken (Brabant), Marche-les-Dames (Namur).

940. S. BRASSICÆ (West.). Sur les feuilles languissantes de différentes espèces de chou.

941. S. BUPLEVRI (Desm.). Sur les feuilles du Buplevrum falcatum. Dinant.

942. S. BUXI (Bell.). Sur les feuilles mortes du buis. Namur et
Dinant.

943. S. CALAMAGROSTIS (Lib. Crypt. ard. n° 156. Ascochyta). Sur
les feuilles du Calamagrostis sylvatica.

944. S. CALYSTEGIÆ (West.). Épiphylle sur les feuilles du Calys-
tegia soldanella. Dans les dunes.

945. S. CAMPANULÆ (Nob.). Sur les feuilles de plusieurs espèces
de campanules.

946. S? CAULIUM (Lib. Crypt. ard. n° 248. Ascochyta). Sur les tiges
des grandes plantes herbacées.

947. S. CERASTII (Rob. Desm. Pl. crypt. n° 1784). Sur les feuilles
languissantes du Cerastium vulgare.

948. S. CHELIDONII (Desm.). Depazea chelidonii Fries. Ascochyta chelidonii Lib. Sur les feuilles de la chélidoine.

949. S. CHENOPODII (West.). Sur les feuilles languissantes du Chenopodium viride.

950. S. CINERARIÆ (Nob.). Sur les feuilles du Cineraria maritima.
Dans les dunes.

951. S. CONVOLVULI (Desm.). Depazea gentianæcola Var. convolvuli Fries. Sur les feuilles des Convolvulus sepium et arvensis.

952. S. DIANTHI (Desm.) Sur les feuilles de quelques espèces de
Dianthus et de Silene.

VAR. α. SAPONARIÆ (Desm.). Sur les feuilles de la sapo-
naire.

Septoria.

953. S. DIGITALIS (Nob.). Sur les feuilles du Digitalis intermedia. Dinant.

954. S. EBULI (Rob.). Sur les feuilles du Sambucus ebulus. Auderghem (Brabant).

955. S. EFFUSA (Lib. Crypt. ard. n° 355. Ascochyta). Sur les feuilles du Prunus padus.

956. S. EPILOBII (West.). Sur les feuilles des épilobes.

957. S. ERYSIMI (Nob.). Sur les feuilles du Sisymbrium officinale et de quelques autres crucifères.

958. S. FICARIÆ (Desm.) Sur les feuilles du Ficaria ranunculoïdes.

959. S. FRAGARIÆ (Desm.) Sur les feuilles du fraisier et sur celles du Potentilla fragaria.

960. S. GALEOPDOLONIS (Nob.). Sur les feuilles du Galeopdolon luteum.

961. S. GALEOPSIDIS (Nob.). Sur les feuilles du Galeopsis tetrahit.

962. S. GEI (Rob.). Sur les feuilles du Geum urbanum.

963. S. GLECHOMÆ (Nob.). Sur les feuilles du Glechoma hederacea.

964. S. GLOBULARIÆ (Nob.). Sur les feuilles du Globularia vulgaris. Dinant (Namur).

965. S. GRAMINUM (Desm.). Sphæria recutita Fries. Sur les feuilles de plusieurs espèces de graminées.

966. S. HUMULI (West.). Sur les feuilles du houblon.

967. S. HYDROCOTYLES (West. II. C. B. n° 41). Sur les feuilles de l'Hydrocotyle vulgaris.

968. S. HYPERICI (Lib. Ascochyta). Sur les feuilles de l'Hypericum elodes.

969. S. INULÆ (Nob.). Sur les feuilles des Inula dysenterica et pulicaria, dans la Campine.

970. S. IRIDIS (Nob.). Sur les feuilles de l'Iris germanica.

971. S. JUGLANDIS (Nob.). Sur les feuilles du Juglans regia.

972. S. LAMII (West. in Bell.). S. heterochroa Var. lamii Desm. Sur les feuilles des Lamium album, maculatum, etc.

Septoria.

975. S. LEPIDII (Desm. Pl. crypt. nº 1177). Sur les feuilles languissantes du Lepidium campestre. Les Grands-Malades près de Namur.

974. S. LEONTODONIS (Nob.). Sur les feuilles du Leontodon taraxacum.

975. S. LEVISTICI (West.). Sur le feuilles du Levisticum officinale. Marche-les-Dames (Namur). M. Bellynck.

976. S. LIGUSTRI (Nob.). Sur les feuilles du Ligustrum vulgare.

977. S. LYCHNIDIS (Desm.) Sur les feuilles du Lychnis sylvestris.

978. S. LYSIMACHIÆ (West.). Sur les feuilles des Lysimachia vulgaris et nummularia.

979. S. MENYANTHIDIS (Lib. Crypt. ard. Ascochyta). Sur les feuilles du Menyanthes trifoliata.

980. S. MESPILI (Nob.). Sur les feuilles du Mespilus germanica.

981. S. MORI (Lev.). Cheilaria mori Desm. Sur les feuilles du Morus alba. Uccle près Bruxelles.

982. S. NEBULOSA (Desm.). Sur les feuilles et les tiges du persil.

983. S. ORCHIDEARUM (West.) Sur les feuilles de plusieurs espèces d'orchidées.

984. S. OXYACANTHÆ (Kunze). Sur les feuilles du Cratægus oxyacantha.

985. S. PÆONIÆ (West.). Sur les feuilles de la pivoine.

986. S. PASTINACÆ (West.). Presque toujours épiphylle sur les feuilles du Pastinaca sativa.

987. S. PETROSELINI (Desm.). Sur les feuilles languissantes du persil.

988. S. PHACIDIOÏDES (Desm.). Phacidium buxi Franck. Sur les feuilles du buis.

989. S. PHYTEUMÆ (Nob.). Sur les feuilles des Phyteuma spicata et orbiculata.

990. S. PISI (Lib. Crypt. ard. nº 59. Ascochyta). S. leguminum

Desm. Sur les gousses et sur les feuilles des Pisum arvense et sativum, et sur les gousses des haricots.

991. S. POLYGONORUM (Desm.). Sur les feuilles des Polygonum persicaria et amphibium.

992. S. POPULI (Desm.). Sur les feuilles des Populus nigra et fastigiata.

993. S. PRUNI (Nob.). Sur les feuilles du Prunus spinosa.

994. S. PSEUDO-PLATANI (Rob. in Desm.). Sur les feuilles de l'Acer pseudo-platanus.

995. S. PYRETHRI (West.) Sur les feuilles languissantes du Pyrethrum parthenium.

996. S. ´PYRI (West.). S. pyricola Desm. Sur les feuilles du poirier, rarement sur celles du pommier.

997. S. QUERCINA (Desm. Ann. sc. nat.). Sur les feuilles du chêne. Courtrai (Flandre occidentale), Marche-les-Dames, Wartez (Namur).

998. S. RANUNCULI (West.). Sur les feuilles des Ranunculus sceleratus et lingua.

999. S. RESEDÆ (Nob.). Sur les feuilles des Reseda luteola et lutea.

1000. S. RIBIS (Desm.). Sur les feuilles du groseillier rouge.

1001. S. ROBINIÆ (Lib. Crypt. ard. n° 557. Ascochyta). Sur les feuilles du Robinia pseudo-acacia.

1002. S. ROSÆ (Desm.). Sur les feuilles de plusieurs espèces de rosiers.

1003. S. ROSARUM (West.). S. rosæ β. minor H. C. B. n° 426. Sur les feuilles du rosier du Bengale.

1004. S. SAGITTARIÆ (Nob.). Sur les feuilles du Sagittaria sagittifolia. Vilvorde (Brabant).

1005. S. SALICIS (West.). Sur les feuilles du Salix argentea. Dans les dunes.

1006. S. SCYLLÆ (West.). Sur les feuilles du Scylla nutans. Courtrai (M. Wallais).

1007. S. SCORODONIÆ (Nob.). Sur les feuilles du Teucrium scorodonia.

Septoria.

1008. S. sedi (Lib. Crypt. ard. Ascochyta). Sur les feuilles du Sedum telephium.

1009. S. senecionis (West.). Sur les feuilles des Senecio vulgaris et sarracenicus.

1010. S. solani (Nob.). Sur les feuilles du Solanum nigrum. Le S. dulcamaræ de M. Desmazières pourrait bien appartenir à cette même espèce.

1011. S. spinaciæ (West.). Sur les feuilles mourantes de l'épinard. Bruges.

1012. S. stachydis (Rob. in Desm.). Sur la face supérieure du Stachys sylvatica.

1013. S. stellariæ (Desm.). Sur les feuilles des Stellaria media, holostea et graminea.

1014. S. symphyti (Nob.). Sur les feuilles du Symphytum officinale.

1015. S. tami (West.). Sur les feuilles du Tamus communis. Namur (M. Bellynck).

1016. S. tormentillæ (Nob.). Sur les feuilles du Potentilla tormentilla.

> Var. β. potentillæ (West.). Sur le Potentilla reptans.

1017. S. tussilaginis (West.). Sur les feuilles du Tussilago farfara. Courtrai.

1018. S. ulmi (Fries.). Sur les feuilles de l'Ulmus campestris.

1019. S. urticæ (Rob. in Desm.). Sur les feuilles des Urtica urens et dioïca.

1020. S. uvæ (Nob.). Sur les feuilles du Grossularia uva-crispa.

1021. S. verbenæ (West.). Sur les feuilles du Verbena officinalis.

1022. S. veronicæ (Rob. in Desm.). Sur les feuilles des Veronica agrestis et hederæfolia. Louvain (M. Leburton), Bruxelles (Nob.)

1023. S. viburni (West.). Sur les feuilles du Viburnum opulus. Bruxelles, Namur.

1024. S. viciæ (Lib. Crypt. ard. Ascochyta). Sur les feuilles du Vicia sepium.

Septoria.

1025. S. villarsiæ (Desm. Pl. Crypt. n° 1175). Sur les feuilles du Villarsia nymphoïdes.

1026. S. vincæ (Desm. l. c. n° 1550). Sur les feuilles de la pervenche. Courtrai, Bruxelles, Dinant.

1027. S. violarum (Nob.). Sur les feuilles du Viola tricolor Var. arvensis. Poilvache (Namur).

1028. S. violæ (West.). Sur les feuilles des Viola hirta, odorata et canina.

1029. S. virgaureæ (Desm.). Ascochyta virgaureæ Lib. Crypt. ard. Sur les feuilles du Solidago virga aurea.

1050. S. vitis (Lev. Ann. sc. nat.). Sur les feuilles languissantes de la vigne.

12. Cheilaria. Lib.

Périthécions difformes, arrondis, s'ouvrant par fentes; ascidies gélatineuses, rapprochées, un peu cirrheuses; sporidies globuleuses.

1051. C. helicis (Desm. Ann. sc. nat. 3ᵉ sér. t. 7. p. 27). Taches amphigènes, orbiculaires, d'un roux brunâtre, ceintes d'une ligne plus foncée; périthécions épiphylles, très-petits, couverts par l'épiderme, épars, nombreux, arrondis ou ovales, noirs, s'ouvrant par une ligne longitudinale; sporidies hyalines, oblongues, courbées ou droites, à sommet obtus, à base aiguë. Sur les feuilles du lierre.

1052. C. arbuti (Desm. Ann. sc. nat. juill. 1846). Petites taches fuligineuses· périthécions très-petits, agglomérés, noirs, luisants, saillants, arrondis ou oblongs, s'ouvrant par une fente; nucleus gélatineux, blanchâtre; sporidies ovoïdes. Sur les feuilles languissantes de l'Arbutus unedo au jardin botanique de Gand.

1055. C. aceris (Lib. Crypt. ard. f. 5. n° 255). Taches orbiculaires, d'un gris brunâtre; périthécions petits, arrondis-oblongs, noirs, s'ouvrant par une fente; pulpe brune;

Cheilaria.

thèques oblongs ; sporidies pellucides. Sur les feuilles de l'Acer campestris.

1034. C. HEBACLEI (Lib. Crypt. ard. f. 3. nº 254). Taches peu apparentes ; périthécions agrégés, un peu coniques, hémisphériques, luisants, noirs, s'ouvrant par une fente ; pulpe blanchâtre ; thèques fusiformes, courbés; sporidies pellucides. Sur les tiges de l'Heracleum sphondylium.

13. NEOTTIOSPORA. Desm. Nouv. not. p. 31.

Périthécions immergés, épars, sphériques, membraneux, à ostiole orbiculaire; nucleus gélatineux, expulsé comme une espèce de cirrhe; ascies nulles ; sporidies fusiformes, ornées de 3 à 4 fils très-ténus, terminaux; sporules globuleuses.

1035. N. CARICUM (Desm. Plant. crypt. ed. 1. nº 1358). Sphæria graminum Desm. Pl. ed. 1. nº 717. Espèce amphigène, à périthécions épars, petits, ferrugineux d'abord, devenant ensuite plus sombres, nichés dans le parenchyme de la feuille, couverts de l'épiderme devenu noirâtre; ostiole entier, noir; cirrhe épais, orangé; sporidies extrèmement petites, subhyalines; 3 à 4 sporules à peine distinctes. Sur les feuilles sèches des Carex riparia et paludosa. Saint-Odilienberg (Limbourg), Menin (Flandres).

14. THAMNOMYCES. Ehrh. Hor. phys. Berol. p. 80.

Stroma dressé, rameux, corné; réceptacles latéraux ou axillaires, émergés, perforés ou munis d'un col court; nucleus gélatineux; ascies tubuleuses; spores hétérogènes.

1036. T. HIPPOTRICHOÏDES (Ehrh. l. c.). Cryptothamnium usneæforme Wallr. Chænocarpus setosus Lev. Rhizomorpha setiformis γ. tuberculosa Roth. Stroma capillaire, cylindrique,

subulé vers le haut, simple ou rameux, dressé, flexueux, noirâtre, luisant étant frais, brunâtre et terne par la dessiccation,
portant des réceptacles latéraux, peu rapprochés, sessiles ou
subpédonculés, solitaires, concolores, peluchés, globuleux ou
ovales, prolongés en un ostiole papilliforme, qui s'ouvre par
un pore circulaire et qui renferme une gélatine diaphane;
sporidies ovoïdes, obtuses, nichées d'abord dans des thèques
subclaviformes. Dans les cours et les lieux sombres.

15. Dothidea. Fries. Obs. 2. p. 548.

Cellules réunies ou solitaires, renfermées dans un stroma, subarrondies, sans réceptacles propres, s'ouvrant par
un pore simple, remplies d'une matière céracée, composée
de thèques dressés, fixes, assez élevés. Tubercules charnus
noirâtres, rarement colorés, naissant sur le bois mort, les
rameaux et les feuilles vivantes.

1057. D. depazeoïdes (Desm. Crypt. fasc. 20. n° 981). Pustules
noires, orbiculaires, devenant confluentes et difformes; périthécions blancs, très-petits; thèques courts, gros, renflés en
massue; sporidies oblongues à 4 sporules globuleuses. Épiphylle sur la tache du Depazea buxicola.

1058. D. alchimillæ (Lib. Crypt. ard. f. 1. n° 66). Asteroma
alchimillæ Grev. Fibrilles rameuses, droites, noires, rayonnantes, formant des taches jaunâtres; périthécions petits, globuleux, noirs, couverts de petites soies dressées, percés d'un
pore; thèques claviformes, un peu courbés; sporidies oblongues, biloculaires-sessiles. Sur les feuilles de l'Alchimilla vulgaris.

1059. D. ribesia (Fries. Syst. myc. 2. p. 550). Sph. ribesia
Pers. Syn. 14. Tubercules déprimés, noirs en dedans et en
dehors, elliptiques; réceptacles petits, à périphérie blanche, s'ouvrant tranversalement, à disque canaliculé, tantôt

lisse, tantôt granuleux par l'effet des ostioles saillants. L'hiver,
sur les rameaux morts du groseillier rouge.

1040. D. sambuci (Fries. l. c.). Pustules orbiculaires, un peu
planes, lisses, noires en dehors, charnues-molles, cendrées en
dedans; cellules petites, à périphérie blanche, à ostiole granuleux, proéminent. Cette espèce naît au printemps sur les rameaux du sureau; elle est plus petite que la précédente, elle
a à peine 2 millimètres et est lisse d'abord, ensuite granuleuse
et proéminente par l'effet des ostioles.

1041. D. puccinoïdes (Fries. l. c.). S. puccinoïdes DC. Fl.
fr. 5. p. 118. Tubercules difformes, un peu convexes, noirs,
cendrés en dedans, orbiculaires, convexes, larges d'un millimètre sur les feuilles, elliptiques, plus plans, s'ouvrant longitudinalement sur les rameaux; cellules nombreuses, un peu
enfoncées, blanches, à ostioles extrêmement petits. Sur les rameaux et les feuilles du Buxus sempervirens.

1042. D. rubra (Fries. Syst. myc. 2. p. 555). Xyloma rubrum
DC. Fl. fr. 2. p. 599. Polystigma rubrum Pers. Septoria rubra
Desm. Espèce hypophylle, orbiculaire, rouge d'abord, puis d'un
rouge fauve, à cellules immergées, rougeâtres, nombreuses,
petites; ostioles subimmergés, obscurs en premier lieu, devenant ensuite saillants. Elle a 4 à 6 millimètres de largeur.
Sur les feuilles des Prunus spinosa et domestica.

1043. D. fulva (Fries. l. c.). Sphæria ochracea Wahl. Polystigma fulvum et P. aurantiacum Pers. Espèce hypophylle,
subangulaire, ochracée d'abord, ensuite fauve, blanche en
dedans, plus large que la précédente; cellules immergées,
concolores, abondantes, très-petites; ostioles se montrant ordinairement à la face inférieure de la feuille, immergés, à
peine visibles. L'été et l'automne. Sur les feuilles du pommier,
du poirier et du cerisier.

1044. D. betulina (Fries. l. c.) Xyloma betulinum Moug. et
Nestl. Pustules épiphylles, anguleuses, difformes, souvent
confluentes, à tubercules petits, saillants, d'un noir brillant,
noir mat en dedans; cellules blanches, à ostioles très-petits,

Dothidea.

punctiformes, devenant ombiliqués. Sur les feuilles du bouleau.

1045. **D. ulmi** (Fries. Syst. myc. 2. p. 555). Sphæria ulmi Nees Syst. f. 21. Sphæria xylomoïdes DC. Fl. fr. 2. 288. Pustules épiphylles, subarrondies, confluentes, devenant plus tard convexes, d'un noir cendré en dehors, noires en dedans; cellules blanches, à ostioles granuliformes. Sur les feuilles tombées de l'orme.

1046. **D. typhina** (Fries. Syst. myc. 2. 553). Sphæria typhina Pers. Syn. 29. Polystigma typhina DC. Mem. mus. 3. 330. Pustules allongées, occupant toute la circonférence du chaume, blanches d'abord, puis jaunâtres, granuleuses, à cellules nombreuses, blanches. Sur les tiges des graminées.

1047. **D. heraclei** (Fries. Syst. myc. 2. p. 556). Tubercules amphigènes, confluents, anguleux, rugueux-tuberculés, noir opaque, noirâtres intérieurement; cellules blanches, très-nombreuses, très-petites, globuleuses, très-serrées, immergées dans le stroma. Les tubercules ont à peine 2 millimètres de largeur. Sur les feuilles de l'Heracleum sphondylium. Il n'est pas rare en automne.

1048. **D. populina** (West. Nouv. not. sur quelq. crypt. nouv. de Belg. p. 8). Réceptacles très-petits, immergés, membraneux, s'affaissant en se vidant, roux-bruns, donnant à l'épiderme qui les recouvre une teinte rougeâtre; ostiole papilliforme perçant l'épiderme; thèques en massues allongées; sporidies fusiformes, atténuées aux extrémités. Sur les feuilles mortes et tombées à terre du peuplier blanc, près de Courtray.

1049. **D. stellariæ** (Lib. Crypt. ard. f. 2. n° 172). Tubercules allongés, lancéolés, confluents, noirs; cellules immergées, globuleuses, blanchâtres; thèques oblongs, fixes; sporidies globuleuses. Sur les feuilles du Stellaria nemorum.

1050. **D. ambiens** (Lib. Crypt. ard. f. 4. n° 366). Espèce innée, entourant la tige au-dessus des nœuds, luisante, noire; cellules petites, globuleuses, percées par un pore, blanches en dedans; thèques courts; sporidies globuleuses. Sur les tiges du Stellaria holostea.

1051. D. POTENTILLÆ (Fries. Syst. myc. 2. p. 563). Tubercules très-petits, punctiformes, noirs, rompant l'épiderme, ovales-arrondis; sporidies globuleuses. Épiphylle sur les feuilles du Potentilla anserina.

1052. D. HEDERÆ (Moug. in Fries. Syst. myc. 2. p. 564). Pustules épiphylles, éparses, subarrondies, inégales, glabres, opaques, noires, cendrées en dedans. Sur les feuilles vivantes du lierre.

1053. D. ROBERTIANI (Fries. l. c.). Pustules épiphylles, ramassées, éparses, hémisphériques, lisses, luisantes, noires en dehors, blanches en dedans. Sur les feuilles du Geranium robertianum, dans les lieux humides.

1054. D. PTERIDIS (Fries. Syst. myc. 2. p. 555). Pustules hypophylles, agrégées, ovalaires ou allongées, d'un noir cendré, opaque, noires en dedans, devenant confluentes; ostioles petits, proéminents; cellules noires. Sur les feuilles du Pteris aquilina.

1055. D. RUBI (Nob.). Pustules hypophylles, très-petites, arrondies, presque globuleuses, souvent déprimées au centre, noires en dedans et au dehors; cellules noires. Sur les feuilles du Rubus fruticosus. Dilbeek (Brabant).

1056. D. IRIDIS (Desm. Ann. Sc. nat. T. VIII. juillet 1847). Taches rousses ou d'un brun châtain; réceptacles très-petits, épars, noirs, luisants, innés-proéminents, convexes, blanchâtres en dedans, percés d'un pore; thèques assez grands, subcylindriques; sporidies oblongues, obtuses au deux bouts, hyalines, munies de 2 à 3 cloisons. Sur les feuilles et les capsules de l'Iris pseudo-acorus.

1057. D. ALNEA (Fries. Syst. myc. 2. p. 564). Xyloma alneum Pers. Pustules se montrant sur les deux faces des feuilles, éparses, subarrondies, petites, noirâtres, luisantes, entourées d'un cercle rougeâtre. Sur les feuilles vivantes de l'aune.

1058. D. MILLEPUNCTATA (Desm. Ann. Sc. nat. 3e sér. t. 8.

Dothidea.

p. 177). Pustules naissant sur les deux faces des feuilles, à réceptacles noirs, très-petits, très-nombreux, rapprochés, souvent connés; ostiole nul; nucleus blanc, sec; thèques un peu en massue; sporidies petites, cylindriques, obtuses aux deux bouts; 4 sporules. Sur les feuilles des Rhododendrons, en hiver.

1059. D. LATITANS (Fries. Syst. myc. 2. p. 552). Ascochyta vaccinii Lib. Espèce immergée dans le parenchyme de la feuille, changé en un stroma d'un noir brunâtre, couverte par l'épiderme déchiré; cellules immergées, nombreuses, un peu serrées, stipitées, blanches. Sur les feuilles desséchées et devenues noires du Vaccinium vitis idea. Dans les Ardennes.

1060. D. SPHÆRIOÏDES (Fries. Obs. 2. p. 548). Sclerotium sphærioïdes Pers. Tubercules agrégés, difformes, anguleux, un peu plans, noirs au dehors, blanchâtres au dedans, quelquefois confluents; cellules peu apparentes. Sur les rameaux du peuplier.

1061. D. LONICERÆ (Fries. Syst. myc. 2. p. 557). Xyloma loniceræ Fries. Obs. Lasiobotrys loniceræ Kunze. Tubercules rarement solitaires, formant le plus souvent des groupes orbiculaires de 3 millimètres environ de largeur, lisses, plans, déprimés au sommet, noirs au dehors et au dedans, un peu stipités. Sur les feuilles du Lonicera xylosteum. Leeuw-Saint-Pierre (Brabant).

16. ASTEROMA. DC. Fl. fr. 5. p. 162.

Cellules très-petites, proéminentes, ramassées, un peu confluentes, remplies d'une matière céracée, avec des bords maculiformes ou formés de fibrilles innées, radiées. Ce genre a les plus grands rapports avec le précédent et a été souvent réuni avec lui.

1062. A. VERNICOSA (Fries. Syst. myc. 2. p. 559. Dothidea). Cette espèce se présente sous la forme d'une tache lisse, luisante, noire, de 10 à 50 millimètres de longueur, bordée par des fibrilles très-menues; cellules centrales, très-petites, subconiques, éparses. Sur les tiges des ombellifères.

1063. A. RETICULATA (Fries. l. c. p. 560. Dothidea). Sphæria reticulata DC. Espèce épiphylle, noire, à fibrilles très-menues, rameuses, formant une espèce de réseau par leurs anastomoses; cellules très-petites, un peu en série, d'abord convexes, noires, puis formant un disque plan, blanc, ceint d'un anneau noir. Sur les feuilles sèches du Convallaria polygonatum et sur celles du Mayanthemum bifolium.

1064. A. FRAXINI (Fries. l. c. Dothidea). Sphæria echinus Biv. Espèce amphigène, maculiforme, orbiculaire, brune, un peu rugueuse au centre, à fibrilles très-menues, serrées, à bords à peine distincts; cellules très-petites, agglomérées. Sur les feuilles mourantes du frêne.

1065. A. PADI (Spreng. Syst. veg. 4. p. 417). Espèce épiphylle, rouge, à fibrilles distinctes, byssoïdes, rameuses, dichotomes, radiantes, blanchâtres au sommet, confluentes au centre. Sur les feuilles vivantes du Prunus padus.

1066. A. ROSÆ (Duby. Bot. gall. p. 716. Dothidea?). Sporotrichum maculatum Link. Épiphylle, maculiforme, d'un brun noirâtre, à fibrilles blanches, rameuses, radiantes; cellules petites, quelquefois confluentes, noires, éparses, ovales-arrondies, parfois concentriques; ascies subclaviformes, à 3 ou 4 anneaux. Sur les feuilles vivantes du rosier.

Les deux espèces ci-dessus forment le genre Alphitomorpha Wallr.

1067. A. RANUNCULI (Fries. Syst. myc. 2. p. 562. Dothidea). Phacidium ranunculi Lib. Espèce hypophylle formant des taches brunes, indéterminées, uniformes, noires, souvent confluentes; cellules subagrégées, déprimées, inégales. Sur les feuilles des Ranunculus repens et acris.

1068. A. CAMPANULÆ (Fries. Syst. myc. 2. p. 562. Dothidea). Pustules petites, hypophylles, quelquefois caulinaires, distinctes, agrégées, d'un fauve noirâtre, convexes, devenant

Asteroma.

ensuite ponctuées et finissant par se détruire en partie. La feuille est d'abord un peu bleuâtre et devient ensuite pâle autour des taches pustuleuses. Sur les feuilles et quelquefois sur les tiges du Campanula trachelium.

1069. A. STELLARIS (Fries. l. c. p. 560. Dothidea). Xyloma stellare Pers. A. phyteumæ DC. Fl. fr. Rhytisma stellare Kickx. Réceptacles noirs, réunis par groupes, devenant confluents et formant des taches plus ou moins étoilées, se rompant par écailles, à disque d'un brun jaunâtre. Sur les feuilles de plusieurs espèces de Campanula et de Phyteuma.

1070. A. MALI (Desm. Ann. Sc. nat. mars 1841). Épiphylle, petit, maculiforme, formant des rosettes d'un noir pâle ou grisâtre, large de 2 à 4 millimètres, à fibrilles nombreuses, peu distinctes, rayonnantes, rameuses, d'une ténuité extrême, à bords à peine distincts. Sur les feuilles du pommier.

1071. A. PRUNELLÆ (Desm. Pl. crypt. nº 1096). Taches en forme de rosettes, noires, irrégulières, éparses, larges de 1 à 3 millimètres, formées par des fibrilles droites, fasciculées, rayonnant d'un centre commun, dans lequel se trouvent plusieurs réceptacles. Sur les feuilles du Prunella vulgaris.

1072. A. BETULÆ (Rob. Desm. Pl. crypt. nº 1346). Taches arrondies, éparses, d'un brun grisâtre, formées de fibrilles brunes, rayonnant du centre à la circonférence, rameuses, à rameaux nombreux, divergents au sommet; réceptacles épars, très-petits, noirs. Sur les feuilles tombées du bouleau.

1073. A. EPILOBII (Fries. Syst. myc. 2. p. 558). Taches subarrondies, difformes, longues de 5 à 10 millimètres, lisses, uniformes, couleur de poix, quelquefois confluentes; cellules petites, éparses, proéminentes, devenant déprimées au sommet. Sur les tiges des épilobes, principalement sur celles de l'Epilobium angustifolium. Waulsort, Couvin (Namur).

1074. A. CRATÆGI (Desm. Crypt. fasc. 22. nº 1098) Actinonema cratægi Pers. Phlyctidium cratægi Wallr. Fibrilles du stroma adnées, rameuses, un peu dichotomes, rayonnantes sur une tache brunâtre et portant des réceptacles nombreux, confluents, très-petits, s'ouvrant par des pores disposés par séries. Sur la face supérieure des feuilles du Cratægus torminalis, près de Thourout.

1075. A. VERONICÆ (Lib. Crypt. ard. fasc. 2. n° 173). Fibrilles radiant du centre à la circonférence, rameuses, noires; réceptacles groupés, orbiculaires, se rompant au sommet en plusieurs lanières irrégulières; thèques globuleux, fixes; sporidies oblongues, hyalines, à une cloison. Sur les feuilles du Veronica officinalis.

1076. A. HIMANTIA (Fries. Syst. myc. 2. p. 559. Dothidea). Sphæria himantia Pers. Taches noires, étalées, commençant par être brunâtres, formées de filaments très-minces, radiants, très-rameux; cellules proéminentes, disposées par séries. Sur les tiges sèches des ombellifères. Je l'ai trouvé sur des tiges d'angélique au Jardin Botanique de Bruxelles.

1077. A. GEOGRAPHICA (Fries. Syst. myc. 2. p. 560. Dothidea). Épiphylle, maculiforme, noirâtre; cellules planes, minimes, orbiculaires, posées sur le centre de fibrilles noires, proéminentes, flexueuses, imitant une carte géographique. Sur les feuilles du pommier et du poirier.

1078. A. CASTANEÆ (Desm. Pl. crypt. ed. 1. n° 1544). Espèce épiphylle, rarement hypophylle, à taches brunes, petites, orbiculaires, éparses, distinctes ou confluentes, qui se trouvent au voisinage des nervures; fibrilles innées, très-ténues, à peine visibles, à rameaux radiant du centre à la circonférence; réceptacles nombreux, noirs, un peu luisants, épars, quelquefois disposés en cercle. Au printemps sur les vieilles feuilles du châtaignier. Wartez, Dinant (Namur).

1079. A. DENDRITICUM (Desm. Ann. Sc. nat. 3e sér. t. XI). Espèce épiphylle, grande, noire, arrondie, maculiforme, à fibrilles articulées, brunes, allongées, très-rameuses, radiantes du centre, à rameaux divariqués, à ramules subfastigiés, quelquefois fasciculés; réceptacles disposés en séries, à peine visibles. Sur les vieilles feuilles sèches du Viburnum opulus, en hiver.

17. ECTOSTROMA. Fries. Syst. myc. 2. p. 261 et 601.

Peridiums homogènes, charnus, innés sous l'épiderme des feuilles vivantes, ne s'ouvrant jamais, formant des taches étalées et ne contenant pas des sporules bien distinctes.

1080. E. LIRIODENDRI (Fries. l. c.). Xyloma liriodendri Wallr. Leptostroma liriodendri Link. Taches se montrant sur les deux faces des feuilles, presque quadrangulaires, très-petites, opaques, noires. Sur les feuilles du tulipier.

1081. E. TILIÆ (Fries. l. c.). Taches très-minces, de formes variées, opaques, rugueuses, marquées de veines. Sur les feuilles du tilleul.

1082. E. IRIDIS (Fries. l. c.). Taches oblongues, très-noires, opaques. Sur les feuilles de l'Iris pseudo-acorus.

18. EUSTEGIA. Fries. Syst. myc. 2. p. 532.

Réceptacles orbiculaires, sessiles, cupuliformes, couverts par un opercule convexe qui tombe ensuite et les laisse ouverts ; thèques allongés, dressés, mêlés de paraphyses. Petits points noirs épars sur les feuilles.

1083. E. ILICIS (Chev. Fl. par. t. 1. p. 443). Sphæria complanata ilicis Moug. et Nestl. Réceptacles rapprochés, un peu plans, arrondis, distincts, lisses, d'un noir un peu cendré, à bord blanchâtre, annulaire, à opercule caduc. Sur les feuilles du houx.

> VAR. β. HEDERÆ (Kickx). Peziza hederæ Lib. Peziza insidiosa Desm. Phacidium craterium Fries. Réceptacles épars, orbiculaires, d'un noir pâle, munis de 4 laciniures, ceints par l'épiderme. Sur les feuilles du lierre.

Eustegia.
1084. E. ARUNDINACEA (Fries Eleuth. 2. p. 112). Espèce petite, marginée, circonscrite, à capsule ceinte d'abord par l'épiderme, qui se détruit plus tard, noire, entourée d'un disque mince; opercule déprimé, ombiliqué, caduc. Sur les chaumes pourrissants de l'Arundo phragmites.

19. LOPHIUM. Fries. Obs. bot. 2. p. 345.

Réceptacles verticaux, comprimés, submembraneux, s'ouvrant par une fente longitudinale; thèques dressés, mêlés de paraphyses, renfermant des sporidies simples, exiguës, sortant du réceptacle sous une forme pulvérulente.

1085. L. MYTILINUM (Fries. in Vet. act. handl. 1818. p. 116). Hysterium mytilinum Pers. Hysterium ostraceum DC. Fl. fr. Hypoxylon ostraceum Bull. Espèce se montrant sous la forme d'une croûte ou subiculum largement étalé, indéterminé, noir, d'où sortent des réceptacles subpédicellés, striés transversalement, d'un noir luisant, creux en dedans, à noyau blanc, s'ouvrant pour laisser écouler une poussière brune contenant les sporidies. Sur les vieux bois.

Tribu III. — PHACIDIACÉES. Fries. Syst. myc. 2. p. 117.

Réceptacles se rompant par plusieurs fentes régulières, à disque ouvert; thèques dressés, fixes, persistants.

20. HYSTERIUM. Fries. Syst. myc. 2. p. 579.

Réceptacles simples, sessiles, ovales ou allongés, s'ouvrant par une fente longitudinale, à noyau discifère, linéaire, subpersistant; thèques dressés, fixes, allongés, à sporules unisériées, mêlées de paraphyses.

\ 1086. H. PULICARE (Pers. Syn. p. 98). Réceptacles naissant souvent sur une croûte lichénoïde, superficiels, épars ou agrégés, elliptiques-oblongs, noirs, fendus longitudinalement, à lèvres obtuses et à disque linéaire. Sur les écorces et le bois du chêne, de l'orme, du bouleau, etc.

> VAR. *ρ*. ANGUSTATUM (Fries). H. angustatum Pers. Syn. 99. Réceptacles allongés, linéaires, un peu lisses. Sur les écorces.

1087. H. ELONGATUM (Wahl. Lapp. p. 528). Réceptacles naissant souvent sur une croûte maculiforme, superficiels, ruguleux, oblongs, un peu lisses, d'un noir opaque, à lèvres tuméfiées et à disque linéaire. Sur le bois du peuplier dénudé d'écorce.

1088. H. GRAPHICUM (Fries. Obs. myc. 1. p. 194). Réceptacles naissant sur une croûte noirâtre, tomenteuse, étalée, superficiels, rapprochés, allongés, courbés, un peu rameux, d'un noir opaque, blancs en dedans, à lèvres saillantes, s'ouvrant ensuite. Sur l'écorce du chêne.

1089. H. LINEARE (Fries. l. c.). Réceptacles un peu enfoncés, rapprochés, parallèles, linéaires, noirs, à lèvres renflées, lisses et à disque linéaire. Sur les branches dénudées du hêtre, du poirier, etc. C'est sur ce dernier arbre que je l'ai trouvé.

1090. H. STRIOLA (Fries. Com. in syst. myc. 2. f. 145). Espèce presque innée, linéaire, à réceptacles aigus, opaques, noirs au dehors, grisâtres en dedans, fendant l'épiderme longitudinalement, rangés sur des séries parallèles, interrompues et longues. Sur les tiges des ombellifères.

1091. H. ELATINUM (Pers. Syn. in add. p. 28). Réceptacles épars, difformes, assez grands, courbés, rugueux, noirs, de 2 à 5 millimètres, à lèvres écartées, à disque d'un brun noirâtre. Sur l'écorce des sapins. Dans la Campine.

> VAR. *β*. CRISPUM (Fries). Hypoderma crispum DC. Fl. fr. 5. p. 157. Triblidium crispum Pers. Myc. eur. 1. p. 552. Réceptacles allongés, flexueux, à lèvres distinctes, minces et crépues. Sur les petits rameaux des sapins. Dans la Campine.

1092. H. FRAXINI (Pers. Syn. 98). Hypoderma fraxini DC. Fl. fr.

Hysterium.

5. p. 187. Réceptacles elliptiques, durs, convexes, noirs, épars ou agrégés, de 2 millimètres de longueur, obtus aux deux bouts, à lèvres tuméfiées, lisses, à disque linéaire. Sur les rameaux du frêne.

1093. H. conigenum (Moug. et Nestl. Exs. n° 75). Réceptacles petits, punctiformes, rapprochés, arrondis ou allongés, très-noirs, à fente longitudinale. Sur les cônes de sapin.

1094. H. sambuci (Schum. Sæl. 2. p. 152). Réceptacles ovales ou un peu arrondis, proéminents, noirs, souvent confluents, à lèvres gonflées, rugueuses. Sur l'écorce du sureau.

1095. H. rubi (Pers. Obs. myc. 1. p. 84). Hypoderma virgultorum var. α. DC. Fl. fr. 5. p. 165. Lophodermium rubi Chev. Fl. par. 1. 456. Réceptacles groupés, presque parallèles, allongés, aigus, lisses, luisants, noirs, d'abord déprimés, aplanis, fermés, gris en dedans, devenant ensuite saillants et s'ouvrant par une fente aux lèvres carénées, béantes. Sur les rameaux morts de la ronce.

1096. H. nervisequum (Fries. Syst. myc. 2. p. 587). Lophodermium nervisequum Chev. Fl. par. Réceptacles hypophylles, situés le long des nervures, noirs, convexes, à disque pâle, naissant d'abord séparés, devenant ensuite confluents, disposés en stries très-longues, droites, confluentes. Sur les feuilles de sapin.

1097. H. prostii (Dub. Bot. gall. 2. p. 719). Réceptacles d'un demi-millimètre à un millimètre de longueur, noirs, innés, agrégés, linéaires ou un peu elliptiques, étroits, convexes, obtus aux deux bouts; disque luisant, présentant d'abord une simple fente, puis concave, à lèvres enflées, élevées; thèques cylindriques, légèrement amincis à la base; sporidies oblongues, très-obtuses, grêles, rousses, à trois cloisons. Sur l'écorce des branches mortes tombées du tilleul.

1098. H. pinastri (Schrad. Journ. bot. 2. t. 5. f. 4). Lophodermium pinastri Chev. Fl. par. Hypoderma pinastri DC. Fl. fr. Réceptacles épiphylles, enfoncés, ovales-oblongs, lisses, noirâtres, épars, quelquefois disposés par lignes, à fente elliptique, brunâtres sur les feuilles vivantes, cendrées sur celles qui sont mortes, à disque livide. Sur les feuilles de sapin.

> VAR. *β. juniperinum* (Fries.). H. juniperinum Grev. Réceptacles plus raccourcis et plus régulièrement elliptiques, n'étant jamais circonscrits par une ligne noire. Sur les feuilles mortes du genévrier et de la sabine.

1099. H. petiolare (Lib. Crypt. ard. fasc. 1). Réceptacles d'un noir terne, elliptiques, élargis, enfoncés, peu proéminents, à fente linéaire. Sur les pétioles et les nervures des feuilles de l'Acer pseudo-platanus.

1100. H. commune (Fries. Syst. myc. 2. p. 589). Hypoderma virgultorum *β, γ.* DC. Fl. fr. Lophodermium virgultorum Chev. Fl. par. Réceptacles oblongs, obtus, opaques, noirs, à lèvres un peu rugueuses, fragiles, à disque fuligineux. Sur les tiges des grandes plantes, l'armoise, les épilobes, etc., etc.

1101. H. typhinum (Fries. Syst. myc. 2. p. 500). Réceptacles oblongs, couverts d'une bulle formée par l'épiderme, ensuite nus, noirs, à lèvres tuméfiées et parallèles et ayant jusqu'à 4 millimètres de longueur. Sur les tiges et les feuilles des Typha. Il est fort rare.

1102. H. scirpinum (Pers. ined. in DC. Fl. fr.). Hypoderma scirpinum DC. Fl. fr. Réceptacles allongés, de 4 millimètres, déprimés, très-noirs, droits, à lèvres relevées en crête, parallèles et s'écartant plus tard, à disque blanc. Sur le Scirpus lacustris.

1103. H. melaleucum (Fries. Obs. myc. 1. t. 2. f. 1). Réceptacles petits, hypophylles, innés, elliptiques ou un peu arrondis, lisses, noirs, opaques, d'abord convexes, puis se rompant par une ligne proéminente, carénée et enfin par une fente blanche, longitudinale. Sur les feuilles du Vaccinium vitis idææ. Dans les Ardennes.

1104. H. degenerans (Fries. Syst. myc. 2. p. 585). Espèce allongée, saillante, fendue, longue de 1 à 3 millimètres, ovoïde-allongée, couverte, d'un noir brunâtre, s'ouvrant par une

Hysterium.

fente à lèvres minces. Sur les rameaux du Vaccinium uliginosum.

1105. H. MACULARE (Fries. Syst. myc. 2. p. 592). Réceptacles innés, subarrondis, petits, opaques, déprimés, nus, noirs, s'ouvrant par une fente longitudinale, venant sur une tache jaunâtre, entourée souvent par une ligne noire. Sur les feuilles sèches du Vaccinium uliginosum, en automne et au printemps.

1106. H. SERIATUM (Lib. Crypt. ard. 4 n° 371). Taches allongées, pâles, émergentes ; réceptacles oblongs, en séries parallèles entre les nervures, noirs, à disque très-étroit, un peu fuligineux. Sur les feuilles des graminées.

1107. H. NITIDUM (West. Not. nouv. crypt. belg.). Cette espèce a été trouvée sur les tiges languissantes de la pivoine par M. Westendorp.

1108. H. STRIATUM (Chev. Fl. par. 1. p. 435). Cette espèce a également été trouvée par M. Westendorp sur le vieux bois desséché d'un saule.

1109. H. APICULATUM (Fries. Syst. myc. 2. p. 573). Espèce petite, innée, perçant l'épiderme, oblongue, striée, noire, mucronée aux deux extrémités, munie de fentes aiguës, courtes. Sur les feuilles de l'Arundo phragmites.

1110. H. ARUNDINACEUM (Schrad. Journ. bot. 2. t. 3. f. 3). Hypoderma arundinaceum DC. Fl. fr. Réceptacles ovales, déprimés, épars, un peu rugueux, opaques, d'un brun noirâtre, brunâtres au pourtour, ayant à peine 2 millimètres, à fente longitudinale restant béante. Sur les chaumes morts des Arundo.

1111. H. CULMIGENUM (Fries. Obs. myc. 2. t. 7. f. 3). Réceptacles elliptiques-oblongs, proéminents, lisses, placés dans des taches pâles, d'abord noirs et fermés, s'ouvrant ensuite en un disque pâle, elliptique. Sur les chaumes des graminées.

    VAR. β. GRAMINIS (Moug. et Nestl.). Réceptacles punctiformes, elliptiques, plans, obtus aux deux extrémités.

Hysterium.

VAR. γ. ABBREVIATUM (Desm.). Réceptacles moins allongés. Sur les feuilles mortes de l'Arundo phragmites dans les dunes.

1112. H. FOLIICOLUM (Fries. in Vet. act. Handl. 1819. p. 102). Xyloma hysteroïdes Pers. Hypoderma xylomoïdes DC. Fl. fr. Réceptacles épars, elliptiques, obtus, tuméfiés, lisses, noirs, occupant également les deux faces des feuilles, à fente longitudinale déprimée. Sur les feuilles des arbrisseaux de la famille des rosacées. Je l'ai trouvé sur l'aubépine.

1113. H. HERBARUM (Fries. Sys.t myc. 2. p. 593). Réceptacles ovales-elliptiques, déprimés, presque bordés, un peu lisses, devenant concaves-cupuliformes, épars au milieu d'une tache blanchâtre, à disque un peu fuligineux. Sur les feuilles des Convallaria.

1114. H. PUNCTIFORME (Fries. Obs. 2. p. 356). Réceptacles subarrondis, elliptiques, petits, noirs, fendus longitudinalement d'une manière inégale. Sur les nervures des feuilles du chêne.

21. PHACIDIUM. Fries. Obs. 1. p. 167.

Réceptacles sessiles, subarrondis, déprimés, d'abord fermés, ensuite ouverts du centre vers la circonférence en plusieurs lanières; thèques dressés, fixes, mêlés de paraphyses, à sporules unisériées. Petites pustules naissant sur les rameaux et les feuilles mortes.

1115. P. LEPTIDEUM (Fries. Syst. myc. 2. p. 576). P. quadratum Schm. Réceptacles arrondis, se montrant d'abord sous la forme de taches jaunâtres pâles, cachés sous l'épiderme, déprimés-plans, un peu luisants, noirs-ponctués, se rompant en plusieurs laciniures aiguës, à disque sec, jaunâtre. Sur les tiges et les feuilles du Vaccinium myrtillus L.

1116. P. PINI (Schmidt. in Myc. heft. 1. p. 30). Hysterium val-

vatum Nees. Syst. Réceptacles subarrondis, tronqués-disci-
formes, noirs, à laciniures obtuses et à disque fuligineux,
larges de 2-4 millimètres, d'abord brillants, ensuite opaques;
la couche sous le disque est charnue, blanchâtre. Sur les
branches mortes des sapins.

1117. P. LAURO-CERASI (Desm. Crypt. exs. n° 188). Réceptacles
épars, à peu près sphériques, très-petits, d'abord d'un noir
olivâtre, ensuite opaques, à 5 laciniures et à disque charnu,
concave. En automne, sur les feuilles du laurier-cerise, dans
les jardins.

1118. P. DENTATUM (Schmidt. Myc. heft. 1. p. 41). Sphæria
lichenoïdes α et β DC. Fl. fr. 5. p. 147. Réceptacles faisant
corps avec l'épiderme, punctiformes d'abord, ensuite s'élargis-
sant et devenant quadrangulaires, noirs, luisants, s'ouvrant
par 3-5 laciniures aiguës, groupés sur une tache d'un jaune
pâle.

> VAR. α. QUERCICOLA (DC.). Sur les feuilles mortes du
> chêne.
> VAR. β. CASTANEÆCOLA (DC.). Sphæria castaneæcola
> Fries. Sur les feuilles mortes du châtaignier.
> VAR. γ. QUERCUS-ILICIS (Nob.). Sur les feuilles mortes
> du Quercus ilex au Jardin botanique de Bruxelles.

1119. P. FIMBRIATUM (Schmidt. l. c. p. 39). Réceptacles orbiculaires, hémisphériques, d'un noir opaque, couverts de stries
radiées, larges de 1 à 2 millimètres, s'ouvrant par plusieurs
laciniures minces, posées sur un disque blanc. Sur les feuilles
du tremble.

1120. P. MEDICAGINIS (Lib. Crypt. nov.). Réceptacles déprimés,
arrondis, d'abord cachés sous l'épiderme, formant des taches
d'un noir brunâtre, puis s'en dégageant pour se fendre en
plusieurs laciniures aiguës, à disque noirâtre. Sur les feuilles
de la luzerne.

1121. P. CORONATUM (Fries. Obs. 1. p. 167). Xyloma pezizoïdes
Pers. Sclerotium quercinum Fl. dan. Peziza comitialis Batsch.
Réceptacles groupés, orbiculaires, faisant corps avec l'épiderme,

déprimés, noirâtres, larges de 2 à 3 millimètres, s'ouvrant en plusieurs laciniures aiguës, entourés d'un disque jaunâtre, pâle ou livide. Sur les feuilles tombées du chêne.

1122. P. RUBI (Fries. Sel. succ. exs. n° 56). Réceptacles agrégés, larges de 2 à 4 millimètres, arrondis, un peu rugueux, hémisphériques, aplatis, noirs, luisants étant vivants, opaques étant morts, d'abord bossués au centre par une papille, puis s'ouvrant en laciniures obtuses, à disque blanchâtre. Sur les feuilles des ronces.

1123. P. MULTIVALVE (Fries. Syst. myc.). P. ilicis Lib. Crypt. ard. Ceuthospora phacidioïdes DC. Réceptacles innés, noirs, luisants, orbiculaires, d'un millimètre environ de diamètre, plans, souvent confluents, s'ouvrant par 3 ou 5 valves courtes, peu marquées, laissant à découvert un disque blanchâtre. Sur les feuilles mortes du houx.

1124. P. LACERUM (Lib. Crypt. ard. f. 1. n° 70). Réceptacles rompant l'épiderme, noirs, arrondis, s'ouvrant en 5 ou 6 laciniures et laissant à découvert un noyau noirâtre. Sur les feuilles tombées du pin.

1125. P. ARCTII (Lib. Crypt. ard. n° 369). Réceptacles dénudés, posés le long des nervures, sessiles, d'un brun noirâtre, fibreux, striés, à disque livide, à bords déchirés; thèques claviformes; sporidies oblongues, pellucides. Sur les feuilles en décomposition de l'Arctium lappa.

1126. P. PUSILLUM (Lib. l. c. n° 268). Réceptacles innés, hémisphériques, proéminents, petits, luisants, noirs, s'ouvrant par 4 laciniures d'un gris pruineux, laissant à découvert un disque noir; thèques très-petits, sublinéaires; sporidies disposées sur une série. Sur les rameaux secs, devenus noirs, des rosiers.

1127. P. PATELLA (Fries. Elem. 2. p. 133). Réceptacles petits, noirs, arrondis ou allongés, quelquefois confluents, s'ouvrant par plusieurs laciniures et montrant alors un disque noirâtre, assez semblable à une pézize. Sur les tiges des plantes herbacées.

Var. α alpestre. Peziza chailletii Pers. Sur les tiges de
l'angélique.

Var. β. campestre. Peziza ligustici DC. Fl. Sur les tiges
de l'Anethum fœniculum.

22. Rhytisma. Fries. Syst. myc. 2. p. 564.

Réceptacles simples, d'abord fermés, puis s'ouvrant en
fentes flexueuses, transversales, irrégulières; noyau composé, multiloculaire, offrant par la rupture des réceptacles
un hyménium placentiforme charnu, un peu persistant;
thèques dressés, fixes, mêlés de paraphyses, à sporules unisériées.

1128. R. salicinum (Fries. l. c.). Xyloma salicinum Pers. X. leu-
cocreas DC. Cette espèce se présente sous la forme d'une croûte
épaisse, tuberculeuse, un peu luisante, écailleuse en se rompant, blanche en dedans, entourée d'un disque jaunâtre. Sur
les feuilles de différentes espèces de saule, principalement sur
celles du saule marceau.

Var. γ. umbonatum (Fries). R. umbonatum Chev.
Croûte proéminente au centre, plus petite, arrondie.

1129. R. acerinum (Fries. l. c.). Xyloma acerinum DC. Mucor
granulosus Bull. Cette espèce se présente sous la forme de
croûtes épiphylles, rugueuses, noires au dehors, blanchâtres
au dedans, s'ouvrant en rides flexueuses. Sur les feuilles de
l'Acer campestris.

Var. γ. pseudo-platani (Fries). Xyloma pseudo-platani DC. Croûtes plus minces que dans l'espèce,
entourées d'un disque jaunâtre.

1130. R. onobrychis (Fries. l. c.). Xyloma onobrychis DC. Espèce
formant des taches très-noires, épiphylles, occupant quelquefois toute la feuille, oblongues, rugueuses, sillonnées, opaques,

Rhytisma.

noires au dehors, blanchâtres en dedans. Sur les feuilles de l'Onobrychis sativa.

1151. R. urticæ (Fries. l. c. p. 570). Xeilaria urticæ Lib. Taches étalées, très-noires; réceptacles innés, arrondis ou allongés, confluents, noirs, s'ouvrant par une fente longitudinale, cendrés en dedans; thèques fusiformes; sporidies pellucides. Sur les tiges de l'Urtica dioïca.

1152. R. agrostidis (Nob.). Xeilaria agrostidis Lib. Taches pâles, quelquefois nulles; réceptacles enfoncés, proéminents, ovoïdes ou allongés, s'ouvrant par une fente longitudinale; thèques fusiformes; sporidies pellucides. Sur les feuilles de l'Agrostis vulgaris.

1153. R. bistortæ (Lib. Crypt. ard. nᵒ 68). Xyloma bistortæ DC. Taches hypophylles, irrégulières, d'un brun noirâtre, entourées d'un cercle jaunâtre; réceptacles rompant l'épiderme, groupés, arrondis ou allongés-flexueux, confluents, s'ouvrant par une fente; disque mou, céracé, jaune; thèques longs; sporidies ovoïdes. Sur les feuilles de la bistorte.

Tribu IV. — Cytisporées. Ad. Brongn. Cl. Champ. p. 97. Cytisporei et Xylomacei. Fries.

Réceptacles s'ouvrant par un ostiole ou par une fente; noyau rempli de sporules; thèques nuls ou dissous.

23. Sphæronema. Fries. Syst. myc. 2. p. 535.

Réceptacles allongés, subcylindriques, grumeux, ouverts par un pore simple, renfermant chacun, dans un petit sachet, des sporules mucilagineuses, très-petites, qui se durcissent ensuite et s'échappent sous forme de globules pulvérulents. Espèces très-petites, sphériformes, innées-superficielles, venant sur les plantes mortes et sur le bois.

1154. S. cladoniscum (Fries. l. c. p. 547). Sphæria subulata

Sphæronema.

Tode. Réceptacles agrégés, cylindriques, un peu rameux, noirs, hauts d'un millimètre à peine, tronqués au sommet, peu ouverts; globules très-petits, blancs. Sur le bois à moitié pourri et denudé. Dinant (Namur), Bouillon (Luxembourg).

1155. S. CYLINDRICUM (Fries. l. c. p. 558). Sphæria cylindrica Tode. Réceptacles très-petits, à peine visibles à l'œil nu, cylindriques, le double plus larges que hauts, simples, lisses, émergents, noirs, à sommet arrondi, très-obtus; globules blancs, proéminents. Sur le bois carié du saule, du chêne, etc.

1156. S. RHINANTHI (Lib. Crypt. ard. f. 5. n° 265). Sphæria rhinanthi Sow. Réceptacles innés, superficiels, noirs, épars, orbiculaires, déprimés, concaves, percés d'un simple pore, contenant un globule sporidifère blanc. Sur les tiges et les capsules du Rhinanthus crista-galli.

1157. S. MERCURIALIS (Lib. l. c. n° 264). Réceptacles innés, épars, d'un jaune sale ferrugineux, devenant ensuite brun noirâtre, globuleux, s'ouvrant par un pore simple, contenant un globule sporidifère d'un roux fauve. Sur les feuilles, les pétioles et les tiges du Mercurialis perennis.

1158. S. ANEMONES (Lib. l. c. f. 2. n° 166). Sphæria anemones DC. Fl. fr. Dothidea anemones Fries. Réceptacles épars, agrégés, hémisphériques, rugueux, noirs, s'ouvrant par un pore orbiculaire; globules sporidifères renfermés dans un sachet d'un brun pourpré; sporidies très-petites, globuleuses, nues. Sur les feuilles de l'Anemone nemorosa.

1159. S. PHACIDIOÏDES (Desm. Ann. sc. nat. t. VIII. juill. 1847). Espèce épiphylle, éparse, nombreuse, très-petite, subarrondie, plane, d'un brun noirâtre, s'ouvrant par 4 ou 5 laciniures inégales, à disque plan, couleur cannelle; sporules ovales-oblongues, bimaculées. Sur les feuilles languissantes du Medicago sativa.

24. MELASMIA. Lev. Ann. sc. natur. février 1846. p. 276.

Conceptacles membraneux, déhiscents au sommet, gon-

Melasmia.

flés d'abord, ensuite déprimés, rugueux, innés dans un réceptacle maculiforme, étalé, mince; spores petites, sublinéaires, continues, obtuses, pellucides, souvent en globules gélatineux.

1140. M. ACERINA (Lev. l. c.). Rhytisma punctatum Fries. Xyloma punctatum DC. Réceptacles épiphylles, épars ou confluents, formant des taches noires, larges de 2 millimètres à 2 centimètres, ovales, orbiculaires, superficielles, entourées d'un cercle décoloré de la feuille; conceptacles plus ou moins rapprochés, aplatis et ridés lorsqu'ils sont vides; spores linéaires, cylindriques, sans cloisons, obtuses aux extrémités, transparentes, mélangées d'une matière gélatineuse. Sur les feuilles de l'Acer pseudo-platanus.

25. CYTISPORA. Fries. Syst. myc. 2. p. 540.

Réceptacles cellulaires, à cellules difformes, membraneuses, minces, rangées autour d'une colonne centrale, presque connées à la base, réunies en haut en un tube commun s'ouvrant par un ostiole solitaire, et contenant une substance gélatineuse, sporuleuse, sans thèques, qui s'écoule en dehors en filaments tortueux.

1141. C. FERRUGINEA (Desm. Cr. exs. 347). Réceptacles blancs au nombre de 15 à 20 ; stroma blanc, apparaissant au dehors, comme un point perforé d'où sort une pulpe ferrugineuse. Sur le hêtre. Environs de Bruxelles (M. Kickx), Namur (M. Bellynck).
    VAR. β. CERASI (Desm.). Plus petit. Sur le cerisier.
1142. C. CHRYSOSPERMA (Fries. l. c.). Nemaspora chrysosperma Pers. Obs. myc. Sphæria cirrhata Sow. Hypoxylon cirrhatum Bull. Champ. Conceptacle orbiculaire, conique, à base convexe-scutellaire, naissant à la partie interne de l'écorce et supérieurement soudé à l'épiderme; stroma olive-cendré, pul-

vérulent, inclus dans le conceptacle et rompant l'épiderme par un disque petit, rond, noirâtre; cellules oblongues, noires, très-petites; filaments cirrheux jaunes. Sur l'écorce des peupliers et des saules.

1143. C. CARPHOSPERMA (Fries. Syst. myc. 2. p. 543). Conceptacle nul; réceptacles orbiculaires, déprimés, noirs, naissants dans la partie fibreuse de l'écorce; cellules nombreuses, noires, disposées en rond, s'ouvrant en un disque plan, de couleur sale; filaments cirrheux d'un blanc jaunâtre. Sur l'écorce du tilleul.

1144. C. LEUCOSPERMA (Fries. Syst. myc. 2. 543). Nemaspora leucosperma DC. Fl. fr. et Pers. Sphæria cirrhata Hoffm. Conceptacle nul; cellules noires, disposées en cercles; disque plan, blanchâtre, à ostiole central, un peu proéminent, à pulpe cirrhifère blanchâtre. Sur les écorces de l'érable, du charme, du hêtre, du rosier, etc., etc.

1145. C. FUGAX (Fries. Syst. myc. 2. p. 543). Variolaria fugax Bull. Champ. Sphæria pustulata Hoffm. Conceptacles proéminents, lentiformes, soudés avec l'épiderme; cellules noires, disposées en rond; disque plan, ferrugineux; filaments cirrheux, grêles, pâles. Sur les écorces de l'aune, du saule, du noisetier, etc., etc.

> VAR. β. AQUIFOLIA (Kickx). C. aquifolia Fries? Disque plus convexe, grisâtre ou brunâtre, quelquefois noir au centre.

1146. C. ATRO-NITENS (Chev. Fl. par. t. 1. p. 431). Espèce proéminente. conique, à ostiole blanchâtre, plan; utricules noires, disposées en cercle, devenant confluentes; cirrhe blanchâtre. Sur les rameaux morts du saule.

1147. C. FOLIICOLA (Lib. Crypt. ard. f. 1. n° 64). Conceptacles nuls; péridiums au nombre de 3 à 5, petits, enfoncés dans le parenchyme de la feuille, couverts d'abord par l'épiderme qu'ils rendent noirâtre et pustuleux, le rompant ensuite et montrant un disque blanc-farineux; ostioles centraux, noirs, à cirrhes blancs. Sur les feuilles de la petite pervenche.

1148. C. AUCUPARIÆ (Lib. Crypt. ard. f. 2. nº 168). Réceptacles agrégés, noirs, allongés, dressés, percés d'un pore au sommet, connés à la base; cirrhes hyalins; sporidies très-petites. Sur les rameaux du Sorbus aucuparia.

1149. C. TUMIDA (Lib. Crypt. ard. f. 2. nº 170). Sphæria tumida Pers. Assez grand, subarrondi, rompant l'épiderme, confluent, en séries parallèles; réceptacles allongés, rapprochés, d'un olivâtre cendré, à cols étalés, arrondis, spinuleux; cirrhes épais, orangés-ferrugineux; sporidies très-petites, globuleuses. Sur les rameaux du chêne.

1150. C. PINASTRI (Fries. Syst. myc. 2. p. 565). Réceptacles très-petits, punctiformes, rompant l'épiderme, arrondis ou ovales, noirs, luisants, s'ouvrant au sommet par un pore; pulpe cirrhifère, blanche. Sur les feuilles de sapin.

VAR. TAXI (West.). Cryptosphæria taxi Grev. Sur la face supérieure des feuilles de l'if.

1151. C. INCARNATA (Fries. Syst. myc. 2. p. 542). Cellules presque globuleuses, noires, renfermées dans un conceptacle propre, lentiforme, déprimé, noir, couvert de l'épiderme élevé-pustuleux, s'ouvrant par un col court; cirrhes filiformes, d'un incarnat rosé. Sur les rameaux morts.

1152. C. MACILENTA (Rob. Desm. Fl. Crypt. nº 1898). Réceptacles très-petits, presque globuleux, perçant l'épiderme, noirs, s'ouvrant au sommet par un pore; pulpe cirrhifère, blanchâtre. Sur les rameaux morts du Cornus mas.

1153. C. QUERCINA (West. Not. sur quelq. crypt. nouv. de Belg. f. 11). Réceptacles noirs, très-petits, réunis par groupes et formant ensemble des pustules coniques, petites, perçant l'épiderme, se montrant alors sous la forme d'un disque arrondi, gris-brunâtre, percé au centre d'un pore par lequel sortent des cirrhes d'un beau jaune doré, très-épais; sporidies très-petites, ovales cylindriques, contenant 2 sporules globuleuses. Sur les branches mortes du chêne (M. Leburton).

1154. C. PYRICOLA (West. l. c. p. 12). Réceptacles jaunes, comprimés, très-petits, réunis par groupes, d'un millimètre de diamètre, immergés, surmontés d'un disque blanc au centre duquel est un pore, par lequel sortent des cirrhes d'un rouge incarnat, tortillés; sporidies très-petites, ovales, cylindriques, contenant 2 sporules globuleuses. Sur le fruit desséché du Pyrus japonica à Namur (M. Bellynck).

1155. C. ÆSCULI (West. l. c.). Réceptacles noirs, très-petits, nichés dans un stroma d'un blanc grisâtre, groupés, formant des pustules de 1 à 4 millimètres, proéminentes, aplaties, arrondies irrégulièrement, entourées des débris de l'épiderme, offrant au sommet plusieurs disques placés autour d'un disque central, blanchâtre, pulvérulent; sporidies extrèmément petites, ovales, nombreuses, sortant sous forme de cirrhe rouge incarnat, devenant brunâtre en se desséchant. Sur le tronc d'un châtaignier mort à Courtrai.

1156. C. PINICOLA (West. l. c.). Réceptacles noirs, très-petits, comprimés, irréguliers, réunis par groupes, formant des pustules allongées, immergées, perçant l'épiderme par des fentes ou des déchirures allongées; ostioles papilliformes; cirrhes d'un incarnat pâle; sporidies très-petites, ovoïdes. Sur le tronc d'un cèdre du Liban à Courtrai.

1157. C. RIBIS (Fries. Syst. myc. 2. p. 545). Péridium épais, noir, grumeux, à ostiole rude, se dégageant à la fin de l'épiderme qu'il perce pour donner passage à des cirrhes dorés. Sur les rameaux du groseillier rouge.

1158. C. BETULINA (Fries. l. c.). Espèce à cellules déprimées, noires, à disque rompant l'épiderme et à cirrhes minces et rougeâtres. Sur les rameaux du bouleau.

26. LABRELLA. Fries. Syst. orb. Veg. 1. p. 364.

Réceptacles difformes, s'ouvrant par une fente et contenant des sporules ellipsoïdes ou fusiformes, diaphanes, dans une masse gélatineuse.

1159. L. PTARMICÆ (Desm. Crypt. exs. n° 189). Schizotyrium labrella Desm. Réceptacles très-petits, punctiformes, lucides, noirs, ovoïdes, difformes, un peu proéminents. Sur les feuilles de l'Achillea ptarmica, cultivé dans les jardins.

27. LEPTOSTROMA. Fries. Syst. myc. 2. p. 597.

Réceptacles comprimés, lisses, maculiformes, un peu élevés au centre, sans ostiole, renfermant des sporules contenues dans une substance compacte, un peu incarnate. Ce genre se montre sous forme de petits points noirs épiphytes.

1160. L. SCIRPINUM (Fries. l. c.). Schizoderma scirpinum Ehrh. L. xylomoïdes Fries. Réceptacles orbiculaires, opaques, élevés au centre, puis se détachant en entier, à disque blanc. Sur les tiges du Scirpus lacustris.

1161. L. JUNCINUM (Fries. l. c.). Réceptacles oblongs, difformes, quelquefois confluents, plans, luisants, noirs, à disque noirâtres, finissant par tomber entièrement. Sur les tiges du jonc commun.

1162. L. FILICINUM (Fries. l. c. 2. p. 599). Hypoderma striæformis DC. Fl. fr. Réceptacles allongés, difformes, lisses, striés, noirs, munis d'une côte élevée étant jeune, puis se détachant entièrement. Sur les tiges des fougères.

1163. L. PTERIDIS (Desm. Crypt. exs. n° 784). Sclerotium pteridis Pers. Taches petites, oblongues, irrégulières, d'un noir luisant, granuleuses, tandis que, dans l'espèce précédente, elles sont lisses. Sur les tiges du Pteris aquilina.

1164. L. SPIREÆ (Fries. l. c.). Xyloma spireæ Kunze. Réceptacles noirâtres, agglomérés, difformes, rugueux, luisants, gris intérieurement, finissant par se détacher entièrement. Au printemps, sur les tiges du Spiræa ulmaria.

1165. L. IRIDIS (Ehrh. Sylv. berol. p. 27). Réceptacles un peu groupés, larges, oblongs, très-noirs, opaques, environnés d'une tache pâle, aréolée, avec l'épiderme strié. Sur les feuilles des Iris germanica et pseudo-acorus.

Leptostroma.

1166. L. LITIGIOSUM (Desm. Pl. crypt. n° 1527). Réceptacles arrondis, très-petits, punctiformes, épars ou agglomérés, d'un brun noirâtre, se détachant entièrement à la maturité. Sur les tiges du Pteris aquilina.

1167. L. LUZULÆ (Lib. Crypt. ard. f. 1. 75). Réceptacles arrondis, un peu mamelonnés, luisants, noirs, écartés, entourés d'une tache brune ; sporidies globuleuses. Sur les feuilles du Luzula maxima.

1168. L. VULGARE (Fries. Syst. myc. 2. p. 599). Sclerotium nitidum Pers. Réceptacles simples, subarrondis, variés, un peu rugueux, lisses, finissant par tomber entièrement. Sur les tiges de plusieurs plantes herbacées.

1169. L. LONGISSIMUM (Lib. Crypt. ard. f. 5. n° 259). Réceptacles arrondis-ovales, lisses, noirs. confluents en longues séries longitudinales ; pulpe grise; thèques très-longs, fusiformes, droits; 10 à 12 sporidies globuleuses, pellucides. Au printemps, sur les feuilles de l'Athyrium filix-femina.

1170. L. MACULANS (Lib. Crypt. ard. f. 4. n° 375). Taches petites, oblongues, confluentes, noires, formées de fibrilles centrifuges; réceptacles très-petits, arrondis, luisants, noirs. En automne, sur le chaume du seigle.

1171. L. HYSTEROÏDES (Fries. Syst. myc. 2. p. 600). Réceptacles oblongs, petits, inégaux, opaques, un peu striés et un peu gonflés au centre, formant des stries longitudinales très-étroites. Sur les tiges sèches, souvent sur celles de pivoine. Au printemps.

28. CEUTHOSPORA. Fries. Syst. orb. Veg. 1. p. 119.

Réceptacles cellulaires privés d'ostioles, s'ouvrant irrégulièrement, renfermant un noyau noir qui, par sa rupture, laisse sortir des sporidies cylindriques, très-petites. Plaques noires, naissant sur les feuilles mortes.

1172. C. PHACIDIOÏDES (Grev. Crypt. fl. t. 255). Xyloma mul-

Ceuthospora.

tivalve DC. Phacidium multivalve Schm. Sphæria hederæ var. ilicis Nees ; sphæria bifrons Sow. Ascochyta ilicis Lib. Réceptacles épars ou agrégés de 2 millimètres environ, orbiculaires, plans, noirs, lisses, s'ouvrant par 4 à 5 laciniures courtes et pâles. En automne, sur les feuilles mortes du houx.

> VAR. *β*. IMMACULATA (Desm.). Sur les feuilles de la petite pervenche. Cette variété a été trouvée près de Namur par M. Bellynck.
>
> VAR. *γ*. LAURI (Grev.). Sur les feuilles du laurier cultivé dans les jardins. Trouvée aussi à Namur par M. Bellynck.

29. PILIDIUM. Kunze in Myc. heft. 2. p. 92.

Réceptacles simples, sessiles, hémisphériques, fermés dès le commencement, ensuite s'ouvrant au centre par plusieurs fentes et contenant une masse composée de sporules fusiformes.

1173. P. DISSEMINATUM (Lib. crypt. n° 559). Espèce amphigène, disséminée, arrondie, brune, d'abord fermée, ensuite s'ouvrant par une fente ; pulpe blanche ; thèques fusiformes ; sporidies très petites. Sur les feuilles tombées de l'Acer pseudo-platanus.

1174. P. CARBONACEUM (Kunze). Phacidium carbonaceum Fries. Réceptacles agrégés, subarrondis, inégaux, d'abord cendrés et couverts par l'épiderme qui est jaunâtre au pourtour, ensuite déprimés, d'un noir opaque, et enfin se dégageant de l'épiderme, s'ouvrant par des laciniures irrégulières ; pulpe blanchâtre ; thèques fusiformes ; sporidies pellucides. Sur les rameaux des saules.

30. LEPTOTHYRIUM. Kunze in Myc. heft. 2. p. 79.

Réceptacles scutiformes, sillonnés longitudinalement, couverts de sporules fusiformes.

Leptothyrium.

1175. L. lunariæ (Kunze l. c.). Réceptacles petits, noirs, lisses, stipulés et souvent réunis sous forme de taches assez grandes, irrégulières. Sur les silicules des Lunaria rediviva et biennis.

1176. L. rhois (West. Crypt. belg. ined. f. 24). Taches assez grandes, arrondies ou ovalaires, confluentes, d'un gris brunâtre, puis devenant d'un gris de plomb ; réceptacles arrondis, bruns, rugueux étant secs ; nucleus blanc, gélatineux ; sporidies en massue, droites ou arquées, contenant 4 sporules globuleuses, transparentes. Sur les feuilles d'un Rhus au Jardin botanique de Gand.

1177. L. populi (Lib. Crypt. ard. n° 257). Taches épiphylles, brunes, petites, orbiculaires, devenant confluentes ; réceptacles pâles, un peu convexes, ensuite un peu plans, circonscrits à la base ; nucleus blanc, gélatineux ; sporidies hyalines en massue, droites ou un peu courbées ; 3 à 4 sporules globuleuses. Sur les feuilles des peupliers.

1178. L. ribis (Lib. Crypt. ard. n° 258). Taches arrondies, petites, confluentes, brunâtres ; réceptacles très-petits, arrondis, plans, d'un roux cendré, contenant une pulpe rosée-pâle ; thèques ovales, courbés, contenant 3 à 4 sporidies hyalines. Épiphylle sur les feuilles du groseillier rouge.

1179. L. betulæ (Lib. Crypt. ard. f. 2. n° 163). Taches irrégulières, un peu radiantes ; réceptacles un peu plans, rugueux, oblongs, difformes, confluents, brunâtres ; pulpe blanchâtre ; thèques cylindriques, à 4 ou 5 sporidies pellucides. Épiphylle sur les feuilles du bouleau.

1180. L. carpini (Lib. Crypt. ard. f. 3. n° 256). Taches grandes, indéterminées, grises ; réceptacles petits, rugueux, fauves ; nucleus pâle ; thèques oblongs ; 3 à 4 sporidies opaques. Hypophylle sur les feuilles du hêtre.

1181. L. mezerei (Lib. Crypt. ard. f. 4. n° 360). Réceptacles épiphylles, petits, confluents, bruns ; réceptacles un peu convexes, d'un roux pâle, circonscrits à la base ; pulpe grise ; thèques ovales, courbés ; 3 sporidies pellucides. En automne sur les feuilles du Daphne mezereum.

Leptothyrium.

1182. L. VERONICÆ (Lib. Crypt. ard. f. 4. n° 361). Taches petites, brunes; réceptacles subarrondis, variés, presque plans, blancs, circonscrits à la base; pulpe blanche; thèques cylindriques, droits; 3 à 4 sporidies pellucides. Sur les tiges, les feuilles et les capsules de la véronique officinale.

1183. L. JUGLANDIS (Lib. Crypt. ard.). Sphæria juglandina (Fries). Xyloma juglandis DC. Réceptacles noirs, petits, luisants, plans, un peu rugueux, disposés souvent en anneaux, naissant sur des taches indéterminées, d'un gris noirâtre, un peu arrondies, de 4 à 10 millimètres. Hypophylle sur les feuilles du noyer.

1184. L. DRYADEARUM (Desm. Ann. sc. nat. t. XI. 1849). L. fragariæ Lib. Phyllosticta potentillæ Ann. sc. nat. sér. 3. t. XIV. p. 31. Espèce épiphylle, à taches nombreuses, petites, irrégulières, d'un brun rougeâtre, souvent confluentes; réceptacles noirs, déprimés, rugueux, circonscrits à la base; nucleus grisâtre, gélatineux; sporidies oblongues, un peu courbées, resserrées dans le milieu, à article inférieur un peu en éperon, le supérieur obtus; 2 sporules grandes, hyalines. Sur les feuilles des potentilles et des fraisiers.

31. ACTINOTHYRIUM Fries. Syst. myc. 2. p. 597.

Réceptacles scutiformes, noirs, renfermant des sporules fusiformes, s'ouvrant sous forme d'opercule membraneux, à bords radiés.

1185. A. GRAMINIS (Kunze in Myc. heft. 2. p. 79). Réceptacles très-petits, noirs, luisants, densément stipulés, souvent confluents et formant des taches irrégulières. Sur les feuilles des graminées.

32. PHOMA Fries. Myc. 2. p. 546.

Réceptacles nuls; noyaux grumeux dans un tubercule formé par le tissu de la plante, s'ouvrant au sommet, lais-

Phoma.

sant échapper des sporules nues, granuleuses. Pustules noirâtres naissant sur les feuilles mortes.

1186. P. SALIGNUM (Fries. l. c.). Sphæria salicina Sow. Pustules épiphylles, uni ou multiloculaires, lisses, orbiculaires, convexes, un peu élevées au centre, d'un blanc ferrugineux en dedans. Sur les feuilles tombées du saule. En hiver et au printemps.

1187. P. LAURO-CERASI (Desm. in Litt.) Pustules naissant sur les deux faces des feuilles, éparses, orbiculaires, convexes, nombreuses, très-petites, soulevant l'épiderme, un peu élevées au centre, d'un brun noirâtre; sporidies très-petites, sphériques. En automne. Sur les feuilles du Prunus lauro-cerasus. Je l'ai trouvé à La Plante dans un jardin (Namur).

1188. P. PUSTULA (Fries. Syst. myc. 2. p. 547). Non sphæria pustula Pers. Pustules naissant sur les deux faces des feuilles, simples ou rarement 2-5 confluentes, éparses, uniloculaires, convexes, lisses, d'un brun roussâtre au dehors, blanches en dedans; nucleus formé par un très-grand nombre de sporidies hyalines, ovales, très-petites, contenant 2 sporules globuleuses aux extrémités. Sur les feuilles mortes tombées.

 VAR. *α.* QUERCINÆ (West.). P. pustula Fries. Sur les feuilles du chêne.

 VAR. *β.* FAGI (West.). Sur les feuilles du hêtre.

 VAR. *γ.* LYSIMACHIÆ (West.). Sur les feuilles mortes du Lysimachia nummularia.

1189. P. SAMARORUM (Desm. Crypt. exs. n° 349). Pustules noires, orbiculaires, convexes, à ouverture arrondie, ensuite un peu allongée, à bord blanchâtre; sporules oblongues, très-petites. Sur les fruits du frêne.

1190. P. HEDERÆ (Desm. Crypt. exs. n° 350). Sphæropsis hederæ Lev. Pustules noires, allongées-orbiculaires, convexes, à ouverture arrondie, ensuite un peu allongée, à bord blanchâtre; sporules un peu globuleuses, éparses, hyalines. Au printemps et en hiver. Sur les tiges mortes du lierre.

Phoma.

1191. P. PHASEOLI (Desm. Pl. crypt. de Fr. nº 843). Tubercules noires, suborbiculaires, convexes, à ouverture rond ; sporidies hyalines, oblongues, avec 2 sporules globuleuses, opaques, situées aux extrémités. Sur les tiges mortes des haricots.

1192. P. PETIOLORUM (Rob. Desm. Ann. sc. nat.). Conceptacles épars, arrondis ou ovoïdes, convexes, noirs, couverts par l'épiderme, papillaires et ensuite ouverts par un pore; nucleus blanc; sporules très-petites, ovoïdes-oblongues, himaculées. Sur les pétioles des feuilles tombées du Robinia pseudo-acacia.

1193. P. VIOLÆ (West. H. C. B. nº 525). Pustules noires, arrondies, convexes, entourées des débris de l'épiderme; réceptacles groupés (2 à 10), s'ouvrant à la face inférieure de la feuille par des ostioles papilliformes, luisants; sporidies très-petites, ovalaires, contenant 2 sporules globuleuses, hyalines aux extrémités. Sur les feuilles du Viola canina dans les dunes.

1194. P. EQUISETI (Desm. Pl. crypt. fr. nº 183). Conceptacles innés, épars, globuleux, petits, noirs au dedans, couverts par l'épiderme; ostioles peu apparents; sporules ovales, pellucides, simples. Sur les tiges de l'Equisetum limosum.

1195. P. SUBORDINARIA (Desm. Ann. sc. nat. 3ᵉ série, t. XI). Réceptacles petits, nombreux, un peu en séries, ovales, convexes, d'une couleur sale en dedans, couverts par l'épiderme; ostioles petits, nus, déhiscents; sporidies oblongues. Sur les scapes desséchés des plantains.

1196. P. CONCENTRICA (Desm. Pl. crypt. fr. nº 1085). Taches élevées, suborbiculaires, blanchâtres, entourées de zones rougeâtres ou brunes; tubercules nombreux, disposés concentriquement, punctiformes, d'un noir mat, formés du tissu épaissi de la feuille, couverts par l'épiderme, percés par un pore; sporules globuleuses ou ovoïdes. Sur les feuilles mortes de l'Agave americana. Aux jardins botaniques de Gand et de Bruxelles.

1197. P. TAMI (Lam. ap. Moug.). Ascochyta caulium Lib. Phlyctena vagabunda Desm. Pustules (faux réceptacles) très-

Phoma.

petites, nombreuses, rapprochées, oblongues, convexes, formées par l'épiderme soulevé, épaissi et noirci, perforées d'un pore et entourées d'une très-petite tache roussâtre; noyau gélatineux; sporidies linéaires, allongées, obtuses, courbées, hyalines. Sur les tig s du Tamus communis.

1198. P. CONVALLARIÆ (West. l. c. p. 15). Réceptacles épars, très-petits, arrondis ou ovales, visibles des deux côtés de la feuille, immergés, à ostiole papilliforme; nucleus blanc, sortant sous forme de cirrhe par l'humidité; sporidies nombreuses, très-petites, ovales, contenant 2 sporules globuleuses aux extrémités. Sur les deux faces du Convallaria multiflora (M. Bellynck).

1199. P. LINGAM (Desm. Ann. sc. nat. 3me sér. t., XI). Sphæria lingam Tode. Réceptacles agrégés, difformes dans la jeunesse, convexes, lisses, devenant bientôt déprimés, concaves, noirs, rugueux; ostiole finissant par se détacher. Sur les tiges herbacées, principalement sur celles du chou. Au printemps.

1200. P. CLANDESTINA (West. l. c. p. 14). Réceptacles épars, très-petits, noirs, luisants, immergés, à ostiole papilliforme; nucleus sortant sous forme de cirrhe, formé d'un grand nombre de sporidies hyalines, ovales, excessivement petites, contenant 1 à 2 sporules. Dans l'intérieur des tiges mortes de l'Heracleum sphondylium.

1201. P. LEBURTONII (West. l. c. p. 14). Réceptacles épars, très-petits, punctiformes, noirs, luisants, immergés, à ostioles papilliformes; nucleus blanchâtre, sortant sous forme de cirrhe, formé par un grand nombre de sporidies excessivement petites, ovales, transparentes, contenant 2 sporules aux extrémités. Sur les graines de l'Alcea rosea à Louvain (M. Leburton).

1202. P. GRAMINIS (West. l. c. p. 15). Pustules allongées de 1 à 1 1/2 centimètres, d'un gris noir, entourant le chaume, inégales, rugueuses, formées par la réunion de réceptacles arrondis ou anguleux, noirs, disposés en séries linéaires, longitudinales; ostiole papilliforme; nucleus blanc, sortant sous forme de cirrhe et formé de sporidies nombreuses, hyalines,

Phoma.

ovalaires, contenant 1 à 2 sporules globuleuses. Sur le chaume d'un Poa près de Courtrai.

1203. P. SPIREÆ (Desm. Pl. crypt. n° 481). Pustules soulevant l'épiderme, très-petites, nombreuses, suborbiculaires, convexes, noires, luisantes, uniloculaires; ostiole arrondi, déhiscent; sporules ovales, oblongues, très-petites, opaques aux extrémités. Sur les tiges du Spiræa aruncus. Jardin botanique de Bruxelles.

1204. P. SILIQUASTRUM (Desm. Not. 17. p. 8). Taches oblongues, olivâtres, brunâtres; réceptacles nombreux, très-petits, rapprochés, d'un brun noirâtre, ouverts par un pore; sporidies oblongues; 2 sporules globuleuses, opaques. Sur les siliques sèches des choux.

1205. P. OCCULTA (Desm. Not. 17. p. 11). Réceptacles trèsnombreux, épars, finissant par rompre l'épiderme qui les recouvre, d'abord globuleux, grisâtres étant humides, noirs étant secs; nucleus blanchâtre; ostiole papilliforme ou conique, subcylindrique; cirrhe blanc; sporidies très-nombreuses, ovoïdes ou un peu oblongues, hyalines. Sur les chaumes pourrissants aux environs de Courtrai.

1206. P. ALBICANS (Desm. Ann. sc. nat. 3e sér. t. XI. p. 12). Réceptacles petits, nombreux, disposés sans ordre, de couleur sordide en dedans, couverts par l'épiderme, globuleux, proéminents; ostiole nu, petit, papillé; sporidies oblongues, sublinéaires. Sur les tiges et les pédoncules de la chicorée.

1207. P. STROBILIGENA (Desm. Ann. sc. nat. T. XI. 1849). Réceptacles petits, presque superficiels, souvent agrégés, globuleux, noirs, astomes, un peu rugueux, retombant-concaves, blancs en dedans; sporidies très-petites, ovoïdes ou ovoïdes-oblongues, hyalines; sporules un peu opaques. Sur les cônes du Thuya occidentalis à Courtrai.

1208. P. EXIGUA (Desm. l. c.). Réceptacles nombreux, épars rapprochés, exigus, arrondis ou ovales, couverts par l'épiderme, ouverts par un pore, d'un brun fauve étant mouillés, noirs, un peu brillants étant secs; nucleus blanc; sporules nombreuses, ovoïdes, très-petites, hyalines. Sur les feuilles des renoncules.

1209. P. GLANDICOLA (Lev. Ann. sc. nat. 3ᵉ série. t. V). Conceptacles agrégés, rompant l'épiderme, subglobuleux, lisses, noirs, entourés des débris de l'épiderme; ostioles à peine visibles; spores petites, ovales, simples, pellucides. Sur les glands de chêne pourrissants. Dans les environs de Namur (M. Bellynck).

1210. P. BELLYNCKII (West. H. C. B. nᵒ 630). Réceptacles très-petits, nombreux, d'abord innés, puis superficiels par la destruction de l'épiderme, bruns, globuleux, membraneux, pellucides; ostiole poriforme, très-apparent au microscope; nucleus gélatineux, blanc; sporidies allongées, cylindriques. Sur la face externe des squames de l'artichaut. Il a été trouvé à Namur par M. Bellynck.

1211. P. HERBARUM (West. l. c. p. 15). Réceptacles membraneux, translucides, très-petits, ovales ou arrondis, bruns, recouverts d'abord par l'épiderme qui finit par se détruire et par les laisser à nu; ostiole poriforme; nucleus blanc, sortant sous forme de cirrhe, formé par des sporidies nombreuses, ovalaires, hyalines, très-petites; 1 ou 2 sporules aux extrémités. Sur les plantes herbacées, surtout sur les orties, les iris, etc.

1212. P. PODAGRARIÆ (West. Not. nouv. p. 15). Sphæria podagrariæ Roth. Dothidea podagrariæ Fries. Syst. myc. 2. p. 556. Pustules hypophylles, simples, connées, groupées, difformes, un peu luisantes, noires, papillées, posées sur une croûte noirâtre, indéterminée. Sur les feuilles de l'Ægopodium podagraria.

1213. P. CYLINDROSPORA (Nob.). Sphæropsis cylindrospora Desm. Ann. sc. nat. 3ᵉ sér. t. XI. p. 5. Espèce amphigène, noire, punctiforme, luisante; réceptacles très-petits, nombreux, serrés, épars, globuleux, couverts par l'épiderme, ouverts par un pore qui, en tombant, les laisse concaves; sporules hyalines, droites, exactement cylindriques, obtuses aux deux extrémités. Sur les feuilles mortes du lierre aux environs de Courtrai.

33. MICROPERA. Lev. Ann. sc. nat. 3ᵉ sér. t. V. p. 283.
Conceptacles innés, membraneux, ovales-allongés, déhiscents au sommet; sporidies linéaires, continues, courbées, s'échappant mélangées avec une gélatine.

1214. M. DRUPACEARUM (Lev. l. c.). Cenangium cerasi junior Fries. Tubercules pâles, d'un blanc sale ou grisâtre, fendant l'écorce transversalement, entourés des débris de l'épiderme, formés de réceptacles nombreux (5 à 10), membraneux, droits, parallèles, presque cylindriques, dilatés vers le sommet, soudés à la base, s'ouvrant par un ostiole blanc, farineux; sporidies linéaires, acuminées, pellucides. Sur l'écorce des jeunes troncs morts de cerisier.

1215. M. ROSEOLA (Lev. l. c.). Conceptacles innés, rapprochés, allongés ou globuleux, libres à la base; ostiole un peu velu, se rompant transversalement, rosé; sporidies lunulées. Sur les écorces du cerisier.

34. MICROTHYRIUM. Desm.

Réceptacles simples, superficiels, membraneux, déprimés, scutiformes, perforés au centre, couvrant les ascidies qui sont fixes, un peu claviformes.

1216. M. MICROSCOPICUM (Desm. Ann. sc. nat. mars 1841). Taches irrégulières plus ou moins étendues, d'un gris brunâtre ou vineux; réceptacles petits, nombreux, épars, déprimés au centre où s'élève une petite papille percée d'un pore, noirâtres, un peu luisants avec un reflet plombé; thèques fixes, claviformes, rangés circulairement autour du point central; sporidies oblongues, fusiformes, droites ou légèrement arquées. Sur les feuilles mortes du houx.

Microthyrium.

1217. M. GLANDICOLA (West.). Cette espèce a été signalée par M. Westendorp sur les glands du chêne.

55. AYLOGRAPHA. Lib. Crypt. ard.

Réceptacles allongés, dimidiés, innés, simples ou rameux, s'ouvrant par une fente; nucleus disciforme, pellucide, d'un blanc hyalin; sporidies simples.

1218. A. VAGUM (Desm. Mém. Soc. roy. de Lille). A. hederæ Lib. Réceptacles très-petits, d'un noir presque mat, ovales ou oblongs, presque toujours droits, dirigés en tous sens, épars ou réunis, et formant dans ce cas une étoile, s'ouvrant par une fente à lèvres relevées. Sur les feuilles du lierre.

1219. A. EPILOBII (Lib. l. c. n° 273). Réceptacles très-délicats, linéaires, flexueux, simples ou rameux, rapprochés, noirs. Sur les tiges de l'Epilobium angustifolium.

1220. A. JUNCINUM (Lib. l. c. n° 274). Réceptacles linéaires, flexueux, rameux, rapprochés, noirs, croissant sur un subiculum noir, fibreux. Sur le Juncus communis.

1221. A. FILICINUM (Lib. l. c. n° 275). Réceptacles ovales-oblongs, noirs, simples, quelquefois fourchus. Sur les tiges du Polystichum filix-mas.

1222. A. LUZULÆ (Lib. l. c. n° 372). Réceptacles épars, linéaires, simples ou rameux, 2-3-4-fides, noirs, divergents. Sur les feuilles sèches des Luzula.

1223. A. FESTUCÆ (Lib. l. c. n° 376). Réceptacles rapprochés, allongés, flexueux, confluents, rameux, noirs. Sur les feuilles sèches du Festuca sylvatica.

F^{lle} V. — CHAMPIGNONS. Ad. Brongn. in Dict. class. 3. p. 461. HYMENOMYCETES. Fries. Syst. myc. 1. p. 1.

Croûte, fronde ou subiculum nuls. Réceptacles (champignons) charnus, subéreux, spongieux ou gélatineux, de formes variées, globuleux, cupuliformes, claviformes, parfois pourvus d'un chapeau (pileus) formé de fibres solides, vésiculeuses, recouverts d'une membrane fructifère (hyménium) dans laquelle sont contenues des sporules nues ou renfermées dans des thèques. Quelquefois ce réceptacle est enveloppé dans une espèce de sac ou coiffe (velum, cortina), qui s'attache au rebord du chapeau ou qui le contient tout entier (volva). Le chapeau peut être sessile ou porté sur un pied (stipe). Végétaux naissants sur la terre, les bois, les fumiers, mais jamais parasites **sur les plantes** vivantes.

Tr. I. — Trémellinées. Fries. Syst. orb. veg. p. 91.

Champignons difformes, membraneux ou gélatineux. mous, de texture filamenteuse; hyménium confondu avec le réceptacle; thèques nuls; sporidies nues.

1. Hymenella. Fries. Scl. exs. dec. 22.

Réceptacle confondu avec l'hymenium, sessile, adhérent, aplati, lisse, très-menu, presque gélatineux, devenant coriace par la sécheresse; sporules immergées, éparses. Espèces épiphytes, fructifiant à leur superficie.

1224. H. umbilicata (Fries. Eleuth. 2. 37). Peziza umbilicata Pers. Espèce petite, ayant environ 2 millimètres, orbiculaire, trémelloïde, noire, un peu bordée, ombiliquée au centre, devenant coriace, concave, à peine bordée par la sécheresse. Sur les tiges desséchées de l'Angelica sylvestris.

1225. H. rubella (Fries. El. fung. 2. p. 38). Réceptacles disposés par séries allongées, émarginés, lisses, brillants, d'un fauve rougeâtre, petits. Sur les tiges de quelques plantes, principalement sur les Typha, les Juncus et l'Aira cæspitosa.

Hymenella.

1226. H. VULGARIS (Fries. Syst. myc. 2. p. 254). H. ebuli Fries. Tremella elliptica Pers. Espèce allongée, de formes variées, lancéolée ou elliptique, de 5 à 6 millimètres, lisse, brunâtre étant sèche, entourée d'un cercle noirâtre. Sur les tiges sèches, surtout sur celles des orties et du Sambucus ebulus.

1227. H. EQUISETI (Lib. Crypt. ard. n° 256). Cryptosporium equiseti Fries. Espèce petite, rompant l'épiderme, convexe, arrondie ou oblongue, entourée des débris de l'épiderme, roussâtre, gélatineuse étant humide; sporidies très-petites, globuleuses, opaques. Sur les tiges de l'Equisetum limosum.

2. AGYRIUM. Fries. Syn. myc. 2. p. 231.

Réceptacle compacte, homogène, céracé, sessile, sphérique, lisse, fructifiant sur toute sa surface, humide-gélatineux; sporules éparses; texture filamenteuse. Très-petits champignons punctiformes, agrégés, souvent posés sur une tache croûteuse, naissant sur les bois.

1228. A. RUFUM (Fries. l. c.). Tremella stictis Pers. Syn. Stictis rufa Pers. Obs. Punctiforme, agrégé, lisse, convexe ou sphérique, aplati à la base, compacte, incarnat étant humide, d'un roux fauve étant sec, entouré d'une tache blanchâtre. Sur le vieuxbois exposé à l'air, surtout sur le sapin.

VAR. β. PALLENS (Fries). A. pallidum Chev. Plus pâle et jaunissant en séchant. Sur le bois dénudé du tremble.

1229. A. NIGRICANS (Fries. l. c.). Adhérent, presque arrondi, agrégé, souvent confluent, convexe, devenant ruguleux, rayé, d'un noir fuligineux. Sur les bois pourris du chêne, du tilleul, etc., etc.

1230. A. NITIDUM (Lib. Crypt. ard. f. 3. n° 255). Groupé, petit, convexe, charnu, gélatineux, noir, luisant étant sec; sporidies très-petites, globuleuses. Sur les rameaux de la ronce.

5. PYRENIUM. Tode. Meek. 1. p. 36.

Réceptacle subarrondi, sessile, privé de racine, lisse, glabre, persistant, contenant une pulpe gélatineuse, molle, qui plus tard se change en un nucleus céracé, dans lequel les sporules sont logées. Petits champignons agrégés, ne se rompant jamais.

1231. P. TERRESTRE (Tode. l. c. t. VI. f. 50). Réceptacles agrégés, globuleux, très-glabres, lisses, de couleur orange en dedans comme en dehors, légèrement papilleux, de grosseur inégale, depuis celle d'un grain de millet jusqu'à celle d'un pois.
Je l'ai trouvé en Campine près de Peer (Limbourg).

4. DACRYMYCES. Fries. Syst. myc. 2. p. 228.

Réceptacle presque sessile, arrondi, charnu-gélatineux, homogène, fructifiant sur toute leur surface, glabre, devenant plus tard subdéliquescent; papilles nulles; contexture filamenteuse; sporules répandues entre les filaments. Petits champignons agrégés, épiphytes.

1232. D. FRAGIFORMIS (Nees. Syst. p. 155). Tremella fragiformis Pers. Myc. eur. Espèce presque compacte, arrondie, rougeâtre, couverte de plis rapprochés, sublobés, de couleur plus pâle en dedans, large de plus de 2 à 3 centimètres, se réduisant de plus de moitié par la sécheresse. Sur le tronc des sapins dans la Campine.

1233. D. VIOLACEUS (Fries. l. c.). Tremella violacea Pers. Cette espèce est petite, agrégée, longue de 5 à 8 millimètres, épaisse de 2 millimètres, un peu comprimée, de couleur violette et finissant par s'ouvrir. Elle se développe sur les troncs des pommiers, des poiriers et de l'aubépine.

1234. D. SYRINGÆ (Fries. l. c. 2. p. 230). Réceptacle petit, orbiculaire, agrégé, quelquefois confluent, tuberculeux en dessous, d'un rouge orange; stipe très-court, dilaté au sommet. Sur les rameaux du lilas.

1255. D. DELIQUESCENS (Duby. Bot. gall. p. 729). D. stillatus Necs. Tremella deliquescens Bull. Tr. abietina Pers. Espèce agrégée, souvent confluente, large de 2 à 8 millimètres, d'abord sphérique, ensuite turbinée et irrégulière, sessile ou substipitée, de couleur jaune-orangée. Sur les souches et les vieilles charpentes de sapin.

>VAR β. LACRYMALIS (Duby). Tremella lacrymalis Pers. Cette variété est jaune, luisante, devenant brunâtre par la dessiccation.

1256. D. POÆ (Lib. Crypt. ard. n° 155). Hypophylle, petit, hémisphérique, blanc, s'affaissant et devenant concave et verdâtre, se développant sur des taches noires, subquadrangulaires. Sur les feuilles du Poa sudetica.

1257. D. HYALINUS (Lib. l. c. n° 555). Épars, petit, subarrondi, blanc, hyalin, brunâtre étant sec, formé de filaments longs et simples. Sur les feuilles sèches des sapins.

5. ACROSPERMUM. Fries. Syst. myc. 2. p. 244.

Péridium allongé, un peu claviforme, souvent stipité, à écorce très-mince, membraneuse, adhérente, persistante, charnu-cartilagineux intérieurement, à sommet devenant un peu renflé, rendu pruineux par les sporidies.

1238. A. COMPRESSUM (Tode. Mekl. 1. p. 8. t. 2. f. 16). Péridium agrégé, long de 5 à 4 millimètres, lancéolé, un peu comprimé, d'un noir olivâtre, d'abord lisse, ensuite fendu au sommet, qui est blanc-pruineux par la sortie des sporidies. Sur les feuilles sèches des plantes.

>VAR. β. FUNGORUM (Fries.). Brun demi-pellucide, entouré d'un cercle mince, opaque, noir. Sur les agarics desséchés.

1259. A. CONICUM (Pers. Myc. eur. p. 195). Péridium agrégé,

Acrospermum.

droit, subulé-conique, lisse, glabre, noirâtre extérieurement, blanc en dedans, à sommet plus mou, contenant les sporidies. Sur les tiges des plantes sèches.

1240. A. CORNUTUM (Fries. l. c.). Espèce agrégée, subulée-conique, en forme de corne, de 6 à 8 millimètres de longueur, sèche, lisse, sillonnée, roussâtre, moins foncée au sommet. Sur les agarics en putréfaction.

1241. A. GRAMINEUM (Lib. Crypt. ard. n° 33). Espèce éparse, petite, linéaire, noirâtre. Sur les feuilles des graminées, principalement sur celles de l'Elymus europæus.

6. TREMELLA. Fries. Syst. myc. 2. p. 210.

Réceptacle gélatineux, mou, homogène, presque transparent, multiforme, lobé ou plissé, similaire partout, glabre, d'une texture fibroso-celluleuse; sporules éparses à la superficie de l'hymenium qui est lisse, non papillé. Champignons assez grands ou moyens, se développant entre le bois et l'écorce, souvent de couleur jaunâtre.

1242. T. FIMBRIATA (Pers. Obs. myc. 1. p. 97.) T. verticalis et T. mesenteriformis Bull. T. mesenteriformis var. violacea DC. Fl. fr. T. tinctoria Pers. Myc. T. undulata Hoffm. Réceptacle en gazon, grand, noirâtre, olivâtre-pourpré vu à la lumière, ayant 5 à 8 centimètres, formé de lobes réunis vers la base, dressés, flasques, frangés-ondulés-incisés sur les bords. Sur les souches des aunes dans les endroits humides.

1243. T. FRONDOSA (Fries. Syst. myc. 2. p. 212). Espèce touffue, grande de 5 à 10 centimètres, lisse, assez consistante, d'un jaune pâle, ayant ses lobes ondulés-turbinés. Sur les troncs des vieux chênes.

1244. T. FOLIACEA (Pers. Obs. 2. p. 98). Cette espèce est beaucoup plus petite que la précédente (2 à 4 centimètres), elle est groupée, lisse, diaphane, ondulée-plissée, crépue à la base, de couleur cannelle-incarnat. Je l'ai observé sur de vieux troncs de sapin.

> VAR. *β*. SUCCINA (Duby). T. succina Pers. Cette variété est mince, pellucide, d'une couleur brunâtre.
>
> VAR. *γ*. VIOLACEA (Fries.). Celle-ci est plus petite et d'un violet pourpré.

1245. T. MESENTERICA (Retz. in Vet. act. handl. 1769. p. 249). T. chrysocoma Bull. T. auriformis Hoffm. Espèce très-variable, tantôt de forme auriculaire, tantôt de forme foliacée, ou bien conique, ou en massue, étalée-dressée, un peu tenace, plissée, ondulée, de couleur orangée-dorée ou fauve; sporidies d'un jaune sale. Sur les vieilles souches.

Le T. expansa Chev. doit être réuni à cette espèce.

1246. T. ALBIDA (Huds. Ang. 2. p. 565). T. candida Pers. T. cerebrina var. alba DC. Petit, étalé, tenace, ondulé, un peu turbiné, blanchâtre, se durcissant quelquefois en variant du jaune au noir. En hiver et au printemps. Sur les souches et les rameaux en putréfaction du frêne.

1247. T. DUBIA (Pers. Syn. 630). T. sarcoïdes With. T. amethystea Bull. Espèce gazonnée, diaphane, dressée, de 10 à 15 millimètres, molle, visqueuse, d'un incarnat pâle, d'abord claviforme, ensuite comprimée, lobée-plissée, à base plus obscure. Sur les rameaux tombés.

1248. T. VIRENS (Fries. Syst. myc. 2. p. 216). Cette espèce est subarrondie, un peu cartilagineuse, de couleur de rouille devenant noirâtre par la dessiccation. Sur les troncs d'arbres morts.

1249. T. INDECORATA (Fries. Eleuth. 2. p. 55). T. episphæria Chail. T. populina Moug. Sessile, arrondi, gonflé, convexe, opaque, sordide, sec, d'un noir brunâtre, large de 5 à 10 millimètres, épais de 5 environ. Cette espèce rompt l'écorce, elle est d'abord sèche et rude, ensuite elle se gonfle et devient convexe, plissée et opaque; sporidies olivâtres et comme formées de plusieurs lobes. Sur les branches mortes du peuplier.

7. Exidia. Fries. Syst. myc. 2. p. 220.

Réceptacle mou, gélatineux, homogène, horizontal, sub-marginé, velu ou rugueux en dessous, fructifiant en dessus et couvert d'un hymenium persistant, à papilles proéminentes, devenant ensuite plissé-ondulé; sporules incluses dans l'hymenium.

1250. E. RECISA (Fries. Syst. myc. 2. p. 223). E. gelatinosa Duby. Tremella recisa Pers. Myc. Espèce très-molle, plane, tronquée, assez étalée, brunâtre, ponctuée, rude en dessous', courtement stipitée, excentrique, oblique. Elle est ordinairement groupée, auriculaire, large de 2 à 4 centimètres; elle se contracte et se noircit par la dessiccation. Sur les rameaux du saule et du peuplier.

1251. E. AURICULA-JUDÆ (Fries. l. c.). Peziza auricula L. Bull. Champ. Auricularia sambuci Pers. Cette espèce est sessile, souvent groupée, de 5 à 8 centimètres de largeur, concave, flexueuse, mince, sessile, transparente, noirâtre, plissée-veinée sur les deux faces, lisse en dessus, subtomenteuse, olive-cendrée en dessous. En hiver, sur les troncs des vieux sureaux. Rare.

1252. E. GLANDULOSA (Fries. l. c.). Tremella glandulosa Bull. Tr. spiculosa Pers. Tr. arborea Huds. Spicularia glandulosa Chev. Espèce très-variable, assez grande, orbiculaire, maculiforme, étant jeune, ensuite largement étalée, gonflée, pézizoïde. Elle est ondulée, noirâtre, papillaire, conique, cendrée, subtomenteuse en dessous et se change en une membrane mince et noirâtre par la dessiccation. En automne et en hiver, sur les troncs et les rameaux.

8. Cyphella. Fries. Syst. myc. 2. p. 201.

Réceptacle un peu membraneux, concave, oblique, penché, ce qui fait qu'il semble fructifier en dessous;

thèques nuls; sporules globuleuses, assez grandes, éparses, assez semblables à de la poussière.

1253. C. FAGINEA (Lib. Crypt. ard. n° 331). Agrégé, très-tendre, sessile, petit, blanc, à cupule d'abord globuleuse, ensuite campanulée, penchée, couverte de poils serrés, cloisonnés. Sur les feuilles tombées du hêtre.

1254. C. DIGITATA (Fries. l. c.). Submembraneux, à cupule pendante, digitiforme, d'abord fermée, tuberculiforme, ensuite ouverte, d'un blanc bleuâtre en dedans, brunâtre et couverte de fibrilles innées, disposées longitudinalement en dehors; stipe brunâtre, long de 2 à 4 millimètres, courbé. Sur l'écorce des sapins dans la Campine et les Ardennes.

TR. II. — FONGINÉES. Ad. Brongn. in Dict. cl. 3. p. 461.
Pileati, Elvellacci, Clavati Fries.

Champignons de formes variées, charnus ou subéreux; hymenium distinct, limité; sporules renfermées dans des thèques.

Sub-trib. I. — HELVELLACÉES. Fries. Syst. myc. 2. p. 1.

Réceptacle en cupule ou en chapeau, ou bien mitriforme; hymenium placé à la partie supérieure; thèques allongés, contenant les sporules.

SECTION I. — *Pézizées.* Fries. l. c. p. 58.

Réceptacle en cupule, d'abord fermé.

9. SOLENIA. Pers. Disp. p. 56 et 73.

Réceptacle allongé, tubuliforme, simple, membraneux, dressé, terminé par un disque très-petit, cupuliforme, à

Solenia.

bords entiers, resserrés; sporules à peine visibles. Champignons petits, mous, superficiels.

1255. S. FASCICULATA (Pers. Myc. eur. 1. p. 335). S. candida Moug. et Nestl. Peziza solenia DC. Fl. fr. Espèce agrégée, rapprochée, subfasciculée, longue de 2 à 6 millimètres, granuliforme dans la jeunesse, devenant ensuite cylindrique en massue, blanchâtre, avec des poils soyeux en dehors. Sur le bois tombé en putréfaction des pins, de bouleau, etc.

> VAR. β. CANDIDA. S. candida Hoffm. Cette variété est éparse, cylindrique, blanchâtre et glabre. Sur le bois du hêtre.

10. STICTIS. Fries. Syst. myc. 2. p. 191.

Réceptacle cupuliforme, immergé, formé par la membrane fructifère; thèques fins, fixes, renfermant des sporules petites et globuleuses. Petits champignons très-simples enfoncés dans les bois morts et les écorces.

1256. S. RADIATA (Pers. Myc. 2. p. 73). Lycoperdon radiatum L. Sp. 1654. Peziza marginata Sow. Sphærobolus rosaceus Tode. Lichen excavatus Hoffm. Espèce punctiforme, enfoncée, orbiculaire, à limbe blanc entier, ou lacéré, pulvérulent. Elle est très-variable, urcéolée; l'hymenium est orangé dans le fond, qui s'ouvre et forme alors un disque blanc. Sur les rameaux tombés, desséchés.

1257. S. PALLIDA (Pers. Obs. 2. t. 6. f. 7). Peziza punctiformis Pers. Syn. Espèce agrégée, enfoncée, punctiforme, pâle, à disque subelliptique, déhiscent, urcéolé, tantôt blanc, tantôt incarnat ou jaunâtre. Quelquefois elle est éparse et forme un point blanchâtre entouré d'une tache oblongue plus blanche. Sur le bois mort, carié.

1258. S. CHRYSOPHÆA (Pers. Myc. eur. 1. p. 335). Peziza chrysophæa Pers. Ic. pict. Espèce orbiculaire, éparse, urcéolée, à

disque excavé, rouge, à limbe dressé, assez épais, doré, ondulé. Sur les rameaux secs et dénudés d'écorce du sapin.

1259. S. FARINOSA (Fries. Exs. n° 276). Espèce céracée, ferme,
orbiculaire, elliptique, un peu convexe, à disque farineux,
fendillé, large de 2 millimètres, à bord noir, proéminent. Sur
le bois du peuplier.

1260. S. SESLERIÆ (Lib. Crypt. ard. f. 2. n° 132). Immergé,
orbiculaire, excavé, noir, à bord proéminent, épais, d'un cendré pulvérulent, à disque noir; thèques linéaires, oblongs;
sporidies très-petites, globuleuses. Sur les tiges du Sesleria
cærulea.

1261. S. LUZULÆ (Lib. Crypt. ard. f. 2. n° 133). S. graminum
Desm. Immergé, punctiforme, orbiculaire, urcéolé, à bord
proéminent, farineux-blanchâtre, à disque noir; thèques très-
petits, linéaires, allongés; sporidies globuleuses. Sur les
feuilles du Luzula maxima.

1262. S. VERSICOLOR (Fries. Syst. myc. p. 198). Céracé, ferme,
enfoncé, un peu oblong, plane, à bord finissant par dispa-
raitre, à disque devenant farineux. Il a 2 à 4 millimètres et
vient sur les vieilles souches.

1263. S. VALVATA (Mont. ann. Sc. nat. 2e sér.). Réceptacle naviculaire, brun intérieurement, avec les bords blanchâtres,
légèrement ondulés; hymenium d'un roux d'argile, à thèques
presque claviformes; sporidies oblongues, un peu courbées.
Sur les feuilles sèches de l'Ammophila arundinacea.

1264. S. CIRCINATA (Lib. Crypt. ard. f. 3. n° 232). Immergé,
disposé en cercle, orbiculaire, petit, à bord brun, gonflé, à
disque brunâtre; thèques en massue; sporidies ovoïdes. Sur
les tiges sèches des joncs.

1265. S. SERIATA (Lib. Crypt. ard. f. 3. n° 233). Immergé,
sphériforme, devenant ouvert, à bord brun, entier, à disque
pâle; thèques allongés, fixés; sporidies petites, globuleuses,
disposées entre les nervures des feuilles. Sur les feuilles des
Carex.

11. CENANGIUM. Fries. Syst. myc. 2. p. 177.

Réceptacle d'abord fermé, ensuite plus ou moins ouvert, marginé, entouré par l'épiderme épaissi ; hymenium lisse, persistant ; thèques fixes, souvent adhérents, entremêlés de paraphyses, contenant les sporules. Petits champignons naissant sous les écorces, formés de deux substances, une extérieure coriace, membraneuse, une intérieure un peu granuleuse.

§ I. — SCLERODERRIS (Fries. l. c.). *Espèces déchirant l'épiderme, substipitées ; réceptacle sphériforme, devenant ouvert, avec un orifice orbiculaire entier.*

1266. C. RIBIS (Fries. l. c.). Peziza ribesia Pers. Syn. 673. Espèce groupée, très-dense, très-petite, presque nue ; cupule rugueuse, d'abord globuleuse, ensuite turbinée, à bord frangé, à disque pâle, contenant une substance blanche. Sur les rameaux morts du groseillier.

1267. C. CERASI (Fries. l. c.). Cette espèce vient en gazon, elle est difforme, se rompant transversalement, d'abord tuberculeuse, rugueuse, d'un gris roussâtre, ensuite paraissent les cupules qui sont planes, noirâtres supérieurement. Lorsque ce champignon est jeune, il est le Sphæria dubia Pers., ou le Sphæria ochroa DC. Fl. fr. ; dans l'âge mûr, il est le Peziza cerasi Pers. et DC. Sur les rameaux morts du cerisier.

1268. C. PADI (Fries. Syst. myc. 2. p. 180). Il est souvent solitaire, ferrugineux en dessous, globuleux, saillant, à disque noirâtre ; thèques très-petits ; sporidies aussi très-petites. Sur les rameaux du Prunus padus, dans les Ardennes

1269. C. PRUNASTRI (Fries. l. c.). Peziza prunastri DC. Fl. fr. Très-petit, ayant à peine 2 millimètres, un peu groupé, subcorné, sec, noirâtre ; capsules d'abord subiliformes, s'ouvrant ensuite, concaves, substipitées. Sur les rameaux morts des pruniers.

Cenangium.

1270. C. aucupariæ (Fries. l. c.). Sphæria aucupariæ Pers. Espèce groupée, noire, couverte d'une poussière blanchâtre, avec des cupules allongées, presque cylindriques, fermées d'abord, ensuite ouvertes au sommet. Sur les rameaux morts des sorbiers.

§ II. — **Triblidium** (Fries. l. c.). *Espèces rompant l'épiderme, substipitées à réceptacle orbiculaire, d'abord pézizoïde, puis s'ouvrant dans un centre commun par plusieurs fentes, un peu rugueux au dehors.*

1271. C. caliciforme (Fries. l. c.). Triblidium caliciforme Pers. Myc. eur. Cyphelium scabrosum Ach. Espèce agrégée ou éparse sortant des fentes de l'écorce, mais paraissant superficielle dans l'âge adulte, ayant 2 millimètres de largeur ; cupule subsessile, globuleuse-déprimée, verruqueuse-ridée, opaque, noire, s'ouvrant en plusieurs laciniures ; disque d'abord pâle, devenant d'un gris-noir. Sur les troncs des chênes.

1272. C. seriatum (Fries. l. c.). Phacidium seriatum Fries. El. fung. Peziza truncatula Rebent. Espèce rompant l'épiderme par des lignes transversales, agrégée, à stipe court, logé dans l'écorce, globuleuse-déprimée, rugueuse, noire, se déchirant en laciniures ; cupule opaque, fermée, déprimée au centre, s'ouvrant ensuite ; disque d'un noir fuligineux. Sur l'écorce des bouleaux.

§ III. — **Clithris** (Fries. l. c.). *Espèces rompant l'épiderme, d'abord comprimées, closes, ensuite s'ouvrant par une fente longitudinale, subpulvérulentes au dehors.*

1273. C. abietis (Dub. Bot. gal. p. 756). Agrégé, coriace, membraneux, très-variant, subsessile, rugueux, légèrement pruineux, d'un noir fauve, à ouverture étalée, comprimée, infléchie, humide, à disque jaunâtre. Cette espèce est d'abord absolument semblable à une sphærie par ses réceptacles arrondis, couverts d'une poussière ferrugineuse, s'ouvrant ensuite ;

Cenangium.

elle est humide, subarrondie, ayant 2-4 millimètres de largeur. Sur les rameaux desséchés des pins et des sapins.

1274. C. QUERCINUM (Fries. Syst. myc. 2. p. 189). Hypoderma quercinum DC. Fl. fr. Variolaria corrugata Bull. Champ. Hysterium nigrum Tode. Meck. Sphæria collapsa Sow. Espèce groupée, simple, allongée; cupule d'abord close, pruineuse, d'un noir cendré, ensuite s'ouvrant par une fente de 4 à 6 millimètres de longueur, assez large et pâle. Sur les rameaux morts du chêne.

§ IV. — EXCIPULA (Fries. l. c.). *Espèces sessiles, rompant l'épiderme, nues, vasculiformes ; réceptacles cornés , presque fermés, ensuite s'ouvrant par une ouverture orbiculaire, très-entière; disque petit, mou, un peu déliquescent.*

1275. C. TURGIDUM (Dub. Bot. gal. p. 736). Espèce rompant l'épiderme, éparse, à bord dressé; cupule presque coriace, rugueuse, noire, à disque concave blanc, mou, humecté, renflé. En automne. Sur les rameaux desséchés du noisetier.

1276. C. RUBI (Fries. Exs. nº 104). Inné, rompant l'épiderme, à cupule presque cornée, lisse, un peu plane, noire, puis à disque ouvert, plus pâle. Sur les rameaux du framboisier en automne.

12. TYMPANIS. Tode. Meck 1. p. 23.

Réceptacle cyathiforme, marginé , à disque corné, concolore, couvert d'abord par une membranule très-mince et très-fugace; hymenium lisse ou un peu rugueux, recouvert d'abord par une membrane, puis se détachant avec les thèques qui renferment les sporidies. Très-petits champignons groupés, noirs, naissant sous les écorces d'arbres qu'ils rompent.

1277. T. FRANGULÆ (Fries. Syst. myc. 2. p. 174). Espèce agrégée, quelquefois en gazon, sessile, turbinée, tronquée, orbiculaire, opaque, noirâtre, à peine de deux millimètres de hauteur, à disque ombré, à bord presque oblitéré. Sur les rameaux morts du Rhamnus frangula.

> Var. *β*. substipitata. Peziza frangulæ Pers. Myc.
> Stipe épais, très-court.

1278. T. alnea (Fries. l. c.). Espèce petite, substipitée, opaque, ombrée-noire; cupule un peu flexueuse, légèrement bordée, Quand elle est desséchée, le disque est excavé ou plutôt le bord est proéminent, distinct. Elle se développe sur les rameaux morts de l'aune et elle me semble une variété de la précédente.

1279. T. conspersa (Fries. Syst. myc. 2. p. 174). Peziza sphærioïdes Roth. Peziza pyri et P. aucupariæ Pers. Espèce groupée, d'abord fermée, semblable à une sphérie, nue, noire, bientôt ouverte par la chute d'un tégument blanc-pulvérulent qui la recouvrait, à bords minces, irréguliers. Sur les rameaux des sorbiers et des poiriers.

1280. T. saligna (Tode Meck. 1. t. 4. f. 57). Espèce agrégée, sessile, un peu allongée, luisante, noire, couverte d'abord d'une membranule blanche, soyeuse, qui disparaît bientôt, à disque concave-marginé, très-ouvert. Au printemps. Sur les rameaux desséchés des saules.

13. Bulgaria. Fries. Syst. Myc. 2. p. 166.

Réceptacle orbiculaire, marginé, ventru, turbiné, d'abord fermé, bientôt ouvert, un peu plan, rugueux au dehors, gélatineux au dedans; hyménium discoïde, lisse, glabre, nu, persistant; thèques immergés, grands, s'ouvrant avec élasticité. Champignons pezizoïdes gélatineux, élastiques, venant sur le bois, rompant le plus souvent l'écorce.

1281. B. inquinans (Fries. Syst. myc. 2. p. 166). Peziza nigra Bull. Champ. Peziza inquinans Pers. Ascobolus inquinans Necs. Syst. Dans la jeunesse, cette espèce est ovoïde, fermée, furfuracée, ombrée, puis elle est à disque dilaté, plan, ru-

Bulgaria.

gueux au dehors, turbiné, enfin irrégulier, ferme, ridé-sillonné, rougeâtre à l'extérieur, noir et teignant les doigts en dedans. Commun sur les vieux bois, surtout sur le chêne.

1282. **B. sarcoïdes** (Fries. l.c.) Peziza tremelloïdes Bull. Champ. Helvella sarcoïdes Bolt. Elvella purpurea Schæff. Espèce de 4 à 24 millimètres, groupée, polymorphe, assez ferme, à cupule évasée, à stipe lacuneux, veinée et de couleur vineuse extérieurement, vineuse aussi en dedans, à disque rouge. Les individus les plus grands ont jusqu'à 2 à 3 centimètres, sont difformes et tomenteux au dehors; les plus petits sont turbinés et substipités. Sur le bois mort, à moitié pourri. Rare.

14. Ascobolus. Pers. Disp. meth. p. 35.

Réceptacle orbiculaire, un peu marginé, à disque patelliforme, présentant sur sa partie supérieure des thèques proéminents, grands, claviformes, adhérents, qui se rompent avec élasticité et contiennent les sporules placées sur une seule série. Champignons petits, subsessiles, agrégés, fumicoles.

1283. **A. furfuraceus** (Pers. Obs. 1. t. 4. f. 3-6). Peziza stercoraria Bull. Champ. Elvella fimetaria Scop. Agrégé, de 2 à 4 millimètres de largeur, d'abord fermé, distinctement marginé, un peu concave, sessile, fragile, brunâtre ou verdâtre, puis s'ouvrant, à bords calleux et furfuracés extérieurement. En automne sur la bouse ancienne de vache. Je l'ai trouvé près de Liége et de Maestricht.

1284. **A. carneus** (Pers. Syn. p. 676). Espèce agrégée, petite (1 millimètre), sessile, plane, immarginée, glabre, incarnate. Sur le fumier de vache.

15. Peziza. Dill. Gen. p. 74.

Réceptacle marginé, cupuliforme, d'abord fermé par la continuité de l'épiderme, ensuite ouvert; hyménium lisse, persistant, distinct, contenant les thèques qui sont amples, fixes, lançant les sporidies avec élasticité. Champignons charnus ou céracés, sessiles ou pédicellés.

SECTION I. PEZIZA (Fries. Syst. myc. 2. p. 41). *Réceptacle cupuliforme; thèques distincts, mêlés avec des paraphyses.*

SÉRIE 1. — ALEURIA (Fries. Syst. myc. 2. p. 41). *Capsule molle, fragile; tégument épaissi, mince, pruineux ou floconneux, furfuracé. Espèces grandes, presque toutes terrestres.*

1. HELVELLOÏDES (Fries. l. c.). *Tégument mince, cupule toujours ouverte ou connivente dans la jeunesse, tantôt entière, tantôt dimidiée ou tordue; sporidies contenant 2 sporules.*

† ACETABULUM (Fries. l. c.). *Stipe épais, sillonné; cupule presque entière.*

1285. P. ANCILIS (Pers. Myc. eur. 1. p. 219). Cupule grande, large de 5 à 8 centimètres, grise-brunâtre, entière, farineuse, blanchâtre à la base extérieurement; stipe très-court, divisé au sommet en 6 rameaux épais, adhérents avec la cupule. Sur la terre dans les bois. Dans le bois d'Héverlé (Brabant), forêt de Marlagne (Namur).

1286. P. ACETABULUM (L. Sp. 1650). Cupule cyathiforme, large de 2 à 5 centimètres, fuligineuse, d'abord profondément excavée, ensuite fendillée, garnie de veines épaisses et rameuses au dehors, portée sur un stipe de 1 à 2 centimètres, fistuleux, épais et pâle. Sur la terre dans les bois.

1287. P. SULCATA (Pers. Syn. p. 645.) Cupule hypocratériforme de 1 à 2 centimètres, d'un blanc fuligineux, lisse au dehors, portée sur un stipe de 2 à 5 centimètres, plein, sillonné-lacuneux, épais de 8 à 10 millimètres. Sur la terre dans les bois. Je l'ai trouvé près de Beauraing (Namur).

†† COCHLEATA (Fries. Syst. myc. 2. p. 645). *Cupule subsessile, pruineuse en dehors, obliquement flexueuse-contournée et dimidiée, un peu roulée, souvent incisée d'un côté.*

1288. P. VENOSA (Pers. Syn. p. 618). Cupule sessile, de 2 à

5 centimètres, subglobuleuse, entière étant jeune, bientôt ouverte, hémisphérique, contournée en limaçon, d'un brun jaunâtre, munie de côtes veinées et rugueuses en dehors, blanche et pruineuse en dessous. Dans les bois au printemps.

1289. P. BADIA (Pers. Obs. 2. p. 78). Helvella cochleata Bolt. Espèce large de 2 à 5 centimètres, groupée, s ubsessile, entière, difforme, flexueuse, brunâtre, roulée en limaçon sur le bord, pruineuse et olive-clair en dehors, velue vers la base. Sur la terre dans les bois.

1290. P. CEREA (Sow. Fung. t. 3). Cette pezize est de la taille de la précédente, elle est groupée, très-fragile, infundibuliforme, ventrue, jaunâtre, velue et blanchâtre en dehors et à la base qui est stipiforme. Sur les couches et les tannées dans les jardins.

1291. P. LYCOPERDOÏDES (DC. Fl. fr. 2. p. 87). P. vesiculosa Bull. Elvella lycoperdoïdes Scop. Cupule de 1 à 6 centimètres, sessile, d'abord globuleuse, turbinée, connivente, mince, transparente, fragile, à bord un peu crénelé, furfuracé, plus pâle extérieurement. Dans les prairies, les bois, sur les couches et les fumiers.

1292. P. VESICULOSA (Nob.). P. vesiculosa β coriaria Fries. Espèce sessile, vésiculeuse, campanulée, de 3 à 10 centimètres de diamètre, sur 2 à 6 de hauteur, d'un jaune pâle un peu fuligineux intérieurement, d'un blanc de cire en dehors, couverte extérieurement de dépressions irrégulières et d'une poussière furfuracée blanche qui disparaît avec l'âge, excepté à la base; chair transparente; thèques cylindriques; sporidies elliptiques, grandes, obtuses; paraphyses filiformes. Sur les tannées des serres du jardin botanique de Gand.

1293. P. ABIETINA (Pers. Syn. p. 637). P. grandis Pers Syn. p. 639. Cupule de 2 à 5 centimètres de hauteur, large de 2 à 5 centimètres, souvent stipulée, groupée, concave, flexueuse, entière, de couleur cannelle, ou ferrugineuse, ou d'un brun olivâtre, farineuse au dehors, lacuneuse, velue, blanchâtre à la base. Sur la terre dans les bois de sapin, en automne. Helden, Peer (Limbourg).

1294. **P. COCCINEA** (Schæff. Fung. t. 148). P. aurantiaca Fries. P. dichroa Holmsk. Espèce de 2 à 5 centimètres, groupée, venant ordinairement en série ou en cercle, subsessile, d'abord régulière, puis irrégulière, oblique, d'un rouge orangé en dedans, d'un jaune blanchâtre, un peu pruineuse en dehors; elle est quelquefois creusée en soucoupe ou en entonnoir régulier, d'autres fois dimidiée, lobée. Sur la terre, aux pieds des chênes et des hêtres.

1295. **P. SUCCOSA** (Berk. Kickx. Rech. fl. crypt. c. 2. p. 35). Espèce sessile, cupuliforme, presque globuleuse, hémisphérique, à bords réfléchis, d'un jaune brunâtre devenant verdâtre intérieurement, plus pâle au dehors; chair laissant écouler un suc jaunâtre par la compression; thèques allongés; sporidies elliptiques; paraphyses nombreuses, linéaires. Elle atteint 3 à 4 centimètres de diamètre et se trouve sur la terre dans les bois.

1296. **P. CONCINNA** (Pers. Myc. eur. 1. p. 221). Elvella vesiculosa Bolt. Elvella scutellata Schæff. Cette espèce peut acquérir la taille de 6 à 10 centimètres; elle est groupée, très-fragile, citrine à sa partie extérieure, qui, plus tard, devient un peu rugueuse, d'un incarnat pâle intérieurement. Sur les amas de feuilles tombées dans les bois.

1297. **P. COCHLEATA** (L. Sp. 1625). P. umbrina Pers. Elvella ochroleuca Schæff. Cette pezize se montre sous la forme d'une cupule de 2 à 8 centimètres, sessile, groupée, plus ou moins irrégulière, contournée, auriculaire, membraneuse, largement ouverte, d'un jaune chamois, pruineuse au dehors. A la fin de l'été et en automne dans les bois.

1298. **P. GEOCHROA** (Pers. Myc. eur. 1. p. 220). Espèce haute de 2 à 5 centimètres. large d'un centimètre, solitaire, fragile, grisâtre, contournée en dedans, écailleuse au dehors, tuberculeuse et blanchâtre à la base, avec une racine épaisse et horizontale. Sur la terre dans les bois.

Peziza.

††† PUSTULATA (Fries. Syst. myc. 2. p. 51). *Espèces sessiles, parfois radiciformes à la base, disposées en forme de bourse étroite, entière, à bords un peu incisés, granuleuses ou verruqueuses en dehors, munies d'un stipe central.*

1299. P. CORONATA (Jacq. Misc. 2. t. 10). Espèce solitaire ou groupée, de 2 à 8 centimètres, à cupule sessile, fragile, incisée, étalée, un peu rugueuse, brunâtre ou rougeâtre en dedans, blanchâtre et farineuse en dehors, munie d'une racine à la base. Sur la terre et aux pieds des vieux arbres dans les bois.

1300. P. PUSTULATA (Pers. Syn. p. 646). P. spurcata Pers. Myc. eur. Octospora pustulata Hedw. Cupule de 12 millimètres environ, sessile, pâle, un peu fuligineuse en dedans, d'un blanc furfuracé au dehors, à base aplatie, à bords entiers. Dans les lieux humides des bois.

2. GEOPYXIS (Fries, Syst. myc. 2. p. 55). *Tégument non fugace; cupule subglobuleuse étant jeune, fermée, puis ouverte, orbiculaire; sporidies simples. Espèces terrestres.*

† MACROPODES (Fries. l. c.) *Stipe allongé, grêle, capsules assez délicates.*

1301. P. STIPITATA (Huds. Ang. 2. p. 639). P. macropus Pers. Pezize solitaire ou un peu agrégée, haute de 2 à 7 centimètres, large de 2 à 3, hémisphérique, velue, verruqueuse, cendrée; disque gris de souris pâle; stipe long, tortu, lisse, lacuneux, fibrilleux à son extrémité. En été et en automne dans les bois. Cette espèce est rare. Je l'ai trouvée dans le bois de Marlagne (Namur). Bois d'Ursele (Flandres).

  VAR. *β*. HIRTA (Fries). Cette variété est plus petite, plus velue que l'espèce, son disque est noir.

1302. P. BULBOSA (Nees. Syst. f. 289). Cupule de 12 à 24 millimètres, hémisphérique, cendrée, à écailles fines et à disque brun; stipe de 12 millimètres, ayant à peine 2 millimètres d'épaisseur, lisse ou un peu lacuneux, ferme, tubéreux. En été et en automne. Sur la terre humide dans les bois.

1303. P. TUBEROSA (Bull. Champ. t. 481. f. 2-3). Octospora tuberosa Hedw. Musc. Espèce mince, infundibuliforme, d'un jaune de paille; stipe allongé de 2 à 6 centimètres, plus ou moins enfoncé dans la terre, à base noire, tubéreuse, difforme; cupule pyriforme, ensuite dilatée, large de 8 à 10 millimètres. Au printemps dans les bois humides et les prés moussus.

1304. P. MELANIA (Pers. Myc. eur. 1. p. 259). P. vogesiaca Pers. in Moug et Nestl. Cupule d'un brun noirâtre, large de 2 à 3 centimètres, campanulée, glabre, rouge brun en dehors, à disque concave, noir; stipe de 6 à 12 millimètres, strié, à base fibrilleuse, presque radicale. Dans les bois, surtout dans ceux de sapin. Cette pezize est presque toujours cachée dans la mousse, elle est assez rare.

†† CUPULARIS (Fries. Syst. myc. 2. p. 61). *Cupule pruineuse extérieurement, membraneuse ou charnue; stipe nul ou très-court.*

1305. P. CUPULARIS (L. Suec. n° 1275). P. crenata Bull. Champ. Cupule subsessile, large de 6 à 15 millimètres, de la grandeur et de la forme d'une cupule de gland de chêne, mince, globuleuse-campaniforme, fragile, céracée, grisâtre sur les deux faces, farineuse au dehors, à bords crénélés. En été. Sur la terre et le bois pourri.

1306. P. ARENARIA (Osbeck. in vet. ac. Handl. 1762. t. 7. f. 1-4). Espèce agrégée, mince, sessile, large de 6 à 24 millimètres, brune, verruqueuse en dehors, d'abord globuleuse-campanulée, ensuite dilatée, lacérée. Sur la terre dans les bois.

1307. P. GRANULOSA (Bull. Champ. t. 456. f. 3). Cette pezize est agrégée, petite, sessile, d'abord globuleuse, puis aplanie, à bord un peu dentelé, d'un rouge orange, papilleuse, rugueuse granulée au dehors. Sur le fumier, principalement sur celui de vaches.

3. HUMARIA (Fries. Syst. myc. 2. p. 67). *Tégument mince, un peu filamenteux, fugace, presque marginal ; cupule sessile, entière, hémisphérique, plane, charnue, petite. Espèces terrestres.*

† LOMEÆ (Fries. Syst. myc. 2. p. 42). *Espèces subsessiles-concaves.*

1308. P. RUTILANS (Rai. Syn. p. 19. n° 14). P. ericetorum Pers. Myc. eur. P. rutilans Var. *β*. ericetorum Fries. Espèce subsessile, large de 12 à 24 millimètres, un peu agrégée, campanulée-étalée, déprimée, très-finement pubescente, pâle en dehors, à disque d'un fauve-roux ; stipe blanc, épais, enfoncé dans la terre. Au printemps et en automne. Dans les bois.

1309. P. ARANEOSA (Bull. Champ. t. 280). Pezize mince, petite, fragile, turbinée, d'un rouge vif et orangé en dedans, à bords crénelés, à fibrilles arachnoïdes en dehors ; stipe court, gros. En automne. Assez commune dans les lieux humides et couverts des bois.

1310. P. TURFOSA (Pers. Myc. eur. 1. p. 246). P. polytrichi Schum. Espèce de 2-4 millimètres de largeur, groupée, presque sessile, orbiculaire, un peu convexe, de couleur cinabre en dedans, plus pâle et chargée de poils fasciculés, verdâtres en dehors, à bords aigus. Parmi les sphagnes dans les terrains tourbeux.

1311. P. CONFLUENS (Pers. Obs. myc. 2. p. 81). P. omphalodes Var. confluens Fries. Cette pezize est sessile, rapprochée, assez petite, charnue, presque plane et un peu ombiliquée, d'un jaune orangé, posée sur des fibrilles tomenteuses, blanches et fugaces dans leur jeunesse. Dans les endroits où l'on a fait du charbon de bois. Dave (Namur) Boitsfort (Brabant).

Peziza.

1312. P. HUMOSA (Fries. Obs. myc. p. 509). P. cartilaginea
With. Helvella cartilaginea Bolt. Cupule sessile, large de
4-8 millimètres, charnue, concave, plane, glabre, d'un rouge
sanguin, plus pâle en dessous, à bord très-entier. Sur la terre.
Assez rare.

†† CONVEXULÆ (Fries. Syst. myc. 2). p. 42. *Espèces sessiles,
convexes.*

1313. P. OMPHALODES (Bull. Champ. t. 485. f. 1). Cette espèce est
sessile, groupée, fragile, petite, très-épaisse, presque plane,
subombiliquée, variant du jaune à l'orange et au rouge, à bord
à peine marqué, assise sur un duvet tomenteux, blanc, fugace.
Sur la terre dans les bois, les serres et les couches.

4. ENCOELIA (Fries. Syst. myc. 2. p. 74). *Tégument fugace,
cupule très-creuse, membraneuse, tantôt solide, tantôt fragile,
s'ouvrant à peine. Espèces naissant sur les écorces.*

1314. P. POPULNEA (Pers. Syn. p. 671). Cupule sessile, rarement solitaire, ordinairement groupée au nombre de 6 à 12, de
12 à 15 millimètres de largeur, sessile, hémisphérique, coriace-
membraneuse, difforme, concave, noirâtre, rugueuse, farineuse
en dehors. Cette pezize croît dans la partie intérieure de
l'écorce qu'elle fend pour se montrer au dehors. Sur les troncs
morts du frêne, des saules et des trembles.

1315. P. AMPLIATA (Pers. Myc. eur. 1. p. 227). Pezize large de
10 à 12 millimètres, sessile, mince, charnue, fragile, campanulée, très-entière, d'un brun fuligineux en dedans, presque
nue et pâle en dehors. Sur les troncs des arbres. Espèce rare
en Belgique.

1316. P. CALYCINA (Schum Kickx. Rech. fl. crypt. c. 2. f. 58).
Octospora calyciformis Hedw. Petites cupules stipitées, réunies en touffes de 5 à 7 individus, infundibuliformes d'abord,
se dilatant ensuite, d'un millimètre environ de diamètre, cou-

Peziza.

vertes en dehors d'une villosité blanche, persistante; disque d'un jaune orangé. Sur les troncs des pins.

SECTION II. — LACHNEA. (Fries. Syst. myc. 2. p. 77.) *Cupule céracée, ferme, rarement charnue; tégument persistant, velu ou poilu, donnant une apparence soyeuse ou hérissée à la cupule. Très-petites espèces naissant, presque toutes, sur les végétaux morts.*

5. SARCOSCYPHA (Fries. l. c.). *Cupule charnue, ou charnue membraneuse; subiculum nul. Espèces se développant sur la terre ou sur le bois mort carié.*

1317. P. EPIDENDRA (Bull. Champ. t. 467). P. aurantiaca Kickx. Fl. brux. P. coccinea Jacq. P. poculiformis Hoffm. Espèce infundibuliforme, large de 2 centimètres environ, d'abord régulière, puis s'élevant en coupe, à bord crénelé, d'un rouge écarlate intérieurement, blanche-jaunâtre et duvetée en dehors; stipe ferme, épaissi supérieurement, haut de 8 à 12 millimètres, d'un blanc jaunâtre. Dans les lieux humides et ombragés.

1318. P. MELASTOMA (Sow. Fung. t. 149). P. alba Chev. Espèce assez grande, groupée, à cupule charnue, à disque urcéolé, d'un noir brunâtre, couverte d'une poussière couleur de rouille au dehors; stype long de 4 à 8 millimètres, épais, tomenteux, ayant des poils noirs et roides à sa base, faisant les fonctions de racines. Sur les troncs moussus et sur les racines dénudées de terre.

1319. P. REPANDA (Pers. Myc. eur.) Espèce transparente, céracée, sessile, mince, glabre, large de 6 à 10 centimètres, presque plane, à bords sinueux, fendus, recourbés en dehors, de couleur nankin en dedans, plus pâle en dehors. En automne sur la terre humide et le bois pourri.

1320. P. CRINITA (Bull. Champ. t. 416. f. 2). Cette pezize est petite, ténue, ferme, subglobuleuse, concave, d'un rouge pourpré intérieurement, cendrée et ciliée en dessous ; elle est hérissée, principalement sur le bord, de poils longs, noirâtres. Sur le bois à moitié pourri.

1321. P. STRIGOSA (Pers.). Cupule sessile, éparse, de 2 à 4 millimètres, globuleuse-hémisphérique, tomenteuse, hérissée, d'un brun noirâtre, à disque concave d'un blanc sale, un peu ochracé intérieurement, d'un noir soyeux en dehors. Sur les tiges herbacées et sur la terre humide et ombragée.

1322. P. NIGRELLA (Pers. Syn. p. 648). Espèce sessile, groupée, large de 8 à 12 millimètres, hemisphérique, concave, noire, très-entière, lisse en dedans, couverte d'un duvet tomenteuxbyssoïde au dehors. Sur le bois pourri et sur la terre dans les bois de sapin.

1323. P. LEUCOTRICHA (Alb. et Schw. t. 7. f. 5). Pezize sessile, souvent groupée, hémisphérique, concave, un peu charnue, à disque noirâtre-glaucescent, blanche, poilue, feutrée au dehors, à cupule large de 6 à 10 millimètres. Sur la terre dans les bois ombragés.

1324. P. CARNOSA. (Bull. Champ. t. 596. f. 1.) Cupule épaisse, sessile, profondément concave, tomenteuse, incarnate, tomenteuse-lanugineuse au dehors. Sur le bois à demi pourri. J'ai trouvé cette espèce à Havelange et à Dinant (Namur).

1325. P. HEMISPHÆRICA (Hoffm. Veg. cr. t. 7. f. 6). P. labellum Bull. Champ. P. fasciculata Schrad. P. hispida Sow. P. replicata Tode. P. lanuginosa DC. Fl. fr. Elvella albida et E. foliacea Schæff. Espèce sessile, large de 4 à 24 millimètres, hémisphérique, éparse, céracée, un peu brune et couverte de poils serrés et fasciculés en dehors ; cupule à disque blanc-glaucescent, à bord replié, garni de cils libres, caducs. En été et en automne sur la terre dans les bois.

1326. P. VITELLINA (Pers. Myc. eur. 1. p. 257). Espèce large d'environ 8 millimètres, un peu groupée, charnue, fragile, ondulée, jaune ; cupule soyeuse sur les bords, munie de fibrilles dressées, éparses. Dans les prairies et les lieux humides.

Peziza.

1327. P. SCUTELLATA (L. Suec. 458.) Octospora hirta Hedw. P. ciliata Hoffm. Elvella ciliata Schæff. Espèce à cupule large d'environ 6 millimètres, d'un rouge minium, quelquefois blanchâtre, cendrée et pâle au dehors, munie de soies noires, hispides, serrées, d'abord infléchie, puis dressée sur le bord. En automne et au printemps sur les vieilles souches et quelquefois sur la terre.

1328. P. CÆRULEA (Bolt. Fung. t. 108. f. 2). Pezize plane, ciliée, à disque bleuâtre, noirâtre et hérissée de poils pâles et mous à l'extérieur. Sur les troncs des sapins dans la Campine. Elle est assez rare.

1329. P. STERCOREA (Pers. Obs. 2. p. 89). P. scutellaris Bolt. P. equina Fl. dan. Octospora scutellata Hedw. P. ciliata Bull. Champ. Espèce large de 2 à 4 millimètres, groupée, globuleuse, fermée étant jeune, ensuite concave et enfin plane, fauve, munie, près du bord de la cupule, de soies brunâtres, dressées dans la jeunesse, couverte extérieurement de poils très-minces, blanchâtres et fugaces. Sur les fumiers et dans les terres grasses.

1330. P. DIVERSICOLOR (Fries. Syst. myc. 2. p. 88). P. cervina, P. chlorina et P. vaccinea Pers. Myc. eur. 1. p. 254. Espèce groupée, petite, obconique, de couleur variée, tantôt rougeâtre, tantôt d'un jaune ferrugineux, tantôt verdâtre ou blanchâtre, à disque un peu convexe, couverte de poils hérissés, roïdes à l'extérieur. En été et en automne. Sur les fumiers et les excréments.

1331. P. PAPILLATA (Pers. Syn. 650). Espèce groupée, très-petite, rougeâtre, à disque papillaire, à bord cilié de soies dressées, presque concolores. En automne et en hiver. Sur les fumiers.

6. DASYSCYPHA (Fries. Syst. myc. 2. p. 89). *Cupule mince, céracée, sèche, à disque glabre, velue ou poilue extérieurement; subiculum nul. Espèces très-petites, fermées étant sèches et s'ouvrant par l'humidité, naissant sur différentes parties des arbres, ou sur les tiges des plantes.*

† Espèces stipitées.

1552. P. VERNALIS (Schum. Sæll. p. 425). Espèce assez ferme, cendrée-pâle, à cupule large de 4 millimètres, hémisphérique, à bord d'abord roulé en dedans, ensuite dressé, étalé, velue au dehors; stipe filiforme, flexueux, velu, long de 6 millimètres environ. Au printemps dans les bois, sur les rameaux tombés.

1533. P. CILIARIS (Schrad. Journ. bot. 2. p. 63). Cette espèce a sa cupule stipitée, cyathiforme, blanche, couverte de poils longs, épais, en dehors. En automne et au printemps, sur les feuilles tombées du chêne, du hêtre, etc. Forêt de Soignies (Brabant).

1534. P. VIRGINEA (Pers. Obs. myc. 1. p. 28). P. nivea Sow. P. lactea Bull. Champ. P. parvula Fl. dan. Cette espèce a les plus grands rapports avec la précédente; elle a 2 millimètres de hauteur, elle est groupée, blanche, stipitée; la cupule est hémisphérique, munie de poils nombreux, étalés au dehors, et bordée de cils. Sur le bois, les écorces et les feuilles, dans les bois.

> VAR. CARPOPHILA (Pers.). Cupule petite, turbinée, à poils serrés, à disque connivent. Sur le péricarpe du hêtre. Bois de Linthout près de Bruxelles.

1535. P. PATULA (Pers. Obs. 1. p. 42). Espèce éparse, très-petite, à peine visible à l'œil nu, d'abord globuleuse, ensuite hémisphérique, blanche, velue, à disque plan, jaunâtre. En automne et au printemps. Sur les feuilles tombées du chêne, du peuplier et du bouleau.

1536. P. BICOLOR (Bull. Champ. t. 410. f. 5). P. minuta Fl. dan. P. pulchella Pers. P. oxyacanthæ Pers. Obs. Pezize éparse, petite, subsessile, globuleuse, à cupule fermée, s'ouvrant par l'humidité, tomenteuse, blanche, à disque concave, d'un rouge orangé ou jaune, à bord velu, denticulé. Sur les rameaux morts du chêne, de l'aubépine, et surtout du noisetier. Printemps.

Peziza.

1337. P. CERINA (Pers. Syn. 651). P. biformis Fl. dan. P. marginata Holmsk. Espèce stipitée, hémisphérique, à cupule souvent connivente, velue, furfuracée ou d'un jaune-olivâtre, à disque concave, jaune; stipe tantôt nul, tantôt court, à peine d'un millimètre, épais, noir. En automne et au printemps. Sur le bois pourri.

1338. P. CLANDESTINA (Bull. Champ. p. 251). Espèce agrégée, portée sur un stipe d'un millimètre, turbinée, fauve, velue-furfuracée extérieurement, à disque pâle. Au printemps. Sur les rameaux de la ronce et du sureau.

1339. P. CAULICOLA (Fries. Syst. myc. 2. p. 94). P. serratulæ Pers. Myc. eur. Cupule petite, groupée, ferme, d'un brun jaunâtre pâle, globuleuse-turbinée, farineuse-pubescente, portée sur un stipe court et glabre. En hiver et au printemps. J'ai trouvé cette pezize sur les tiges de l'armoise et du chardon.

1340. P. NIVEA (Fries. Syst. myc. 2. p. 90). P. clandestina. Bull. Champ. t. 416. P. virginea Fl. dan. Octospora nivea Hedw. Cupule stipitée, blanche, turbinée, glabre en dedans, velue-tomenteuse en dehors; stipe velu, épaissi vers le haut. En automne. Sur le bois et les rameaux cachés sous les feuilles tombées.

1341. P. PALEARUM (Desm. Pl. crypt. ed. 1. n° 1417). Cette pezize est éparse, petite, stipitée, d'un blanc brunâtre, acétabuliforme, ensuite plane, furfuracée, tomenteuse au dehors, ciliée sur les bords, d'un millimètre environ de diamètre; disque blanc; stipe long d'un demi-millimètre, droit, cylindrique, brun inférieurement; ascies petites, cylindriques, assez grandes, aiguës au sommet. Sur les chaumes secs du froment.

†† ESPÈCES SESSILES.

1342. P. ALBOVIOLASCENS (Alb. et Schw. p. 322. t. 8. f. 4). P. fallax Pers. Pezize large de 2-4 millimètres, groupée, sèche, dure, presque sessile, subglobuleuse dans la jeunesse, ensuite plane-comprimée, à disque pâle, velue-hérissée extérieurement. En hiver. Sur les rameaux morts du tilleul et du robinier. Mons, Tournay (Hainaut).

Peziza.

1343. P. CORTICALIS (Pers. Obs. 1. p. 28). Espèce agrégée, superficielle, sessile, ferme, subglobuleuse, à cupule charnue, fermée, grisâtre étant sèche, ouverte et d'un roux cendré quand elle est humide, munie de poils roides et courts en dehors. Sur les écorces du peuplier et du chêne.

1344. P. AMORPHA (Pers. Syn. fung. 657). Espèce éparse, quelquefois confluente, large de 4-6 lignes, un peu coriace, sessile; cupule tuberculiforme et toute velue dans la jeunesse, devenant souvent irrégulière, orbiculaire, tomenteuse, d'un roux pâle, à disque presque plan, roux. Au printemps, sur l'écorce des sapins et du chêne. Barvaux (Ardennes).

1345. P. MUSCIGENA (Desm. Supp. bot. belg. f. 16). Cette espèce est très-petite (1 à 2 millimètres), groupée par 3 ou 4 individus rapprochés, céracée; cupule hémisphérique, très-mince, blanche au dehors, jaunâtre supérieurement, pourvue de veines qui rayonnent du centre à la circonférence. En hiver et au printemps, sur les mousses.

1346. P. TRIFOLII (Lib. Crypt. ard.). Ascobolus trifolii Fries. Espèce hypophylle, orbiculaire, presque plane, céracée, d'un brun roussâtre, à bord mince, denticulé; thèques claviformes; sporidies oblongues, diaphanes, disposées sur deux séries. Sur les feuilles du Trifolium arvense.

1347. P. CORVINA (Pers. Myc. eur. 1. p. 248). Espèce agrégée, venant sur un subiculum noirâtre, à cupule sessile, petite, un peu déprimée, d'abord punctiforme, puis largement ouverte, velue extérieurement, noire des deux côtés. Sur le bois desséché.

1348. P. HISPIDULA (Schrad. Journ. bot. 1779. 2. p. 64). Cupule large de 2-3 millimètres, sessile, charnue, concave, lisse et blanchâtre en dedans, d'un roux noir, couverte de soies noires en dehors. Au printemps. Sur le bois et les rameaux tombés dans les forêts.

1349. P. BERBERIDIS (Pers. Syn. 849). Cupule éparse, sessile, petite, d'un roux brunâtre, velue, à base entourée de soies roides, radiantes, très-longues, qui cependant n'adhèrent pas

Peziza.

au subiculum. Sur les rameaux morts de l'épine-vinette. Marche-les-Dames (Namur), Kessel (Limbourg).

1550. P. RUFO-OLIVACEA (Alb. et Schw. t. 11. f. 4). Pezize éparse, sessile, orbiculaire, aplatie, velue, pulvérulente au dehors, d'un roux ferrugineux sale, à disque étalé, plan, d'un vert olivâtre devenant noirâtre. Sur les rameaux morts du Ligustrum vulgare et sur les tiges du Sambucus ebulus. Je l'ai trouvée sur cette dernière plante, à Boitsfort près de Bruxelles, et à Visé près de Liége.

1551. P. PAPILLARIS (Bull. Champ. 244. t. 467. f. 1). P. granuliformis Alb. et Schw. non Pers. Espèce agrégée, sessile, à cupule libre, ayant à peine 2 millimètres, concave, céracée, hérissée-velue, blanchâtre en dedans et au dehors, à bord entier, granulé, un peu denté. Cette pezize est close et jaunâtre quand elle est sèche. Sur le bois pourri, en automne.

1552. P. NIDULUS (Schm. et Kunze Deutsch. Schw. 8. n° 72). Espèce petite, sessile, à cupule hémisphérique-aplatie, hérissée, brunâtre; disque d'un jaune pâle. Sur les tiges sèches du Convallaria multiflora. Au printemps. Environs de Bruxelles et de Louvain.

1553. P. VILLOSA (Pers. Syn. 655). P. granuliformis Pers. Syn. P. sessilis Sow. P. sclerotium Pers. Obs. myc. Cette pezize est tantôt éparse, tantôt groupée, superficielle, très-petite, persistante, globuleuse, velue, blanche, à ouverture presque connivente; quelquefois la villosité n'est pas apparente. Au printemps. Sur les tiges des herbes mortes.

1554. P. DRYOPHILA (Pers. Myc. eur. 1. 265). P. punctiformis Fries. Syst. myc. Espèce groupée, très-petite, punctiforme, à cupule sessile, orbiculaire, brunâtre, velue, à ouverture presque connivente. Au printemps, sur les feuilles amoncelées du chêne. Je l'ai trouvée plusieurs fois dans la forêt de Marlagne près Namur.

Peziza.

7. **Tapezia.** Pers. Myc. eur. 1. p. 270. *Cupule céracée ou un peu coriace, presque sessile, posée sur un subiculum un peu tomenteux. Espèces venant sur le bois, rarement sur les feuilles.*

1355. P. ANOMALA (Pers. Obs. 1. p. 29). P. stipata Pers. Myc. eur. P. rugosa Sow. Espèce un peu stipitée, très-rapprochée, agrégée, à cupule très-petite, régulière, turbinée, velue, de couleur fauve ou ferrugineuse, à disque urcéolé-blanchâtre, portée sur un subiculum velu. Sur les rameaux tombés et desséchés.

1356. P. PORIÆFORMIS (DC. Syn. gall. 17). P. tephrosia Fries. Myc. eur. 1. p. 271. Cupule sessile, large de 8 à 55 millimètres, irrégulièrement étalée, rapprochée, tomenteuse, cendrée, portée sur un subiculum dense, concolore. Trouvée dans un saule creux à Marum près Ruremonde (Limbourg).

1357. P. AURELIA (Pers. Myc. eur. 1. p. 270). Cupule submembraneuse, large de 2 à 5 millimètres, sessile, ovoïde-globuleuse, de couleur rouillée-dorée, à orifice contracté, portée sur un subiculum assez grand, velu. Sur les feuilles tombées du chêne et du hêtre dans les forêts d'Évrehailles près Dinant et de Soignies.

1358. P. CLAVETIÆ (Lib. Crypt. ard. f. 1. n° 26). Cupule agrégée, sessile, petite, membraneuse, hémisphérique, concave, blanche, tomenteuse, posée sur de longs poils arachnoïdes, entremêlés, formant une espèce de subiculum; disque un peu trémelloïde, d'un brun noirâtre : sporidies globuleuses. Sur le bois de chêne.

1359. P. FUSCA (Pers. Obs. 1. p. 29). P. pruni avium Pers. Obs. Espèce sessile, concave, petite, urcéolée, d'un brun noirâtre, à disque blanc, connivent dans la jeunesse, devenant ensuite plan, plus pâle, cendrée et velue en dessous, placée sur un subiculum large et tomenteux. Sur les écorces des peupliers et des saules. On la trouve aussi sur le prunier.

1360. P. ROSÆ (Pers. Obs. 2. p. 82). Myriothecium hispidum Tode Meck. Cette pezize est tantôt groupée et tantôt éparse, sessile, un peu coriace, à cupule concave, subtomenteuse, brunâtre, à disque d'abord infléchi, devenant ensuite plus ouvert, se plissant et se déformant par la sécheresse. Sur les rameaux morts des rosiers.

1361. P. SANGUINEA (Pers. Myc. eur. 1. p. 275). Pezize plus ou moins groupée, molle, brunâtre, à bord rougeâtre étant jeune, devenant ensuite concave, glabre, noirâtre, à base tomenteuse, compacte, ceinte d'une ligne rougeâtre. Elle ressemble assez à une scutelle de Patellaria et se développe sur le bois sec du hêtre.

8. PHIALEA. (Fries. Obs. 2. p. 305). *Cupule céracée ou membraneuse, très-glabre, à peine ouverte ; tégument nul ; subiculum nul. Espèces petites, épiphytes.*

1362. P. SUBULARIS (Bull. Champ. t. 500. f. 2). P. subulipes Pers. Espèce couleur de brique, fragile, portée sur un stipe mince et long ; cupule hypocratériforme, très-entière. Je l'ai trouvée à Kessel (Limbourg). Sur les graines gâtées de l'Helianthus annuus L.

1363. P. FRUCTIGENA (Bull. Champ. t. 228). Octospora fungoïdes Hedw. Helotium flavescens Pers. Myc. eur. Espèce groupée, tenace, glabre, d'un jaunâtre pâle, à cupule patelliforme portée sur un stipe long, mince, flexueux, large de 2-4 millimètres. Sur les rameaux et les fruits du chêne, du hêtre, du châtaignier. Groenendael (Brabant), Wartez (Namur).

1364. P. CATULACEA (Desm. Sup. bot. belg. f. 17). Cette pezize est glabre, fragile, transparente-céracée, d'un fauve clair, un peu bistré, haute de 2-8 millimètres ; pédoncule droit, flexueux, très-mince à la base ; cupule très-mince, de 5-10 millimètres de diamètre, hémisphérique-cyathiforme. Au printemps et en hiver. Sur les chatons tombés du noisetier.

1365. P. PULVERULENTA (Lib. Crypt. ard. f. 2. n° 125). Cupule un peu rapprochée, d'abord globuleuse, devenant ensuite presque plane, blanche supérieurement, couverte en dehors d'une villosité d'un jaune doré, pulvérulente ; stipe court, épais ; thèques en massue ; sporidies globuleuses. Sur les feuilles de sapin tombées à terre.

1366. P. MILLEPUNCTATA (Lib. Crypt. ard. f. 2. n° 128). Espèce agrégée, punctiforme, sessile, globuleuse, urcéolée, très-tendre, d'un blanc hyalin, rugueuse en dehors ; thèques cylindriques ; sporidies ovoïdes. Sur les tiges pourrissantes du Senecio sarracenicus.

1367. P. ÆRUGINOSA (Pers. Syn. 617). Espèce glabre, nue, presque sessile, verdâtre ; cupule turbinée d'abord, ensuite étalée, un peu flexueuse, à disque blanchâtre et à stipe très-court. Sur le bois pourri du bouleau, du chêne et **du hêtre**.

1368. P. RADIATA (Pers. Myc. eur. 1. p. 287). **P. coronata Bull. P. armata** Roth. **P. subulata** Fl. dan. Espèce éparse, un peu groupée, petite, pâle, stipitée ; cupule concave, large de 2 millimètres, bordée de soies, dentée sur les bords, à dents d'abord conniventes, puis dressées ; stipe haut de 2 millimètres. Sur les tiges mortes des orties, du chanvre, etc.

1369. P. LITTOREA (Fries. Syst. myc. 2. p. 121). Espèce groupée, glabre, courtement stipitée, petite ; cupule hémisphérique-déprimée, à disque rougeâtre, infléchi, un peu déchiré. Sur le chaume sec des Arundo.

1370. P. SCUTULA (Pers. Myc. eur. 1 p. 285). Pezize groupée, assez ferme ; cupule large d'un millimètre, hypocratériforme, lisse, d'un jaune roussâtre, dilatée, légèrement concave, à bord entier ; stipe allongé, mince. En automne et au printemps. Sur les tiges des plantes sèches.

1371. P. PERSOONII (Pers. Myc. eur. 1. p. 288). Cupule urcéolée, orange, à bord proéminent, membraneux, blanchâtre, un peu ventrue, haute de 2 millimètres ; stipe cylindrique, rosé, atténué dans le milieu. Au printemps et en automne. Sur les tiges sèches des Equisetum.

Peziza.

1372. P. urticæ (Pers. Myc. eur. 1. p. 286). P. striata Fries. Cupule stipitée, éparse, un peu membraneuse, hémisphérique, d'un blanc un peu brunâtre, à bord connivent et à stipe assez court. Au printemps. Sur les tiges sèches de l'ortie.

1373. P. cyathoïdea (Bull. Champ. p. 250. t. 416. f. 3). P. solani Pers. Octospora albidula Hedw. Espèce petite, d'un blanc pâle, globuleuse, cyathiforme, devenant étalée, très-entière; stipe filiforme, assez long. La couleur de cette espèce varie du blanc au jaune et devient plus obscure par la dessiccation. Sur les tiges herbacées.

1374. P. culmigena (Fries. Syst. myc. 2. p. 127). Cupule petite, éparse, pâle, transparente, mince, plane, un peu ombiliquée; stipe capillaire, glabre, pâle. Sur les tiges desséchées du Scirpus lacustris.

1375. P. aspidii (Lib. Crypt. ard. f. 3. n° 226). Cupule éparse, sessile, très-petite, punctiforme, globuleuse, velue, blanchâtre; thèques oblongs; sporidies globuleuses. Sur les tiges du Polystichum aculeatum.

1376. P. lauri (West. in litt.). Cette espèce a été trouvée à Namur par M. Bellynck sur les feuilles du Laurus nobilis.

1377. P. clavellata (Desm. pl. Crypt. 175). Trouvé sur des tiges herbacées à demi pourries, par M. Westendorp.

1378. P. tuba (Bolt. fung. t. 106. f. 1). Espèce groupée, jaune, à cupule turbinée, à disque plan, large de 12 millimètres, à bord gonflé; stipe long, grêle. En automne. Sur les rameaux tombés dans les lieux humides. Bois de Marimont (Hainaut).

1379. P. janthina (Fries. Syst. myc. 2. p. 150). Octospora violacea Hedw. Musc. Espèce violacée à cupule d'abord cylindrique, ensuite gonflée, urcéolée, enfin infundibuliforme, haute de 6 millimètres, lisse, glabre, à bord très-entier; stipe glabre, assez court. Sur les vieux troncs de saule et de peuplier.

1380. P. citrina (Fries. Syst. myc. 2. p. 151). P. aurea Sow. Octospora citrina Hedw. Espèce rapprochée, citrine, charnue-céracée, un peu épaisse, ferme, haute de 2 à 4 millimètres; cupule un peu concave, à bord proéminent, devenant flexueux;

Peziza.

stipe court, épais, obconique, plus pâle. En automne. Sur les troncs, les rameaux pourris et les vieilles souches.

1381. P. PALLESCENS (Pers. Obs. 85). P. lenticularis Hoffm. germ. Crypt. Cette espèce a de l'affinité avec la précédente, mais elle est plus mince, rapprochée, glabre, plus petite, d'un jaune pâle ou blanchâtre; cupule concave, à bord gonflé; stipe court, assez épais. Sur le vieux bois et les vieux troncs.

1282. P. FERRUGINEA (Schum. Sall. 4. p. 429). P. lenticularis Bull. t. 300. Pezize groupée, lenticulaire, ponctuée, à cupule substipitée, obconique, d'abord turbinée, puis dilatée, à peine large de 2 millimètres; disque concave, d'un jaune ferrugineux, à bord gonflé, d'un jaune pâle au dehors. En automne. Sur les vieux troncs du chêne, du hêtre, les pieux pourris.

1383. P. CUPRESSINA (Batsch. El. p. 119). Espèce petite, groupée, d'un jaune roussâtre, à cupule charnue-céracée, très-entière, d'abord claviforme, ensuite hémisphérique; stipe court, épais, velu étant jeune. Sur les feuilles de la sabine, du genévrier, etc. Trouvée sur cette dernière plante près de Courtrai par M. Wallays.

1384. P. HERBARUM (Pers. Syn. p. 664). Pezize agrégée, charnue-céracée, blanche, glabre; cupule large de 2 à 3 millimètres, un peu convexe, très-entière, roussâtre, souvent émarginée; stipe très-court. En automne et en hiver. Sur les tiges mortes des grandes herbes.

1385. P. EPIPHYLLA (Pers. Disp. 72). Espèce éparse, sessile ou un peu stipitée, glabre; cupule charnue-céracée, large de 2-4 millimètres, un peu convexe, marginée, d'un jaune ochracé sale, devenant roussâtre. Sur les feuilles pourries du hêtre, du bouleau, etc.

\ 1386. P. CHRYSOCOMA (Bull. Champ. t. 376. f. 2). P. aurea Pers. Espèce groupée, sessile, un peu gélatineuse, glabre, d'un jaune fauve; cupule sphérique de la grosseur d'un pois, immarginée, ensuite à centre déprimé; sèche elle est contractée, subcornée, flexueuse, concave, à bord roulé en dedans. Sur les bois pourris.

Peziza.

1387. P. CARPINEA (Pers. Syn. p. 673). Espèce groupée, petite, presque gélatineuse, sessile, d'un incarnat pâle, à cupule un peu difforme, obconique, planiuscule, se développant sur un subiculum charnu, concolore. Sur l'écorce du charme mort.

1388. P. RUBELLA (Pers. Syn. 635). Pezize groupée, sessile, semi-pellucide, large de 2 à 4 millimètres, céracée-molle, à cupule d'abord convexe en dessus, ensuite plane, glabre, d'un rouge incarnat, à bord un peu lacuneux. Sur les bois et les écorces pourries.

1389. P. CINEREA (Batsch. Fung. 2. f. 137) P. callosa Bull. Champ. Espèce éparse ou groupée, petite, à cupule d'abord urcéolée, ensuite dilatée, brune et souvent cendrée étant mouillée, plus pâle étant sèche, à bord très-entier, plus blanc. Sur les vieilles souches.

1390. P. PTERIDIS (Alb. et Schw. t. 12. f. 7). Espèce groupée ou éparse, punctiforme, très petite, céracée-molle ; cupule d'un jaune pâle en dedans, granuleuse, olivâtre en dehors, un peu plane à la base, à bord crénelé ; par l'humidité elle est molle, ouverte, et contractée par la sécheresse. Sur les tiges et les branches mortes du Pteris aquilina et de l'Osmunda regalis.

1391. P. CARICINA (Lib. Crypt. ard. f. 3. nº 232) Cupule éparse, assez épaisse, rompant l'épiderme, céracée, concave, noirâtre, glabre, à disque d'un gris blanc, ainsi que les bords qui sont entiers ; thèques claviformes ; sporidies oblongues, contenant 2 sporidioles hyalines. Sur les feuilles du Carex patula.

1392. P. RUBI (Lib. Crypt. ard. f. 3. nº 232). Cupule éparse, assez épaisse, sessile, presque plane, marginée, d'un jaune céracé, à disque pulvérulent, à bords finissant par disparaître ; thèques claviformes ; sporidies oblongues, doublement cloisonnées. Sur les rameaux de la ronce.

1393. P. VINCÆ (Lib. Crypt. ard. f. 4. nº 325). Cupule éparse, petite, orbiculaire, plane, charnue-céracée, d'un roux brunâtre en dedans, grisâtre, hérissée en dehors ; stipe très-court, papillé, noir ; thèques cylindriques, à sporidies posées sur une seule série. Sur les feuilles de la pervenche.

Peziza.

1394. P. SCLEROTIORUM (Lib. Crypt. ard. f. 4. nº 326). Cupule infundibuliforme, devenant ensuite dilatée, étalée, brunâtre, à stipe flexueux, concolore, de 4 millimètres à 5 centimètres; thèques linéaires; sporidies oblongues, disposées sur une seule série. Parasite sur les Sclerotium.

1395. P. CERASTIORUM (Fries. Syst. myc. 2. f. 155). Espèce groupée, petite, innée, sessile, glabre, orbiculaire, légèrement excavée, un peu céracée, bordée d'un testacé pâle. Sur les tiges et les feuilles des Cerastium.

1396. P. GRAMINIS (Desm. Pl. crypt. nº 1066). Espèce éparse, petite (1/2 millimètre de diamètre), rompant l'épiderme, concave, brunâtre, à disque d'un gris blanchâtre, à bords blancs, frangés de filaments courts, très-fins; thèques claviformes; sporidies oblongues, linéaires, cloisonnées. Sur les chaumes des graminées.

1397. P. VELUTINA (Desm. Sup. bot. belg. f. 14). Tubercules nombreux, blancs, sessiles, déprimés, à bords rentrants, gros à peine d'un millimètre, couverts en dessous de poils serrés, courts, blancs, à surface supérieure grisâtre; chair noirâtre. En mars, sur le chèvrefeuille et le lilas.

1398. P. ATRATA (Pers. Syn. 669). Espèce groupée, subglaucescente, à cupule petite, sessile, subglobuleuse, glabre, noirâtre, concave, un peu rugueuse en dehors, à ouverture connivente, blanchâtre. Sur les troncs, les écorces et les rameaux tombés à terre.

> VAR. β. EBULI (Fries). Un peu plus grande que l'espèce, céracée-mince, d'abord sphérique, puis ouverte, concave, d'un cendré noirâtre, à bord infléchi, blanchâtre. Sur les tiges du Sambucus ebulus.
>
> VAR. γ. FOLIICOLA (Desm.). Sur les feuilles mortes du Plantago lanceolata près de Namur (M. Bellynck).
>
> VAR. δ. LEGUMINUM (West.). Cette variété est un peu plus grosse que la précédente et se développe sur les gousses pourrissantes des haricots pendant l'hiver.

1399. P. NEGLECTA (Lib. Crypt. ard. f. 1. nº 29). Cupule superficielle, d'abord concave, puis plane, marginée, à bords d'un brun rougeâtre, à disque orangé; thèques claviformes, mêlés de paraphyses; sporidies ovoïdes. Sur les tiges de l'ortie dioïque.

1400. P. COMPRESSA (Pers. Syn. 670). Cette espèce est sessile, mince, très-petite, noirâtre, à disque noir, roussâtre par l'humidité, subarrondie, ovoïde ou anguleuse. Elle devient comprimée et prend la forme d'une coquille par la sécheresse. Sur les rameaux morts.

1401. P. LÆVIGATA (Fries. Syst. myc. 2. p. 153). Cette pezize est éparse ou agrégée, petite, innée, orbiculaire, mince, lisse, noire; étant jeune elle est sphériforme, elle devient ensuite plane, un peu difforme avec les bords minces. Sur les rameaux du Ligustrum vulgare.

1402. P. VERSIFORMIS (Pers. Syn. 647). Cette espèce est agrégée, substipitée, d'abord un peu velue, puis nue, d'un olivacé jaunâtre; la cupule est quelquefois régulière, d'autres fois comprimée, un peu ondulée, un peu pourprée en dehors. Sur les troncs et sur les écailles des cônes du sapin.

1403. P. LACUSTRIS (Fries. Syst. myc. 2. f. 143). Espèce sessile, adnée dans la jeunesse, plane, un peu convexe, large d'un millimètre, lisse, orbiculaire, glabre, noire, céracée, d'un fuligineux noirâtre, devenant entièrement noire par la sécheresse. Sur les chaumes nageants des Scirpus et des Arundo.

1404. P. INFLEXA (Bolt. Fung. t. 106. f. 2). Pezize stipitée, blanche, à capsule presque hémisphérique, blanchâtre, à bords ceints de dentelures triangulaires. Sur les tiges des orties et d'autres plantes herbacées, en automne.

1405. P. ALBIDA (Rob. Desm. Pl. crypt.). Espèce sessile, petite, un peu membraneuse, glabre, presque à bord nu, cendré. Sur les feuilles mortes en décomposition.

1406. P. MELANOPHÆA (Fries. Syst. myc. 2. p. 150). P. bicolor Nees non Bull. Espèce éparse, très-petite, large à peine d'un millimètre, sèche, à capsule en soucoupe, à disque opaque, d'abord concave, ensuite plan, égalant le bord qui est couleur cannelle, ainsi que le dehors de la capsule. Sur le bois mort du chêne. Dans les endroits humides.

1407. P. SALICARIA (Pers. Syst. myc. 1. p. 508). P. flexella Fries. Syst. myc. Cette espèce a l'apparence d'un lichen, mais elle n'a pas de subiculum; elle est rapprochée, éparse, à cupule enfoncée, sessile, comprimée, très-petite, assez coriace, d'un noir brunâtre. Sur le bois carié du saule. Je l'ai trouvée près de Maestricht. M. Wallays l'a trouvée près d'Ypres.

1408. P. JUNCINA (Pers. Myc. eur. 1. p. 514). Espèce éparse, sessile, glabre, un peu céracée; cupule plane, d'un roux obscur, à bord légèrement proéminent. Dans les marécages, sur les chaumes des joncs morts.

1409. P. LEPIDA (Pers. Myc. eur. 1. p. 514). Espèce éparse, large de 1-2 millimètres, dure, luisante, roussâtre; cupule vasculeuse, presque connivente. Sur les tiges des plantes mortes.

S. II. — PATELLA (Chevall. Flor. par. 1. p. 502). *Réceptacle patelliforme; thèques connés, sans paraphyses.*

1410. P. PATELLARIA (Pers. Syn. p. 670) Patellaria atrata Fries. Lichen atratus Hedw. Sans l'absence de croûte, on prendrait cette espèce pour un patellaria; elle est groupée, subsessile, un peu coriace, à cupule plane, à disque pruineux et à bord enflé. Sur le bois et les écorces.

16. HELOTIUM. Pers. Syn. 677.

Réceptacle stipité, immarginé, nu, d'abord ouvert, plan, régulier, ensuite convexe-hémisphérique, à surface supérieure séminifère; thèques fixes, amples, renfermant les sporules qui sortent avec élasticité.

1411. H. AGARICIFORME (DC. Fl. fr. 2. p. 75). H. aciculare Pers. Syn. 677. Leotia acicularis Pers. Obs. 2. Helvella acicularis

Helotium.

Bull. Champ. t. 473. Helvella agariciformis Bolt. Fung. Champignon très-petit, groupé, blanc, puis cendré, à tête large de 2-4 millimètres, mince, orbiculaire, plan d'abord, ensuite convexe, porté sur un stipe allongé, mince, ferme, haut de 10 à 12 millimètres. En automne. Sur le bois pourri. Dans les Ardennes.

1412. H. FIMETARIUM. (Pers. Syn. 678). Leotia fimetaria Pers. Obs. myc. Champignon petit, groupé, haut d'un millimètre environ, d'un rouge agréable, à tête conique, devenant un peu anguleuse. En automne. Sur les crottins de mouton.

17. RHIZINA. Fries. Obs. myc. 1. p. 161.

Réceptacle mince, étalé, crustacé, globuleux, concave en dessous, porté par des fibrilles radiciformes, nombreuses, éparses; hyménium lisse, persistant, occupant toute la superficie; thèques fixes, amples. Champignons pezizoïdes, fragiles, charnus, terrestres, sessiles.

1413. R. UNDULATA (Fries. Obs. 1. p. 161). Helvella acaulis Pers. Syn. 614. Helvella inflata Schæff. Champignon de 5 à 7 centimètres, plan étant jeune, à bord blanchâtre, ensuite convexe, ondulé, étendu, roussâtre, à bord infléchi, floconneux en dessous, à fibres pâles. En automne et au printemps. Sur la terre nue, sous les lilas, les peupliers et sur les mousses. Assez rare. Dans les forêts des provinces de Liége et de Luxembourg.

SECTION II. — *Helvellées* (A. Brongn. Class. champ. p. 81).

Réceptacle en cupule mitriforme, jamais fermé.

18. HELVELLA. L. Gen Fries. Syst. myc. 2. p. 13.

Réceptacle suborbiculaire, en chapeau irrégulier, orbiculaire, sinué, réfléchi sur les bords, concave et stérile en

Helvella.

dessous; membrane fructifère supérieure, lisse, persistante,
sans veines, ni aréoles; thèques fixes.

1414. H. ELASTICA (Bull. Champ. t. 142). H. mitra Bolt. H. albida
Pers. H. fuliginosa Sow. Chapeau en forme de mitre, lisse en
dessous et en dessous, à 2 lobes lorsqu'il a acquis son développement, de couleur blanche, ou fuligineuse, ou brune, large de
2 à 3 centimètres; stipe haut de 7 à 10 centimètres, allongé,
mince, pruineux, atténué. En automne. Sur la terre dans les
bois.

1415. H. CRISPA (Fries. Syst. myc. 2. p. 14). H. mitra Bull.
Champ. t. 466. Espèce solitaire, grande de 7 à 12 centimètres,
à chapeau recourbé, enflé, lobé, libre, crispé, blanc ou fauve
en dessus (de là les variétés alba et fulva), d'un roux pâle en
dessous; stipe fistuleux, blanc, lacuneux, à côtes anastomosées.
En automne. Sur la terre, dans les bois humides. J'ai trouvé
cette espèce dans les bois des Ardennes. On la trouve aussi dans
les Flandres; elle offre un assez grand nombre de variétés.

1416. H. LACUNOSA (Afzel. in vet. act. handl. 1783. p. 303.
var. *α*). Chapeau mitriforme à 2 ou 4 lobes, à peine lacinié,
enflé, d'un cendré noirâtre, à lobes abaissés, adhérents; stipe
fistuleux, à côtes lacuneuses. Cette espèce est plus petite que la
précédente. Au printemps et en automne. Sur la terre et les
troncs moussus.

> VAR. *α*. MAJOR (Fries). H. mitra Schæff. H. mitra var.
> fusca DC. et Bull. Stipe blanc.
> VAR. *β*. MINOR (Fries). H. monacella Schæff. Stipe noi-
> râtre.

1417. H. MONACHELLA (Fries. Syst. myc. 2. p. 19). H. leucopus
Pers. Myc. eur. H. spadicea Schæff. Phallus monachella Scop.
Espèce moyenne à chapeau ondulé-lobé, à lobes adhérents, de
couleur variable, tantôt bai-marron, tantôt noirâtre; stipe
haut de 2 à 3 centimètres, mince, d'abord arrondi, puis un peu
comprimé, creux, glabre, lisse et blanc. Au pied des arbres.

Helvella.

Cette espèce est assez rare en Belgique ; je l'ai trouvée dans l'Entre Sambre et Meuse.

1418. H. ludovicæ (Kickx. Rech. crypt. c. 4. f. 40). Chapeau d'abord cyathiforme, puis cupuliforme, s'aplatissant ensuite, défléchissant ses bords, les enroulant en dessous, d'un blanc sale jaunâtre, glabre et terne en dessus, blanc et recouvert d'une poussière furfuracée blanchâtre en dessous, ainsi que le stipe qui est grêle, lisse, épais, lacuneux, plissé. Trouvé à Gand dans une cave.

19. Morchella. Dill. Gen. 74.

Réceptacle arrondi en massue ou sous forme de chapeau, plissé, réticulé, à cellules nombreuses et irrégulières, porté par un stipe creux ; hyménium occupant la superficie supérieure, persistant ; thèques fixes. Champignons grands, terrestres, charnus-céracés, fragiles, venant sur la terre. Ils sont comestibles.

1419. M. esculenta (Pers. Syn. 618). Phallus esculentus L. Sp. La morille. Champignon gros, à chapeau ovoïde, attaché par la base, à côtes formant des aréoles anastomosées, très-variables pour la forme et la couleur ; stipe de 2 à 3 centimètres, mou, blanc, lisse, cylindrique. Sur la terre dans les bois.

> Var. α. rotunda (Fries). Chapeau à aréoles arrondies, de couleur blanchâtre.
>
> Var. β. vulgaris (Pers.). Chapeau ovoïde ; aréoles presque triangulaires, d'une couleur livide, fuligineuse, brunissant par la sécheresse.
>
> Var. γ. fulva (Fries). Chapeau à aréoles oblongues, de couleur bai-brun ou brun-roux.
>
> Var. δ. conica (Fries). M. conica Pers. Chapeau conique, à aréoles allongées, de couleur bai-brun noirâtre.

1420. M. deliciosa (Fries. Syst. Myc. 2. p. 8). Chapeau un peu

Morchella.

cylindrique, aigu, jaunâtre, grand de 2 à 6 centimètres, à côtes longitudinales liées par des rides transversales, à aréoles oblongues-linéaires, profondes; stipe à peine haut de 2 à 5 centimètres, large de 6 à 8 millimètres, lisse. Dans les lieux ombragés et sur les bords des fossés dans les bois.

1421. M. TREMELLOÏDES (Pers. Syn. 621). Phallus tremelloïdes Vent. Gyrocephalus carnutensis Pers. Ann. soc. lin. Chapeau jaunâtre à 2-4 lobes, large de 5 à 8 centimètres, enflé, ondulé, celluleux-lacuneux; stipe court, épais, pruineux, lisse, pâle. Sur la terre, dans les bois.

1422. M. PATULA (Pers. Syn. 619). Helvella esculenta Sow. Chapeau ovoïde, subarrondi, obtus, libre au milieu, jaune-roussâtre ou fauve-bai en dessus, plus obscur étant sec, à aréoles rhomboïdes; stipe lisse, creux, blanchâtre, long de 5 millimètres environ. Au printemps. Sur la terre, dans les bois. Marimont (Hainaut).

1423. M. SEMILIBERA (DC. Fl. fr. 2. 212). Helvella hybrida Sow. Chapeau court, conique, large de 5 centimètres environ, jaunâtre, d'un roux pâle étant sec, libre du milieu, à côtes longitudinales réunies en aréoles oblongues, veinées en dedans; stipe lisse, long de 6 à 10 centimètres, blanc, épais de 6 millimètres. Au printemps. Dans les bois.

1424. M. FUSCA (Pers. Myc. eur. 1. p. 205). Chapeau court, un peu membraneux, subarrondi, d'un fauve obscur, à côtes grandes, subparallèles; stipe fuligineux blanchâtre, lisse, assez flasque, long de 7 à 8 centimètres, épais de 2-3. Sur la terre dans les bois. Entre Charleroi et Fleurus (Hainaut).

20. VERPA. Pers. Myc. eur. 1. p. 202.

Réceptacle en chapeau campanulé, fixé par le centre, charnu, couvert en dessus par l'hyménium, lisse sur les deux faces, ou ruguleux, persistant, non à côtes; thèques fixes. Champignons terrestres à stipe creux, différant des Helvella par la forme régulière du chapeau.

Verpa.

1425. V. DIGITALIFORMIS (Pers. Myc. eur. 4. p. 202). Groupé, à chapeau large de 6 à 8 millimètres, campanulé, un peu cylindrique, digité, rayé-ridé, couleur terre d'ombre ; stipe haut de 2-5 centimètres, épais de 6 millimètres, brunâtre, écailleux transversalement. Dans les bois. Au printemps. Rare.

1426. V. AGARICOÏDES (Pers. Myc. eur. 4. p. 203). Morchella agaricoïdes DC. Fl. fr. V. morchellula Fries. Syst. myc. 2. p. 24. Chapeau large de 10 à 12 millimètres, campanulé, un peu plissé, d'un rouge vineux, plus pâle en dessous ; stipe pâle, lisse, haut de 5-7 centimètres, large de 4 millimètres. Dans les bois.

1427. V. KROMBHOLZII (Corda ap. Sturm.). Chapeau campanulé, digitaliforme, très-obtus, à bords réguliers, rapprochés du stipe dans la jeunesse, glabre, à face supérieure ridée, d'un brun-roux, l'inférieure lisse, d'un brun pâle ; stipe épais, ferme, cylindrique, creux, fragile, d'un cendré sale, tacheté de petites taches noirâtres. Cette espèce, haute de 4 à 6 centimètres, se trouve dans les dunes.

21. LEOTIA. Fries. Syst. myc. 2. p. 25,

Réceptacle en chapeau orbiculaire, convexe-tuméfié, visqueux, à bords roulés en dessous, sinués, ondulés, à stipe central ; hyménium couvrant la face supérieure, confluent, ondulé ou lisse, persistant ; thèques fixes, cylindriques, claviformes. Champignons terrestres, mous-charnus, trémelloïdes.

1428. L. GELATINOSA (Hill. Hist. 43. nº 3. 4). L. lubrica Fries. Syst. myc. 3. p. 29. Helvella gelatinosa Bull. Champ. Helvella revoluta Gm. Agrégé, à chapeau large de 1-3 centimètres, gonflé, d'un jaune verdâtre ou variant du brun roux au jaune ou au vert, à bord arrondi ; stipe haut de 3-8 centimètres, creux, presque égal dans le haut et dans le bas, jaune, visqueux. Dans les bois.

Var. *α*. flavo-virens (Duby. Bot. gall. 759). Helvella flavo-virens Nees. Syst. 162. Chapeau mince, lacuneux, plan, réfléchi.

Var. *β*. vulgaris (Duby. l. c.). L. lubrica Pers. Myc. eur. 1. t. 9. f. 4-7. Chapeau un peu mamelonné, onduleux-tuberculeux.

Var. *γ*. cornucopiæ (Duby. l. c.). Peziza cornucopiæ Hoffm. Veg. cr. Clavaria tremula Holmsk. Chapeau déprimé, lisse.

Sub-trib. II. — Clavariées. Fries Syst. Myc. 1. p. 461.

Réceptacle dressé, claviforme ou cylindrique, simple ou rameux; hyménium lisse, mince, enveloppant en grande partie le réceptacle, contenant des thèques sublinéaires.

22. Mitrula. Fries. Syst. Myc. 1. p. 491.

Réceptacle dressé, en massue, ovoïde, lisse, stipité, distinct du stipe; hyménium l'enveloppant de toutes parts; thèques allongés. Champignons petits, simples, charnus, stipités, épiphytes.

1429. M. phalloïdes (Chev. Fl. Par. 1. p. 114). M. paludosa Fries. Leotia uliginosa Pers. Champ. L. Ludwigii, Dicksonii, Bulliardi, laricina Pers. Syn. t. 3. f. 15. Helvella Bulliardi DC. Fl. fr. 2. p. 95. Helvella laricina Vill. Dauph. Clavaria phalloïdes Bull. Champ. Espèce agrégée, creuse, très-fragile, longue de 4-8 millimètres, obtuse, jaunâtre; stipe tantôt droit, tantôt flexueux, haut de 2-5 centimètres, d'un blanc grisâtre. Dans les marécages, sur les feuilles pourries.

23. Typhula. Fries. Obs. Myc. 2. p. 296.

Réceptacle subcylindrique, très-grêle, simple ou rameux,

distinct du stipe, entièrement revêtu de la membrane fructifère ; celle-ci contenant des thèques très-menus.

† Typhella. *Massue simple, ou un peu rameuse.*

1430. **T.** fuscipes (Duby. Bot. gall. p. 760). Clavaria fuscipes Pers. Petite espèce haute de 12 à 15 millimètres, épaisse, d'un jaune cannelle, obtuse, un peu flexueuse ; stipe glabre, d'un noir brunâtre. Sur les rameaux morts dans les bois.

1431. **T.** personata (Duby. l. c.). Clavaria personata Pers. Espèce simple, blanche, à massue longue à peine de 4 millimètres, pubescente, enveloppée d'une membrane velue. Sur les cônes de sapin dans la Campine.

1432. **T.** filiformis (Fries. Obs. myc. 2. p. 296). Clavaria filiformis Bull. Ozonium lateritium Pers. Espèce très-grêle, un peu rameuse, allongée, pubescente, tantôt brune, tantôt cendrée-brunâtre, à massue épaissie, blanchâtre, velue. Sur les feuilles et les brindilles dans les bois. Automne.

†† Penicillaria (Chev. Fl. par. 1. p. 3). *Espèces à massue grêle, à sommet incisé en pinceau.*

1433. **T.** penicillata (Duby. l. c.). Penicillaria multifida Chev. Clavaria penicillata Bull. Espèce très-grêle, allongée, capillaire, glabre, d'un jaune vif, transparente, à sommet formant un pinceau. Printemps et automne. Dans les bois sur les copeaux et les branches mortes.

24. Pistillaria. Fries. Syst. myc. 1. p. 496.

Réceptacle mince, cylindrique, distinct du stipe ; hyménium occupant presque toute la surface sporigère, surtout au sommet ; thèques nuls ou presque oblitérés ; sporules sortant spontanément de l'hyménium. Très-petits cham-

pignons épiphytes, charnus, très-simples, en massue ou
linéaires.

1434. P. muscicola (Fries. l. c.). Clavaria muscicola Pers. Espèce
agrégée, longue de 4 à 8 millimètres, subfiliforme, légèrement
enflée au sommet, un peu courbe, obtuse, glabre ; stipe court,
concolore, confluent. Sur les feuilles des mousses dans les
bois.

1435. P. incarnata (Desm. Pl. crypt. nº 1515). Espèce haute de
1 à 2 millimètres, renflée en massue au sommet, obtuse, quelquefois aplatie ou marquée de 2 fossettes ou d'un sillon, incarnate étant fraîche, rouge-brique étant séchée ; stipe cylindrique, atténué, glabre, concolore. Sur le Scirpus lacustris.

25. Geoglossum. Pers. Obs. myc. 1. p. 11.

Réceptacle dressé, allongé, cylindrique, en massue, distinct du stipe ; hyménium occupant toute la surface de la
massue qui est ovoïde, épaisse et portant des thèques allongés. Champignons terrestres, allongés, charnus, simples,
d'un noir verdâtre.

1436. G. viride (Pers. Com. 40. Syn. 610). Cette espèce est
agrégée, subfasciculée, d'un vert-olive ou d'un vert jaunâtre ; massue distincte ; stipe squamuleux. En automne. Sur la
terre dans les bois.

1437. G. glabrum (Pers. Obs. 2. p. 61). Clavaria ophioglossoïdes
L. Sp. 1652. Espèce glabre, sèche, noirâtre, comprimée, à
massue de 4 à 5 millimètres ; stipe un peu écailleux, blanc
à la base. En automne. Sur la terre dans les bois.

1438. G. glutinosum (Pers. Syn. 609). Espèce glabre, noirâtre,
un peu fasciculée, à massue visqueuse, comprimée, subelliptique, distincte du stipe ; celui-ci est haut de 2 à 3 centi-

mètres, de couleur bai-noirâtre, écailleux. L'été. Dans les herbes des marécages. Sleydinge (Flandres).

26. CLAVARIA. Fries. Syst. myc. 1. p. 465.

Réceptacle dressé, cylindrique, homogène, ne faisant qu'un avec le stipe; hyménium mince, occupant toute la superficie, mais ne contenant des thèques qu'au sommet; thèques minces. Champignons charnus, ou cornés-gélatineux, simples ou rameux, à rameaux le plus souvent atténués.

S. I. — CALOCERA (Fries. Syst. myc. 1. p. 485). *Espèces cornées-gélatineuses, tenaces, visqueuses, fauves ou jaunes, venant sur le bois.*

1439. C. CORNEA (Batsch. El. cont. 1. f. 161). C. aculeiformis Bull. Champ. Calocera cornea Fries. l. c. Cette clavaire est groupée, petite, simple ou rameuse, visqueuse, très-fragile, adhérente à la base, molle et jaunâtre étant jeune, roide et orangée par la sécheresse, haute de 4-6 millimètres, à sommet acuminé. En été et en automne. Sur le bois à moitié pourri.

1440. C. CORTICALIS (Batsch. Cont. t. 28. f. 162). Calocera corticalis Fries Eleuch. fung. 1. 233. Espèce un peu groupée, longue à peine de 2 millimètres, molle, subuliforme, pellucide, de couleur incarnat pâle. Dans les fentes des vieux troncs. Trouvée sur un peuplier mort à la vallée de Josaphat, près Bruxelles.

1441. C. VISCOSA (Pers. Comm. t. 1. f. 5). C. flammea et C. cornuta Schæff. C. gelatinosa Holmsk. C. coralloïdes Moug. et Nestl. Espèce groupée, haute de 2-3 centimètres, tenace, visqueuse, à rameaux égaux peu divisés, fourchus, jaunes; tige mince, radicante. Été et automne. Sur les troncs des conifères. Trouvée dans la Campine.

1442. C. PALUDICOLA (Lib. Crypt. ard. f. 4. n° 322). Espèce éparse, petite, de 5 à 8 millimètres, un peu comprimée, rugueuse, épaissie au sommet, jaune, devenant orangée par la dessiccation. Dans les lieux humides, sur les vieux bois.

S. II. — CLAVARIASTRUM (Duby). Clavaria Fries. *Espèces charnues, non visqueuses, le plus souvent terrestres.*

† CORYNOÏDEÆ (Fries. Syst. myc. 1. p. 477). *Espèces simples, solitaires ou groupées, atténuées à la base.*

1443. C. VIRGULTORUM (Pers. Myc. eur. 1. p. 186). Espèce groupée, haute de 2 à 4 centimètres, d'abord blanche, ensuite fauve, en massue oblongue, filiforme, un peu épaissie au milieu et munie d'une villosité blanchâtre. En automne. Sur les feuilles tombées dans les bois.

1444. C. FALCATA (Pers. Comm. t. 1. f. 5). Espèce éparse, haute de 2 à 5 centimètres, épaissie, solitaire, rarement géminée, blanche, en massue falciforme, obtuse; stipe court, pellucide, un peu flexueux, subpubescent à la base. Sur la terre, dans les bois, surtout dans ceux de hêtre.

1445. C. VERMICULATA (Mich. Gen. t. 87. f. 12). C. vermicularis Sow. C. solida Pers. Comm. Espèce groupée, haute de 2-4 millimètres, cylindrique, blanche, glabre; rameaux quelquefois un peu comprimés, divisés au sommet, pleins, atténués en haut, un peu courbés. En automne. Sur la terre dans les bois.

1446. C. FRAGILIS (Holmsk. Ot. 1. p. 7. ic.). C. eburnea Pers. Syn. 603. Espèce agrégée, longue de 2-7 centimètres, quelquefois solitaire, fistuleuse, fragile, blanche ou jaunâtre, fourchue; dans la jeunesse elle est pleine, arrondie et devient plus tard creuse, comprimée, tortueuse et souvent rugueuse. Sur la terre dans les bruyères et dans les bois.

VAR. *α.* GRACILIS (Fries). C. fragilis Pers. Comm. 76. Les rameaux sont presque égaux, atténués au sommet.

VAR. *β.* CYLINDRICA (Fries). C. cylindrica Bull. Champ.)

Clavaria.

> C. pistilliformis Pers. Myc. eur. 1. p. 183. Stipe mince, rameaux renflés, obtus.

1447. C. ERICETORUM (Pers. Obs. myc. 2. p. 60). C. argillacea Pers. Syst. f. 155. Espèce peu touffue, fragile, haute de 2-5 centimètres, charnue-céracée, devenant rugueuse par l'âge; rameaux épaissis, un peu comprimés, obtus, quelquefois divisés, d'une couleur jaunâtre pâle; stipe assez distinct, glabre, jaune, luisant. Sur la terre dans les bois et les bruyères.

1448. C. HELVOLA (Pers. Comm. 69). C. simplicissima Willd. C. lutea DC. Fl. fr. 2. p. 97. C. teres Baumg. Clavaire fragile, agrégée, solide, subfasciculée, haute de 2-5 centimètres, large de 2-4 millimètres, à rameaux allongés, sensiblement épaissis, obtus, d'un jaune orangé avec le sommet ferrugineux ou jaune-cannelle; stipe mince, plus pâle. En automne. Sur la terre dans les bois.

> VAR. β. AURANTIA (Pers.). C. aurantiaca Pers. Obs. myc. Variété un peu groupée, petite, d'un rouge orangé, à rameaux un peu rugueux, canaliculés, tomenteux à la base,
>
> VAR. γ. ANGUSTATA (Pers. Myc.). Groupée, jaunâtre, à rameaux allongés, un peu ascendants, flexueux dans le bas.

1449. C. FUSIFORMIS (Pers. Syn. 601). C. pistillaris Bolt. Espèce groupée, fasciculée, haute de 6 à 8 centimètres environ, d'un jaune doré, à rameaux lisses, assez coriaces, un peu adhérents à la base, plus obscurs au sommet. Dans les bruyères. Je l'ai trouvée près de Lanaken et à Brée (Limbourg).

1450. C. LIGULA (Fries). C. pistillaris Dek. C. cæspitosa Jacq. Aust. 2. t. 12. Espèce solide, à massue oblongue, d'un jaune pâle devenant roussâtre-pâle; rameaux quelquefois un peu comprimés ou fendus; stipe poilu à la base. Dans les bois de sapins de la Campine et du Brabant.

1451. C. JUNCEA (Fries. Obs. 2. p. 291). Espèce débile, haute de 4 à 10 centimètres, groupée, mince, à rameaux presque

égaux, mollasses, un peu fistuleux, d'un roussâtre pâle, à base
rampante, fibrilleuse. Sur les feuilles tombées dans les bois.

> VAR. *β*. VIVIPARA (Fries). C. fistulosa Bull. Champ. De
> couleur grise, filiforme, couverte de fibrilles courtes,
> latérales.

> VAR. *γ*. GRACILIS (Desm.). C. phacorhiza Reich. Typhula
> phacorhiza Fries. Plus grêle et plus mince que l'es-
> pèce, presque filiforme, longue de 7 à 8 centimètres,
> flexueuse, souvent simple, à peu près glabre, jaune,
> avec la base un peu brunâtre.

1452. C. PISTILLARIS (L. Sp. 1651). C'est l'espèce de Clavaria la
plus grande ; elle s'élève jusqu'à 10 à 12 centimètres, est solitaire, glabre, ferme, obtuse, cylindrique dans la jeunesse,
devenant ensuite claviforme, de couleur variée, jaune fuligineuse ou ferrugineuse. Sur la terre dans les bois, dans ceux de
hêtre surtout.

Cette espèce est fort rare ; je ne l'ai trouvée qu'une fois près
de Groenendael, et une autre fois dans un petit bois à Kessel
(Limbourg).

†† RAMARIÆ (Fries. l. c.). *Espèces rameuses, à tronc mince,*
dressé, à rameaux très-délicats.

1453. C. KUNZII (Fries. Syst. myc. 1. p. 474). Espèce groupée,
haute de 2-5 centimètres, large de 2 à 5, rameuse, blanche, à tronc glabre ; rameaux très-serrés, entremêlés, très-rameux, un peu fastigiés, comprimés aux aisselles. Sur la terre
dans les bois.

1454. C. VITELLINA (Pers. Myc. eur. 1. p. 170). Espèce de 2 centimètres environ, groupée, d'un beau jaune, à rameaux fourchus, obtus, bruns, à tronc mince, simplement rameux. Sur
la terre dans les bois ombragés.

1455. C. CRISTATA (Pers. Syn. 591). C. trichopus Pers. Myc. eur.
C. fallax Fl. dan. C. nivea Pers. Comm. C. albida Schæff. Ramaria cristata Holmsk. Espèce groupée, haute de 2 à 4 centi-

mètres, de forme très-variable, rameuse, glabre, blanchâtre, devenant plus tard fuligineuse, à rameaux dilatés au sommet, aigus, simples, quelquefois frangés inférieurement. Sur la terre dans les bois.

1456. C. RUGOSA (Bull. Champ. t. 448. f. 2). Espèce groupée, haute de 2 à 4 centimètres, souvent polymorphe, épaisse, comprimée, simple ou rameuse, tenace, blanche, rugueuse, à rameaux peu nombreux, difformes, obtus. Sur la terre dans les bois humides. Environs de Louvain et de Bruxelles.

1457. C. CROCEA (Pers. Icon. pict. 56. t. 11. f. 6). Espèce petite, haute de 20 à 30 millimètres, mince, de couleur safranée, flasque, très-rameuse, à tronc nu, à rameaux et ramuscules ramassés, un peu fourchus. Sur la terre dans les bois.

1458. C. CORNICULATA (Schæff.) C. fuscata Pers. C. muscoïdes L. Suec. C. cornu-cervi Kickx Fl. brux. Espèce haute de 5 à 6 centimètres, rameuse dès la base, à rameaux glabres, dichotomes, subulés, aigus, droits ou recourbés au sommet; elle est solitaire, luisante, d'un jaune pâle et devient visqueuse avec l'âge. Sur la terre dans les bois.

1459. C. PRATENSIS (Pers. Comm. 1. 4. f. 5). C. fastigiata Bull. C. muscoïdes Fl. dan. Espèce groupée, haute de 3 centimètres, assez rameuse, à tronc assez épais, à rameaux mous, inégaux, courts, géniculés, divariqués, à ramuscules subfastigiés, obtus, égaux. En automne. Dans les bois, sur la terre entre les mousses.

1460. C. SYRINGARUM (Pers. Myc. eur. 1. p. 164). Espèce formant des gazons épais, très-rameuse, grisâtre, opaque, à rameaux rapprochés, serrés, glaucescente, munie de radicules tubéreuses-spongieuses. On dit qu'elle a une saveur d'amandes amères. En automne. Sur la terre, souvent au pied des lilas. Je l'ai trouvée à Laeken dans une maison de campagne.

Clavaria.

+++ Botryoïdeæ (Nees. Syst. 168). *Tige très-rameuse, épaisse à la base, à rameaux obtus fastigiés, ou courts, difformes.*

1461. **C. coralloïdes** (L. Suec. 1268). C. alba Pers. Myc. eur. C. holmskdiana Fries. C. arbuscula Scop. Espèce dressée, blanchâtre, quelquefois violette à la base, à tronc assez épais, à rameaux allongés, presque droits, dichotomes, inégaux, aigus. Sur la terre dans les bois, surtout dans ceux de sapin.

1462. **C. flava** (Pers. Syn. 586). C. coralloïdes lutea Bull. Espèce formant des gazons, haute et large d'environ 6 à 8 centimètres, dressée, à tronc épais, à rameaux jaunes, dressés, arrondis, divisés vers le haut en ramuscules nombreux inégaux, ordinairement multifides. En été et en automne. Dans les bois.

1463. **C. formosa** (Pers. Icon. pict. 1. t. 3. f. 6). Tronc épais de 2 à 3 centimètres, couché à la base, blanc, à rameaux allongés, d'un rose orangé, à divisions obtuses, jaunâtres. En été et en automne. Dans les bois.

1464. **C. botrytis** (Pers. Myc. 1. p. 161). C. plebeia Wulf. Espèce haute de 6 à 8 centimètres, à tronc épais de 2 à 5 centimètres, couché, pâle; rameaux très-courts, un peu rugueux, à divisions obtuses, rougeâtres; elle varie de couleur en passant du blanc au jaune incarnat. Dans les bois.

1465. **C. cinerea** (Vill. Dauph. 3. p. 190). C. grisea Pers. Syst. myc. C. fuliginea Pers. Myc. eur. Espèce groupée, haute de 5 à 8 centimètres, d'une couleur cendrée-roussâtre, à rameaux dilatés, coralloïdes, comprimés, glabres, solides, à divisions tantôt subulées, tantôt bifurquées, subobtuses, un peu fastigiées. Dans les bois.

1466. **C. dichotoma** (Desm. Suppl. Bot. belg. f. 16). Cette espèce se rapproche beaucoup du C. coralloïdes, mais elle est plus grêle: sa tige d'abord simple se bifurque en deux branches qui elles-mêmes se bifurquent en deux autres, et ainsi de suite jusqu'au sommet; les rameaux sont un peu aplatis, lisses, s'écartant d'abord, et ensuite se rapprochant; les dernières divisions courtes et obtuses. Sur la terre dans les bois.

27. MERISMA. Pers. Myc. eur. 1. p. 155.

Réceptacle irrégulier, rameux, à rameaux comprimés, dilatés et filamenteux au sommet; hyménium consistant, lisse, mince, occupant toute la superficie, mais portant principalement les thèques à la partie supérieure; thèques distincts. Champignons terrestres, intermédiaires entre les Clavaria et les Telephora.

† Espèces dressées, très-rameuses, à rameaux distincts.

1467. M. PALMATUM (Pers. Myc. eur. 1. p. 157). M. fœtidum Pers. Syn. 184. Clavaria tomentosa DC. Fl. fr. 2. p. 102. Clavaria palmata Scop. Il a 2-5 centimètres de hauteur, est dressé, en buisson, d'un pourpre-fauve, atténué, velu, muni de quelques radicules à la base; rameaux comprimés, lisses, dilatés, palmés, pubescents, blanchâtres au sommet; il devient d'un cendré-ferrugineux par la sécheresse et a une odeur fétide. Sur la terre dans les bois de sapin.

†† Espèces décombantes, un peu crustacées.

1468. M. CRISTATUM (Pers. Myc. eur. 1. p. 156). Clavaria laciniata Bull. Champ, Telephora cristata Fries. Espèce presque couchée, incrustante, tuberculeuse, d'abord étalée, blanchâtre, puis d'un fauve pâle, poussant ensuite des rameaux plans, dilatés, laciniés, plus ou moins difformes, tantôt arrondis, glabres, obtus, tantôt plans, frangés en crête. D'août en novembre. Dans les bois de sapin et de hêtre.

VAR. β. CINEREUM. M. cinereum Pers. Myc. eur. 1.

Merisma.

p. 157. D'un gris cendré, à base incrustante, à rameaux ascendants, incisés, blanchâtres au sommet.

1469. M. VERMICULARE (Pers. Myc. eur. 1. p. 155). Espèce étalée, couchée, blanchâtre, très-rameuse, à rameaux assez longs, minces, d'abord gélatineux, ensuite cartilagineux, arrondis, atténués, un peu rugueux. Elle incruste les graminées et les feuilles sèches et se trouve aussi dans les bois. Elle est assez rare.

SUB-TRIBU III. — AGARICÉES. Ad. Brougn. in Dict. class. 3. p. 461.

Champignons charnus ou subéreux, horizontaux, pourvus d'un chapeau, ou renversés et étalés en forme de croûte; hyménium en dessous, rarement lisse, sous forme de feuillets, de veines ou de pores, contenant des thèques fixes, linéaires; stipe dressé ou ascendant, souvent plein.

SECTION I. — AURICULARINÉES. Fries. Syst. orb. veg. 1. p. 81.

Hyménium lisse ou papillaire.

28. TELEPHORA. Willd. Ber. p. 596. Auricularia Bull.

Réceptacle en chapeau ou de forme variée, revêtu d'un hyménium en dessous; chapeau distinct porté sur un stipe central ou latéral, ou un demi-chapeau fixé sur le côté; parfois le réceptacle forme une sorte de membrane adhérente sur toute son étendue; hyménium homogène avec le chapeau, lisse ou couvert de papilles éparses, obtuses, subarrondies, et contenant des thèques épars, presque immergés, grêles. Champignons coriaces, persistants, rarement réguliers et très-rarement stipités.

Telephora.

† LEIOSTROMA (Fries. Syst. myc. 1. p. 452). *Réceptacle retourné, un peu étalé, glabre, lisse ou couvert de fausses papilles, de contexture un peu grumeuse; thèques nuls. Espèces lignicoles, adhérentes, fibreuses.*

1470. T. CINEREA (Pers. Syn. 579). Auricularia cinerea Sow. Espèce étalée, ayant de 5 à 12 centimètres d'étendue, mince, sèche, lisse ou pourvue de fausses papilles irrégulières, inégale, glabre, cendrée, se fendillant par la sécheresse. Au printemps et en automne. Sur les rameaux des arbres.

†† PHYLACTERIA (Pers. Myc. eur. 1. p. 111). *Réceptacle étalé, coriace, membraneux, un peu mou, imbriqué ou infundibuliforme; hyménium presque lisse, glabre; sporidies placées sur 4 séries distinctes. Espèces terrestres.*

1471. T. PHYLACTERIS (DC. Fl. fr. 2. p. 106). T. fusco-cinerea Pers. T. biennis Fries. Auricularia phylacteris Bull. Espèce membraneuse, glabre, ayant jusqu'à 8 à 12 centimètres, de couleur brune-opaque, plissée à la base, à bord un peu réfléchi, tomenteux. En automne. Dans les bois. Je l'ai trouvé près de Lierre (Brabant).

1472. T. TERRESTRIS (Ehrh. Cr. n° 178). T. mesenteriformis Willd. Auricularia caryophyllea Bull. Hyphoderma terrestre Wallr. Espèce touffue d'un brun pourpré, à chapeau déprimé, fibreux-roide, imbriqué ou soudé par les bords; ceux-ci blanchâtres; stipe le plus souvent latéral, rarement central, très-court. En automne. Dans les bois sablonneux.

1473. T. LACINIATA (Fries. Myc. 1. p. 431). Auricularia caryophyllea Sow. Hyphoderma lintaceum Wallr. Corticium laciniatum Pers. Helvella pineti L. Cette espèce est plus grande que la précédente; elle est coriace, d'un brun ferrugineux, d'une texture écailleuse plutôt que fibreuse, à bords concolores, laciniés, crépus; stipe presque nul; hyménium brunâtre. Dans les bois de sapin.

Telephora.

†††. STEREUM (Pers. Syn. 566). *Réceptacle en chapeau coriace-subéreux, horizontal, retourné ou étalé, à bord libre; hyménium tuberculé ou papillaire. Espèces naissant sur les troncs et les rameaux.*

1. *Chapeau imbriqué, horizontal ou étalé-réfléchi, à bord libre.*

\ 1474. T. HIRSUTA (Willd. Prod. Berl. 597). T. reflexa Fl. fr. 2. p. 105. Auricularia reflexa Bull. Champ. Helvella acaulis Huds. Espèce imbriquée, étalée-réfléchie, pâle, coriace, zonée, garnie de poils roides; hyménium de couleur variée, tantôt jaune ou orangé, tantôt brunâtre ou cendré, le plus souvent pâle, glabre, lisse. Sur les charpentes, les rameaux et les troncs morts.

1475. T. PAPYRINA (DC. Fl. fr. 2. p. 106). T. sericea Pers. Myc. eur. T. ochroleuca Fries. Auricularia papyrina Bull. Espèce imbriquée, étalée, réfléchie, submembraneuse, striée, pubescente. de couleur blanche ou d'un pâle luisant, le plus souvent marquée de zones un peu plus obscures, glabre, ochracée et devenant poreuse en dessous; bords frangés devenant ensuite unis et lobés. Sur les troncs d'arbres, surtout sur les sapins.

1476. T. CRISPA (Fries. Syst. myc. 1. 457). Chapeau étalé-réfléchi, à 2 ou 3 lobes imbriqués, rugueux, ondulé, zoné, crépu, opaque, brunâtre, couvert d'une pubescence un peu cendrée en dessous; hyménium d'un cendré pâle, un peu velu. En automne et au printemps. Sur les troncs de sapin.

1477. T. TABACINA (Fries. Syst. myc. 1. p. 457). T. variegata Schr. T. ferruginea Pers. T. reflexa var. variegata DC. Auricularia tabacina Sow. Auricularia nicotiana Bolt. Espèce imbriquée, étalée-réfléchie, mince, soyeuse, ferrugineuse, luisante, à bord ondulé, crepu. tantôt d'un jaune doré, tantôt blanchâtre, presque glabre ou soyeuse en dessous. En automne. Sur les troncs d'arbres, principalement sur le noyer.

Telephora.

1478. T. RUBIGINOSA (Schrad. Spic. 185). Auricularia ferruginea
Bull. T. ferruginea DC. Fl. fr. Espèce imbriquée, roide. subli-
gneuse, presque glabre, zonée, veloutée, à bord pâle dans la
jeunesse, ensuite plus glabre, d'un brun noirâtre, papilleuse
et veloutée en dessous. Sur les vieux troncs de chêne, de
hêtre, etc , etc.

1479. T. PURPUREA (Pers. Syn. 571). T. reflexa var. amethystea
DC. Fl. fr. Auricularia persistans Sow. Espèce imbriquée,
coriace, peu étalée, convexe-ondulée, hérissée de poils roides,
pâle-zonée, à zones brunes, déprimées, glabre et pourprée,
quelquefois brunâtre ou pâle en dessous. En automne. Sur les
troncs morts.

2. *Chapeau retourné, ou large-étalé, à bord libre, plus rare-*
ment un peu réfléchi.

1480. T. CORTICALIS (DC. Fl. fr. 2. p. 106). Auricularia corticalis Bull. T. quercina Pers. T. carnea Humb. Espèce renversée, coriace, membraneuse, étalée longitudinalement, rugueuse, crevassée, de couleur incarnate, à bord enroulé, de
couleur noirâtre et devenant libre en dessous. En automne et
au printemps. Sur les rameaux morts tombés à terre.

1481. T. CORYLEA (Pers. Obs. myc. 1. p. 35). T. rugosa Fries.
Espèce largement étalée, large de 7 à 10 centimètres, ochracée, un peu épaisse; hyménium d'un ochracé pâle, souvent
fendillé, couvert de papilles éparses, petites; bords courtement réfléchis. Ce téléphore est glabre, bai-clair en dessous,
et se développe le plus souvent sur le noisetier.

1482. T. RUDIS (Pers. Myc. eur. 1. p. 126). Espèce assez grande,
(5 à 8 centimètres) un peu épaisse, d'une couleur grise-jaunâ-
tre, à superficie inégale, rude, crevassée, couverte d'un duvet
roide en dessous. Sur les troncs d'arbres.

M. Kickx en a trouvé une variété sur le tronc d'un Liqui-
dambar stiraciflua au jardin botanique de Gand.

Telephora.

†††† Corticium. Pers. Syn. 573. *Réceptacle étalé, réfléchi, adhérent par le bord; papilles le plus souvent visibles. Espèces se développant sur le bois et les écorces.*

1483. T. ALUTACEA (Pers. Myc. eur. 1. p. 121). Largement étale, suborbiculaire, à bord mou, non byssoïde, dépourvu de papilles, blanc, lisse. à disque rugueux, rosé, garni de papilles assez grandes. Sur les écorces dans les lieux humides.

1484. T. LÆVIS (Pers. Syn. 575). Étalé, large de 6 à 10 centimètres, mou, membraneux, un peu lisse, d'un fauve très-pâle, tomenteux-arachnoïde en dessous et sur le bord; le chapeau ne se retourne pas, la surface stérile reste toujours appliquée contre le bois. Sur les rameaux tombés dans les bois.

1485. T. SALICINA (Pers. Myc. eur. 1. p. 132). Largement étalé, large de 8 à 12 centimètres, un peu charnu, mou, d'abord blanchâtre, devenant plus tard incarnat, à superficie effleurie, tuberculeuse. Il devient brunâtre par la dessiccation et se développe dans les creux des vieux saules

1486. T. CORRUGATA (Fries. Obs. myc. 1. p. 154). Étalé irrégulièrement, large de 5 à 8 centimètres, glabre, très-fortement adhérent, mince, crevassé-rugueux, fauve, dépourvu de papilles. Je l'ai trouvé dans le creux d'un vieux saule près d'Andennes (Namur).

1487. T. SEBACEA (Pers. Syn. 577). T. incrustans Fries. Syst. myc. Étalé, large de 5 à 8 centimètres, un peu charnu, assez mou, d'un blanc jaunâtre, lisse, pâle, un peu fibreux sur les bords, dépourvu de papilles. Cette espèce enveloppe la base des fraisiers et des graminées. Dave (Namur), Kessel (Limbourg).

1488. T. INCARNATA (Fries. Syst. myc.). Espèce étalée en plaques plus ou moins minces, adhérentes, lisses. plus ou moins étendues, entourées dans leur jeunesse d'un duvet floconneux, rayonnant; hyménium rougeâtre, couvert d'une poussière pruineuse visible seulement à la loupe. Au printemps. Sur l'écorce du Corylus avellana.

1489. T. POLYGONIA (Pers. Syn. 574). T. colliculosa Hoffm. Espèce un peu étalée, adhérente, glabre, de couleur incarnat-opaque, suborbiculaire, à bordure un peu byssoïde dans la jeunesse, devenant confluente et formant une croûte couverte de fausses papilles rapprochées et de tubercules grands, polygones. En automne et au printemps.Sur les rameaux morts et les écorces.

1490. T. CINEREA (Fries. Syst. myc.). Espèce adhérente, rigide, confluente en larges plaques, d'un gris lilas; hyménium un peu pruineux. Sur le lilas, le tilleul et le plus souvent sur le groseillier rouge.

1491. T. RUBI (Lib. Crypt. ard. f. 4. n° 325). Cette espèce est mince, étalée, adnée, de couleur incarnat-tendre, lisse, devenant ensuite fendillée; hyménium un peu velu, pruineux, blanc, très-mince. Sur les rameaux de la ronce.

1492. T. AURANTIA (Pers. Syn. 576). Ce téléphore est assez mince, de couleur orangée un peu brunâtre, long de 4 à 5 centimètres, large de 4 à 8 millimètres, glabre ou un peu byssoïde sur les bords, adhérent par tout son chapeau; surface fructifère glabre, unie ou fendillée, munie de papilles assez rares. Sur les vieux bois. Couvin (Namur).

1493. T. PAPILLOSA (Fries. El. 212). Espèce membraneuse très-fendillée, d'un blanc de lait au centre, furfuracée à la circonférence, couverte de papilles petites, régulières, très-rapprochées, d'abord orbiculaire, puis s'étendant en croûte large, indéterminée; la face inférieure est blanche ou jaune, presque agglutinée à l'écorce, mais s'en séparant facilement. En hiver. Sur les écorces de sapin couchées à terre. Rare.

1494. T. CINNAMOMEA (Pers. Myc. eur. 1. p. 141). Espèce irrégulièrement étalée, adnée, jaune-cannelle, fibrilleuse dans sa circonférence, avec l'hyménium couvert de soies ferrugineuses. Sur le bois et les écorces du chêne, du noisetier, etc.

1495. T. FERRUGINEA (Pers. Syn. 578). Étalé, presque orbiculaire, partout tomenteux, ferrugineux, papillaire, pulvérulent au milieu, large de 8 centimètres environ. Dans les fissures des troncs et sur l'écorce des branches. Je l'ai trouvé au Bois-de-Villers (Namur).

1496. T. CÆRULEA (DC. Fl. fr. 107). Auricularia phosphorea Sow. T. fimbriata Roth. Mycinema phosphoreum Ag. Syst. Espèce étalée en longueur, un peu tomenteuse, d'un beau bleu, rugueuse étant sèche, à bord d'abord presque libre, à papilles petites, subaiguës; elle devient grise et un peu fuligineuse par la vieillesse. Sur le bois ou sur les écorces en putréfaction.

1497. T. LYCII (Pers. Myc. eur. 1. p. 148). Suborbiculaire, large d'environ 12 millimètres, un peu épais, glabre, d'un blanc cendré ou lilas, couvert de quelques papilles confluentes. Sur les rameaux morts. Je l'ai trouvé sur ceux du noisetier près de Sclayn (Namur).

1498. T. GIGANTEA (Fries. Syst. myc. 1. p. 448.) T. pergamenea Pers. Long de 10 à 15 centimètres, large de 5 à 7, membraneux, assez roide, très-lisse, glabre, d'un blanchâtre pâle, glauque quand il est jeune, à papilles rares et à bord libre un peu enroulé; quand il est sec, il ressemble assez à du parchemin. Je l'ai trouvé sur un vieux sapin près de Baarlo (Limbourg).

1499. T. CALCEA (Pers. Syn. 581). Espèce large de 5 à 7 centimètres, compacte, agrégée, un peu crevassée, d'un blanc brunâtre, munie de quelques papilles très - obtuses. Sur l'écorce des arbres. Elle n'est pas rare.

1500. T. SAMBUCI (Pers. Myc. eur. 1. p. 152). Espèce étalée, mince, blanche, rugueuse-tuberculeuse, crétacée-farineuse, à bord glabre, à papilles peu apparentes; thèques filiformes; sporidies peu nombreuses, arrondies. En été et en automne. Sur les troncs du sureau.

> VAR. β. CRETACEA (Fries). T. cretacea Pers. Myc. eur. Variété étalée, mince, mollasse, blanche, à bord byssoïde; papilles serrées, rayées, petites. Sur les vieilles planches de sapin dans les caves humides. Trouvée à Namur.

1501 T. FALLAX (Pers. Myc. eur.). B. aurantia var. fallax

Fries. Espèce céracée, adhérente, confluente, absorbant avidement l'humidité, de couleur variée, safranée, ou incarnate, ou jaunâtre, parsemée d'une poussière très-menue. Sur les branches mortes dans les lieux humides.

29. CONIOPHORA. Pers. Myc. eur. 1. p. 153.

Champignons orbiculaires, membraneux, mous, adhérents par la surface stérile; hyménium homogène, portant des sporules disposées en paquets pulvérulents, très-nombreux et concentriques. Champignons orbiculaires rugueux-tuberculés.

1502. C. MEMBRANACEA (DC. Fl. fr. 5. p. 34). Espèce large de 10 à 12 centimètres, suborbiculaire, assez mince, membraneuse, blanchâtre, marquée de zones fauves, à bord pâle et byssoïde. Sur les vieux bois. Trouvée à Bruxelles, dans une ancienne serre abandonnée (Nob.), et sur un vieux plafond, à Louvain (M. Leburton).

1503. C. MARMORATA (Desm. Cat. des pl. om. 18). Espèce de 10-20 centimètres, à contexture byssoïde, étalée, très-mince, membraneuse, brune, maculée irrégulièrement de taches plus claires, irrégulières, à contours blancs, couverte de tubercules très-petits, convexes, inégaux, blancs ou roux, ou d'une poussière brunâtre. Elle se trouve dans les caves sur les murs. Je l'ai trouvée à Mons.

1504. C. CEREBELLA (Pers. Myc. eur. 1. p. 155). Espèce membraneuse, de forme irrégulière ou arrondie, ondulée circulairement, blanchâtre ou d'un brun clair, à tubercules assez gros et rapprochés, couverts d'une poussière d'un brun rouillé. Elle atteint jusqu'à 10 à 15 centimètres, et se trouve aussi dans les caves sur les vieux bois et les murs.

30. AURICULARIA. Pers. Myc. eur. 1. p. 97.

Réceptacle en chapeau trémelloïde, coriace; hyménium

lisse ou un peu plissé-fendillé, occupant la face inférieure. Thèques nuls; sporules nus, épars.

1505. A. MESENTERICA (Pers. l. c.). A. tremelloïdes Bull. Champ. Telephora mesenterica Pers. Syn. 571. Telephora tremelloïdes DC. Fl. fr. Phlebia tremelloïdes Fries Syst. orb. Champignon largement étalé, subimbriqué, à chapeau sessile, réfléchi, d'un gris brunâtre, velu, à zones concentriques, de couleur pourprée et plissé sur le disque. Sur les vieilles souches et au pied des arbres.

SECTION II. — HYDNÉES (Fries. Syst. orb. veg. 1. p. 80). *Hyménium subulé ou tuberculé.*

31. SISTOTREMA. Fries. Syst. myc. 1. p. 426.

Réceptacle en chapeau; hyménium un peu séparé du chapeau, denté-lamelleux; lames interrompues disposées en crêtes irrégulières, courtes, éparses, contenant des thèques des deux côtés.

1506. S. CONFLUENS (Pers. Syn. 551). Hydnum sublamellosum Bull. Champignon petit, agrégé, confluent par le chapeau qui est fragile, large de 12 à 20 millimètres, évasé, à bords ondulés, blanc d'abord, ensuite jaunâtre; lamelles incisées ou entières concolores, ainsi que le pied qui est atténué dans le bas, glabre, haut de 2 à 5 centimètres. Dans les terrains sablonneux et les bois de sapin. Je l'ai trouvée plusieurs fois dans la Campine. En automne.

1507. S. CERASI (Pers. Syn. 152). Hydnum cerasi DC. Fl. fr. Chapeau retourné, orbiculaire, étalé, irrégulier, sessile, fauve, à bords tomenteux, à lamelles dentées, variées, pressées, confluentes. En hiver. Sur le cerisier et le prunier. Je l'ai trouvée sur ce dernier arbre à Wartez (Namur).

1508. S. LOBATUM (Desm. Sup. Bot. belg. 19). Espèce coriace

agrégée par 2 ou 3 individus, soudée par le chapeau et par la
base; stipe long de 2 ou 3 centimètres, épais de 6 à 10 millimètres, formant au sommet un chapeau concave, d'un brun-
rouge au centre, large de 10 à 12 centimètres, d'un roux-rosé
sur le bord, lobé, quelquefois un peu zoné; face inférieure et
pédicule couverts de lamelles étroites, aplaties, un peu contournées, de couleur chair. En automne. Sur la terre.

32. Hydnum. L. Gen. n° 1076.

Réceptacle stipité ou sessile, de forme variée; hyménium
homogène avec le chapeau, portant à sa partie inférieure
des pointes plus ou moins libres, coniques ou comprimées,
tantôt subulées, tantôt incisées, laissant échapper les thèques par leur sommet. Champignons rarement réguliers,
presque secs, stipités ou sessiles.

Sr I. — Radulum (Fries. Syst. orb. veg. t. p. 81). *Hyménium interrompu, couvert de tubercules irréguliers, distants.*

1509. H. glossoïdes (Duby. Bot. gall. p. 774). Sistotrema glossoïdes Pers. Myc. eur. Espèce membraneuse, glabre, mince,
d'un jaunâtre pâle, à aiguillons comprimés, obtus, glabres,
épais, éloignés les uns des autres de 2 millimètres. Sur l'écorce
du chêne et du hêtre dépourvue d'épiderme. Je l'ai trouvé près
de Charleroi.

Sⁿ II. — Hypnois (Dub. Bot. gall. 775). Hydnum et Irpex
Fries. *Hyménium à aiguillons aigus, rapprochés, libres, ou
réunis à la base.*

† Mesopus (Fries. Syst. myc. 1. p. 598). *Stipe solide, contigu au
chapeau, presque central, souvent très-court, perpendiculaire;
chapeau charnu ou subéreux, plan, un peu déprimé, arrondi,
à peu près entier. Espèces terrestres.*

Hydnum.

1510. H. IMBRICATUM (L. Suec. 1257). H. cervinum Pers. Myc.
eur. Chapeau de 7 à 10 centimètres, charnu, ombiliqué,
écailleux, à écailles épaisses, un peu dressées; aiguillons arrondis, lisses, d'un blanc cendré; stipe de 2-3 centimètres
d'un blanc cendré. En automne. Dans les bois de sapin. Je l'ai
trouvé quelquefois dans la Campine.

1511. H. SUBSQUAMOSUM (Batsch. El. 3. t. 10. f. 45). H. squamosum Bull. Champ. Chapeau charnu, épais, irrégulier-sinueux,
couvert d'écailles, un peu zoné, d'un testacé ferrugineux;
aiguillons longs, égaux, blanchâtres; stipe de 2 à 4 centimètres, épais, lisse, d'un blanc cendré. En automne. Dans les
bois de sapin.

1512. H. LÆVIGATUM (Swartz in Vet. act. handl. 1810. f. 245).
H. imbricatum Vill. Dauph. Chapeau charnu, fragile, de 7 à
25 centimètres, un peu étalé, un peu rugueux, dépourvu
d'écailles, lisse, bosselé, non zoné, d'un roux cendré; aiguillons d'un blanc cendré à la pointe, ensuite roux; stipe inégal,
lisse, épais, ferme, d'un blanc cendré. En automne. Dans les
bois de sapin. Je l'ai trouvé en Campine.

1513. H. REPANDUM (L. Suec. 1258). H. flavidum, rufescens,
squamosum Schæff. Espèce éparse ou agrégée, à chapeau de
5 à 10 centimètres, irrégulier, charnu, inégalement étalé,
rugueux, non zoné, d'un blanc roussâtre, ou incarnat; aiguillons inégaux, quelquefois égaux, les uns entiers, les autres
comprimés, incisés, un peu épais; stipe difforme, pâle. En
automne. Dans les bois.

1514. H. RUFESCENS (Pers. Obs. 2. p. 95). H. repandum Bolt.
Chapeau large de 3 centimètres environ, charnu, orbiculaire,
un peu plan, légèrement tomenteux, d'un rouge incarnat,
paraissant comme zoné; aiguillons rarement incisés, minces,
presque égaux, d'un ochracé incarnat; stipe de 2 à 7 centimètres, mince, égal. En automne. Dans les bois. Wavre (Brabant), Philippeville (Namur).

1515. H. SUAVEOLENS (Scop. Carn. 472). H. pullum Fries. Cette
espèce a une odeur agréable, un peu anisée; son chapeau est

Hydnum.

subéreux, d'un blanc jaunâtre, varié de bleuâtre en dedans, un peu mou, tomenteux, plan, ondulé; aiguillons minces, égaux, violacés ; stipe de 2 à 3 centimètres, bleuâtre, un peu tomenteux. En automne. Dans les bois.

1516. H. COMPACTUM (Pers. Syn. 556). H. floriforme Schæff. Espèce assez grande, solitaire ou agrégée, difforme, épaisse; chapeau subéreux, ondulé, tomenteux, large de 5 à 10 centimètres, olivâtre-cendré, varié de brun et de bleu en dedans; aiguillons égaux, brunâtres ou châtains ; stipe court, souvent presque nul. En automne. Dans les bois de sapin. Helden, Achel (Limbourg).

1517. H. CYATHIFORME (Bull. Champ. t. 152). H. scrobiculatum Fries. H. concrescens Pers. H. zonatum Batsch. Espèce groupée, à chapeau large de 2 à 3 centimètres, coriace, plan, infundibuliforme, rugueux, fibreux, zoné, glabre, ferrugineux ; aiguillons pâles dans la jeunesse, devenant ensuite brunâtres ; stipe de 2 à 4 centimètres, concolore. En automne, dans les bois.

1518. H. CINEREUM (Bull. Champ. t. 419). Espèce souvent agrégée, à chapeau subéreux-coriace, étalé, pubescent ou un peu écailleux ; aiguillons menus, égaux, grisâtres ; stipe épais, ventru, ferrugineux. Le chapeau, d'abord globuleux, s'ouvre ensuite en entonnoir. En automne, dans les bois de sapin.

1519. H. AURISCALPIUM (L. Succ. 1260). Chapeau large de 6 à 25 millimètres, coriace, horizontal, tomenteux, auriculé ou dimidié, d'un noir fuligineux ; aiguillons égaux, bruns; stipe haut de 5 à 7 centimètres, concolore, tomenteux, attaché latéralement au chapeau. En automne. Sur les cônes de sapin. Dans les bois de la Campine et autour de Louvain.

†† TREMELLODON (Pers. Myc. eur. 2. p. 472). Pleuropus Fries. *Stipe irrégulier, court, simple, souvent horizontal; chapeau inégal, mou, dimidié ou excentrique. Espèces charnues venant sur le bois.*

1520. H. GELATINOSUM (Scop. Carn. 472). Chapeau large de 2 à

8 centimètres, gélatineux, d'un blanc glauque, plan sur les deux faces; aiguillons mous, glauques; stipe court, latéral, quelquefois couvert de squamules. En automne. Sur les troncs à demi pourris dans les bois. Marienbourg (Namur).

1521. H. ERINACEUM (Bull. Champ. t. 34). Chapeau large de 10 à 15 centimètres, charnu, cordiforme, d'un blanc jaunâtre, souvent couvert de petits poils imbriqués, blanc et fibrilleux; aiguillons de 5 à 6 centimètres, très-serrés, mous, parfois connés; stipe simple, latéral, courbe. En automne, sur les vieux chênes, dans les bois des Ardennes.

††† HERICIUM (Pers. Comm. clav. 28). *Merisma* Fries. *Espèces charnues, à chapeau et stipe confondus sous forme de clavaire, très-rameuses, ou formant un tronc épais. Espèces lignatiles.*

1522. H. CORALLOÏDES (Scop. Carn. 472). H. ramosum Bull. Champ. Hericium coralloïdes Pers. Espèce grande. s'élevant quelquefois jusqu'à 20 et 50 centimètres, blanche d'abord, ensuite jaunâtre, rameuse, à rameaux anguleux, épineux, entremêlés, flexueux, atténués; aiguillons unilatéraux, subulés, pendants. En automne, sur les vieilles souches. Elle est fort rare.

1523. H. CAPUT MEDUSÆ (Pers. Syn. 564). Clavaria caput Medusæ Bull. Champ. Cette espèce est moins grande que la précédente, elle est d'abord blanche, puis d'un cendré fuligineux; tronc court, oblique, épais, dilaté au sommet, terminé par des aiguillons grêles, serrés, ondulés, droits d'abord, puis décombants. En automne, sur les vieilles souches du chêne et du hêtre. Je l'ai quelquefois trouvé dans les bois des provinces de Luxembourg et de Liége.

†††† APUS (Fries. Syst. myc. 1. p. 410). *Chapeau dimidié, sessile, fixé latéralement, horizontal, plan, marginé, muni d'aiguillons en dessous. Les espèces de cette division viennent sur les troncs d'arbres.*

1524. H. PACHYODON (Pers. Myc. eur. 2. p. 174). Espèce char-

Hydnum.

nue, un peu étalée à la base, à chapeau sans zones, large de
4-5 centimètres, glabre, blanchâtre, épais de 6 millimètres
environ ; aiguillons épais, ceux du bord comprimés et ceux du
centre plus serrés. Sur les vieux troncs de chêne et les souches de noisetier. Je l'ai trouvé sur ce dernier dans les bois
de Marlagne et au-dessus d'Andenne (Namur).

1525. H. OCHRACEUM (Pers. Obs. myc. 1. p. 70). H. spadiceum
Desv. Espèce réfléchie, souvent étalée longitudinalement, ayant
5 à 8 centimètres de longueur, de couleur ochracée, un peu
tomenteuse et blanche en dessous ; aiguillons rapprochés,
minces, roussâtres. Sur les troncs des pins et des sapins.

††††† ODONTIA (Pers. Dis. p. 30). *Point de chapeau distinct ;
plaque étendue, mince, adhérente, souvent byssoïde à la circonférence, à face inférieure tournée en dehors. Espèces
lignatiles.*

1526. H. MEMBRANACEUM (Bull. Champ. t. 481. f. 1). Espèce
étalée, mince, glabre, pâle d'abord, ensuite d'un fauve ferrugineux ; aiguillons égaux, entiers, droits, trifurqués. En été et
en automne, sur les branches mortes.

1527. H. NIVEUM (Pers. Syn. 565). Odontia nivea Pers. Cet
hydnum est largement étalé, un peu membraneux , blanchâtre, à bord byssoïde, mince ; les aiguillons sont serrés,
courts, subaigus, glabres. Sur les troncs et les pieux. Auderghem (Brabant).

1528. H. FARINACEUM (Pers. Syn. 563). Étalé, fortement adhérent,
formant comme une croûte pâle, un peu byssoïde sur les bords ;
aiguillons très-menus, très-aigus, un peu écartés. Sur les
vieux troncs.

1529. H. BARBA-JOVIS (Bull. Champ. t. 481. f. 2). Subiculum
membraneux, très-étendu, tomenteux, blanc dans la jeunesse,
devenant d'un jaune roussâtre plus tard, à aiguillons arrondis,
pubescents, blancs, orangés et barbus au sommet, longs de 3 à
4 millimètres. En automne, sur les vieux troncs et les vieilles
souches.

Hydnum.

1530. H. muscicola (Pers. Disp. 50). Cet hydnum est blanc, à subiculum mince, glabre, membraneux, à aiguillons très-menus, un peu allongés. On le trouve sur les mousses putré-fiées dans les bois. Je l'ai quelquefois rencontré dans les provinces de Namur et de Luxembourg.

1531. H. setosum (Pers. Myc. eur. 2. p. 213). Espèce blanche, mince, très-glabre, fortement attachée; aiguillons longs, séti-formes, droits; la partie inférieure du subiculum est velue et d'une couleur jaune pâle. Je l'ai trouvée sur un vieux poirier dans un verger à Floreffe (Namur).

1532. H. fimbriatum (Fries. Syst. myc. 1. p. 421). Étalé, mem-braneux, d'un incarnat-roux, frangé et blanc sur le bord, muni de côtes radiciformes allongées, adhérentes au tronc d'arbre sur lequel il pousse; aiguillons granuleux, multifides, petits d'abord, peu allongés. Sur les troncs et les bois couchés à terre.

1533. H. fallax (Fries. Obs. 1. p. 130). Espèce étalée, mince, à subiculum velu-furfuracé, quelquefois nul, blanc-byssoïde sur le bord, à aiguillons petits, inégaux, serrés, incisés, jau-nâtres, comprimés, longs à peine d'un millimètre. Cette espèce vient sur les vieilles souches, elle est quelquefois parasite sur les bolets. C'est sur un de ces champignons que je l'ai trouvée à Fouron-le-Comte (Liége).

Section III. — Polyporées (Fries. Syst. orb. veg. 1. p. 79). *Hyménium poreux ou sinueux.*

53. Boletus. Pers. Champ. com. 230.

Réceptacle en chapeau hémisphérique, étalé; hyménium formé de la substance propre du champignon et pouvant se séparer du chapeau; il est formé de tubes libres, cylindri-ques, distincts, rapprochés, composant ensemble un corps spongieux, et contenant les thèques qui sont cylindriques.

Boletus.

Champignons à chapeau charnu, mou, à stipe central, souvent réticulé.

† Velati (Pers. Syst. myc. 2. p. 123). Cortinariæ (Fries. Syst. myc. 2. p. 586). *Velum ou tégument souvent fugace; stipe solide; tubes jaunes ou ferrugineux; sporidies d'un jaune ochracé.*

1554. B. luteus (L. Suec. 1247). B. annularis Bull. Champ. Chapeau grand, jaunâtre ou blanchâtre, unicolore, quelquefois tacheté de roux, glutineux, compacte, large de 5 à 10 centimètres; tubes arrondis, jaunes, devenant plus obscurs, à orifices étroits, égaux; stipe ferme, arrondi, jaunâtre, muni d'un anneau lâche, haut de 5 centimètres et ayant 2-3 centimètres d'épaisseur. En automne, sur la terre dans les bois.

1555. B. granulatus (L. Sp. 1648). Chapeau un peu épais, compacte, large de 5 à 8 centimètres, d'un jaune-fauve, glutineux, d'un blanc jaunâtre en dedans; tubes adhérents entre eux, assez grands, jaunes; stipe ponctué, scabre, de 5 à 7 centimètres, blanchâtre dans la jeunesse, devenant ensuite jaune, muni d'écailles pâles, ensuite noires. A terre dans les bois, où il croît en groupes ou en série. En automne.

1556. B. velatus (Pers. Myc. eur. 2. p. 125). Cette espèce vient en groupe; chapeau visqueux, bossu, d'un jaunâtre brunâtre, large de 5 à 6 centimètres; tubes assez grands, convexes, obscurément anguleux, couverts d'abord d'un vélum tomenteux; stipe de 5-7 centimètres, épaissi à la base, entouré d'un anneau court, visqueux, qui finit par disparaître. En automne, dans les lieux humides et couverts des bois.

1557. B. piperatus (Bull. Champ. t. 451. f. 2). Chapeau flexueux, glabre, de couleur cannelle, à tubes adhérents entre eux, assez grands, ferrugineux; stipe lisse, très-jaune en dedans et à la base, haut de 2 à 4 centimètres. Le chapeau est large de 5 à 8 centimètres, jaune en dedans et d'une saveur âcre. En été et en automne dans les bois, les bruyères et les dunes.

Boletus.

1538. B. MITIS (Pers. l. c.). Chapeau ondulé, visqueux, quand le temps est humide, luisant et glabre quand il est sec ; tubes assez grands, composés ; stipe cylindrique, un peu flexueux, d'un roux-ferrugineux. Sa saveur est douce. Dans les bois et les bruyères. Je l'ai assez souvent rencontré dans la Campine.

1539. B. BRACHYPORUS (Pers. Myc. eur. 2. p. 128). Chapeau légèrement convexe, d'un jaune-paille, un peu rugueux, compacte, bleuissant en dedans quand on le coupe, large de 12 à 15 centimètres ; tubes très-courts (2 millimètres), un peu décurrents, jaunes ; stipe assez dur, pâle-fuligineux ; saveur acide. En été et en automne dans les bois.

1540. B. SUBTOMENTOSUS (L. Succ. 1251). B. chrysenteron Bull. Champ. B. cupreus et B. crassipes Schæff. Espèce d'une taille médiocre, à chapeau bombé, convexe, un peu tomenteux, d'un jaune olivâtre ou brunâtre, à chair jaune souvent bleuâtre ; tubes adhérant entre eux, grands, anguleux, jaunes ; stipe ferme, lisse, d'un jaune rougeâtre. En été et en automne dans les bois. Il est mangeable.

    VAR. β. SANGUINEUS (With). B. communis Sow. Chapeau lisse, d'un rouge sanguin.

    VAR. γ. CALOPUS (Pers.). B. terreus Schæff. Chapeau un peu olivâtre ; tubes jaunes ; stipe presque égal, articulé, rouge. Dans les bruyères.

1541. B. LURIDUS (Schæff. Fung. t. 107). B. rubeolarius Bull. Champ. B. tuberosus Schrad. Chapeau bombé, un peu tomenteux, olivâtre, un peu visqueux, d'un fauve fuligineux, large de 5 à 15 centimètres, à chair jaune, devenant bleuâtre quand on la coupe ; tubes presque libres, très-longs, arrondis, jaunes, à ouverture rouge ; stipe bulbeux, haut de 5 à 10 centimètres, épais, réticulé, rouge. En été et en automne dans les bois.

1542. B. CASTANEUS (Bull. Champ. t. 428). Chapeau ferme, un peu velu, épais, convexe d'abord, puis concave, large de 5 à 8 centimètres, châtain-marron ; tubes à moitié libres, petits, d'un blanc jaunâtre ; stipe haut de 5 à 8 centimètres, presque

lisse, un peu fauve. La chair est blanchâtre, elle rougit légèrement à la superficie quand on la coupe. En automne dans
les bois de la Campine.

1543. B. EDULIS (Bull. Champ. t. 60 et 494). B. esculentus Pers.
Chapeau simple, bombé, glabre, brunâtre, épais; tubes à
moitié libres, subarrondis, petits, blancs d'abord, ensuite d'un
jaune verdâtre; chair blanche ne changeant pas quand on la
coupe; stipe quelquefois court, d'autres fois haut de 10 à 12
centimètres, épais, ventru, réticulé, compacte, charnu, roussâtre ou brunâtre. En été et en automne dans les bois. Il se mange.

1544. B. ÆREUS (Bull. Champ. t. 385). Espèce moyenne à chapeau compacte, glabre, d'un bronzé noirâtre, ou d'un brun
fuligineux, ou enfin d'un brun noirâtre, à chair très-épaisse,
blanche ou d'un jaune soufre, pâle, verdissant quand on la
coupe; tubes presque libres, courts, d'un jaune soufré; stipe
long, réticulé, jaunâtre. Dans les bois. Il peut être mangé.

1545. B. ÆNEUS (Fries. Syst. Myc.). B. æreus Roq. Moins large,
plus élevé que le précédent, large de 7 à 8 centimètres, très-
convexe, d'un brun foncé un peu olivâtre, luisant; tubes
jaunes de soufre, courts, étroits; stipe de 6 centimètres, épais,
cylindrique, égal, jaunâtre, avec des ponctuations rougeâtres;
chair presque blanche, un peu vineuse sous la peau. Il est
mangeable. Dans les bois, où il est rare.

1546. B. SATANAS (Fries. Kickx. Rech. crypt. Fl. 4. n° 47). B. sanguineus Kromb. B. marmoreus Roq. Chapeau très-épais, glabre, légèrement visqueux, d'un gris brunâtre ou olivâtre, large
de 8 à 10 centimètres; stipe ventru, solide, d'abord gros et
court, puis s'allongeant jusqu'à 10 centimètres, jaune ou rougeâtre, réticulé de rouge sanguin à sa partie supérieure; tubes
jaunes à orifice d'un rouge intense; sporidies d'un jaune sale
et terne; chair molle, spongieuse, blanche, rougissant ou
bleuissant quand on la brise et donnant un suc rouge par
la compression. Sa saveur est douce, et son odeur est nulle.
Espèce très-vénéneuse. Dans les bois des Flandres et de la
Campine.

Boletus.

1547. B. FLAVUS (With. Kickx. Rech. crypt. Fl. c. 3. f. 41). B. annularius Bolt. Chapeau d'un jaune pâle, sans taches ni vergetures, recouvert d'une viscosité brunâtre, un peu mamelonné, compacte, plus petit que le luteus duquel il se rapproche; pores jaunes de soufre, luisants, décurrents, anguleux; stipe ferme, de la couleur du chapeau, sec, un peu épaissi à la base; anneau jaunâtre; chair d'un blanc sale-jaunâtre, non changeante. Dans les sapinières des Flandres, du Brabant et de la Campine.

1548. B. LUPINUS (Fries. Syst. myc.). B. tuberosus Let. B. rubeolarius Sow. Chapeau large de 7 à 8 centimètres, d'un jaune sale et livide, un peu brun verdâtre, glabre, non visqueux; tubes jaunes au dedans, d'un rouge sanguin au dehors, libres ou très-peu adhérents; stipe de 6 à 8 centimètres, épais, renflé à la base, rouge, quelquefois varié de jaune; chair d'un gris jaunâtre, bleuissant quand on l'entame. Dans les sapinières.

1549. B. PACHYPUS (Fries. Syst. myc.). Chapeau un peu velouté, sec, d'un jaune argilacé un peu brunâtre; tubes jaunes, à orifices circulaires, concolores; stipe renflé, s'amincissant de bas en haut, épais, réticulé, coloré de jaune et de rouge; chair ferme, d'un blanc grisâtre, bleuissant quand on l'entame et devenant verte. Cette espèce est suspecte. Son chapeau atteint 10 à 12 centimètres; elle se trouve dans les bois des Flandres.

†† DERMINI (Fries. Syst. myc. 1. p. 392). *Velum ou tégument fugace; stipe solide, écailleux; tubes d'abord blancs, puis devenant colorés par les sporidies qui sont d'une couleur ferrugineuse obscure.*

1550. B. FLOCCOPUS (Fl. dan. t. 1262). Chapeau bombé, épais, large de 10 centimètres environ, grisâtre, tomenteux dans la jeunesse, puis plus tard couvert d'écailles épaisses, fasciculées; tubes presque blancs; stipe de 8 à 10 centimètres, muni d'écailles et d'un anneau court. En automne, dans les bois des provinces de Namur et de Luxembourg.

1551. B. VISCIDUS (L. Suec. p. 452). B. scaber Fries. B. convexus Retz. Chapeau épais, bombé, glabre, visqueux étant humide, large de 5 à 10 centimètres, à chair blanche, devenant bientôt noirâtre quand on l'entame; tubes longs, libres, arrondis, blancs, à orifices étroits ; stipe ferme, écailleux, scabre, haut de 7 à 10 centimètres, blanchâtre en dedans. En automne, dans les bois. Ce champignon est mangeable.

Il y a une variété à chapeau fuligineux (scaber Bull.) et une autre à chapeau orangé (aurantiacus Bull.)

✝✝✝ HYPORRHODII (*Hyporrhodius* et *leucosporus* Fries. Syst. myc.). *Velum nul ; tubes blancs ou citrins; sporidies bleuâtres ou rosées.*

1552. B. CYANESCENS (Bull. Champ. p. 525. t. 579). Chapeau compacte, large de 5 à 8 centimètres, un peu tomenteux, pâle ou légèrement fuligineux, à chair blanche, devenant d'un beau bleu quand on l'entame; tubes courts, libres, arrondis, égaux, d'un blanc citrin ; stipe lisse, ventru, concolore. Lorsqu'on presse ce bolet, il en sort un suc bleuâtre. Il se rencontre en été et en automne dans les bois.

1553. B. PALLENS (Bull. Champ. p. 595. t. 579). Chapeau mou, glabre, d'abord convexe, devenant ensuite plan, fauve ou fuligineux, large de 7 à 10 centimètres, à chair blanche devenant rosée quand on la coupe; tubes très-longs, un peu unis entre eux, anguleux, d'un blanc un peu rosé; stipe de 7 à 10 centimètres, ventru, réticulé, légèrement olivâtre, blanc au dedans. En été et en automne, dans les bois.

1554. B. FULVIDUS (Fries. Obs.). B. cyanescens var. β Fries Syst. myc. Chapeau plan ou un peu convexe, à bords aigus, glabre, d'un fauve rougeâtre, large de 6 à 8 centimètres ; hyménium blanchâtre, devenant jaune et enfin orangé; tubes libres, cylindriques; stipe plan, devenant creux avec l'âge, ferme, égal, concolore, plus pâle au sommet, long de 6 à 8 centimètres. En juin, juillet. Dans les bois des Flandres et de la Campine.

34. Polyporus. Mich. Gen. 129.

Réceptacle en chapeau; hyménium homogène avec la substance du chapeau, percé de pores subarrondis, séparés entre eux, contenant les thèques qui sont très-petits; chapeau charnu-coriace ou subéreux, attaché par sa surface stérile, presque toujours sessile, très-rarement stipité.

† Milleporus (Batsch). Mesopus Fries. *Stipe solide, contigu avec le chapeau, presque central; chapeau flexible, plus ou moins déprimé.*

1555. P. melanopus (Pers. Syn. 517). Espèce groupée, à chapeau ombiliqué, mince, d'un fuligineux obscur, large de 5 centimètres, épais de 2 millimètres; pores plus pâles; stipe mince, noir, un peu cylindrique. En automne. Sur les rameaux tombés dans les bois.

    Var. β. infundibuliformis (DC.) Boletus infundibuliformis Pers. Chapeau infundibuliforme de 5 à 7 centimètres; stipe de 3-5 centimètres. Il ne semble être qu'une variété plus avancée de l'espèce.

1556. P. fuliginosus (Fries. Syst. myc. 1. p. 348). Chapeau glabre, orbiculaire, charnu, cupuliforme, lisse, cendré-fuligineux, à chair d'abord blanche, devenant ensuite un peu cendrée; pores ronds, petits, blancs; stipe plus pâle que le chapeau, central, ventru, quelquefois ferrugineux. En automne. Sur la terre dans les bois. Je l'ai trouvé une ou deux fois en Campine. Il est rare.

1557. P. nigripes (Kickx. Pl. rar. belg. pl. 11. f. 1.). Chapeau coriace, tenace, mince, brunâtre, luisant, flabelliforme, échancré à la base, à bords sinueux, ondulés; hyménium blanc d'abord, ensuite jaune-doré, luisant; stipe plus ou moins latéral, épais, canaliculé, d'un noir terne. La chair est d'un blanc jaunâtre. Trouvé près de Bruxelles dans un vieux saule par M. Kickx.

VAR. β. LOBATO-MULTIFIDUS (Kickx). Plus grand que l'espèce; hyménium moins décurrent; chapeau sinué-incisé à 6 ou 7 lobes recourbés en dessus.

1558. P. PERENNIS (Duby. Bot. gall. 785). Boletus perennis L. Sp. 1646. B. coriaceus Bull. champ. Espèce solitaire ou agrégée; chapeau coriace, velu, zoné, d'un jaune-cannelle, quelquefois noirâtre, mince, cyathiforme d'abord, puis un peu plan; pores petits, se déchirant ensuite, concolores; stipe de la couleur du chapeau, inégal, un peu tubéreux, plus ou moins velouté. La chair et les sporidies sont ferrugineuses. En automne. Sur la terre et les vieux troncs d'arbres.

VAR β. FIMBRIATUS (Roth.) Boletus fimbriatus Bull. Chapeau à bords frangés.

VAR. γ. NANUS (Mich.) Beaucoup plus petit que l'espèce.

1559. P. RUFESCENS (Fries. Syst. myc. 1. p. 351). Sistotrema rufescens Pers. Chapeau coriace, large de 5-10 centimètres, quelquefois dimidié, velu, brunâtre, à chair et sporidies ferrugineuses; pores assez grands, flexueux, inégaux, blanchâtres d'abord, puis concolores avec le chapeau. Stipe court, un peu tubéreux, assez épais, brunâtre. En automne. Sur la terre dans les bois.

†† PLEUROPUS (Fries. Syst. myc. 1. p. 352). *Stipe latéral, simple, un peu horizontal; chapeau difforme, devenant dur.*

1560. P. VARIUS (Fries. Syst. myc. 1. p. 352). Boletus calceolus et B. elegans Bull. Champ. B. badius Pers. Syn. B. lateralis Bolt. Chapeau large de 5 à 10 centimètres, coriace, glabre, lisse, d'un gris roussâtre, se roidissant par la sécheresse, à

chair blanche, charnue dans la jeunesse, devenant ensuite
très-dure; pores petits, arrondis, pâles; stipe presque nul,
lisse, pâle ou souvent noir dans le bas. Sur les vieilles souches dans les bois.

1561. P. LUCIDUS (Fries. l. c.) P. laccatus Pers. Boletus obliqua-
tus Bull. Boletus variegatus Schæff. Chapeau un peu subéreux,
luisant, blanc-jaunâtre d'abord, ensuite rougeâtre et enfin
noirâtre; pores petits, arrondis, pâles; stipe très-court ou
nul, central ou latéral, quelquefois très-long. Sur les troncs
d'arbres, surtout sur les vieux chênes.

††† MERISMA (Fries. Syst. myc. 1. p. 554). Flabellaria Chev.
*Champignons très-rameux, imbriqués, à stipe un peu latéral,
quelquefois nul; substance charnue, blanche; pores décurrents, minces, inégaux, obliques, lacérés. Espèces très-grandes, attachées ordinairement à la base des troncs d'arbres.*

1562. P. GIGANTEUS (Fries. Syst. myc. 1. p. 556). P. mesenteri-
cus Schæff. Boletus acanthoïdes Bull. Espèce très-grande,
touffue, imbriquée, multifide, à chapeau très-large, presque
infundibuliforme, dilaté, lobé, zoné, d'abord blanchâtre, puis
d'un jaune-paille; pores inégaux, petits, déchirés, pâles;
stipe épais, court. En été et en automne. Sur les vieilles
souches.

1563. P. CUTICULARIS (Fries. l. c.) Chapeau charnu, subéreux,
tomenteux, ferrugineux, à bords sinués; pores luisants, d'un
gris ferrugineux, petits, devenant déchirés; substance fibreuse,
dure, très-mince. Sur les troncs des arbres morts.

1564. P. FRONDOSUS (Pers. Champ. com. 242). Boletus frondosus
Schrank. Boletus ramosissimus Schæff. Boletus cristatus
Gou. Espèce rameuse en buisson, haute de 30 à 45 centimètres, atténuée en un stipe de 5 centimètres à la base; chapeau dimidié, rugueux, d'un gris fuligineux, à chair molle,
mangeable; pores blancs. En automne sur les souches de

Polyporus.

chène. J'ai trouvé une fois ce champignon dans un bois près de Bouillon.

1565. P. SULPHUREUS (Fries. Sept. myc. 1. p. 356). Boletus sulphureus Bull. Champ. B. citrinus Pers. Champignon multiple, en gazon, subsessile, haut de 30 à 40 centimètres, à chapeaux larges, imbriqués, ondulés, adhérents les uns avec les autres, de 12 à 18 centimètres, d'un jaune rougeâtre; pores petits, plans, citrins ou soufrés. Sur les vieilles souches. Il a été trouvé dans la forêt de Soignies.

†††† RETIPORUS (Batsch. El. 107). APUS (Fries. Syst. myc. 1. p. 358). *Chapeau dimidié, sessile, latéral, horizontal, à bord étalé, réfléchi.*

1. Espèces annuelles, à pores disposés par couche simple.

1566. P. BETULINUS (Fries. Syst. myc. 1. p. 358). Boletus betulinus Bull. Champ. Chapeau de grandeur variable, mais assez grand, convexe, glabre, lisse, réniforme, d'un brun roussâtre, porté sur un stipe très-court et oblique; pores inégaux, blancs, formés de la substance du chapeau, à orifice denté. En été et en automne, sur les troncs des bouleaux morts.

1567. P. DESTRUCTOR (Fries. Syst. myc. 1. 85). Espèce blanche, plus ou moins étalée, molle, fibreuse, à chapeau inégal, rugueux, glabre, friable étant sec; pores subarrondis, obtus, entiers ou déchirés. Elle a une odeur forte et désagréable. En automne dans les bois humides. Je l'ai plusieurs fois trouvée dans les Ardennes.

1568. P. RUTILANS (Fries. Syst. myc. 1. p. 362). Boletus rutilans Pers. Espèce subimbriquée, à chapeau charnu-fibreux, convexe, glabre, brunâtre, à bord obtus, roulé; pores ferrugineux, luisants. Sur les troncs du peuplier noir et du saule.

1569. P. ADUSTUS (Fries. Syst. myc. 1. 363). Boletus pello-

porus Bull. Champ. Boletus adustus Willd. Espèce imbriquée,
de taille variable, à chapeau charnu, tenace, velu, un peu
rugueux, légèrement zoné, ferrugineux, à bord sinué; pores
petits, arrondis, cendrés, courts. En automne sur les troncs
morts.

1570. P. SUAVEOLENS (Fries. Syst. myc. 1. 566). Boletus suaveolens L. Sp. 1646. Chapeau solitaire de 5 à 10 centimètres,
charnu, subéreux, velu, blanc; pores assez grands, d'abord
arrondis, blancs et ensuite brunâtres, quelquefois inégaux. Il
a une odeur agréable. En automne et en hiver, sur les
saules.

> VAR. ß. ALBUS (Duby). Boletus salicinus Bull. Champ.
> Boletus inodorus Chev. Chapeau un peu mou, glabre;
> pores d'abord blancs, devenant ensuite roussâtres.
> Cette variété est inodore.

> VAR. γ. POPULINUS (Fries). Chapeau petit, de 1-2 centi-
> mètres, blanc, soyeux; pores petits, arrondis,
> blancs. Cette variété est imbriquée et vient sur les
> peupliers.

1571. P. HISPIDUS (Fries. Syst. myc. 1. p. 562). Boletus hispidus
Bull. Boletus spongiosus Light. Chapeau large de 10 à 15 centimètres, charnu, fibreux, épais, velu, d'abord ferrugineux,
puis noirâtre, quelquefois jaunâtre ou brunâtre; pores longs,
écartés, pâles. En été et en automne sur les troncs de chêne,
du noyer, du pommier, etc., etc.

1572. P. ZONATUS (Fries. Syst. myc. 1 p. 567). Boletus multico-
lor Schæff. Bol. zonatus Nees. Bol. ochraceus Pers. Chapeau
subéreux-coriace, un peu zoné, velu, tuberculeux à la base,
ochracé, d'un cendré jaunâtre ou d'un blanc grisâtre sur les
bords; pores blanchâtres, subangulaires. Sur les vieux troncs
et les bois pourris.

1575. P. HIRSUTUS (Fries. l. c.). Espèce souvent imbriquée,
blanchâtre, à chapeau souvent plan, réniforme, long d'environ
5 centimètres, large de 3 à 4, coriace-subéreux, zoné; pores
arrondis obtus, cendrés ou jaunes-brunâtres, toujours blancs

Polyporus.

en dedans. En été et en automne. Sur les troncs d'a rbres.

1574. P. VERSICOLOR (Fries. Syst. myc. 1. 367). Boletus versicolor L. Sp. 1645. Boletus atro-rufus Schæff. Espèce un peu imbriquée, de grandeur moyenne, à chapeau coriace, velu, un peu bleuâtre, à plusieurs zones dilatées, multicolores, à bords un peu glabres, pâles; pores petits, arrondis, blancs. En été et en automne. Sur les arbres morts et les pièces de bois.

> VAR. β. OCHRACEUS (Pers.). Chapeau unicolore, ochracé, à base souvent tuberculeuse, blanc en dessous d'abord et ensuite jaunâtre.

1575. P. FUMOSUS (Fries. l. c.). Espèce imbriquée d'un fuligineux pâle, à chapeau large de 5 à 10 centimètres, charnu-fibreux, ondulé; pores petits, égaux, concolores; chair fibreuse, d'un blanc sale, marquée intérieurement de cercles concentriques. Sur les troncs d'arbres. Dans les Flandres et dans la Campine.

1576. P. CINNABARINUS (Fries. Syst. myc. 1. p.371). Boletus coccineus Bull. Espèce agrégée, d'un jaune-cannelle, à chapeau large de 7 à 10 centimètres, épais, coriace, subéreux, un peu rugueux, à zones peu apparentes; pores arrondis, assez petits. En automne. Sur le tronc des cerisiers, des sorbiers, des bouleaux, etc., etc.

2. *Espèces vivaces, à chapeau bombé, très-dur; pores petits, égaux, disposés par couches.*

1577. P. FRAXINEUS (Fries. Syst. myc. 1. p. 372). Boletus fraxineus Bull. Champ. Espèce dure à substance compacte, un peu brillante; chapeau large de 12 à 18 centimètres, épais de 3-6, glabre, zoné, rugueux, plan, blanchâtre, étant jeune, devenant brunâtre; pores petits, un peu ferrugineux, quelquefois comprimés, linéaires. Sur les troncs d'arbres, surtout sur les frênes.

1578. P. LÆVIS (Pers. Myc. eur. 2. p. 68). Chapeau large de 10 à 15 centimètres, épais de 2 à 5, coriace, glabre, blanchâtre, à zones peu apparentes; pores grands, un peu linéaires, jaunâtres ou un peu ferrugineux. Sur les troncs de frêne et d'alizier.

1579. P. FOMENTARIUS (Fries. Syst. myc. 1. p. 374). Boletus fomentarius L. Sp. 1645. Boletus angulatus Bull. Champ. Chapeau grand, trigone ou demi-orbiculaire, glabre, à zones pen apparentes, d'un fuligineux blanchâtre, dur au dehors, mou en dedans; pores disposés par couches, formant des tubes longs, très-menus, glauques, pâles d'abord, ensuite ferrugineux. Sur les troncs de chêne et de hêtre.

1580. P. NIGRICANS (Fries. Syst. myc. 1. p. 386). Espèce très-dure, à substance presque ligneuse; chapeau épais, bombé, à sillons concentriques, noirs, à bords ferrugineux; pores grêles, très-longs, ferrugineux. Dans les bois, sur les troncs des bouleaux. Je l'ai trouvé dans les Ardennes.

1581. P. IGNARIUS (Fries. Syst. myc. 1. p. 375). Boletus ignarius Bull. Champ. Boletus obtusus Pers. Le bolet à amadou. Espèce dure, à chapeau épais, obtus, presque lisse, d'un brun ferrugineux ou cendré; pores convexes, exigus, couleur cannelle. Sur les troncs du hêtre, du chêne, du frêne, etc., etc., et sur les souches.

> VAR. β. POMACEUS (Duby). P. pomaceus Pers. Boletus scutiformis Tratt. Plus petit, à chapeau presque perpendiculaire, large de 4 à 6 centimètres, d'un brun cendré-opaque, à zones peu marquées; pores ferrugineux. Sur les troncs du cerisier et du prunier.

1582. P. RIBIS (Fries. Syst. myc. 1. p. 372). Espèce imbriquée, à substance un peu spongieuse; chapeau subéreux, large de 8 à 12 centimètres, assez rugueux, plan, un peu pubescent, à zones peu apparentes, d'un rouge brun, à bords d'un jaune-canelle ainsi que le dessous; pores courts, exigus, égaux. Au pied des troncs des groseilliers.

1583. P. MARGINATUS (Fries. Syst. myc. 1. p. 312). Boletus fulvus Schæff. Chapeau dur, glabre, épais, tuberculeux, brunâtre, large de 8 à 12 centimètres, à bords blanchâtres; pores

petits, arrondis, d'abord blanchâtres, devenant ensuite citrins.
Espèce solitaire, un peu imbriquée, vivace, se développant.
sur les troncs du hêtre, du bouleau, etc.

1584. P. CRYPTARUM (Fries. Syst. myc. 1. p. 377). Espèce
souvent groupée, coriace, spongieuse; chapeau étalé réfléchi,
d'un fuligineux ferrugineux; pores très-longs; les uns arrondis, les autres entr'ouverts. Dans les caves, sur les vieux
bois.

††††† PORIA (Pers. Myc. eur. 2. p. 88). Resupinatus Fries.
Syst. myc. 1. p. 377. Physisporus Chevall. *Chapeau retourné, étalé, couvert entièrement de pores, immarginé, oblitéré à la face adhérente, souvent cotonneuse sur le bord.*

1585. P. EXPANSUS (Desm. Suppl. Bot. belg. f. 19). Espèce dure,
ligneuse, disposée en plaques de grandeur variable (5 à 20 centimètres), submarginée, glabre, d'un jaune ferrugineux; pores
arrondis, égaux, nombreux, très-petits, longs de 5 à 12 millimètres, constituant toute la plante. Sur les pieux et sur les
pièces de bois dans les caves.

1586. P. SPONGIOSUS (Fries. Syst. myc. l. 377). Boletus resupinatus Bolt. Espèce tantôt en gazon, tantôt crustacée, étalée,
coriace-spongieuse, ferrugineuse; pores droits, arrondis,
petits, très-longs, constituant tout le champignon. Il vient
dans les vieux saules et sur des pièces de bois pourries.

1587. P. MEGALOPORUS (Pers. Myc. eur. 2. p. 88). Champignon
très-large (20 à 50 centimètres), d'une couleur de rouille égale,
à subiculum mince, coriace, épais à peine de 2-4 millimètres;
pores égaux, un peu frangés. Sur les pièces de bois dans les
caves.

1588. P. SALICINUS (Fries. Syst. myc. 1. p. 376). Espèce dure,
largement étalée (20 à 35 centimètres), onduleuse, rugueuse,
glabre, d'un jaune-cannelle, souvent interrompue, jamais réfléchie; pores droits et obliques. Dans les creux des vieux
saules. Trouvée à Maestricht et près de Mons.

Polyporus.

1589. B. MEDULLA PANIS (Fries. Syst. myc. 1. p. 380). Espèce longitudinalement étalée, longue de 7 à 10 centimètres, large de 6 à 20 millimètres, un peu épaisse, coriace, subondulée, dure, sèche, blanchâtre, à pores petits, égaux, subarrondis, tantôt droits, tantôt obliques. Sur les vieux bois tombés à terre.

1590. P. CELLARIS (Lib. Crypt. ard. f. 3. n° 225). Étalé, adné, mince, blanc, velu à la circonférence et en dessous; pores assez grands, anguleux, dentés, frangés, se déchirant avec l'âge. Dans les endroits humides des maisons.

1591. P. INCARNATUS (Fries. Obs. 2. p. 262). P. cruentus Pers. Myc. eur. Espèce étalée, large de 2 à 4 centimètres, longue de 4 à 10, coriace, persistante, un peu dure, lisse, glabre, rougeâtre, à superficie ondulée, interrompue; pores obliques, inégaux, droits. Sur les vieux troncs de sapin. Dans une maison de campagne près de Liége.

1592. P. VULGARIS (Fries. Syst. myc. 1. p. 381). Boletus medulla panis Auct. Bol. inversus Vill. Bol. proteus Bolt. Espèce largement et irrégulièrement étalée, ayant quelquefois jusqu'à 20 à 30 centimètres de largeur sur un millimètre d'épaisseur, sèche, lisse, blanche, à bords très-minces, pubescents, surtout dans la jeunesse; pores très-petits, égaux. Sur les bois tombés à terre, quelquefois sur les feuilles.

1593. P. RADULA (Fries. Syst. myc. 1. p. 383). Espèce étalée longitudinalement, longue de 3-8 centimètres, large de 20 à 30 millimètres, molle, blanche, un peu tomenteuse; pores inégalement proéminents, anguleux, dentés, ramassés, aigus. Sur les rameaux morts tombés à terre.

1594. P. VAILLANTII (Fries. Syst. myc. 1. p. 383). Boletus Vaillantii DC. Fl. fr. Agaricus cryptarum Pal. Beauv. Champignon sous forme de membrane largement étalée, mince, cotonneuse, comme parcourue par des côtes blanches; pores agglomérés par paquets, épars, assez grands, charnus, souvent oblongs, irréguliers. Sur les vieux troncs, sur la terre, et dans les caves sur les vieilles pièces de bois.

Polyporus.

1595. **P.** CONTIGUUS (Pers. Syn. fung t. 11. p. 546.) Résupiné, étalé, long de 1 à 2 décimètres, large de 3 à 4 centimètres, épais, ferme, glabre, d'un jaune-cannelle foncé, devenant ferrugineux; pores obtus, entiers, ceux du bord plus grands. Sur les vieilles solives, les clôtures pourries, etc.

1596. **P.** CORTICOLA (Fries. Syst. myc. 1. p. 585 Polysticta). Espèce résupinée, adnée, très-mince, membraneuse, ferme, glabre, un peu grosse et luisante, largement étendue, d'un blanc sale, devenant brunâtre, presque entièrement couverte, sinon sur les bords; pores punctiformes, blancs d'abord, ensuite noirâtres. Trouvé sur un peuplier abattu dans le bois de la Marquise, entre Vurste et Mackeghem (Flandre).

†††††† FAVOLUS (Fries. Syst. myc. 1. p. 342). Platyporus Pers. Myc. eur. 2. p. 55. *Pores grands, à 4 ou 5 angles, imitant un gâteau d'abeilles.*

1597. **P.** SQUAMOSUS (Fries. Syst. myc. 1. p. 343). Boletus squamosus Huds. Boletus juglandis Bull. Champ. Boletus platyporus Pers. Syn. Espèce solitaire ou formant des touffes, à chapeau de 8 à 15 centimètres, charnu, mince, de couleur jaune-ochracée, couvert d'écailles plus obscures, presque noirâtres; pores grands, flexueux, pâles; stipe sublatéral, épais, noirâtre. La chair est compacte et blanche. Sur les troncs d'arbres, surtout sur les vieux noyers. C'est sur ce dernier arbre que je l'ai trouvé à Wépion (Namur).

35. DEDALEA. Pers. Syn. 499.

Réceptacle en chapeau subéreux, coriace; face inférieure (hyménium) garnie d'une membrane fructifère, sinueuse, relevée de côtes ou feuillets saillants, anastomosés, formant des cavités irrégulières ou pores allongés, flexueux; thèques menus.

Dednlea.

† Espèces dimidiées, sessiles, sinueuses et poreuses.

1598. **D. rubescens** (Fries. Syst. myc. 1. 539). Espèce sessile, effleurie étant jeune, à chapeau un peu mince, de 5-8 centimètres, à peine tomenteux, un peu subéreux, lisse, d'un rougeâtre pâle, zoné dans sa jeunesse; pores longs, droits, étroits, allongés surtout vers les bords. Sur les saules. Dans le Limbourg.

1599. **D. gibbosa** (Pers. Syn. 501). Espèce inodore, large de 7 à 12 centimètres, presque solitaire, dure, élastique, sessile, blanchâtre en dedans et en dehors, à chapeau subéreux, velu, gibbeux à la base ; pores linéaires, assez droits, courts, étroits. Sur les troncs du hêtre, du bouleau, des saules, etc.

1600. **D. suaveolens** (Pers. Syn. 502). Espèce sessile ayant une odeur anisée et agréable, à chapeau coriace, subéreux, glabre, de couleur blanche d'abord, ensuite roussâtre, zôné supérieurement, scabre, brun-fuligineux en dedans; pores allongés, irréguliers, roussâtres. Sur les troncs des saules en automne.

1601. **D. variegata** (Fries. Obs. 2. p. 240). Boletus coriaceus Bull. Champ. Champignon sessile, imbriqué, à chapeau dépassant à peine 5 centimètres, coriace, réniforme, varié par des zones déprimées, glabres, d'un cendré brunâtre, et d'autres zones élevées, blanches, velues; pores allongés, étroits, devenant dentés. En automne. Sur les troncs d'arbres, surtout sur le hêtre.

1602. **D. imberbis** (Chev. Fl. par. 1. p. 247). Boletus imberbis Bull. Polyporus imberbis Fries. Espèce imbriquée, coriace, à chapeau large de 10 à 15 centimètres, subarrondi, glabre, à zones assez larges, sillonnées d'un jaune pâle; pores sinueux, d'abord blancs, puis d'un jaunâtre pâle, courts, irréguliers. Sur les vieilles souches.

1603. **D. unicolor** (Fries. Syst. myc. 1. p. 556). Sistotrema cinereum Pers. Syn. Champignon imbriqué, sessile, cendré, à chapeau tenace, coriace, velu, zoné, souvent fuligineux

Dedalea.

quand il est humide; pores inégaux, un peu flexueux, finissant par être déchirés. En automne. Sur les troncs d'arbres et les vieilles souches.

1604. D. CONFRAGOSA (Pers. Syn. 504). Boletus labyrinthiformis Bull. Champ. t. 441. Espèce sessile, un peu imbriquée, presque ligneuse, à chapeau subéreux-coriace, à zones scabres, d'un brun couleur brique au dehors, bai obscur au dedans; pores cendrés, labyrinthiformes, larges, irrégulièrement contournés. Sur l'alizier, l'aubépine, le pommier, etc. Elle a été trouvée à Wavre (Brabant).

1605. D. SUBEROSA (Duby. Bot. gall. p. 795). Boletus suberosus Bull. Champ. D. Bulliardi Fries. Espèce sessile, glabre, roussâtre, molle, presque aqueuse dans sa jeunesse, à chapeau devenant coriace, rugueux ou zoné en dessus, concolore en dedans, de forme variée; pores larges, irréguliers, entremêlés. Sur les troncs et sur les pieux.

†† Espèces lamellées.

1606. D. ABIETINA (Fries. Syst. myc. 1. p. 334). Leuzites abietina Fries. Chapeau sessile, long de 2-5 centimètres, coriace, zoné, couvert étant jeune d'un tomentum plus foncé, ensuite glabre, noirâtre, à zones concolores; lamelles droites, un peu rameuses, glauques, d'un cendré pruineux, s'anastomosant ensuite. Sur les troncs de sapin et sur les solives du même arbre.

1607. D. SEPIARIA (Swartz. in Vet. act. handl. 1810. p.2). Agaricus sepiarius Wulf. Agaricus hirsutus Schæff. Agaricus betulinus All. Chapeau coriace, dur, un peu plan, allongé, souvent confluent par série, zoné, tomenteux, bai brun d'abord, puis devenant noirâtre, à bords jaunâtres; lamelles rameuses, anastomosées, jaunâtres, devenant plus tard ferrugineuses. Sur les pieux pourris.

VAR. β. TRICOLOR (Fries.). Agaricus tricolor Bull. Champ. Chapeau réniforme, versicolore; lamelles sinueuses, dichotomes, à bases poreuses, jaunâtres.

Dedalea.

1608. D. betulina (Rebent. Neom. 371). Agaricus coriaceus
Bull. Champ. Agaricus betulinus L. Chapeau sessile, coriace,
tomenteux, à zones concentriques, concolores ou plus obscures; lamelles droites, un peu rameuses, coriaces, s'anastomosant, sinueuses, ayant à la fin les bords déchirés. Sur les
vieux troncs.

1609. D. quercina (Pers. Syn. 500). Agaricus quercinus L. Sp.
1644. Agaricus labyrinthiformis Bull. Champ. t. 442. Agaricus
dubius Schæff. Espèce sessile, ligneuse-pâle, de grandeur et de
forme variables; chapeau épais, subéreux, rugueux, glabre, à
substance tantôt molle, un peu flexible, tantôt dure, épaisse,
rigide; lamelles contournées, entrelacées, sinueuses, épaisses.
Sur les troncs d'arbres, surtout sur le chêne.

Section IV. — Agaricinées. Fries. Obs. p. 330. *Hyménium plissé,
lamellé.*

36. Schizophyllum. Fries. Obs. 1. p. 330.

Réceptacle en chapeau dimidié, coriace, lamelleux en
dessous, à lames radiantes, presque parallèles, dichotomes, ne s'anastomosant jamais, toutes longitudinales,
bifides, inégales, renfermant les thèques sur les bords.

1610. S. commune (Fries. l. c.). Agaricus alneus L. Agaricus mul-
tifidus Basch. Espèce groupée, dépassant à peine 5 centimètres,
à chapeau sessile, dimidié, tomenteux, d'un blanc grisâtre,
lobé sur les bords, souvent multifide et par suite très-courtement stipité; dans ce cas les lamelles sont en dessus; lamelles
velues, d'un cendré rougeâtre. Sur les troncs d'arbres, surtout
sur ceux de l'aune.

37. Merulius. Fries. Syst. myc. 1. p. 306.

Réceptacle en chapeau sessile, étalé, mince, irrégulier,

Merulius.

rarement réfléchi et déterminé; hyménium à veines sinuées, anastomosées, formant des cellules irrégulières, adhérent et homogène au chapeau, portant des thèques épais.

1611. M. ISOPORUS (Duby. Bot. gall. p. 796). Xilomyzon isoporum Pers. Espèce adhérant fortement au bois, longue de 5-8 centimètres, large de 2-3, mince, d'un roux incarnat, à bords étroits, un peu cotonneux, rarcment frangés; veines denses, assez grandes, régulières, entremêlées d'autres plus petites, les extérieures un peu réticulées. Sur les rameaux dénués d'écorce. Cette espèce n'est pas commune en Belgique.

1612. M. PAUCIRUGUS (Duby. Bot. gall. p. 796). Espèce adhérant fortement au bois, plane, étalée inégalement et un peu interrompue, d'un jaune brunâtre, mince, à bords blanchâtres, un peu velus; hyménium d'abord lisse, ayant ensuite des plis à peine visibles, garni de veines peu nombreuses, larges, superficielles, réticulées transversalement. Sur le bois mort. Je l'ai trouvée à Gembloux (Namur) sur une vieille solive.

1613. M. LACRYMANS (DC. Fl. fr. 2. p. 132). M. destruens Pers. Boletus lacrymans Wulf. Subiculum mince, membraneux, blanc, cotonneux d'abord, exsudant des gouttes d'eau nombreuses, largement étalé, devenant d'un jaune ferrugineux, à bords larges, blanchâtres, tomenteux; plis amples sinués-poreux, orangés; sporidies couleur cannelle. Dans les endroits humides, sur les vieilles poutres qu'il enveloppe quelquefois entièrement.

1614. M. SERPENS (Tode in Hall. nat. es. 1. p. 355). Espèce mince, coriace, membraneuse, étalée longitudinalement en serpentant comme un ruban, large d'environ 2 centimètres, rougeâtre au milieu, blanche et frangée sur les bords; plis d'abord rugueux, ensuite couverts de pores petits, anguleux. En automne et en hiver sur le bois mort.

1615. M. TREMELLOSUS (Schrad. Spic. 139). Xylomyzon tremellosum Pers. Espèce étalée, réfléchie, un peu imbriquée, charnue-trémelloïde, blanche, et tomenteuse, orbiculaire, pâle , radiante et libre sur les bords étant jeune, ensuite réfléchie , variée de forme et de taille; plis petits, sinués, poreux, aigus, rougeâtres. Sur les vieux bois et les troncs morts.

38. Cantharellus. Fries. Syst. myc. 1. p. 316.

Chapeau charnu ou membraneux, un peu horizontal dans la jeunesse, de forme déterminée, à bord libre, avec un stipe contigu ou adhérent d'un côté quand le stipe manque; hyménium plissé en dessous, à plis radiants, rameux, un peu parallèles, rarement s'anastomosant, obtus, homogènes avec l'hyménium et portant les thèques.

† Leptopilos (Duby. Bot. gall. 797). Pleuropus et apus Fries. Syst. myc. 1. p. 316. *Stipe court, latéral, vertical ou nul, chapeau étalé, mince, presque membraneux, inégal.*

1616. C. tenellus (Fries. Syst. myc. 1. p. 425). Merulius tenellus DC. Fl. fr. Champignon petit (6 à 8 millimètres), sessile, un peu gélatineux, plan, noir en dessus, brunâtre en dessous, à veines proéminentes inégales, radiantes. Sur les vieux bois pourris. Je l'ai trouvé à Liége et à Maestricht.

1617. C. lævis (Fries. Syst. myc. 1. 524). Telephora vulgaris et T. muscigena Pers. Espèce agrégée, un peu verticale, plane, blanche, charnue-membraneuse, petite (6 à 10 millimètres); hyménium un peu rugueux, à plis presque effacés. Sur les mousses, dans les bois.

1618. C. bryophilus (Fries. Syst. myc. 1. p. 325). Merulius bryophilus DC. Fl. fr. Agaricus bryophilus Pers. Obs. Espèce très-petite (4 à 6 millimètres), blanche, pubescente, cupuliforme, devenant horizontale, à chapeau membraneux, attaché en dessous par une espèce de stipe; plis aigus, radiés. Entre les mousses dans les bois de sapin.

Cantharellus.

1619. C. **muscigenus** (Fries. l. c.) Agaricus muscigenus Bull. Champ. Merulius muscigenus Pers. et DC. Espèce agrégée, horizontale, d'un fauve-pâle, à chapeau membraneux, obscurément zoné, membraneux, un peu rugueux, opaque, glabre, excisé sur le côté, large de 20 à 40 millimètres, latéral, un peu épais, velu à la base. En automne, entre les mousses dans les bois. Je l'ai trouvé près de Tervueren (Brabant).

1620. C. **crispus** (Fries. Syst. myc. 1. p. 323). Merulius crispus Pers. Champignon petit, un peu imbriqué, difforme, velu, roussâtre, à chapeau coriace, charnu, cyathiforme d'abord, ensuite horizontal, large de 12 à 24 millimètres, lobé sur les bords, à plis dichotomes, velus, blancs. Il est stipité ou sans stipe. En automne et en hiver, sur les rameaux du bouleau, du hêtre, etc. Trouvé à Marche-les-Dames (Namur) par M. Bellynck.

†† Gomphus (Pers. Myc. eur. 2. p. 9). *Stipe perpendiculaire, se confondant avec un chapeau en massue, bordé à peine, veiné extérieurement.*

1621. C. **truncatus** (Fries. Syst. myc. 1. p. 322). Helvella carnea et purpurascens Schæff. Espèce groupée à chapeau gros, un peu turbiné, irrégulier, comme tronqué, fendu sur le côté, violacé en dehors, jaune en dedans, confondu avec le stipe qui est solide. Sur la terre dans les bois. Je l'ai trouvé dans la Campine et dans le Luxembourg.

††† Craterellus (Duby). Mesopus Fries. Syst. myc. 1. p. 317. Cantharellus Pers. Syn. et Myc. *Stipe central, portant un chapeau infundibuliforme ou déprimé, à plis décurrents.*

1622. C. **umbonatus** (Fries. Syst. myc.). Merulius umbonatus Pers. Agaricus muscoïdes Wulf. Chapeau sec, large de 3 à 4 centimètres, mince, cendré-noirâtre, à chair blanche, d'abord mamelonné, convexe, ensuite plan, à bords enroulés; hyménium à plis roides, larges, nombreux; stipe lisse, au moins

Cantharellus.

deux fois aussi grand que le diamètre du chapeau. Dans les
bois, aux environs de Bruxelles.

1623. C. AURANTIACUS (Fries. Syst. myc.). Merulius aurantiacus
Wulf. Agaricus pseudo-cantharellus Pers. Chapeau charnu,
un peu déprimé, tomenteux, de couleur orangée, large de 5 à
8 centimètres, à bords enroulés, quelquefois glabres; plis
serrés, souvent crispés à la base; stipe plein, jaunâtre. Aux
bords des bois. ·

1624. C. CORNUCOPIOÏDES (Fries. Syst. myc. 1. p. 522). C. cornucopiæ Wallr. Peziza cornucopioïdes L. Sp. 1620. Helvella
cornucopioïdes Bull. Craterellus cornucopioïdes Pers. Espèce
groupée, de tailles variables, à chapeau tubuliforme, ouvert,
écailleux, membraneux, noirâtre, à bord réfléchi; plis peu
apparents; stipe élastique, noirâtre. En automne dans les
bois.

1625. C. UNDULATUS (Fries. Syst. myc.). Merulius undulatus
Pers. Helvella crispa Bull. Elvella floriformis Schæff. Chapeau
coriace, de 2 à 3 centimètres, rugueux, membraneux, infundibuliforme, ondulé-crispé, roussâtre, plus pâle en dehors;
stipe mince, ferme, concolore, haut de 2 centimètres. Dans les
bois, dans ceux de sapin surtout.

1626. C. HYDROLIPS (Duby. Bot. gall. p. 799). Merulius hydrolips DC. Fl. fr. Merulius cinereus Pers. Helvella hydrolips
Bull. Espèce groupée, à chapeau infundibuliforme, ouvert,
écailleux, d'un gris noirâtre; plis épais, distants, cendrés,
lisses; stipe creux, un peu plissé, noirâtre. Dans les bois.

1627. C. LUTESCENS (Fries. Syst. myc. 1. p. 522). Helvella can-
tharelloïdes Bull. Elvella tubæformis Schæff. Espèce agrégée,
à chapeau submembraneux, infundibuliforme, légèrement
floconneux, onduleux, d'un fauve jaunâtre, large de 3 à 10 centimètres; plis serrés, entremêlés de jaune cendré. Dans les
lieux humides des bois entre les sphagnes.

1628. C. TUBÆFORMIS (Fries. Syst. myc. 1. p. 719). Merulius
tubæformis Pers. Espèce groupée, à chapeau quelquefois
rameux, de 1 à 5 centimètres, submembraneux, ombiliqué,

Cantharellus.

rugueux-écailleux, ondulé, jaunâtre-cendré ou brun fuligineux étant mouillé, plus pâle étant sec; plis droits, dichotomes, distants, d'un cendré jaunâtre; stipe creux, jaune, un peu renflé à la base. Sur la terre et les bois pourris. Melyck (Limbourg).

1629. C. CIBARIUS (Fries. Syst. myc. l. c.). Agaricus cantharellus L. Merulius cantharellus Pers. Espèce comestible, groupée, de couleur jaune-chamois, inodore, à chapeau charnu, glabre, d'abord convexe, ensuite infundibuliforme, devenant à la fin irrégulier, lobé, lacinié sur les bords; plis épais, étroits, assez écartés; stipe solide, atténué dans le bas. Sur la terre dans les bois. En été et en automne.

39. AGARICUS. L. Gen. 1074.

Chapeau charnu ou membraneux, ayant une forme déterminée, à bord libre, lamelleux en dessous; lamelles radiantes du centre à la circonférence, simples, parallèles, mélangées d'autres lamelles plus courtes vers la circonférence, les unes et les autres formées d'une membrane à double feuillet qui renferme les thèques; stipe presque toujours central, jamais réticulé.

Ce genre est celui qui renferme le plus d'espèces et son étude est des plus difficiles. Ce n'est guère qu'au moyen de bonnes planches qu'on parvient à une détermination certaine; c'est pourquoi je me contenterai de donner le catalogue des espèces que j'ai reconnu dans mes courses en Belgique ou qui ont été signalées par d'autres botanistes. Je me bornerai à donner la description des espèces les plus intéressantes, soit comme comestibles, soit comme vénéneuses, et qu'il importe de connaître pour les éviter dans ce dernier cas.

Agaricus.

Section I. — Coprinus (Pers. Disp. 62). *Chapeau à lamelles libres, inégales, minces, simples, se liquéfiant en un liquide noirâtre ; velum général, consistant, floconneux, fugace ; thèques grands, agrégés, disposés en 4 séries ; stipe fistuleux, allongé, blanc. Champignons croissant sur les fumiers, frêles et de courte durée.*

1630. A. **radiatus** (Bolt. t. 59). A. stercorarius Bull. En été et en automne. Sur les fumiers et dans les bois.

1631. A. **ephemerus** (Bull. Champ. t. 542. f. 1). A. crenulatus Fl. dan. De mai en octobre. Sur les fumiers. Il ne dure que 5 à 6 heures.

1632. A. **domesticus** (Bolt. t. 26). A. sociatus Schum. Dans les jardins et les lieux cultivés, surtout par les temps pluvieux.

1633. A. **cinereus** (Bull. Champ. t. 88). A. fimetarius L. De juillet en octobre. Sur les vieux troncs et la terre dans les bois.

1634. A. **tomentosus** (Bolt. Fung. t. 156). A. cinereus. Var. *α.* tomentosus Pers. Il n'est peut-être qu'une variété du précédent et se trouve dans les mêmes localités.

1635. A. **gossypinus** (Bull. Champ. t. 425. f. 2). Sur la terre. Au printemps et en automne.

1636. A. **micaceus** (Bull. Champ. t. 246-565). A. lignorum Schæff. A. ferrugineus Pers. A. digitalis Batsch. De mai en novembre. Dans les prairies, les bois et les jardins.

1637. A. **deliquescens** (Bull. Champ. t. 457. f. 2. et t. 558. f. 1). A. fuscescens Schæff. A. bicolor Fl. dan. D'août en octobre. Dans les jardins et les prairies.

1638. A. **atramentarius** (Bull. Champ. t. 164). A. luridus Bolt. A. fimetarius Sow. A. Vaillantii Gou. A. fugax Schæff. En automne et en hiver. Dans les prés, les lieux humides, sur les troncs, les racines, etc.

1639. A. **sterquilinus** (Fries. Syst. myc. 1. p. 308). En automne sur les bouses de vache.

1640. A. **comatus** (Fl. dan. t. 834). A. typhoïdes Bull. A. fimen-

Agaricus.

tarius Bolt. En automne. Cette espèce croit en touffe dans les jardins, au pied des haies.

1641. A. NIVEUS (Pers. Myc. eur.). Sur les fumiers, surtout sur celui de cheval.

SECTION II. — PRATELLUS (Fries. Syst. myc. l. p. 11). *Lamelles non colorées, nébuleuses, dissolubles ; velum floconneux, non arachnoïde; sporules d'un brun pourpré.*

1. COPRINARIUS (Fries. Syst. myc. 1. p. 500). Coprini et Pratellæ Sp. Pers. *Velum fixé au bord, annuliforme, le plus souvent très-fugace; stipe fistuleux, ne faisant pas corps avec le chapeau ; celui-ci un peu charnu ou membraneux, glabre, peu persistant; lamelles subdéliquescentes; sporules noirâtres.*

1642. A. DISSEMINATUS (Pers. Syn. 403). A. striatus Sow. A. tintinnabulum Batsch. A. minutulus Schæff. Espèce dont la durée est très-courte, naissant en automne. Sur les troncs moussus, surtout sur ceux des saules et des peupliers.

VAR. β. DIGITALIFORMIS (Pers.). A. digitaliformis Bull. Champ. t. 22. A. congregatus Bull. t. 94.

1643. A. HYDROPHORUS (Bull. Champ. t. 558). Sur la terre, dans les prairies, les bois et les jardins.

1644. A. TITUBANS (Bull. Champ. t. 425. f. 1). En été et en automne, sur la terre dans les bois, sur les feuilles mortes et sur les fumiers.

1645. A. VITELLINUS (Pers. Syn. 415). Espèce assez rare, se développant principalement sur le fumier des chevaux.

1646. A. FUMICOLA (Fries. Syst. myc. 1. p. 302). Sur les fumiers dans les jardins et les pâturages.

1647. A. PAPILIONACEUS (Bull. Champ. t. 58 et 361). A. carbonarius Batsch. A. acuminatus Schæff. En été et en automne, sur les feuilles dans les bois.

1648. A. FUMIPUTRIS (Bull. Champ. t. 66). A. clypeatus Bolt. En automne, sur les souches, les terreaux et les fumiers.

Agaricus.

2. Psathyra (Fries. Syst. myc. 1. p. 295). *Velum marginal, très-fugace ; stipe fistuleux, blanc ; chapeau submembraneux, fragile, sec, à peine glabre, couvert le plus souvent de fibrilles ou d'atomes ; lamelles adhérentes, rarement libres, brunâtres; sporules d'un brun rougeâtre ou d'un fauve noirâtre.*

1649. A. pellospermus (Bull. Champ. t. 661. f. 1). A. corrugis Pers. Sur les tas de feuilles mortes dans les bois.

1650. A. coprophilus (Bull. Champ. t. 566. f. 5). Cette espèce vient en touffe sur les fumiers.

1651. A. appendiculatus (Bull. Champ. t. 592). A. mutabilis Fl. dan. A. violaceo-lamellatus DC. Fl. fr. A. candolianus Fries. Cette espèce, comme la précédente, croît en touffe dans les jardins et les lieux cultivés.

1652. A. hydrophilus (Bull. Champ. t. 511). A. concinnus Bolt. A. stipatus Pers. A. spadiceus et spadiceo-griseus Schæff. Il croît dans les bois, surtout après les pluies, de juillet en novembre.

3. Psilocybe (Fries. Syst. myc. 1. p. 289). Coprini Sp. Pers. *Velum marginal, mince, très-fugace ; stipe tenace, un peu fibrilleux ; chapeau un peu charnu, lisse, glabre, souvent visqueux, tenace; lamelles assez larges ; substance persistante, jamais déliquescente.*

1653. A. campanulatus (Bull. Herb. 1. 552. f. 1). En automne, dans les bois des provinces de Liége, Namur et Luxembourg.

1654. A. udus (Pers. Syn. 414). Dans les bois humides, parmi les sphagnes. Dans la Campine et les Ardennes.

1655. A. ericæus. (Pers. Syn. 413.) A. helvolus Schæff. A. nitidus Pers. En automne. Sur la terre humide dans les bois.

1656. A. stercorarius (Fries. Syst. myc. p. 291. non Bull.). De juillet en octobre. Sur la terre humide et sur les bouses de vaches dans les bois.

Agaricus.

4. HYPHOLOMA (Fries. Syst. myc. 1. p. 287). *Velum fixé au stipe et au bord du chapeau (cortine); stipe ferme, un peu creux, séparé du chapeau; celui-ci charnu, convexe, s'aplanissant ensuite; lamelles adnées, rapprochées, subdéliquescentes.*

1657. A. PULVERULENTUS (Bull. t. 178). A. fascicularis Bolt. A. lateritius Schæff. t. 49. f. 1. Cette espèce a une saveur très-amère et se rencontre de mai en novembre. Sur les troncs pourrissant dans les bois.

1658. A. LATERITIUS (Schæff. t. 49. f. 5. 6). A. auratus Fl. dan. Ce champignon a également une saveur très-amère et se rencontre aussi sur les vieux troncs dans les bois.

1659. A. LACRYMABUNDUS (Bull. t. 525. f. 3). Il est fragile et vient en groupes sur la terre et les vieux troncs dans les bois des Ardennes. On le rencontre d'août en novembre.

1660. A. EPIXANTHUS (Fries.). Chapeau mince, lisse, large de 3 à 4 centimètres, d'abord soyeux, convexe, submamelonné, devenant ensuite glabre, plan, d'un jaune pâle, à disque plus foncé que les bords; lamelles adnées, rapprochées, d'un jaune blanchâtre; stipe creux, brunâtre à la base, pruineux au sommet. Espèce à chair jaune pâle, à odeur forte et à saveur désagréable. Trouvée à Gand sur un Cytisus laburnum.

5. PSALLIOTA (Fries. Syst. myc. 1. p. 280). *Velum annuliforme, presque persistant; stipe ferme, presque égal, distinct du chapeau; celui-ci plus ou moins charnu, convexe ou campanulé; lamelles larges, fauves.*

1661. A. ÆRUGINOSUS (Curt. Lond. 2. t. 309). A. cyaneus Bull. A. viridulus Schæff. Espèce solitaire croissant d'août en novembre. Dans les champs, les bois et sur les troncs.

1662. A. PSEUDO-CYANEUS (Desm. Cat. 22). En automne. Dans les bois du Hainaut.

1663. A. SQUAMOSUS (Pers. Syn. 409). En automne. Sur la terre dans les bois entre les feuilles tombées.

Agaricus.

1664. A. CAMPESTRIS (L. Sp. 1641). A. edulis Bull. Chapeau d'abord blanchâtre, puis marqué de taches écailleuses d'un roussâtre pâle, charnu, d'abord globuleux, puis convexe, large de 5 à 8 centimètres; lamelles ventrues, rapprochées, libres, incarnates dans la jeunesse, devenant ensuite brunes, noirâtres; stipe blanc, plein, ferme, aminci vers la base, plus court que le diamètre du chapeau; anneau blanc, persistant; chair épaisse, blanche, d'une saveur agréable. Ce champignon est comestible et se trouve dans les prés secs, sur les bords des chemins et dans les friches. Il se cultive aussi sur couche.

> VAR. *β*. PRATENSIS (Kickx). A. pratensis Schæff. Chapeau d'un blanc sale.

> VAR. *γ*. FLAVESCENS (Kickx). A. Georgii Gm. Chapeau d'un jaune pâle.

1665. A. CRETACEUS (Bull. Champ. t. 574). A. cepæstipes *α*. DC. Fl. fr. D'août en novembre. Dans les terrains gras, sur les tannées des serres et les couches.

1666. A. PRÆCOX (Pers. Syn. 420). A. æstivus auct. A. candicans Schæff. A. appendiculatus Sow. Au printemps et en été, dans les champs. Je l'ai trouvé près de Binche (Hainaut).

6. VOLVARIA (Fries. Syst. myc. 1. p. 277). *Velum simple, enveloppant tout le champignon dans la jeunesse se rompant ensuite, ses débris restant attachés au stipe; chapeau charnu, campanulé, ensuite étalé, distinct du stipe; lamelles libres, ventrues, larges, rapprochées, nébuleuses, dissolubles.*

1667. A. PUSILLUS (DC. Fl. fr. 2. p. 211). A. volvaceus minor Bull. Amanita pusilla Pers. Espèce petite croissant en août et en septembre, dans les jardins et dans les bois.

1668. A. VOLVACEUS (Bull. t. 262). Amanita virgata Pers. En été. Dans les couches, les tannées des serres et dans les lieux humides.

Agaricus.

Section III. — Derminus (Fries. Syst. myc. 1. p. 10). *Lamelles persistantes, décolorées; velum floconneux, non arachnoïde; sporules presque ferrugineuses.*

1. Crepidotus (Fries. Syst. myc. 1. p. 272). *Velum très-mince, fibrilleux; chapeau inégal, excentrique ou latéral, lamelles inégales.*

1669. A. defluens (Batsch. El. cont. 1. f. 122). A. epigeus Pers. Sur la terre dans les bois de l'entre Sambre et Meuse (Namur).

1670. A. variabilis (Pers. Obs. 2. t. 5. f. 12). A. pubescens Fl. dan. A. sessilis Bull. A. niveus Jacq. En automne. Sur la terre, et les vieux troncs dans les bois.

1671. A. mollis (Schæff. t. 213. f. 1. non Bull. DC.). D'août en octobre. Sur les vieux troncs dans les bois des Ardennes.

1672. A. atro-violaceus (Desm. Supp. bot. belg. f. 22). A. fuliginarius Batsch. Chapeau conique, proéminent, d'un brun violacé, plus pâle au centre, blanchâtre à la circonférence; lamelles presque blanches, peu nombreuses, inégales, libres; stipe de 3 centimètres environ, concolore, nu, un peu aplati au sommet, légèrement crochu à la base. En automne. Sur la terre, dans les champs.

2. Tapinia (Fries. Syst. myc. 1. p. 269). Omphaliæ Sp. Pers. *Velum marginal, velu, très-fugace; stipe égal; chapeau charnu, plan-convexe, à bords infléchis, velu, devenant déprimé, largement ombiliqué; lamelles adnées-décurrentes.*

1673. A. involutus (Batsch. El. cont. f. 61). A. contiguus Bull. D'août en novembre. Sur la terre dans les bois.

1674. A. eriocephalus (DC. Fl. fr. 2. p. 174). A. gnaphalocephalus Bull. A. strigiceps β. Fries. Cette espèce, qui est assez rare dans le Luxembourg, vient souvent en touffe sur les vieilles souches. En automne.

1675. A. cupularis (Bull. Champ. t. 554. f. 2). En automne. Sur la terre dans les bois.

Agaricus.

5. **Galera** (Fries. Syst. myc. 1. p. 264). Mycenæ Sp. Pers. *Velum marginal, très-fugace, floconneux; stipe fistuleux, grêle, distinct du chapeau; celui-ci membraneux, campanulé, substrié étant humide, lisse et pâlissant étant sec; lamelles adnées.*

1676. A. HYPNORUM (Schrank. Bav. 2. p. 605). A. hypni Batsch. A. campanulatus Schæff. Espèce petite et très-délicate, qui se développe entre les mousses dans les bois, de juillet en novembre.

> VAR. β. BRYOPHILUS (Pers.). Le chapeau de cette variété n'a guère qu'un à deux centimètres.
>
> VAR. γ. SPHAGNORUM (Pers.).

1677. A. TENER (Schæff. t. 70). A. foraminulosus Bull. Espèce petite, élevée, croissant de mai en novembre, dans les endroits humides, herbeux.

4. **Naucoria** (Fries. Syst. myc. 1. p. 260). *Velum très-fugace, homogène avec l'épiderme squamuleux du chapeau; stipe squamuleux; chapeau charnu-membraneux, campanulé-planiuscule, écailleux ou fibrilleux; lamelles couleur cannelle.*

1678. A. PYGMÆUS (Bull. Champ. t. 525. f. 2). Espèce croissant en touffe, sur le bois mort et les vieilles souches.

1679. A. FURFURACEUS (Pers. Syn. 454). A. squarrosus Bull. A. furfuraceus β. Fries. D'août en octobre. Sur les rameaux et les feuilles tombés à terre, sur la terre dans les bois.

1680. A. ARVALIS (Fries. Syst. myc. 1. p. 265). Cette espèce se rencontre en automne dans les endroits herbeux.

1681. A. CONSPERSUS (Pers. Syn. 518). Espèce venant en touffe, en automne, parmi les sphagnes dans les bois des Ardennes.

Agaricus.

5. FLAMMULA (Fries. Syst. myc. 1. p. 250). Cortinariæ et Gymnopi Sp. Pers. *Velum marginal, fibrilleux, très-fugace; stipe ferme, fibrilleux; chapeau charnu, convexe-étalé, lisse, glabre; chair ferme; lamelles non émarginées.*

1682. A. FLAVIDUS (Schæff. t. 55). A. lignatilis Bull. Il croît en groupe sur les vieilles souches dans les bois.

1683. A. CARBONARIUS (Fries. Obs. 2. p. 33). Sur la terre dans les bois, dans les lieux où l'on a fait du charbon. Je l'ai trouvé près de Chimay (Hainaut).

1684. A. LUBRICUS (Pers. Syn. 307). Sur la terre dans les bois autour des troncs d'arbres. Ohey (Namur).

1685. A. COHÆRENS (Pers. Syn. 306). Sur la terre dans les bois des environs de Bouillon, entre les feuilles tombées, au pied des arbres.

6. HEBELOMA (Fries. Syst. myc. 1. p. 249). *Velum marginal, floconneux, sec, fugace; stipe ferme; fibreux-écailleux; chapeau charnu, convexe, ensuite plan, humide, visqueux; lamelles rapprochées, émarginées.*

1686. A. CRUSTULIFORMIS (Bull. t. 308. 546). A. fustibilis Pers. A. gilvus Schæff. Espèce croissant en groupe, à chapeau charnu, un peu étalé, opaque, tantôt blanchâtre, tantôt ochracé ou rouge brique; lamelles d'un jaune-cannelle pâle; stipe de 3 à 6 centimètres, épais. Elle est vénéneuse et a une odeur nauséabonde. De juillet en novembre. Dans les bois et les prairies.

7. PHOLIOTA (Fries. Syst. myc. 1. p. 240). Lepiotæ et Gymnopi Sp. Pers. *Velum sec, annuliforme, tantôt membraneux, tantôt floconneux-radié; stipe subécailleux; chapeau convexe, ensuite un peu plan, non ombiliqué; lamelles privées de suc.*

1687. A. BLATTARIUS (Fries. Syst. myc. 1. p. 246). Espèce groupée ou solitaire, croissant en été dans les champs et les endroits herbeux.

Agaricus.

1688. A. XYLOPHILUS (Fl. fr. 2. p. 197). A. mutabilis. Var. *α.* caudicinus Fries. A. caudicinus Pers. A. annularis Bull. Il croît dans les mêmes lieux que le précédent.

1689. A. MURICATUS (Fries. Syst. myc. 1. p. 244). A. luteus Bolt. De juillet en octobre. Sur les troncs d'arbres.

1690. A. SQUARROSUS (Fl. dan. t. 491). A. squamosus Bull. A. floccosus Schæff. En automne. Dans les bois au pied des arbres.

1691. A. AURIVELLUS (Batsch. El. cont. f. 115). A. filamentosus Schæff. Dans les bois, sur les troncs d'arbres et les souches.

1692. A. TOGULARIS (Bull. Champ. t. 595. f. 2). En été. Sur la terre, dans le bois de Soignies près de Waterloo.

1693. A. ACUTESQUAMOSUS (Weinm.). Chapeau d'un roux brunâtre, d'abord hémisphérique, tomenteux, se couvrant dans la vieillesse d'écailles rousses, dressées, exiguës; lamelles blanches, rapprochées, simples, libres ; stipe plein, puis fistuleux, ferme, renflé à la base, plus pâle que le chapeau, peluché en dessous de l'anneau, pruineux dans le bas; chair molle, blanche. Cette espèce est suspecte et se développe sur la terre. En automne. Elle a été trouvée près de Bruges.

8. INOCYBE (Fries. Syst. myc. 1. p. 254). Cortinariæ et Gymnopi Sp. Pers. *Velum très-fugace, formé de fibrilles innées longitudinalement du chapeau ; stipe ferme, couvert de fibrilles ou d'écailles, distinct du chapeau; chapeau plus ou moins charnu, d'abord convexe-campanulé, ensuite étalé, submamelonné, sec, ferme, soyeux, ou écailleux longitudinalement; chair blanche; lamelles pâles; sporules ochracées-ferrugineuses.*

1694. A. PYRIODORUS (Pers. Syn. 306). A. furfuraceus Bill. En été. Sur la terre.

1695. A. LANUGINOSUS (Bull. t. 370). En été et en automne, sur la terre et les racines des vieux arbres. Melyck (Limbourg).

1696. A. RIMOSUS (Bull. t. 388. 599). A. aurivenius Batsch. En été et en automne. Sur la terre, dans les bois.

Agaricus.

1697. A. GEOPHILUS (Bull. t. 522. f. 2). A. auricomus Pers. A. affinis Pers. Ic. pict. A. ileopodius Bull. t. 158. Champignon très-variable pour la couleur, tantôt bleu lilas, tantôt jaunâtre, qui se montre de juillet en octobre. Sur la terre, dans les bois.

SECTION IV. — CORTINARIUS (Fries. Syst. myc. 1. p. 10). *Velum arachnoïde; lamelles décolorées, se desséchant; sporules ochracées.*

1. DERMOCYBE (Fries. Syst. myc. 1. p. 217). Cortinariæ et Gymnopi Sp. Pers. *Velum sec, arachnoïde, très-fugace; stipe presque égal, ferme, fibrilleux ; chapeau plus ou moins charnu, submembraneux, convexe ou conique, couvert de fibrilles; lamelles inégales, assez larges, assez rapprochées.*

1698. A. CROCEO-CÆRULEUS (Pers. Ic. pict. t. 1. f. 2). En automne. Dans les bois ombragés de l'entre Sambre et Meuse (Namur).

1699. A. ARANEOSUS (Bull. Emend.). A. anomalus Fries. Il croît en groupes dans les bois de sapin.

1700. A. LEUCOPODIUS (Bull. t. 533. f. 2). A. leucopus Pers. Espèce solitaire, se développant en automne. Sur la terre, dans les bois.

1701. A. CASTANEUS (Bull. Herb. t. 268 et 537. f. 2). A. leucopesus Holmsk. Espèce venant en groupe, à chapeau un peu charnu, de couleur châtaine, d'abord convexe, ensuite subombiliqué; lamelles rapprochées d'un violet testacé; stipe ferme de 2 à 5 centimètres, d'un blanc violacé, fibrilleux. Elle est inodore et mangeable. Elle se montre en automne dans les bois, surtout sous les hêtres et sous les chênes.

1702. A. SANGUINEUS (Wulf.). A. santalinus Scop. Il croît dans les bois autour de Louvain et de Bruxelles.

1703. A. ARMENIACUS (Schæff. t. 81). A. helveolus Bull. De juillet en novembre. Dans les bois, dans les endroits herbeux et aux bords des chemins.

1704. A. RAPHANOÏDES (Pers. Syn. 524). Cortinarius raphanoïdes

Fries. Cette espèce à odeur de cresson a été trouvée dans les dunes près de Mariekerke.

1705. A. ILEOPODIUS (Bull. t. 572). A. dulcamarus et cervicolor **Pers.** Cette espèce est âcre et a une odeur forte, elle se développe de juillet en novembre, dans les bois de sapin.

2. INOLOMA (Fries. Syst. myc. 1. p. 216). Cortinariæ Sp. Pers. A. araneosus DC. Fl. fr. 2. p. 198. *Velum fugace, finissant par des fils libres, arachnoïdes ; stipe solide, bulbeux, fibrilleux ; chapeau charnu, d'abord convexe, ensuite plan, fibrilleux, ou visqueux ; lamelles adhérentes, pâles, émarginées.*

1706. A, OLIVACEUS (L. Suec. 448). A. araneosus-violaceus Bull. D'août en novembre. Dans les bois de sapin.

1707. A. ALBO-VIOLACEUS (Pers. Syn. 286). Cette espèce est inodore et se trouve en automne dans les bois du Hainaut.

1708. A. INFRACTUS (Pers. Obs. myc. 2. p. 42). En automne. Dans les bois.

1709. A. GLAUCOPUS (Schæff. t. 55). A. araneosus β. crassipes Bull. Espèce grande, insipide, qui se rencontre en automne dans les bois et les bruyères.

1710. A. VARIUS (Schæff. t. 42). A. turbinatus Sow. A. pachypus Holmsk. En automne. Dans les bois.

1711. A. TURBINATUS (Bull. t. 110). En automne. Dans les bois de chêne et de sapin.

5. TELAMONIA (Fries. Syst. myc. 1. p. 210). Lepiotæ et Cortinariæ Sp. Pers. *Velum aranéeux; stipe solide, fibrilleux, subégal ; chapeau presque charnu, mince sur le bord, étalé, sec, écailleux ou fibrilleux ; chair sèche ; lamelles larges, adnées ou émarginées.*

1712. A. SUBLANATUS (Sow. t. 224). A. notatus Pers. Espèce à odeur de raifort qui se montre d'août en octobre dans les bois.

Agaricus

1713. A. GENTILIS (Fries. Syst. myc. 1. p. 211). A. helvolus et spurius Pers. De juillet en octobre. Dans les bois du Hainaut.

SECTION V. —HYPORRHODIUS (Fries. Syst. myc. 1. p. 10). *Velum nul; lamelles pâles; sporules roses.*

1. NOLANEA (Fries. Syst. myc. 1. p. 204). Pratellæ Sp. Pers. *Stipe distinct du chapeau; celui-ci membraneux, campanulé, devenant étalé, dépourvu d'écailles fibrilleuses, strié et subpellucide étant humide, lucide et pâlissant étant sec; lamelles libres ou légèrement adhérentes.*

1714. A. SERICEUS (Bull. t. 413 et 526. Non Pers, nec Schæff.). A. pascuus Pers. A. pyramidatus Schæff. A. fissus Bolt. En automne. Dans les bois autour de Couvin et de Marienbourg (Namur).

2. LEPTONIA (Fries. Syst. myc. 1. p. 201). Gymnopi Sp. Pers. *Stipe cartilagineux, bleuâtre, distinct du chapeau; celui-ci eharnu-membraneux, un peu convexe, à superficie fibrilleuse ou écailleuse; chair très-mince; lamelles subobtuses postérieurement, non décurrentes.*

1715. A. CYANIPES (Fl. dan. 1. 1071). A. columbarius β. serrulatus Duby. A. serrulatus Fries. Sur la terre, dans les bois. En automne.

1716. A. GLAUCUS (Bull. t. 521. f. 1). A. chalybœus Pers. A. columbarius Sow. En été. Dans les endroits herbeux.

1717. A. SALICINUS (Pers. Ic. pict. 1. p. 9). En septembre et en octobre. Sur les troncs des vieux saules. Je l'ai trouvé près de Maestricht.

3. ECCILIA (Fries. Syst. myc. 1. p. 207). Omphæliæ Sp. Pers. . *Stipe mince; chapeau mince, membraneux, presque plan, ombiliqué, glabre, strié ou un peu squamuleux; lamelles adnées, subdécurrentes, larges, assez écartées.*

1718. A. POLITUS (Pers. Syn. 465). A. lividus Pers. Disp. D'août

Agaricus.

en octobre. Dans les endroits herbeux et humides des bois.

1719. A. JUNCEUS (Fries. Syst. myc. 1. p. 208). En automne. Dans les sphagnes des bois et des bruyères.

4. CLITOPILUS (Fries. Syst. orb. veg. 1. p. 68). Clitopilus et Mousseron Fries. Syst. myc. Gymnopi Sp. Pers. *Stipe charnu, presque égal; chapeau charnu, convexe, devenant presque plan, souvent ombiliqué; lamelles inégales, plus ou moins décurrentes.*

1720. A. PLUTEUS (Batsch. El. cont. 1. f. 76). A. lividus Bull. A. latus Bolt. A. cervinus Sow. De mai en novembre. Parmi les feuilles mortes dans les chemins creux et les vallées des bois.

1721. A. ARDOSIACUS (Bull. Herb. t. 348). En automne. Dans les prairies humides.

1722. A. PHONOSPERMUS (Bull. t. 534. 547. f. 1). A. fertilis Fries. Pers. En automne. Dans les broussailles, sur les bords des chemins creux et dans les bois.

1723. A. RHODOPOLIUS (Fries. Obs. 2. p. 105). A. repandus Bolt. A. hydrogrammus Bull. De juillet en novembre. Dans les endroits humides et tourbeux des bois et des bruyères.

1724. A. PRUNULUS. (Pers. Syn. 457.) A. albellus Schæff. A. pallidus Sow. A. mousseron Bull. Chapeau compacte, un peu plan, blanc, à bord anguleux ou ondulé, large de 5 centimètres; lamelles très-serrées, inégales, longuement décurrentes, acuminées postérieurement, d'abord blanches, devenant incarnates; stipe de 2 à 4 centimètres, solide, le plus souvent épaissi, un peu velu à la base. Ce champignon a une odeur de farine nouvelle et peut être mangé.

Agaricus.

SECTION VI. — LEUCOSPORUS (Fries. Syst. myc. 1. p. 9). *Lamelles persistantes; velum varié ou nul; sporules blanchâtres; stipe excentrique ou central, quelquefois nul.*

1. PLEUROTUS (Fries. l. c. 1. p. 178). *Chapeau inégal, excentrique ou latéral; lamelles inégales, sans aucun suc. Espèces persistantes, le plus souvent lignicoles.*

1725. A. PERPUSILLUS (Lumn. Pos. p. 523). A. applicatus Fl. dan. Petite espèce qui se montre en automne sur les troncs et les rameaux tombés.

1726. A. TREMULUS (Schæff. t. 224). A. glaucus Batsch. A. tephromelas Pers. Sur la terre dans les bois et entre les mousses. En automne. Je l'ai trouvé dans le Hainaut.

1727. A. STRIATULUS (Pers. Syn. 485). A. applicatus Lib. Crypt. ard. Dans les bois sur les branches mortes, surtout sur celles du noisetier.

1728. A. STYPTICUS (Bull. t. 140, 507. f. 1). A. betulinus Bolt. A. flabelliformis Sow. Cette espèce a une saveur styptique et croît en groupes sur les souches de chêne et de hêtre. En automne.

L'Agaricus farinaceus (Fries) est, suivant M. Kickx, une variété de cette espèce.

1729. A. SEROTINUS (Pers. Syn. 479). A. stypticus var. Fl. dan. En automne. Sur les troncs du hêtre, du bouleau et de l'aune.

1730. A. PALMATUS (Bull. t. 216). En automne. Sur les troncs et sur les vieux bois.

1731. A. PUBESCENS (Sow. t. 521). En automne. Sur les branches pourries.

1732. A. ULMARIUS (Bull. t. 510). Cette espèce croît en automne sur les troncs d'arbres dans les Ardennes.

1733. A. REVOLUTUS (Kickx. Mem. soc. lin. p. 66). Cette espèce, signalée par M. Kickx, croît sur les troncs de hêtre.

1734. A. PETALOÏDES (Bull. t. 226. 537. f. 2). A. spatulatus

Alb. et Schw. Espèce agrégée, croissant en automne au pied
des hêtres et des sapins.

1755. A. ostreatus (Jacq. Austr. t. 288). A. dimidiatus Bull.
Cette espèce croit imbriquée au pied des arbres.

1756. A. spatulatus (Pers. Syn. 479). A. anomalus Pers. Obs.
En automne. Au pied des arbres.

1757. A. salignus (Pers. Syn. 478). Espèce venant en touffe sur
les troncs du hêtre, du saule et de l'aune.

1758. A. torulosus. (Pers. Syn. 475). A. carneo-tomentosus
Batsch. De juillet en octobre. Sur les troncs d'arbres, surtout
sur ceux du bouleau.

2. Lentinus (Fries. Syst. orb. veg. 1. p. 77). Omphaliæ, Len-
tiscyphæ Fries. Syst. myc. 1. p. 174. *Substance charnue-
coriace; stipe solide, ferme, diffus ; chapeau subinfundibuli-
forme, souvent inégal, écailleux, assez dur ; lamelles simples
dentées-lacérées ou faisant corps avec le chapeau. Espèces
lignatiles.*

1759. A. tigrinus (Bull. t. 70). En été. Sur les vieux troncs
dans les bois près de Ruremonde (Limbourg).

3. Mycena (Fries. Syst. myc. 1. p. 126). *Stipe fistuleux, grêle,
distinct du chapeau, velu à la base; chapeau membraneux,
campanulé, rarement étalé, substrié, le plus souvent glabre,
privé de squamules; lamelles inégales, presque sans suc, aiguës postérieurement. Espèces petites, grêles.*

1740. A. corticalis (Bull. t. 519. f. 1). A. corticola Pers.
A. clavularis Batsch. En hiver. Sur les troncs d'arbres et les
branches, entre les lichens.

1741. A. pterigenus (Fries. Obs. 2. p. 45). En automne. Sur la
terre humide, entre les mousses, dans les bois et les bruyères.

1742. A. epipterygius (Scop. Carn. p. 455). A. flavipes
Schæff. A. nutans Sow. En automne. Sur la terre, entre les
mousses dans les bois.

Agaricus.

1743. A. MUCOR (Batsch. El. cont. 1. f. 2). A. integrellus Nees. Dans les bois sur les feuilles tombées, près de Couvin et Marienbourg (Namur).

1744. A. STYLOBATES (Pers. Syn. 390). Espèce solitaire, qui se rencontre de juillet en octobre, sur les feuilles et les branches tombées à terre.

1745. A. LACTEUS (Pers. Syn. 394). A. nanus Bull. A. papillatus Hoffm. Espèce automnale, qui se rencontre sur la terre, dans les bruyères et dans les bois de sapins.

1746. A. ROSEUS (Pers. Syn. 393). A. fistulosus Bull. Espèce agrégée, qui se rencontre en automne, sur les rameaux morts, dans les bois.

1747. A. STROBILINUS (Pers. Syn. 393). Cette espèce se développe le plus souvent sur les rameaux et les cônes de sapins tombés à terre.

1748. A. FLEXIPES (Fries. Syst. myc. 1. p. 146). A. fuliginarius Batsch. Sur la terre, dans les endroits herbeux des bois, et quelquefois sur les troncs.

1749. A. MUSCIGENUS (Schum. Sœll. p. 307). A. trichopus Scop. En automne. Sur les troncs moussus.

1750. A. FILOPES (Bull. t. 320). A. membranaceus Hoffm. A. pilosus Batsch. En automne. Entre les mousses dans les bois.

1751. A. GALOPUS (Pers. Syn. 379). A. lactescens Schrad. Dans les bois et les buissons entre les mousses.

4. COLLYBIA (Fries. Syst. orb. veg. 1. p. 71). Collybia et Clitocybes Sp. Fries. Syst. myc. Gymnopi, Mycenæ et Omphaliæ Sp. Pers. *Velum nul; stipe presque corné, fistuleux, très-tenace; chapeau coriace-charnu ou membraneux, peu convexe, devenant déprimé; lamelles attachées au chapeau, distantes, obtuses postérieurement, souvent réunies. Espèces petites, sèches.*

1752. A. EPIPHYLLUS (Pers. Syn. 468. non Bull.). A. rugatus Fl. dan. A. squamula Batsch. En automne. Sur les feuilles tombées, surtout sur celles de lierre.

Agaricus.

1753. A. FETIDUS (Fries. Syst. myc. 1. p. 158). A. venosus Pers. Merulius fetidus Sow. Espèce à odeur désagréable qui se rencontre en automne sur les rameaux tombés dans les bois du Luxembourg.

1754. A. ANDROSACEUS (L. Succ. 1193). A. epiphyllus Bull. En automne. Sur les feuilles mortes dans les bois.

1755. A. ROTULA (Scop. Carn. 2. p. 1569). A. nigripes Schrad. A. androsaceus Bull. En automne. Sur les feuilles et les rameaux tombés dans les bois.

1756. A. LUPULETORUM (Fries. Syst. myc.) A. dryophilus γ. Weinm. Cette espèce se rencontre dans les champs de chanvre et les houblonnières dans les Flandres.

1757. A. GRAMINUM (Lib. Crypt. ord. f. 2. n° 119). Sur les feuilles putréfiées des graminées.

1758. A. RAMEALIS (Bull. t. 556). A. candidus Bolt. En automne. Sur les branches tombées dans les bois.

1759. A. CLAVUS (Bull. t. 148). En automne. Sur les branches et les feuilles tombées à terre et sur les vieux troncs dans les bois.

1760. A. OCELLATUS (Fries. Obs. 1. p. 85). A. clavus Bull. t. 569. f. 1. Cette espèce se rencontre tout l'été. Sur la terre, dans les bois, entre les feuilles mortes.

1761. A. ESCULENTUS (Wulf. in Saeq. Coll. 5. t. 14. f. 4). A. clavus Schæff. A. perpendicularis Bull. Chapeau un peu charnu, obtus, jaunâtre, strié, large de 15 à 25 millimètres; lamelles assez rapprochées, blanches; stipe fistuleux, grêle, glabre, jaunâtre, long de 3 à 5 centimètres. Espèce mangeable qu'on rencontre dans les pâturages et les bruyères.

1762. A. ALLIATUS (Schæff. t. 99). A. Schæfferi Pers. A. scorodonius Fries. Chapeau large de 10 à 15 millimètres, un peu charnu, plan, ruguleux, de couleur incarnate, un peu ridé; lamelles blanches, crépues, adnées; stipe de 2 à 4 centimètres, fistuleux, grêle, roussâtre. Ce champignon a une forte odeur d'ail et est comestible. Il croît l'été dans les bruyères et sur les collines sèches.

Agaricus.

1763. A. porreus (Fries. Syst. myc. 2. p. 152). A. alliaceus Bull. Cette espèce a aussi une forte odeur d'ail et croît en automne, dans les bois.

5. Omphalia (Fries. Syst. orb. veg. 1. p. 69). Omphalia et Clitocybes Sp. Fries. Syst. myc. 1. p. 162 et 80. Omphaliæ Sp. Pers. *Velum nul, stipe d'abord plein, ensuite presque toujours creux ; chapeau un peu charnu ou submembraneux, ombiliqué ou infundibuliforme ; chair mince ; lamelles adnées.*

1764. A. fibula (Bull. Champ. t. 186. 550. f. 11). En été. Sur la terre entre les mousses et les herbes.

1765. A. pixidatus (Bull. t. 568. f. 2). A. subhepaticus Batsch. Espèce croissant en touffe pendant l'été sur la terre, dans les bois et dans les prairies.

1766. A. muscorum (Hoffm. Nom. fung. t. 5. f. 3). En automne. Sur les racines d'arbres et entre les mousses, dans les bois.

1767. A. campanella (Batsch. El. fung. 74). En été. Sur les troncs de sapin. Dans la Campine.

1768. A. fimbriatus (Bolt. t. 61). En août. Sur les vieux bois cariés et sur la terre, dans les bois.

1769. A. cyathiformis (Bull. t. 575. 568. f. 1). En août et en septembre. Dans les bois ombragés, entre les mousses et sur le bois carié.

1770. A. cervinus (Hoffm. Nom. p. 119. t. 2. f. 2). En automne. Dans les bois et les bosquets.

1771. A. infundibuliformis (Bull. Herb. t. 286 et 555). En automne. Sur les feuilles tombées dans les bois.

6. Clitocybe (Fries. Syst. myc. 1. p. 78). Gymnopi et Omphaliæ Sp. Pers. *Velum nul ; stipe égal ou atténué au sommet ; chapeau plus ou moins charnu, d'abord campanulé, devenant ensuite convexe et étalé ; lamelles inégales, privées de suc, adnées ou libres.*

1772. A. aquosus (Bull. t. 17). Espèce groupée ou solitaire,

Agaricus.

paraissant sur la fin de l'été entre les mousses. Dans les bois ombragés.

1773. A. DRIOPHILUS (Bull. t. 454). A. ochraceus Schæff. Espèce sans odeur ni saveur, naissant solitaire ou par touffe. Dans les bois et les sapinières.

1774. A. COLLINUS (Scop. Carn. 432. non Pers.). A. arundinaceus Bull. A. pratensis Batsch. En automne. Sur la terre dans les endroits herbeux.

1775. A. BUTYRACEUS (Bull. Herb. t. 572). A. spongiosus Schum. A. leucophyllus et tricopus Pers. De juin en octobre. Entre les feuilles tombées dans les bois.

1776. A. FUSIPES (Bull. t. 516. f. 2). A. crassipes Schæff. Espèce à saveur acide qu'on rencontre de juillet en août. Dans les bois, sur la terre et sur les vieux troncs.

1777. A. VELUTIPES (Curt. Lond. 4. t. 70). A. nigripes Bull. Espèce croissant en groupe, en automne et en hiver, sur les vieux troncs et les racines dans les bois.

1778. A. RADICATUS (Relh. Cant. 1040). A. longipes Bull. A. umbraculum Batsch. En été et en automne. Sur les vieux troncs et les vieilles racines dans les bois.

1779. A. PLATYPHYLLUS (Pers. Obs. 1. p. 47). A. grammocephalus Bull. De juillet en octobre. Sur les vieux troncs cariés et les racines. Je l'ai trouvé sur un saule près de Charleroi.

1780. A. MELALEUCUS (Pers. Syn. 355). En automne. Dans les bois humides.

1781. A. SULPHUREUS (Bull. t. 168, 545. f. 2). En automne. Sur la terre dans les bois.

1782. A. OVINUS (Bull. t. 580. excl. A. B). A. metapodius Fries. Espèce agrégée, ayant une odeur de farine récente, croissant en octobre, dans les pâturages. Kessel, Swalmen (Limbourg).

1783. A. FARINACEUS (Bott. t. 64). A. subcarneus et rosellus Batsch. A. laccatus α. subcarneus Duby. De juin en novembre. Sur la terre humide.

1784. A. AMETHYSTEUS (Bull. t. 198). A. laccatus β. amethysteus Duby. De juin en novembre. Sur la terre humide.

Agaricus.

1785. A. COCCINEUS (Wulf. in Jacq. coll. 2. p. 106. non DC.).
A. scarlatinus Bull. A. kermesinus Fl. dan. A. miniatus Scop.
En automne. Dans les prairies et sur les collines sèches.

1786. A. DENTATUS (L. Sp. 1641). A. croceus Bull. A. conicus
Schæff. A. coccineus Kickx. A. aurantiacus Sow. Espèce très-
variable pour la couleur, paraissant de mai en octobre. Dans
les prairies moussues.

1787. A. CERACEUS (Wulf. in Jacq. coll. 2. t. 15. f. 2). D'août
en novembre. Dans les prairies et les pâturages.

1788. A. VIRGINEUS (Wulf. l. c. f. 1). A. ericeus Bull. A. niveus
Schæff. En automne. Dans les bruyères, les prés et sur les
coteaux.

1789. A. FICOÏDES (Bull. Herb. t. 587. f. 1). A. pratensis. Pers.
A. fulvosus Bolt. A. clavæformis Schæff. D'août en novembre.
Dans les prairies.

1790. A. ODORUS (Bull. t. 176, 556. f. 3). A. anisatus Pers.
Espèce à odeur anisée, croissant dans les bois d'août en novembre.

1791. A. FUMOSUS (Pers. Syn. 348). Espèce automnale qui se
rencontre dans les bois.

1792. A. PULLUS (Pers. Syn. 349). A. Schumacheri Fries. En
automne. Dans les bois du Condroz (Liége).

7. GALORRHEUS (Fries. Syst. orb. veg. 1. p. 75). *Velum nul;
stipe ferme, étalé en chapeau; chapeau charnu, ferme, plan-
déprimé, ombiliqué; lamelles simples inégales, lactescentes,
atténuées postérieurement, décurrentes.*

1793. A. VELLEREUS (Fries. Syst. myc. 1. p. 76). A. piperatus
var. Pers. A. Listeri Sow. Espèce groupée, blanche, à chapeau
ombiliqué, tomenteux, un peu convexe; lamelles distantes, à
lait blanc; stipe solide, gros, pubescent. Elle est vénéneuse
et croît en été. Dans les bois et les taillis.

1794. A. PIPERATUS (Scop. Carn. 449). A. amarus Schæff. A.
acris Bull. Chapeau large de 10 à 15 centimètres, infundibu-

liforme, glabre, blanc d'abord, devenant ensuite jaunâtre, à bord réfléchi; lamelles très-étroites, rapprochées, plusieurs fois dichotomes, donnant un lait âcre et d'une saveur poivrée; stipe de 3 à 6 centimètres, épais, blanc, solide. En automne. Dans les bois.

Les uns disent que ce champignon est mangeable, les autres le considèrent comme vénéneux. Je crois qu'en thèse générale, on doit se défier de tous les champignons à suc laiteux.

1795. A. PERGAMENUS (Swartz. in Vet. act. ac. handl. 1809. p. 90). A. piperatus Batsch. Cette espèce n'est sans doute qu'une variété de la précédente avec laquelle elle a les plus grands rapports. Elle croît dans les mêmes lieux, mais est beaucoup plus rare.

1796. A. ZONARIUS (Bull. Herb. t. 104). A. flexuosus Pers. De juillet en octobre. Dans les pâturages et les bois.

1797. A. PYROGALUS (Bull. t. 529. f. 1). A. rusticanus Sc. Champignon à suc d'abord assez doux, devenant ensuite très-âcre, qui se rencontre d'août en octobre. Dans les prairies et dans les endroits herbeux des bois.

1798. A. FULIGINOSUS (Fries. Syst. myc. 1. p. 75). A. azonites Bull. Espèce à lait d'un blanc safrané, qu'on trouve aussi dans les bois dans les mois de septembre et d'octobre.

1799. A. RUFUS (Scop. Carn. 451). De juillet en octobre. Sur la terre.

1800. A. THEIOGALUS (Bull. t. 567. f. 2). Espèce à lait jaune, à chair blanche d'abord, devenant ensuite jaunâtre, qui se trouve en été et en automne dans les bois et les pâturages.

1801. A. SUBDULCIS (Pers. Syn. 433). A. dulcis Bull. A. lactifluus Bolt. Espèce à lait blanc, assez doux, mais nauséabond, qu'on rencontre également dans les bois et les pâturages.

1802. A. CIMICARIUS (Batsch. Cont. 1. f. 69). A. subdulcis β. camphoratus Fries. A. camphoratus Bull. Espèce fétide, d'une saveur ingrate, qu'on trouve souvent avec la précédente.

1803. A. AURANTIACUS (Fries. Syst. myc. 1. p. 69). A. testaceus var. aurantiacus Pers. A. hybridus Scop. Espèce à lait blanc,

Agaricus.

assez rare en Belgique, croissant en automne dans les bois entre les mousses.

1804. **A. PLUMBEUS** (Bull. t. 282, 559. f. 2). Espèce à chair blanche, compacte, à lait blanc très-âcre, croissant en automne dans les bois.

1805. **A. DELICIOSUS** (L. Sp. 1641). Champignon croissant en touffe, à chapeau d'abord glabre, puis tomenteux, convexe étant jeune, ensuite plan, large de 5 à 8 centimètres, visqueux, subzoné, d'un orangé pâle, à bord réfléchi ; lamelles orangées donnant un lait de même couleur ; stipe de 2 à 5 centimètres, creux, glabre, marqué de petites fossettes. De juillet en novembre. Dans les bois de sapin.

Quelques auteurs disent que ce champignon peut être mangé, mais je crois qu'il est prudent de s'en abstenir comme de tous ceux à suc laiteux.

1806. **A. PALLIDUS** (Pers. Syn. 431). A. subinvolutus Batsch. A. lactifluus pallipes et A. lateripes Desm. D'août en octobre. Dans les bois.

1807. **A. BLENNIUS** (Fries. Obs. 1. p. 60). A. viridis Schrad. A. xylophilus var. viscosus Pers. Sur la terre, en automne. Dans les bois et les pâturages.

1808. **A. NECATOR** (Bull. t. 14). Champignon très-vénéneux, à chapeau plan, large de 5 à 8 centimètres, d'abord disciforme, puis infundibuliforme, d'un rouge briqueté tacheté de points plus foncés, glabre sur le disque, visqueux, à bords velus, roulés ; lamelles d'un blanc subincarnat, quelquefois jaunâtres, donnant un lait blanc ; stipe court, plein, plus pâle que le chapeau. D'août en octobre. Dans les bois.

1809. **A. TORMINOSUS** (Schæff. t. 12). A. necator Bull. Espèce aussi dangereuse que la précédente, à chapeau ombiliqué, glabre, zoné, de couleur ochracée ou d'un rougeâtre pâle, large de 7 à 10 centimètres, piqueté de points plus foncés, à bords roulés, barbus ; lamelles blanches donnant un suc laiteux très-âcre également blanc ; stipe de 5 à 10 centimètres, creux, lisse. De juin en octobre. Dans les bruyères et les bois.

Agaricus.

8. RUSSULA (Fries. Syst. myc. 1. p. 54). *Velum nul; stipe égal, glabre; chapeau à disque charnu, à bord mince, campanulé étant jeune, ensuite plan et déprimé au centre; lamelles égales, ne donnant aucun suc laiteux; sporules blanches ou jaunâtres.*

1810. A. FURCATUS (Pers. Syn. 446). A. bifidus Bull. D'août en octobre. Dans les bois taillis.

> VAR. β. HETEROPHYLLUS (Fries). A. pectinatus α. Bull. A. lacteus virescens et lividus Pers. Dans les mêmes lieux.

1811. A. RUBER (DC. Fl. fr. 2. p. 140). A sanguineus Bull. Espèce dangereuse, très-âcre et très-amère, qui se trouve dans les bois pendant l'automne.

1812. A. FRAGILIS (Pers. Syn. 440). A. niveus Pers. Cette espèce est aussi très-âcre et dangereuse. On la trouve également dans les bois.

1813. A. PECTINACEUS (DC. Fl. fr. 2. p. 139). A. integer Bolt. A. emeticus Fries. Espèce à saveur âcre, à chapeau large de 5 à 15 centimètres, compacte, d'abord campanulé, ensuite déprimé, à bord strié; lamelles blanches, larges, veinées, presque égales; stipe de 2 à 4 centimètres, ferme, plein, cylindrique. En été et en automne. Dans les bois.

> VAR. α. FULVUS. (Bull t. 509). A. muticus Schæff. A. sanguineus Batsch. Chapeau rosé-sanguinolent.
>
> VAR. β. CYANOXANTHUS (Duby). A. cyanoxanthus Schæff. Chapeau d'un bleuâtre livide.
>
> VAR. γ. VIRESCENS (Duby). A. virescens Schæff. Chapeau olivâtre ou verdâtre.
>
> VAR. δ. OCHROLEUCUS (Bull. t. 500). A. ochroleucus Pers. Chapeau d'un jaune ochracé.

1814. A. LUTEUS (Huds. ed. 2. p. 611). En août et en septembre. Dans les bois.

1815. A. DELICUS (Kickx. Rech. Fl. fr. f. 2. p. 55). Cette espèce est automnale et se rencontre dans les bois de sapin.

Agaricus.

1816. A. ALUTACEUS (Fries. Syst. myc. 1. p. 55). A. campanulatus, griseus, cæruleus, olivaceus et ochraceus Pers. Espèce très-variable pour la couleur, qu'on rencontre en automne dans les bois.

1817. A. ADUSTUS (Fries. l. c.). Cette espèce, qui croît sur les bords gazonnés des chemins, a été trouvée à Melle près de Gand.

9. TRICHOLOMA (Fries. Syst. myc. 1. p. 36). Cortinarii et Gymnopi Sp. Pers. *Velum fibrilleux, marginal, très-fugace; stipe ferme, squamuleux ou strié de fibres concrètes; chapeau charnu à bord mince, infléchi et contigu avec le velum dans la jeunesse; lamelles inégales, privées de suc, émarginées ou arrondies.*

1818. A. HUMILIS (Pers. Syn. 360). Espèce croissant en touffe, pendant l'automne, dans les bois et les pâturages des Ardennes.

1819. A. CINERASCENS (Bull. Herb. t. 428). A. decastes Fries. En automne. Dans les bois.

1820. A. MOLYBDOCEPHALUS (Bull. t. 523). En automne. Sur la terre dans les bois.

1821. A. TUMIDUS (Pers. Syn. 550). En automne. Dans les bois. Espèce très-rare.

1822. A. PESSUNDATUS (Stern. Th. fung. t. 8). Espèce voisine de la précédente, également rare.

1823. A. FRUMENTACEUS (Bull. t. 571. f. 1). Espèce agrégée, se montrant sur la fin de l'été, dans les bois.

1824. A. LEUCOCEPHALUS (Bull. t. 428. f. 1). A. albus Pers. A. columbetta Fries. Espèce presque toujours solitaire, inodore, mangeable, à chair blanche, à chapeau de 5 à 8 centimètres, d'abord sphérique-campanulé, ensuite plan-irrégulier, et enfin squamuleux-fendillé; lamelles rapprochées, émarginées; stipe de 2 à 4 centimètres, solide, épais, glabre, se maculant de noir. D'août en octobre. Dans les bois.

Agaricus.

1825. A. TERREUS (Schæff. t. 64). A. madreporeus Batsch. A. myomices Pers. En automne. Dans les bois de sapin.

1826. A. VACCINUS (Schæff. t. 25). A. impuber Batsch. A. rufus Pers. En automne. Dans les bois.

1827. A. RUSSULA (Schæff. t. 58). En automne. Dans les bois et dans les dunes près de Nieuport.

10. LIMACIUM (Fries. Syst. myc. 1. p. 31). Gymnopi Sp. Pers. *Velum visqueux, mince, très-fugace, enveloppant tout le champignon; stipe non lisse, squamuleux ou maculé; chapeau charnu, peu convexe, ferme; chair blanche; lamelles adnées-décurrentes, distantes, inégales.*

1828. A. PUSTULATUS (Pers. Syn. 354). Espèce agrégée, croissant en automne dans les bois montueux du Luxembourg.

1829. A. EBURNEUS (Bull. t. 118. 551. f. 2). A. nitens Sow. A. lacteus Schæff. A. virgineus Batsch. En automne. Dans les bois.

1830. A. CARNOSUS (Sow. t. 246). A. rubescens Pers. A. erubescens Fries. En automne. Dans les bois, surtout dans ceux de hêtre. Je l'ai trouvé près de Waterloo (Brabant).

11. ARMILLARIA (Fries. Syst. myc. 1. p. 26). Lepiotæ Sp. Pers. *Velum simple, partiel, annuliforme, assez persistant; stipe plein, ferme; chapeau charnu, convexe; chair blanche, ferme; lamelles larges, inégales, subaiguës postérieurement.*

1831. A. ANNULARIUS (Bull. t. 577. 540, f. 5). A. melleus Fries. A. stipitis Sow. A. polymyces Pers. D'août en automne. Sur les troncs pourris, sur les souches et les racines d'arbres.

12. LEPIOTA (Fries. Syst. myc. 1. p. 19). Lepiotæ Sp. Pers. *Velum simple, général, annuliforme, assez persistant; stipe creux, rempli de filaments plus ou moins entrelacés; chapeau subcharnu, ovoïde étant jeune, bientôt campanulé et enfin étalé, mamelonné; chair blanche, molle; lamelles inégales.*

1832. A. GRANULOSUS (Batsch. El. t. 6. f. 24). A. ochraceus Bull.

Agaricus.

A. croceus Bolt. A. muricatus Fl. dan. De juillet en octobre. Dans les bruyères et les bois de sapin.

1833. A. CRISTATUS (Bolt. Fung. t. 7). A. subantiquatus Batsch. A. colubrinus γ. Pers. D'août en octobre. Dans les endroits moussus et herbeux des bois. Je l'ai quelquefois rencontré dans le Hainaut.

1834. A. CLYPEOLARIUS (Bull. t. 405. 506. f. 2). A. colubrinus α. Pers. Espèce à odeur et saveur nuls, qui croît d'août en octobre dans les bois.

1835. A. PROCERUS (Scop. Carn. p. 418). A. colubrinus Bull. D'août en octobre. Dans les jardins, les bois et les bosquets.

13. AMANITA (Fries. Syst. myc. 1. p. 12). *Velum double, l'un général (volva) non attaché au chapeau, l'autre partiel (corticina), membraneux, annuliforme, assez persistant; chapeau plan-campanulé, un peu verruqueux; chair blanche; lamelles libres, serrées. Espèces presque toutes vénéneuses.*

1836. A. ASPER (DC. Fl. fr. p. 207). A. myodes Bolt. A. verrucosus Bull. Amanita aspera Pers. Champignon dangereux à chapeau compacte, mamelonné, d'un rouge ferrugineux, rendu âpre par des verrues aiguës d'un blanc sale; lamelles blanches et serrées; stipe de 5 à 8 centimètres, squamuleux, furfuracé, atténué au sommet, un peu bulbeux à la base. De juillet en octobre. Dans les bois.

1837. A. MARGARITIFERUS (Batsch). A. pustulatus Schæff. A. rubescens Fries. Espèce à chair rosée, à chapeau cendré roussâtre et à volva laissant sur le chapeau des verrues blanches, farineuses. D'août en octobre. Dans les bruyères.

1838. A. PANTHERINUS (DC. Fl. fr. 5. p. 52). A. maculatus Schæff. Amanita umbrina Pers. Chapeau olivâtre-brunâtre, couvert de verrues blanches, égales, larges de 5 à 8 centimètres, hémisphérique d'abord, ensuite plan; lamelles blanches, à peine adhérentes; stipe de 5 à 8 centimètres, blanc, égal; volva ochracé. D'août en octobre. Dans les bois montueux.

Agaricus.

1839. A. MUSCARIUS (L. Suec. 1255). La fausse oronge. A. pseudo-aurantiacus Bull. Champignon dangereux, à chapeau d'un rouge-orange, quelquefois jaunâtre et même blanchâtre, large de 7 à 10 centimètres, un peu plan, couvert de peluches blanches, triangulaires, assez régulièrement placées, et finissant par disparaître; lamelles blanches, ainsi que le volva et le stipe, qui est bulbeux. D'août en octobre. Dans les bois.

1840. A. CÆSAREUS (Schæff. t. 258). A. aurantiacus Bull. Amanita aurantiaca Pers. L'oronge. Chapeau large de 10 à 12 centimètres, campanulé, rouge-orange, sans peluches blanches; lamelles ventrues, d'un jaune doré; stipe plein, blanc, à anneau jaune. Cette espèce a une odeur agréable et est bonne à manger. De juillet en août. Dans les bois.

1841. A. VAGINATUS (Bull. t. 98. 512). Amanita livida Pers. Chapeau mamelonné, un peu plan, large de 10 à 15 centimètres, à bords striés; lamelles blanches; stipe de 10 à 20 centimètres, fistuleux, atténué, enfoncé en terre et enveloppé par le reste vaginant du volva. De mai en novembre. Dans les bois de sapin.

> VAR. α. FUNGITES (Batsch). Chapeau blanc.
> VAR. β. PLUMBÆUS (Schæff.). Chapeau gris-livide.
> VAR. γ. HYALINUS (Schæff.). Chapeau bleuâtre.
> VAR. ♂. BADIUS (Schæff.). A. fulvus Schæff. Chapeau bai-brun.

1842. A. STEENBECKII (Kickx. Pl. off. et ven. n° 170). Chapeau visqueux, convexe, large de 6 centimètres, lisse sur les bords, luisant, cendré-verdâtre, couvert de pustules blanchâtres; stipe bulbeux, solide, épais, blanc. Cette espèce exhale étant jeune une odeur cadavéreuse. On la trouve dans les bois montueux.

1843. A. PHALLOÏDES (Bull. Champ. t. 2. 577). A. bulbosus et verrucosus DC. Fl. fr. A. vernalis Bolt. Chapeau convexe, irrégulièrement écailleux, d'un blanc jaunâtre ou verdâtre, large de 5 à 7 centimètres, à bord lisse; lamelles blanches; stipe de 6 à 8 centimètres, creux au sommet, bulbeux, entouré par le volva à la base, à anneau épais. Espèce très-vénéneuse. De juillet en octobre. Dans les bois ombragés.

> VAR. *α*. ALBUS (Pers.). A. bulbosus Schæff. Chapeau blanc.
>
> VAR. *β*. CITRINUS (Pers.). A. citrinus Schæff. Chapeau et anneau citrins.
>
> VAR. *γ*. VIRIDIS (Pers.). A. virescens Fl. dan. Chapeau le plus souvent lisse, vert ou olivâtre.

1844. A. MAPPA (Fries. Syst. myc.). A. bulbosus (partim) Bull. Amanita venenosa Pers. Chapeau d'abord convexe, puis plan, sec, blanc-jaunâtre, ou jaune soufré, ou verdâtre, lisse, large de 5 à 6 centimètres; lamelles adnées, blanches, ainsi que le stipe, qui est cylindrique; volva bulbiforme, persistant, d'un blanc sale, laissant ses débris sur le chapeau; chair blanche; odeur virulente, nauséeuse; saveur âcre et styptique. Vénéneux. Dans les bois montueux.

1845. A. RECUTITUS (Fries. Bull. Champ. 577). Chapeau large de 8 à 9 centimètres, d'abord convexe, puis plan, étalé, à bord devenant strié, d'un brun pâle et terne devenant quelquefois jaunâtre ou roussâtre, marqué de verrues blanches, molles, réunies vers le centre; lamelles blanches, décurrentes; stipe blanc, soyeux, creux, renflé à la base. Espèce vénéneuse croissant dans les bois et les bruyères d'août en novembre.

1846. A. VERNUS (Bull. t. 108). Amanita verna Pers. Espèce blanche et âcre, à chapeau large de 5 à 10 centimètres, ovoïde puis un peu déprimé, couvert de peu d'écailles, lisse sur le bord; stipe long de 7 à 15 centimètres, plein, presque égal; volva libre et vaginant. Au printemps et en été dans les bois. Espèce également dangereuse.

Tribu III. — CHLATHRACÉES. Ad. Brongn. Dict. cl. t. 4. p. 190. *Champignon de formes variées, enveloppés d'un volva qui se rompt avec élasticité de la base au sommet ; sporules nichées dans une couche muqueuse, hétérogène, nue, qui couvre la surface du champignon.*

PHALLUS. Mich. Gen. p. 201.

Volva arrondi, membraneux, double, rempli de gélatine, se rompant en plusieurs pièces ; stipe fistuleux, celluleux-cribleux, distinct du volva ; thèques nuls. Champignons solitaires, vénéneux, campanulés ou coniques.

1847. P. IMPUDICUS (L. Sp. 1648). P. fetidus Sow. Chapeau conique, blanc, libre, réticulé, perforé au sommet, nu inférieurement ; stipe un peu oblique, perforé comme un crible. Ce champignon est enduit d'une mucosité qui exhale une odeur cadavéreuse. Dans les bois et dans les oseraies.

1848. P. CANINUS (Huds. Angl. ed. 2. p. 630). Chapeau tuberculeux, rougeâtre, nu, perforé, couvert d'un mucus olivâtre, inodore ; volva pâle, vaginant ; stipe flasque, celluleux, atténué dans le bas. Sur les vieux troncs, surtout sur ceux du hêtre. Je l'ai trouvé une fois près de Beaumont (Hainaut).

F^lle VI. — GASTEROMYCETES. Fries. Syst. orb. veg. l. p. 125. Lycoperdacées Ad. Brongn. cl. Champ. 60. Angiocarpes Pers. Gastromyci Link.

Croûte ou fronde nulle ; réceptacle (péridium) fibreux, formé de filaments entremêlés, un peu byssoïdes, souvent double, d'abord fermé, puis se rompant irrégulièrement, ou s'ouvrant au sommet, contenant des sporules ou sporidies très-menues, libres, disposées irrégulièrement, mêlées de filaments plus ou moins nombreux. Le réceptacle est mou ou fluide dans la jeunesse, s'endurcissant et se plissant ensuite, et enfin devenant fibreux, pulvérulent.

Tribu I. — LYCOPERDÉES Ad. Brongn. l. c. Trichospermi Fries. Péridium distinct, d'une forme déterminée, souvent pédicellé, s'ouvrant régulièrement au sommet, contenant des sporules nues, pulvérulentes, portées sur les filaments.

DIVISION I. — Lycoperdinées. Ad. Brongn. l. c. Sclerodermei, Lycoperdinei et Pilacrinorum pars Fries. *Péridium épais, d'abord charnu, mou, ensuite ferme et subéreux, coriace, persistant, souvent double, l'extérieur le plus souvent sous forme d'une écorce écailleuse, verruqueuse ou pulvérulente; filaments nombreux, diversement réunis; sporules agglomérées ou éparses, placées sur les filaments.*

1. SCLERODERMA. Pers. Syn. p. 150.

Péridium globuleux, stipité ou sessile, simple, à écorce verruqueuse, filamenteux en dedans, se rompant irrégulièrement; sporules glomérulées, éparses sur les filaments.

1849. S. AURANTIUM (Pers. Syn. 153). Lycoperdon aurantium Bull. Lycoperdon citrinum Pers. Péridium globuleux, écailleux, d'un jaune brunâtre en dehors, roussâtre en dedans; stipe court, muni d'une racine. En automne. Sur la terre et les troncs moussus.

1850. S. CEPA (Pers. Syn. 155). S. vulgare β. Fries. Péridium globuleux, plus ou moins orbiculaire, déprimé, luisant, lisse ou légèrement bosselé, châtain, blanchâtre à sa partie supérieure, marqué de rides sinueuses; stipe en cône renversé, de 6 à 8 millimètres; chair noirâtre, devenant brunâtre. En été. Dans les bois sablonneux.

Scleroderma.

1851. S. VERRUCOSUM (Pers. Syn. 154). Lycoperdon verrucosum
Bull. Péridium un peu globuleux, verruqueux, d'un brun
jaunâtre au dehors, de couleur lilas en dedans; stipe épais,
muni d'une racine; écailles serrées, petites. Dans les bois
montueux.

2. ELAPHOMYCES. Fries. Syst. myc. 3. p. 57.

Champignons souterrains dépourvus de racines, rudes
et verruqueux au dehors; péridium subéreux, non déhiscent, ayant à l'intérieur des filaments entremêlés de veines;
sporidies ramassées, conglutinées, devenant ensuite libres,
pulvérulentes.

1852. E. MURICATUS (Fries. Syst. myc. 3. p. 59). Espèce globuleuse, fauve, de 2 à 5 centimètres de diamètre, couverte d'aiguillons un peu tétragones, stipulés; sporidies noirâtres.
Dans les taillis et les bois de sapin.

1853. E. GRANULATUS (Fries. Syst. myc. 3. p. 58). Lycoperdon
cervinum L. Scleroderma cervinum Pers. Phymatium fulvum
Chev. Espèce éparse ou groupée, à péridium subarrondi, dur,
granuleux, d'un brun pâle, ochracé, devenant d'un noir pulvérulent. Elle a le même diamètre que la précédente et se
trouve dans les bois sablonneux, surtout dans ceux de sapin
de la Campine.

3. GEASTRUM. Pers. Syn. 131.

Péridium globuleux, double; l'externe coriace, s'ouvrant
par plusieurs segments étalés; l'interne membraneux, s'ouvrant au sommet plus ou moins irrégulièrement par un ostiole; sporules éparses posées sur des filaments.

1854. G. HYGROMETRICUM (Pers. Syn. 135). Lycoperdon stellatum Bull. Espèce d'un roux châtain, à péridium externe mul-

Geastrum.

tifide, épais, coriace; péridium interne globuleux, réticulé; ostiole non strié. Dans les bois sablonneux.

1855. G. RUFESCENS (Pers. Syn. 134). Lycoperdon stellatum β. Bull. Espèce assez grande à péridium externe roussâtre, multifide, l'interne sphérique, sessile, lisse, plus pâle, à ostiole non strié. Dans les mêmes lieux, mais beaucoup plus rare.

1856. G. STRIATUM (DC. Fl. fr. 2. p. 267). G. coronatum β. Pers. G. minimum Chev. Espèce petite, d'un blanc roussâtre, à péridium externe mince, membraneux, multifide; l'interne sphérique, un peu stipité, à ostiole allongé, strié, acuminé. Sur la terre. Dans les lieux secs. Très-rare.

4. BOVISTA. Pers. Syn. 136.

Péridium globuleux, double; l'extérieur adhérent, celluleux, se détachant par écailles; l'intérieur membraneux, se rompant irrégulièrement au sommet; sporules pédicellées, fixées sur des filaments.

1857. B. GIGANTEA (Nees. Syst. p. 132). Lycoperdon bovista Bull. Espèce quelquefois très-grande (15 à 25 centimètres), subsessile, presque globuleuse, irrégulière, lisse, d'un blanc ochracé, ridée en dessus, à écailles éparses; filaments et sporules d'un jaune verdâtre. Sur la terre. Dans les pâturages, les jardins et les bois. En automne.

1858. B. NIGRESCENS (Pers. Syn. 137). Péridium de 5 centimètres environ, globuleux, lisse, d'abord d'un blanc cendré, puis d'un brun fuligineux, sessile; chair jaunâtre étant jeune, se résolvant en une poussière brunâtre. Sur la terre, dans les pâturages.

1859. B. PLUMBEA (Pers. Obs. myc. 1. p. 5). Lycoperdon ardosiacum Bull. Péridium papyracé d'un gris bleuâtre et plombé, lisse, subglobuleux, gros de 2 centimètres, glabre et plissé en dessous; chair rougeâtre dans la jeunesse; sporules noirâtres. Dans les bruyères des dunes.

5. Lycoperdon. Pers. Syn. 140.

Péridium double, turbiné ou globuleux, porté sur un
stipe plus ou moins long; l'externe à aréoles écailleuses,
furfuracées ou à tubercules; l'interne membraneux s'ouvrant irrégulièrement au sommet; sporules agglomérées,
semées sur des filaments.

1860. **L. gossypinum** (Bull. Champ. t. 455. f. 1). Espèce petite
(4 à 6 millimètres), agrégée, à péridium globuleux, turbiné,
cotonneux, d'abord blanc, puis fuligineux. Dans le creux des
vieux saules.

1861. **L. pratense** (Pers. Disp. meth. 7). L. papillatum Schæff.
L. cepæforme Chev. Péridium globuleux, blanchâtre, plus ou
moins roussâtre, furfuracé, pulvérulent, papilleux, devenant
lisse avec l'âge, s'amincissant parfois un peu à la base, non
stipité. Sur les pelouses et les collines sablonneuses.

1862. **L. turbinatum** (Pers. J. bot. 11. t. 1. f. 3). L. lividum
et spadiceum Pers. Péridium turbiné, brunâtre, ferme, un peu
luisant, à écailles petites, persistantes; stipe épais, à radicu-
cules assez marquées. Dans les bois où cette espèce croît par
touffes.

1863. **L. cælatum** (Bull. Champ. t. 450). L. bovista Pers. L. gemmatum et areolatum Schæff. Espèce grande de 5 à 15 centimètres, à péridium un peu conique, pâle, turbiné, plissé en
dessous, à écailles larges, disposées régulièrement; stipe long.
Sur les collines herbeuses.

1864. **L. cepæforme** (Bull. Champ. t. 455). L. ericetorum Pers.
Péridium d'abord blanc, puis fuligineux, flasque, globuleux,
de 3 à 5 centimètres, presque sans écailles; stipe très-court,
à radicules assez grosses. Dans les bruyères de la Campine.

1865. **L. saccatum** (Vahl.). Péridium arrondi de 4 à 8 centimètres, déprimé, parsemé de granulations très-fines, d'un brun
pâle; stipe concolore, séparé du péridium par un étrangle-
ment, lisse, égal, plissé à la base; chair élastique, d'abord

d'un gris sale, puis d'un brun jaunâtre; sporidies fuligineuses. Dans les vallées des dunes.

1866. L. ECHINATUM (Pers. Syn. 147). L. perlatum Pers. L. gemmatum Fl. dan. L. proteus var. DC. Péridium large de 5 centimètres, d'abord ochracé, ensuite fuligineux, couvert de verrues compactes, épineuses, distantes, toujours persistantes; stipe de 2 à 4 centimètres, presque subcylindrique, presque dénudé, à racines blanches, allongées. Sur la terre dans les bois.

1867. L. UTRIFORME (Bull. Champ. t. 450. f. 1). Espèce haute de 6 à 8 centimètres, y compris le stipe, qui est confluent avec le péridium; celui-ci est large de 5 à 8 centimètres, obové-cylindrique, presque lisse, d'abord un peu jaunâtre, puis ferrugineux. Sur la terre. Je l'ai trouvée plusieurs fois dans la Campine.

1868. L. PYRIFORME (Bull. Champ. t. 52. 435. f. 3). Cette espèce est pyriforme, un peu plissée sur le stipe, d'un fuligineux pâle, à écailles minces, un peu arrondies; stipe à radicules fibreuses, longues. Sur la terre et les vieux troncs. Rare.

1869. L. EXCIPULIFORME. (Scop. Carn. 2. p. 1631.) L. proteus var. Bull. Ce lycoperdon est grand, presque globuleux, velu, blanc-jaunâtre, couvert de verrues piquantes, éparses; stipe de 5 à 8 centimètres, plissé, écailleux, un peu hispide. Dans les bois de sapin de la Campine. Rare.

1870. L. MOLLE (Pers. Obs. myc. 2. p. 70). Espèce large de 25 à 30 millimètres, haute de 5 centimètres environ, souvent solitaire, turbinée-pyriforme, molle, roussâtre, pulvérulente en dessus, avec des écailles ou papilles caduques, furfuracées, glabre en dessous. Dans les bois et les bruyères.

6. TULOSTOMA. Pers. Syn. 139.

Péridium globuleux, stipité, double, l'extérieur adhérent, se résolvant en poussière, l'intérieur membraneux, à ostiole

au sommet, arrondi, marginé; sporules agglomérées,
éparses sur les filaments.

1871. T. MAMMOSUM. (Fries). Lycoperdon pedunculatum L.
 T. fimbriatum Kickx. Péridium blanc, globuleux, un peu déprimé, de la grosseur d'un pois; stipe de 2 à 4 centimètres,
 un peu roussâtre, fistuleux, avec un axe fibreux, presque
 glabre, quelquefois écailleux; ostiole allongé. Dans les endroits sablonneux.

7. CENOCOCCUM. Fries. Syst. myc.

Péridium globuleux, plus ou moins régulier, noir,
friable, souvent creux; cellules très-petites, irrégulières;
organes de la fructification encore inconnus.

1872. C. GEOPHILUM (Fries). Lycoperdon graniforme Sow. Péridium globuleux, noir, de grosseur inégale, depuis celle d'un
 grain de moutarde jusqu'à celle d'un pois, lisse, globuleux,
 se développant sur la terre dans les bois aux environs de
 Bruges et de Bruxelles.

 DIVISION II. — TRICHIÉES. Ad. Brong. l. c. *Péridium mince,
 d'abord pulpeux et mucilagineux, ensuite membraneux, plus ou
 moins fugace, se rompant irrégulièrement; sporules parsemées
 sur les filaments. Espèces petites, parasites sur diverses substances.*

8. ONIGENA. Pers. Syn. 204.

Péridium arrondi, simple, couvert par des filaments entre-croisés, se rompant au sommet; sporidies agglomérées.

1873. O. EQUINA (Pers. l. c.). Espèce haute de 4 à 8 millimètres,
 groupée, à péridium globuleux, d'un jaune-paille; sporules
 grandes, elliptiques; stipe court, écailleux. Sur les substan-

ces cornées animales. Je l'ai trouvé sur une vieille corne près de Couvin (Namur).

9. CRIBRARIA. Schrad. Nov. Gen. p. 3.

Péridium presque globuleux, simple, membraneux, s'ouvrant supérieurement; filaments formant un réseau libre contenant les sporules. Espèces petites et groupées sur le bois mort.

1874. C. VULGARIS (Schrad. l. c.). C. aurantiaca Schrad. Sphærocarpus semi-trichoïdes Bull. Péridium globuleux, penché, jaune, strié à la base; stipe allongé, roussâtre, flexueux. Sur les vieux troncs et les mousses dans les bois.

1875. C. COCCINEA (Pers. Obs. myc.). Trichia reticulata DC. sphærocarpus trichoïdes Bull. Dictydium trichoïdes Chev. Péridium rougeâtre, globuleux; stipe simple, assez court, un peu épais. Sur le bois mort.

10. ARCYRIA. Pers. Syn. 182.

Péridium membraneux, simple, presque cylindrique, s'ouvrant en travers, à partie supérieure très-fugace, à partie inférieure persistante, cupuliforme; sporules éparses sur les filaments qui sortent de la base avec élasticité sous la forme d'un réseau.

1876. A. CINEREA (Pers. Disp. p. 10 t. 1. f. 2). Trichia cinerea Bull. Cette espèce est agrégée, d'un brun sale; péridium ovale d'abord blanc, mou, à chevelure allongée; stipe court, filiforme, un peu atténué au sommet. Sur les vieux troncs, dans les bois.

1877. A. INCARNATA (Pers. Obs. 1. t. 5. f. 5). Stemonitis incarnata Gmel. Espèce agrégée, d'un incarnat sale, à chevelure ovoïde; cylindrique, étalée, caduque; stipe assez court. Sur les branches de chêne tombées à terre.

Arcyria.

\ 1878. A. punicea (Pers. Syn. 185). Trichia cinnabarina Bull.
Clathrus denudatus L. Sp. 1649. Péridium ovoïde, globuleux,
d'un ponceau safrané, à chevelure oblongue devenant d'un
brun obscur; sporules d'un rouge vif; stipe assez court. Il
vient groupé sur les vieux troncs.

1879. A. straminea (Wallr.). Cette espèce a été trouvée dans
un saule creux à Saint-Servais (Namur), par M. Bellynck.

1880. A. flava (Pers. Syn. 184). Trichia nutans Bull. Espèce
agrégée, à péridium d'abord arrondi, blanchâtre, puis allongé,
cylindrique, d'un fauve sale; flocons filamenteux, s'allongeant
beaucoup, penchés, caducs; sporules nombreuses, d'un jaune-
paille, arrondies; stipe court, conique, attaché sur une membrane blanche. Sur les vieux bois cariés.

11. Craterium. Roth.

Péridium campanulé, papyracé, fermé par un épiphragme, à stipe distinct; sporules attachées à une membrane réticulée, à peine floconneuse, qui en s'élevant fait
tomber l'épiphragme et facilite leur sortie.

1881. C. pedunculatum (Trent. Kickx. Pl. cr. louv. p. 141). Craterium vulgare Dittm. Cr. minutum Fries. C. leucocephalum
Desm. Cyathus minutus Sow. Subiculum d'un brun noirâtre,
peu apparent; péridium lisse, d'abord d'un brun châtain,
pâlissant avec l'âge, devenant argilacé, haut de 1 1/2 millimètre avec le stipe; celui-ci capillaire, safrané; épiphragme
d'un blanc jaunâtre; sporules noires, globuleuses. Sur les
bois pourris.

1882. C. leucocephalum (Dittm. in Sturm. Fung. t. 11). Arcyria
leucocephala Hoffm. Péridium cyathiforme, d'un brun foncé
ainsi que le stipe, dressé, turbiné; épiphragme blanc, mince,
se détruisant peu à peu; filaments blancs; sporules noires à
leur maturité. Sur les feuilles tombées dans les bois.

12. STEMONITIS. Pers. Syn. 186.

Péridium globuleux ou allongé, un peu cylindrique, simple, membraneux, disparaissant en entier; stipe se prolongeant en une longue columelle axiforme; filaments nus formant un réseau sur la columelle; sporules éparses.

1883. S. FERRUGINEA (Ehrh.). Péridium allongé, à enveloppe fugace; stipe noir, inséré sur un subiculum brun; sporules ferrugineuses-écarlates. Cette espèce croit en groupes sur le bois pourri.

1884. S. FUSCA (Roth. Germ. 1. p. 448). Péridium fasciculé, très-fugace, cylindrique, brun, à filaments égaux, droits, entourant le stipe, posé sur un subiculum persistant; sporidies grandes, d'un noir brunâtre. Sur les troncs qui se décomposent.

1885. S. FASCICULATA (Pers. Obs. myc. 1. p. 56). Trichia axifera Bull. S. fusca Fries. Clathrus nudus L. Sp. 1649. Espèce groupée, serrée, un peu grande; péridium blanchâtre, oblong, très-fugace, à filaments allongés; stipe noir, porté sur un subiculum compacte, brun; sporules d'un brun ferrugineux. En automne sur les mousses et les troncs morts.

1886. S. TYPHINA (Pers. Obs. 1. 57.) Trichia typhoïdes Bull. Embolus pertusus Batsch. Espèce éparse, petite, à péridium cylindrique, un peu courbé, dont il reste quelques parties après sa disparition; filaments cylindriques, obtus; sporules brunes; stipe noir. Sur les troncs et sur la terre dans les serres chaudes.

1887. S. OVATA (Pers. Syn. 189). Péridium globuleux-ovoïde, très-obtus, d'un gris d'acier foncé, très-fugace; filaments lâches, successivement bruns et brun-pourpré; sporidies d'un brun noirâtre; stipe allongé, subulé, très-noir, inséré sur une espèce de membrane et pénétrant dans le péridium. Sur le bois pourri.

Stemonitis.

1888. S. LEUCOPODIA (DC. Fl. fr. 2. p. 257). S. leucostyla Pers.
Trichia leucopodia Bull. Subiculum crustacé, blanc, ainsi que
le stipe ; péridium ovoïde, violacé, persistant, à filaments
allongés. En automne sur les feuilles et les rameaux tombés à
terre.

13. DIDYMIUM. Fries. Syst. orb. veg. 1. p. 141.

Péridium globuleux ou irrégulier, double ; les deux
membranes crustacées se rompant. l'externe devenant
écailleuse ; filaments attachés vers la base ; columelle
proéminente ou nulle ; sporules agglomérées.

1889. D. GLOBOSUM (Link. Diss. 2). Diderma globosum Pers.
D. candidum Schrad. Espèce agrégée, à péridium globu-
leux-hémisphérique, sessile, lisse ; membrane externe d'un
cendré roussâtre, l'interne noirâtre ; columelle grande ; sporules globuleuses, noirâtres. Sur les feuilles tombées.

1890. D. TESTACEUM (Schrad. Nov. gen. 1. t. 5. f. 1. 2). Diderma
testacea Pers. Cionium testaceum Spreng. Espèce groupée, à
péridium hémisphérique, sessile ; membrane externe d'un
blanc rougeâtre, l'interne d'un roux incarnat ; columelle très-
petite ; sporules noires. Sur les feuilles et les rameaux tombés
dans les bois.

1891. D. CINEREUM (Fries. Syst. myc. 3. p. 126). Lycoperdon
cinereum Batsch. Trichia cærulea Trent. Physarum cinereum
Pers. Péridium presque globuleux, cendré, à filaments blancs,
réticulés, à sporules noires ; subiculum d'un blanc sale. Sur
les troncs d'arbres et les branches mortes du peuplier.

1892. D. FARINACEUM (Fries). Physarum globosum Schum. Physarum farinaceum Pers. Péridium globuleux, plus ou moins
arrondi, convexe en dessus, ombiliqué en dessous, très-mince,
fragile, noirâtre, couvert d'une poussière farineuse, cendrée ;
stipe court, solide, strié, concolore, inséré sur un subiculum
maculiforme, orbiculaire, grisâtre ; flocons blancs ; sporidies

Didymium.

globuleuses, noires. Sur les mousses et les feuilles tombées dans les bois.

1893. D. NIGRIPES (Fries. Syst. myc.). Physarum nigripes Dittm. Péridium globuleux, dressé, couvert d'une poussière floconneuse, cendrée; stipe noirâtre ainsi que le péridium, roide, long de 2 à 3 millimètres, inséré sur un subiculum convexe bien apparent; sporidies d'abord cendrées, puis fuligineuses. Sur les racines des arbres morts, sous la terre.

1894. D. XANTHOPUS (Fries. Syst. myc.). Cionium xanthopus Dittm. Péridium globuleux, petit, brunâtre, couvert d'une poussière floconneuse blanche; stipe d'un jaune pâle, trèslisse, grêle, long de 2 à 3 millimètres, globuleux, blanchâtre au sommet, pénétrant dans le péridium; sporidies fuligineuses. Sur les racines des arbres morts.

1895. D. MICHELII (Lib. Crypt. ard. f. 2. n° 180). Péridium plein, stipité, veiné, strié, roussâtre, couvert d'une espèce de poussière calcaire; filaments denses, gris; sporules globuleuses. Sur les feuilles et les rameaux dans les fumiers.

1896. D. DIFFORME (Duby. Bot. gall. f. 858). Diderma difforme Pers. Diderma sycioïdes Fries. Péridium convexe, oblong, sessile, lisse, difforme, adné, à membrane extérieure blanche au dehors, bleuâtre en dedans; sporules brunes. Sur les tiges et les herbes en putréfaction.

1897. D. VALVATUM (Fries. Syst. myc. 3. p. 109. Diderma). Espèce sessile, adnée, un peu allongée; péridium mince, blanc, s'ouvrant par une valvule; columelle nulle; fibres dressées, blanches; sporidies noires. Sur le bois de sapin et sur l'écorce de l'aune.

1898. D. VERNICOSUM (Fries. Syst. myc. 3. p. 102. Diderma). Leangium vernicosum Duby. Diderma vernicosa Pers. Leocarpus vernicosus Link. Péridium subovoïde, épais, brunâtre extérieurement, jaune intérieurement; stipe capillaire, court, lâche; sporidies noirâtres. Sur les mousses et les feuilles tombées dans les bois.

14. Trichia. Pers. Disp. meth. p. 91.

Péridium globuleux ou irrégulier, simple, membraneux, persistant, se rompant irrégulièrement; sporules éparses sur les filaments qui sont attachés vers la base et se répandent avec élasticité après la rupture du péridium.

1899. T. RUBIFORMIS (Pers. Disp. t. 4. f. 3). Lycoperdon vesparium Batsch. Péridium haut de 2 millimètres, turbiné, lisse, réuni par 7 à 10, rouge, pyriforme; stipe court, adhérent. Dans les bois, sur les troncs pourris.

1900. T. FALLAX (Pers. Obs. myc. 1. t. 3. f. 4. 5). Sphærocarpus ficoïdes Bull. Clathrus stipitatus Schm. Mucor miniatus Jacq. Péridium d'abord rouge, ensuite grisâtre ou brun noirâtre, pyriforme, plissé dans le bas, ainsi que le stipe. En automne sur les troncs humides.

1901. T. TURBINATA (DC. Fl. fr. 2. p. 252). Sphærocarpus turbinatus Bull. Péridium orange ou couleur de rouille, turbiné et plus tard tronqué; stipe allongé, lisse; sporules d'un gris roussâtre; subiculum membraneux, blanchâtre. Sur le bois mort.

1902. T. NIGRIPES (Pers. Obs. myc. 2. p. 53). Sphærocarpus pyriformis Bull. Espèce agrégée, un peu éparse, petite, jaune, comme vernissée; péridium pyriforme, obtus; stipe un peu court, noirâtre; subiculum blanchâtre. Sur les troncs morts.

1903. T. NITENS (Pers. Syn. 180). T. chrysosperma DC. Sphærocarpus chrysospermus Bull. Lycoperdon ferrugineum Batsch. Espèce groupée, ramassée, à péridium sessile, arrondi, d'un jaune orange, lisse. Sur les troncs pourris.

1904. T. VARIA (Fries. Syst. myc.) Lycoperdon vesiculosum Batsch. Péridium sessile, couché, plus ou moins arrondi ou réniforme, extérieurement d'un jaune terne, devenant brun avec l'âge; flocons et sporidies jaunes. Il naît par groupes sur le bois mort.

Trichia.

1905. T. NEESIANA (Corda Icon. fung. 1. p. 23. t. 6. f. 288). Péridium globuleux, jaunâtre, couvert de filaments épineux; flocons et sporidies concolores. Il a été trouvé près de Courtrai dans un arbre creux.

1906. T. CLAVATA (Pers. Obs. myc. 2. p. 34). T. pyriformis Sibth. Péridium subovoïde, agrégé, passant du blanc au rougeâtre et devenant bientôt jaune, luisant; stipe rugueux, presque concolore, à chevelure et sporidies ochracées. Sur les troncs, principalement sur ceux du hêtre.

15. PERICHÆNA. Fries. Syst. orb. veg. 1. p. 141.

Péridium papyracé, simple, persistant, globuleux ou cylindrique, devenant circonscrit, se rompant irrégulièrement; sporules opaques, rapprochées, répandues sur des filaments entremêlés.

1907. P. STROBILINA (Fries. Syst. myc. 3. p. 190). Licea strobilina DC. Espèce agrégée, à péridium subarrondi, oblong, brun, un peu circonscrit; sporules d'un jaune sale. Sur les écailles des cônes du sapin.

1908. P. CIRCUMCISA (Pers. Syn. 196) P. populina Fries. Espèce agrégée, à pérdium globuleux, brunâtre, luisant, circonscrit; sporules jaunes. Sur le bois mort, en automne.

1909. P. DEPRESSA (Lib. Crypt. ard. f. 4. n° 378). Espèce groupée, à péridium déprimé, cohérent, subanguleux, jaunâtre, jamais circonscrit; filaments nombreux, contournés, d'un jaune doré, ainsi que les sporules. En automne sur les écorces en décomposition.

16. PHYSARUM. Pers. Syn. 168.

Péridium globuleux ou irrégulier, simple, membraneux, s'ouvrant au sommet, puis s'en allant en écailles; filaments attachés au fond du péridium; columelle proéminente ou nulle; sporules agglomérées.

Physarum.

1910. P. nutans (Pers. Obs. p. 6). Trichia alba DC. Sphærocarpus albus Bull. Péridium lenticulaire, glabre, un peu rugueux, d'un blanc cendré, penché; stipe d'un blanc sale; filaments bruns. Sur les troncs et sur les feuilles mortes.

1911. P. luteum (Pers. Syn. 172). Trichia lutea DC. Péridium lenticulaire, granuleux, blanc; stipe allongé, cylindrique, grêle; filaments jaunes; sporules jaunes ou brunes. Sur le bois mort.

1912. P. viride (Pers. Obs. myc. 1. p. 6). Trichia viridis DC. Sphærocarpus viridis Bull. Péridium lenticulaire, granuleux, vert; stipe allongé, grêle, placé de côté; filaments et sporules d'un brun noirâtre. Il vient souvent agrégé porté sur un subiculum grisâtre qui disparaît. Sur la terre et les troncs morts.

1913. P. cinereum (Pers. Syn. 170). Lycoperdon cinereum Batsch. Subiculum d'un blanc sale; péridium presque globuleux, cendré, à filaments blancs, réticulés; sporules noires. Sur les troncs d'arbres.

17. Lycogala. Pers. Syn. 157.

Péridium subarrondi, double, l'extérieur verruqueux, l'intérieur persistant, papyracé, s'ouvrant au sommet, contenant d'abord une masse pulpeuse, d'où sortent, à la maturité, des sporules mêlées de filaments capillaires.

1914. L. miniata (Pers. Syn. 158). Lycoperdon epidendrum Bull. Agrégé, globuleux, d'abord d'un rouge minium, ensuite brunâtre, ponctué; sporules rosées; stipe nul. Dans le creux des vieux saules.

18. Tubulina. Pers. Syn.

Péridium papyracé, tubuleux, simple, persistant, s'ouvrant au sommet, placé plusieurs ensemble sur une membrane commune; sporules opaques, agglomérées, mêlées de filaments rares ou nuls.

1915. **T. cylindrica** (DC. Fl. fr. 2. p. 249). Licea cylindrica Duby. Sphærocarpus cylindricus Bull. Subiculum blanchâtre; péridium droit, cylindracé, un peu conique, agrégé, blanc, obtus, devenant plus tard denté, ferrugineux; sporules brunes. Sur le bois mort et humide.

Tribu II. — Fuliginées (Ad. Brongn. l. c. Trichodermacées Fries). *Péridium sessile, irrégulier, formé de filaments lâches ou membraneux, cellulaire, fugace, d'une forme indéterminée; sporules nues, réunies, rarement mêlées de filaments.*

19. Reticularia. Bull. Champ. p. 85.

Péridium indéterminé, simple, membraneux, s'ouvrant pour donner passage aux sporules qui sont groupées et attachées à des flocons rameux fixés à la base.

1916. **R. fuliginoïdes** (Fries. Syst. orb. veg. 1. p. 147). R. lycoperdon var. 1. Bull. Lycogala argentea γ. DC. Trichoderma fuliginoïdes Pers. Espèce large de 3 à 5 centimètres, un peu globuleuse, velue, blanchâtre, à sporules mêlées de filaments entremêlés, luisants. En automne. Sur les troncs de sapin.

1917. **R. rosea** (DC. in Bull. phil. nᵒ 14). Espèce d'un rose agréable, d'abord irrégulièrement papillée, courtement stipitée, devenant ensuite confluente et formant une tache blanche réticulée. Dans les fentes des vieux bois et des troncs.

1918. **R. versicolor** (Fries. Syst. myc. 3. p. 90). Péridium déprimé, mince, lisse, d'un rouge fuligineux, attaché sur des filaments un peu membraneux, réticulés; sporidies fuligineuses. En automne. Sur les vieilles solives de sapin.

1919. **R. hæmisphærica** (Bull. Champ. t. 446. f. 1). Cette espèce est d'abord blanche, un peu écumeuse, ensuite compacte,

Reticularia.

grise, et enfin noire; le péridium, convexe, devient presque orbiculaire, à stipe simple, court, strié, épaissi à la base; sporules noirâtres. Sur les feuilles mortes.

1920. R. UMBRINA (Fries. Syst. myc. 3. p. 87). Reticularia lycoperdon Bull. Lycogala argentea, turbinata, punctata Pers. Péridium un peu pulviné, très-mince, un peu lisse, d'une couleur argentée ombrée, à flocons adnés à la base, dressés, rameux, brunâtres, ainsi que les sporidies. Sur les vieux troncs et les solives.

20. FULIGO. Pers. Syn. 159.

Péridium difforme, double, l'extérieur fibreux, disparaissant bientôt, l'intérieur membraneux-cellulaire s'ouvrant par le milieu, contenant les sporules rapprochées par couches séparées par des membranes. Espèces d'abord pulpeuses, se changeant en une poussière très-menue, très-fine, ressemblant à de la suie.

1921. F. FLAVA (Pers. l. c.). Reticularia lutea Bull. Étalé, presque arrondi, jaune, d'abord semblable à de l'écume, ensuite plus solide, à superficie un peu tomenteuse; sporules d'un brun noirâtre, agglomérées. Sur la terre entre les mousses et les feuilles. En automne.

1922. F. HORTENSIS (Duby. Bot. gall. p. 865). Reticularia hortensis Bull. F. vaporiaria Pers. Cette espèce paraît d'abord sous la forme de veines rampantes ou sous celle d'écume filamenteuse, cotonneuse, puis confluente, largement étalée (20 à 50 centimètres), épaisse, d'un jaune-cannelle ou brunâtre, pulvérulente au dehors, celluleuse-fibreuse en dedans. En automne. Sur la terre.

1925. F. CARNOSA (Duby. l. c.). Reticularia carnosa Bull. Cette espèce est petite, un peu arrondie, blanche ou jaune, assez dure, persistante, cotonneuse, celluleuse en dedans, puis compacte; sporules noires. En automne. Sur la terre.

21. Spumaria. Pers. Syn. 162.

Péridium irrégulier, simple, membraneux, celluleux-floconneux, s'ouvrant par le milieu; sporules réunies dans les plis intérieurs du péridium.

1924. S. alba (DC. Fl. fr. 2. p. 260). S. mucilago Pers. Reticularia alba Bull. Masse irrégulière, étendue, plissée, d'abord écumeuse et ensuite plus solide ; péridiums agglomérés, d'un blanc bleuâtre, se réduisant en poussière blanche; sporules noires. Aux bords des bois, sur les feuilles, les mousses et les rameaux tombés. En automne.

22. Trichoderma. Link.

Péridium irrégulier, simple, placé sur des filaments lâches, distincts, qui finissent par disparaître; sporules très-petites, globuleuses, agglomérées, pulvérulentes. Petites espèces épiphytes simulant d'abord une pellicule tomenteuse.

1925. T. viride (Pers. Syn. 201). Pyrenium lignorum, var. Vulgare Tode. Substance très-molle, longue de 4 à 6 millimètres, un peu arrondie, étalée sous forme d'une poussière verdâtre; villosités blanches, fugaces. Sur les rameaux morts et les grandes tiges herbacées.

    Var. ʄ. intermedium (Desm.). Variété globuleuse à villosités persistantes.

1926. T. nigrescens (Pers. l. c.). Cette espèce, large de 2 à 3 centimètres, presque plane, est sous forme de poussière noirâtre fuligineuse, à villosités très-menues, bleuâtres. En automne. Sur les troncs et les rameaux.

1927. T. læve (Pers. Syn. 233.). Espèce d'un blanc pâle, à surface lisse, à poussière d'abord blanche, puis jaunâtre. Elle est large de 2 à 4 centimètres. En automne sur la terre. Je l'ai trouvée à Dave (Namur).

1928. T. roseum (Pers. Syn. p. 211). Trichothecium roseum Link. Sur les écorces et les bois, en hiver.

23. Hyphelia. Fries. Syst. myc. 3. 211.

Péridium étalé, indéterminé, très-fragile, placé sur des filaments adhérents entre eux, disparaissant ensuite; sporidies le plus souvent peu rapprochées, formant des groupes mêlés de filaments.

1929. H. aurantiaca (Lib. Crypt. ard. n° 579). Croûte très-mince, étalée, blanche, formée de filaments très-longs, flexueux; sporidies groupées, globuleuses, orangées, s'ouvrant par un orifice rond. Sur la chaux des murailles dans les serres.

24. Myriothecium. Tode. Fung. Meck. 1. p. 25.

Péridium indéterminé, placé sur des filaments lâches, entremêlés; sporidies petites, d'abord un peu fluides, ensuite devenant compactes, formant un disque.

1930. M. gramineum (Lib. Crypt. ard. 4. n° 380). Petit, arrondi, muni de cils blancs dressés à la circonférence, à disque un peu gonflé; sporidies cylindriques. Sur les feuilles des graminées en putréfaction.

Tribu III. — Angiogastres (Fries. Syst. myc. 2 p. 277). *Péridium distinct, arrondi, s'ouvrant au sommet, renfermant des péridioles ou sporidies, tantôt uniques, tantôt en nombre déterminé; sporules globuleuses; filaments nuls.*

Section I. — Carpobolinées (Fries. l. c. p. 305). *Péridium arrondi, urcéolé, contenant un péridiole vésiculiforme qui est souvent poussé dehors avec élasticité.*

25. Thelebolus. Tode. Fung. Meck. 1. p. 41.

Péridium sessile, subarrondi, urcéolé-ventru, poussant

Thelebolus.

dehors une sporidie vésiculeuse, globuleuse, à ouverture papilliforme donnant passage à des sporules muqueuses.

1931. T. TERRESTRIS (Alb. et Schw. t. 2. f. 4). Espèce charnue, gélatineuse, hémisphérique, de couleur safranée, naissant en groupes sur un subiculum tomenteux, feutré, jaunâtre, large de 5 à 8 centimètres. En automne et au printemps, sur la terre, les mousses et les bouts de bois pourrissant dans les forêts.

26. SPHÆROBOLUS. Tode. Fung. Meck. 1. p. 43. Carpobolus Mich. Gen. 221.

Péridium globuleux, double; l'extérieur immergé-sessile, arrondi, s'ouvrant ensuite en étoile; l'intérieur membraneux, mince, fugace, lançant avec élasticité une sporidie globuleuse, solide; sporules groupées dans le centre.

1932. S. CYCLOPHORUS (Tode. l. c.). Carpobolus cyclophorus Desm. Obs. bot. p. 9. Péridium extérieur globuleux, fauve, s'ouvrant régulièrement en étoile; péridium intérieur blanc, ayant une zone circulaire safranée. Sur les vieux bois humides. Binche (Hainaut), Gand.

1933. S. STELLATUS (Tode. l. c.). Carpobolus stellatus Desm. Lycopodium carpobolus L. Péridium oblong-globuleux, jaunâtre, s'ouvrant régulièrement en étoile dentée; péridium interne blanchâtre, pellucide. En été et en automne, sur le bois et les chaumes à moitié pourris.

SECTION II. — NIDULAIRES (Fries. l. c. p. 296). *Péridium varié, s'ouvrant régulièrement, contenant intérieurement plusieurs péridioles libres.*

27. CYATHUS. Pers. Syn. 236.

Péridium coriace, filamenteux en dehors, subarrondi ou

Cyathus.

cupuliforme, renfermant dans la jeunesse une pulpe gélatineuse dans laquelle se trouvent les péridioles qui sont nombreux, d'abord arrondis, puis secs, poreux, lenticulaires, sessiles ou pédicellés, ayant les sporules au centre. Petits champignons cyathiformes, croissant en groupes sur le bois mort et sur la terre.

§ Ire. — CYATHEA (Fries. Syst. myc. 2. p. 297). *Péridium coriace, cyathiforme, couvert d'un épiphragme orbiculaire, déhiscent; péridioles pédicellés, ombiliqués en dessous.*

1934. C. STRIATUS (Hoffm. Veg. cr. 2. t. 8. f. 5). Nidularia striata Bull. Péridium obconique, laineux, d'un ferrugineux sombre en dehors, strié longitudinalement, plombé en dedans ; épiphragme blanc, membraneux; péridioles pâles. Sur la terre et le bois pourri. D'août en novembre.

1935. C. VERNICOSUS (DC. Fl. fr. 2. p. 270). Nidularia campanulata Sow. Nidularia vernicosa Bull. C. lævis Hoffm. C. olla Pers. Péridium campanulé, d'un jaune ferrugineux et un peu tomenteux en dehors, lisse, plombé, luisant en dedans ; épiphragme blanc, mince, filamenteux; péridioles d'un jaune-paille à la maturité. En été et en automne, sur les vieux bois.

1936. C. CRUCIBULUM (Hoffm. Veg. 2. p. 29. t. 8. f. 1). Péridium campanulé-cylindrique, tronqué, presque glabre ou un peu tomenteux, d'un jaune ochracé-ferrugineux en dehors, lisse, d'un jaune pâle en dedans ; péridioles lisses, blancs. Cette espèce est plus petite que les précédentes (5 millimètres environ), elle vient aux mêmes époques dans les mêmes localités.

1937. C. COMPLANATUS (DC. Fl. fr. 2. p. 270). Péridium hémisphérique, un peu écailleux, d'un cendré ferrugineux en dehors, lisse et blanc en dedans ; péridioles blancs, devenant gris. Au printemps sur le vieux bois. Je l'ai trouvé sur une vieille cloison en planches près de Liége.

Cyathus.

§ II. — Nidularia (Fries Symb. gast. p. 2). *Péridium globuleux ou difforme , coriace-membraneux, dépourvu d'épiphragme, s'ouvrant irrégulièrement; péridioles fixés par le bord.*

1938. C. farctus (Roth. Cat. 1. t. 7. fr. 2). Nidularia farcta Fries. Espèce tantôt solitaire, tantôt en groupe serré, à péridium subarrondi, tuberculeux, tomenteux, gris, s'ouvrant irrégulièrement, à racines fibrilleuses, très-longues; péridioles orbiculaires, ridés, bruns. Sur le bois humide. Beaumont, Seneffe (Hainaut).

Section III. — Tubérées (Fries. Syst. myc. 2. p. 289). *Péridium épais, sessile, arrondi, privé de racines, fermé, déhiscent irrégulièrement, charnu, souvent veiné en dedans ; péridioles petits, membraneux, épais, à peine distincts.*

28. Rhizopogon. Fries. Syst. myc. 2. p. 293.

Péridium sessile, arrondi, difforme, filamenteux, charnu et veiné en dedans ; péridioles globuleux, sessiles, remplis de sporules.

1939. R. albus (Fries. l. c.). Tuber album Bull. Péridium arrondi, subrugueux, d'abord blanchâtre, ensuite d'un roux sale, légèrement fibrilleux à la base. En automne, dans les bois sablonneux.

1940. R. luteolus (Fries. l. c.). Tuber obtextum Spr. Péridium globuleux, difforme, gros comme une châtaigne, jaunâtre en dedans, à veines anastomosées et noirâtres. Il est entouré d'un réseau brun-pourpré et se développe dans les sapinières sablonneuses.

29. Tuber. Fries. Syst. myc. 2. p. 289.

Péridium subglobuleux, privé de racines, fermé, veiné-

Tuber.

marbré en dedans; péridioles globuleux, membraneux, pédicellés, répandus sur les veines.

1941. T. ALBIDUM (Cæs. 616). Péridium globuleux, gros comme une noix, garni extérieurement de verrues blanchâtres, blanc d'abord en dedans, puis jaunâtre. En automne, dans les terrains sablonneux.

Tribu IV. — SCLÉROTIACÉES (Fries. Syst. orb. veg. 5. p. 155). *Péridium indéhiscent, rempli d'une substance compacte, persistante, celluleuse, entremêlée de sporules peu distinctes.*

SECTION I. — SCLÉROTIÉES. Rhizogonei et perisporii (Fries. Syst. orb. 1. p. 158). *Péridium confus, oblitéré, ne s'ouvrant pas, obscurément celluleux en dedans ou vésiculeux, sporidifère.*

30. RHIZOCTONIA. DC. Fl. fr. 5. p. 110.

Péridium sous forme de tubercules irréguliers plus ou moins consistants, charnus-cartilagineux, à écorce très-mince, membraneuse, adhérente, persistante, à fibrilles radiciformes-cotonneuses, fasciculées; fructification inconnues. Champignons souterrains, parasites sur les racines des végétaux.

1942. R. NAPÆÆ (West. et Wall. H. C. B. n° 225). Péridium globuleux, confluent, à tubercules de 1 à 5 centimètres de diamètre, d'un brun roux à l'intérieur, d'un brun-noisette et tomenteux à l'extérieur, entouré de filaments fasciculés, fibrilleux, rameux, d'un jaune brunâtre. Sur les navets en cave. Trouvé à Courtrai.

1943. R. MEDICAGINIS (DC. Fl. fr. 5. p. 550). Tubercules violets-pourprés, à filaments très-grêles, enveloppant entièrement les racines. Sur les racines de la luzerne.

Rhizoctonia.

1944. R. MALI (DC. Mem. mus.). Tubercules blancs, à filaments très-grêles, enveloppant fortement les racines des jeunes pommiers. Je l'ai trouvé près de Huy (Liége).

1945. R. MUSCORUM (Fries. Syst. myc. 2. p. 261). Tubercules globuleux, confluents, gros de 2 à 4 millimètres, d'un rouge orange, à filaments très-grêles. Venant sur les racines des mousses.

1946. R. BRASSICARUM (Lib. Crypt. ard. f. 5. p. 240). Fibrilles rameuses, blanches; tubercules conglomérés, subglobuleux, d'un blanc jaunâtre. Sur les racines des choux.

31. RHIZOMORPHA Roth. Cat. bot. 1. p. 231.

Fibres radiciformes continues, quelquefois roides, rameuses, crustacées, arrondies ou comprimées, à écorce noire, brune ou grise, contenant à l'intérieur une substance blanche, cotonneuse; péridiums tuberculés placés à la surface des fibres, arrondis, munis de deux pointes qui s'ouvrent chacune par un pore et renfermant une matière blanche filamenteuse, ensuite pulvérulente.

1947. R. SAMBUCI (Chev. Fl. par. 1. p. 508.) Filaments très-longs, gros comme des cheveux, dirigés suivant la longueur des branches, de couleur marron, claire d'abord, ensuite foncée, devenant presque noire dans la vieillesse. Sur les branches sèches du sureau, entre la moelle et le bois ou entre celui-ci et l'écorce.

1948. R. FRAGILIS (Roth. Cat. 1. p. 232). R. subcorticalis Pers. R. hybrida Sow. Fibres très-longues, presque libres, comprimées, les premières parallèles, presque canaliculées, liées ensuite par d'autres fibres transversales. Sur les vieilles souches près de Namur (M. Bellynck).

1949. R. CAPILLARIS (Sprang.). Subiculum (ou fibres) safrané à l'état vivant, d'un jaune sale étant sec, rude, cylindrique, filiforme, rameux, à rameaux capillaires, blanchâtres intérieu-

Rhizomorpha.

rement. En Campine. Sur les racines du chêne mourant. (Très-rare).

1950. R. SUBTERRANEA (Pers. Syn. 705). Fibres noires, très-rameuses, arrondies, à rameaux glabres, filiformes, étalés, atténués, rapprochés, libres. Cette espèce est phosphorescente. Elle se trouve dans les houillères et sur les vieux bois dans les caves.

1951. R. SETIFORMIS (Roth. Cat. 1. p. 235). Ceratonema hippotrichoïdes Pers. Fibres arrondies, très-grêles, filiformes, noires, luisantes, roides, presque simples, à sommet courtement rameux. Dans les arbres creux et sur les feuilles tombées.

1952. R. TRICHOPHORA (Desm. Fl. crypt. ed. 1. n° 1495). Touffes compactes, longues, à filaments offrant de distance en distance des renflements, veloutés, couverts de poils serrés, doux au toucher, de couleur grise, prenant une teinte violacée foncée et rougeâtre. Sur les bois dans les lieux humides et sombres.

32. ERYSIPHE. Hedw. in DC. Fl. fr. 2. p. 272. Erysibe Ehr. Alphitomorpha Wallr. Podosphæra Kunze.

Péridiums charnus, globuleux, libres, d'abord jaunâtres, ensuite roux et enfin noirs, s'ouvrant irrégulièrement, renfermant une ou plusieurs sporidies, placés sur des filaments couchés, radiants, entremêlés, simples ou rameux, les uns rigides, divergents, plus ou moins dressés, ferrugineux ou noirâtres (*capillitium*), les autres couchés, allongés, blanchâtres ou gris, quelquefois brunâtres (*hyphasma*). Petites espèces se développant le plus souvent sur les feuilles vivantes.

Toutes les espèces composant ce genre nombreux se ressemblent beaucoup et ne se distinguent souvent à l'œil nu ou avec la loupe que par les végétaux sur lesquels elles croissent, c'est pourquoi je ne décrirai que celles qui offrent quelques caractères particuliers. Elles se montrent le plus souvent à la fin de l'été et en automne.

1953. E. LUPULI (DC. Fl. fr. 5. p. 106). E. macularis Fries. Il forme des taches circonscrites et est hypophylle sur les feuilles du houblon.

> VAR. β. URTICÆ (Fries). Sur les feuilles de l'Urtica dioïca.

1954. E. SANGUISORBÆ (DC. l. c.). E. fuliginea Link. Sur les deux faces des feuilles du Sanguisorba officinalis.

> VAR. β. VERONICARUM (Nob.). Sur les feuilles de plusieurs espèces de véronique.

1955. E. FERRUGINEA (Fries). E. poterii Dub. Filaments lâchement entre-croisés, devenant tomenteux; péridiums d'abord bruns, puis noirâtres, à un seul péridiole, à rayons ferrugineux, simples, entiers. Sur les feuilles du Poterium sanguisorba.

1956. E. MYRTILLI (Fries. Syst. myc. 3. p. 247). Hypophylle sur les feuilles du Vaccinium uliginosum.

1957. E. POTENTILLÆ (Lib. Crypt. ard. n° 279). Hypophylle sur les feuilles du Potentilla anserina.

1958. E. FAGI (Duby. Bot. gall. f. 871). E. orbicularis Link. E. lenticularis Kickx. Filaments mêlés, blancs, formant des taches blanchâtres. Sur les feuilles tombées du hêtre.

1959. E. EVONYMI (DC. Fl. fr. 5. p. 105). Sur les feuilles de l'Evonymus europæus.

1960. E. OXYACANTHÆ (DC. Fl. fr. 5. p. 106).. E. clandestina Fries. Sur les deux faces des feuilles de l'Aubépine.

1961. E. COMMUNIS (Link. Sp. 6. p. 105). Cette espèce se développe sur un grand nombre de plantes, de là les variétés suivantes.

> VAR. α. LEGUMINARUM (Link.). E. pisi, viciæ, trifolii, etc. Sur les feuilles des légumineuses.

> VAR. β. UMBELLIFERARUM (Link.). E. heraclei, scandicis DC., etc. Cette variété envahit non-seulement les feuilles, mais quelquefois les fruits des ombellifères.

Erysiphe.

VAR. γ. GRAMINUM (Link.). E. graminis DC. Sur les
feuilles des graminées.

VAR. δ. LABIATARUM (Link.). Sur les feuilles des labiées.

VAR. ε. CICHORACEARUM (Link.). E. sonchi, tragopogi,
scorzoneræ, etc. Les filaments couchés (*hyphasma*) envahissent quelquefois toute la feuille et
sont souvent stériles. Sur les feuilles des chicoracées.

VAR. ζ. RANUNCULACEARUM (Link.). E. aquilegii, ranunculi, etc. DC. Sur les feuilles de plusieurs
renonculacées.

VAR. η. POLYGONORUM (Link.). E. polygoni DC. Sur
les feuilles du Polygonum aviculare.

VAR. δ. CONVOLVULACEARUM (Link.). E. convolvuli DC.
Sur la face supérieure des Convolvulus arvensis et
sepium.

VAR. θ. ONAGRARIARUM (Fries). Sur les feuilles des
Epilobium et du Circæa lutetiana.

VAR. ι. RUBIACEARUM (Fries). Sur les feuilles des Galium aparine et mollugo.

1962. E. LAMPROCARPA (Link. Sp. 6. p. 108). Dans cette espèce
les péridiums sont plus gros que dans l'espèce précédente. Sur
les feuilles de quelques labiées et d'autres plantes.

VAR. α. GALEOPSIDIS (Link.). E. galeopsidis DC. Sur
les feuilles du Galeopsis Tetrahit.

VAR. β. PLANTAGINIS (Link.). E. plantaginis DC. Sur
les feuilles des Plantago major et lanceolata.

1963. E. KNAUTIÆ (Duby. Bot. gall. p. 870). Sur les deux faces
des feuilles du Knautia arvensis.

1964. E. ALCHIMILLÆ (Duby. l. c.). Dans cette espèce les filaments dressés (*capillitia*) sont difficiles à distinguer. Sur les
deux faces des feuilles de l'Alchimilla vulgaris.

1965. E. COMPOSITARUM (Duby. l. c.). E. depressa Link. Sur les
feuilles de diverses espèces de corymbifères.

Erysiphe.

Var. *α.* lappæ (Duby). E. depressa var. *β.* bardanæ Link. Sur les feuilles de l'Arctium lappa.

Var. *β.* artemisiæ (Link.). Sur les feuilles des Artemisia vulgaris et campestris.

Var. *γ.* cirsii (Duby). Hypophylle sur le Cirsium eriophorum.

1966. E. corni (Duby. Bot. gall. f. 870). E. tortilis Link. Sur la face inférieure des feuilles des Cornus mas et sanguinea.

1967. E. betulæ (DC. Fl. fr. 5. p. 107). Sur les deux faces des feuilles du bouleau.

1968. E. adunca (Link. Sp. 6. p. 111). Filaments (*hyphasma*) formant des taches étalées sur la face inférieure des feuilles de quelques arbres.

Var. *α.* populi (Link.). E. populi DC. Sur le peuplier et le tremble.

Var. *β.* prunastri (Link.). E. prunastri DC. Sur les Prunus spinosa et domestica.

1969. E. divaricata (Link. Sp. 6. p. 112). Sur les feuilles de quelques arbrisseaux.

Var. *α.* frangulæ (Link.). Sur le Rhamnus frangula.

Var. *β.* loniceræ (Link.). Sur les Lonicera caprifolium et periclymenum.

Var. *γ.* xylostei (Nob.). Sur le Lonicera xylosteum.

1970. E. bicornis (Link. l. c.). E. aceris DC. Les filaments forment une espèce de pellicule sur les feuilles de l'Acer campestre.

1971. E. penicillata (Link. Sp. 6. p. 115). Sur les feuilles de quelques arbres et arbrisseaux.

Var. *α.* alni (Link.). E. alni DC. Sur les feuilles de l'Alnus glutinosa.

Var. *β.* grossulariæ (Link.). Filaments (*hyphasma*) gris, pulvérulents. Sur les feuilles du Ribes grossularia.

Var. *γ.* berberidis (Link.). E. berberidis DC. Sur le Berberis vulgaris.

Erysiphe.

VAR. δ. MESPILI (Desm.). Sur le Mespilus germanica.

VAR. ε. VIBURNI (Duby). Sur le Viburnum opulus.

VAR. ζ. LANTANÆ (Nob.). Sur le Viburnum lantana.

1972. E. APHANIS (Wallr.). Sur les feuilles de l'Alchimilla arvensis.

1973. E. GUTTATA (Link. Sp. 6. p. 116). Sur la face inférieure des feuilles de quelques arbres.

> VAR. α. CORYLI (Link.). E. coryli DC. Sur le Corylus avellana,

> VAR. β. FRAXINI (Link.). E. fraxini DC. Sur le Fraxinus excelsior.

> VAR. γ. ULMORUM (Link.). Sur l'Ulmus campestris.

1974. E. ASTRAGALI (DC. Fl. fr. 105). E. holosericea var. astragali Link. Sur la face inférieure des feuilles de l'Astragalus glycyphyllos. Horn (Limbourg).

1975. E. ABNORMIS (Duby. Bot. gall. p. 874). Sur la face inférieure des feuilles de la mercuriale, de la ronce, etc. Je l'ai trouvé sur cette dernière plante.

1976. E. EUPATORII (Nob.). Filaments formant des taches blanchâtres, arrondies, larges de 6 à 8 millimètres. Sur les deux faces des feuilles de l'Eupatorium cannabinum. Dilbeek (Brabant).

1977. E. SALICIS (DC. Fl. fr. 2. p. 273). E. obtusata Link. Sur les feuilles de quelques espèces de saule.

1978. E. CAPREÆ (DC. Herb.). Sur les feuilles du Salix capræa.

1979. E. PANNOSA (Link. Sp. 6. f. 4). Sur les jeunes branches, les calices et les fruits de quelques espèces de rosier.

1980. E. MARISSALII (West. Crypt. ined. belg. f. 29). Filaments feutrés, courts, épais; péridiums lenticulaires, noirâtres, à 5 rayons, bulbeux à la base. Épiphylle sur les feuilles de l'Acer campestre.

1981. E. DETONSA (Fries. Syst. myc. 3. p. 247). Péridiums brunâtres, petits, arrondis, ridés par la sécheresse; filaments tortueux, jaunâtres; péridiole unique. Sur les feuilles de quelques composées.

33. Perisporium. Fries.

Péridium un peu charnu, s'ouvrant au sommet, ombiliqué, gélatineux en dedans; sporidies globuleuses, contenues dans la gélatine. Petits points pustuleux naissant sur les feuilles vivantes.

1982. P. arundinis (Desm. Pl. crypt. n° 329). Péridiums superficiels, globuleux, très-petits, noirs, opaques, à peine visibles à l'œil nu. Sur les feuilles et les chaumes de l'Arundo phragmites.

1983. P. brassicæ (Lib. Crypt. ard. n° 280). Péridiums superficiels, globuleux, très-petits, très-rapprochés, d'un brun noirâtre; sporidies globuleuses. Sur les tiges pourries des choux.

1984. P. maculare (Fries. Syst. myc. 3. p. 251). Stroma très-mince, formant sous l'épiderme une tache déterminée, grisâtre; péridiums rompant l'épiderme, globuleux, très-petits, libres. Sur les feuilles sèches du tremble et des différentes espèces de peuplier.

34. Coniosporium. Fries. Syst. myc. 3. p. 256.

Péridiums épiphytes, groupés, arrondis, irréguliers, noirâtres, composés de capsules agglomérées.

1985. C. circinans (Fries. Syst. myc. 3. p. 257). Sphæria stigmatella Wallr.? Groupes formant des cercles de 1 à 3 centimètres de diamètre; péridiums presque globuleux, noirs, rapprochés. En automne sur le chaume de l'Arundo phragmites.

1986. C. violæ (Lib. Crypt. ard. n° 184). Péridiums très-petits, globuleux, noirs, stipités, formant des taches orbiculaires sur les feuilles du Viola odorata.

1987. C. arnicæ (Lib. Crypt. ard. n° 382). Péridiums très-petits, hémisphériques, luisants, noirs, formant des taches orbiculaires. Sur les feuilles de l'Arnica montana. Automne.

55. Sclerotium. Tode. Fung. Meck. 1. p. 2.

Péridium subarrondi ou irrégulier, cartilagineux-charnu, à écorce très-mince, membraneuse, persistante, adhérente, un peu rugueuse par la sécheresse ; sporules s'échappant sous forme de poussière ; point de filaments distincts. Pustules agrégées, très-dures, croissant sur les fumiers, les bois et les différentes parties des plantes mortes ou vivantes.

1988. S. clavus (Tode. Fung. Meck. 1. c. f. 6). Spermoëdia clavus Fries. Le seigle ergoté. Péridium corniforme, cylindrique, noirâtre, blanc en dedans, pruineux en dehors. Il croît entre les glumes de plusieurs graminées, le plus souvent sur le seigle.

1989. S. semen (Tode. 1. c. f. 6). Tubercules libres, sphériques, larges de 2-4 millimètres, passant du blanc jaunâtre au rouge-brun et enfin au noir, blancs en dedans. Sur les tiges et les feuilles en putréfaction.

1990. S. complanatum (Tode. 1. c. f. 9). Tubercules dressés, sub-stipités, orbiculaires, un peu aplatis, d'abord blancs et mous, ensuite se durcissant et passant du jaune au brun noirâtre. Sur les tiges et les feuilles tombées des plantes herbacées.

1991. S. maculare (Fries. Syst. myc. 5. p. 256). S. inclusum West. Taches blanchâtres et déterminées sur lesquelles sont des péridiums se dégageant de l'épiderme, petits, globuleux, noirs, un peu aplatis. Sur les feuilles tombées du bouleau et du peuplier.

1992. S. sphæriæformis (Lib. Crypt. ard. n°257). Tubercules rompant l'épiderme, multiformes, d'un blanc noirâtre au dehors, blancs en dedans, plissés transversalement et se couvrant de mamelons. Sur les troncs pourris du chou et sur les racines de guimauve.

VAR. β. leguminum (West.). Sur les gousses desséchées d'un Lathyrus près de Louvain.

Sclerotium.

1993. S. sanguineum (Fries. Syst. myc. 2. p. 255). Tubercules agrégés, petits, globuleux, se dégageant de l'épiderme, d'abord de couleur pâle, devenant ensuite d'un rouge sanguin. Sur les feuilles du Convallaria majalis.

1994. S. betulinum (Fries. Syst. myc. 2. p. 262). Tubercules agrégés, très-petits, punctiformes, orbiculaires, confluents , devenant déprimés, d'un roux pâle devenant brun. Sur les vieilles feuilles du bouleau.

1995. S. populinum (Pers. Obs. 2. p. 25). Xyloma populinum Duby. Tubercules agrégés, arrondis ou subanguleux, confluents, presque plans, d'abord d'un roux cendré, puis noirâtres. Sur les feuilles languissantes des peupliers.

1996. S. salicinum (Pers.). Xyloma salicinum Duby. Melampsora salicina Desm. Cette espèce ressemble beaucoup à la précédente et se développe sur les feuilles des saules.

> Var. *a*. simplex (Fries). S. salicinum DC.

> Var. *β*. confluens (Fries). Xyloma frustulatum Fries.
> Obs. Péridiums anguleux, petits, noirs.

1997. S. varium (Pers. Syn. 122). Elvella brassicæ Hoffm. Tubercules agrégés , confluents , larges de 1 à 2 millimètres, subarrondis, oblongs, rugueux, blancs d'abord, ensuite bruns et enfin noirs. Sur les tiges et les feuilles de chou et sur les carottes en putréfaction.

> Var. *β*. elongatum (Chev.). Cette variété, grosse d'abord comme un petit pois, s'allonge et acquiert 8 à 10 millimètres de longueur. Sur les carottes en putréfaction.

1998. S. bullatum (DC. Fl. fr. 5. p. 113). Espèce se développant sur les écorces des courges en pourriture.

1999. S. compactum (DC. l. c.). Tubercules ovoïdes, réticulés, un peu rugueux, noirâtres, blancs en dedans. Sur les réceptacles de l'Helianthus annuus et sur d'autres plantes.

> Var. *β*. juglandinum (West.). Entre l'amande et l'épisperme des noix conservées pendant l'hiver.

> Var. *γ*. geranii (West.). Sur les tiges pourrissantes des Geranium et des Pelargonium.

Sclerotium.

2000. S. umbilicatum (Rob. Desm. Ann. sc. nat.). Épiphylle, petit, épars, brunâtre, d'abord orbiculaire, convexe, ensuite nu, ombiliqué, rugueux. En hiver, sur les feuilles tombées du châtaignier.

2001. S. scutellatum (Alb. et Schw.). Tubercules substipités, orbiculaires-déprimés, glabres, lisses d'abord, ensuite noirs, un peu rugueux, larges de 4-6 millimètres. Sur les rameaux et les feuilles en putréfaction dans les bois.

2002. S. durum (Pers. Syn. 121). Tubercules longs de 4 à 10 millimètres, adhérents, couverts d'abord par l'épiderme, durs, tenaces, noirs au dehors, blancs au dedans. Sur les tiges mortes et sur presque toutes les parties des plantes.

> Var. β. altheæ (Leb.). Sur les graines de l'Alcea rosea.
>
> Var. γ. zeæ (West.). Sur les feuilles et les gaines du Zea mays.
>
> Var. δ. echinophila (Desm.). S. castaneæ West. Sur l'involucre du châtaignier.
>
> Var. ε. scolymi (West.). Sur les folioles du calice de l'artichaut.
>
> Var. ς. hippocastani (West.). Sur l'involucre de l'Æsculus hippocastanum.

2003. S. brassicæ (Pers. Syn. 122). Coccocystis brassicæ Corda. Tubercules épars, des formes variées, un peu marginés, longs de 4-8 millimètres, d'abord blancs, ensuite ponctués de noir et enfin entièrement noirs. Sur les pétioles et les feuilles des choux.

2004. S. velutinum (West. Crypt. in. belg. f. 24). Pustules disciformes de 2-6 millimètres, subdéprimées en dessus, bombées et ombiliquées en dessous, substipitées, d'un brun jaunâtre ou violacé à l'état frais, d'un brun foncé et ridées étant sèches, couvertes de poils serrés et très-courts. En hiver sur les feuilles du chêne, du peuplier, etc., et sur les pétioles du frêne.

2005. S. pyrinum (Fries. Syst. myc. 2. p. 258). Pustules molles,

Sclerotium.

oblongues, un peu lobées, rugueuses, noirâtres extérieurement, blanchâtres intérieurement. Sur les pommes et les poires qui se gâtent pendant l'hiver.

2006. S. NERVALE (Fries. Syst. myc. 2. p. 260). Pustules allongées, linéaires, dures, noires extérieurement, blanches intérieurement, qui se développent sur les nervures des feuilles tombées à terre.

2007. S. PUSTULA (DC. Fl. fr. 5. p. 113). S. quercinum Pers. Pustules éparses de 1 à 4 millimètres, dures, arrondies, lisses étant jeunes, ensuite rugueuses, finissant par être noires en dedans et au dehors. Hypophylle sur les feuilles tombées à terre.

2008. S. VAPORIORUM (Nees. Syst. f. 156). S. fibrillosum Lib. Sur les écorces et les champignons qui se putréfient.

2009. S. PEZIZÆFORMIS (Fries. Syst. myc. 2. p. 248). En automne sur les feuilles tombées, principalement sur celles du hêtre.

2010. S. CEPA (Lib. Crypt. ard. n° 258). Sur les bulbes d'oignons.

2011. S. TECTUM (Fries. Syst. myc. 2. p. 251). Au printemps. Sur les gousses de haricots et sur les tiges des plantes herbacées.

2012. S. MYCETOSPORA (Nees. in Nov. act. Bonn. XVI. p. 95). Cette espèce a toute l'apparence d'une graine de moutarde blanche et se montre en automne sur les écorces.

2013. S. AREOLATUM (Fries. Obs. myc. 2. p. 358). En automne, sur les feuilles tombées du Prunus padus.

2014. S. TOMENTOSUM (Tode. Fung. Meck. t. 1. f. 10). Periola tomentosa Fries. Tubercules charnus, blanchâtres, arrondis, devenant irréguliers, confluents, presque glabres d'abord, puis se couvrant d'un duvet floconneux, sporidifère. Dans les caves, sur les vieilles pommes de terre.

2015. S. TULIPÆ (Lib. Crypt. ard. n° 36). Sur les tiges et les péricarpes de la tulipe.

2016. S. EUROTIOÏDES (Lib. l. c. n° 158). Tubercules brunâtres, globuleux, velus, très-minces, se développant sur les écorces en putréfaction.

Sclerotium.

2017. S. **punctum** (Lib. l. c. n° 57). Xyloma punctum Chev. Pustules éparses, amphigènes, punctiformes, arrondies, noires, brunâtres intérieurement. Sur les feuilles des Polygonatum et du Convallaria majalis.

2018. S. **euphorbiæ** (Kunze. in litt.). Melampsora euphorbiæ Cast. S. herbarum Fries. Sur les feuilles et les tiges des euphorbes.

2019. S. **herbarum** (Fries. Syst. myc. 2. p. 265). Xyloma herbarum Duby. Pustules subarrondies ou oblongues, confluentes, convexes, d'un noir brunâtre. Sur les feuilles de quelques plantes herbacées.

2020. S. **entogonum** (West. Not. nouv.). Tubercules immergés, épars, ovales, d'un millimètre environ, noirs et lisses extérieurement, blancs et cornés intérieurement. Dans la substance ligneuse et médullaire des tiges de l'asperge.

2021. S. **carpini** (West. l. c.). Espèce ressemblant tout à fait au Sphæria fimbriata, et pour moi étant la même chose, croissant aussi sur les feuilles du Carpinus betulus.

Section II. — Apiosporées. Fries. Syst. orb. 1. p. 155. *Péridium libre, velu ou pulvérulent en dehors, subgélatineux en dedans, contenant les sporules au centre.*

56. Chætomium. Fries. l. c. p. 156.

Péridium presque globuleux, membraneux, couvert de poils opaques, s'ouvrant au sommet; sporules pellucides, mêlées dans la masse gélatineuse. Pustules noires, éparses, velues.

2022. C. **elatum** (Kunze. Exs. n° 184). Péridium un peu turbiné de 2 millimètres au plus, cylindrique, d'un fauve ferrugineux, devenant noir, à poils de la base simples et courts, ceux du sommet plus longs et rameux; sporules elliptiques. Sur les tiges sèches des plantes herbacées.

57. Illosporium. Mart. Fl. crypt. Erlang. p. 526.

Péridium presque globuleux, mou-gélatineux au dedans; sporules petites, globuleuses, pellucides. Pustules rougeâtres vivant sur les thalles des lichens, les mousses, etc.

2023. I. roseum (Mart. l. c.). Tubercularia rosea Pers. Pustules éparses, orbiculaires, un peu lobées, d'un rose agréable, qui se développent surtout sur les thalles des patellaires et des cénomycés.

2024. I. fagineum (Lib. Crypt. ard. f. 2. n° 185). Tubercules étalés, difformes, rouges, se brisant par la sécheresse; sporanges globuleuses, quelquefois pédicellées. Sur les feuilles pourrissantes du hêtre.

2025. I. puniceum (Lib. Crypt. ard. f. n° 282). Tubercules ovoïdes-globuleux, rouges; péridioles assez gros, subglobuleux, ceints d'un bord large, pellucide; sporidies ovoïdes. En hiver, sur les mousses.

2026. I. carneum (Fries. Syst. myc. 3. p. 259). Sporidies oblongues, diaphanes, d'un rose pâle ou couleur de chair, irrégulièrement amassées sur une membrane vésiculeuse, muqueuse, qui tient lieu de stroma et qui se dessèche avec l'âge. Sur le thalle de quelques lichens, mais principalement sur celui du Peltigera rufescens.

2027. I. coccineum (Fries. Syst. orb. 1. p. 135). Pustules agrégées, punctiformes, très-petites, ovoïdes, écarlates. Sur le thalle de plusieurs espèces de lichen.

2028. I. niveum (Desm. Ann. Sc. Nat. t. XIV. cah. n° 2). Leucosporium vesiculosum Corda. Espèce éparse, agglomérée, superficielle, petite, blanche, vésiculeuse; vésicules (spores Corda) nombreuses, polymorphes, hyalines. En automne. Sur les rameaux tombés du saule et sur des vieilles conferves.

F^{lle} **VI.** — Urédinées. Duby. Bot. gall. p. 877. Gymnomycètes Link. Conyomycètes ordo I-IV. Fries.

Plantes consistant en sporidies (*vésicules réproductives*) simples, rarement cloisonnées, remplies de sporules souvent libres, quelquefois pédicellées, se développant sous l'épiderme (rarement dessus) des plantes vivantes ou mortes, qui se gonfle, se développe, se durcit et leur forme une sorte de réceptacle (stroma) ou de faux péridium s'il les enveloppe seulement sans changer de nature.

Tribu I. — Tuberculariées (Fries. Syst. orb. veg. 1. p. 169). *Sporidies simples, à réceptacle solide, persistant, superficiel ou libre.*

1. Periconia. Tode. Fung. Meck. 2. p. 2.

Réceptacle en forme de stipe, ferme, sec, subulé, dressé, un peu roide, à tête ronde couverte de sporules.

2029. P. lichenoïdes (Tode. Fung. Meck. 5. t. 8. f. 68). Stipité, capillaire, droit, un peu roide, devenant argenté, à capitule globuleux, vésiculaire, à peine visible à l'œil nu, venant sur une tache crustiforme noire. Sur les tiges des plantes mortes.

2030. P. byssoïdes (Pers. Syn. 686). Espèce stipitée, noire, formant des taches irrégulières, confluentes, d'un cendré-noir; sporules concolores, réunies en capitule globuleux. Sur les tiges herbacées, principalement sur celles des mauves et des pivoines.

2. Isaria. Pers. Syn. 687.

Réceptacle allongé, continu, simple ou rameux, charnu, fibreux, couvert de filaments, à extrémités en massue; sporules nombreuses, très-petites, globuleuses, répandues sur

Isaria.

les filaments. Petites fongosités parasites sur les champignons, les substances animales, rarement sur le bois.

2031. I. AGARICINA (Pers. Syn. 688). Réceptacles rapprochés,
blancs, rigides, de 4 à 6 millimètres; stipe très-rameux, concolore, filamenteux, à rameaux filiformes, étalés. Sur les agarics à moitié putréfiés.

2032. I. FELINA (Chev. Fl. par. 1. p. 81). Clavaria felina DC.
Espèce blanche, rameuse, de 2 à 5 millimètres, à rameaux
filiformes, cylindriques, simples ou bifurqués, mous, couverts d'une poussière blanche. Dans les caves, sur les crottes
de chat.

2033. I. FARINOSA (Fries). Espèce claviforme, couverte d'une
poussière farineuse, se montrant sur les insectes morts.

3. ÆGERITA. Pers. Syn. 684.

Réceptacle arrondi; sporidies globuleuses éparses sur
la surface d'un stroma étalé, libre, arrondi, grumeux.

2034. Æ. CANDIDA (Pers. l. c.). Tubercules globuleux, épars,
blancs, gros de 1 à 2 millimètres, tombant en écailles; sporidies inégales. Sur l'écorce des arbres morts.

4. TUBERCULARIA Tode. Fung. Meck. 1. p. 18.

Réceptacle tuberculeux, compacte, charnu, sessile, souvent un peu rétréci à la base, à écorce composée d'une
couche de sporidies globuleuses, nombreuses, très-petites.
Tubercules presque toujours rouges, venant le plus souvent sur les écorces des arbres morts.

2035. T. VULGARIS (Tode. l. c.). Tremella purpurea L. Tubercules
agrégés, nombreux, enfoncés, rouges, d'un millimètre envi-

Tubercularia.

ron; sporidies très-rouges, lisses, puis tuberculeuses, diffluentes.
Sur les rameaux morts.

> VAR. β. ROBINIÆ (Kickx). Tubercules disposés en série,
> devenant confluents, s'affaissant et devenant patel-
> loïdes. Sur les rameaux du Robinia pseudo-acacia.

2036. T. CONFLUENS (Corda. Ic. fung. 1. t. 1. f. 74). Tubercules
oblongs, de 5 millimètres, épars, devenant confluents, convexes, ridés; stroma blanchâtre, jaune à la base; couche sporidifère épaisse, incarnate, passant au rose pâle; sporidies
grandes, elliptiques, subobtuses. Sur les arbres à écorce lisse
et sur le Cytisus laburnum.

2037. T. CASTANEÆ (DC. Fl. fr. 5. p. 109). T. confluens Pers.
Agrégé, confluent, à réceptacles à peine d'un millimètre, enfoncés, incarnats, oblongs, anguleux; couche sporidifère
très-rouge, lisse, diffluente. Sur les rameaux morts du hêtre,
du châtaignier, etc., etc.

2038. T. GRANULATA (Pers. Syn. 115). Réceptacles immergés,
blancs, subarrondis, substipités; couche sporidifère convexe,
d'un rouge sale devenant noirâtre, lisse d'abord, puis rugueuse-tuberculeuse. Sur les rameaux de l'érable, du tilleul, etc.

2039. T. VELUTIPES (Necs. Syst. fung. p. 55. t. 2. f. 57). T. floccosa Link. Réceptacles petits, enveloppés d'abord de filaments
blancs, se dégageant ensuite, hémisphériques, incarnats, à
stipe court, épais, couvert de filaments. Sur l'écorce de l'orme.

2040. T. NIGRICANS (Gmel. Syst. 1482). Réceptacles assez gros,
immergés, hémisphériques, couverts, étant jeunes, de filaments lisses, rouges d'abord, puis enfin noirs. Sur les rameaux morts.

2041. T. MINOR (Kickx. Rech. crypt. Fland. cent. 5. p. 30).
T. acaciæ Fries. Réceptacles arrondis, d'un millimètre, épars,
lisses, devenant confluents, soudés; stroma blanchâtre; couche
sporidifère d'un incarnat jaunâtre. Sur les rameaux de l'acacia et du mûrier.

2042. T. EXPALLENS (Kickx. l. c. cent. 1. p. 26). T. pinastri Lib.

Tubercularia.

Stroma blanchâtre; sporidies d'un rose pâle, oblongues, obtuses aux extrémités. Sur les rameaux morts, surtout sur ceux du frêne.

2043. T. ÆSCULI (Corda. Ic. fung. 1. t. 1. f. 77). T. crocata Chev. Tubercules d'un millimètre environ, arrondis, convexes, épars, rarement confluents; stroma jaunâtre, brun à la base; couche sporidifère peu épaisse, d'un jaune rougeâtre; sporidies courtes, oblongues, obtuses, diaphanes. Sur l'écorce de l'Æsculus hippocastanum mort.

5. Fusarium. Link. Sp. pl. 6. 2. p. 104.

Sporidies fusiformes, diffluentes, contenues dans un stroma charnu, sessile, ou stipité-arrondi, ou étalé. Petits tubercules venant sur les plantes mortes.

2044. F. PALLENS (Nees. in Nov. act. cæs. leop. 9. t. 5. f. 7). Fusidium obtusatum et pulvinatum Link. F. candidum Ehrh. Stroma presque en tête, enfoncé, blanchâtre, à sporidies cloisonnées, concolores. Sur les rameaux tombés des arbres.

2045. F. HETEROSPORIUM (Nees. l. c.). Exosporium lolii Desm. Tubercules oblongs, de 1 à 6 millimètres, étalés, aplatis, d'un rouge brique pâle; sporidies obscures de formes variables. A la base des épillets du Lolium perenne.

> VAR. β. ENODII (West.). A la base des épillets de l'Enodium cæruleum.

> VAR. γ. BROMI (Nob.). A la base des épillets du Bromus grossus.

2046. F. PELTIGERÆ (West. H. C. B.). Tubercules très-petits, ovales-arrondis, épars, parfois confluents, diffluents, d'un rouge vermillon; sporidies très-longues, filiformes, effilées; sporules globuleuses, hyalines. Sur le thalle du Peltigera rufescens.

2047. F. SUBTECTUM (Rob. Desm. Pl. crypt. n° 1428). Pustules épiphylles, éparses, petites, arrondies ou oblongues, incar-

Fusarium.

nates, perçant l'épiderme, devenant d'un rouge orangé, gélatineuses; sporidies ovoïdes-oblongues, aiguës. Sur les feuilles de l'Arundo arenaria.

2048. F. EQUISETORUM (Desm. Ann. sc. nat.). Hymenula equiseti Lib. Tubercules très-petits, ponctiformes, épars, arrondis, charnus-trémelloïdes, d'un rouge ochracé; sporules ovoïdes, hyalines. Sur les tiges de l'Equisetum limosum.

2049. F. ROSEUM (Link. Obs. 1. p. 8). Tubercules petits, souvent agglomérés, subglobuleux, à peine enfoncés, rosés; sporidies plus pâles, fusiformes. Sur les tiges herbacées, les feuilles du Maïs, etc.

2050. F. TREMELLOÏDES (Kickx. Fl. crypt. Louv. p. 165). Dracrymyces urticæ Fries. Tremella urticæ Pers. Tubercules agrégés, petits, difformes, plans, lisses, d'un rouge orangé, céracés-gélatineux et gonflés par l'humidité, déprimés, maculiformes par la sécheresse. Au printemps, sur les tiges mortes de l'Urtica dioïca.

Tribu II. — MÉLANCONIÉES Duby (Entophytes Fries). *Sporidies naissant sous l'épiderme des plantes, ensuite le rompant, enfoncées dans un stroma toujours inné, peu apparent, ou faux.*

SECTION Ire. — SPORIDESMIÉES (Fries. Syst. orb.). *Sporidies filamentiformes, cloisonnées, réunies sur un vrai réceptacle.*

6. GYMNOPORANGIUM. Link. Obs. 1. p. 7.

Sporidies à une seule cloison, pédicel ées, adnées, subétalées sur un stroma vésiculeux-gélatineux.

2051. G. JUNIPERI (Link. l. c.). Tremella juniperina L. G. conicum DC. Stroma simple, d'abord conique, ensuite étalé, orangé. Sur les troncs des Juniperus communis et sabina.

7. Podisoma. Link. Obs. 1. p. 7.

Sporidies à une seule cloison, à stipe très-long, réunies à la base dans un stroma en massue, gélatineux.

2052. P. fuscum (Duby. Bot. gall. f. 881). P. juniperi Link. Gymnoporangium fuscum DC. Stroma globuleux, d'abord conique, d'un roux brun devenant fauve; sporidies obtuses. Sur l'écorce des Juniperus sabina et virginiana.

8. Phragmotrichum. Kunze et Schm.

Sporidies rhomboïdes, cloisonnées, opaques, à rétrécissements cylindriques, pellucides, d'abord attachées à des fibres dressées et innées dans un stroma fibreux-gélatineux, libres enfin et se dégageant de l'épiderme.

2053. P. Chailletii (Kunze et Schm). Stroma noir, oblong, très-petit, fendant l'épiderme longitudinalement ; sporidies concolores. Sur la face inférieure des écailles des cônes de sapin.

9. Exosporium. Link. Obs. 1. p. 8.

Sporidies oblongues ou linéaires, cloisonnées, opaques, sessiles, innées dans un stroma verruqueux, étalé.

2054. E. hypodermium (Link. Sp. pl. 6. 2. p. 121). Conoplea hypodermia Link. Réceptacles oblongs, semblables à des stries vus à l'œil nu, souvent confluents, noirs, entourés des débris de l'épiderme; sporidies allongées, distantes, filiformes, concolores. Sur les tiges sèches des ombellifères. Assez rare.
2055. E. eryngii (Chev. Fl. par. 1. p. 39). Conoplea eryngii Pers. Réceptacles agrégés, ponctiformes, noirs, à sporidies allongées, claviformes, aiguës, distinctes, concolores. Sur les tiges sèches de l'Eryngium campestre.

Exosporium.

2056. E. DEMATIUM (Link. Sp. pl. 6. 122). Sphæria dematium Pers. Réceptacles oblongs, plans, déprimés, agrégés, confluents, noirs; sporidies courtes, filiformes, éparses, concolores. En hiver et au printemps, sur les tiges sèches des herbes.

VAR. β. PERICLYMENI (West.). Sphæria dematium β. Chev. Sur l'écorce du chèvrefeuille.

2057. E. MACULANS (Link. Sp. p. 122). Sphæria rubella Pers. Syn. 63. Réceptacles épars, rarement réunis, un peu déprimés, petits, d'un noir rougeâtre, ceints de taches rouges ou pourprées; ostioles allongés, coniques, un peu rugueux. Sur les tiges pourrissantes de la pomme de terre et de la belladone.

2058. E. TRICHELLUM (Link. l. c.). Sphæria trichella Fries. Réceptacles petits, globuleux, épars, noirs; sporidies allongées, filiformes, denses, divergentes, concolores, ou olivâtres. Sur les feuilles du lierre, du saule, etc.

2059. E. RUBI (Nees. in Nov. act. leop. 9. t. 5. f. 6). Réceptacles subglobuleux, déprimés au sommet, naissant au milieu d'un cercle noir; sporidies très-courtes, filiformes, concolores. Sur les feuilles de la ronce.

2060. E. HISPIDULUM (Link. l. c.). Conoplea hispidula Link. Obs. Réceptacles oblongs, agrégés, noirs, ceints des débris de l'épiderme rompu; sporidies allongées, filiformes, concolores. Au printemps sur les feuilles sèches des graminées et des iridées.

2061. E. DISCIFORME (Corda. Ic. fung. 5. t. f. 61). Coryneum disciforme Kunze. Groupes noirs, irrégulièrement arrondis, entourés des débris de l'épiderme; sporidies fusiformes ou claviformes, ayant 5 à 6 cloisons transversales, pédicellées, simples ou rameuses. Sur les branches mortes du chêne, en hiver.

2062. E. TILIÆ (Link. Obs. 1. t. 1. f. 8). Réceptacles agrégés, noirs, petits, convexes; sporidies allongées, obtuses, concolores, à 7 cloisons qui finissent par disparaître. Sur les branches mortes du tilleul. Courtrai (M. Wallais).

10. Coryneum. Nees. Syst. p. 34.

Sporidies fusiformes, cloisonnées, opaques, dressées, pédicellées, innées dans un stroma verruciforme, plan, rompant l'épiderme.

2063. C. umbonatum (Nees. Syst. t. 2. f. 31). Stroma subarrondi, de 4 millimètres, planiuscule, noir, souvent mamelonné; sporidies subcylindriques. Sur les rameaux morts.

2064. C. pulvinatum (Kunze et Schm.). Stroma subarrondi ou ellipsoïde, ayant à peine 2 millimètres, convexe, noir; sporidies ovales, obtuses; pédicelles cylindriques, allongés. Sur les rameaux tombés.

11. Vermicularia. Fries. Syst. orb. 1. p. 191.

Réceptacles petits, innés, épars, s'ouvrant par une fente au sommet, à noyau rempli d'une pulpe fluante renfermant les ascidies qui sont annulaires.

2065. V. hispida (Tode. Fung. Meck. p. 32). Réceptacles petits, épars, ovales-arrondis, noirs, à nucleus blanc; sporidies globuleuses, pellucides. Sur les rameaux du sureau et du tremble.

2066. V. graminum (Lib. Crypt. ard. f. 4. n° 348). Peziza strigosa Fries. Dinemasporium graminum Lev. Excipula graminum Corda. Réceptacles inués, épars, noirs, membraneux, orbiculaires ou oblongs, soyeux; nucleus livide, fluant; sporidies (4) globuleuses. Sur les feuilles mortes des graminées.

2067. V. strigosa (Lib. Crypt. ard. f. 4. n° 349). Peziza strigosa Var. β. histeriiformis Fries. Réceptacles épars, noirs, membraneux, laciniés au sommet, rudes, hérissés; nucleus livide, fluant; ascidies fusiformes, un peu courbées; sporidies (5-7) globuleuses, opaques, très-petites. Sur les tiges herbacées.

2068. V. minuta (Lib. Crypt. ard. f. 4. n° 350). Exosporium

Vermicularia.

minutum Link. Réceptacles inués, épars, agrégés, orbiculaires, petits, noirs, couverts de soies rudes, fusiformes ; 4-5 sporidies globuleuses, pellucides.

2069. V. DIANTHI (West. H. C. B. n° 355). Réceptacles innés, épars, très-petits, arrondis ou ovoïdes, surmontés d'un faisceau de poils brunâtres, et s'ouvrant au sommet par une déchirure inégale ; sporidies globuleuses, pellucides. Sur les tiges et les feuilles du Dianthus barbatus.

2070. V. OBLONGA (Desm. Pl. crypt. ed. 1. n° 1431). Réceptacles inués, épars, nombreux, petits, noirs, un peu luisants, ovales-oblongs, couverts de soies concolores ; sporidies courbées, oblongues, aiguës aux deux bouts, subfusiformes. Sur les tiges sèches du Tamus communis.

2071. V. CULMIGENA (Desm. Pl. crypt. ed. 1. n° 1438). Taches noires, petites, ovales ou oblongues, aiguës aux 2 bouts, parallèles, presque disposées en série ; réceptacles très-petits, agrégés, couverts par l'épiderme ; soies très-courtes, concolores, dépassant seules l'épiderme rompu. Sur les chaumes du Dactylis glomerata.

SECTION II. — STILBOSPORÉES (Fries. l. c.). *Sporidies oblongues, cloisonnées, libres, groupées sur un faux stroma, perçant l'épiderme des végétaux morts.*

12. STILBOSPORA. Nees. Syst. p. 21.

Sporidies cloisonnées, ovales ou oblongues, non pédicellées, réunies en groupes irréguliers.

2072. S. MACROSPERMA (Pers. Disp. t. 3. f. 15). S. macrospora Link. Groupes élevés, étalés, couverts par l'épiderme ; sporidies cylindriques, bicloisonnées, noires, pellucides. Sur les écorces des arbres morts.

2073. S. PYRIFORMIS (Hoffm. Germ. t. 15. f. 4). S. ovata Pers. Stegonosporium pyriforme Corda. Groupes élevés, épars, couverts par l'épiderme; sporidies inégales, pyriformes, noires, ayant 4 à 7 cloisons. Sur l'écorce de l'Acer platanoïdes.

2074. S. Kickxii (West. Not. crypt. ined. belg. f. 32). Tubercules épars, peu élevés, obtus, soulevant et déchirant l'épiderme; sporidies pyriformes, brunes, doublement cloisonnées près de la pointe qui est un peu plus claire. Sur les rameaux tombés du bouleau.

2075. S. asterosperma (Hoffm. Germ. fl. 3. t. 13. f. 3). Asterosporium Hoffmanni Kunze. Tubercules peu élevés, obtus, ordinairement comprimés, soulevant et fendant l'épiderme; sporidies noires, transparentes, étoilées, à rayons coniques, cloisonnés; stroma granuleux, d'un blanc sale et jaunâtre. Sur l'écorce du hêtre. Trouvé aux environs de Gand.

2076. S. angustata (Pers.). Sporidesmium angustatum Corda. Sporidies cylindriques, d'abord à trois cloisons et ensuite à 4 ou 5, noires, pellucides, au moins 4 fois plus longues que larges. Sur les branches mortes et le bois dénudé du hêtre, près de Courtrai (M. Wallais).

> Var. β. foliorum (Kickx.). Sporidies un peu pyriformes, devenant cylindriques, à trois cloisons, 3 fois plus longues que larges. Sur les feuilles du Camelia.

13. Coniothecium Corda. Ic. fung. 1. p. 2.

Spores simples, agglutinées irrégulièrement en globules, et formant des groupes étalés ou solitaires, rarement posées sur un stroma.

2077. C. conglutinatum (Corda. l. c.). Groupes noirs, subglobuleux ou confluents; spores agglutinées, petites, ovoïdes ou oblongues, brunes. Sur le bois du bouleau.

2078. C. amentaceum (Corda. l. c.). Stroma charnu, brun, lentiforme, portant des groupes noirs; spores agglutinées, brunes, un peu oblongues. Sur les rameaux morts du saule.

14. Epicoccum. Corda, Icon. fung. t. 1. f. 90.

Tubercules épiphytes, à sporules simples, supportées par un stroma.

2079. E. neglectum (Desm. Ann. sc. nat. t. 17. p. 95). Perisporium zeæ Desm. Crypt. fasc. Tubercules très-petits, punctiformes, d'un brun qui devient presque noir, épars, ou disposés en séries; stroma noirâtre, globuleux, charnu, recouvert de sporules sphériques ou un peu oblongues, réticulées, brunes, insérées sur des pédicelles très-courts, diaphanes, en cône renversé. Sur les feuilles mortes du Zea mays.

2080. E. vulgare (Corda. Ic. fung. t. 1. fig. 90). Tubercules d'un brun foncé, éparpillés sur une tache allongée, rougeâtre, de 1 à 3 millimètres; stroma convexe, noirâtre, recouvert de sporules globuleuses, réticulées, brunes, ayant une verrue noire au milieu des aréoles; pédicelles blancs, diaphanes, atténués dans le bas. Sur les feuilles pourrissantes du maïs.

15. Didymosporium. Nees. Fung. p. 33.

Sporidies didymes ou simplement cloisonnées, non pédicellées, oblongues, réunies sur un faux stroma. Espèces petites, naissant sous l'épiderme des rameaux morts. Ce genre diffère du genre Melanconium par la présence de la cloison.

2081. D. betulinum (Grev. Crypt. fl. 5. t. 273). Melanconium betulinum Kunze. Coniothecium betulinum Corda. Stilbospora spermatodes et Did. elevatum Link. Groupes irréguliers, épars, arrondis, un peu coniques, larges de 1 à 2 millimètres, perçant l'épiderme qui reste souvent appliqué contre eux; spores globuleuses, simples, demi-pellucides, agglutinées en petits paquets. Sur les écorces du bouleau et du hêtre.

2082. D. complanatum (Nees. Fung. t. 1. f. 29). Stilbospora didyma et St. complanata Link. Groupes irréguliers, un peu elliptiques, plans au sommet ; stroma nul ; sporidies petites, un peu compactes, presque globuleuses, noires, à double cloison. Sur les rameaux tombés à terre.

16. Prosthemium. Kunze. Myc. heft. 1. p. 17.

Réceptacles cornés, immergés, simples; paraphyses filiformes, rapprochées, très-simples; thèques filiformes, stipités, très-simples ; spores verticillées, cloisonnées, couronnant les thèques.

2083. P. betulinum (Corda. Ic. fung. 3. p. 24). Stilbospora cheirospora Fries. Exosporium betulinum Spreng. Réceptacles solitaires, lentiformes, à ostiole aigu ; spores brunes, à sommet blanc, hyalin. Sur le bouleau.

17. Melanconium Nees. Syst. p. 32.

Sporidies libres, arrondies, simples, non cloisonnées ni pédicellées, réunies sur un faux stroma.

2084. M. conglomeratum (Link. Sp. pl. 6. 2. p. 92). Stilbospora conglomerata et microsperma Link. Obs. Coniothecium amentacearum Corda. Groupes d'abord subarrondis, ensuite étalés; sporidies rapprochées, petites, globuleuses, noires, opaques, d'abord couvertes par l'épiderme, ensuite entourées par ses débris. Sur les rameaux morts du saule.

2085. M. sphæroïdeum (Link. Sp. l. c.). Stilbospora microsperma Pers. Groupes demi-globuleux, étalés, circonscrits par l'épiderme; sporidies compactes, petites, ovoïdes, noires, pellucides. Sur les rameaux morts.

2086. M. bicolor (Nees. Fung. p. 32. t. 2. f. 27). Groupes subarrondis, élevés, presque toujours subépidermoïdes; stroma blanc, proéminent; sporidies subglobuleuses, oblongues, petites, noires. Sur les rameaux morts.

2087. M. SPHÆROSPERMUM (Link. Obs. 1. p. 3). Stilbospora sphærosperma Pers. Groupes elliptiques, couverts par l'épiderme, plus tard étalés; sporidies grandes, compactes, ovoïdes ou pyriformes, noires, pellucides. Sur les chaumes morts des graminées.

\ 2088. M. OVATUM (Link. l. c.). M. apiocarpum Link. Stilbospora ovata Pers. Groupes élevés, étalés irrégulièrement; sporidies grandes, compactes, ovoïdes ou pyriformes, noires, pellucides. Sur l'écorce des arbres morts.

\ 2089. M. MICROSPERMUM (Corda. Ic. fung. t. 1. f. 40). Sporidies noirâtres, oblongues ou obovales, amincies à un de leurs bouts, semi-pellucides, agrégées, perçant l'épiderme sous forme de petits cônes raccourcis. Sur les branches mortes du Carpinus betulus.

SECTION III. — NÉMASPORÉES (Fries. Syst. orb. veg. 1. p. 194). *Sporidies petites, adhérentes à un stroma, naissant sous l'épiderme des végétaux morts.*

18. NEMASPORA. Fries. l. c.

Sporidies globuleuses, très-petites, simples, s'écoulant avec un stroma gélatineux, subcellulaire, cirrheux.

\ 2090. N. CROCEA (Pers. Syn. 109). Libertella faginea Desm. Sporidies petites, globuleuses, oranges; stroma gommeux, transparent, safrané. Sur l'écorce du hêtre.

2091. N. INCARNATA (Desm. Ann. sc. nat.). Sporidies ovoïdes, incarnates; stroma concolore s'écoulant sous forme de longs filaments. Sur les écorces des vieux tilleuls.

\ 2092. N. MICROSPORA (Fries. Syst. myc. 3. p. 479). Libertella nemaspora Desm. Sporidies petites, ovoïdes, d'un rouge-orangé; stroma concolore à cirrhes rudes. Sur les écorces du charme, du poirier, du sorbier, etc.

Nemaspora.

2093. N. GRISEA (Pers. Syn. 110). Sporidies oblongues, semi-pellucides, blanches; stroma blanc, à cirrhes d'un blanc grisâtre, à demi diaphanes. Sur l'écorce du Corylus avellana.

2094. N. ALBA (Nob.). Libertella alba Lib. Sporidies globuleuses, pellucides; stroma blanc à cirrhes épaisses, concolores. Sur l'écorce de l'Alnus glutinosa.

2095. N. AUREA (Fries. Syst. myc. 3. p. 478). Libertella betulina Dum. Stroma étalé, celluleux, à sporidies globuleuses, fusiformes, jaunes. Sur l'écorce du bouleau.

19. BLENNORIA. Fries. Syst. orb. veg. 1. p. 366.

Sporidies allongées, cylindriques, tronquées aux deux bouts, diaphanes, extrêmement petites, avec un stroma gélatineux. Espèces naissant sous l'épiderme des feuilles vivaces.

2096. B. BUXI (Fries. l. c.). Groupes d'un brun noirâtre, convexes, entourés des débris de l'épiderme. Amphigène sur les feuilles du buis.

20. SELENOSPORIUM. Corda. Ic. fung. 5. p. 39.

Stroma immergé, rompant l'épiderme, charnu, cellulaire-corné ou flexueux, couvert en dessus d'une couche de sporidies agglomérées; celles-ci fusiformes, cloisonnées transversalement, devenant diffluentes.

2097. S. SARCOCHROUM (Desm. Ann. sc. nat. 3e série. t. XIV. not. 18). Espèce éparse, petite, tuberculiforme, ochracée, charnue; stroma convexe, pâle; sporidies assez grosses, fusiformes, aiguës, le plus souvent courbées, hyalines, à 5, rarement à 3 cloisons. Sur les rameaux secs du Cytisus laburnum.

2098. S. PYROCHROUM (Desm. l. c.). Trouvé à Friset près de Namur par M. Bellynck.

21. SCHIZODERMA. Fries. Syst. orb. veg. 1. p. 194.

Sporidies petites, globuleuses, simples, non pédicellées, agglomérées dans un stroma granuleux, gélatineux, rompant l'épiderme des feuilles des sapins.

2099. S. SPARSUM (Duby. Bot. gall. p. 885). Hypodermium sparsum Link. Groupes oblongs, petits, épars, amphigènes, noirs, ponctiformes. Sur les sapins dans la Campine.

2100. S. SULCIGENUM (Duby. l. c.). Hypodermium sulcigenum Link. Groupes linéaires, perçant l'épiderme, formant des sillons de 12 à 20 millimètres contenant les sporidies, souvent épiphylles. Sur les feuilles de sapin.

2101. S. NERVISEQUUM (Duby. l. c.). Groupes linéaires de 3 à 4 millimètres, doubles, hypophylles, situés le long de la nervure des feuilles des sapins.

SECTION IV. — ÆCIDINÉES (Fries. Syst. myc. 3. p. 196). *Sporidies de formes variables, se développant dans le parenchyme des plantes vivantes sous l'épiderme qui se rompt sans se tuméfier; stroma nul.*

22. PESTALOZZIA. Desm. Pl. crypt. n° 1084.

Sporidies pédicellées, cloisonnées, couronnées supérieurement par une aigrette de filaments divergents.

2102. P. GUEPINI (Desm. l. c.). Prosthemium guepinianum Ex Mont. in litt. ad Guep. Petits boutons amphigènes, noirs, épars, rapprochés; sporidies fusiformes, pédicellées, hyalines, à 3 ou 4 cloisons, à article supérieur couronné par 4 à 5 fils simples, très-minces, allongés, divergents. Sur les feuilles mortes des Camelias, des Magnolias, du Rhododendron, etc.

2103. P. FUNEREA (Desm. Pl. crypt. n° 1526). Groupes amphigènes, noirs, épars, rompant l'épiderme; sporidies fusiformes, brièvement pédicellées, hyalines, à 4 cloisons; article supérieur couronné par 3-5 fils très-menus, courts, simples, hyalins. Sur les feuilles et les rameaux morts du Thuya occidentalis. Près de Courtrai, et au Jardin botanique de Bruxelles.

23. PHRAGMIDIUM. Link. Sp. pl. 6. 2. p. 84. Pucciniæ. Sp. DC.

Sporidies à 3 ou plusieurs cloisons, cylindriques, pédicellées, très-petites, groupées, naissant sur les feuilles.

2104. P. OBTUSUM (Schm. et K. Exs. n° 120). Petits groupes d'un noir roussâtre, à stipe blanc filiforme, à sporidies obtuses. Sous les feuilles des potentilles.

2105. P. INTERMEDIUM (Link. l. c.). Petits groupes d'un noir brunâtre, à stipe blanc, filiforme, à sporidies apiculées. Sous les feuilles du Poterium sanguisorba.

2106. P. INCRASSATUM (Link. l. c.). Petits groupes hypophylles, noirs, à stipe blanc, épaissi, à sporidies apiculées.

> VAR. α. MUCRONATUM (Link.). Puccinia rosæ DC. Stipe épaissi; sporidies mucronulées-aiguës. Sous les feuilles des rosiers.

> VAR. β. BULBOSUM (Link.). Puccinia rubi Schum. Stipe subitement épaissi, sporidies courtement mucronulées. Sous les feuilles des ronces.

24. PUCCINIA. Link. Obs. 2. p. 29.

Sporidies pédicellées, oblongues, à 1, rarement à 2 cloisons transversales. Végétations très-petites, d'un noir brun ou violacé, naissant par groupes sous l'épiderme qu'ils finissent par rompre, presque toujours hypophylles.

Le genre Puccinia, ainsi que les deux genres suivants, contiennent des espèces qui ne peuvent bien se distinguer que par les plantes sur lesquelles elles se développent, et toutes ont entre elles la plus grande ressemblance. C'est pour-

Puccinia.

quoi je crois qu'il est inutile de les décrire et qu'il suffit de donner le catalogue des espèces observées jusqu'à ce jour en Belgique.

2107. P. LYCHNIDEARUM (Link. l. c.). Sous les feuilles des Caryophyllées.

> VAR. *α*. DIANTHI (DC.). Sur le Dianthus barbatus.
> VAR. *β*. SPERGULÆ (DC.). P. caryophyllearum West. Sur les Spergula arvensis et pentandra.
> VAR. *γ*. LYCHNIDIS (DC.). Sur les Lychnis sylvestris et dioïca.
> VAR. *δ*. CERASTII (Nob.). Sur le Cerastium arvense.

2108. P. STELLARIÆ (Duby. Bot. gall. f. 887). Sous les feuilles du Stellaria media.

2109. P. SAGINÆ (Sch. et K. Exs. nº 221). Sur les tiges et les feuilles des Sagina procumbens et apetala.

2110. P. CIRCEÆ (Pers. Disp. t. 3. f. 4). Sous les feuilles du Circea lutetiana.

2111. P. CORRIGIOLÆ (Chev. Fl. par. 1. p. 420). Sous les feuilles du Corrigiola littoralis.

2112. P. GLOBULARIÆ (DC. Fl. fr. 5. 55). Sous les feuilles du Globularia vulgaris.

2113. P. BUXI (DC. l. c. p. 60). Sur les deux faces des feuilles du buis.

2114. P. SCORODONIÆ (Link. Sp. pl. 2. p. 72). Sur le Teucrium scorodonia.

2115. P. VIRGÆ AUREÆ (Lib. Crypt. ard.). Asteroma solidaginis Fries. Xyloma virgæ aureæ DC. Sur les feuilles du Solidago virga aurea.

2116. P. CLINOPODII (DC. Fl. fr. 5. p. 57). Sous les feuilles du Clinopodium vulgare.

2117. P. MENTHÆ (Pers. Syn. 727). Sur les feuilles de plusieurs espèces de menthe.

> VAR. *β*. STACHIDIS (Duby). Sur les feuilles des Stachys sylvatica et palustris.

Puccinia.

\ 2118. P. ARTEMISIARUM (Schm. et K. Exs. n° 95). Sous les feuilles des Artemisia absinthium et vulgaris.

2119. P. TANACETI (DC. Fl. fr. 2. p. 222). P. discoïdearum Link. Sur les deux faces des feuilles du Tanacetum vulgare.

\ 2120. P. STELLATARUM (Duby. Bot. gall. f. 888). Sur les tiges et les feuilles des Galium.

\ 2121. P. GLECHOMÆ (DC. Fl. fr. 5. p. 56). Dicæoma verrucosum Nees. Sous les feuilles du Glechoma hederacea.

\ 2122.P. AVICULARIÆ (Pers. Syn. 227). Sous les feuilles du Polygonum aviculare.

  VAR. β. VAGINALIUM (Link). Sur les tiges de la même plante.

  VAR. γ. FABÆ (Alb. et Schw.). P. fabæ Link. Sous les feuilles du Faba vulgaris.

2123. P. PRIMULÆ (Duby. Bot. gall. p. 894). Sous les feuilles des primevères.

2124. P. BETONICÆ (DC. Fl. fr. 5. p. 57). Sous les feuilles du Betonica officinalis.

\ 2125. P. GRAMINIS (Pers. Syn. 228). Sur les tiges et les deux faces des feuilles des graminées.

  VAR. β. EPICAULA. Sur les gaines des feuilles des mêmes plantes.

2126. P. ARUNDINACEA (DC. Fl. fr. 5. p. 57). Sur les tiges et les deux faces des feuilles des Arundo phragmites, calamagrostis, etc.

2127. P. CARICIS (DC. l. c. p. 60). P. striola Link. Sur les feuilles de plusieurs espèces de Carex.

2128. P. ASPARAGI (DC. Fl. fr. p. 595). Sur les tiges, rarement sur les feuilles de l'Asparagus officinalis.

\ 2129. P. POLYGONI-CONVOLVULI (DC. l. c. p. 61). Sur les tiges et en dessous des feuilles du Polygonum convolvulus.

2130. P. ASTERIS (Duby. Bot. gall. p. 888). Sur les deux faces des feuilles de l'Aster tripolium.

2131. P. LILIACEARUM (Duby. l. c. p. 891). Sur les feuilles de plusieurs liliacées.

Puccinia.

2152. P. RUMICIS (Bell. in litt.). Sur les tiges du Rumex scutatus.

2153. P. HIERACII (Mart.). Sur les feuilles de plusieurs Hieracium.

2154. P. POLYGONORUM (Link. Sp. pl. 6. p. 69). Sur le dessous des feuilles des Polygonum bistorta, amphibium, etc.

2155. P. COMPOSITARUM (Schl. Ber. 2. p. 155). Sur les tiges et les feuilles de plusieurs composées.

> VAR. *α*. CALCITRAPÆ (DC.). Sur les Centaurea calcitrapa, scabiosa, etc.

> VAR. *β*. CENTAUREÆ (DC.). P. inquinans *α*. compositarum Wall. Sur le Centaurea cyanus.

> VAR. *γ*. ARNICÆ (DC.). Sur l'Arnica montana.

2156. P. UMBELLIFERARUM (DC. Fl. fr. 5. p. 58). Sous les feuilles des ombellifères.

> VAR. *α*. ÆGOPODII (Straus). Sur l'Ægopodium podagraria.

> VAR. *β*. PIMPINELLÆ (Straus). Sur les Pimpinella magna et saxifraga.

> VAR. *γ*. ÆTHUSÆ (Link.) Sur l'Æthusa cynapium.

> VAR. *δ*. HERACLEI (Grev.). Sur l'Heracleum sphondylium.

> VAR. *ε*. APII (Nob.). Sur l'Apium graveolens.

2157. P. GALII-CRUCIATÆ (Duby. Bot. gall. p. 890). Sous les feuilles du Galium cruciata.

> VAR. *β*. P. PALLIDA (West.). P. heterochroa Desm. Sur la même plante.

2158. P. PRUNI (DC. Fl. fr. 2. p. 222). Sous les feuilles des Prunus spinosa et domestica.

2159. P. ADOXÆ (DC. Fl. fr. 220). Sur les tiges, les pétioles et les deux faces des feuilles de l'Adoxa moschatellina.

2140. P. ANEMONES (Pers. Obs. 2. t. 6. f. 5). Sur les deux faces des feuilles de l'Anemone nemorosa.

2141. P. EPILOBII (DC. Fl. fr. 5. p. 61). Sous les feuilles des Epilobium palustre et montanum.

2142. P. VIOLÆ (DC. l. c. p. 62). Sous les feuilles des Viola canina et odorata.

Puccinia.

2143. P. BETONICÆ (DC. l. c. p. 57). Presque toujours sous les feuilles du Betonica officinalis.

2144. P. SCIRPI (DC. Fl. fr. 2. p. 223). Sur les chaumes mourants des Scirpus.

2145. P. ELYMI (West. H. C. B. n° 291). Sur les feuilles de l'Elymus arenarius.

2146. P. LUZULÆ (Lib. Crypt. ard. n° 94). Sur les feuilles du Luzula verna.

2147. P. SCROPHULARIÆ (Lib. l. c. n° 193). Sous les feuilles des scrophularia nodosa et aquatica. Rare.

2148. P. MAYANTHEMI (Nob.). Épiphylle sur les feuilles du Mayanthemum bifolium. Très-rare.

2149. P. CIRSII OLERACEI (Desm. Cat. pl. om. 24). Sous les feuilles du Cirsium oleraceum.

2150. P. PUNCTUM (Link. Sp. pl. 6. p. 68). Sur les tiges et les feuilles de plusieurs liliacées.

2151. P. JUNCI (Desm. Pl. crypt.). Sur les chaumes de plusieurs Juncus.

2152. P. IRIDIS (Wallr. Comp. fl. germ.). Sur les feuilles des Iris.

2153. P. CORONATA (Corda). Sur les feuilles des graminées.
  VAR. β. LOLII (Bell.). Sur le Lolium perenne.

2154. P. LYSIMACHIÆ (Nob.). Sur la face inférieure des feuilles du Lysimachia vulgaris.

2155. P. OROBI (Nob.). Sous les feuilles de l'Orobus tuberosus.

2156. P. CAMPANULÆ (Bell.). Sur les feuilles de plusieurs espèces de Campanula.

2157. P. SONCHI (Rob. in Herb.). Sur les feuilles des Sonchus arvensis et oleraceus.

25. UREDO. Pers. Syn. 214. Cæomatis Sp. Link.

Sporidies uniloculaires, non cloisonnées, libres, très-petites, rarement pédicellées, réunies par groupes, couvertes d'abord par l'épiderme, qu'elles déchirent plus tard irrégu-

Uredo.

lièrement. Petites pustules parasites, naissant le plus souvent sur la face inférieure des feuilles vivantes, quelquefois blanches, le plus souvent jaunâtres ou d'un jaune de rouille ou brunâtres.

2158. U. CANDIDA (Pers. Syn. 225). U. cubica Straus. Pustules blanches, se développant sur les feuilles, les tiges et les pétioles de plusieurs plantes.

> VAR. α. CRUCIFERARUM (DC.). Sur les crucifères.
>
> VAR. β. UMBELLIFERARUM (DC.). Sur les ombellifères.
>
> VAR. γ. TRAGOPOGI (DC.). Sur les tiges, les fruits et les feuilles des tragopogons.
>
> VAR. δ. PYRETHRI (Bell.). Sur les feuilles du Pyrethrum parthenium.
>
> VAR. ε. CIRSII (Nob.). Sur les feuilles du Cirsium oleraceum.
>
> VAR. ϛ. CENTAUREÆ (Nob.). Sur les feuilles du Centaurea scabiosa.

2159. U. PORTULACÆ (DC. Fl. fr. 5. p. 86). Pustules blanches venant sur le Portulaca sativa.

2160. U. ORCHIDIS (Mart. Mosq. p. 229). Sur les deux faces des Orchis latifolia et maculata, etc.

2161. U. ALLIORUM (DC. Fl. fr. 5. p. 82). Sur les deux faces des feuilles et sur les tiges des Allium cepa et porrum.

2162. U. LINEARIS (Pers. Syn. 216. a). Groupes hypophylles, linéaires, se développant sur les feuilles des graminées.

2163. U. POLYPODII (DC. l. c. p. 81). Sous les feuilles des fougères, le plus souvent sur l'Aspidium fragile.

2164. U. OVATA (Straus. in Welt. ann.). Hypophylle sur les feuilles du Populus tremula.

2165. U. GERANII (DC. l. c. p. 75). Hypophylle sur les feuilles des Geranium columbinum, molle, etc.

2166. U. VALERIANÆ (DC. l. c. p. 68). Sur les deux faces des feuilles de la valériane.

Uredo.

2167. U. RUBIGO-VERA (DC. l. c. f. 83). Sur les tiges et sur les deux faces des feuilles des graminées.

2168. U. FESTUCÆ (DC. l. c. p. 82). Sur les feuilles du Festuca glauca et sur celles de quelques autres graminées. Rare.

2169. U. PRUNASTRI (DC. l. c. p. 85). Sous les feuilles des Prunus domestica et spinosa.

2170. U. GENISTARUM (Duby. Bot. gal. p. 898). Hypophylle sur les feuilles du Cytisus scoparius.

2171. U. POLYGONORUM (DC. l. c. p. 74). Hypophylle sur plusieurs polygonum, souvent mêlé avec le puccinia.

> VAR. β. CONVOLVULI (West.). Sur le Polygonum convolvulus.

2172. U. QUERCUS (Brond. in litt.). Hypophylle sur les feuilles du chêne.

2173. U. SENECIONIS (DC. Fl. fr. 2. p. 231). Sous les feuilles des Senecio vulgaris et sarracenicus.

2174. U. SONCHI (Pers. Syn. 217). U. compransor var. sonchi Kickx. Hypophylle sur les feuilles des Sonchus arvensis et oleraceus.

2175. U. TUSSILAGINIS (Pers. Syn. 218). U. compransor var. tussilaginis Kickx. Sous les feuilles du Tussilago farfara.

2176. U. PETASITIS (DC. Fl. fr. 2. p. 236). Sous les feuilles du Tussilago petasites.

2177. U. ROSÆ (Pers. Syn. 215). Hypophylle sur les feuilles des rosiers.

2178. U. PINGUIS (DC. Fl. fr. 2. p. 235). Groupes épais, largement étalés, se développant sur les nervures, les pétioles, les fruits et les feuilles des rosiers.

2179. U. RUBORUM (DC. l. c. p. 234 et 596). Sous les feuilles des Rubus fruticosus et idæus.

2180. U. POTENTILLARUM (DC. Fl. fr. 5. p. 81). Sous les feuilles et sur les pétioles de plusieurs potentilles, principalement sur les Potentilla verna et fragaria.

2181. U. PUSTULATA (Pers. Syn. 219). Hypophylle, rarement épiphylle sur quelques plantes.

Uredo.

VAR. *α*. EPILOBIORUM (Pers.). Cæoma onagrarum Link.
Sur divers épilobes.

VAR. *β*. CARYOPHYLLACEARUM (Duby). Sur les Cérastium.

VAR. *γ*. VACCINII (DC.). Sur les Vaccinium myrtillus et
Vitis idæa.

2182. U. PUNCTATA (DC. Fl. fr. 2. p. 255). Groupes jaunâtres,
ponctués de noir, venant sous les feuilles des euphorbes. Rare.

2183. U. CAMPANULÆ (Pers. Syn. 217). Sur les tiges et sous les
feuilles des Campanula trachelium, rapunculus, etc.

2184. U. HYPERICORUM (DC. Fl. fr. 5. p. 81). Hypophylle sur les
feuilles des Hypericum.

2185. U. SYMPHITI (DC. l. c. p. 87). Sous les feuilles du Sym-
phitum officinale.

2186. U. RHINANTHACEARUM (DC. l. c. p. 80). Hypophylle, rarement épiphylle sur les Rhinanthus.

VAR. *β*. EUPHRASIÆ (Schum.). Sur les Euphrasia officinalis et odontites.

VAR. *γ*. MELAMPYRI (Rebent.). Sur le Melampyrum
pratense.

2187. U. CONFLUENS (DC. l. c. 2. p. 252). Cæoma mercurialis
Link. Sur les tiges, les pétioles et la face inférieure des feuilles
du Mercurialis perennis.

2188. U. GYROSA (Rebent. Neom. p. 555). U. rubi idæi Pers.
Groupes jaunes, disposés en anneau, confluents venant, sur
la face inférieure des feuilles du Rubus idæus.

2189. U. LONGICAPSULA (DC. l. c. p. 255). Sous les feuilles des
peupliers et du bouleau.

VAR. *α*. POPULINA (Pers.). U. cylindrica Straus. Sur les
peupliers.

VAR. *β*. BETULINA (DC.). Sur le bouleau.

2190. U. ÆCIDIOÏDES (DC. l. c. p. 256). U. ærigina Chev. Cæoma
æriginum Link. Groupes jaunâtres, épars, souvent rapprochés, nombreux, se développant sur les deux faces des feuilles
du Populus alba.

2191. U. MIXTA (Steud. Nom. bot. 2. p 452). Sur les jeunes

rameaux, les pétioles, les feuilles et les capsules des saules, surtout sur le Salix capræa.

2192. U. VITELLINÆ (DC. Fl. fr. 2. p. 231). Sous les feuilles des Salix alba, fragilis et vitellina.

2193. U. SALICIS (DC. l. c.) Sur les pétioles, la face inférieure des feuilles et les capsules des Salix triandra , viminalis, etc.

2194. U. CAPRÆARUM (DC. Syn. gall. p. 48). Sous les feuilles des Salix capræa, cinerea et aurita.

2195. U. EUPHORBIÆ (Rebent. Neom. p. 254). U. helioscopiæ DC. Cæoma euphorbiarum Link. Sur les feuilles et les capsules des euphorbes.

2196. U. POTERII (Spreng. Syst. veg. 4. p. 576). U. potentillarum DC. Sous les feuilles du Poterium sanguisorba.

2197. U. LINI (DC. Fl. fr. 2. p. 234). Sur les feuilles et les tiges du Linum catharticum.

2198. U. SCUTELLATA (Pers. Syn. 220). Groupes d'un brun foncé, disposés en série, arrondis, venant sur les Euphorbia, surtout sur le cyparissias.

2199. U. EXCAVATA (DC. l. c. p. 227). Groupes hypophylles, bruns, petits, orbiculaires, épars, presque immergés, venant sur les tiges et les feuilles des euphorbes. Très-rare.

2200. U. APPENDICULATA (Pers. Syn. 224). Sur les deux faces des feuilles de plusieurs légumineuses.

> VAR. α. PISI (DC.). Sur les Pisum sativum et arvense.
>
> VAR. β. OROBI (DC.). Sur les Orobus vernus et tuberosus.
>
> VAR. γ. PHASEOLORUM (DC.). Sur les Phaseolus.
>
> VAR. δ. LATHYRI (Nob.). Sur le Lathyrus pratensis.

2201. U. EPILOBII (DC. Fl. fr. 5. p. 75). Sous les feuilles des Epilobium montanum et tetragonum.

2202. U. PHYTEUMARUM (DC. l. c. p. 65). Sous les feuilles des Phyteuma.

2203. U. CICHORACEARUM (DC. l. c. 2. p. 229). Sur les deux faces des feuilles et sur les tiges des chicoracées.

2204. U. FABÆ (Pers. Disp. 15). Sur les tiges, les pétioles et les deux faces des feuilles du Faba vulgaris.

> VAR. *β*. TRIFOLII (DC.). Sur les feuilles du Trifolium pratense.
>
> VAR. *γ*. CYTISI (DC.). Sur les feuilles du Cytisus laburnum.

2205. U. CYNAPII (DC. l. c. 5. p. 72). Cæoma umbellatarum Link. Sur les feuilles des ombellifères, surtout sur celles de l'Æthusa cynapium.

> VAR. *β*. PIMPINELLÆ (Bell.). Sur les Pimpinella magna et saxifraga.

2206. U. ÆGOPODII (Nob.). Épiphylle sur les feuilles de l'Ægopodium podagraria.

2207. U. SANGUISORBÆ (Nob.). Xenodochus carbonarius Fries. Sous les feuilles du Sanguisorba officinalis.

2208. U. COLCHICI (Nob.). Sporisorium colchici Lib. Groupes allongés, ceints par l'épiderme rompu, se développant sur les feuilles du Colchicum autumnale.

2209. U. RUMICUM (DC. Fl. fr. 5. p. 65). Sur les deux faces des feuilles des Rumex.

2210. U. BETÆ (Pers. Syn. 220). Sur les deux faces des feuilles de la betterave.

2211. U. BISTORTARUM (DC. l. c. p. 76). Hypophylle sur le Polygonum bistorta.

2212. U. PADI (Lib. Crypt. ard. n° 89). Sous les feuilles du Prunus padus.

2213. U. IRIDIS (Desm. Crypt. exs. n° 127). Sur les deux faces des feuilles des Iris.

2214. U. GLADIOLI (Req. in Herb. Dec.). Sur les feuilles du Gladiolus communis dans les jardins.

2215. U. VINCETOXICI (DC. Fl. fr. 5. p. 83). Sous les feuilles du Cynanchum vincetoxicum. Très-rare.

2216. U. EPITEA (Desm. Crypt. exs. n° 836). Groupes arrondis, allongés, jaunâtres, se développant sur les feuilles de quelques Salix. M. Kickx l'a trouvé sur le Salix reticulata.

Uredo.

2217. U. PYROLÆ (Grev.). Erysibe polymorpha β. Wallr. Sur les feuilles du Pyrola rotundifolia près d'Ostende.

2218. U. VIOLARUM (DC. Fl. fr. 5. p. 73). Sous les feuilles des Viola canina et odorata.

2219. U. ARMERIÆ (Duby. Bot. Gall. p. 899). Sur les deux faces des feuilles des Armeria.

2220. U. SUAVEOLENS (Pers. Syn. 221). Cæoma obtegans Link. Hypophylle sur le Cirsium arvense.

2221. U. ARTEMISIÆ (Chev. Fl. par. 1. p. 399). Sous les feuilles de l'Artemisia vulgaris.

2222. U. CYANI (DC. Fl. fr. 5. p. 82). Sur les deux faces des feuilles du Centaurea cyanus.

2223. U. CARICINA (DC. l. c. p. 83). Sur les deux faces des feuilles de plusieurs Carex.

2224. U. OBLONGATA (Grev. Crypt. t. 12). Sur les deux faces des feuilles des Luzula, principalement sur le maxima.

2225. U. LABIATARUM (DC. Fl. fr. 5. p. 72). Sous les feuilles des menthes, de l'origan, du clinopode, etc.

2226. U. FICARIÆ (Alb. et Schw.). Cæoma ranunculacearum Link. Sur les pétioles et les deux faces des feuilles du Ficaria ranunculoides.

2227. U. RANUNCULACEARUM (DC. Fl. fr. 5. p. 75). Cæoma ranunculacearum Link. U. anemones Pers. Polycistis ranunculacearum Desm. Sporisorium ranunculi Lib. Sur les pétioles et les deux faces des feuilles des renoncules, des anémones, etc.

VAR. β. HELLEBORI (Lib.). Hypophylle sur l'Helleborus viridis.

2228. U. GALII (Duby. Bot. gall. p. 896). Sous les feuilles du Galium mollugo.

2229. U. RIBIS (Chev. Fl. par. 1. p. 400). U. confluens var. Ribis DC. Sous les feuilles des Ribes rubrum et alpinum.

2230. U. SEDI (DC. Fl. fr. 2. p. 227). U. sempervivi Alb. et Schw. Sur les deux faces des feuilles des Sedum et des Sempervivum. Rare.

2231. U. CONCENTRICA (Desm. Ann. sc. nat.). Groupes naissant

Uredo.

sur des taches pâles, ovalaires, entourées d'une aréole plus foncée. Sur les feuilles du Scylla nutans.

2252. U. PARNASSIÆ (West. H. C. B. n° 676). Sur les deux faces des feuilles du Parnassia palustris.

2253. U. ALCHIMILLÆ (Pers. Syn. 215). Hypophylle sur les feuilles de l'Alchimilla vulgaris.

2254. U. ULMARIÆ (Mart.). Hypophylle sur les feuilles du Spiræa ulmaria. Très-rare.

2255. U. SALISBURIÆ (Nob.). Trouvé près de Liége sur les feuilles d'un Salisburia adianthoïdes.

2256. U. BUPLÆVRI (Nob.). Sur les feuilles du Buplevrum falcatum à Dinant.

2257. U. ÆRUGINOSA (Chev. Fl. par.). Sous les feuilles du peuplier blanc.

2258. U. LUZULÆ (Desm. Crypt. exs. n° 1660). Sur les feuilles du Luzula verna.

2259. U. ELYMI (West. Crypt. in Belg. f. 28). Sur la face inférieure des feuilles de l'Elymus arenarius.

2240. U. ARUNDINACEA (Nouel. Mal. Mém. Sec. roy. de Lille). Sur les feuilles de l'Arundo phragmites.

2241. U. LONGISSIMA (Sow. Fung. t. 159). Ustilago longissima Lev. Groupes linéaires, très-allongés, fendant l'épiderme longitudinalement. Sur les feuilles du Pao aquatica.

2242. U. MELANOGRAMMA (DC. Fl. fr. 5. p. 74). Sur les deux faces des feuilles des Carex.

2243. U. GLUMARUM (Desm. Crypt. exs. n° 1477). Il croit dans l'intérieur des glumes du froment.

2244. U. UTRICULOSA (Duby. Bot. gall. p. 901). Il se développe dans les fleurs des Polygonum et détruit les graines.

2245. U. STRIÆFORMIS (West. Not. Crypt. belg. p. 29). Il ressemble au longissima et se développe sur l'Holcus lanatus et sur l'Athoxanthum odoratum.

2246. U. CARBO (DC. Fl. fr. 5. p. 76). Il se répand sous la forme d'une poussière noire et envahit tout l'épi des graminées, surtout celui du froment.

Uredo.

2247. U. caries (DC. l. c. p. 78). Groupes se développant entre les graines du froment, à sporidies noires et fétides.

2248. U. occulta (DC. l. c. p. 29). Groupes se développant dans l'intérieur des gaînes, sur le chaume et le rachis du seigle qu'ils déforment, s'ouvrant longitudinalement en laissant échapper une poussière d'un brun noirâtre.

2249. U. antherarum (DC. l. c. p. 79). Il se développe sur les anthères des caryophyllées, surtout sur celles du Saponaria officinalis.

2250. U. urceolorum (DC. l. c. p. 78). Cæoma olivaceum Link. Ustilago urceolorum Lev. Espèce venant sur les graines du Carex riparia dont elle rompt l'épiderme.

2251. U. hypodytes (Kickx Rech. Crypt. fl. 4. p. 34). Ustilago hypodytes Fries. Erysibe hypodytes Wallr. Groupes étroits, linéaires, parallèles, déchirant l'épiderme. Dans les gaines de l'Elymus arenarius.

2252. U. seminis convolvui (Desm. Crypt. n° 274). Sur les graines du Convolvulus arvensis.

2253. U. maydis (DC. l. c. p. 77). Espèce à sporidies très-nombreuses, naissant sous l'épiderme des graines qu'elle dilate, en les détruisant. Sur le Zea mays.

2254. U. receptaculorum (DC. l. c. p. 79). Il croit dans les réceptacles des Tragopogon, Scorsonera, et autres chicoracées.

26. Æcidium. Pers. Syn. 294. Cæomatis Sp. Link.

Sporidies uniloculaires, globuleuses ou ovoïdes, libres, très-petites, non cloisonnées, réunies en groupes réguliers, ceints de l'épiderme rompu régulièrement, qui leur forme un faux péridium tubuleux ou cyathiforme. Les espèces naissent ordinairement groupées sur la face inférieure des feuilles vivantes, ayant une tache d'un jaune plus ou moins rougeâtre sur la face supérieure de la feuille, correspondant avec l'æcidium. Les groupes sont le plus souvent jaunâtres ou ferrugineux.

Æcidium.

§ I. — ROESTELIA (Rebent. Neom. p. 350). *Épiderme soulevé en tubercules desquels sortent latéralement de faux péridiums couverts de sillons nombreux, non véritablement
déhiscents.*

2255. Æ. CANCELLATUM (Pers. Syn. 205). Tubercules d'un jaune-
bruns, écailleux. Hypophylles sur les feuilles du poirier.

§ II. — CERATITES (Link. Sp. pl. 6. 2. p. 64). Rœstelia Ad.
Brongn. *Epiderme soulevé en un faux péridium tubuleux,
lacinié au sommet, à laciniures divariquées.*

2256. Æ. LACERATUM (Sow. Fung. t. 518). Groupes hypophylles,
allongés, brunâtres, cylindriques, souvent courbés. à divisions
divergentes, venant sur les feuilles du Cratægus oxyacantha.

2257. Æ. CORNUTUM (Pers. Obs. myc.). Groupes hypophylles,
cylindriques, courts, dressés, d'un gris jaunâtre, à bords
lacerés, se développant sur les feuilles du Sorbus aucuparia.

2258. Æ. MESPILI (DC. Fl. fr. 5. p. 98). Presque toujours hypophylle; groupes agrégés, nombreux, cylindriques, déchirés
au sommet en soies dressées. Sur les feuilles du Mespilus
germanica.

§ III. — PERIDERMIUM (Link. Sp. pl. 6. 2. p. 66). *Épiderme
gonflé en vessie, se rompant par la base.*

2259. Æ. PINI (Pers. in Gmel. Syst. nat. p. 1475). Lycoperdon
pini Willd. Espèce de vésicules rosées étant fraîches, devenant blanchâtres par la sécheresse, venant sur les feuilles du
sapin.

§ IV. — CÆOMA (Link. Sp. pl. 6. 2. p. 66). *Épiderme
formant un faux péridium cupuliforme autour des sporidies.*

2260. Æ. BERBERIDIS (Gmel. Syst. p. 1475). Sur les feuilles du
Berberis vulgaris.

Æcidium.

2261. Æ. CIRSII (DC. Fl. fr. 5. p. 94). Sur les feuilles du Cirsium oleraceum.

2262. Æ. CONVALLARIÆ (Schum. Sœll. 2. p. 224). Sur les feuilles des Polygonatum et du Convallaria majalis.

2263. Æ. ARI (Desm. Cat. pl. om. p. 26). Sur les feuilles de l'Arum vulgare.

2264. Æ. CLEMATIDIS (DC. Fl. fr. 2. p. 243). Sur les feuilles du Clematis vitalba.

2265. Æ. ASPERIFOLII (Pers. Syn. 208). Sur les feuilles des borraginées, principalement sur le Lycopsis arvensis.

2266. Æ. GERANII (DC. Fl. fr. 5. p. 95). Sur les feuilles des Geranium molle, columbinum, etc.

2267. Æ. GROSSULARIÆ (DC. l. c. p. 92). Sur les feuilles du Ribes grossularia.

2268. Æ. RUBELLUM (DC. l. c. 2. p. 241). Sur les feuilles des Rumex.

2269. Æ. ORCHIDEARUM (Desm. Cat. pl. om. p. 26). Sur les feuilles des orchidées.

2270. Æ. LONICERÆ (Duby. Bot. gall. p. 906). Æ. periclymeni DC. Sur les feuilles des Lonicera periclymenum et xylosteum.

2271. Æ. TUSSILAGINIS (Pers. Syn. 200). Sur les feuilles du Tussilago farfara.

2272. Æ. RANUNCULACEARUM (DC. Fl. fr. 5. p. 97). Sur les feuilles de plusieurs renonculacées.

> VAR. α. RANUNCULI (Sow.). Sur les Ranunculus acris et repens.
>
> VAR. β. FICARIÆ (DC.). Sur le Ficaria ranunculoïdes.
>
> VAR. γ. THALICTRI (Grev.) Sur les Thalictrum minus et flavum.
>
> VAR. δ. AQUILEGII (Pers.). Sur les feuilles de l'aquilegia vulgaris.

2273. Æ. BUNII (DC. l. c.). Sur les feuilles et les pétioles des ombellifères.

2274. Æ. CRASSUM (Pers. Ic. pict.). Espèce formant des coussi-

Æcidium.

nets épais. Sur les feuilles, les pétioles et les pédoncules du Rhamnus frangula.

2275. Æ. RHAMNI (Pers.). Faux péridiums épars ou groupés par 2 à 4 ensemble. Il vient sur les Rhamnus frangula et catharticus.

2276. Æ. IRRULARE (DC. Fl. fr. 2. p. 248). Sur les feuilles du Rhamnus catharticus.

2277. Æ. PRENANTHIS (Pers. Syn. 208). Sur les feuilles du Prenanthes muralis.

2278. Æ. CRUCIFERARUM (Mer. Fl. par. 2. p. 46). Sur les feuilles du Barbarea vulgaris et d'autres crucifères.

2279. Æ. URTICÆ (DC. Fl. fr. 2. p. 243). Sur les tiges et les feuilles de l'Urtica dioïca.

2280. Æ. EUPHORBIARUM (DC. l. c. 5. p. 91). Sur les feuilles des Euphorbiæ.

2281. Æ. VIOLARUM (DC. l. c. 2. p. 240). Sur les feuilles des Viola odorata et canina.

2282. Æ. FALCARIÆ (DC. l. c. 5. p. 91). Sur les feuilles du Falcaria rivini. M. Bellynck l'a rencontré sur le Pimpinella magna.

2283. Æ. CICHORACEARUM (DC. l. c. 2. p. 239). Sur toutes les parties des chicoracées.

> VAR. *α*. TRAGOPOGONIS (Pers.). Sur les Tragopogon et les Scorsonera.
>
> VAR. *β*. LEONTODONTIS (Nob.). Sur le Taraxacum dens leonis.
>
> VAR. *γ*. COMMUNIS (Nob.). Sur le Lampsana communis, le Crepis virens, etc., etc.

2284. Æ. LEUCOSPERMUM (DC. l. c.). Sur les feuilles de l'Anemone nemorosa.

2285. Æ. QUADRIFIDUM (DC. l. c. 5. p. 90). Sur les feuilles de quelques anémones dans les jardins.

2286. Æ. RUBI (DC. l. c. 2. p. 238). Sur les feuilles des Rubus fruticosus et idæus.

2287. Æ. ADOXÆ (Grav. in Litt.). Sur les tiges, les pétioles et les deux faces des feuilles de l'Adoxa moschatellina.

Æ idum.

2288. Æ. VALERIANARUM (Duby. Bot. gall. p. 908). Sur les feuilles des valérianes.

2289. Æ. PHASEOLORUM (West. et Vh. Cat. crypt. n° 113). Faux péridiums épars. Sur les feuilles du Phaseolus vulgaris.

2290. Æ. EPILOBII (DC. l. c. 2. p. 238). Sur les feuilles des Epilobium.

2291. Æ. ALLII (Pers. Syn. 210). Sur les feuilles de l'Allium ursinum.

2292. Æ. ZONALE (Breb. in Duby. Bot. gall. p. 906). Æ. compositarum var. inulæ Wallr. Sur les feuilles de l'Inula dysenterica.

2293. Æ. SCROPHULARIÆ (DC. l. c. 5. p. 91). Sur les feuilles du Scrophularia aquatica.

2294. Æ. MELEAGRIS (Duby. Bot. gall. p. 804). Sur le Fritillaria meleagris dans les jardins.

2295. Æ. ERVI (Wallr.). Sur les feuilles de quelques Vicia et de quelques Ervum. Très-rare.

2296. Æ. BELLIDIS (Leburton. Cat. crypt. Louv.). Sur les feuilles du Bellis perennis.

2297. Æ. OROBI (Pers. Syn. 210). Sur les feuilles de l'Orobus vernus. M. Bellynck.

2298. Æ. SENECIONIS (Desm. Crypt. exs. n° 679). Sur les feuilles du Senecio jacobea.

2299. Æ. PARIDIS (Nob.). Sur les feuilles du Paris quadrifolia.

2300. Æ. SALICIS (Nob.). Trouvé sur un Salix alba.

2301. Æ. LACTUCÆ (Nob.). Sur le Lactuca virosa au Jardin botanique de Bruxelles.

27. CRONARTIUM. Fries. Obs. myc. 1. p. 220.

Filaments (faux péridiums?) roides, colorés, simples, non cloisonnés, cylindriques, atténués au sommet, dilatés en tubercule à la base.

2302. C. ASCLEPIADEUM (Fries. l. c.). C. vincetoxici Fic. et Schub.

Erineum asclepiadeum Funke. Cæoma cronartites Link. Filaments allongés, roides, arqués, creux, d'un brun pâle, renfermant à la base des sporidies globuleuses; sporules inconnues. Hypophylle sur les feuilles du Cynanchum vincetoxicum.

> Var. *β. Pæoniæ* (Cast.). Hypophylle sur les feuilles de la pivoine dans les jardins.

Fille **VII.** — **Mucédinées.** Ad. Brongn. Cl. champ. p. 39.

Filaments tubuleux ou en tête au sommet, plus ou moins allongés, simples ou rameux, continus ou cloisonnés, stériles ou portant des sporules nues, simples, ou les contenant intérieurement; alors les sporidies ont une, rarement plusieurs spores. Végétations naissant libres, rarement rompant l'épiderme, se développant sur les substances en putréfaction, sur les végétaux morts, rarement sur les vivants.

Tribu I. — Phylliriées (A. Brongn. l. c.) *Filaments simples, continus, naissant sur les feuilles vivantes.*

1. Erineum. Pers. Syn. 699.

Filaments subdiaphanes, cylindriques ou comprimés, en massue ou turbinés, presque simples, agglomérés, formant des coussinets, presque toujours sur la face inférieure des feuilles; sporules inconnues. Il est douteux si ce genre est composé de plantes réelles ou si c'est une dégénérescence morbide des poils ou de l'épiderme.

Erineum

SECTION I. — PHYLLIRIUM (Fries. Obs. myc. 1. p. 218). *Filaments filiformes, courts, simples ou rameux, unis, contournés.*

2303. E. RUBI (Pers. Myc. 1. p. 2). Filaments dressés, atténués au sommet, d'un blanc gris-verdâtre. Sur les feuilles des Rubus.

2304. E. TILIACEUM (Pers. Obs. 1. p. 25). Coussinets immergés, à filaments denses, entremêlés, plus ou moins fauves. Sur les feuilles du Tilia europæa.

2305. E. JUGLANDIS (DC. Fl. fr. 5. p. 15). Coussinets enfoncés, limités, à filaments entremêlés, d'un blanc sale. Sur les feuilles du noyer.

2306. E. PYRINUM (Pers. myc. 1. p. 4). Coussinets étalés à filaments d'abord pâles, puis rougeâtres et enfin brunâtres. Sur les feuilles des poiriers.

　　VAR. β. MALINUM (DC.). Sur les feuilles des pommiers.

2307. E. PADI (Link. Sp. pl. 1. p. 159). Coussinets à filaments entre-croisés, courts, obtus, de couleur brunâtre. Sur le Prunus padus.

2308. E. ACERINUM (Pers. Syn. 700). E. purpurascens Gærtn. Coussinets à filaments d'abord d'un blanc grisâtre, puis rougeâtres, crochus au sommet. Sur les Acer pseudo-platanus et campestre.

2309. E. PURPUREUM (DC. Fl. fr. 5. p. 15). E. semydophilum Link. Coussinets petits, limités, à filaments entremêlés, tortillés, d'abord d'un blanc violacé, ensuite pourprés. Sur les feuilles du Betula alba.

2310. E. PSEUDO-PLATANI (Pers. Myc. 1. p. 5). Coussinets étalés, très-enfoncés, tortillés, entre-croisés, blanchâtres d'abord, puis bais-brunâtres. Sur l'Acer pseudo-platanus.

2311. E. VITIS (DC. Fl. fr. 2. p. 74). Coussinets étalés, assez épais, enfoncés, d'abord d'un blanc rougeâtre, ensuite brunâtres. Sur les feuilles de la vigne.

2312. E. SORBEUM (Pers. 1. p. 4). Coussinets subétalés, d'abord

Erineum.

rougeâtres, ensuite brunâtres, venant sur les feuilles du Sorbus aucuparia.

2313. E. MESPILINUM (DC. Fl. fr. 5. p. 15). Coussinets étalés, à filaments sublucides, d'un roux olivacé, venant sur le Mespilus germanica.

SECTION II. — GRUMARIA (Kunze). *Filaments le plus souvent capités ou en massue au sommet, enfoncés.*

2314. E. PUNCTIFORME (Lib. Crypt. ard. n° 191). Coussinets minces, ponctiformes, à filaments cendrés, devenant bruns. Sur le Salix capræa.

2315. E. ROSEUM (Schult. Starg. 506). E. betulæ DC. Coussinets étalés, soyeux, à filaments d'abord rosés, ensuite d'un brun pourpré. Sur les deux faces des feuilles du Betula alba.

2316. E. ALNEUM (Pers. Syn. 701). Coussinets subétalés, souvent confluents, d'abord d'un blanc jaunâtre, ensuite d'un fauve ferrugineux. Sur l'Alnus glutinosa.

2317. E. FAGINEUM (Pers. Obs. 2. p. 102). E. lacteum Fries. Coussinets limités, granuleux, à filaments denses, d'abord blanchâtres, puis ferrugineux - pourprés. Sur les feuilles du Fagus sylvatica.

> VAR. NERVISEQUUM (Kunze). Coussinets se formant le long des nervures des feuilles du même arbre.

2318. E. OXYACANTHÆ (Pers. Myc. 1. p. 7). E. clandestinum Grev. Coussinets étalés, confluents, à filaments courts, d'abord d'un blanc rosé, puis d'un ferrugineux pâle. Sur le Cratægus oxyacantha.

2319. E. ÆSCULI (West. Not. nouv. p. 22). Coussinets de 1 à 2 millimètres, denses, subarrondis, d'un brun rougeâtre, venant dans les nervures des feuilles de l'Æsculus hippocastanum.

Erineum.

Section III. — Taphria (Fries. Obs. myc. 1. p. 217). *Filaments très-petits, ovoïdes, granuliformes.*

2520. E. griseum (Pers. Myc. 1. p. 8). Coussinets étalés, soyeux, d'un gris un peu pourpré. Sur les feuilles du chêne.

2521. E. aureum (Pers. Syn. fung. 700). Coussinets très-enfoncés, étalés, soyeux, d'un jaune doré. Sur les feuilles du peuplier.

Tribu II. — Mucorées (Ad. Brongn. l. c.). *Filaments pellucides, cloisonnés, fugaces, portant au sommet un péridiole vésiculeux, membraneux, contenant les sporules.*

2. Stilbum. Tode. Fung. Meck. 1. p. 11.

Filaments dressés, charnus, égaux, solides, terminés par un capitule arrondi, mou, gélatineux, nu, diffluent, rempli de sporules très-petites. Petites végétations, agrégées, fugaces, naissant dans les endroits humides.

2522. S. vulgare (Tode. Fung. Meck. 1. t. 2. f. 16). A peine visible à l'œil nu, à tête globuleuse, blanchâtre, devenant jaunâtre; stipe d'un blanc ochracé, cylindrique, atténué au sommet. En automne, sur les herbes mortes.

2523. S. tomentosum (Schrad. Journ. bot.). S. parasiticum Dittm. Espèce haute à peine d'un millimètre, glabre, à tête globuleuse, blanche, quelquefois citrine; stipe glanduleux, naissant souvent sur un subiculum byssoïde. En été, après les pluies, sur les mousses et les vieux troncs.

2524. S. erythrocephalum (Pers. Myc. eur. 1. p. 348). Capitules globuleux, turbinés, rosés, assez épais, velus, blanchâtres, atténués au sommet. Sur les crottes de lapin, dans les bruyères.

3. Graphium. Corda. Ic. fung. 5. p. 15.

Stipe dressé, fibreux, capité, floconneux-pénicillé;

Graphium.

spores homogènes, d'abord muqueuses, ensuite sèches, pulvérulentes.

2525. G. ATRUM (Desm. Crypt. exs. n° 1022). Stipe opaque, noirâtre; capitules ovoïdes, concolores, contenant des spores ovales, oblongues, pellucides, olivâtres, subfusiformes. Sur les chaumes et les tiges herbacées en putréfaction.

4. MUCOR. Fries. Syst. orb. veg. 1. p. 177. Ascophora Tode.

Filaments stériles, décombants, souvent laniformes, les fertiles dressés, cloisonnés, simples ou rameux, terminés par un capitule (péridiole) solitaire, subglobuleux, quelquefois persistant; sporules simples, globuleuses.

2526. M. CANINUS (Pers. Syn. 201). Filaments stériles, peu apparents, les fertiles blancs, dressés, simples, à péridioles petits, jaunâtres. Dans les lieux humides, sur les crottes de chien.

2527. M. FIMENTARIUS (Link. Obs. 1. p. |29) Filaments formant des gazons de 2 à 4 millimètres, très-blancs, laniformes; les fertiles rameux, à péridioles noirâtres, aplanis, ombiliqués en dessous. Sur les bouses de vache.

2528. M. RAMOSUS (Bull. Champ. t. 480). Mucor rufus Pers. Espèce agrégée, laniforme, à filaments blancs, les fertiles rameux, à péridioles globuleux, d'abord blancs, ensuite d'un roux brunâtre. Sur les champignons en putréfaction.

2529. M. MUCEDO (Bolt. Fung. t. 3). Filaments blancs, les stériles byssoïdes, les fertiles simples, dressés, à péridioles et sporules globuleux, concolores, devenant noirâtres. Sur les substances en putréfaction.

2530. M. STERCOREUS (Link. Sp. pl.). Filaments très-délicats, laniformes, simples, longs, blancs, les fertiles dressés, à péridioles globuleux, jaunâtres d'abord, ensuite noirâtres. Sur les matières excrémentitielles.

Mucor.

2351. M. ascophorus (Link. l. c.). M. mucedo Pers. M. sphæro-
    cephalus Bull. Filaments blancs, laniformes, les fertiles dres-
    sés, à péridioles convexes, devenant noirâtres. Sur les corps
    en décomposition.

5. Aspergillus. Mich. Gen. p. 212.

Filaments cloisonnés, libres, les stériles décombants,
les fertiles dressés, simples ou rameux au sommet, capités;
sporules globuleuses, disposées en série, s'échappant du
sommet des filaments. Végétations très-petites vivant sur
les substances en putréfaction.

2352. A. candidus (Link. Obs. 1. p. 14). Monilia candida Pers.
    Épars ou groupé, blanc, petit, à filaments fertiles simples, à
    péridioles globuleux, concolores. Sur les plantes mortes dans
    les lieux humides.

2353. A. flavus (Link. l. c.). Petit, à filaments blancs, les fertiles
    simples, devenant glauques; péridioles globuleux. Sur les
    substances en putréfaction.

2354. A. glaucus (Link. l. c.). Petit, groupé, à filaments blancs,
    les fertiles simples, devenant glauques; péridioles globuleux.
    Sur les substances en putréfaction.

2355. A. roseus (Link. l. c.). Mucor glomerulosus Bull. Botry-
    tis glomerulosus DC. Petit, à filaments blancs, les fertiles
    simples, à péridioles rosés. Sur les papiers et le linge humides.

2356. A. griseus (Link. Sp. pl. t. 1). Filaments laniformes,
    couchés, d'un gris jaunâtre, les fertiles rameux, dressés;
    sporidies petites, globuleuses. Sur les fruits en décomposition.

2357. A. clavatus (Desm. Ann. sc. nat.). Petit, à filaments spo-
    ridifères blancs, simples, tuméfiés au sommet; sporidies
    glauques, globuleuses, réunies en capitule claviforme. Sur les
    substances en putréfaction.

6. Eurotium. Link. Obs. 1. p. 29.

Filaments couchés, rameux, cloisonnés, étalés, rarement

oblitérés ; péridioles solitaires, sphériques, sessiles, déhiscents; sporules agglomérées.

2338. E. HERBARIORUM (Link. Obs. 1. p. 44). Agrégé, ponctiforme, à filaments blancs, rameux, à péridioles jaunes. Sur les plantes dans les herbiers et sur les osiers dans les caves.

Tribu III. — BOTRYDÉES. (Ad. Brong. l. c.). *Filaments distincts ou lâchement entremêlés, pellucides, fugaces, souvent cloisonnés; sporidies éparses ou groupées, placées sur les dernières articulations.*

7. STACHYLIDIUM. Link. Obs. 1. p. 13.

Filaments stériles couchés, les fertiles dressés, cloisonnés, rameux, à rameaux latéraux opposés ou verticillés, oblongs; sporidies très-petites, globuleuses, se répandant au dehors. Végétations très-petites, fugaces, venant sur la terre et les tiges desséchées des herbes.

2339. S. TERRESTRE (Link. Obs. 1. p. 75). Botrytis terrestris Pers. Espèce semblable à des toiles d'araignée, blanche, mince, à filaments rameux; les fertiles courts, à rameaux verticillés, oblongs; sporidies blanches. Sur la terre humide dans les caves et dans les bruyères.

2340. S. BICOLOR (Link. Obs. 1. p. 13). Espèce enveloppant longuement et largement les tiges, un peu épaisse, à filaments entre-croisés, denses, grisâtres; les fertiles rameux au sommet, opposés ou verticillés; sporidies blanches. Sur les tiges des grandes herbes.

8. ASCOMYCES. Mont. et Desm. Ann. sc. nat. t. XI.

Sporanges subclaviformes, ascomorphes, nus, simples

dressés; sporules petites, ovoïdes ou oblongues, hyalines, agrégées en gazons épiphylles, maculiformes.

2341. A. cærulescens (Mont. et Desm. l. c.). Epiphylle; sporanges subcylindriques, obtus au sommet, posés sur des taches suborbiculaires, quelquefois confluentes-irrégulières, d'un bleu fauve; sporules excessivement petites, ovoïdes-oblongues, s'échappant par le sommet rompu des sporanges. Sur les feuilles vivantes du chêne vert dans les jardins.

9. Acremonium. Link. Obs. 1. p. 13.

Filaments à peine rameux, couchés, lâches, libres, cloisonnés; sporidies solitaires, simples, non cloisonnées, globuleuses, stipitées.

2342. A. verticillatum (Link. l. c.). Mince, étalé, à filaments serrés, entrelacés, blancs, à rameaux sporidifères verticillés; sporidies ovoïdes, concolores. Sur les troncs en putréfaction.

10. Mycogone. Link. Obs. 1. p. 16.

Filaments courbes, entremêlés, rameux, cloisonnés; sporidies très-nombreuses, à appendice globuleux, filiforme, non cloisonnées.

2343. M. rosea (Link. l. c.). M. incarnata Pers. Petit, à filaments blancs, à sporidies rouges, formant un duvet. Sur les champignons putréfiés.

 Le M. cervina Dittm. est le même dans la jeunesse; ses sporidies sont jaunâtres.

11. Coremium. Nees. Syst. p. 86.

Filaments fertiles, cloisonnés, dressés, réunis inférieurement, formant comme un stipe, libres, pénicillés au sommet où se trouvent les sporidies.

2344. C. GLAUCUM (Link. Obs. 1. p. 19). Agrégé, étalé, à stipe court, jaunâtre; sporidies globuleuses, devenant jaunes. Sur les fruits gâtés.

2345. C. CANDIDUM (Nees. Fung. 86). Agrégé, étalé, à stipe blanc, à sporidies concolores, globuleuses. Sur les fruits gâtés.

2346. C. LEUCOPUS (Pers. Myc. 1. p. 42). Agrégé, grumeux, à capitules glauques, à stipe blanc, presque glabre. Sur les gousses des légumineuses en putréfaction.

12. PENICILLIUM. Link. Obs. 1. p. 15.

Filaments stériles couchés, cloisonnés, libres, simples ou rameux, les fertiles dressés, pénicillés au sommet; sporidies simples. Très-petites fongosités, d'un aspect velu, venant sur les herbes et les champignons en putréfaction.

2347. P. CANDIDUM (Link. Obs. 1. p. 15). Petites touffes arrondies, étalées, minces, blanches, à filaments fertiles très-rameux, ayant à peine 2 millimètres; sporidies blanches. Sur les champignons et les herbes qui se décomposent.

2348. P. GLAUCUM (Link. Obs. 1. p. 15). Mucor penicillatus Bull. Monilia digitata Pers. Espèce plus ou moins épaisse, blanche, à filaments fertiles un peu rameux; sporidies globuleuses, blanches, devenant jaunes. Sur les confitures et d'autres corps mous qui se gâtent.

2349. P. ROSEUM (Link. Obs. 2. p. 57). Espèce étalée, grêle, blanche, à filaments fertiles, rameux, à sporidies roses. Sur les tiges herbacées pourries, surtout sur celles des pommes de terre.

2350. P. RACEMOSUM (Pers. Myc. 1. p. 41). Aspargillus racemosus Pers. Monilia racemosa Pers. Syn. Mucor penicillatus Bull. Touffes plus ou moins épaisses, blanchâtres, à filaments émet-

Penicillium.

tant à la base des rameaux digités. Sur les corps mous en putréfaction.

2551. P. EXPANSUM (Link.). Floccaria glauca Grev. Filaments fertiles très-raccourcis, atteignant à peine 2 à 3 millimètres, soudés en un stipe droit, épais, blanc, formant au sommet des fascicules rameux, étalés, sur lesquels se trouvent les sporidies; celles-ci sont glauques, globuleuses, très-nombreuses et très-petites. Sur les solutions gommeuses qui s'aigrissent.

2552. P. CANDIDUM (Link. Sp. plant. 6. t. 1. p. 69). Espèce blanche et fugace, à filaments stériles très-délicats, imitant une toile d'araignée, les fertiles ramifiés en pinceau au sommet, hauts de 2 à 3 millimètres; sporidies globuleuses, pellucides. Sur les bolets en putréfaction.

13. BOTRYTIS. Fries. Syst. orb. veg. 1. p. 183. Botrytis, Spicularia, Haplaria Pers. Haplotrichum, Haplaria, Botrytis, Polyactis Link.

Filaments simples ou rameux, épars ou agrégés, libres, cloisonnés, les fertiles dressés; sporidies simples, globuleuses ou oblongues, réunies au sommet ou sur les rameaux des filaments.

2553. B. PARASITICA (Pers. Obs. 1. t. 5). B ramulosa Link. Mucor botrytis Sow. Étalé, blanc, à filaments fertiles rameux, à rameaux très-courts; sporidies globuleuses. Sur les tiges herbacées, surtout sur le Capsella bursa pastoris.

2554. B. GEOTRICHA (Link. Sp. pl. 6. 1. p. 55). Geotrichum eandidum Pers. Mince, tomenteux, blanc, à filaments fertiles peu rameux, très-courts; sporidies oblongues, tronquées. Sur la terre, dans les bois et les bruyères.

2555. B. GRISEA (Duby. Bot. gall. p. 920). Acladium griseum Wallr. Filaments grisâtres, dressés, les stériles fugaces, les fertiles subulés, simples ou bifides; sporidies concolores, globuleuses, très-petites, irrégulièrement placées sur les filaments. Sur les plantes aquatiques en putréfaction.

2556. B. FALLAX (Desm.). B. infestans Mont. B. vastatrix Lib. Petits groupes étalés, d'un blanc grisâtre, épars ou confluents; filaments stériles fugaces, les fertiles dressés, souvent bifurqués, rameux; sporidies nombreuses, ovoïdes, obtuses, apiculées au deux bouts. C'est cette espèce qui dévaste les pommes de terre.

2557. B. CINEREA (Pers. Syn. 690). Petites touffes cendrées-fuligineuses, à filaments stériles fugaces, les fertiles peu rameux, dressés, pourvus d'étranglements; sporidies blanchâtres, ovoïdes, semées sur les filaments. Sur les tiges herbacées mortes et sur les raisins gâtés.

2558. B. EFFUSA (Desm. Crypt. exs. n° 1491). Groupes maculiformes, étalés, confluents, d'un gris un peu rosé; filaments fertiles entre-croisés, dichotomes, à rameaux portant les sporidies, qui sont grosses, ovoïdes. Sur les feuilles des Chenopodium et des Atriplex.

2559. B. FARINOSA (Fries. Syst. myc. 3. p. 404). Taches grisâtres, à filaments feutrés, à sporidies ovoïdes, d'un brun foncé. Sur les feuilles du Pastinaca sativa et sur quelques autres plantes.

2560. B. CANA (Fries. l. c. p. 397). Filaments cendrés, les stériles étalés, les fertiles rameux au sommet; sporidies ovoïdes, grandes, semées sur les filaments. Sur les plantes pourries.

2561. B. RACEMOSA (DC. Fl. fr. 2. p. 70). Étalé, cendré, à filaments fertiles dressés, très-rameux, à sporidies ovoïdes-oblongues, blanches, devenant cendrées. Sur les légumes et les fruits pourris.

2562. B. POLYACTIS (Link. Sp. pl. 6. 1. p. 59). Monilia vulgaris Pers. B. vulgaris Fries. Petits gazons de 4 à 20 millimètres, étalés, à filaments lâches, laniformes, les fertiles vaguement rameux, divisés au sommet; sporidies globuleuses, glauques. Sur les herbes en putréfaction.

2563. B. UMBELLATA (DC. Fl. fr. 2. p. 71). Mucor umbellatus

Bull. Espèce assez élevée, étalée, à filaments d'abord blancs, ensuite d'un gris noirâtre, les fertiles dressés, ombellés, multifides; sporidies globuleuses, sessiles sur les rameaux. Sur les confitures qui se gâtent.

14. Sporotrichum. Link. Sp. pl. 6. 1. p. 1.

Filaments rameux, libres, entrelacés, cloisonnés; sporidies simples, subglobuleuses,. éparses, nues, noirâtres, adhérentes, paraissant formées par les articles des filaments qui se détachent.

2364. S. laxum (Nees. Syst. p. 49. f. 45). Espèce arachnoïde, large de 4 à 5 centimètres, à filaments lâches, fugaces, à sporidies blanches, oblongues. Sur les troncs d'arbres dans les lieux ombragés.

2365. S. candidum (Link. Obs. 1. p. 9). Presque semblable à l'espèce précédente, elle est blanche, étalée, à sporidies globuleuses. Sur les troncs et les feuilles qui se pourrissent.

2366. S. sparsum (Link. Obs. 1. p. 2). Aleurisma flavissima Link. Espèce petite, un peu épaisse, limitée, à filaments peu nombreux; sporidies globuleuses, jaunâtres. Sur les écorces et les rameaux tombés.

2367. S. ærugo (Desm. Sup. bot. bel. p. 10). Expansions étalées, pulvérulentes, d'un vert pâle, à filaments denses, couchés, entre-croisés; sporules nombreuses, éparses. Sur le bois en décomposition.

2368. S. griseum (Link. Obs. 1. p. 2). Étalé, grisâtre, à filaments entremêlés densément, à sporidies nombreuses, globuleuses. Sur les tiges sèches dans les lieux humides.

2369. S. aurantiacum (Fries.). Nematogonum aurantiacum Desm. Ægerita aurantia DC. Mucor aurantius Bull. Filaments crépus, lâchement entre-croisés, en plaques peu étendues, blanchâtres dans leur jeunesse, se couvrant ensuite d'un grand nombre de sporidies globuleuses, successivement jaunes-safranées, rougeâtres ou oranges. Sur les bouchons et les vieux bois dans les caves.

2370. S. **sulfureum** (Grev. Crypt. scot. t. 108. f. 2). Filaments très-délicats, réunis en groupes arrondis, très-fugaces; sporidies groupées, nombreuses, très-petites, globuleuses, d'un jaune soufré. Dans les caves sur les tonneaux, et sur les écorces humides, particulièrement sur celles du hêtre.

2371. S. **ollare** (Pers. Myc. 1. p. 81). S. roseum Link. Petites touffes très-délicates et étalées, formées de filaments lanugineux, d'abord redressés, puis affaissés, blancs; sporidies roses, globuleuses, rapprochées vers le centre. Sur la terre humide des pots dans les serres.

2372. S. **rubiginosum** (Fries. Syst. myc. t. 3. p. 417). Filaments dressés, épais, cloisonnés, rameux, entre-croisés, formant des groupes étalés ou confluents, compactes, couleur de rouille; sporidies concolores, nombreuses, obtuses, ovales-oblongues, quelquefois subglobuleuses et inégales. Sur les pommes de terre gâtées. Rare.

2373. S. **virescens** (Link. l. c.). Cladosporium virescens Pers. Filaments très-délicats formant d'abord des petit groupes arrondis, puis largement étalés et formant une espèce de croûte grumeleuse; les sporidies qui les recouvrent leur donnent une couleur vert-olive foncé, et sont subglobuleuses. Sur les bois et les bouchons dans les caves humides.

2374. S. **flavicans** (Fries. Syst. myc. 3. p. 419). Filaments étalés, très-délicats, fugaces, courts, rameux, d'abord dressés, entre-croisés, puis affaissés, d'un jaune pâle blanchâtre, ainsi que les sporidies qui sont globuleuses, très-petites. Sur le bois et les bouchons dans les caves.

2375. S. **fallax** (Lib. Crypt. ard. f. 2. n° 187). Espèce étalée, byssoïde, à filaments rameux, densément entremêlés, cloisonnés, blancs; sporidies très-petites, nombreuses, globuleuses, d'abord comme dorées, ensuite d'un jaune soufré et enfin blanches. Dans les bois, sur les troncs, les racines et les mousses.

Sporotrichum.

2376. S. CONSPERSUM (Fries. Syst. myc. 3. p. 418). Acladium conspersum Link. Espèce délicate, indéterminée, à filaments presque simples, d'un jaune blanchâtre; sporidies ovoïdes, blanches, répandues çà et là sur les filaments. Sur les troncs en putréfaction.

2377. S. CROCEUM (Kunze. Myc. Heft. 1. p. 81). Ozonium croceum Pers. Espèce un peu épaisse, à filaments peu rameux, safranés, à sporidies ovales, petites, concolores. Fries la considère comme un état dégénéré du Telephorus sulphureus. Sur les racines des arbres et des herbes en décomposition. Courtrai (M. Wallais).

15. BYSSOCLADIUM. Link. Obs. 2. p. 36.

Filaments cloisonnés, rameux, étalés, rayonnants; sporidies éparses, simples, globuleuses.

2378. B. FENESTRALE (Nees. Fung. f. 47). Taches arrondies de 3 à 5 millimètres, blanches d'abord, ensuite d'un gris brunâtre, à filaments flexueux, diaphanes, entre-croisés au centre, ramifiés et libres à la circonférence; sporidies grisâtres. Sur les vitres dans les endroits humides.

2379. B. CANDIDUM (Link. l. c.). Sporotrichum byssinum Link. Sp. pl. Himantia plumosa Pers. Taches irrégulières de 10 à 20 millimètres, blanchâtres, arachnoïdes, à filaments rayonnants, pénicillés; sporidies concolores, pulvériformes. Sur les vieux bois et les feuilles en putréfaction.

16. TRICOTHECIUM. Link. Obs. 1. p. 16.

Filaments rameux, rampants, entremêlés, cloisonnés; sporidies ovoïdes, répandues à leur surface au voisinage des cloisons; sporules didymes.

2380. T. ROSEUM (Link. l. c.). Trichoderma roseum Hoffm. Petites pustules convexes, d'un rose clair, pulvérulentes, larges de 2

Tricothecium.

à 4 millimètres, posées sur les filaments qu'elles recouvrent entièrement; ceux-ci sont blancs, entre-croisés, denses. En hiver et au printemps sur les vieux troncs morts.

2881. T. DOMESTICUM (Corda. Icon. fung. 1. t. 2. f. 98). Cette espèce est parasite sur le thalle hypertrophié du Mucor mucedo ; ses spores sont ovoïdes, munies d'une seule cloison, insérées sur des filaments simples ou rameux , flexueux , réunis en une sorte de croûte lépreuse, de couleur chair pâle. Sur l'écorce du hêtre.

17. CAPILLARIA. Pers. Myc. eur. 1. p. 50.

Filaments continus, entremêlés, rameux, rampants; spores simples, adhérentes, parsemées sur les filaments.

2382. C. GRAMMICA (Pers. l. c.). Cette espèce a été trouvée près de Courtrai. Sur les feuilles mortes et tombées du chêne.

18. SEPEDONIUM. Link. Obs. 1. p. 16.

Filaments rameux, mêlés, couchés, cloisonnés; sporidies très-nombreuses, globuleuses, non cloisonnées, réunies au milieu des touffes.

2385. S. MYCOPHYLLUM (Link. l. c.). Uredo mycophylla Pers. Mycobanche chrysosperma Pers. Champ. Reticularia chrysosperma Bull. Cette espèce est étalée, épaisse, à filaments laineux , blancs , qui sont bientôt cachés par des sporidies abondantes, jaunes, presque globuleuses. Sur les champignons. Je l'ai trouvé sur un bolet au bois de la Cambre près Bruxelles.

19. SPORENDONEMA. Desm. Crypt. exs. n° 161.

Filaments courts, simples, ou rameux, dressés en petites touffes; sporidies grandes, rougeâtres, agglomérées, serrées, arrondies, souvent rapprochées et comprimées, de manière à paraître cloisonnées.

2384. S. CASEI (Desm. l. c.). Ægerita crustacea DC. Fl fr. Oïdium rubens Link. Mucor crustaceus Bull. Plaques d'abord blanches, puis jaunes et enfin rouges, très-minces, étalées, à filaments hyalins et à sporidies rouges. Sur la croûte des fromages.

20. FUSISPORIUM. Duby. Bot. gall. f. 925.

Filaments rameux, couchés, réunis en touffe, cloisonnés, souvent fugaces; sporidies fusiformes, simples, ou obscurément cloisonnées. Espèces naissant sur les fruits charnus, les tiges, les tubercules et les racines.

2385. F. RHIZOPHILUM (West. H. C. B. n° 496). Groupes tuberculiformes, convexes, incarnats, un peu trémelloïdes, ensuite étalés, à filaments blancs, rameux, très-minces, et disparaissant bientôt; sporidies abondantes, fusiformes, droites ou un peu courbées, hyalines, à 3-5 cloisons. Sur diverses plantes.
> VAR. α. BETÆ (Desm.). Sporidies un peu arquées. Sur la racine de betterave.
> VAR. β. SOLANI (West.). Sur les pommes de terre.
> VAR. γ. DAHLIÆ (West.). Sur les tubercules de dahlia.

2386. F. AURANTIACUM (Link. Obs. 1. p. 17). Groupes petits, étalés, minces, à filaments blancs, fugaces, à sporules agglomérées, orangées, aiguës, fusiformes. Sur les tiges des cucurbitacées.

2387. F. ZEÆ (West. Not. crypt. bel. p. 57). Trémelloïde, indéterminé, d'un incarnat foncé, à filaments blancs, rameux, fugaces, à sporidies fusiformes, allongées, effilées aux extrémités. Sur les chaumes pourrissants du Zea mays.

2388. F. URTICÆ (Desm. Mem. soc. roy.). Taches d'un gris blanchâtre, farineuses, à filaments fins, peu nombreux, fu-

Fusisporium.

gaces; sporidies nombreuses, assez grosses, hyalines, droites, fusiformes. Sur la face inférieure des feuilles de l'Urtica dioïca.

2389. F. BUXI (Fries. Syst. myc. 3. p. 447). Chætostroma buxi Corda. Groupes petits, épars, ponctiformes, rougeâtres, entourés de filaments serrés, simples; sporidies fusiformes, très-petites, pâles, pellucides. Sur les feuilles sèches du buis.

2390. F. CANDIDUM (Link. Sp. pl. 1. p. 30). Filaments laniformes, blancs, formant de petits fascicules blancs, épars; sporidies concolores, obtuses. Sur les chatons tombés des amentacées.

2391. F. SULPHUREUM (Duby. Bot. gall. p. 926). Fusidium sulphureum Link. Groupes étalés, d'un jaune soufré, à sporidies petites, compactes, fusiformes, un peu courbées. Sur les pommes de terre dans les caves.

2392. F. GRISEUM (Duby. l. c.). Taches irrégulières de 2 à 4 millimètres, minces, à filaments courts, fugaces, à sporidies fusiformes, grisâtres. Sur les feuilles de chêne tombées à terre.

2393. F. CALCEUM (Desm. Crypt. exs. n° 1151). Taches subarrondies de 2 à 4 millimètres, blanches, pulvérulentes, entourées d'un cercle brunâtre; sporidies cylindriques, fusiformes, obtuses. Sur la face inférieure des feuilles du Glechoma hederacea.

2394. F. ARGILLACEUM (Fries. Syst. myc. 3. p. 416). Filaments peu nombreux, dressés, simples, gazonnés; sporidies très-longues, argilacées, réunies à la base des filaments. Sur les fruits en décomposition.

2395. F. INCARNATUM (Desm. Ann. sc. 2me série. t. XI. 17. not. n° 4). Filaments libres, très-fins, blancs, disparaissant pour être remplacés par une couche trémelloïde, étalée, couleur de chair; sporidies abondantes, courbées, aiguës aux deux bouts, hyalines; 5 à 7 sporules cylindriques. Cette espèce a été trouvée sur de vieilles têtes de Tagetes erecta et sur le calice d'un Dianthus.

Fusisporium.

2396. F. LACTEUM (Desm. Pl. crypt. ed. n° 1848). Espèce amphigène formant des taches laiteuses ou semblables à l'ivoire, petites, suborbiculaires, quelquefois confluentes, à filaments minces, hyalins; sporidies irrégulièrement pellucides, droites, cylindriques, subfusiformes, presque obtuses aux deux bouts. Sur les feuilles languissantes du Viola odorata. Je l'ai trouvée près de Bouillon (Luxembourg).

2397. F. ALBUM (Desm. Pl. crypt. n° 929). Sur les feuilles vivantes du chêne dans les bois.

21. Fusidium. Link. Obs. 1. p. 17.

Stroma gélatineux ou nul; sporules simples, ramassées sur des filaments superficiels, nus, pulvérulents; nucleus homogène, muqueux.

2398. F. PARASITICUM (West. Nouv. crypt. belg.). Couche d'abord gélatineuse, blanche, se concrétant en une couche farineuse, blanche, formée par des sporules très-petites, nombreuses, cylindriques, fusiformes, transparentes. Sur le sommet des rameaux des Xilaria.

2399. F. FOLIORUM (West. Nouv. not. crypt. belg. p. 23). Taches brunes, d'abord arrondies, éparses, puis confluentes, formées d'une couche gélatineuse, se concrétant en une poussière farineuse; sporidies ovoïdes, cylindriques, cloisonnées; sporules placées aux extrémités. Sur les feuilles de diverses plantes.

>VAR. *α*. RANUNCULI (West.). Sur les feuilles des Ranunculus.

>VAR. *β*. GERANII (West.). Sur les feuilles des Geranium.

>VAR. *γ*. CERASTII (West.). Sur les feuilles des Cerastium.

2400. F. SPHACELIÆ (West. l. c.). Masse informe, souvent conique, tronquée, d'abord gélatineuse, puis se durcissant, d'un blanc sale ou jaunâtre, se résolvant dans l'eau en une quantité innombrable de sporidies ovales, hyalines, très-petites, offrant parfois une ou deux sporules globuleuses aux extrémités, quelquefois vides. Sur la partie supérieure de l'ergot du seigle, au camp de Beverloo.

2401. F. CANDIDUM (Link. Wallr. Comp. Fl. germ. t. IX. p. 178). Stroma faux; filaments blancs, nichés sous l'épiderme qui se trouve rayé, fendillé en dessus; sporidies presque dressées. Sur les écorces des rameaux et des racines déterrées en putréfaction.

22. PSILONIA. Fries. Nov. suec. p. 78.

Filaments dressés, simples, pellucides, cloisonnés, joints par un stroma, entourés par les sporidies qui sont groupées, globuleuses ou ovoïdes, pellucides.

2402. P. FESTUCÆ (Lib. Crypt. ard. f. 3. nº 286). Filaments gazonnés, subarrondis, laineux, fasciculés, simples, droits, blancs; sporidies oblongues. Sur les feuilles sèches des festuques.

2403. P. STIPITATA (Lib. Crypt. ard. nº 287). Tubercularia stipitata DC. Fl. fr. Espèce un peu stipitée, d'un blanc rosé, à filaments droits, réunis par un pédicule à la base, portant supérieurement un groupe subglobuleux de sporidies ovoïdes ou oblongues. Sur les tiges d'herbe en putréfaction.

2404. P. ARUNDINIS (Duby. Bot. gall. f. 926). Petits groupes elliptiques ou arrondis, distincts, à filaments densément fasciculés, rosés, à sporidies concolores, ovoïdes. Sur les gaines de l'arundo phragmites.

2405. P. LUZULÆ (Lib. Crypt. ard. f. 4. nº 356). P. pellicula Desm. Filaments formant une pellicule velue, superficielle, un peu arrondie, d'un rose pâle; sporidies oblongues. Sur les feuilles sèches du Luzula maxima et sur celles des Carex.

2406. P. NIVEA (Fries. Syst. myc. 3. p. 450). Filaments formant des paquets blancs, floconneux, légers, plus ou moins compactes, qui se développent sur les fentes de l'écorce et sur les racines du hêtre.

23. ARTHRINIUM. Kunze et Schm. Myc. heft. 2. p. 103.

Filaments simples, un peu dressés, gazonnés, cloisonnés, à cloisons épaisses, opaques; sporidies nombreuses, obscures. Petites végétations innées sur les feuilles des cypéroïdes et des graminées.

2407. A. PUCCINIOÏDES (Kunze et Schm. l. c.).) Conoplea puccinioïdes DC. Fl. fr. Coniosporium puccinioïdes Link. Filaments allongés, minces, brunâtres; sporidies petites, abondantes, anguleuses, concolores. Sur les feuilles sèches des Carex.

2408. A. CURVATUM (Kunze et Schm. l. c.). Camptoum curvatum Link. Filaments petits, très-grêles, bruns; sporidies très-nombreuses, très-petites, concolores, ovoïdes, courbées. Sur les feuilles sèches du Scirpus.

2409. A. SPOROPHLEUM (Kunze. et Schm. Myc. heft 2. p. 104). Sporophleum gramineum Link. Sur les feuilles mortes du Luzula albida dans les Ardennes.

24. POLYTHRINCIUM. Link. Sp. pl. 6. 1. p. 33.

Filaments dressés, simples, gazonnés, moniliformes , à articles rapprochés, très-nombreux; sporidies éparses, posées deux à deux, sur les cloisons transversales.

2410. P. TRIFOLII (Kunze et Schm. Myc. heft. 1. f. 8). Petites taches noires à bords jaunâtres, quelquefois confluentes, formées de filaments fasciculés d'un brun noirâtre; sporidies ovoïdes, concolores. Sous les feuilles des trèfles.

Tribu IV. — BYSSACÉES (Ad Brongn. l. c.). *Filaments distincts, mais densément entremêlés, opaques, continus, rarement cloisonnés ; sporidies répandues à la surface des filaments, ou réunies aux articles supérieurs.*

SECTION I. — CHLORIDÉES (Brongn. l. c.). *Filaments continus, ou rarement cloisonnés ; sporidies éparses, externes.*

25. CHLORIDIUM. Link. Obs. 1. p. 11.

Filaments simples ou à peine rameux, agrégés, dressés, opaques, continus ; sporidies nombreuses, globuleuses, simples, éparses. Fongosités naissant sur le bois pourri.

2411. C. VIRIDE (Link. l. c.). Dematium asserculorum Pers. Espèce largement étendue, très-mince, à filaments d'un vert gris, à peine visibles à l'œil nu ; sporidies globuleuses, concolores. Sur le bois pourri.

2412. C. GRISEUM (Ehr. Sylv. myc. p. 17. 25). Dematium griseum Pers. Espèce étalée, à filaments d'un noir brun, à sporidies très-nombreuses, cylindriques, d'un blanc grisâtre. Sur les vieux troncs pourris de l'Alnus glutinosa.

26. CONOPLEA. Ehr. Sylv. berl. p. 25.

Filaments dressés, roides, simples ou à peine rameux, fasciculés en gazons arrondis, obscurément cloisonnés ; sporidies simples, globuleuses, réunies autour de la base des filaments. Petites fongosités naissant sur les feuilles sèches.

2413. C. HISPIDULA (Pers. Syn. 235). Dematium graminum Lib. Petits fascicules formés de filaments noirs, assez longs, à sporidies concolores. Sur les feuilles sèches des graminées.

Conoplea

2414. C. GILVA (Pers. Myc. eur. 1. p. 12). Psilonia fulva Fries Syst. myc. 3. p. 451. Petits gazons compactes, presque arrondis, roussâtres, couverts d'abord par l'épiderme, dont ils se débarrassent, larges de 2-5 millimètres, formés de filaments entremêlés, tortus, presque simples, sur lesquels sont les sporidies de formes variables. Sur les rameaux tombés et les tiges des plantes sèches. Au printemps.

27. HELMINTHOSPORIUM. Link. Obs. 1. p. 8, et 2. p. 18.

Filaments dressés, roides, simples ou rameux, opaques, continus, agrégés ou épars; sporidies pellucides, parsemées sur les filaments, caduques. Petites touffes venant sur les herbes sèches.

2415. H. VELUTINUM (Link. l. c. p. 8). Dematium ciliare Pers. Hypoxylon ciliare Bull. Sphæria ciliaris DC. Petits gazons serrés, droits, formés de filaments densément agrégés, aigus, creux, longs de 2 à 4 millimètres, à rameaux obtus, noirs; sporidies cylindriques. Sur les tiges et les feuilles tombées.

2416. H. ATRICHUM (Corda. Icon. fung. 1. p. 13). Petits gazons étalés, olivâtres, à filaments très-courts, minces, flexueux, sporidifères; sporidies subovulaires, cloisonnées ou cellulaires, olivâtres, demi-pellucides. Sur les tiges herbacées en putréfaction.

2417. H. TENUISSIMUM (Nees. Syst. p. 67. f. 65). Petites taches gazonnées, irrégulières, formées de filaments très-minces, à peine visibles à l'œil nu, dressés, simples; sporidies en massue, olivâtres, rapprochées, réunies à la base des filaments. Sur les tiges herbacées desséchées.

2418. H. CHEIRANTHI (Lib. in Desm. Crypt. exs. n° 213). Puccinia cheiri Lestib. Espèce à filaments rameux, gris, pellucides, cloisonnés, fugaces, à sporidies nombreuses, grandes, pyriformes, un peu stipitées, noires, cloisonnées. Sur le Cheiranthus cheiri.

Helminthosporium.

2419. H. COELOSPERMUM (Link. Obs. 2. p. 58). Dematium articulatum Pers. Cœlosporium fruticulosum Link. Sp. Erineum articulatum DC. Fl. fr. Taches noirâtres, limitées ou confluentes, à filaments divergents, densément agrégés, rameux, noirs; sporidies globuleuses, à orifice subarrondi, déhiscent. Sur les grandes graminées et les feuilles sèches.

2420. H. NANUM (Nees. Syst. p. 67. f. 65). Taches étalées longitudinalement, d'un noir luisant, formées de filaments épars, simples et bifurqués, un peu noueux, portant des sporidies presque cylindriques, adhérentes à leur sommet. Sur le bois pourri.

2421. H. MACROCARPON (Fries. Icon. fung. t. 1. t. 3. p. 177). Filaments noirs, dressés, lâches, tubulés, simples, obscurément cloisonnés; sporidies très-minces, pellucides, à 6-10 cloisons, renflées en massue fusiforme, souvent un peu recourbées, comme pendantes. Sur les branches mortes. Zillebeke près de Gand.

2422. H. ARUNDINIS (Lev. Ann. sc. nat. avril 1843). H. arundinaceum Corda. Conoplea cylindrica Opitz. Hypophylle, noir, à filaments peu rameux, rapprochés, opaques; sporanges filiformes, à 2 ou 3 cloisons. Sur les feuilles de l'Arundo phragmites.

28. RACODIUM. Link. Obs. 1. p. 11.

Filaments rameux, rampants, continus, persistants, non cloisonnés, moniliformes, entremêlés, munis de petits globules sur lesquels se trouvent les sporidies, qui sont opaques, nues.

2423. R. CELLARE (Pers. Syn. p. 701). Byssus cellarum DC Espèce longuement étalée, à filaments très-mous, d'abord jaunâtres, ensuite d'un noir olivâtre et enfin noirs; sporules globuleuses, concolores. Elle se trouve dans les caves, où elle forme des plaques sur les tonneaux humides.

29. MYSTROSPORIUM. Corda. Icon. fung. 1. p. 12.

Filaments dressés ou ascendants, très-simples, cloisonnés ou toruleux; spores cloisonnées ou cellulaires, solitaires ou agglomérées ; stroma nul.

2424. M. PYRIFORME (Desm. Pl. crypt. fr. n° 1494). Filaments très-menus, étalés, noirâtres, cloisonnés, semi-pellucides ; sporidies oblongues, pyriformes, brunâtres, subhyalines. Sur les tiges et les feuilles mortes de l'Eryngium campestre. Près de Tournay.

30. BRACHYCLADIUM. Corda. Icon. fung. 2. p. 14.

Stroma nul ; filaments dressés, presque simples en dessous, rameux en dessus, cloisonnés, moniloïdes ; rameaux et ramules formant des capitules sporifères; spores cloisonnées transversalement, acrogènes.

2425. B. PENICILLATUM (Corda. l. c. t. x. f. 63). Gazons largement étendus, formés de filaments minces, rameux, d'un brun noirâtre ; rameaux et ramules courts , divergents; spores oblongues, cloisonnées, blanches. Trouvé sur des tiges de pavot jettées à terre, près de Courtrai.

SECTION II. — CLADOSPORIÉES (Duby. Moniliées Ad. Brongn.). *Filaments entièrement moniliformes, ou seulement l'étant au sommet, dont les articles deviennent des sporidies.*

31. CLADOSPORIUM. Link. Obs. 2. p. 37.

Filaments dressés, agrégés, simples, ou un peu rameux, cloisonnés au sommet et se résolvant en sporules.

2426. C. HERBARUM (Link. Obs. 2. p. 37). Dematium herbarum

Cladosporium.

Pers. Byssus herbarum DC. Fl. fr. Filaments densément agrégés, d'un vert olivâtre, très-courts, formant des taches noirâtres. En automne. Sur les tiges et les feuilles des grandes plantes, les feuilles des choux, les champignons, etc., etc.

    VAR. β. EPIPHYLLUM (Link). Sur les feuilles du peuplier, du chêne, etc.

2427. C FUMAGO (Link. Sp. l. c.). Torula fumago Chev. Fumago vagans Desm. Plaques étalées, à filaments agrégés, noirs, denses, parfois rameux; sporidies globuleuses, concolores. Sur les feuilles tombées en automne, principalement sur leur face supérieure.

2428. C. FUSCUM (Link. Sp. 1. p. 40). Espèce formant un tomentum brun, dur, largement étendu, à filaments compactes, rameux au sommet; sporidies éparses çà et là. Sur les feuilles de l'Artemisia vulgaris, et sur les tiges des rosiers.

2429. C. GRAMINUM (Link. Obs. 2. p. 57). Dematium graminum Pers. Taches éparses, fasciculées, petites, d'un gris noirâtre, à filaments distincts, un peu lisses. Sur les feuilles et les chaumes des graminées.

2430. C. DENDRITICUM (Wallr. Comp. fl. germ. 2. p. 169). Fumago mali Pers. Helminthosporium pyrorum Lib. Taches arrondies d'un noir olivâtre, larges de 5 à 7 millimètres, à filaments très-délicats, simples, courts, obtus, ayant à la base des sporidies ovales-oblongues, pellucides, contenant 4 sporules globuleuses. Sur les feuilles languissantes du poirier et sur celles du pommier.

52. TORULA. Pers. Myc. eur. 1. p. 20.

Filaments simples, dressés ou couchés, plus ou moins entremêlés, à articles contigus, opaques, souvent caducs. Petites végétations noirâtres, venant en petites touffes étalées sur les végétaux morts.

2431. T. ANTENNATA (Pers. Myc. eur. 1. p. 21). Filaments à

peine visibles à l'œil nu, densément agrégés, noirs, à articles ovales. Sur les troncs et les rameaux coupés exposés à l'air, dans les bois.

2432. T. HERBARUM (Link. Obs. 1. p. 19). Monilia herbarum Pers. Taches noires, étalées, à filaments très-denses, très-rameux, noirs, à articles globuleux, un peu contigus, qui se séparent facilement. Sur les tiges et les rameaux des grandes herbes, principalement des ombellifères.

2433. T. GRAMINIS (Desm. Crypt. exs. p. 169). Groupes subarrondis, noirs, à filaments simples, couchés, opaques, à articles globuleux se séparant facilement. Sur les feuilles sèches des graminées.

2434. T. TENERA (Link. Obs. 2. p. 40). Petits groupes subarrondis, confluents, à filaments fragiles, à articles globuleux, souvent plus larges que longs, pellucides. Sur les rameaux tombés dans les bois.

2435. T. CHRYSOSPERMA (Corda. Ic. fung. 1. t. 2. f. 132). Petits groupes plus ou moins étalés, devenant confluents, à filaments simples, moniliformes, composés de 6 à 8 sporidies sphériques, pellucides, d'un beau jaune. Sur l'opium desséché dans les pharmacies.

2436. T. EPIZOA (Corda. ap. Sturm. deutsch. Fl.). Var. *β*. Muriæ Kickx Rech. Crypt. Fl. c. 3. n° 80. Groupes arrondis, plus grands et moins compactes que ceux de l'oïdium fructigenum, très-convexes, épars ou confluents, d'un gris terreux, devenant argilacé par la dessiccation; filaments généralement simples, fasciculés, couchés, moniliformes, se séparant en sporidies globuleuses, pellucides. Sur les anchois et sur les fentes des pots dans lesquels on les conserve.

2437. T. INÆQUALIS (Corda. Icon. fung. 3. t. 1. f. 13). Très-petits groupes farineux, d'un blanc un peu grisâtre, plus ou moins rapprochés, devenant confluents et étalés; filaments le plus souvent simples, composés de sporidies pellucides, dont les inférieures sont ovoïdes et les supérieures globuleuses. On le trouve sur l'opium mêlé souvent avec le chrysosperma.

33. **ACTINONEMA.** Pers. Myc. eur. 1. p. 51.

Filaments radiants du centre, noueux, inégaux, attachés à un point commun; organes reproducteurs inconnus.

2438. A. ROBERGII (Desm. Mém. soc. roy. de Lille. 1440). A. caulicola Pers. Filaments rayonnants, rameux, dendroïdes, déliés, d'un brun noirâtre, presque opaques, à articulations noduleuses, de longueur inégale, 1 à 4 fois plus longues que larges. Sur les tiges des ombellifères. Rare.

34. **OÏDIUM.** Link. Obs. 1. p. 16.

Filaments simples ou un peu rameux, très-minces, rampants ou dressés, distincts ou formant des touffes, à peine entre-croisés, cloisonnés, à articles pellucides, se dilatant en sporules.

2439. O. FRUCTIGENUM (Kunze et Schm.). Oospora fructigena Wallr. Petites touffes arrondies, élevées, ochracées, à filaments simples, entremêlés, à articles ovales, concolores. Sur les fruits gâtés.

2440. O. MONILIOÏDES (Link. Sp. pl. 6. p. 122). Monilia hyalina Fries. Taches blanches, allongées, à filaments à peine visibles, simples, lâchement entre-croisés, blancs ou jaunes, à articles ovales. Sur les feuilles des graminées.

    VAR. *ρ*. ROSÆ (Duby). O. leuconium var. rosæ Desm. Sur les feuilles, les tiges et les rameaux des rosiers.

2441. O. LAXUM (Ehr. Sylv. ber. p. 10. 22). Acrosporium laxum Pers. Touffes formées de filaments dressés, rameux, densément agrégés, gris, à articles ovales. Sur les fruits qui se pourrissent.

2442. O. ERYSIPHOÏDES (Fries. Syst. myc. 3. p. 432). Touffes petites, étalées, blanches, à filaments réunis par paquets, à

Oidium.

articles subincarnats, ovales-oblongs. Sur les feuilles des herbes.

2443. O. CHARTARUM (Link. l. c.). Sporotrichum chartarum Pers. Taches noires, dispersées, formées de filaments couchés, un peu rameux, à articles ovales. Sur les vieux papiers dans les endroits humides.

2444. O. TUCKERI (Berk.). Sur les deux faces des feuilles et les fruits de la vigne. C'est cette espèce qui depuis quelques années attaque le raisin.

2445. O. RADIOSUM (Lib. Crypt. ard. f. 3. n° 285). Taches orbiculaires, brunes, entourées d'un cercle noirâtre, d'abord à filaments très-subtils, moniliformes, rameux, radiants d'un centre commun, ensuite fertiles, dressés, simples, olivâtres, tombant en 3 articles ovales, pellucides. Sur les feuilles vivantes du tremble.

2446. O. TRITICI (Lib. Crypt. ard. f. 4. n° 385). Filaments épiphylles, simples, dressés, formant des gazons oblongs, confluents, fauves, tombant par articles pellucides, ovales. Sur les feuilles du froment.

2447. O. FUSISPORIOÏDES (Fries. Syst. myc. 3. p. 431). Cette espèce forme des taches blanchâtres, arrondies, larges de 4 à 8 millimètres, formées de filaments égaux, dressés, simples, centrifuges; sporidies longuement elliptiques, se détachant facilement. Sur les tiges et les feuilles en automne.

> VAR. β. URTICÆ (Desm.). Sur les feuilles de l'Urtica dioïca.
>
> VAR. γ. HUMULI (Nob.). Sur les feuilles du houblon.

SECTION III. — BYSSINÉES (Ad. Brongn. l. c.). *Filaments continus ou cloisonnés, couchés, entremêlés, sans sporidies externes, ne se séparant pas par articles.*

35. ATHELIA. Pers. Champ. com. p. 66.

Filaments entremêlés, radiants, fins, formant dans le

centre une sorte de membrane unie, mince, qui porte les sporules. Petites végétations croissant sur le bois, les écorces, les tiges et les feuilles des plantes, sur la terre, etc.

2448. A. MUSCIGENA (Pers. Myc. eur. 1. p. 83). Telephora byssoïdes DC. Fl. fr. Espèce irrégulière, d'un jaune sale, opaque, molle, à filaments denses; elle est charnue au centre et couverte de poils hérissés dans toute son étendue. Sur les mousses, surtout dans les bois de sapin.

2449. A. EPIPHYLLA (Pers. Champ. com. 67). Espèce large de 2 à 3 centimètres, très-mince, glabre, cendrée, étalée irrégulièrement. Sur les feuilles desséchées, surtout sur celles du chêne.

2450. A. FLAVESCENS (Duby. Bot. gall. f. 933). Filaments cylindriques, jaunes, très-minces, distincts seulement sur les bords, appliqués. Sur les feuilles tombées, dans les bois.

2451. A. CITRINA (Pers. Champ. com. p. 67). Espèce agrégée, large de 10 à 12 millimètres, épaisse de trois, d'un brun soufré, d'abord un peu fibrilleuse. Sur la terre et les mousses, au pied des arbres.

36. DEMATIUM. Link. Obs. 1. p. 19.

Filaments rameux, couchés, entremêlés, non cloisonnés, opaques, persistants. Substance étalée, imitant une sorte de bourre.

2452. D. RUPESTRE (Link. Obs. 1. p. 19). Byssus rupestris DC. Fl. fr. Filaments noirâtres, densément entre-croisés, minces, formant une espèce de feutre étalé, épais, gélatineux quand il est humide. Je l'ai trouvé à Profondeville (Namur), sur les rochers.

2453. D. BADIUM (Wallr. Comp. fl. germ. t. IV. p. 157). D. castaneum Link. Racodium badium Pers. Espèce d'un brun ferrugineux, longitudinalement étalée, à filaments denses, parallèles, souvent formant une surface unie sur les bords. Sur le bois de charpente, à Anvers.

2454. D. **giganteum** (Chev. Fl. par. 1. p. 79). Xylostroma giganteum Tode. Xilostroma corium Pers. Byssus gigantea DC. Fl. fr. Espèce diffuse, très-étendue, tantôt libre, tantôt fortement attachée au bois, coriace-subéreuse, flexible, d'un blanc jaunâtre. Dans les fentes des arbres et sur les poutres.

2455. D. **subcorticale** (Link. Sp. pl. 6. p. 1). Largement étalé, assez mince, interrompu, ferrugineux, palissant plus tard, à substance interne lanugineuse, devenant subpulvérulente. Entre le bois et l'écorce des arbres. Trouvé près de Wavre (Brabant).

2456. D. **aluta** (Link. Sp. pl. 3. p. 1. pl. 6). Byssus aluta Pers. et DC. Filaments très-menus, entre-croisés, formant une espèce de peau large, consistante, d'une couleur de cuir tanné. Dans les fentes des arbres et sur les pièces de bois dans les lieux humides.

37. Byssus. Ad. Brongn. Dict. cl. 2. p. 596. Hypha Pers.

Filaments rameux, couchés, entremêlés, très-fins, non cloisonnés, demi-pellucides, se détruisant au moindre contact; productions filamenteuses se développant dans les lieux obscurs.

2457. B. **floccosa** (Ment. Erl. p. 345). Hypha bombycina Pers. Filaments blancs, subarrondis, indéterminés, très-rameux, très-simples, serrés, parallèles. Dans les cuves et les souterrains.

2458. B. **elongata** (DC. Fl. fr. 2. p. 67). Filaments blancs, rameux, très-menus, feutrés, réunis en faisceaux de 3 à 5 centimètres. Dans les mêmes lieux. Je l'ai observé dans les casemates à Namur et dans les cavernes de la montagne St.-Pierre à Maestricht.

58. Ozonium. Link. Obs. 1. p. 19.

Filaments rameux, couchés, les uns gros, arrondis, non cloisonnés, les autres minces, cloisonnés, naissant dans les lieux obscurs et sur les feuilles dans les bois.

2459. O. auricomum (Link. Obs. 1. p. 19). Byssus aurantiaca DC. Fl. fr. O. fulvum Pers. Rhizomorpha capillaris Bolt. Byssus barbata Eng. bot. Touffes rameuses, un peu roides, d'un jaune fauve luisant, larges de 2 à 4 centimètres, formées de filaments feutrés, anastomosés. Sur les vieux bois et les vieux arbres.

2460. O. flammeum (Wallr. Fl. germ. 4. p. 156). Cette espèce n'est bien certainement qu'une variété de la précédente. Elle a une apparence plus grossière et elle est plus roide. Elle se trouve également sur les vieux bois dans les lieux humides.

2461. O. stuposum (Pers. Myc. eur. 1. p. 87). Espèce assez grande, comme pendante longuement et largement dans les fentes des pièces de bois, de couleur orangée, foncée, glabre. Trouvée dans une vieille carrière près de Maestricht.

2462. O. candidum (Mart. Erl. p. 358). Himantia candida Pers. Byssus candida Huds. Filaments capillaires, bifurqués surtout à l'extrémité, quelquefois anastomosés, d'un beau blanc, formant une membrane papyracée qui couvre les vieilles feuilles ou le bois mort tombés à terre.

> Var. β. radians (Nob.). Himantia radians Chev. Filaments blancs réunis à la base et divergents au sommet.

59. Himantia. Pers. Syn. 703.

Filaments rampants, adhérents, rameux, très-appliqués, divergents-rameux, non cloisonnés, opaques, persistants.

2463. H. cellaris (Pers. Myc. eur. 1. p. 89). Espèce quel ue-

Himantia.

fois très-grande (4 à 6 décimètres), très-rameuse, à rameaux divergents, formant quelquefois membrane, velus, noirâtres. Sur les murs des caves.

2464. H. PARIETINA (Chev. Fl. par.). Filaments blancs, floconneux, très-fins, fasciculés, rameux, divergents, entre-croisés, formant une membrane arachnoïde, plus ou moins bistrée. Sur les murs humides.

2465. H. RUFIPES (Chev. Journ. phys. feb. 1822). Sur les vieux bois de charpente dans les caves.

———

F^{lle} VIII. — ALGUES. DC. Fl. fr. 2. p. 2. Thalassiophytes Lam^x. Hydrophytes Bory-St.-Vincent.

Plantes aquatiques, rarement terrestres, gélatineuses, membraneuses ou coriaces, filamenteuses, laminées ou en fronde, de couleur verte ou pourprée, ou olivâtre, articulées ou continues, de contexture celluleuse ou vasculaire-celluleuse, manquant de vaisseaux lymphatiques, en spirales et propres, munies de pores corticaux, à fructifications obscures ou agames, se reproduisant par la division de leurs parties ou par des sporules renfermées dans des tubercules externes.

Tribu I. — FLORIDÉES *(Lamour. Dict. cl. 6. p. 547). Frondes pourprées, rarement verdâtres, coriaces, membraneuses, à contexture celluleuse, cylindriques ou comprimées ; conceptacles biformes, adhérents à la fronde, tuberculiformes ou ponctiformes. Presque toutes les espèces habitent les côtes ou y sont jetées par l'Océan.*

1. PLOCAMIUM. Lam^x. Ann. mus. 20. p. 2.

Fronde comprimée, étroite, cartilagineuse, distique, très-

Plocamium.

rameuse, à rameaux pectinés; conceptacles biformes, les uns ponctiformes situés au sommet des rameaux, les autres tuberculiformes globuleux, latéraux, sessiles ou pédonculés.

2466. P. VULGARE (Lam*. l. c.). Delesseria plocamium Ag. Fronde dressée, comprimée, dichotome, pinnée, à rameaux subulés, les derniers falciformes, pectinés; conceptacles sessiles.

2467. P. PLUMOSUM (Lam*. l. c.). Ptilota plumosa Ag. Fronde d'un rouge brunâtre, subcartilagineuse, articulée, à rameaux distiques, comprimés, finement dentés-pectinés; conceptacles nus, ponctiformes, noirs, placés au sommet des rameaux, réunis en masses ovoïdes.

2468. P. ASPARAGOÏDES (Lam*. l. c.). Bonnemaisonia asparagoïdes Ag. Fronde très-étroite, comprimée, très-rameuse, d'une belle couleur rose, à ramifications sétacées, distiques, simples, subulées-sétacées, pectinées; conceptacles subglobuleux, latéraux, subpédonculés.

2. DELESSERIA. Lam*. Dict. cl. 5. p. 587.

Stipe subcorné à la base, rameux, ensuite dilaté en lames foliiformes, pourvues d'une nervure jusqu'au sommet; conceptacles biformes, les uns ponctiformes formant des taches, les autres arrondis, tuberculiformes.

2469. D. ALATA (Lam*. l. c.). Hypoglossum alatum Kutz. Wormskioldia alata Spreng. Fronde pourprée ou rosée, dichotome, à segments linéaires, pinnés, à pinnules subbifides; conceptacles biformes, les uns immergés, ponctiformes, disposés en série, les autres sphériques, sessiles.

3. **LOMENTARIA**. Gail. Res. thal. p. 19. Gigartinæ Sp. Lam[x].

Fronde tubuleuse, subgélatineuse, arrondie-comprimée, articulée, formant des rameaux courts, étalés, subfolii- formes ; conceptacles globuleux, sessiles, attachés aux ra- meaux.

2470. L. OPUNTIA (Gail. l. c.). Fronde pourprée ou verdâtre, ga- zonnée, de 4 à 6 centimètres, souvent comprimée, à articula- tions oblongues, imitant celles du Cactus opuntia.

2471. L. PYGMÆA (Gail. l. c.). Gastroclonium reflexum Kutz. Tiges rampantes, à rameaux nombreux, dressés, d'un centi- mètre environ, d'un rouge pourpré, à articulations moins prononcées que dans l'espèce précédente. Sur les pilotis à Ostende.

2472. L. UVARIA (Duby. Bot. gal. p. 951). Gastroclonium uvaria Kutz. Chondria uvaria Ag. Tige de 2 à 4 centimètres, dressée, subarrondie, dichotome, à rameaux dressés, presque simples, les derniers pyriformes, rapprochés, atténués à la base.

2473. L. KALIFORMIS (Gail. l. c.). Chylocladia kaliformis Hook. Chondria verticillata Ag. Fronde d'un vert pourpré, épaisse, arrondie, articulée, à rameaux opposés, étalés, à ramules subfusiformes, atténués aux deux bouts, verticillés ; concep- tacles épars, tantôt ponctués, tantôt tuberculés.

2474. L. PARVULA (Gaill. l. c.). Chylocladia parvula Hook. Fronde de 3 à 5 centimètres, épaisse de 1 à 2 millimètres, vaguement rameuse, à articles inférieurs ovales, les supérieurs globu- leux.

2475. L. CLAVELLOSA (Gail. l. c.). Chondrothamnion villosum Kutz. Chondria clavellosa Ag. Fronde de 10 à 15 centimètres, filiforme, pinnée-décomposée, à rameaux dressés, à ramules linéaires-lancéolés, distiques, atténués à la base ; concep- tacles épars, ovales, sessiles, biformes.

4. LAURENCIA. Lam[x]. Ess. l. c. p. 130.

Frondes très-étroites, filiformes, rameuses, privées de nervures, gélatineuses, sèches, cornées, arrondies ou comprimées; conceptacles globuleux, posés aux extrémités des rameaux ou aux ramules, qui sont dilatés ou en massue.

2476. L. PINNATIFIDA (Lam[x]. l. c.). Gelidium pinnatifidum Lyngb. Chondria pinnatifida Ag. Fronde olivâtre étant jeune, comprimée, cartilagineuse-gélatineuse, 2 ou 3 fois pinnée, à pinnules étalées; rameaux obtus, calleux, les plus jeunes d'un rouge vineux, à extrémités renflées, obtuses, souvent lobées, portant des conceptacles globuleux.

> VAR. *β*. OSMUNDA (Turn.). Fucus osmunda L. Fronde plane, dilatée, à rameaux courts multifides.

5. VOLUBILARIA. Lam[x]. Dict. cl. 5. p. 387.

Stipe très-court, comprimé, simple, ailé-dilaté en lame tournée en spirale, dentée, membraneuse, coriace, munie d'une côte, où naissent des prolifications dont les dernières sont dépourvues de nervure; conceptacles naissant au sommet des nervures.

2477. V. MEDITERRANEA (Lam[x]. l. c.). Dictyonema volubilis Grev. Fronde d'un brun rougeâtre, largement linéaire, presque dichotome, denticulée, à prolifications ovales, obtuses.

6. BOSTRYCHIA. Mont. Hist. cub. bot. p. 39.

Fronde filiforme, rameuse, articulée, formée de cellules disposées autour d'un centre; rameaux stériles, souvent à sommet recourbé; axe filiforme entouré de plusieurs couches conformes, annuliformes; tétrachocarpes globuleux,

Bostrychia.

quadrigéminés, disposés sur deux séries dans des loges distinctes; cystocarpes presque globuleux, latéraux, solitaires; sporidies oblongues-pyriformes.

2478. B. scorpioïdes (Mont. l. c.). Plocamium amphibium Lam[x]. Helicothamnion scorpioïdes Kutz. Rhodomela scorpioïdes Ag. Espèce presque sétacée, de couleur violacée-pourprée, noircissant par la dessiccation, longue de 5 à 8 centimètres, plus ou moins entremêlée, subdichotome, à rameaux 3 ou 4 fois pinnés, à pinnules capillaires, étalées.

7. Gigartina. Gail. Res. thal. p. 16.

Fronde cylindrique, plus rarement plane-linéaire ou filiforme, très-étroite, rameuse, privée de nervure, continue, gélatineuse-cartilagineuse; conceptacles globuleux, opaques, sessiles, attachés aux rameaux et aux ramules.

2479. G. plicata (Lam[x]. Ess. 156). Gymnocongrus plicatus Kutz. Sphærococcus plicatus Ag. Fronde filiforme, cornée, rigide, très-rameuse, dichotome, à rameaux mêlés, un peu distiques, horizontaux, comprimés et fourchus au sommet; conceptacles latéraux, hémisphériques, un peu déprimés, sessiles, épars ou agglomérés.

8. Dumontia. Lam[x]. l. c. p. 133.

Contexture cellulaire, très-fugace; fronde subgélatineuse, fistuleuse, rameuse, énerve; conceptacles ponctiformes, épars, solitaires.

2480. D. incrassata (Lam[x]. l. c.). Ulva contorta DC. Gastridium filiforme Lyngb. Halymenia filiformis Ag. Fronde membraneuse, filiforme, tubuleuse, verdâtre ou brunâtre, subpinnée, à pinnules alternes, allongées, fastigiées, atténuées à la base.

9. **Gelidium.** Lam[x]. Ess. thal. in Ann. mus. t. 20. p. 128.

Fronde linéaire, très-étroite, rameuse, énerve, cornée-cartilagineuse, plane ou très-comprimée ; conceptacles tuberculiformes, un peu opaques, oblongs, comprimés au sommet ou plus rarement sur toute la surface de la fronde.

2481. G. CARTILAGINEUM (Gail. Res. thal. p. 15). G. concatenatum Lam[x]. Fronde cartilagineuse-cornée, étroite-linéaire, comprimée, nue dans le bas, décomposée-pinnée dans le haut, à pinnules horizontales, alternes, les dernières très-courtes, obtuses, gonflées en conceptacles elliptiques, mucronés.

10. **Chondrus.** Lam[x]. Ess. thal.

Stipe court, arrondi, comprimé, dilaté en lames planes, coriaces, énerves, rameuses-dichotomes ; conceptacles tuberculiformes, arrondis ou ovales, épars sur le disque de la fronde.

2482. C. MAMILLOSUS (Lam[x]. l. c.). Sphærococcus mamillosus Lyngb. Fronde cartilagineuse, subcanaliculée, dichotome, à segments allongés, cunéiformes ; conceptacles épars sur les deux faces de la fronde, sphériques, subpédonculés.

2483. C. CRISPUS (Duby. Bot. gall. p. 947). La mousse caragana. C. polymorphus Lam[x]. Fronde cartilagineuse, dichotome, à laciniures de formes très-variables, crispées, ondulées ; conceptacles subarrondis, épars, enfoncés.

2484. C. NORVEGICUS (Lam[x]. l. c.). Oncotylus norvegicus Kutz. Sphærococcus norvegicus Ag. Plus svelte que le précédent, à rameaux linéaires, ordinairement contournés en spirales, obtus au sommet ; conceptacles sessiles, non enfoncés, d'un rouge vineux.

11. Halymenia. Lam^x. Dict. cl.

Stipe coriace ou submembraneux, plus ou moins rameux, presque simple, dilaté en lames foliiformes, énerves, souvent ciliées ou appendiculées; fructifications uniformes, à conceptacles ponctiformes, immergés ou arrondis, tuberculiformes, sessiles.

2485. H. palmetta (Lam^x. l. c.). Sphærococcus palmetta Ag. Stipe filiforme, presque simple, formant une lame membraneuse, plane, énerve, subcunéiforme, palmée; conceptacles globuleux, sessiles, posés sur le disque.

2486. H. membranifolia (Lam^x. l. c.). Stictophyllum membranaceum Kutz. Sphærococcus membranifolius Ag. Stipe allongé, très-rameux, arrondi, corné, à rameaux dichotomes, allongés, d'un pourpre brunâtre, étalés en lames membraneuses-cartilagineuses, cunéiformes, multifides, énerves, à derniers segments étroits, obtus ou denticulés; conceptacles ovales, pédicellés.

2487. H. ciliata (Lam^x. l. c.). Sphærococcus ciliatus Ag. Calliblepharis ciliata Kutz. Ulva ciliata DC. Stipe court, plan, comprimé, étroit à la base, dilaté au sommet en lames coriaces-membraneuses, planes, privées de nervure, presque lancéolées, pinnées-rameuses, à bords et superficie ciliés, à cils simples, étalés, subulés; conceptacles placés au sommet.

2488. H. edulis (Ag. Syst. p. 242). Ulva edulis DC. Iridea edulis, Bory. Stipe très-court, comprimé ou plan, dilaté en lame charnue-cartilaginense, plane, dilatée, simple ou subpalmée, à segments oblongs, entiers, arrondis au sommet.

2489. H. palmata (Ag. Syst. 242). Sphærococcus palmatus Kutz. Iridea palmata Bory. Ulva palmata DC. Stipe court, comprimé ou un peu canaliculé, rameux, dilaté, à rameaux d'un beau pourpre, comprimés, filiformes, palmés-étalés en lames coriaces, membraneuses-pellucides, très-entières, à segments lancéolés, presque simples, obtus; conceptacles ponctiformes, épars.

2490. H. Brodiæi. (Lam*x*. Ess. l. c.). Sphærococcus Brodiæi Lyngb. Fucus membranifolius Lam*x*. Diss. Stipe filiforme, cylindrique, rameux, irrégulièrement dichotome, se dilatant graduellement en expansions longues d'un décimètre, membraneuses, oblongues-allongées, d'un rouge pourpré, quelquefois pâles, privées de nervure, transparentes, simples ou fourchues, ordinairement prolifères et tronquées à l'extrémité; conceptacles sphériques, pédicellés, terminaux.

Tribu II. — Céramiées (Duby. Bot. gall. 963). *Filaments de couleur variée, rarement verdâtres, cylindriques, simples ou rameux, articulés, chaque article étant une cellule; fructifications biformes, les unes (conceptacles) sessiles ou pédonculées, les autres tuberculiformes, globuleuses, innées au sommet des rameaux.*

12. Sphacelaria. Lyngb. Tent. p. 103.

Filaments articulés, roides, d'un brun verdâtre, rameux, distiques; fructifications biformes, les unes discoïdes, sessiles, pellucides à la périphérie, les autres situées au sommet des rameaux et contenant une poussière très-fine.

2491. S. scoparia (Lyngb. Tent. p. 104). Stypocaulon scoparium Kutz. Ceramium scoparium DC. Filaments d'un brun olivâtre, cartilagineux, très-rameux, à rameaux fasciculés, subpinnés, les supérieurs allongés, à pinnules plus courtes, distiques, subulées; articles à diamètres égaux, striés.

> Var. *β.* hyemalis (J. Ag.). Variété rare trouvée à Nieuport.

2492. S. velutina (Desm. Crypt. exs. n° 1047). Ectocarpus velutinus Kutz. Filaments courts, dressés, formant des coussinets veloutés, olivâtres; conceptacles ovoïdes, pédicellés, basilaires; articles plus longs que larges. Sur la fronde du Fucus loreus.

2493. S. PENNATA (Lyngb. t. 31). S. cirrhosa Ag. Delisella pennata Bory. Petites touffes d'un vert olivâtre, à fronde filiforme, rameuse, à rameaux souvent alternes, divariqués, renflés et tronqués au sommet, à ramuscules simples, étalés, capillaires; articles à diamètres presque égaux. Parasite sur les grandes fucacées.

> VAR. β. ÆGRAGOPILA (Kickx.). Touffes serrées, entremêlées, formant comme une boule.

2494. S. RADICANS (Ag. Syst.). S. irregularis Kutz. Fronde rigide, d'un vert foncé, filiforme, diffuse, radicante, rameuse, à rameaux épars, dressés, peu nombreux, simples, renflés et tronqués au sommet; articulations inégales; conceptacles inconnus. Parasite sur d'autres fucacées.

13. POLYSIPHONIA. Grev. Fl. edin. p. 308. Hutchinsia Ag. Lyngb. Grammita Bon. Dicarpella Bory. Ceramii Sp. DC.

Filaments rameux, cylindriques, d'un brun pourpré, à articles fasciés; fructifications biformes, les unes sous forme de conceptacles, sessiles, arrondies à la base, acuminées ou tronquées au sommet, les autres granuliformes, globuleuses, disposées en séries au sommet des rameaux.

2495. P. POLYMORPHA (Duby. Bot. gall. p. 965). P. fastigiata Grev. Espèce d'un noir brunâtre, sèche, densément gazonnée, très-rameuse, fastigiée, à filaments sétacés, souvent fourchus au sommet, à articles plus courts que le diamètre, marqués d'un point au milieu. Sur les côtes.

496. P. FUCOÏDES (Grev. l. c.). Hutchinsia nigrescens Ag. Dicarpella violacea Bory. Espèce d'un brun noirâtre, gazonneuse, allongée, à filaments rameux, diffus au sommet, à

Polysiphonia.

rameaux capillaires, subfasciculés, opaques étant vieux, à derniers articles très-courts. Sur les côtes.

2497. P. ATRO-RUBESCENS (Grev. l. c.). Espèce d'un noir pourpré, gazonneuse, très-rameuse, à rameaux allongés, grêles, assez espacés, à ramuscules courts, subulés, subfasciculés; articles de rameaux trois fois plus longs que le diamètre, ceux des ramuscules presque égaux. Sur les côtes.

2498. P. PATENS (Grev. l. c.). Filaments allongés, bistrés, d'un roux brunâtre. Parasite sur le Laminaria digitata.

2499. P. RICHARDSONI (Hook.). Grammita Richardsoni Desm. Petites touffes de 5 à 7 centimètres, à frondes filiformes, cartilagineuses, d'un rouge sanguin, à rameaux alternes, divariqués, allongés, à ramules subdichotomes, étalés; articles plus longs que larges dans le bas, ceux des ramules plus larges que longs. Sur les pierres et autres corps sous-marins.

2500. P. SUBULATA (Bonn. Grammita). Touffes de 5 à 7 centimètres, à frondes d'un rouge pourpré, filiformes, très-rameuses, à rameaux alternes, capillaires, dichotomes, à ramuscules très-affilés, pointus, à articles 4 à 6 fois plus longs que larges. Parasite sur les grandes fucacées.

VAR. β. MAJOR (Bonn.). Touffes de 9 à 14 centimètres.

14. CERAMIUM. Duby. Bot. gall. p. 966. Griffithsia Ag. Callithamnion Bory. Ceramii Sp. DC.

Filaments rameux, pourprés ou rosés, à articles fasciés ou simples; fructifications biformes, les unes, sous forme de conceptacles, arrondies, ovoïdes ou urcéolées, latérales, sessiles, disposées en séries, courtement pédicellées; les autres granuliformes, globuleuses, au sommet des rameaux. Espèces quelquefois parasites ou que la mer rejette sur les côtes.

2501. C. DIAPHANUM (Ag. Syn. 64). Hormoceras diaphanum Kutz. Pourpré, diffus, mince, flasque, plusieurs fois dicho-

Ceramium.

tome, à filaments capillaires, submembraneux, à ramules nombreux, divariqués, eeux du sommet tournés en dedans; articles cylindriques, presque aussi longs que larges; conceptacles ovales, sessiles, involucrés.

> VAR. α. CILIATUM (DC.). Boryna ciliata Grat. Nœuds à cils dressés, verticillés.

> VAR. β. GLABELLUM (DC.). Boryna diaphana Grat. C. elegans Ducluz. Nœuds glabres.

2502. C. ROSEUM (Roth. Cat. 2. p. 181). C. scopulorum Ag. Rosé, gazonneux, un peu roide, mince, diffus, très-rameux à la base, à filaments membraneux, décomposés-pinnés; articles plus longs que larges; conceptacles globuleux, sessiles.

2503. C. RUBRUM (Ag. Syn. 60). Gazonné, de couleur rouge foncé; un peu dressé, assez roide, plusieurs fois dichotome, à filaments capillaires, subcartilagineux, à ramules nombreux, les supérieurs bifurqués; articles ovales-oblongs, subpellucides au milieu; conceptacles subglobuleux, involucrés, sessiles.

> VAR. β. DIAPHANUM (Desm.). Variété plus pâle, pellucide, s'élevant jusqu'à 12 à 15 centimètres.

2504. C. DESLONGCHAMPII (Chauv. Alg. norm. n° 85). Congroceras Deslongchampii Kutz. Plus roide et moins diffus que le C. diaphanum, d'un rouge pourpré; conceptacles globuleux, sans involucre, verticillés au sommet des rameaux. Parasite sur d'autres fucacées.

2505. C. TETRICUM (Ag. Syst. 141). Touffes de 4 à 7 centimètres, pourprées, rigides, rameuses, à ramifications nombreuses, rapprochées, plusieurs fois pinnées, à pinnules alternes, les dernières portant au sommet des conceptacles pédonculés subglobuleux. Parasite sur les grandes fucacées.

2506. C. VARIABILE (Desm. Pl. crypt. fr. f. xxi. n° 1027). Callithamnion variabile Ag. Spec. Touffes de 2 à 5 centimètres, d'un rouge pourpré, à filaments très-diffus, très-rameux; rameaux écartés, alternes ou opposés, étalés, allongés, à ramifications nombreuses, opposées; articulations 2 à 5 fois

plus longues que larges; fructifications inconnues. Parasite
sur les corallines et sur d'autres algues.

2507. C. COCCINEUM (DC. Fl. fr. 2. p. 40). Trichothamnion coccineum Kutz. Asperocaulon coccineum Grev. Dasya coccinea
Ag. Spec. Hutchinsia coccinea Ag. Syn. Callithamnion coccineum Lyngb. Fronde pourprée, gazonneuse, rigide, diffuse, de
8 à 12 centimètres; à filaments très-rameux, effilés, très-
nombreux, articulés, à articles un peu plus longs que le diamètre; conceptacles ovales, acuminés, disposés à la base des
rameaux.

2508. C. SETACEUM (Duby. Bot. gall. 968). Griffithsia setacea
Kutz. Espèce d'un rouge obscur varié de vert hyalin, formant
un gazon serré, à filaments dichotomes, atténués, à rameaux
dressés, allongés, munis d'articles cylindracés, 4 à 6 fois plus
longs que larges; conceptacles pellucides renfermés dans la
masse grumeleuse, involucrés et pédicellés.

2509. C. CORALLINUM (Bory. Dict. cl. 5. p. 542). Conferva coralloïdes L. Espèce d'un beau rose varié de vert doré ou rougeâtre formant gazon, diffuse, flasque, à filaments dichotomes,
gluants, à rameaux dressés, fastigiés, ceux de l'extrémité
atténués, obtus, à articles gonflés, 2 à 4 fois plus longs que le
diamètre; conceptacles pellucides contenus dans la masse
grumeleuse, involucrés, devenant nus, subpédicellés.

2510. C. TETRAGONUM (Ag. Syst. 136). Phlebothamnion tetragonum Kutz. Callithamnion harveyanum Ag. C. brachiatum
Bon. Espèce pourprée, gazonneuse, diffuse, subsétacée inférieurement, un peu quadrangulaire, plusieurs fois rameuse, à
rameaux dressés, un peu étalés, à ramules plus courts, étalés,
atténués à la base, aigus au sommet, à articles inférieurs un
peu plus courts que le diamètre, les supérieurs trois fois
plus longs, les derniers un peu plus longs seulement.

2511. C. SPONGIOSUM (Cronan). Phlebothamnion spongiosum
Kutz. Callithamnion spongiosum Harv. Fronde de 1 à 10 centimètres, d'abord robuste, cartilagineuse, diversement
rameuse, à premiers rameaux dressés, presque fastigiés, les

secondaires dépourvus d'écorce, dressés-étalés, les uns et les autres couverts de ramules étalés, dichotomes, à sommet obtus, en corymbe; articles 2 à 3 fois plus longs que le diamètre.

2512. C. REPENS (Ag. Syn. scand. 63). Callithamnion repens Kutz. Espèce petite, rosée, rampante, densément intriquée, à filaments rampants, les premiers radicants, à radicules verticales, à rameaux très-étalés, la plupart unilatéraux; articles cylindriques, les supérieurs le double plus longs que le diamètre, les inférieurs 3 ou 4 fois plus longs. Parasite sur les grandes algues.

2513. C. DAVIESI (Ag. Syst. 152). Callithamnion Daviesi Kutz. Callithamnion virgulatum Hook. Fronde d'un rose pâle, de 4 à 10 millimètres, gazonneuse, dressée, à filaments très-menus, roides, à rameaux et à ramules alternes, étalés; articles 2 à 3 fois plus longs que le diamètre. Parasite sur les grandes algues.

Tribu III. — FUCACÉES (Lam^x. Thal. in Ann mus.). *Fronde olivacée, noircissant par la dessiccation, coriace ou cartilagineuse, vasculeuse-cellulaire, cylindrique ou comprimée, étalée en rameaux; conceptacles enflés, de formes variées, souvent placés au sommet des rameaux. Espèces marines, souvent jetées sur les côtes.*

15. SARGASSUM. Ag. Syst. alg. p. 293.

Fronde rameuse, à rameaux comprimés, foliiformes, sessiles ou pétiolés, à nervure médiane; vésicules axillaires, pétiolées; conceptacles tuberculiformes, disposés en rameaux axillaires, percés au sommet.

2514. S. VULGARE (Ag. l. c.). Frondes comprimées, à rameaux linéaires-lancéolés, dentés; vésicules sphériques, mutiques; conceptacles cylindriques, rameux.

16. **Fucus.** Grev. Fl. edin. 2. p. 283.

Fronde rameuse , comprimée, dilatée , ailée; vésicules nulles ou innées aux rameaux; conceptacles granuleux, comprimés, terminaux, rarement confluents à la base.

† HALIDRYS (Lyngb.). *Fronde comprimée, dilatée, ailée, énerves; vésicules siliqueuses ou ovales-allongées; conceptacles pédonculés.*

2515. F. SILIQUOSUS (L. Sp. 1628). Cystocira siliquosa Ag. Fronde comprimée, à rameaux distiques, à ramules plans, linéaires, à vésicules pédonculées, oblongues, articulées, noueuses, à conceptacles pédonculés, lancéolés, terminaux.
2516. F. NODOSUS (L. Sp. 1628). Fronde comprimée, subdichotome, à vésicules grandes, ovalaires, enflées, à rameaux plans, ailés-dilatés, à conceptacles latéraux, distiques, pédonculés, pyriformes.

†† FUCASTRUM (Duby.) FUCUS (Lyngb.). *Fronde comprimée ou ailées-dilatées; vésicules nulles ou globuleuses; conceptacles sessiles.*

2517. F. VESICULOSUS (L. Sp. 1626). Fronde cartilagineuse, plane, ailée-dilatée, dichotome, entière, à vésicules sphériques, géminées, placées latéralement; conceptacles ovales, tuméfiés, tuberculeux, obtus, souvent confluents.
>	VAR. β. ACUTUS (Turn.). F. spiralis Esp. Fronde étroite, lancéolée au sommet.
>	VAR. γ. ANGUSTIFOLIUS (Turn.). F. longifructus DC. Fronde étroite, manquant souvent de vésicules; conceptacles subpédonculés, allongés, linéaires-lancéolés, acuminés.
>	VAR. δ. SPIRALIS (Kutz.). Fronde tournée en spirale; vésicules nulles; conceptacles subarrondis.

  Var. *ι*. linearis (Kutz.). F. ceranoïdes Esp. Fronde plus petite, étroite; conceptacles linéaires-lancéolés, acuminés.

2518. F. serratus (L. Sp. 1626). Fronde plane, cartilagineuse, dilatée, dichotome, dentée en scie, ponctuée; conceptacles plans, tuberculeux, obtus, dentés.

  Var. *β*. macrodum (West.). Fronde plus grande et plus forte, dents plus longues.

2519. F. ceranoïdes (L. Sp. 1626). Fronde cartilagineuse, plane, ailée-dilatée, linéaire, dichotome, entière; conceptacles ovales, gonflés, tuberculeux, aigus au sommet, subatténués à la base, souvent confluents.

2520. F. canaliculatus (L. Syst. nat. p. 812). Fronde cartilagineuse, dichotome, comprimée, linéaire, canaliculée; conceptacles terminaux, oblongs, obtus, tuberculeux, souvent confluents.

17. Cystoscira. Ag. Sp. alg. p. 60.

Fronde rameuse, cylindrique ou rarement comprimée, à rameaux sessiles, petits, linéaires ou filiformes; vésicules attachées aux rameaux et aux ramules; conceptacles subglobuleux, granuleux, atténués, mucronulés ou denticulés au sommet.

2521. C. fibrosa (Ag. Syst. alg. 275). Phyllacantha fibrosa Kutz. Tige ligneuse, plus ou moins cylindrique, très-rameuse, à rameaux ordinairement comprimés ou anguleux, divisés en ramuscules nombreux, se divisant eux-mêmes en ramifications inermes, obtuses, imitant assez bien des feuilles linéaires; vésicules ovoïdes; conceptacles terminaux, filiformes. Ostende. Rare.

18. Furcellaria. Lam*r*. Ess. thal. p. 45.

Fronde à racines fibreuses, cylindrique, dichotome, à

Furcellaria.

rameaux gonflés au sommet en conceptacles siliquiformes, simples, subulés.

2522. F. LUMBRICALIS (Lam*. l. c.). Fucus furcellatus L. Fronde cartilagineuse, arrondie, dichotome, fastigiée, à angles des ramifications aigus, à sommet bifurqué, allongé, arrondi, obtus.

Tribu IV. — LAMINARIÉES (Bory. Dict. cl. t. 9. p. 190). Fronde caulescente, olivâtre, coriace ou membraneuse, vasculaire-cellulaire, simple ou rameuse, comprimée ou étalée en lames; conceptacles petits, épars sur toute la fronde. Algues marines, souvent jetées sur les côtes par l'Océan.

19. LAMINARIA. Lam. Ess. thal. p. 40.

Fronde stipitée, attachée aux rochers par des racines fibreuses, dilatée en lame membraneuse, coriace; conceptacles granulés, immergés dans la lame.

2523. L. SACCHARINA (Lam*. l. c.). Stipe arrondi; fronde membraneuse, coriace, oblongue, lancéolée, très-longue, aiguë, ondulée sur les bords, subcordée à la base.

    VAR. β. LATIFOLIA (Hook.). Stipe court, comprimé vers le haut; fronde ovale, elliptique, obtuse, mince, transparente.

2524. L. DIGITATA (Lam*. l. c.). Hafgygia digitata Kutz. Stipe arrondi; fronde cornée, coriace, digitée-palmée, arrondie ou subcordée à la base.

2525. L. BULBOSA (Lam*. l. c.). Haligenia bulbosa Kutz. Stipe simple, comprimé, épais, allongé; fronde cornée, coriace, flabelliforme, à segments linéaires très-longs, palmés, coniques à la base.

2526. L. PHYLLITIS (Lam*. l. c.). Stipe comprimé, cylindrique, de 6 à 10 centimètres; fronde longue de 3 décimètres, trans-

parente, membraneuse, acuminée, d'un vert jaunâtre, atténuée à la base.

20. HIMANTHALIA. Lyngb. Tent. p. 36.

Fronde comprimée, dichotome, cyathiforme à la base,
à rameaux dressés, linéaires, allongés, obtus; conceptacles petits, tuberculiformes, nombreux, épars sur toute la
fronde.

2527. H. LOREA (Lyngb. l. c.). Fucus loreus. Fronde stipitée,
cupuliforme à la base, à lanières très-longues, comprimées,
plusieurs fois dichotomes, étroites.

Tribu V. — SPOROCHNÉES (Kutz. l. c. p. 383). *Algues planes ou
filiformes, parenchymatueses, à fronde solitaire, composée
d'un axe central et de deux couches distinctes; spermatiums
nombreux, très-rapprochés.*

21. SPOROCHNUS. Gaill. Res. thal. p. 18.

Fronde cylindrique, filiforme, sétacée, irrégulièrement
rameuse en lanières, charnue-cartilagineuse; conceptacles terminaux ou latéraux, globuleux ou hémisphériques,
petits, sessiles ou pédiculés.

2528. S. PEDUNCULATUS (Ag. Syst. p. 259). Gigartina peduncu-
lata Lam^x. Fronde rameuse, sétacée, à rameaux allongés,
presque simples, opposés ou verticillés; conceptacles elliptiques, latéraux, également pédooculés.

22. DESMARETIA. Lam. Ess. thal.

Fronde sessile, étroite, linéaire, plane, très-rameuse, à
rameaux et ramules pétiolés, étroits, spinulés, cloisonnés,
marginés; conceptacles inconnus.

2529. D. ACULEATA (Lam. l. c.). Desmia aculeata Lyngb. Stipe
court, cylindrique; fronde à rameaux nombreux, presque

filiformes, comprimés, uninerviés, cartilagineux, à ramules alternes, aigus, étalés, dont les plus jeunes portent sur le bord des petites houppes de poils, remplacées plus tard par une épine courte et subulée.

*Tribu VI. —*DICTYOTÉES *(Lam. Ess. thal. p. 269). Fronde verte-olivâtre, ne noircissant pas par la dessiccation, membraneuse, d'une contexture réticulée-cellulaire, plane ou fistuleuse ; cellules assez grandes, hexagones ou quadrangulaires; conceptacles très-petits, granuliformes, épars, ou disposés par séries.*

25. DICTYOTA (Lam^x. in Desv. Journ. bot. 2. p. 41.

Fronde plane, mince, linéaire, réticulée, privée de nervure, dichotome ou laciniée; conceptacles granuliformes situés sur la superficie de la fronde, formant de petites taches éparses ou des lignes flexueuses.

2530. D. CILIATA (Lam^x. l. c.). Stylopodium atomaria Kutz. Taonia atomaria J. Ag. Ulva serrata DC. Fronde plane, dilatée-palmée, tronquée-obtuse au sommet; à segments larges, à bords quelquefois entiers, d'autres fois ciliés-dentés. souvent irréguliers; conceptacles ponctiformes, disposés en séries flexueuses.

2531. D. FASCIOLA (Lam^x. l. c.). Zonaria fasciola Ag. Fronde comprimée, linéaire, un peu coriace, dichotome-décomposée, à segments allongés, les derniers minces, obtus; conceptacles très-petits, ponctiformes, disposés en lignes transversales très-serrées, obscures.

2532. D. DICHOTOMA (Lam^x. l. c.). Zonaria dichotoma Ag. Fucus zosteroïdes Lam^x. Fronde dichotome, très-entière, à segments dressés, allongés, cunéiformes, largement linéaires, à sommet fourchu; conceptacles ponctiformes, épars sur le disque.

    VAR. β. RIGIDA (Cr.). Plus roide dans toutes ses parties.

Tribu VII. — CHORDÉES (Kutz. Phyc. gen. p. 333). *Algues tubuleuses, cartilagineuses ou coriaces, de structure parenchymateuse, hétéromorphe, formées d'une couche interne de cellules allongées, formant des filaments longitudinaux, et d'une couche corticeale formée de cellules plus petites, arrondies-anguleuses, polygonimiques; spermatiums densément agglomérés.*

24. CHORDA. Lam[x]. Ann. mus. 20. p. 46.

Fronde arrondie, allongée, très-simple, tubuleuse, à tube intérieur cloisonné; conceptacles très-petits, pyriformes, placés à la face externe de la fronde, principalement à sa partie inférieure.

2533. C. FILUM (Lyngb. Tent. p. 72. t. 18). Fucus tendo Esp. Ceramium filum Roth. Chordaria filum Wallr. Fucus filum L. Fronde agrégée, atténuée, linéaire, très-longue, d'un brun-olivâtre, se tordant en spirale avec l'âge. Sur nos côtes.

Tribu VIII. — BATRACHOSPERMÉES (Kutz. l. c. p. 321). *Filaments gélatineux, flexibles, cylindriques, très-rameux, moniliformes, très-minces, verticillés aux articulations; fructifications placées entre les verticilles, formées de gemmes ou corpuscules subpédicellés (Bory), ou de conceptacles globuleux (Lyngb.).*

25. BATRACHOSPERMUM. Roth. Germ. 3. p. 480.

Les caractères sont ceux de la tribu.

SECTION I. — MONILINA (Bory). *Filaments à articulations distinctes, à rameaux verticillés.*

2534. B. MONILIFORME (Roth. l. c.). Filaments gélatineux, verdâtres, gluants, vaguement rameux, à rameaux étalés, à articles, surtout les derniers, pourvus de ramuscules très-denses, dichotomes, verticillés. Espèce adhérente aux pierres dans les ruisseaux.

2555. B. helminthosum (Bory. Ann. mus.). Filaments d'un vert bleuâtre, gélatineux, gluants, à rameaux dressés, presque pinnés, aigus, nombreux, dichotomes, à verticilles très-rapprochés. Dans les ruisseaux et les fontaines.

Section II. — Thorinia (Bory). *Filaments pellucides, à articulations peu distinctes, à rameaux presque simples, épars, rapprochés.*

2556. B. turfosum (Bory. l. c.). B. vagum Ag. B. cærulescens Pers. Filaments d'un vert bleuâtre, subdichotomes, cylindriques, vaguement rameux, de 6 à 10 centimètres, couverts de ramilles microscopiques très-serrées formant une espèce de duvet. Dans les tourbières et les marais.

Section III. — Lemanina (Bory.). *Filaments opaques, subgélatineux, à articulations renflées, à rameaux presque simples, rares, épars ou verticillés.*

2557. B. tenuissimum (Bory. Dict. cl.). Lemanea batrachosperma Bory. Ann. mus. Chantransia atra et dichotoma DC. Filaments noirâtres ou d'un gris bleuâtre, très-minces, rameux, allongés, à articles cylindriques, opaques et épaissis supérieurement, atténués et pellucides inférieurement. Sur les pierres, dans les ruisseaux.

2558. B. Dillenii (Bory. Dict. cl.). Filaments très-rameux, courts, noirs, divariqués, à articles cylindriques, gonflés supérieurement, opaques ou sublucides. Sur les pierres, dans les ruisseaux.

Tribu IX. — Chætophorées (Kutz. Phyc. gen. p. 524). *Algues gélatineuses, à filaments articulés, rameux; conceptacles latéraux.*

26. Chætophora. Lyngb. p. 192.

Fronde globuleuse ou lobée, à filaments partant d'une

Chætophora.

base commune, radiants, allongés, terminés par des cils très-menus.

2539. C. PISIFORMIS (Ag. Syst. 27). Rivularia pisiformis Roth. Batrachospermum intricatum Vauch. Fronde globuleuse, d'un vert pâle, à filaments serrés, mêlés, à rameaux dichotomes. Dans les fossés et les ruisseaux.

2540. C. TUBERCULOSA (Ag. l. c.). Rivularia tuberculosa Roth. Fronde globuleuse, tuberculeuse, verte, à fascicules des rameaux toruleux, densément agrégés. Dans les eaux courantes et stagnantes.

2541. C. ENDIVIÆFOLIA (Ag. Syn. 42). C. cornu-damæ Ag. Rivularia endiviæfolia Roth. Fronde subarrondie, papilleuse, dichotome, linéaire, verte, à rameaux divariqués, courts, étalés, planiuscules au sommet. Dans les ruisseaux et les étangs.

27. THOREA. Bory. Ann. mus.

Fronde rameuse, d'un velu visqueux, à filaments réunis au centre en un corps solide, libres à la superficie; conceptacles latéraux, libres, situés à la base des filaments.

2542. T. RAMOSISSIMA (Bory. l. c.). Batrachospermum hispidum DC. T. Lehmanii Lyngb. Fronde allongée, très-rameuse, d'un vert noirâtre, passant au violet par la dessiccation, à rameaux étalés, alternes, de 10 à 30 centimètres. Dans les rivières et les ruisseaux.

Tribu X. — LÉMANIÉES (Kutz. Phyc. gen. p. 146). *Algues cartilagineuses ou spongieuses, d'un vert olivâtre ou pourpré, à frondes composées ordinairement de 3 couches, à filaments articulés, rameux, lâchement entremêlés, contenant des cellules vésiculiformes; conceptacles sortant des cellules médullaires.*

28. LEMANEA. Bory. Ann. mus.

Filaments serrés, roides, cylindriques, simples ou peu

rameux, parfois noduleux, ayant dans l'axe des filaments très-fins, moniliformes.

2543. L. FLUVIATILIS (Ag. Dec. n° 36). L. corallina Bory. Filaments presque simples, allongés, droits, couverts de papilles subternées, à articles oblongs, cinq fois plus longs que larges. Sur les pierres dans les ruisseaux.

2544. L. FUCINA (Bory. l. c.). Filaments simples ou rameux, quelquefois très-longs, couverts de papilles subternées. Sur les pierres, dans les ruisseaux.

2545. L. TORULOSA (Ag. Syst. 256). Chantransia torulosa DC. Filaments simples, courts, courbés, privés de papilles, à articles moniliformes, trois fois plus longs que larges. Dans les eaux courantes.

2546. L. CATENULATA (Kutz. Sp. alg. p. 528). Filaments simples, de 5 à 12 centimètres, sinués, à articles proéminents, annuliformes. Dans les eaux courantes.

Tribu XI. — CODIÉES (Kutz. Phyc. gen. p. 308). *Fronde verte composée de rameaux flabelliformes. Algues marines de contexture spongieuse.*

29. FLABELLARIA. Lam˟. Ann. mus. 20. p. 274.

Stipe simple ou rameux, comprimé, dilaté en fronde flabelliforme, composée de filaments continus, tubuleux, à rameaux courts, horizontaux ; conceptacles inconnus.

2547. F. DESFONTAINII (Lam˟. l. c.). Udotea Desfontainii Kutz. Sp. alg. Rhipozonium Desfontainii Kutz. l. c. Codium membranaceum Ag. Conferva flabelliformis Desf. Fronde plane, membraneuse, subzonée, à bords rongés-laciniés, à filaments libres parfois. Sur les bords de la mer.

Tribu XII. — VAUCHERIÉES (Grev. Fl. edin. p. 305). *Filaments verts, très-menus, capillaires, cylindriques, simples ou rameux, membraneux; conceptacles externes, globuleux ou ovoïdes, sessiles ou pédonculés, solitaires, didymes ou agrégés.*

50. VAUCHERIA. Lyngb. Tent. 75. Ectosperma Vauch.

Filaments cylindriques, capillaires, plus ou moins pellucides, remplis d'une matière verdâtre, granuleuse; conceptacles opaques, pleins de corpuscules granuliformes.

2548. V. BORYANA (Ag. Syst. p. 175). Filaments simples, allongés, entremêlés, d'un vert jaunâtre; conceptacles pédonculés, solitaires, subglobuleux, presque terminaux. Dans les eaux qui coulent lentement.

2549. V. DICHOTOMA (Ag. Syn. 47). Conferva dichotoma DC. Filaments sétacés, assez grands, gazonnés, dichotomes, fastigiés, à conceptacles globuleux, sessiles, solitaires. Dans les eaux douces, un peu stagnantes.

2550. V. SESSILIS (DC. Fl. fr. 2. p. 63). Filaments rameux, capillaires, densément gazonnés, à conceptacles sessiles, ovoïdes-globuleux, souvent didymes, avec une corne intermédiaire réfléchie. En automne, dans les fossés d'eau douce.

2551. V. OVATA (DC. Fl. fr. 2. p. 63). V. bursata Ag. Filaments capillaires, densément gazonnés, très-longs, presque dichotomes; conceptacles pédonculés, solitaires, globuleux, presque terminaux, à pédoncules nus. En hiver et au printemps, dans les fossés d'eau douce.

2552. V. TERRESTRIS (DC. Fl. fr. 2. p. 62). Filaments serrés, densément gazonneux, petits, entremêlés; conceptacles solitaires, plans, pédonculés, terminés par une pointe recourbée. En automne et au printemps, sur la terre.

2553. V. GEMINATA (DC. Fl. fr. 2. p. 62). Filaments capillaires, dichotomes, densément gazonnés; conceptacles géminés, glo-

Vaucheria.

buleux, portés par des pédicelles communs, à corne intermédiaire presque droite. Dans les eaux dormantes.

2554. V. CESPITOSA (DC. Fl. fr. 2. p. 63). Filaments capillaires, très-densément gazonneux, dichotomes-rameux, à rameaux des extrémités horizontaux, distiques, conceptaculifères; conceptacles globuleux, sessiles, terminaux, à corne intermédiaire recourbée. Dans les eaux pures.

2555. V. RACEMOSA (DC. Fl. fr. 2. p. 64). Filaments capillaires, à rameaux densément gazonneux; conceptacles subpédicellés, en grappes pédonculées, ramassées. Au printemps, dans les fossés.

31. BOTRYDIUM. Wall. Ann. bot. p. 153.

Filaments vésiculeux, simples, à base radicante, remplis d'un liquide verdâtre-bleuâtre; mode de reproduction inconnu.

2556. B. WALLROTHII (Kutz. Sp. alg. p. 486). Petit, glaucescent, obovale, à radicule perpendiculaire et rameuse, farineux, granulé à la superficie. Sur les champs humides, dans les Flandres.

32. HYDROGASTRUM. Desv. Journ. bot.

Filaments très-minces, radiciformes; vésicules (*conceptacles?*) vertes, globuleuses, creuses en dedans, pleines d'une masse pellucide, aqueuse, s'ouvrant au sommet et se détruisant par l'âge.

2557. H. GRANULATUM (Desv. l. c.). Botrydium argillaceum Wallr. Vaucheria radicata Ag. Ulva radicata Retz. Rhizococcon crepitans Desm. Coccochloris radicata Spr. Desmazierella granulata Gail. Vésicules agrégées, d'un glauque verdâtre, de la grosseur d'une graine de moutarde, s'ouvrant au sommet et imitant une espèce de capsule. Sur la terre humide et argileuse, sur les bords des fossés.

Tribu XIII. — Diplostomiées (Kutz. Sp. alg. p. 483). *Fronde fasciforme ou foliacée, formée de plusieurs couches de cellules; conceptacles épars sur la superficie des cellules, d'un noir brunâtre.*

33. Phycolapathum. Kutz. Phyc. gen. p. 299.

Fronde stipitée, à radicule disciforme, formée de 4 à 5 couches de cellules; cellules superficielles polygones, les internes un peu plus grandes.

2558. P. plantagineum (Kutz. Phyc. Germ. p. 346). Dictyota plantaginea Lam[x]. Punctaria plantaginea Crouan. Zonaria plantaginea Ag. Fronde brunâtre, ferme, coriace, linéaire, lancéolée, atténuée à la base, obtuse au sommet, longue de 15 à 20 centimètres. Sur les bords de la mer.

Tribu XIV. — Ulvacées (Lam[x]. Ess. thal. p. 275). *Fronde le plus souvent verdâtre, membraneuse, papyracée, de contexture molle, celluleuse, rarement filamenteuse, flabelliforme, plane ou fistuleuse, simple ou rameuse; conceptacles très-petits, épars sur toute la fronde ou immergés.*

34. Ulva. Lam[x]. l. c. p. 277.

Fronde celluleuse, fistuleuse, ou plane, membraneuse; conceptacles granuliformes, innés, épars, jamais saillants.

Section I. — Ilea (Fries). Solenia Ag. *Fronde tubuleuse, striée; conceptacles très-rapprochés.*

2559. U. intestinalis (L. Sp. 1632). Enteromorpha intestinalis Lyngb. Tetraspora intestinalis Desv. Fronde inégalement dilatée, tubulée, simple, remplie de bulles d'air, nageant sur les eaux dormantes.

Vab. β. mesenteriformis. Plus grand, crêpé, allongé, dilaté au sommet et atténué à la base.

Ulva.

2560. U. COMPRESSA (L. Sp. 1652). Enteromorpha compressa Grev. Scytosiphon compressus Lyngb. Fronde rameuse, tubuleuse, allongée, filiforme, égale, comprimée, à rameaux simples, atténués à la base. Dans les marais salins.

> VAR. β. TRICHODES (Kutz.). Fronde très-rameuse, à ramules capillaires, nombreux, dressés.

2561. U. CRISPATA (Lyngb. t. 15. f. 1). Physoceris crispata Kutz. Fronde rugueuse, à rameaux capillaires, simples, arrondis. Dans les marais salins.

2562. U. CLATHRATA (Ag. Ic. alg. pl. 17). Enteromorpha clathrata Grev. Scytosiphon clathratus Lyngb. Fronde filiforme, capillaire, tubuleuse, roide, à rameaux étalés, souvent dichotomes, atténués au sommet. Dans les eaux dormantes, près d'Ostende.

SECTION II. — ULVASTRUM (Duby). Porphyra Ag. *Fronde plane, membraneuse, non striée ; conceptacles subquaternés.*

2563. U. LACTUCA (L. Sp. 1652). U. latissima, plicata, rigida Ag. Fronde plane, mince, verte, un peu coriace, ondulée, entière ou laciniée. Dans les eaux saumâtres, près d'Ostende.

2564. U. PURPUREA (Roth. Cat. 1. t. 6. f. 1). Fronde pourprée mince, oblongue-lancéolée ou dilatée, à bords entiers, ondulés, crispés. Sur les pilotis de l'estacade à Nieuport.

2565. U. MINIMA (Vauch. Conf. t. 17. f. 1). U. bulbosa Ag. Fronde petite, subglobuleuse, visqueuse, d'un vert foncé, très-mince, subdiaphane, bulbeuse. Dans les ruisseaux, sur les pierres.

2566. U. TERRESTRIS (Roth. Cat. p. 21). U. crispa Light. Fronde bulbeuse, très-mince, plissée, crispée, rugueuse, étalée, à peine adhérente sur la terre.

35. MERISMOPOEDIA. Meyen. in Weig. arch. 1859. 2. 67.

Fronde petite, plane, quadrangulaire ; corpuscules reproducteurs quaternés, pleins.

Merismopœdia.

2567. M. punctata (Meyen. l. c.). Gonium tranquillum Ehr.
Agmenellum quadriplicatum Bréb. Fronde quadrangulaire,
aplatie, ordinairement 2 fois plus large que longue, formée
de 16 corpuscules simples, ou binaires ou quaternaires. Dans
les fontaines, parmi les Lemna.

Tribu XV. — Ectocarpées (Kutz. Phyc. gen. p. 287). *Fila-*
ments simples ou composés, rameux, olivâtres, quelquefois
bruns ou verts, nus ou enveloppés d'une couche corticale;
conceptacles d'un noir brunâtre, latéraux, solitaires.

36. Ectocarpus. Ag. Syst. alg. XXX et 161.

Filaments très-rameux, très-minces, très-flexibles, oli-
vacés ou d'un jaune verdâtre, articulés, à articles diaphanes
ou pleins d'une matière granuleuse; conceptacles latéraux
ou terminaux, sessiles ou pédicellés, sphériques ou allongés.

2568. E. velutinus (Kutz. Sp. alg. p. 458). Elachistea velutina Fries. Sphacelaria velutina Grev. Espèce très-petite,
agrégée, formant une couche veloutée, à filaments dressés,
olivâtres, un peu rameux, à articles toruleux, égaux à leur
diamètre; conceptacles elliptiques-oblongs, dressés, sessiles
ou pédicellés. Elle se trouve sur la fronde de l'Himanthalia
lorea.

2569. E. tomentosus (Lyngb. t. 44). Spongonema tomentosum
Kutz. Spongomorpha tomentosa Kutz. Ceramium tomentosum
Ag. Filaments d'un vert olivâtre ou brunâtre, peu allongés,
un peu roides, très-menus, très-rameux, densément entremêlés, à rameaux et ramules alternes, divariqués, à articles
3 à 4 fois plus longs que le diamètre; conceptacles ovales-
lancéolés, latéraux, pédonculés. Sur les côtes.

2570. E. siliculosus (Lyngb. t. 43). Filaments d'un vert olivâtre,
allongés, très-rameux, très-densément entremêlés, à rameaux
et ramules minces, tous alternes, à articles ordinairement
plus courts que le diamètre; conceptacles lancéolés-acuminés,
pédonculés, en forme de siliques. Sur les côtes.

Tribu XVI. — HYDRODYCTIÉES (Kutz. Phyc. gen. p. 281). *Fila-*
ments nombreux, verts, disposés en forme de filet à mailles
polygones, anastomosés, s'articulant par les deux bouts et
donnant naissance à d'autres individus.

37. HYDRODYCTION. Roth. Germ. 3. p. 421.

Les caractères sont ceux de la tribu.

2571. H. UTRICULATUM (Roth. l. c.). Sorte de sac de 5 à 8 centimètres, à mailles pentagones. Dans les fossés d'eau douce.

Tribu XVII. — ZYGNÉMÉES (Duby). *Filaments verdâtres ou*
jaunâtres, rarement violacés, capillaires, simples, membra-
neux, articulés, d'abord libres, ensuite réunis, renfermant
des propagules granuliformes.

38. ZYGNEMA. Ag. Syn. 98. Conjugata Vauch. Confervæ
Sp. DC.

Les caractères sont ceux de la tribu.

SECTION I. — SALMACIS (Bory). *Matière verte disposée en spirale.*

2572. Z. DECIMINUM (Ag. Syst. 81). Conferva jugalis, nitida
Dillw. Filaments à articles 3 à 5 fois plus longs que larges, à
propagules elliptiques; spirales doubles formant des croix
subquaternées. Dans les eaux dormantes.

2573. Z. NITIDUM (Ag. Syn. 98). Conferva jugalis Mull. Conf.
princeps Vauch. Filaments à articles aussi larges que longs,
contenant plusieurs spirales entrelacées en X; propagules
ovoïdes-elliptiques. Dans les fossés aquatiques. Printemps.

2574. Z. QUINIMUM (Ag. Syn. 100). Conjugata porticalis Vauch.
Filaments égaux, à articles 2 à 5 fois plus longs que larges, à
spirales simples, arquées; propagules ovoïdes. Dans les eaux
tranquilles.

2575. Z. CONDENSATUM (Ag. l. c.). Filaments égaux, à articles

Zygnema.

aussi longs que larges, à spirales binées, arquées; propagules sphériques. Dans les eaux courantes.

2576. **Z. RIVULARIS** (Hass. p. 144. pl. XVII). Spirogyza rivularis Kutz. Filaments en spirales solitaires, à articles stériles cylindriques, 3 à 5 fois plus longs que larges. Dans les eaux stagnantes.

2577. **Z. ELONGATUM** (Ag. Syn. 100). Spirogura elongata Kutz. Filaments égaux, à articles 6 à 8 fois plus longs que larges; spirales simples, lâches; propagules elliptiques. Dans les eaux stagnantes.

2578. **Z. ADNATUM** (Ag. l. c.). Filaments égaux, à articles une fois et demi plus longs que larges, à spirales menues, arquées, disposées en croix; propagules sphériques. Dans les ruisseaux.

2579. **Z. INFLATUM** (Ag. l. c.). Filaments renflés inégalement, à articles 3 fois plus longs que larges; spires simples; propagules ovoïdes-elliptiques. Dans les fossés aquatiques.

SECTION II. — TENTARIDEA (Bory). *Matière verte disposée en étoile double.*

2580. **Z. LUTESCENS** (Duby. Bot. gall. p. 976). Filaments trèsgrêles, gluants, jaunâtres, à articles 2 à 3 fois plus longs que le diamètre; matière d'abord continue, linéaire, ensuite disposée en globules doubles; propagules inconnus. Dans les fossés aquatiques.

2581. **Z. PECTINATUM** (Ag. Syst. 77). Filaments d'un vert foncé et terne, doux au toucher, allongés, à articles un peu plus longs que larges; matière verte formant de doubles taches oblongues, pectinées, devenant denses et confluentes; propagules sphériques, Dans les marécages.

2582. **Z. STELLINUM** (Ag. l. c.). Filaments d'un vert pâle, à articles deux fois plus longs que larges; matière verte disposée en étoile double à 6 rayons; propagules ovoïdes. Dans les étangs et les ruisseaux.

SECTION III. — MOUGEOTIA (Ag.). Zygnema Bory. *Matière verte remplissant les tubes.*

2583. Z. GENUFLEXUM (Ag. Syst. 98). Filaments geniculés, anguleux, conjoints, à articles 4 fois plus longs que larges; matière verte rectangle longitudinalement, remplissant entièrement ou partiellement les articles et se condensant finalement dans le milieu. Dans les eaux stagnantes.

39. RHYNCHONEMA. Kutz. Sp. alg. p. 443.

Filaments flexueux, géniculés, à coude externe formant un bec courtement mamelonné, bifide; cellules stériles cylindriques, les fertiles souvent ventrues; propagules disposés en spires fasciculées, entourées d'un périsperme propre, hyalin.

2584. R. DIDUCTUM (Kutz. l. c.). Articles cinq à six fois plus longs que larges, les fertiles un peu enflés; propagules oblongs elliptiques. Dans les eaux stagnantes.

2585. R. ABBREVIATUM (Kutz. l. c. p. 444). Zygnema abbreviata Hass. Articles aussi longs que larges; propagules oblongs elliptiques. Dans les eaux stagnantes.

2586. R. VESICATUM (Kutz. l. c.). Zygnema vesicata Hass. Articles deux à trois fois plus longs que larges, les fructifères gonflés; propagules ovales-elliptiques. Dans les eaux stagnantes.

2587. R. WOODSII (Kutz. l. c.). Articles effilés, aussi longs que larges; propagules elliptiques-globuleux. Dans les eaux stagnantes.

40. MESOCARPUS. Hass. Ann. and mag. nat.

Filaments glutineux, d'un jaune verdâtre, solitaires, rarement géminés; les fertiles gonflés; cellules conjuguées, recourbées.

2588. M. SCALARIS (Hass.). Filaments stériles, à articles quatre à cinq fois plus longs que larges, hyalins, les fertiles globuleux. Dans les eaux stagnantes.

Tribu XVIII. — Confervées (Duby. Bot. gall. p. 997). *Filaments verdâtres, rarement colorés, capillaires ou filiformes, simples ou rameux, gélatineux ou membraneux, articulés; conceptacles peu connus.*

41. Chroolepus. Ag. Syst. p. 21.

Filaments cartilagineux, colorés, polygonimiques, rameux, formant une couche crustacée, pulvinée ou pannée; cellules fertiles terminales ou latérales.

2589. C. aureus (Kutz. Phyc. gen. p. 284). Ectocarpus aureus Lyngb. Byssus aureus L. Ozonium aureum Duby. Amphiconium petræum Nees. Orangé, pâlissant par la dessiccation, à filaments rameux, variés, à articles cylindriques, un peu plus longs que larges. Sur les murailles et les rochers.

2590. C. odoratus (Kutz. l. c.). Espèce à odeur de violette, d'un rouge fauve, à filaments dressés, atténués, à rameaux étalés, à articles presque aussi larges que longs. Sur les écorces.

2591. C. aurantiacus (Kutz. l. c.). Couche pulvinée, d'un rouge orangé, devenant verdâtre par la dessiccation, peu rameuse, à articles elliptiques, ceints d'un limbe hyalin, à noyau orange. Sur les écorces d'arbres.

42. Auduinella. Bory. Dict. cl. 3. 340.

Filaments courts, rameux, très-menus, pourpres ou d'un pourpre violacé, articulés; conceptacles nus, ovales-oblongs, sessiles, agglomérés sur les rameaux, terminaux ou latéraux.

2592. A. chalybæa (Bory. l. c.). Conferva chalybæa Roth. Ceramium chalybæum Ag. Trentepohlia pulchella β chalybææ Ag. Filaments courts, d'un pourpre ferrugineux, très-rameux, agrégés, serrés, à rameaux nombreux, 2-7- fides à la base, à panicules fasciculées, à articles quatre fois plus longs que larges; conceptacles ovales-oblongs, sessiles à l'extrémité des panicules. Sur les pierres des ruisseaux.

2593. A. Hermanni (Duby. Bot. gall. f. 972). Chantransia Hermanni Desv. Trentepohlia pulchella Ag. A. miniata Bory. Filaments très-petits, d'un pourpre vineux, gazonnés, très-rameux, diffus, à rameaux très-nombreux, simples ou 2 à-7-fides, à articles deux à quatre fois plus longs que larges, diaphanes; conceptacles très-petits, ovoïdes-globuleux, sessiles, terminaux ou latéraux. Dans les eaux courantes.

43. Bulbochæte. Ag. Syn. 71.

Filaments courts, membraneux, dichotomes, très-rameux, serrés, verts, articulés, à articles munis au sommet de soies allongées, bulbeuses à la base; conceptacles nus, ovoïdes, sessiles, latéraux, situés au sommet des articles.

2594. B. setigera (Ag. l. c.). Conferva setigera Roth. Conferva vivipara Dillw. Soies très-grêles, hyalines, fragiles, souvent aussi longues que toute la plante; articles un peu épaissis aux articulations, trois à cinq fois plus longs que larges, remplis de granules verdâtres, épais. Sur les tiges des Equisetum et des graminées dans les marécages.

44. Coleochæte. De Breb. in Ann. sc. nat. 1844.

Fronde disciforme, plane, formée de filaments réunis, rayonnants d'un centre commun; chaque cellule du bord du disque dégénérant en un long poil.

2595. C. scutatum (De Breb. l. c.). Cette espèce ressemble à un Riccia en miniature et se développe sur les plantes aquatiques. Fossés des prairies de Maire (Hainaut). M. Marissal.

45. Cladophora. Kutz. Phyc. gen. p. 269.

Filaments rameux, atténués à la base, à derniers articles

Cladophora.

presque toujours plus longs que les autres ; tous les articles formés d'une cellule simple, devenant lamelleuse par l'âge, marqués de lignes délicates longitudinales, légèrement courbées-flexueuses ; substance propagante d'abord cachée, ensuite devenant granuleuse et amylacée, souvent disposée en spirales lâches ; cellules fertiles souvent en chapelet, solides, gonflées.

2596. C. LÆTEVIRENS (Kutz.). Conferva lætevirens Dillw. Filaments formant gazon, longs de 10-15 centimètres, d'un vert pâle, à rameaux inférieurs très-minces, les supérieurs très-serrés, tournés du même côté, à articles deux à trois fois plus longs que le diamètre. Dans les eaux douces.

2597. C. MACROGONYA (Kutz). Conferva macrogonya Lyngb. Filaments de 2 à 4 centimètres, plus ou moins verdâtres, lâchement rameux, à rameaux solitaires, les supérieurs tournés du même côté, à articles cinq fois plus longs que le diamètre. Sur les pierres dans les ruisseaux.

46. CONFERVA. Ag. Syst. XXVI et 86.

Filaments simples ou rameux, cylindriques, flexibles, membraneux, transparents, articulés, à articles remplis d'une matière verte, rarement colorée.

SECTION I. — *Filaments simples.*

2598. C. FERRUGINEA (Roth. Cat. bot. 3. p. 294). Phycophila ferruginea Kutz. Filaments pénicillés, d'un brun ferrugineux, un peu roides, fastigiés, à articles 2 fois plus longs que larges. Parasite sur les fucacées dans l'Océan.

2599. C. CAPILLARIS (L. Syst. nat. 2. p. 721). Ædogonium capillare Kutz. Chantransia crispa et Ceramium capillare DC. Tiresias crispa Bory. Filaments menus, crispés, prolifères, flexueux, entremêlés, à articles deux fois plus longs que

Conferva.

larges ; granules oblongs , épars ou réunis. Dans les eaux douces.

> VAR. *β*. ALTERNA (Ag.). Articles aussi longs que larges, alternes, noirâtres.

2600. C. RIVULARIS (L. l. c.). Rhizoclonium rivulare Kutz. Chantransia rivularis DC. Filaments capillaires, très-longs, dressés ou contournés, à articles 2 à 4 fois plus longs que larges, remplis d'une matière verte brillante, quelquefois resserrée en une large ligne. Dans les eaux courantes.

2601. C. ZONATA (Web. et Mohr.). Filaments verts, gluants, menus, dressés ou flexueux, atténués au sommet, à articles presque aussi longs que larges ; matière verte disposée en bandes transversales. Dans les ruisseaux.

2602. C. TURFOSA (Lib. Crypt. Ard. n° 397). Ædogonium turfosum Kutz. Filaments muqueux, d'un brun violacé, entremêlés, très-grêles, à articles 6 fois plus longs que larges. Dans les fossés tourbeux.

2603. C. VESICATA (Ag. Disp. p. 30). Ædogonium vesicatum Link. Chantransia vesicata DC. Filaments en flocons, assez courts, d'un vert glauque, très-fins, cloisonnés, ayant des renflements globuleux, opaques ; articles plus longs que larges, remplis à moitié d'une matière verte. Sur les tiges et les feuilles des plantes aquatiques.

SECTION II. — *Filaments rameux.*

2604. C. GLOMERATA (L. Syst. nat. 2. p. 721). Cladophora glomerata Kutz. Chantransia glomerata DC. Polysperma glomerata Vauch. Filaments d'un vert foncé, capillaires, très-longs, flexueux, en touffes épaisses, très-rameux, à rameaux alternes, divariqués, fasciculés ; articles cylindriques, 3 à 4 fois plus longs que larges. Dans les eaux courantes.

2605. C. CRISPATA (Roth. Cat. 1. p. 178). Cladophora crispata Kutz. Filaments très-verts, devenant jaunes, allongés, flexueux, disposés en touffes très-denses, à rameaux écartés, alternes, subdichotomes, à articles cylindriques, 6 à 10 fois plus longs

Conferva.

que larges, alternativement comprimés par la dessiccation. Dans les fossés et les rivières.

2606. C. FRACTA (Dillw. t. 14). C. divaricata Roth. Filaments verts, devenant jaunes, capillaires, allongés, entremêlés, formant un réseau très-dense à rameaux nombreux, alternes, divariqués, les supérieurs souvent courbés, à articles 3 à 4 fois plus longs que larges. Dans les eaux dormantes.

2607. C. MUSCICOLA (Web. et Mohr.). Chantransia muscicola Desm. Filaments roides, fragiles, divariqués, courbés, inégaux en grosseur, longs de 2 à 4 millimètres, à articles 3 fois plus longs que larges. Il forme de petites touffes sur les mousses.

2608. C. CATENULATA (L. Syst. veg.). C. prolifera Roth. Cladophora prolifera Kutz. Chloronitum proliferum Gail. Touffes vertes devenant roussâtres, à filaments sétacés, dichotomes, à rameaux fastigiés, les derniers obtus ; articles roides et diaphanes, excepté aux points de jonction, où ils sont verts et contractés, les supérieurs 3 fois plus longs que larges. Sur les jetées à Blankenberg.

2609. C. RUPESTRIS (L. Sp. 1627). Cladophora rupestris Kutz. Chloronitum rupestre Gail. Ceramium rupestre DC. Touffes compactes d'un vert foncé, à filaments roides, sétacés, fasciculés, à rameaux dichotomes, formant un angle aigu à l'insertion ; articles 5 à 6 fois plus longs que larges, allant toujours en se raccourcissant jusqu'au sommet. Sur les pierres des jetées d'Ostende et de Nieuport.

2610. C. SERICEA (Hdus. Ang. 485). Cladophora sericea Kutz. Chloronitum sericeum Gail. Filaments soyeux d'un vert jaunâtre, capillaires, de plus en plus rameux jusqu'au sommet, à rameaux roides, étalés en angle droit et tournés du même côté ; articles obtus, 4 à 5 fois plus longs que larges. Sur la jetée à Ostende.

Tribu XIX. — ULOTHRICÉES (Kutz. Phyc. gen. p. 179). *Filaments tendres, muqueux, courtement articulés; substance gonimique disposée en lignes transversales, passant à la fin en un pseudosperme hologonimique bi ou quadripartite.*

47. DRAPARNALDIA. Bory. in Ann. Mus. t. 12. p. 399.

Filaments gélatineux, très-flexibles, cylindriques, rameux, articulés, à rameaux cylindriques; articles fasciculés, pénicillés, plus rarement épars, terminés par un appendice capillaire.

2611. D. TENUIS (Ag. Dec. 3. n° 50). D. laxa Bory. D. hypnosa Moug. et Nestl. D. lubrica Lyngb. D. mutabilis Bory. Ann. Filaments allongés, rameux, visqueux, très-menus, presque continus, à rameaux vagues, divariqués, à ramules tantôt fasciculés, tantôt lâches, à articles presque le double plus longs que larges. Dans les ruisseaux et les eaux stagnantes.

2612. D. GLOMERATA (Ag. Disp. 4). Batrachospermum glomeratum Vauch. D. mutabilis Bory. Filaments très-rameux, gélatineux, assez épais, articulés, à rameaux vagues, à ramules en pinceaux, ovales, obtus, étalés; articles des rameaux presque le double plus longs que larges. Dans les eaux courantes et dans les eaux stagnantes.

2613. D. PLUMOSA (Ag. Disp. 42). Batrachospermum plumosum Vauch. D. hypnosa Bory. Conferva mutabilis Roth. Conferva lubrica Eng. bot. Filaments un peu gélatineux, grêles, allongés, à rameaux vagues, à ramules en pinceaux, presque opposés, aigus, dressés, à articles une fois et demi plus longs que larges. Dans les rivières et les ruisseaux.

48. BANGIA. Lyngb.

Filaments purpurins, adnés, capillaires-sétacés, formés

Bangia.

de cellulescartilaginéo-gélatineuses contenant des granules elliptiques-cylindriques ou globuleux, disposés en une couche transversale.

2614. B. fusco-purpurea (Lyngb. t. 24. C.). Filaments d'un fauve pourpré ou verdâtre, densément gazonnés, torulés, crispés; à granules subglobuleux, densément agrégés, multipartites. Sur les bords de la mer.

2615. B. atro-purpurea (Ag. Syst. 76). Filaments noir pourpré, gazonnés, allongés, simples; granules inégaux, agrégés par 4 dans les parties les plus épaisses, globulés-anguleux, 2 obtus et 2 aigus. Sur les rivages et les moulins.

Tribu XX. —Bivulariées (Kutz. Phyc. gen. p. 235). *Filaments portant les propagules à la base, atténués au sommet, imitant les nostocs ou les oscillaires, disposés en rayons.*

49. Rivularia. Roth. Cat. 1. p. 212.

Fronde gélatineuse, subglobuleuse, à filaments partant d'une base commune, rayonnants, simples, cylindriques, continus, terminés par des appendices annulaires très-déliés.

2616. R. natans (Roth. Cat. 3. p. 340). Linckia natans Lyngb. Gaillardotella natans Bory. Fronde de 2 à 20 millimètres d'un noir verdâtre, gélatineuse, creuse, naissant sur les plantes dans le fond des eaux, s'en détachant pour flotter.

2617. R. calcarea (Kutz). Ainactis calcarea Kutz. Bot. Zeit. Lithonema calcareum Hass. Fronde petite, pulvinée, irrégulière, dure, zonée, brunâtre, à filaments obscurément fasciculés inférieurement, plus épais, moniliformes à la périphérie. Sur les pierres dans les ruisseaux.

2618. R. atra (Roth. Cat. 1. p. 212). Linckia atra Lyngb. Tremella hemisphærica **L.** Fronde hémisphérique, dure, polie, d'un noir bleuâtre, formée de filaments densément compactes, rameux, de la grosseur environ d'un grain de moutarde. Sur les pierres et les fucus sur les côtes.

50. Hormospora. De Bréb. Mém. de Falaise.

Filaments simples, gélatineux, formés d'un tube hyalin, mous, renfermant des cellules bipartites, disposées en séries longitudinales, rapprochées 2 par 2, ou 4 par 4.

2619. **H.** mutabilis (De Bréb. l. c.). Filaments entre-croisés, verts, nageant en flocons, enduits d'un mucus assez abondant, contenant des corpuscules ovoïdes, le plus souvent géminés; endochrome lamelleux. Dans les eaux, mêlé avec les conferves.

51. Stigeoclonium. Kutz. Phyc. gen.

Filaments adnés, enduits de mucus, rameux, atténués au sommet, dégénérant en un long poil hyalin, ainsi que les rameaux.

2620. **S.** tenue (Kutz. Phyc. gen. p. 253). Conferva exigua Dillw. Draparnaldia tenuis Ag. Espèce de glaire vert assez semblable à un palmella, formée de filaments longs de 5 centimètres environ, comme arborescents, à articles cylindriques, 1 ou 2 fois aussi longs que le diamètre; rameaux nombreux, subulés, plus courts au sommet. Elle a été trouvée au bois de Gaurain (Hainaut) par M. Marissal.

2621. **S.** stellare (Kutz. Phyc. germ. p. 198). Conferva stellaris Roth. Cette espèce ressemble à la précédente, elle est plus ténue et forme de petites touffes rayonnantes de 2 millimètres environ de hauteur, d'un beau vert gai, formées de filaments rameux, à ramuscules divariqués, pilifères; articles de la tige presque aussi longs que le diamètre, ceux des rameaux égaux. Elle se développe dans l'eau de pompe exposée au soleil.

Tribu XXI. — Nostocées (Kutz. Phyc. gen. p. 203). *Filaments simples, tranquilles ou oscillatoires, enveloppés de mucosité, à cellules spermatiques placées dans les interstices des articles.*

52. Nostoc. Vauch. Conf. p. 203.

Fronde gélatineuse, étalée, plissée, ou globuleuse, à filaments moniliformes, courbés, crispés.

Section I. — Clavatella (Bory). *Fronde membraneuse, coriace, globuleuse, à filaments en massue, articulés transversalement.*

2622. N. mesentericum (Ag. Syst. p. 21). Ulva nostoc DC. Chætophora marina Lyngb. Fronde d'un noir verdâtre, gluante, subsphérique, vide en dedans. Dans la mer.

Section II. — Nostochia (Duby). *Fronde membraneuse, globuleuse ou sinuée, à filaments simples, courbés.*

2625. N. commune (Vauch. Conf. 1. 16. f. 1). Ulva ætherea DC. Membraneux, étalé, difforme, plissé, ondulé, à filaments dont le dernier article est le plus grand. Sur la terre, après les pluies.
> Var. *β.* minutum (Desm.). Granuliforme, noir-olivâtre, agrégé.

2624. N. coriaceum (Vauch. l. c. f. 4). Étalé, difforme, coriace, solide, crépu, d'un brun jaunâtre, à filaments petits, courbés, à peine moniliformes. Sur les terrains humides.

2625. N. verrucosum (Vauch. l. c. f. 3). Vert, suborbiculaire, globuleux, plissé, devenant gélatineux, verruqueux, à filaments moniliformes. Sur les pierres dans les ruisseaux.

2626. N. lichenoïdes (Vauch. l. c. f. 5). Difforme, étalé, crépu, membraneux, d'un noir olivâtre, à filaments moniliformes. Sur la terre et les rochers.

2627. N. sphæricum (Vauch. l. c. f. 2). Linckia granulata Roth. Ulva pisiformis Huds. Petit, globuleux, solide, lisse, d'un brun violacé, à filaments moniliformes. Sur la terre humide.

53. Anabaina. Bory. Dict. cl.

Filaments muqueux, moniliformes, formant une pellicule difforme, composés de cellules solides, hologonimiques, gonflées çà et là par des propagules globuleux.

2628. A. marina (De Bréb. Ann. Sc. nat.). Cylindrospermum arenicola Kutz. Mince, d'un bleu bronzé, à rameaux moniliformes, à articles oblongs, elliptiques. Dans les sables maritimes.

2629. A. intricata (Kutz. Phyc. germ. p. 171). Monormia intricata Berk. Espèce nageante, brunâtre, lacérée-découpée, à segments s'anastomant, à filaments variés, atténués, à articles presque exactement sphériques. Dans les eaux stagnantes.

54. Sphærozyga. Ag. in Reg. fl. 1827.

Filaments articulés, souvent moniliformes, enveloppés de mucus, entre-croisés, formant une pellicule et constitués par des cellules remplies de granules, à articles reproducteurs renflés, elliptiques.

2630. S. variabilis (Kutz. Sp. alg. p. 291). Anabaina variabilis Kutz. Phyc. gen. p. 210. S. seriata Kutz. Bot. Zeit. Anabaina licheniformis Hass. Filaments d'un vert foncé, moniliformes, à articles globuleux ou elliptiques, quelquefois dimidiés, ayant parfois dans l'âge adulte des articles renflés, remplis de granules plus foncés en couleur. Sur les plantes aquatiques dans les marais.

55. Limnochlide. Kutz. Phyc. gen. p. 203.

Filaments simples, formant une espèce de membrane, à articles reproducteurs renflés et placés de distance en distance.

Limnochlide.

2631. L. FLOS AQUÆ (Kutz. l. c.). Oscillatoria flos aquæ Ag. Espèce croissant sur les eaux dans les prairies, formant une pellicule d'un beau vert, constituée par des filaments entrecroisés, à articles moniliformes, arrondis.

56. CYLINDROSPERMUM. Kutz. Phyc. gen. p. 211.

Filaments articulés, hologonimiques, enveloppés de mucosités, droits ou courbés, quelquefois oscillatoires; articles fertiles cylindriques, arrondis aux deux bouts, granuleux, géminés, séparés par un article sphérique, se séparant plus tard et terminant les filaments.

2632. C. HUMICOLA (Kutz. l. c. p. 212). Filaments égaux, impliqués, articulés, elliptico-sphériques; cellules propagulaires elliptiques, terminales, sphériques. Sur la terre humide dans les jardins.

Tribu XXII. — LYNGBIÉES *(Duby. Bot. gall. p. 986). Filaments d'un brun-noir, ou vert foncé ou enfin couleur de rouille, fixés par la base, puis libres, très-grêles, cylindriques, continus, finement striés, tranquilles ; cellules spermatiques latérales.*

57. LYNGBIA. Ag. Syst. 25 et 73.

Filaments très-grêles, allongés, libres, flexueux, courbés, à tube continu, très-finement striés en dedans.

2633. L. MURALIS (Ag. l. c.). Oscillatoria muralis Ag. Conferva muralis Dillw. Filaments verts, un peu roides, courbés-flexueux, un peu épais, formant une espèce de réseau très-serré, verdâtre, marqué de petites lignes très-nombreuses. Au pied des murs et des arbres, dans les endroits humides.

Tribu XXIII. — Oscillariées (Bory. Dict. cl.). *Filaments simples, cylindriques, à tube portant 2 stries parallèles transversales, l'interne remplie d'une matière colorée, doués de mouvements spiraux, se propageant par le développement des cellules.*

58. Oscillaria. Bory. l. c.

Filaments hyalins, tubuleux, enveloppés de mucus, striés transversalement, oscillatoires, arrondis postérieurement, terminés antérieurement par une pointe effilée ou obtuse.

2654. O. princeps (Vauch. Conf. t. 15. f. 1. 2). O. tenoïdes Bory. Filaments capillaires, allongés, d'un beau bleu verdâtre, radiants sur une couche gélatineuse, d'un noir verdâtre. Dans les eaux tranquilles.

2635. O. ochracea (Lyngb). Sphæroplea ochracea Lib. Leptothrix ochracea Kutz. Filaments très-ténus, privés de mobilité, simples, confusément articulés, d'un jaune ochracé, entremêlés, flexibles. Dans les eaux dormantes.

2636. O. scorigena (Ag. Syst. 109). O. fallax Bory. Filaments très-grêles, d'un beau vert, dressés, allongés, posés sur un stratum muqueux, noirâtre, radiants en longs pinceaux. Dans les ruisseaux.

2657. O. limosa (Ag. l. c.). O. Adansonii Vauch. Filaments très-menus, d'un vert luisant, roides, à articulations effilées aux extrémités, formant une couche gélatineuse, rayonnante. Dans les étangs.

2638. O. nigra (Vauch. l. c. f. 4). D'un vert bleuâtre, à filaments très-longs, deliés, parfois fasciculés, hyalins, à anneaux rapprochés. Dans les étangs.

2659. O. violacea (Mar. Cent. alg. p. 42). Filaments verts, à stries transversales peu apparentes, se décomposant rapidement et prenant une couleur pourpre foncée. Sur les pierres dans les fontaines.

2640. O. tenuis (Ag. Syst. p. 63). Filaments longuement radiants, épais, à articles égaux ou plus longs que larges, obscurément ponctués, disposés sur un stratum vert ou bleuâtre. Dans les eaux.

> VAR. β. VIRIDIS (Vauch.). O. contexta Hass. Stratum d'un vert gai.

59. PHORMIDIUM. Kutz. Phyc. gen. p. 290.

Ce genre se distingue des Oscillaria par ses filaments qui, au lieu d'être libres, forment par leur réunion des membranes ou des plaques.

2641. P. AMOENUM (Kutz. Phyc. germ. p. 192). Cette espèce parait sous la forme de pellicule mince, d'un beau vert émeraude; les filaments sont assez épais, atténués au sommet, à articles très-peu distincts. Elle se développe sur les feuilles de l'Hydrocharis morsus ranæ et d'autres plantes aquatiques.

2642. P. MEMBRANACEUM (Kutz.). Oscillaria papyracea Auct. Plaques crustacées, d'un vert olivâtre, formées de filaments réunis à la base, libres et s'épanouissant au sommet, où ils sont munis d'appendices formant une espèce de pinceau. Sur les pièces de bois dans les eaux.

2643. P. SUBFUSCUM (Kutz). Oscillatoria subfusca Ag. Pellicule largement étendue, d'un vert noir ou brunâtre, compacte, lamelleuse, coriace, à filaments épais, brunâtres ou verdâtres, droits, à articles le double plus courts que le diamètre ou presque égaux, ponctués aux coudes. Sur les pierres et les bords des rivières.

60. SPIRULINA. Kutz. Alg. aq. dulc. dec. XIV.

Filaments en spirale, contenus dans une mucosité, à articles (cellules) presque toujours confluents.

2644. S. SUBTILISSIMA (Kutz. Phyc. germ. p. 183). Espèce verdâtre, densément agrégée, à plis très-rapprochés, à filaments mobiles. Dans les eaux.

Spirulina.

2645. S. TENUISSIMA (Kutz. Sp. alg. p. 255). Cette espèce est plus délicate que la précédente et vient dans les mêmes lieux.

61. MICROCOLEUS. Desm. Cat. pl. om. p. 7.

Filaments très-minces, linéolés très-finement, non enveloppés dans un mucus commun, libres au sommet, à base enveloppée dans une gaîne membraneuse de laquelle ils sortent en rampant et en oscillant, ensuite se dilatant et devenant gaîne eux-mêmes.

2646. M. TERRESTRIS (Desm. l. c.). Chthonoblastus Vaucheri Kutz. Vaginaria terrestris Bory. Oscillatoria vaginata Vauch. Oscillatoria autumnalis var. vaginata Ag. Fascicules capillaires, noirs, flexueux, ensuite lucides, entremêlés. En automne et en hiver, sur la terre au pied des murs. Dans les endroits humides.

Tribu XXIV. — HYDROCOCCÉES (Kutz. Phyc. gen. p. 159). *Algues composées de cellules contenues dans une masse gélatineuse, se multipliant au moyen de ces cellules.*

62. HYDRURUS. Ag. Syst. alg. p. 18.

Filaments adnés, allongés, filiformes, gluants, simples ou rameux, à rameaux hérissés ou velus, très-ténus.

2647. H. PENICILLATUS (Ag. l. c. p. 24). Palmella myosurus Lyngb. Gélatineux, allongé, devenant tubuleux, à rameaux grêles, verticillés, flexibles, flagelliformes, saturé de vert, venant sur les bords des eaux courantes.

Tribu XXV. — PALMELLÉES (Kutz. Phyc. gen. p. 166). *Algues encroûtant ordinairement les corps sur lesquels elles se développent, formant des masses amorphes, composées de cellules agglomérées par couches, souvent gélatineuses, rare-*

ment crustacées et pulvérulentes, dépourvues d'appendices, non rameuses.

63. PALMELLA. Lyngb. Tent. t. 69.

Fronde gélatineuse, hyaline, étalée ou globuleuse, remplie de granules distincts, globuleux ou elliptiques.

2648. P. HYALINA (Lyngb. t. 69). Fronde hyaline, verdâtre, presque globuleuse, à granules globuleux, verts. Dans les eaux douces.

2649. P. PROTUBERANS (Ag. Syst. alg.). Palmoglœa protuberans Kutz. Coccochloris protuberans Spr. Frondes vertes, gélatineuses, lobées irrégulièrement, étalées ou confluentes : globules elliptiques, plus ou moins obscurs au centre; vésicules de grandeur variée, sphériques ou elliptiques, ceintes d'un bord diaphane. Sur la terre, les mousses et les troncs dans le bois de sapin.

2650. P. CRUENTA (Ag. Syst. alg. p. 15). Thelephora sanguinea Pers. Byssus purpurea Lam. Tremella cruenta Engl. bot. Cellules irrégulières, globuleuses, à parois incolores, remplies de granules d'un rose sanguin et formant des plaques amorphes, grandes, comme tuberculeuses. Aux pieds des murs humides, surtout après les pluies.

2651. P. BITUMINOSA (Men. Mon. nost. p. 56). Glæocapsa bituminosa Kutz. Phyc. gen. Protococcus bituminosus Kutz. Tab. phyc. Chaos bituminosa Bory. Plaques orbiculaires, gélatineuses, imitant le goudron, formées de cellules vésiculeuses, contenant des globules d'un diamètre très-variable. Sur les murs dans les serres.

64. TETRASPORA. Ag. Syst. alg. p. 414.

Fronde tubulée ou renflée, gélatineuse, contenant des sporules quaternées, logées dans son épaisseur.

2652. T. CYLINDRICA (Ag. l. c. p. 188). Gastridium cylindricum Lyngb. Ulva cylindrica Wahl. Petites touffes composées de tubes simples, d'un vert agréable, subcylindriques, à sommet en massue. Dans les fossés aquatiques.

Tetraspora.

2653. T. ULVACEA (Kutz. Phyc. gen. p. 175). Espèce foliacée, gélatineuse, verte, adnée, atténuée aux deux bouts, ovale-lancéolée, ensuite dilatée et fendue, à spirales quaternées, subglobuleuses, éparses. Dans les eaux stagnantes.

2654. T. NATANS (Kutz). T. valvulata Bréb. Fronde difforme, gélatineuse, molle, aplanie, verte, à cellules globuleuses, ponctuées obscurément, éparses. Dans les eaux stagnantes.

2655. T. LUBRICA (Ag. Syst. alg. p. 188). Ulva lubrica Vauch. Gastridium lubricum Lyngb. Conferva lubrica Roth. Fronde presque simple, tubuleuse, mésentériforme, lobée-sinuée, ondulée, à lobes s'anastomosant fréquemment, à cellules vertes, anguleuses-globuleuses. Dans les eaux stagnantes.

2656. T. GELATINOSA (Ag. l. c. p. 186). Ulva gelatinosa Vauch. Ulva bullosa Hass. Rivularia tubulosa DC. Fronde vésiculeuse, gélatineuse, molle, difforme, irrégulièrement fendue, d'un verdâtre pâle. Aux bords des eaux.

65. MICROCYSTIS. Kutz. Sp. alg. p. 208.

Cellules gélatineuses, simples, libres, hyalines, remplies d'un fluide coloré, agrégées en une membrane muqueuse.

2657. M. MINOR (Kutz. Tab. phyc. t. XIV. f. 1). Microloa protogenita Menegh. Espèce membraneuse nageante, d'un vert olivâtre, à cellules très-petites. Dans les fossés tourbeux.

66. BOTRYOCYSTIS. Kutz. Phyc. gen. p. 170.

Membrane petite, vésiculiforme, libre, formée d'une cellule gélatineuse, en contenant d'autres plus petites, polygonimiques.

2658. B. VOLVOX (Kutz. Tab. phyc. p. t. 9). Espèce globuleuse, à cellules sécondaires nombreuses, vertes. Dans les eaux douces stagnantes.

67. Protococcus. Ag. yst. p. 17.

Cellules globuleuses, à nucleus mou, vert ou rouge (hæmatococcus) ou passant par tous les degrés intermédiaires, privées de mucus mucilagineux.

2659. P. VULGARIS (Kutz. Sp. alg. p. 199). Pleurococcus vulgaris Menegh. Hæmatococcus vulgaris Hassal. Chlorococcum vulgare Grev. Couche crustacée, verte, pulvérulente, à cellules presque toutes quadripartites, agrégées, à noyau vert, solide, homogène. Dans les endroits humides, sur les bois, les pierres et les troncs d'arbres.

2660. P. PLUVIALIS (Kutz. Phyc. germ. p. 146). Hæmatococcus Grevillii Ag. Microcystis Grevillii Kutz. Glocococcus Grevillii Schutt. Couche rougeâtre, à cellules simples, globuleuses, polygonimiques. Dans les excavations remplies d'eau pluviale.

> VAR. *α*. LEPROSUS (Kutz). D'un rouge obscur, étant sèche; membrane des cellules mince, cartilagineuse.

2661. P. CRUSTACEUS (Kutz. Sp. alg. p. 205). Couche crustacée, d'un brun rougeâtre (pâlissant plus tard), formée de cellules simples, globuleuses, à membranule gélatineuse, assez épaisse, plus tard prolifères par des allongements courts, hyalins, à noyau d'un brun orangé, mêlé de gouttelettes pellucides, oléacées. Sur les troncs des arbres, principalement sur ceux des hêtres.

2662. P. PALUSTRIS (Kutz. Phyc. gen. p. 168). Couche d'un vert intense, submuqueuse, à cellules simples ou quadripartites; membranule gélatineuse, molle, un peu épaisse. Dans les lieux inondés et sur les plantes aquatiques.

Tribu XXVI. — DESMIDIÉES (Kutz. Phyc. gen.). *Algues microscopiques verdâtres, disposées en croix ou en rosace; mem-*

*brane externe munie de granulations uniformes, matière
verte contenant des granules et quelquefois des globules.*

68. CLOSTERIUM. Nitzch.

Corpuscules oblongs, cylindroïdes; membrane externe
diaphane, solide, tapissée intérieurement d'un enduit mucilagineux qui occupe les deux extrémités, où il se trouve une
petite cavité dans laquelle s'agitent des globules rouges;
matière verte, molle, pulpeuse, contenant des globules
verts.

2663. C. LUNULA (Nitzch.). Vibrio lunula Mull. Lunula vulgaris
Bory. Corpuscules semi-lunaires, subtuméfiés au milieu, atténués aux deux bouts. Dans les ruisseaux parmi les conferves.

2664. C. LEIBLEINII (Kutz. Syst. diat. p. 68). C. lunula Leib.
Lunulina Mougeotii Bory. Corpuscules semi-lunaires, subtuméfiés au sommet, subacuminés. Dans les fossés aquatiques.

2665. C. TENUE (Kutz.). Corpuscules courbés, sans renflement
au milieu, atténués et un peu renflés au sommet. Dans les
fossés aquatiques.

2666. C. EHRENBERGII (Menegh.). C. lunula Ehr. Plus robuste
que le Leibleinii, à centre plus grand et à sommet prolongé,
obtus; vésicules plus petites, éparses ou rangées transversalement. Dans les eaux dormantes.

2667. C. ACEROSUM (Ehrenb.). C. multistriatum Ehr. Vibrio
acerosus Schrank. C. didymoticum Corda. Corpuscules presque dressés, largement linéaires, obtus, subatténués au sommet. Dans les fossés.

2668. C. LINEATUM (Kutz. Sp. alg. p. 165). Corpuscules sublu-
nulés, un peu enflés, assez grêles, atténués et subobtus au
sommet. Dans les eaux dormantes.

2669. C. MONILIFERUM (Menegh.). Corpuscules semi-lunaires,
flasques, à vésicules internes disposées en séries longitudinales, à sommet assez obtus. Dans les fossés aquatiques.

69. Stauroceras. Kutz. Phyc. gen. p. 133.

Ce genre a les plus grands rapports avec le précédent, mais les sommets sont excessivement allongés.

2670. S. acus (Kutz). Corpuscules de grandeur moyenne, hyalins au sommet, divisés longitudinalement en bandelettes opaques, excepté celle du milieu qui est hyaline. Dans les eaux tranquilles.

70. Micrasterias. Ag. in Reg. fl. 1827.

Corpuscules discoïdes, plans, dimidiés, à circonférence lobée ou dentée, formés par une cellule unique remplie de globules verts, amylacés. Cette cellule se divise en 4 lobes qui deviennent de nouveaux individus.

2671. M. apiculata (Menegh.). Evastrum apiculatum et aculeatum Ehr. Corpuscules binaires, lenticulaires, discoïdes, épineux, émettant les séminules par les pointes du contour. Dans les eaux dormantes.

2672. M. rota (Menegh.). M. denticulata Bréb. Evastrum rota Ehr. M. radiosa Ag. Echinella radiosa Lyngb. Cosmarium stellinum Corda. Corpuscules binaires, lenticulaires, discoïdes, lisses, à bords denticulés ou épineux, émettant les séminules par les pointes du contour. Dans les mares.

71. Penium. Bréb. in litt.

Corpuscules formés d'une cellule libre, fusiforme ou basilaire, droite, cylindrique, contenant un seul globule.

2673. P. Brebissonii (Ralfs.). Closterium læve Kutz. Corpuscules fusiformes, lancéolés, resserrés dans le milieu, très lisses, émarginés au sommet. Dans les fossés tourbeux.

2674. P. lamellosum (Bréb. l. c.). Pleurosycios myriopodus Corda. Corpuscules renflés, oblongs-elliptiques ou ovoïdes, à sommet entier, largement tronqué. Dans les fossés tourbeux.

72. Evastrum. Ehr. 1831.

Membrane comprimée, oblongue, formée d'une cellule unique, lobée ou plus ou moins sinuée sur le bord, resserrée et dimidiée dans son milieu.

2675. E. gemmatum (Kutz. Phyc. germ. p. 134). Espèce finement ponctuée, à lobes principaux sinués-trilobés, à lobes secondaires émarginés, l'intermédiaire plus grand, plus ou moins légèrement émarginé. Dans les eaux tranquilles.

2676. E. affine (Ralfs. p. 128. pl. XI. f. 3). Lisse, à lobes principaux atténués pyramidalement, à lobes latéraux secondaires inférieurs obtusément émarginés, les intermédiaires plus petits, arrondis, entiers, le terminal incisé, à segments très-obtus. Dans les eaux tranquilles.

73. Cosmarium. Corda in Alm. de Carls. 1835.

Corpuscules arrondis, légèrement comprimés, formés d'une seule cellule renflée, resserrée au milieu et dimidiée.

2677. C. ansatum (Ehr. Inf. p. 162. t. 12. f. I.). C. didelta Men. C. lagenarium Corda. Heterocarpella polymorpha Kutz. Corpuscules binaires, oblongs, lisses de chaque côté, légèrement trilobés, très-rarement échancrés. Mêlés avec les conferves.

2678. C. tetrophthalmum (Men. l. c. p. 220). Heterocarpella tetrophthalma Kutz. Syn. diat. Corpuscules petits, granulés, lobulés, à lobes réniformes vus de face, elliptiques. Dans les fossés parmi les conferves.

2679. C. margaritiferum (Men. l. c. p. 219). Urbinella margaritifera Turp. Heterocarpella margaritifera Kutz. Micrasterias margaritifera De Bréb. Corpuscules bilobés, à surface visiblement granulée, à lobes réniformes, à bords sinués. Dans les fossés des bois parmi les Sphagnum.

Cosmarium.

2680. C. cucumis (Corda l. c.). Corpuscules lisses, petits, à lobes principaux demi-orbiculaires. Dans les fossés aquatiques.

2681. C. cucurbita (Hass. Br. Freshw. alg. p. 367). Dans les marais tourbeux.

74. Phycastrum. Kutz. Phyc. germ. p. 137.

Corpuscule formé d'une seule cellule resserrée dans son milieu et de la périphérie de laquelle sortent 2 à 4 prolongements linéaires.

2682. P. paradoxum (Kutz.). Micrasterias dicera, tricera, tetracera Kutz. Syn. Staurastrum tetracerum Ralf. Cellule 4- angulaire, bi, tri ou quadriradiée, à rayons colorés ou verts à la base, hyalins au sommet, qui est obtus. Dans les marais d'Obignies (Hainaut).

2683. P. muricatum (Kutz. Sp. alg. p. 182). Binatella muricata et Staurastrum muricatum Bréb. Espèce munie d'aiguillons courts, disposés en séries concentriques, à lobes elliptiques ou presque réniformes, triangulaires sur une face, à angles arrondis, les autres faces peu convexes. Dans les fossés.

75. Scenodesmus. Meyen in Nov. act. car. 5. 14).

Corpuscules fusiformes ou globuleux, formés par une seule cellule remplie de matière verte, placés bout à bout latéralement et formant des séries de 2 à 16 cellules.

2684. S. obtusus (Meyen. l. c. f. 30-31). S. quadralternus et octalternus Kutz. Cellules ovato-elliptiques, disposées par rangées de 4 ou 6 ou 8. Parmi les Lemna à Peruwelz (Hainaut).

2685. S. caudatus (Meyen. l. c.). S. quadricaudatus Ehr. Arthrodesmus quadricaudatus Ehr. Rangée simple, droite, rarement oblique, formée par la réunion de cellules oblongues, celles du milieu arrondies, obtuses, celles des extrémités cornues des deux côtés. Dans les eaux limpides parmi les Lemna.

2686. S. ACUTUS (Meyen. l. c. f. 52). Cellules fusiformes, formant des rangées de 2 à 8, renflées au milieu, aiguës à un bout, longuement accuminées à l'autre. Sur les feuilles et autres corps tombés dans les étangs.

> VAR. *β*. BISERIATUS (Mar.). Cellules fusiformes au nombre de 8, les médianes droites, les deux extérieures lunulées.

2687. S. DIMORPHUS (Kutz. Syn. diat. p. 80). Achnanthes dimorpha Turp. Rangée formée par 2 à 8 cellules aiguës au sommet, les deux extérieures lunulées. Dans les fossés des prés.

76. PEDIASTRUM. Meyen. l. c.

Corpuscule libre, plan, celluleux, orbiculaire ou radié, composé de cellules ne formant qu'une couche, celles de la périphérie bifides ou bidentées, les intérieures polyédriques, renfermant le chlorophylle.

2688. P. NAPOLEONIS (Menegh.). P. simplex Meyen. Helierella Napoleonis Turp. Micrasterias Napoleonis Kutz. 6 à 8 cellules externes, 2 à 4 internes, prolongements des premières lancéolés, acuminés, également distancés. Dans les fossés des bois avec les sphagnes.

77. SPHÆRASTRUM. Meyen. l. c.

Algue microscopique; individus libres, composés de cellules globuleuses ou elliptiques, formant par leur réunion un globule coloré en vert.

2689. S. TESSERALE (Kutz.). Cellules exactement sphériques, formant un globule également sphérique. Se trouve mêlé avec les vaucheries et les conferves.

Tribu XXVII. — Saprolégniées (Kutz. Phyc. gen. p. 157). *Algues utriformes, tubuleuses, dépourvues d'articles et de cellules.*

78. Saprolegnia. Kutz. Phyc. gen. p. 157.

Filaments formant des tubes continus, membraneux, le plus souvent rameux, renflés au sommet, contenant des globules qui s'échappent et sont doués de motilité.

2690. S. ferax (Kutz.). Conferva piscium Schr. Vaucheria aquatica Lyngb. Leptomitus clavatus et L. ferax Ag. Filaments submergés, formant des flocons nuageux autour des corps sur lesquels ils s'attachent; les filaments d'abord simples, deviennent rameux, à sommet en massue; corpuscules reproducteurs bisériés. Parasite sur les petits poissons, les paludines, etc., en décomposition.

2691. S. tenuis (Kutz.). Filaments muqueux, flasques, un peu atténués au sommet, peu rameux, à rameaux allongés, redressés. Sur les feuilles du Glyceria fluitans en hiver.

Tribu XXVIII. — Leptomitées (Kutz. Phyc. gen.). *Algues floconneuses, adnées ou libres, glissant,entre les doigts, formées de filaments très-menus, articulés, hyalins.*

79. Hygrocrocis. Ag. Syst. alg. 1824.

Filaments excessivement ténus, formés d'articles globuleux ou elliptiques, remplis, souvent moniliformes, dépourvus d'enveloppe commune.

2692. H. stagnalis (Kutz.). Anabaina mucoroïdes Menegh. Filaments allongés à articles oblongs, inégaux, hyalins. En hiver. Sur les conferves.

2693. H. Desmazieri (Kutz. Sp. alg. p. 151). Mycoderma Desmazieri Duby. Filaments lâchement entremêlés, assez roides, à

Hygrocrocis.

sommet atténué, à rameaux allongés, alternes. Dans la teinture de la cochenille.

2694. H. NAPHÆ (Bias. Alg. myc. p. 28. t. VI). Filaments en gazon, formant un globule d'un blanc sale, excentriques, très-rameux, entremêlés, à rameaux et ramules divariqués, à sommet fourchu, à articles aussi longs que larges. Dans l'eau distillée de fleurs d'oranger.

2695. H. VINI (Ag. l. c. p. 49). Mycoderma vini Vallot. Filaments rameux, flexueux, moniliformes, à articles inégaux, ovoïdes, gélatineux, mêlés dans une pellicule ou dans des groupes charnus, blanchâtres ou rougeâtres. Sur le vin exposé à l'air.

> VAR. β. DOLIORUM (Kutz.). Filaments rameux, flexueux, moniliformes, à articles souvent inégaux, entremêlés dans une pellicule charnue presque blanche ou brunâtre.

2696. H. ATRAMENTI (Ag. Syst. alg. p. 45). Mycoderma atramenti Duby. Conferva atramenti Lyngb. Penicillium glaucum Kutz. Filaments dichotomes, rameux, très-grêles, rampant, densément entremêlés dans une couche blanchâtre, à articles le double plus longs que larges. Sur l'encre.

80. CHAMÆNEMA. Kutz. Phyc. germ. p. 156.

Filaments entremêlés, à rameaux articulés; articles remplis de granules reproducteurs renflés, latéraux ou situés à l'extrémité des filaments ou dans les interstices de leurs articles.

2697. C. FULVUM (Kutz.). Filaments renflés au sommet, entremêlés, formant des masses d'un brun pâle d'abord, puis devenant foncé. Cette algue nage dans les vieilles solutions gommeuses ou saccharines.

81. LEPTOMITUS. Ag. Syst. XXIII et 49.

Filaments hyalins ou lisses, colorés, arachnoïdes, très-

déliés, à articles peu apparents, libres, dressés, non entremêlés.

2698. L. Libertæ (Ag. Syst. p. 49). Conferva Libertæ Bory. Filaments en faisceau d'un gris blanchâtre, plumeux, droits,
étalés, partant d'une base commune, et formant comme des
pinceaux. Sur les bords des fontaines, attachés aux feuilles et
aux graminées.

2699. L. lacteus (Ag. Syst. p. 50). Filaments formant des flocons
d'un blanc terne, muqueux, de 2 à 5 centimètres, flottant sur
l'eau, formés d'articles allongés, utriculiformes, contenant de
nombreux granules, dont un d'ordinaire beaucoup plus gros,
un peu brunâtre. Dans les ruisseaux.

2700. L. brevis (Ag. l. c.). Conferva brevis Desv. Filaments
simples, adnés, dressés, très-ténus, presque hyalins, légèrement verdâtres, à articles 4 fois plus longs que leur diamètre.
Sur les plantes aquatiques dans les eaux douces.

Tribu XXIX.—Cryptococcées (Kutz. Phyc. gen. p. 118). *Corpuscules reproducteurs très-petits, solides, muqueux, formant
par leur réunion des agrégats amorphes.*

82. Ulvina. Kutz. Alg. aq. dulc. dec. XII.

Corpuscules petits, globuleux, renfermant des granules
reproducteurs, réunis et formant par leur agrégation une
membrane épaisse nageant sur les liquides.

2701. U. aceti (Kutz.). Pellicule mince qui s'épaissit et forme
une croûte compacte, composée de globules égaux, rangés
bout à bout, et affectant des ramifications dichotomes. Sur le
vinaigre.

2702. U. myxophila (Kutz. Phyc. gen. p. 149). Pellicule membraneuse, achromatique, mince, à globules égaux. Sur le
mucilage de graines de coing.

Ulvina.

2703. U. sambuci (Kutz.). Membranule mince, achromatique, à globules inégaux. Dans l'eau distillée des fleurs de sureau.

83. Cryptococcus. Kutz. in L. 1833. p. 371.

Globules réunis en pellicule amorphe.

2704. C. cervisiæ (Kutz.). Mycoderma cervisiæ Desm. Globules incolores, ovoïdes ou sphériques, à vésicule interne creuse, transparente. Sur la bière exposée à l'air.

> Var. α. concatenatus (Kutz.). Cellules elliptiques ou oblongues, formant des filaments moniliformes, courts, ayant parfois deux vésicules internes.

2705. C. roseus (Kutz. Phyc. gen. p. 149). Globules enfoncés dans l'eau, très-petits, égaux, formant une pellicule rosée, très-mince, étalée. Dans les Chara en putréfaction.

Diatomées. Kutz. Phyc. germ. 34.

Les genres qui terminent la famille des algues et qui forment la section des Diatomées sont composés de cellules siliqueuses, à carapace très-lisse, ou striée, quelquefois aréolée.

Ord. I.—Stomaticées. *Carapace munie d'une ouverture médiane à sa face antérieure.*

Tribu XXX. — Tabellariées (Kutz. Phyc. gen. p. 126). *Individus ventrus, réunis, munis de rétrécissements.*

84. Grammatophora. Ehr. 1840.

Bandelettes oblongues, tubulées, adnées, ensuite se rompant à demi, devenant moniliformes, munies de sillons

Grammatophora.

toujours binés, interrompus au milieu, plus ou moins courbés.

2706. G. MARINA (Kutz. Sp. alg. p. 120). Diatoma marinum Lyngb. Bacillaria Cleopatræ Ehr. Diatoma tæniæforme, marinum Ag. Corpuscule lisse, à sillons retournés en dehors à une extrémité, capités à l'autre, linéaire, à sommet obtus, un peu décroissant aux sommets. Dans l'Océan.

2707. G. SERPENTINA (Kutz.). G. mediterranea Ehr. Espèce très-grande, striée transversalement sur le bord, à sillons flexueux-plissés, retournés en dedans au sommet. Dans l'Océan.

Tribu XXXI.—LICMOPHORÉES (Kutz. Bac. p. 119). *Carapace siliceuse, sillonnée longitudinalement, lisse ou striée transversalement, non aréolée.*

85. RHIPIDOPHORA. Kutz. Bac. p. 121.

Bandelettes cunéiformes au côté principal, lancéolées-obovales de l'autre, stipitées.

2708. R. ABBREVIATA (Kutz.). Espèce un peu flambellée, largement cunéiforme, à base aiguë, à stipe un peu épais, devenant rameux. Parasite sur les Ceramium.

2709. R. OCEANICA (Kutz.). Bandelettes oblongues-cunéiformes, denses, fauves, à stipe allongé, grêle, un peu dichotome. Parasite sur les algues.

Tribu XXXII.—NAVICULÉES. (Kutz. Bac. p. l. 8). *Carapace rectangulaire, naviculaire, à ouvertures moyennes et terminales des faces antérieures et postérieures opposées.*

86. NAVICULA. Kutz. Sp. alg. p. 69.

Expansion naviculaire ou en forme de coffret, à enveloppe extérieure transparente dure, cassante, contenant une substance mucilagineuse, limpide, dans laquelle sont des globules et des masses arrondies ou irrégulières d'une substance brune ou verte; ouverture arrondie.

2710. N. cuspidata (Kutz. Sp. alg. p. 74). N. fulva Ehr. Bacillaria fulva Nitz. Cymbella latèfasciata Ag. Corpuscules largement lancéolés, acuminés, très-lisses; ouverture médiane étroite. Dans les eaux stagnantes. Trouvé près de Bruxelles, par M. Marissal.

2711. N. viridula (Kutz. Sp. alg. p. 69). Espèce médiocre, lisse, lancéolée, à sommets obtus. Sur les pierres des ruisseaux de la vallée de Josaphat près Bruxelles.

2712. N. gracilis (Ehr. Inf. p. 176). Cymbella hyalina Ag. Corpuscules de grandeur moyenne, linéaires, lancéolés, tronqués aux deux extrémités latérales. Dans les fossés, sur le frai des gastéropodes, où il forme une petite pellicule d'un brun pâle.

2713. N. cryptocephala (Kutz.). Corpuscules petits, étroitement lancéolés, acuminés, à bouts arrondis en tête obtuse. Se trouve parmi les conferves.

2714. F. amphisbæna (Kutz.). N. ventricosa Ehr. Frustulia depressa Kutz. Syn. diat. Corpuscules largement elliptiques, confusément striés, à bouts fortement rétrécis en tête papilleuse et à côtés latéraux linéaires, tronqués. Il nage avec les Oscillaria au premier printemps.

2715. N. oblonga (Kutz. Bac. p. 97). Corpuscules linéaires, striés, allongés, bacillaires, à bouts de la face antérieure obtusément arrondis, à stries très-marquées, convergentes vers le milieu. Dans les fossés aquatiques.

2716. N. major (Kutz. l. c. p. 97). N. viridis Ehr. Frustulia major Kutz. Syn. diat. Corpuscules striés, renflés, à face antérieure allongée, elliptique, à bouts arrondis; stries transversales formées de petites granulations très-fines, convergentes vers le milieu. Dans les fossés aquatiques.

Navicula.

2717. N. ATTENUATA (Kutz.). Corpuscules grands, allongés, à côtes latéraux droits, étroitement lancéolés, tronqués, à face antérieure sillonnée longitudinalement, allant en s'amincissant vers les sommets qui sont obtus. Dans les eaux stagnantes.

2718. N. ACUMINATA (Kutz. Bac. p. 102). N. fusiformis, sigma Ehr. Corpuscules lisses, à côtés latéraux droits, étroitement lancéolés, obtus, à face antérieure sigmoïde, amincie aux bouts, qui sont obtus. Parmi les oscillaires dans les étangs.

87. AMPHIPLEURA. Kutz. Bac. p. 103.

Individus isolés, libres, naviculaires, prismatiques, sillonnés longitudinalement, privés d'ouverture médiane.

2719. A. PELLUCIDA (Kutz.) Navicula pellucida Ehr. Corpuscules grêles, allongés, linéaires, lancéolés, lisses, diaphanes seulement dans le milieu où se trouvent quelques granules d'un jaune fauve; bouts obtus. A la chute d'eau de la fontaine du Saulchoir (Hainaut). M. Marissal.

88. STAURONEIS. Ehr. 1843.

Individus libres, isolés, naviculaires, à ouverture médiane transverse.

2720. S. PHÆNICENTERON (Ehr. Ann. 1843. t. 2). Cymbella phænicenteron Ag. Navicula phænicenteron Kutz. Corpuscules lancéolés, atténués, un peu obtus. Se trouve parmi les conferves.

89. AMPHORA. Ehr.

Individus libres, isolés, munis de deux ouvertures médianes.

2721. A. OVALIS (Kutz.). Navicula amphora Ehr. Cyclotella ovalis De Bréb. Corpuscules ovales, à bouts largement arrondis, finement striés de lignes longitudinales dans le milieu. En hiver dans les fossés.

90. Schizonema. Ag. Syst. p. 15.

Fronde filiforme, mince, lâche, formée d'un tube gélatineux, rameux, renfermant des navicules disposées en séries longitudinales; propagules extérieurs simples, attachés au tube.

2722. S. rutilans (Ag Consp. cr. diat. p. 18). Espèce formant des gazons flottants, brillante inférieurement, de couleur brune, verte au sommet, renfermant des navicules oblongues, linéaires, tronquées à la partie supérieure des tubes. Dans l'Océan.

2725. S. araneosum (Kutz. Sp. alg. p. 102). Espèce d'un brun verdâtre, devenant opaque, d'un gris verdâtre par la sécheresse, à tubes capillaires, rameux, achromatiques; navicules disposées en séries distinctes, très-compactes dans la partie supérieure des tubes, lancéolées-aiguës d'un côté, oblongues-tronquées de l'autre. Aux embouchures des rivières,

2724. S. lutescens (Kutz. Sp. alg. p. 100). Espèce flottante, gazonneuse, roussâtre étant sèche, brillante, à tubes presque simples, vuides et colorés à la base, hyalins au sommet où se trouvent les navicules qui sont oblongues, lancéolées, obtuses. Dans l'Océan.

Tribu XXXIII. — Gomphonémées (Kutz. Bac. p. 82). *Carapaces cunéiformes aux côtés latéraux, atténuées à la base; face antérieure élargie au sommet; ouverture médiane arrondie.*

91. Sphenella. Kutz.

Corpuscules solitaires, cunéiformes, libres, sessiles.

2725. S. vulgaris (Kutz.). Stylaria paradoxa Ag. Corpuscules petits, à face antérieure obtuse, dilatée au milieu, finement striée. Parasite sur les conferves.

92. Gomphonema. Ag. Syst. alg. p. 15.

Corpuscules siliceux, cunéiformes, adhérents par leur

Gomphonema.

base ou stipités; stipe hyalin, gélatineux, très-fragile.

2726. G. ANGUSTUM (Kutz.). Corpuscules cunéiformes, linéaires, tronqués aux deux bouts, lisses, à face antérieure obovée-lancéolée, à stipes allongés, confus, agrégés, entrelacés dans une masse mucilagineuse. Cette espèce forme de petites boules olivâtres sur les pierres dans les ruisseaux.

2727. G. ABBREVIATUM (Kutz.). Echinella abbreviata Ehr. Corpuscules largement cunéiformes, disposés et soudés en éventail, lisses, à face antérieure obovale, à sommet arrondi et à stipe épais, comprimé. Parasite sur les conferves.

       VAR. β. BREVIPES (Kutz.). Stipe très-court.

2728. G. OLIVACEUM (Kutz. Bac. p. 85. t. 7. f. 13). Echinella olivacea Lyngb. Styllaria olivacea Bory. G. Berkeleyi Grev. Corpuscules largement cunéiformes, striés, à face antérieure obovale-lancéolée, agrégés dans un mucus abondant. Dans les étangs.

2729. G. CAPITATUM (Kutz. Bac. p. 86). Corpuscules rayés, un peu renflés, allongés, cunéiformes, à bout arrondi et étranglé, à stipe allongé, dichotome, articulé. Parasite sur les conferves.

2730. G. ACUMINATUM (Kutz. Bac. p. 86). Licmophora minuta Ag. Corpuscules grêles, à face antérieure fortement atténuée à la base, ventrue à sa partie moyenne, à bout renflé, pointu. Parasite sur les conferves.

Tribu XXXIV. — CYMBELLÉES (Kutz. Bac. p. 77). *Carapace à angles obliques, cymbiforme, courbée en croissant; ouvertures terminales et médianes de la face antérieure, marginales, rapprochées.*

93. CYMBELLA. Kutz l. c. p. 79.

Corpuscules solitaires ou géminés, libres, courbés, inéquilatéraux, à côté interne plus étroit, l'externe plus large, à face antérieure égale, striée transversalement, à ouverture médiane marginale, rapprochée.

Cymbella.

2731. C. GASTROÏDES (Kutz.). Corpuscules presque lunulés, à
carapace inégale, renflée au milieu, atténuée aux sommets qui
sont obtus, à stries transversales, granulées, au nombre de
11 à 12. Cette espèce forme des taches d'un brun foncé adhérentes aux pierres du ruisseau de Saint-Éloi à Froyennes
(Hainaut). M. Marissal.

2732. C. MACULATA (Kutz.). Corpuscules petits, lunulés, atténués aux extrémités, obtus, munis de 12 à 13 stries. Dans les
ruisseaux.

94. COCCONEMA. Ehr. Infus. 1838.

Corpuscules cymbiformes, stipités, à stipe émanant d'une
des extrémités des cymbelles.

2733. C. CISTULA (Ehr. Inf. 1838. t. 19. f. 7). Cocconcis cistula
Kutz. Gomphonema semi-elliptica Ag. Corpuscules très-petits,
lunaires, un peu aigus, munis de 12 stries, à branches du
stipe éparses. Dans les fossés parmi les conferves.

2734. C. CYMBIFORME (Ehr. Inf. 1838). Corpuscules rayés, souvent isolés, lancéolés, étroits, amincis et presque aigus aux
deux bouts. Cette espèce tapisse les pierres du fond des étangs
dans des carrières abandonnées du Hainaut. M. Marissal.

2735. C. LANCEOLATUM (Ehr. Inf. tab. 19. f. 2). Corpuscules
assez grands, rayés, demi-lancéolés, droits, obtus, à pédicule
rameux, roide. Observé dans le Hainaut par M. Marissal.

95. ENCYONEMA. Kutz. Syn. diat. 1833.

Cymbelles incluses et disposées en séries longitudinales
dans un tube incolore, mou, gélatineux.

2736. E. PARADOXUM (Kutz.). Filaments agglomérés, épars ou
solitaires, à navicules lunulées, striées. Se trouve en hiver
parmi les vauchéries.

Tribu XXXV. — ACHNANTHÉES (Kutz. Bac. p. 74). *Carapace courbée en dedans, libre ou adnée par un des angles inférieurs, à ouverture médiane infundibuliforme dans le côté inférieur, nulle dans le supérieur, à ouvertures terminales situées au sommet des faces antérieures.*

96. ACHNANTHES. Ag. Syst. p. 13.

Individus solitaires ou réunis en forme de chaînes, ou de petits drapeaux pédiculés, à pédicules obliques, centraux, toujours simples.

2737. A. MINUTISSIMA (Kutz.). Corpuscules lisses, petits, légèrement courbés au milieu, à bouts arrondis du côté central, à pédicule grêle, à peine de la longueur du corps. Parasite sur les vauchéries et le Zanichellia palustris.

2738. A. SUBSESSILIS (Kutz.). Corpuscules striés, rectangles, une à deux fois articulés, gonflés, à côté central oblong, arrondis sur les deux faces, à stipe presque nul. Dans les marais salins.

2739. A. LONGIPES (Ag. Syst. p. 1). Corpuscules assez grands, striés, à angles obtus, peu articulés, très-gonflés, à face intérieure excisée, l'extérieure convexe, à sommets obtus. Aux embouchures des rivières.

2740. A. PARVULA (Kutz. Sp. alg. p. 54). Espèce très-lisse, petite, à angles obtus, à peine courbée d'un côté, elliptique, oblongue, obtuse de l'autre, à stipe un peu épais, devenant allongé. Aux embouchures des rivières.

Tribu XXXVI. — COCCONÉIDÉES (Kutz. Bac. p. 70). *Carapace munie à sa face antérieure d'une ouverture médiane.*

97. COCCONEIS. Ehr. Inf. 1838.

Individus libres, elliptiques, déprimés, adhérents par

Cocconeis.

leur face antérieure qui est perforée, toujours sessiles, et à faces latérales sillonnées.

2741. C. PEDICULUS (Kutz.). Frustulia lens Bréb. C. patavina Men. Carapace ovale, très-convexe au dos, striée suivant Kutzing, non striée suivant M. Marissal. Sur les algues d'eau douce.

2742. C. NIDULANS (Kutz.). Carapace elliptique, très-lisse, oblongue rectangulaire sur la face antérieure. Parasite sur les Frustulia.

ORD. II. — ASTOMICÉES (Kutz. Phyc. germ. 54). *Carapace sans ouverture moyenne à la face antérieure.*

Tribu XXXVII. — SURIRELLÉES (Kutz. Bac. p. 58). *Carapace disciforme ou prismatique, à côtés latéraux connivents, à face antérieure plane, quelquefois incurvée, à stries marginales rayonnantes ou transversales, interrompues au milieu par une ligne longitudinale lisse.*

98. SURIRELLA. Turp. Mem. mus. hist. nat.

Individus isolés, ressemblant aux navicules, à face antérieure striée transversalement et marquée au milieu d'une ligne longitudinale lisse.

2743. S. SOLEA (Bréb. Kutz.). Frustulia quinquepunctata Kutz. Syn. Navicula librilis Ehr. Sphinctocystis librilis Hass. Corpuscules oblongs, à côtés latéraux étroits, linéaires, flexueux, sillonnés de stries très-fines transversales, à face antérieure panduriforme, attenuée-obtuse aux deux extrémités. Se trouve parmi les conferves.

2744. S. OVALIS (Kutz. Bac. p. 61. t. 30. f. 64). Corpuscules munis de 8 stries, à côtés latéraux oblongs, cunéiformes, tronqués, à face antérieure ovale, elliptique, atténuée et tronquée à une extrémité, large à l'autre. Se trouve dans les fossés parmi les conferves.

2745. S. BISERIATA (Bréb. Alg. Fal. 1835. p. 53. pl. 7). Navicula bifrons Ehr. Corpuscules à stries transversales, à face antérieure oblongue, obtuse, quadrangulaire, à face postérieure elliptique-lancéolée, un peu obtuse. Dans les fossés aquatiques.

99. SYNEDRA. Ehr. Infus.

Individus bacillaires, prismatiques-rectangulaires, attachés par une de leurs extrémités, à face antérieure égale aux faces latérales, ou un peu plus étroite, sillonnée sur le disque par une ligne longitudinale très-ténue.

2746 S. PUSILLA (Kutz. Bac. t. 3. f. 29). Corpuscules petits, elliptiques, à sommets arrondis, obtus. Dans les eaux parmi les oscillaires.

2747. S. ATOMUS (Naeg. in Litt.). Corpuscules très-petits, elliptiques sur une face, à sommets arrondis, tronqués-linéaires sur l'autre. Dans les eaux parmi les algues.

2748. S. TENUISSIMA (Kutz.). Frustulia tenuissima Kutz. Syn. Exilaria tenuissima Bréb. Corpuscules grêles, très-ténus, allongés, à côtés latéraux exactement linéaires, tronqués, à face antérieure atténuée aux deux bouts qui sont tronqués. Sur les pierres des ruisseaux.

2749. S. ACICULARIS (Kutz.). Corpuscules petits, à face latérale étroitement linéaire, à face antérieure lancéolée, longuement acuminés. Dans les eaux douces sur les conferves.

2750. S. RADIANS (Kutz.). Corpuscules très-petits, très-étroits, linéaires, agrégés, formant des masses rayonnantes. Sur les mousses et les conferves dans les fontaines d'eau vive.

2751. S. PARVULA (Kutz.). Frustulia anceps Kutz. f. 19. S. exilis kutz. in Litt. Corpuscules d'abord nageant, libres, devenant adnés, densément agrégés en rayons, à face antérieure linéaire,

Synedra.

tronquée, à faces latérales plus larges, lancéolées, aiguës. Dans les fossés aquatiques.

2752. S. Vaucheriæ (Kutz.). Exilaria Vaucheriæ Kutz. Syn. Corpuscules petits, délicatement striés, à faces latérales linéaires, tronquées, à face antérieure linéaire, atténuée aux deux bouts qui sont acuminés. Dans les eaux parmi les conferves.

2753. S. ulna (Ehr. Inf. t. 17. f. 1). Bacillaria ulna Nitz. Frustulia ulna Kutz. Alg. aq. Dulc. diatoma parasiticum Ag. Frustulia fasciata Men. Corpuscules exactement linéaires, à faces latérales arrondies-obtuses, un peu atténuées au sommet. Dans les fossés aquatiques.

2754. S. splendens (Kutz.). Frustulia splendens Kutz. Syn. Espèce très-belle formant sur les plantes aquatiques des flocons d'un brun foncé. Fontaine de Saulchoir (Hainaut). M. Marissal.

2755. S. biceps (Kutz.). Corpuscules grands, à face antérieure courbée, à sommet rétréci en bouton. Dans les fossés limoneux.

> Var. β. recta (Kutz.). A face antérieure un peu dilatée au sommet.

2756. S. crystallina (Kutz.). Echinella fasciculata Lyngb. Diatoma cristallinum Ag. Corpuscules très-grands, striés, devenant argentés par la dessiccation, à stipe court, assez épais, à filaments fasciculés sans ordre. Dans les marais des dunes et dans les Ardennes.

Tribu XXXVIII. — Mélosirées (Kutz. Bac. p. 48). *Carapace en forme de disque, de cylindre ou de globe, à côté latéral cylindrique, annuliforme, à face antérieure orbiculaire, plane, convexe, lisse ou marquée de stries rayonnantes sur les bords.*

100. Melosira. Ag. Consp. alg. p. 14.

Individus sous forme de chaînes, à articles globuleux ou cylindriques, carénés ou non carénés.

Melosira.

2757. M. VARIANS (Ag. l. c. p. 64). Gaillonella varians Desm. Conferva hyemalis Roth. Conferva fasciata Dillw.? Corpuscules plats, cylindriques, lisses. Dans les fossés aquatiques.

2758. M. SUBFLEXILIS (Kutz.). Espèce de grandeur moyenne, à filaments courts, à articles cylindriques, lisses, allongés, dans le jeune âge, plus courts dans l'âge adulte, aplatis, soudés deux à deux, à face antérieure convexe. Trouvé sur l'Hypnum riparium par M. Marissal.

2759. M. CRENULATA (Kutz.). Espèce à articles 2 à 4 fois plus longs que le diamètre, cylindriques, denticulés sur les bords. Dans les fossés aquatiques, mêlé avec le M. varians.

2760. M. ORICHALCEA (Kutz.). Conferva orichalcea Mert. Gaillonella orichalcea Ehr. Filaments plus ténus que dans l'espèce précédente, à articles 2-4 fois plus longs que le diamètre d'abord, ensuite presque égaux, tronqués, aplatis, lisses, contigus. Dans les fossés aquatiques.

Tribu XXXIX.—FRAGILLARIÉES (Kutz. Bac.). *Carapace prismatique, rectangulaire, à côtés latéraux linéaires, égaux, à face antérieure plane, striée transversalement.*

101. FRAGILLARIA. Lyngb. Tent. p. 182.

Filaments simples, comprimés transversalement, striés très-densément, très-fragiles aux stries et cohérents, formant des chaînes serrées, semblables à des rubans aplatis, fragiles.

2761. F. CAPUCINA (Desm. Pl. crypt. n. 453). Bandelettes plus ou moins larges, à articles linéaires et à face antérieure étroitement lancéolées. On a formé beaucoup d'espèces de celle-ci, mais qui ont été rejetées. En été sur les chaumes de l'Arundo phragmites.

2762. F. VIRESCENS (Ralfs in Ann. mag. nat. hist. v. 12). F. confervoïdes Grev. Diatoma sulphurescens Ag. Bandelettes

plus ou moins allongées, à articles tantôt linéaires, rectangu-
laires, tantôt cunéiformes, à sommets contractés, obtus. Dans
les eaux courantes.

102. Sigmatella. Kutz. 1833.

Individus linéaires, quadrangulaires, isolés, assez semblables aux Synandra, mais striés transversalement et de
forme sigmoïde.

2763. S. Nitzschii (Kutz. Alg. aq. dulc. Dec. 1. n° 2. 1833).
Frustularia Nitzschii Kutz. Syn. Navicula sigmoïdes Ehr. Nitz-
schia elongata Hass. Individus grands, linéaires, étroits, sigmoïdes, à face antérieure atténuée aux deux bouts, qui sont
un peu aigus. Dans les fossés aquatiques.

2764. S. vermicularis (Kutz.). Frustularia vermicularis Kutz.
Syn. Synedra vermicularis Kutz. Bac. Individus plus petits,
grêles, linéaires, tronqués, sigmoïdes, lisses. On le trouve
mêlés avec le précédent.

103. Diatoma. DC. Fl. fr. 2. p. 48.

Filaments articulés, simples, comprimés, détachés longitudinalement, à articles anguleux adhérents alternativement. Ce genre est parasite.

2765. D. vulgare (Bory Arth. f.1. a. b.). D. tenue Ag. Conferva
flocculosa Dillw?D. fenestratum Kutz. Filaments comprimés,
très-grêles, roides, à articles anguleux, alternativement cohérents, hyalins, non striés, trois fois plus courts que le diamètre. Parasite sur les conferves dans les eaux tranquilles.

2766. D. tenue (Kutz. Bac. p. 48). Articles presque quadrangulaires, cohérents, trois fois plus courts que le diamètre,
hyalins, non striés. Dans les eaux tranquilles.

2767. D. flocculosum (Ag. Disp. 55. non DC.). Conferva flocculosa Roth. Filaments comprimés, très-ténus, flexibles, à

articles striés (5 à 10 stries), à stries parallèles. Dans les ruisseaux et les eaux tranquilles.

2768. D. ELONGATUM (Ag. Syst. p. 4). Espèce fixe, à articles très-grêles, un peu atténués vers le milieu, linéaires sur les faces latérales, à bouts renflés en têtes. Dans les fossés aquatiques.

Tribu XL. — MÉRIDIÉES Kutz. Bac. p. 40. *Carapace prismatique, rectangulaire, amincie à la base, à côtés latéraux cunéiformes, connivents, égaux, à face antérieure plane ou obovoïde, striée transversalement.*

104. MERIDION. Ag. Leib.

Individus cunéiformes, prismatico-rectangulaires, réunis en corpuscules flabelliformes ou présentant l'aspect de bandes contournées en spirale.

2769. M. CIRCULARE (Ag. Consp. diat. 1831. p. 40). Frustularia circularis Duby. Meridion vernale Leibl. Exilaria flabellum Ehr. Corpuscules cunéiformes, rayés, à bout supérieur et antérieur tronqué, formant une bande en spirale. Dans les fontaines et les fossés parmi les oscillaires.

Tribu XLI. — EUNOTIÉES Kutz. Phyc. germ. p. 38. *Carapace prismatique, quadrangulaire, à faces latérales courbées, planes ou concaves inférieurement, convexes supérieurement, à face antérieure plane, sillonnée transversalement.*

105. EUNOTIA. Ehr. ex parte.

Carapace trapézoïde dans sa section transversale, à stries transversales très-déliées. Individus libres.

2770. E. AMPHIOXIS (Ehr. Am. p. 125). Espèce médiocre à face antérieure linéaire, à côté secondaire légèrement convexe sur le dos, sinuée au milieu du côté inférieure, à sommets allongés tantôt aigus, tantôt obtus, à stries marginales punctiformes. Dans les eaux douces.

2771. E. FLEXUOSA (Kutz.). Espèce médiocre, allongée, droite sur la face antérieure, linéaire, à côtés latéraux également linéaires, flexueux, capitulés, obtus par les deux bouts, striés transversales, très-déliés. Dans les eaux parmi les conferves.

106. EPITHEMIA. Kutz. Phyc. germ. p. 33.

Carapace trapézoïde par une section tronsversale, à stries également transversales, prononcées, quelquefois granulées ou moniliformes. Individus solitaires.

2772. E. WESTERMANNI (Kutz.). Navicula Westermanni Mem. ac. berl. Eunotia Westermanni Kutz. Espèce de grandeur moyenne, à carapace demi-lancéolée, tronquée et atténuée aux deux bouts, à stries à peine convergentes au centre. Parasite sur les conferves.

2773. E. ZEBRA (Kutz.). Frustulia adnata Kutz. Alg. Navicula zebra Ehr. Epithemia adnata Bréb. Espèce rayée, à carapace demi-lancéolée, oblongue, tronquée aux extrémités. Parasite sur les conferves.

2774. E. TURGIDA (Kutz.). Navicula turgida Ehr. Eunotia turgida Inf. 1838. Frustulia picta Kutz. Cymbella frustra Bréb. Espèce plus grande que les précédentes, à carapace demi-lancéolée, un peu renflée au milieu, tronquée aux deux bouts. Parasite sur les Vaucheria.

2775. BRYUM ZIERI (Dick. t. 4. f. 10). Cette petite espèce se trouve dans les centuries de mademoiselle Libert provenant de Malmedy où je ne l'ai pas rencontrée.

ISIDIUM. Achar. Lich. univ, not. 110, t. II.

Thalle crustacé, plan, étalé; scutelles orbiculaires, convexes, sessiles, terminales sur les podétions ; lame proligère convexe, épaisse, immarginée, coloréc, non réfléchie.

Ce genre se place naturellement entre les Cenomyce et les Bæomyces.

2776. I. COCCODES (Ach. Meth. lich. 139). Variolaria flavida DC. Fl. fr. Croûte aréolée, rayée, verruqueuse, pulvérulente, d'un jaune soufré pâle, à podétions courts, rapprochés, devenant cylindriques, simples ou rameux; scutelles d'un jaune brunâtre. Sur les troncs dn hêtre. Louvain.

2777. I. LUTESCENS (Turn. et Borr.). Croûte pulvérulente d'un soufré verdâtre, à podétions subglobuleux, concolores; scutelles d'un jaune lavé. Sur le même arbre.

2778. PARMELIA VENUSTA (Achar. Meth. t. 8. f. 5). Imbricaria venusta DC. Fl. fr. 5. p. 186. Thalle orbiculaire, d'uu gris cendré ou olivacé, presque glabre, à laciniures de la circonférence incisées, plissées, radiantes, d'un noir tomenteux en dessous; scutelles d'un bleuâtre pruineux, frangées sur les bords. Trouvé près de Louvain par M. Leburton.

2779. PARMELIA AQUILA (Ach. meth. 204). Collema cristatum Fl. fr. Thalle suborbiculaire, cartilagineo-membraneux, d'un brun olivâtre, à laciniures multipartites, sublinéaires, imbriquées, crénelées; scutelles glabres, concolores, d'un brun noirâtre, crénelées sur les bords. Sur les rochers des Grands Malades près Namur.

2780. OPEGRAPHA BETULINA (Achar.). Cette espèce que je considère comme une variété a été trouvée près de Louvain par M. Leburton.

2781. Calicium inquinans Var. sessile (Schær.). Trouvé près de Louvain par M. Leburton. Parasite sur l'Isidium coccodes.

2782. Lecidea crustulata (Schær.). Espèce rencontrée à Héverlé (Brabant) sur des pierres ferrugineuses, par M. Coemans.

2783. Patellaria rubi (Lib. Crypt. ard. n° 231). Croûte assez épaisse; scutelles sessiles, presque planes, d'un jaune de cire, à disque pulvérulent, à bord finissant par disparaître. Sur les rameaux tombés de la ronce.

2784. Spiloma viridans (Schær.). Cette espèce a été signalée près de Louvain par M. Leburton, et près d'Ypres par M. Wallays.

2785. Variolaria cinerea (Kickx et Chev.). Sur les écorces d'arbres, principalement sur celles du hêtre.

2786. Sphæria alopecuri (Fries. El. fung. 2. p. 90). Dilophospora graminis Desm. Réceptacles disposés sur 2 séries, globuleux, rapprochés, noirs, à ostioles très-petits, déprimés, concolores. Environs de Namur, sur les épis de l'Alopecurus agrestis.

2787. Sphæria aspidiorum (Lib. Crypt. ard. n° 342). Espèce couverte, rompant l'épiderme par fentes parallèles, linéaires; stroma d'un brun noirâtre; réceptacles disposés par séries, globuleux; thèques en massue; sporidies oblongues, diaphanes. Sur les tiges des Aspidium.

2788. Depazea tini (Nob.). Sur les feuilles d'un Viburnum tinus à Dinant.

2789. Septoria padi (Lib. Crypt. ard. n° 153. Ascochita). Sur les feuilles du Prunus padus.

2790. Septoria castaneæcola (Desm.). Sur les feuilles du chataignier.

2791. Septoria prismatocarpi (Nob.). Sur les feuilles des Prismatocarpus speculum et hybridus. District de Dinant.

2792. Septoria oenotheræ (Nob.). Sur les feuilles de l'OEnothera biennis. Marche-les-Dames (Namur).

2793. Septoria acetosæ (Nob.). Sur les feuilles du Rumex acetosa. Geronsart près Namur.

2794. Septoria fabæ (Nob.). Sur les feuilles et les légumes du Vicia faba.

2795. Septoria geranii (Nob.). Sur les feuilles du Geranium lucidum. Dinant (Namur).

2796. Septoria alni (Nob.). Sur les feuilles de l'Alnus glutinosa.

2797. Septoria heraclei (Lib. Crypt. ard. n° 52). Sur les feuilles de l'Heracleum sphondylium.

2798. Septoria malvæ (Nob.). Sur les feuilles du Malva sylvestris. Ruremonde (Limbourg).

2799. Septoria fraxini (Nob.). Sur les feuilles du Fraxinus excelsior. Swalmen (Limbourg).

2800. Septoria melampodii (Nob.). Sur les feuilles d'un Melampodium divaricatum au Jardin Botanique de Bruxelles.

2801. Septoria sii (Nob.). Sur les feuilles du Sium latifolium à Schaerbeek (Brabant).

2802. Peziza firma (Pers. Syn. 658). On trouve cette espèce sur les rameaux putréfiés du chêne dans les bois.

2803. Stictis nivea (Fries. Syst. myc. 2. p. 193). Sur les rameaux tombés du saule.

2804. Inoconia Michelii (Lib. Crypt. ard. f. 1. n° 96). Byssus Mich. Dans les bois sur les mousses et sur les herbes.

L'Ophioglossum vulgatum se rencontre dans plusieurs localités du Luxembourg.

Le Polystichum oreoptis se trouve près de St.-Hubert (Luxembourg). M. Crepin.

Le Peltigera saccata a été trouvé à Marche-les-Dames (Namur) par M. Barbier.

FIN.

TABLE ALPHABÉTIQUE

DES FAMILLES ET DES GENRES.

A.

Acladium. . . . 456, 460	Anabaina 517
Acnanthes 529	*Anacalypta.* 56
Acremonium. 454	Anthoceros 87
Acrospermum 263	Anyctangium 69
Actinonema. 473	Arcyria 586
Actinothyrium 252	Arthrinium. 466
Æcidium. 442	Arthonia. 126
Ædogonium . . 510, 511	Ascobolus. 274
Ægerita 416	*Ascochyta* 170, 216, 219, 220,
Agaricus. 550	221, 222, 549
Agmenellum 504	Ascomyces 453
Agyrium 261	Aspergillus. 452
Ainactis. 514	*Asperocaulon* 489
Alectoria 110	Aspidium 14
Aleurisma 458	Asplenium 15
ALGUES . . . . , . 478	*Asterisca* 126
Alphitomorpha . 229, 403	Asteroma 228
Amanita . . . 555, 576	*Asterosporium.* . . . 424
Amphiconium 508	Athelia 474
Ampbipleura 556	Athyrium 14
Amphora 556	Auduinella 508
	Auricularia. 520
	Aylographa 259

B.

Bacidia 140
Bacillaria . 554, 555, 543
Bæomyces 123
Bangia 513
Barbula. 47
Bartramia 23
Batrachospermum. . . 496
Biatora . . 140, 141, 146
Binatella 528
Blasia 84
Blechnum 17
Blennoria 428
Boletus 527
Borrera. 107
Boryna 488
Bostrychia 481
Botrychium. 9
Botrydium 501
Botryocystis. 523
Botrytis . . . . , . 456
Bovista 382
Brachycladium. . . . 470
Bryum . . . 24, 53, 548
Bulbochæte. 509
Bulgaria. 273
Buxbaumia. 68
Byssocladium 460
Byssus 476

C.

Cœoma 454, 442
Calicium 123, 548

Calliblepharis 484
Callithamnion. . . . 487
Calocera 306
Camptoum 466
Campylopus . . . 58, 61
Cantharellus 347
Capillaria 461
Carpobolus. 398
Catharinea. 23
Cecalyphum 54
Cenangium 270
Cenococcum 385
Cenomyce 112
Ceramium 487
Ceratonema. 405
Ceterach 10
Cetraria 107
Ceuthospora 249
Ceratites 443
Chœnocarpus 223
Chætomium. 413
Chætophora 497
Chætostroma 463
Chamænema 431
CHAMPIGNONS 259
Chaos 522
Chantransia 499
Chara 6
CHARACÉES 5
Cheilaria 222
Chloridium. 467
Chlorococcum 524
Chloronitum. 512
Chondria . . . 480, 481
Chondrothamnion . . . 480

Chondrus 483
Chorda 496
Chordaria 496
Chroolepus 508
Chtonoblastus . . . 521
Chylocladia . . . 480
Cinclidotus 66
Cionium 389, 390
Cladonia. 113, 114, 115, 116
. . . . 117, 120. 121
Cladophora 509
Cladosporium 470
Clathrus 387
Clavaria 306
Climacium 53
Clithris 271
Closterium 525
Coccochloris. . . 501, 522
Coccocystis 411
Cocconeis 540
Cocconema 539
Codium 499
Cælosporium . . . 469
Coleochæte 509
Collema 102
Conferva 510
Congroceras . . . 488
Coniocarpon . . . 155
Conioloma 155
Coniophora 320
Coniosporium . . . 408
Coniothecium . . . 424
Conjugata 505
Conoplea 467
Conyocybe 123

Coremium 454
Cornicularia 110
Corticium 514
Coryneum 422
Corynesphæra . . . 165
Cosmarium 527
Craterellus 547
Craterium 387
Cribraria 586
Cronartium 446
Cryptococcus . . . 533
Cryptosphæria. 169, 181,
184, 200
Cryptosporium . . . 261
Cryptothamnium . . 223
Cyathea 14
Cyathus 398
Cyclotella 536
Cylindrospermum . . 518
Cymbella 538
Cymontodium . . . 27
Cynondontium . . . 52
Cyphelium . . . . .
. . 123, 124, 125, 161
Cyphella 266
Cystocira 492
Cytispora 244

D.

Dacrymyces 262
Daltonia 30
Dasya 489
Dedalea 542
Delesseria 479

Delisella.	486	*Elachystea*.	504
Dematium	475	Elaphomyces	381
Depazea	210, 549	Elvella. 274, 276, 277, 283,
Desmaretia.	494	284, 410
Desmazierella.	501	*Embolus*	388
Desmia.	494	Encalypta	59
Diatoma.	545	Encyonema.	539
Dicarpella.	486	Endocarpon.	90
Dichœna	128	*Enteromorpha*. 502, 503
Dicranum	55	*Ephedrosphœra*	172
Dictydium.	386	Epicoccum.	425
Dictyonema	481	Epithemia	547
Dictyota.	495	EQUISETACÉES	7
Diderma	389, 390	Equisetum	7
Didymium.	389	Erineum.	447
Didymodon.	50	*Erysibe*.	403
Didymosporium	425	Erysiphe	403
Dilophospora.	549	Eunotia.	546
Dinemasporium.	422	Eurotium	452
Diphyscium.	68	Eustegia.	232
Diplodia.	206	Evastrum	527
Discosia.	197	*Evernia*.	106
Discosphœra	169	*Excipula*	422
Dothidea.	224	Exidia	266
Draparnaldia	513	*Exilaria*. 543, 546
Dryinosphœra.	203	Exosporium.	420
Dumontia	482	

E.

Echinella. 526, 538, 543	Fissidens	52
Ecmocyna.	116	Flabellaria.	499
Ectocarpus.	504	*Floccaria*	456
Ectosperma.	501	Fontinalis	31
Ectostroma.	252	FOUGÈRES	9
		Fragillaria	544

F.

Frustularia. 545	*Gymnocongrus.* . . . 482
Frustulia . . 535, 541,	Gymnosporangium . . 419
542, 547	Gymnostomum. . . . 69
Fucus 491	*Gyrocephalus* . . . 501
Fuligo 395	*Gyrophora* 157
Fumago. 471	
Funaria . . . . , . 24	**H.**
Furcellaria . . . , . 492	
Fusarium 418	*Hœmatococcus* 524
Fusidium 464	*Hafgygia* 493
Fusisporium 462	*Haligenia* 493
	Halymenia 484
G.	*Haplaria* 456
	Haplotrichum 456
Gaillardotella 514	*Helicothamnion* . . . 482
Gaillonella. 544	*Helierella* 529
GASTÉROMYCÈTES . . . 379	Helminthosporium . . 468
Gastroclonium. . . . 480	*Helopodium* 117
Gastridium. 482. 522, 523	Helotium 297
Geastrum 381	Helvella 298
Gelidium 483	HÉPATIQUES 73
Geoglossum. 505	*Heterocarpella.* . . . 527
Geotrichum. 456	*Heterosphœria.* . . . 192
Gialecta. . . . 149, 153	Himanthalia 494
Gigartina 482	*Himantia* 477
Glœocapsa 522	Hindersonia 209
Gomphonema 537	Hookeria 32
Gonium. 504	Hormoceras. 487
Grammatophora . . . 535	Hormospora 515
Grammita 486	*Hutchinsia* 486
Grammitis 10	Hydnum. 322
Graphis. 126	Hydrodyction 505
Graphium 450	Hydrogastrum 501
Griffithsia 487	Hydrurus 524
Grimmia. 62	Hygrocrocis. 530

Hymenella 260
Hymenula 419
HYMÉNOMYCÈTES . . . 259
Hymenophyllum . . . 17
Hypha 476
Hyphasma 208
Hyphelia 597
Hyphoderma 514
Hypnum. 32
Hypodermia . . . .
  234, 235, 236, 258, 248
Hypodermium 429
Hypoglossum 479
HYPOXYLÉES. 158
Hypoxylon 166
Hysterium 233

I.

Ilea 502
Illosporium. 414
Imbricaria . . . . .
  . 95, 96, 97, 98, 99, 101
Inoconia. 550
Iridea 484
Isaria 415
Isidium 548

J.

Jungermannia 74

L.

Labrella. 247

Laminaria 493
Lasiobotrys. 228
Laurencia 481
Leangium 590
Lecanora 145
Lecidea. 152, 133, 134,
  135,156,137,138,139,
  140, 141, 142, 144,
  146, 548.
Leersia 56
Lejeunia 75, 83
Lemanea 498
Lemanina 497
Leotia 502
Lepra 156
Lepraria 156
Leptomitus. 531
Leptostroma 248
Leptothrix. 519
Leptothyrium 250
Leskea 52,
  . 33, 35, 36, 41, 43. 44
Leucodon 46
Leucosporium 414
Leuzites. 344
Libertella . . . 427, 428
Licea 392, 394
LICHENÉES 89
Licmophora. 538
Limnochlide 517
Linckia. 514, 516
Lithonema 514
Lobaria. 94, 95
Lomaria. 17
Lomentaria. 480

Lophium 233
Lophodermium . 255, 256
Lunula 525
Lycogala 393
Lycoperdon. 383
LYCOPERDACÉES. . . . 579
LYCOPODIACÉES 18
Lycopodium. 19
Lyngbia 518

M.

Marchantia 85
MARSILEACÉES 18
Melampsora . . . 410, 413
Melanconium 426
Melasmia 243
Melosira 543
Meridion 546
Merisma 312
Merismopœdia 503
Merulius 345
Mesocarpus 507
Mesophylla 76
Micrasterias 526
Microcoleus 521
Microcystis 523
Microlea 523
Micropera 258
Microthyrium 258
Mitrula 303
Mnium. 23, 24, 25, 26, 27,
. . . . . 28, 29, 51, 57
Monormia 517
Monilia. 452, 457, 472, 473

Monilina 496
Morchella 300
Mougeotia 507
MOUSSES 20
MUCÉDINÉES 447
Mucor 451
Mycinema 519
Mycobanche 461
Mycoderma . . . 550, 551
Mycogone 454
Myriothecium 397
Mystrosporium 470

N.

Navicula 534
Neckera 30
Nemaspora 427
Nematogonum 458
Neottiospora 223
Nephrodium 15
Nephroma 91
Nidularia . . . 399, 400
Nostoc 516

O.

Octospora . 278, 279, 281,
. . . . 284, 286, 290, 292
Oïdium 473
Oligotrichum 23
Omalia 52
Oncephorus 54
Oncotylus 483
Onigena 385

Oospora 475	*Phlebia* 321
Opegrapha . . . 126, 548	*Phlebothamnion.* . . . 489
Ophioglossum 9	*Phlyctena.* 254
Orthopixis 25	*Phlyctidium.* 230
Orthotrichum 64	Phoma. 252
Oscillaria 519	Phormidium. 520
Oscillatoria. 521	Phragmidium 430
Osmunda 10	Phragmotrichum. . . . 420
Ozonium. 477	Phycastrum 528
	Phycolapathum. . . . 502
P.	*Phycophila* 510
	Phyllacantha 492
Palmella. . , . . . 522	*Phyllostieta.* 210
Palmoglœa 522	*Phymatium.* . , . . 384
Pannaria. 100	Physarum. 392
Parmelia. 94	*Physoceris* 505
Patellaria. . . . 132, 549	Physcia 105
Pediastrum 529	Pilidium. 250
Peltidea 91	Pilularia. 48
Peltigera. 91	Pistillaria. 304
Penicillaria. 304	placodium 143
Penicillium 455	*Platygramma* 126
Penium 526	*Pleurococcus.* 524
Perichœna 392	*Pleurosycios.* 526
Periconia. 415	Plocamium 478
Peridermium. 443	Podisoma. 420
Periola 412	*Podosphœra.* 403
Perisporium. 408	*Pogonatum* 22
Pertusaria. 163	*Pohlia.* 29
Pestalozzia 429	*Polyactis.* 456
Peziza. 274, 550	*Polycistis* 440
Phacidium 238	Polypodium 11
Phallus 579	Polyporus. 333
Phascum. 72	Polysiphonia. 486
Phlæoscoria. 180	Polystichum. 12

Polystigma . . . 225, 226
Polythrincium 466
Polytrichum. 21
Porina. 163
Poronia 166
Porphyra. 503
Preissia. 86
Prosthemium. 426
Protococcus 524
Psilonia 465
Psora. 141
Pterigynandrum . . . 46
Pteris. 17
Pterogonium 47
Ptilota 479
Ptychostomum 27
Puccinia. 430
Punctaria 502
Pycnotelia 112
Pyrenium 262
Pyrenula. 159
PYRÉNOMYCÈTES. . . . 158
Pyrenothea 161

R.

Racodium. 469
Ramalina. 108
Ramaria. 309
Rebouillia 86
Reticularia 394
Rhipidophora 534
Rhipozonium. 499
Rhizina 298
Rhizocarpon. 141

Rhizoclonium 511
Rhizococcon. 504
Rhizoctonia 401
Rhizomorpha. 401
Rhizopogon 400
Rhodomela. 482
Rhynchonema 507
Rhytisma. 241
Riccia. 88
Rivularia. 514
Rœstelia. 443

S.

Salmacis. 505
Saprolegnia 530
Sargassum. 490
Scenodesmus. 528
Schistidium. 69
Schizoderma. 429
Schizonema 537
Schizophyllum 345
Schizotyrium. 247
Scleroderma. 380
Sclerophora. 124
Sclerotium 409
Scolopendrium. . . . 16
Scyphophorus 122
Scytosiphon. 503
Selenosporium 428
Sepedonium. 464
Septoria. . . 216, 549, 550
Sigmatella. 545
Sistotrema. 321
Solenia. 207

Solorina.	91	Stauroceras	526
Spermoëdia.	409	Stauroneis	536
Sphacelaria.	485	Stemonitis	388
Sphærastrum.	529	*Stenogosporium*	423
Sphæria	175, 549	Stereocaulon.	111
Sphærobolus.	398	Stricta.	93
Sphærocarpus	88	Stictis.	268, 550
Sphærococcus.	482, 483, 484	*Stictophyllum*	484
Sphæroplea.	519	Stigeoclonium	515
Sphærococcus.	484	Stigmatidium.	131
Sphæronema.	242	*Stigmastisphæra*	188, 209
Sphæropsis	253, 257	Stilbospora	423
Sphærozyga.	517	Stilbum	450
Sphagnum	71	*Stormesia.*	16
Sphenella.	537	*Stromatosphæria*	168, 169
Sphinctocystis	541	*Stylaria.*	538
Sphinctrina.	125	*Stylopodium*	495
Spicularia	456	*Stypocaulon.*	484
Spiloma.	155, 156, 161, 549	Surirella.	541
Spirogura	506	*Swartzia.*	52
Spirogyza	506	Synedra.	542
Spirulina.	520	*Syntrichia*	47
Splachnum	67		
Spongomorpha.	504	**T.**	
Spongonema.	504		
Sporendonema	461	*Taonia*	495
Sporidesmium	424	Targiona.	87
Sporisorium.	439, 440	Telephora	513
Sporocadus.	209	*Tentaridea*	506
Sporochnus.	494	Tetraphis.	67
Sporophleum	466	Tetraspora	522
Sporotrichum	458	Thamnomyees	223
Spumaria	396	Thelebolus.	397
Squammaria.	142	Thelotrema	153
Stachylidium	455	Thesanomitrion	58
		Thorea	498

Thorinia. 497
Timmia 30
Tortula 47
Torula 471
Tremella. 264
Trentepohlia. 477, 508, 509
Triblidium 271
Trichia 591
Trichoderma. 596
Trichosphœra 172
Trichostomum 60
Trichothamnion. . . . 489
Tricothecium 460
Tuber. 400
Tubercularia. 416
Tubulina. 593
Tulostoma 384
Tympanis 272
Typhula. 303

U.

Udotea 499
Uubiliearia. 157
Ulva 502
Ulvina. 532
Urceolaria 151
UREDINÉES. 415
Uredo 454
Usnea 109
Ustilago 441, 442

V.

Vaginaria 521

Valsa. . . 178, 186, 188
Variolaria. . . . 154, 549
Vaucheria 500
Vermicularia 422
Verpa. 301
Verrucaria 159
Vibrio. 525
Volubilaria 481
Volvaria. 155

W.

Webera 28, 29
Weissia 56
Wormskioldia . . . 479

X.

Xeilaria. 242
Xenodochus. 439
Xilaria 164
Xyloma. 180,
199, 201, 225, 226,
238, 241, 242, 248,
252, 410, 413,
Xylomyzon. 346
Xylosphora. 165
Xylostroma. 476

Z.

Zonaria 495, 502
Zygnema. 505
Zygodon 54

ERRATA.

Page 8. N°   9. Var. β. capillare Hoffen., lisez *Hoffm.*
»   » N° 10. Var. α. polystachyon Vaucher, lisez
            var. β.
»   10.   Genre 3 ceterach, lisez *genre 4*, et sup-
            primez le mot *écailleuses.*
»   10. N° 17. Grammites, lisez *grammitis.*
»   13. N° 31. Aspidium et polypodium louchitis, lisez
            lonchitis.
»   17. N° 44. B. spicant Smitt, lisez *Smith.*
»   23. N°s 60, 61. Oligotrichum hercynicum et undu-
            latum Dc, lisez *DC.*
»   23. N° 64. Ardeunes, lisez *Ardennes*
»   24.   Genre 4. Bryum Hook. et Teyl., lisez
            Hook. et Tayl.
»   25.   Section II. †. Feuilles immagineés, lisez
            immarginées.
»   28. N° 82. B. delicatum, lisez *delicatulum.*
»   33.   Bryum cucullatum, lisez *sommet qui est
            en capuchon,* au lieu de *qui est un ca-
            puchon.*
»   40. N° 155. Var. β., lisez *var. α.*
»   71. N° 254. Var. α. serratum Brib., lisez *Bréb.*
»   84. N° 317. J. tomarisci, lisez *J. tamarisci.*
»   88. N° 333. R. nutans, lisez *R. natans.*
»   94. N° 355. P. cetraroïdes, lisez *cetrarioïdes.*
» 100. N° 380. Lecanora candelaris Ach., lisez *cande-
            laria.*

» 110. N° 416. (Duby Mss.), lisez (*Duby. Bot. gall.
p. 616*).

» 127. N° 479. Var. α. O. diaphora Fl. fr. Sp. 170, lisez
Fl. fr. p. 170.

» 129. N° 484. O. altra, lisez *O. atra.*

» 146. N° 554. L. hematites, lisez *L. hœmatites.*

» 149. N° 566. L. capularis, lisez *L. cupularis.*

» 154. N° 586. Supprimez la synonymie : Pertusaria
communis DC. Fl. fr. 2. p. 320. Porina
pertusa Ach. Lich.

» 165. N° 596. L. leiphæna, lisez *L. leiphœma.*

» 161. Lecidea crustulina, lisez *crustulata.*

» 164. N° 625. Clavaria hypoxylon Scheff., lisez *Schœff.*

» 173. N° 666. (Kickx. Rech. crypt. Fl. Fl. 1. f. 18). lisez
Fl. cent. 1, *p.* 18.

» 175. N° 677. Sphæria sannea, lisez *sanguinea.*

» 199, 200 et 211. N°ˢ 817, 820, 828, 830. Xiloma,
lisez *Xyloma.*

» 202. N° 839. Ajoutez à la synonymie : Peziza hederæ Lib.

» 223. N° 1034. C. hebaclei, lisez *heraclei.*

» 246. N° 1150. Var. taxi, lisez *var β. taxi.*

» 321. Ligne 2. Sporules nus, épars, lisez *sporules nues, éparses.*

» 379. Gasteromycetes, lisez *gastéromycètes.*

» 415. Fˡˡᵉ VI. — *Urédinées*, lisez *Fˡˡᵉ VII.*

» 419. Genre 6. Gymnoporangium, lisez *gymno-
sporangium.*

» 455. N° 2350. Aspergillus, lisez *aspergillus.*